U0069176

川菜

烹飪事典

下

為專業典籍登台穿針引線

　　人類各項活動隨著國際化的潮流或急或徐的發展著，在飲食圈，各種專業烹飪技藝的交流、會師、再精進，也在世界各地熙來攘往的熱絡進行著。台灣的飲食領域，經過多種文化的洗禮，原本就擁有與生俱來的吸納與釋放的能量，在這進化無疆界的世代，求進步是我們努力的方向，藉此飲食專業典籍的發行精神，讓我們一起窺探川菜烹飪事典，也期待本書爲您創造一番新價值。與您分享本書的發行價值：

一、本書是兩岸三地唯一兼備川菜烹飪與文化內涵的專業書

　　內容介紹川菜完整的烹飪技藝、歷史典故與川譜名人、名菜名點、行話與職種、相關烹飪科學知識與法規（2008年適用）等，提供台灣餐飲領域師生、從業者對川菜及大陸餐飲市場一個全面性的參考價值。

二、本書原著集大陸專業廚界與學界共同編撰

　　本書爲一本八十萬字的餐飲專業巨著，自1985年初版熱賣，至1999年續發行修訂版本並多次再刷，共發行超過十數萬本，堅強陣容的編撰群與四川烹飪高等專科學校等專業單位的協助，提供本書豐富的烹飪史料、實用的烹飪知識和技法，內容具備一定的權威性。

三、本書繁體版由台灣編輯團隊加註新編

　　本書不僅爲修訂本的繁體字譯本，更加大版本，重新邏輯編輯層次，以提高閱讀與搜尋的效率，並適時加註適合台灣本土閱讀的說明與對照，以促進兩岸飲食產業血脈的交流、傳承與累積。

賽尚圖文編輯部謹上

二〇〇八年二月

【川菜烹飪事典】修訂版說明

一、《川菜烹飪事典》是中國大陸第一部全面介紹一個地方的烹飪文化、飲食歷史、烹調技藝和相關烹飪科學知識的工具書。初版發行十餘年來，以其豐富的烹飪史料、實用的烹調知識而深受廣大烹飪工作者和烹飪愛好者的喜愛。鑒於近年來川菜烹飪事業的迅猛發展和變化，《事典》內容應跟上時代前進的步伐，所以我們重新組織人員，對原書進行修訂，使之更好地滿足廣大讀者對川菜烹飪技術及相關知識的需求。

二、《川菜烹飪事典》（修訂本）擴大了知識容量，在實用性、史料性、可借鑒性上花了大量功夫；提高了知識的層次，增加了新知識、新內容；突出了知識的全面性和準確性，力求反映川菜烹飪的基本概貌。修訂本對於從事烹飪專業的技術人員、經營管理人員、教學工作者，可作為川菜烹飪的小百科全書，會給工作帶來極大的方便。其他各界人士也可從這部書中得到有益的知識：研究民俗的人可以從中查到四川的飲食民俗材料；研究歷史的人可以從中找到四川飲食方物資料；從事文學藝術創作的人可以引證書中所收集的飲食詩賦、著述；旅遊人員可以翻閱四川飲食的掌故軼聞，並得到四川名菜名點名師名店的可靠資料；對於省外、海外川籍人士，這部書也許會勾起思念故鄉之情，效張翰「思鱸」而作故鄉之行。

三、修訂本在初版四部分內容的基礎上，調整擴充為烹飪文化、名店名師、烹飪原料、技術用語、行業用語、炊餐用具、名菜名點、營養衛生、法律條規等九個方面內容。共收入詞目3890條。

修訂本對初版部分的詞條進行了適當的刪減合併，力求更加規範、準確；對近年來變化較大的初版詞條內容，在原有基礎上進行了補充和修訂，以適應當今讀者的需求。全書新增詞條，主要是近年來已為行業普遍使用或已得到公認的烹飪技術知識以及反映川菜烹飪行業近期狀況的內容，以期對讀者有所幫助和啓迪。本書還根據近年來發掘收集的烹飪古籍資料，對原書這部分內容進行了新增、補充和修正。

烹飪文化：收入了與飲食有關尤其是與川菜烹飪相關的史料篇章及散於民間的筆記野史、傳說故事；收入了古今對川菜關係比較密切的書籍；在中國烹飪行業較權威或影響較大的書籍也酌情收入；收入了近半個世紀來出版印刷的反映川菜烹飪的食譜、菜譜；另外，還收入了四川烹飪社團、培訓教育機構、期刊雜誌、參賽獲獎等資料。

名店名師：收入了清末至二〇世紀八〇年代四川較有名氣的餐館和風味店，按開業先後排列。收入了近代著名廚師和當今特級廚師（麵點師、招待師）資料，其中刊載個人簡介的時限為1985年底；個人名單收至1990年底以前，經四川省、成都市、重慶市考評委員會考核命名者。由於稱謂上的變化，書中對1990年前授予職稱人員，仍按紅案廚師、白案廚師、招待師稱之；對1990年後授予或晉級人員，則統一稱為烹調師、麵點師、宴會設計師。

烹飪原料：收入了川菜常用的主料、輔料和調味品。個別外來原料，因近年川廚使用較廣泛，故也酌情收入。詞目分別按習慣稱謂、學名、特徵、適用範圍等項編寫。

技術用語：按川菜廚師的習慣叫法作為詞條名。分類除參考有關資料及習俗外，適當兼顧其科學性。

行業用語：以四川飲食業慣用的詞語為主，兼收近年飯店、酒樓所通用的詞語，如領班、餐飲總監等，以適應更廣泛的需要。

炊餐用具：為突出實用性，該部分刪除了古餐具部分；較多地增加了現代炊餐用具的詞條內容，如微波爐、保鮮櫃、調料車等。

名菜名點：在基本保留原有詞目的基礎上，重點增加了菜品的詞條數量。目的是更充分地反映川菜的多樣性和全面性。

營養衛生：詞條的增刪，力求突出通俗、易懂、實用。將原有的藥膳部分，改為食療，以符合有關規定。

四、本書使用了少量的生造字和借用字。四川烹飪界常用，字典、辭書無記載，字義無其他適當的字能代替者，則使用生造字，如粗、熠、爌、焖、汩等。借用字如糝。糝本指顆粒狀食物，在川菜烹飪中已慣用於泥茸狀原料，並見諸於專業報刊，如雞糝、魚糝，今按約定成俗的原則入書。

四川烹飪界常用生造字剒，其含義與剞相同，修訂版不再用剒字。另外，修訂版以「釀」取代「瓤」的詞目，以資規範詞語。

修訂本對概念、含義相同，但叫法不同的詞目，不再單列，統一歸入某一詞條中。

入書所用資料，限於1995年12月31日以前。

五、《川菜烹飪事典》（修訂本）的編輯出版，凝結了無數烹飪工作者以及有關專家、學者的心血和汗水。在此，我們對前後所有為編寫、出版這部書作過貢獻，特別是編寫組織單位的領導、提供相關資料的廚師和有關人員一併表示感謝。

《川菜烹飪事典》修訂本

編寫委員會

一九九八年八月

總目

為使本書條理清晰、便於查找，特別將目錄分為「總目」及「索引目錄」兩個層次。【】內標示的是對照「索引目錄」的頁碼。

索引目錄

下輯常用術語索引

此索引為下輯常出現的專有名詞。詳細內容說明，請按頁碼翻閱《川菜烹飪事典上輯》。以下分類條目按首字筆劃的順序排列，由簡至繁。

川菜烹飪事典名詞術語對照表

以下內容包含上下輯出現的名詞術語，特別整理出其別稱或解釋，使讀者更易理解。分類方法按名詞字首筆劃的順序排列，由簡至繁。

名詞	別稱或解釋	名詞	別稱或解釋	名詞	別稱或解釋
一劃		**大頭菜**	大頭芥	**水案**	水案板
一指條	一字條	**子座**	植物埋於土中的根部部分	**水寬**	水要多
二劃		**子母火**	灰火	**水八碗**	肉八碗
二刀	坐臀肉、坐板肉	**小火**	文火	**水豆粉**	濕澱粉
二湯	毛湯	**小吃**	小食	**水密子**	圓口銅魚、肥沱、水鼻子
二墩	二墩子	**小炒**	隨炒		
二爐	二爐子	**小開**	肋開	**火夾片**	火夾塊、火連塊
二粗絲	香棍絲	**小攤**	浮鋪	**火眼**	火口
入味	進味	**小酥**	一種開酥方法，有別於大開酥。	**熠**	燖、燶
入籠	裝籠			**火腿**	燖蹄、蘭燖、南腿
丁香	丁子香、支解香	**小吃店**	小食店	**火鍋**	暖鍋
人參	神草、地精	**小茴香**	茴香、穀茴、小香	**牛肚**	牛胃
八角	八角茴香、大茴香、大料	**小缸爐**	烤餅爐、燒餅爐	**牛柳**	牛里脊
		小黃魚	小黃花、黃花魚、小鮮	**牛排**	腰窩排
三劃		**小賓俏**	小料子、小型調料	**牛掌**	牛蹄
三七	金不換、血參、田七	**山楂**	紅果、杭子	**牛筋**	牛蹄筋
三叉	三岔肉	**山藥**	薯蕷、山芋、玉延、白苕	**牛蛙**	喧蛙、食用蛙
三墩	三墩子			**牛膝**	百倍、雞骨膠
三爐	三爐子	**山瑞鱉**	山瑞、山菜	**牛頭**	牛首
三鮮	泛指可以呈鮮味的原料，包括菇菌、時蔬、海產等。	**川芎**	芎藭、香果	**牛鞭**	牛沖
		川貝母	虻、貝父	**牛外脊**	牛通脊
上腦	喜頭子	**川續斷**	鼓槌草、和尚頭	**牛舌片**	刨花片
上毛巾	打帕子	**千張**	百葉	**牛前腿**	哈力巴
口布	餐巾、花巾、席巾	**土豆**	馬鈴薯、山藥蛋、洋番薯、洋芋	**牛頸肉**	脖頭、脖子
口蘑	蒙古蘑菇、白蘑、虎皮香蕈	**寸節蔥**	寸蔥、蔥節	**牛臀尖**	米龍
		七匹半圍腰	七角半活路	**冬瓜**	白瓜、水芝、地芝、濮瓜
大開	腹開、膛開	**四劃**		**冬寒菜**	冬葵、葵菜
大棗	乾棗、紅棗、良棗	**中火**	溫火	**五花**	保肋、五花肋條肉
大蒜	蒜、胡蒜、葫	**中華鱘**	鰉魚、蠟子	**木耳**	黑木耳、樹雞、雲耳
大口鱣	南方大口鯰、河鯰、鯰巴朗	**毛蝦**	中國毛蝦、小毛蝦	**天麻**	明天麻、水洋芋
大白菜	菘、結球白菜、捲心白、黃秧白、黃芽白	**毛毛鹽**	四川說法，指使用很少的鹽。	**勾芡**	扯芡
				牙鮃	左口、比目魚、沙地
		毛巾盤	毛巾船	**切片機**	刨片機
大黃魚	大黃花、大鮮、桂花黃魚			**巴戟天**	巴戟、雞腸風

名詞	別稱或解釋
巴氏消毒法	爲了避免某些食物會因高溫破壞營養成分或影響品質，所以只能用較低的溫度來殺死其中的病原微生物。該法一般在62℃，30分鐘即可達到消毒目的。爲法國微生物學家巴斯德首創。
五劃	
平菇	側耳、北風菌、凍菌
平鰲	鰲子、雲板
玉米	玉蜀黍、番麥、御麥、包穀、粟米、珍珠米
玉米油	玉米胚芽油
玉米粉	包穀粉、玉麥粉
玉筍	玉米筍
玉蘭片	蘭片、筍乾
玉蘭花	白玉蘭、應春花、白木蓮
玉鬚	玉米鬚
生菜	葉用萵苣、萵苣菜
生地黃	生地、牛奶子
田席	三蒸九扣、八大碗、九斗碗
田螺	黃螺
田雞	青蛙、水雞、坐魚
白果	靈眼、佛指甲
白茸	雞肉茸
白術	山薊、山芥、山精
白蝦	脊尾白蝦、絨蝦
白糖	白砂糖、石蜜、白霜糖
白鰱	鰱、鰱子
白鱘	象魚、象鼻魚、鱘鑽子
皮蛋	變蛋、松花
皮凍	將原料（如豬）的皮層的膠質通過蒸製等方式將膠原蛋白釋放出來凝結成的凝脂狀的東西。
皮札絲	響皮切成的絲
白鹵	用鹽水等對食物進行鹵製的一種方法。
白豆蔻	豆蔻、白蔻、殼蔻
白夾竹筍	淡竹筍

名詞	別稱或解釋
石斛	林蘭、杜蘭、金釵花
石花菜	石華、草珊瑚、瓊枝
石斑魚	石樊魚、高魚、過魚
四行菜	四熱吃
四季豆	菜豆、雲豆、豆角
出水	出一水、飛水
出坯	用鹽水浸泡
奶豬	乳豬
冬筍	毛竹筍、茅竹筍、南竹筍
甘草	美草、蜜草、甜草、乾草
包罐	一種加熱器皿，類似砂煲。
正火眼	主火眼
打蛋刷	打蛋器、攪拌器
加吉魚	真鯛、加拉魚
包席館	冷包席館
北沙參	海沙參、銀條參
卡式爐	指在餐桌上可移動的小爐，用甲烷作燃料。
禾花雀	黃胸鵐、寒雀
瓜元、瓜片	以冬瓜爲原料製作的蜜餞。
六劃	
收汁	收乾
收糖清	熬糖水
江團	黃吻鮋、肥沱、鮰魚
江珧柱	江珧、角帶子、瑤柱（四川俗稱）
地瓜	豆薯、土瓜、涼瓜、涼薯、沙葛
地地菜	薺菜、護生草、淨腸草
竹筍	竹萌、竹胎
竹蓀	竹笙、竹參菌、僧笠蕈
竹雞	山菌子、竹鷓鴣
竹䶄	竹鼠、竹狓、籬鼠
米粉	米線
米湯芡	薄芡、清二流芡
肉桂	紫桂、玉桂
肉豆蔻	豆蔻、肉果
肉蓯蓉	肉鬆蓉、金筍
老麵	老酵

名詞	別稱或解釋
老蛋糕	雞蛋放入澱粉和鹽蒸製成的一種半成品，固態，有一定韌性。
西瓜	寒瓜
西米	西谷米
西施舌	車蛤、土匙、沙蛤、海蚌
西蘭花	木立甘藍、洋芥藍、青花菜、金芽菜、綠花椰菜
西式火腿	鹽水火腿
多功能切碎機	電動萬能攪拌器
多功能食品攪拌機	三合一攪拌機
吊湯	墜湯
百合	白百合、白花百合
肋條	腑肋
利索	形容煮出的麵點爽滑、不沾黏。
孜然	安息茴香
抓鉤	出手
杏仁	杏核仁、杏子
杜仲	思仙、思仲
羊肚菌	羊肚菜、羊角菌、雞足蘑菇
七劃	
走菜	端工
扛炭	木炭的一種，結構較一般木炭緊密、硬。
豆油	黃豆油
豆豉	豉、康伯、納豆
豆渣	豆腐渣、雪花菜
豆筋	優質脫脂豆粉爲原料，採用擠壓膨化工藝而製成的高蛋白、低脂肪的純天然製品。又稱豆棒、豆杆。
豆腐	黎祁、來其、小宰羊、菽乳、軟玉、脂酥
豆醬	黃醬、大醬
豆油皮	豆腐皮、豆腐衣
豆腐乳	腐乳
豆瓣醬	豆瓣

名詞	別稱或解釋	名詞	別稱或解釋	名詞	別稱或解釋
冷油	熱鍋冷油	明爐烤	叉燒	韭菜	起陽草、長生韭、扁菜
冷藏櫃	電冰櫃、雪櫃	和尚頭	兔蛋	韭黃	韭芽、黃韭芽
冷餐酒會	立餐	夜來香	夜香花	韭菜花	韭薹
夾心肉	夾縫肉	服務員	招待員	韭菜葉麵條	指麵條的寬窄有如韭菜
夾花鉗	花夾子	果子狸	玉面狸、牛尾狸、青		葉。
何首烏	地精、赤斂		猺、白額靈貓	食堂	飯廳
克山病	主要病癥爲心肌病變，	東坡墨魚	墨頭魚、墨魚、東坡魚	食盤	接食盤、骨渣盤
	包括心律加快、心電圖	固體燃料	固體酒精、酒精蠟	食鹽	鹹鹺
	異樣、充血性心臟衰竭	臥式食品		食茱萸	薮、艾子
	等，嚴重時會導致生命	冷藏櫃	臥式電冰櫃	香菇	香菌、香蕈、香信、冬
	危險。	九劃			菇
八劃		砍	劈	香蕉	蕉子、蕉果
炰	食物烹調至爛糊、軟	柚	柚子、胡柑、文旦	哈士蟆	哈什蟆、紅肚田雞、蛤
	和。	芋	蹲鴟、芋頭、土芝、芋		蟆
金鉤	蝦米、開洋、海米		芳、芋魁	哈蟆油	哈什蟆油、蛤蟆油
金針菇	益智菇、金菇	芋子	小芋頭	油菜薹	菜薹
青豆	毛豆、青黃豆	泥	茸	油溫錶	溫度計
青波	中華倒刺、烏鱗	泥鰍	鰍魚	虹鱒	鱒魚
青鱔	鰻鱺、河鰻、白鱔、鰻	河蝦	沼蝦、青蝦	面料	刀工處理後的原料
	魚	河蟹	中華絨螯蟹、螃蟹、毛	冒燙	指將原料反覆放進滾沸
青菜頭	榨菜		蟹、清水蟹		的水中燙熱。
沙苑子	沙苑蒺藜、夏黃草	南瓜	麥瓜、番南瓜、番瓜、	砂仁	縮砂仁、縮砂蜜
沙茶醬	沙爹		倭瓜、北瓜、荒瓜、飯	抹襠	摩襠、蓋板肉
長江鱘	鱘魚、沙臘子		瓜	拖泥	奶脯、托泥、肚囊皮
長蔥段	馬蹄蔥	南館	南堂、江南館子	品鍋	盞子
沖白	湯色變白	南沙參	沙參、泡參、土人參	便溏	大便稀薄
扳指	即豬大腸，也稱肥腸。	枸杞	枸杞子、杞子、枸杞果	炸進皮	指食材在熱油裡炸的程
炒米	炒熟的陰米	枸地芽	枸杞頭、枸杞葉、地仙		度，皮面要熟。
刻花	挖刀刻		苗	柏子仁	柏實、柏子、柏仁
兒菜	抱兒菜	扁豆	蛾眉豆	拖刀切	拉刀
味精	味素	扁豆仁	藊豆、沿籬豆、蛾眉	前腿子	腱子肉
岩鯉	岩原鯉、黑鯉		豆、樹豆、藤豆	玫瑰花	刺玫花、徘徊花、湖花
旺火	大火、猛火、武火	扁擔肉	背柳、通脊、外脊	柱子菜	四大柱
明油	尾油	穿衣	掛糊	染漿葉	落葵、木耳菜、豆腐
炒灶	炒爐	穿糖	穿糖衣		菜、胭脂菜
直切	跳切	紅豆	赤小豆、赤豆、紅小	娃娃魚	大鯢、鯢魚、山椒魚、
松茸	松蕈、松蘑		豆、朱赤豆		海狗
板栗	栗、栗果	紅苕	番薯、朱薯、甘薯、紅	炮臺灶	一火多鍋灶、一炮三響
枇杷	盧橘		薯、紅山藥、土瓜		灶
兔糕	兔肉茸蒸製成的糕	紅糖	赤糖、黃糖	眉毛條	眉毛形
使君子	中藥裡的一味藥材，是	紅鬆	豬肉鬆	泡紅辣椒	魚辣子
	使君子科植物使君子的	紅心苕	紅心的番薯	保鮮陳列冰櫃	保鮮櫃
	成熟種子。	紅茸子	豬肉茸		

名詞	別稱或解釋
十劃	
桃	桃實、桃子
剔	剔肉、剔骨
剔肉	下肉、出骨
芝麻	脂麻、胡麻、巨勝、油麻
芝麻油	麻油、香油
芝麻醬	麻醬
花生	落花生、番豆、長生果
花仁	花生仁
花椒	大椒、蜀椒、川椒
花菜	花椰菜、芫花
花籠	揀花籠
花鰱	鱅、胖頭魚
花生油	果油
花椒油	椒油
花茶水	茉莉花茶泡出來的茶水
芥末	苦辣粉
芥藍	建南菜
洋蔥	玉蔥、蔥頭
洋薑	菊芋
烏魚	烏鱧、烏棒、生魚
烏龜	龜、水龜、金龜
烏骨雞	烏雞、藥雞、絨毛雞
烏魚蛋	墨魚蛋
粉皮	羅粉、片粉、拉皮
粉絲	銀絲粉
洗手盅	洗手碗
洗碗機	餐具清潔機
洗沙餡	民間手工方式加工出來的紅豆（或黑豆、綠豆）餡料，也叫豆沙餡、豆沙。
烤豬爐	燒烤爐
烤鴨爐	烤爐、煙燻爐、燒臘爐
馬耳蔥	馬耳朵蔥
馬齒莧	五行草、長命菜、安樂菜
芹菜	旱芹、香芹、蒲芹
芫荽	胡荽、香荽、香菜、胡菜
芡實	雞頭、雁頭
豇豆	角豆、長豆

名詞	別稱或解釋
秧雞	水雞、秋雞
桂花	木犀花
桑椹	桑實、桑甚子
家鴿	鵓鴿、飛奴
座湯	尾湯
閃火	中途改小火或停火
肥膘	豬的皮下脂肪層
臭粉	學名碳酸氫銨，化學膨大劑的其中一種，用在需膨鬆較大的西餅之中。
泡泡肉	鬆軟的肥肉
芙蓉花	拒霜花、七香花
益母草	益母、月母草
核桃仁	桃仁、胡桃子
高良薑	良薑
梳子塊	梳子背
肥兒粉	四川早期商店出售的嬰兒米粉。
十一劃	
梨	快果、果宗、玉露、蜜父
背刀	刀背排
背開	脊開
胡豆	蠶豆、佛豆、仙豆
胡椒	浮椒、玉椒、古月
胡蘿蔔	紅蘿蔔、丁香蘿蔔、黃蘿蔔、金筍
苦瓜	錦荔枝、癩葡萄、涼瓜、癩瓜
苦筍	慧竹筍
浸炸	氽
浸水式飲料櫃	冷水櫃
乾筭	乾撈兒
乾豆粉	乾細豆粉、乾澱粉
甜椒	燈籠椒
甜麵醬	甜醬、金醬
甜紅醬油	甜醬油
野鴨	水鳧、水鴨
野雞	雉、華蟲、山雞
魚皮	鱶皮
魚肚	鱶、白鱶
魚翅	鯊魚翅

名詞	別稱或解釋
魚骨	明骨、魚腦
魚眼泡	魚眼沸、魚眼水
魚眼蔥	顆子蔥、蔥顆
麥冬	沿階草、麥門冬
麥酥麵團	擘酥麵團
梭子蟹	三疣梭子蟹、海蟹、槍蟹
梭油鍋	跑油
堂口	堂面、店堂
帶魚	鞭魚、刀魚
彩盤	彩拼、花拼
茅梨	獼猴桃、楊桃、羊桃
茄子	落蘇、昆侖瓜、草鱉甲
莕菜	巢菜
苡仁	薏苡仁、薏米、珍珠米
苤藍	擘藍、球莖甘藍、玉蔓菁
紫菜	索菜、紫英
雪豆	雪山大豆、大白芸豆
鹿沖	鹿腎、鹿鞭、鹿莖筋
海鰻	門鱔、狼牙鱔、勾魚
浮雕	凸雕
接麵	揉麵
望子	幌子、酒簾、酒望、酒旗
條盤	腰盤
紮鹼	下鹼
紹酒	紹興老酒、黃酒、料酒
細絲	火柴棍、三粗絲、麻線絲
軟熠	軟燒
頂牙	嚼起費勁，口腔感覺不舒服。
浪鍋	手端炒鍋，讓油在鍋裡隨手的動作轉動。
蛋豆粉	全蛋豆粉
烹滋汁	烹芡汁
偏火眼	支火眼
晚香玉	月下香
茉莉花	柰花、鬘華、木梨花
側耳根	魚腥草、蕺、豬鼻孔
十二劃	
距	指公雞、雄雉等腳上蹠

名詞	別稱或解釋	名詞	別稱或解釋	名詞	別稱或解釋
	骨後上方突出像腳趾的部分，中有硬骨，外包角質，打鬥時可做武器。	圍邊	鑲邊		有濾水功能的器具。
		跑鹼	走鹼	阿膠	盆覆膠、驢皮膠
		酥皮	開酥、包酥、起酥	附片	附子
草果	草果仁、草果子	雅魚	齊口裂腹魚、細甲魚、丙穴魚（古稱）	莧菜	莧、青香莧
草魚	鯇魚、白鯇、鯶子	黑米	黑糯	脯腹	胸脯、肚脯、弓寇
草菇	包腳菇、蘭花菇、麻菇、稈菇	焯瓢	抄瓢	荸薺	鳬茈、水芋、地栗、馬蹄、紅慈姑
掛汁	澆汁	鼎鍋	吊子	傳熱	熱傳遞
掛爐烤	暗爐烤	嵐炭	焦炭或焦煤	傷鹼	黃鹼、大鹼
散火	散氣	茸子	肉茸	微火	弱火、細火
散籽	鬆散狀	開湯	沸騰的湯	當歸	乾歸
斑鳩	錦鳩、斑鵻、祝鳩	跑一下	在溫油鍋裡滑一下再撈出來。	粳米	粳稻米、硬米、長腰
斑竹筍	多竹筍			蜇皮	海蜇皮
黃瓜	胡瓜、王瓜、刺瓜	開花蔥	花蔥	蜂蜜	石蜜、蜜、蜂糖
黃豆	黃大豆	軲轆錘	葫蘆錘、圓走錘	裙邊	鱉裙
黃油	奶油	掌墨師	坐押師	椿芽	香椿頭
黃精	龍銜、太陽草、黃芝	絞肉機	碎肉機	嗆血	殺豬時沒有把體內的血放乾淨。
黃鱔	鱔魚	推拉刀片	鋸片		
黃芪	黃耆、獨根、蜀脂	淺色醬油	本色醬油、白醬油、生抽	裏子蓋	下子蓋
黃絲	黃色的豆腐皮切成的絲			筷子條	筷子頭
黃臘丁	黃顙魚、鮎魠	深色醬油	濃色醬油、鹹紅醬油、老抽	猴頭菌	猴頭蘑、刺蝟菌、花花菌
蹠蹽	鳥類腿部以下至趾的部分。常裸出，被有角質麟狀皮。	**十三劃**		**十四劃**	
		揝	指翻拌的動作	菜油	菜籽油、清油
淡菜	海紅乾	荷花	蓮花、水花	菜牌	粉牌、水牌
荔枝	離支、丹荔、麗枝	荷葉	蕸	慈姑	茨菇、白地栗、茨菰
茴香	蘹香、小茴香、香子、小香	飯甑	甑子，蒸東西用的器皿，一般為竹編。	慈竹筍	慈筍、八月筍
茭白	菰菜、菰筍、茭筍、高筍			對蝦	大蝦、明蝦
		飯食業	飯食幫、飯幫	對滋汁	對味
茼蒿	蓬蒿、蒿菜、菊花菜	圓子	丸子	綠豆	青小豆
茯苓	茯菟、雲苓	圓汽	汽圓	綠豆芽	豆芽菜、銀芽、掐菜
榨菜	筍子青菜、菜頭	圓雕	整雕、立體雕	製糝	打糝、攪糝
番茄	番柿、西紅柿	電扒爐	電鐵板爐	製辣椒油	製紅油、製紅油辣椒、製熟油海椒
筍乾	乾筍、筍枯	電波爐	熱波爐、旋流式電波爐		
絲瓜	天絲瓜、天羅、蠻瓜、綿瓜、布瓜	電飯鍋	電飯煲	銀耳	白木耳
		電子消毒碗櫃	電子消毒櫃、電子消毒廚櫃	銀魚乾	王餘、鱠殘魚、麵條魚
焯瓢	佘東西用的勺	電動旋轉餐桌面	電動轉盤、自動轉檯	鳳梨	波羅、鳳梨、黃梨
茶會	茶話會			鳳頭肉	眉毛肉、鷹嘴、豬上腦、豬肩頸肉
結帳	買單	電熱壓力烹飪鍋	自動電熱壓力鍋、電熱高壓鍋		
喜宴	喜筵			鳳尾條	鳳尾形
				溪蟹	石蟹
喊堂	鳴堂叫菜	筲箕	淘米、盛飯或裝菜，且	飴糖	麥芽糖、膠飴、糖稀、清糖

名詞	別稱或解釋	名詞	別稱或解釋	名詞	別稱或解釋
華鯪	青龍棒、青鯿	髮菜	地毛、頭髮菜	糖碗	蜜碗
菠菜	菠薐、赤根菜、波斯草	魷魚	槍烏賊、柔魚	鋸切	推拉切
菊花	甘菊、金蕊	墨魚	烏賊、墨斗魚	鋸緣青蟹	青蟹、潮蟹
團魚	鱉、甲魚、足魚、水魚	萵筍	莖用萵苣、萵苣筍、青筍、千金菜	頭墩	頭墩子
壽宴	壽筵			頭爐	頭爐子
構菌	長柄金錢菌、樸菌、冬菇	落檯	備餐檯	蒜苗	青蒜
		罎子	一種民間常見的陶瓷盛湯用具。	蒜薹	蒜梗
熊掌	熊蹯			餐巾	口布、花巾、席巾
碟蓋	盤蓋	彈子肉	拳頭肉、元寶肉	餐車	餐廳服務車
蜜餞	蜜煎	標花嘴	擠花嘴、標花龍頭	鮑魚	九孔鮑、鰒魚
賓俏	配料、輔料	熱傳導	導熱	鮑翅盤	鮑翅窩
辣椒	番椒、辣茄、辣子、海椒	醃滷業	醃滷幫	燒麥	燒賣
		礎磴蔥	蔥彈子、彈子蔥	燒烤席	滿漢燕翅燒烤席
領班	堂頭、頭招待	葵花籽油	向日葵油	蓋面	碼面
揢布	隨手	十六劃		過橋	過江
酵麵	發酵後的老麵	橘	黃橘	蒪菜	蓴菜、茆、鳧葵、水葵、馬蹄草
蒸箄	蒸具的一種，可移動的架子。	豬	豕、豨、豚、彘		
		豬皮	豬衣	澄粉	小麥澱粉、麥粉、小粉
綿白糖	綿糖	豬舌	刷子、口條	陳皮	橘皮、紅皮、貴老
旗子塊	斜方塊	豬尾	皮打皮、甩不累	陰米	糯米蒸熟後曬乾
菱形片	斜方片、旗子片	豬肘	蹄膀、肘頭	燎皮	將皮放在火上烤，烤到一定程度，再用刀刮淨皮上面燻黑了的部分。
搭一火	打一火	豬肚	豬胃		
十五劃		豬肺	肺葉		
稻	稌、嘉蔬	豬腰	豬腎	瓢兒白	瓢菜
醋	苦酒、淳酢、醯	豬蹄	蹄爪、豬腳、豬手	鋼湯隔	鋼籮斗、不銹鋼籮篩
腰果	雞腰果	豬肚頭	肚尖、肚仁	十七劃	
腰籠	腰蓋	豬排骨	籤子骨	顆	小丁
滾筒	平走捶	豬黃喉	橫喉	蔥	芤、和事草、菜伯、鹿胎
滾料切	滾刀切、滾切	豬腦花	腦花		
廣柑	甜橙、黃果、柳丁	豬蹄筋	蹄筋	蓮米	蓮子、蓮實、水芝丹、蓮蓬子
廣柑水	橙子水	鴨	鶩、舒鳧、家鳧		
碼芡	上漿	鴨蛋	鴨子、鴨卵	蓮花白	結球甘藍、包心菜、洋白菜、包包白
碼味	打底味、打底鹽	鴨掌	鴨腳		
豌豆	㸆豆、畢豆、寒豆、淮豆、麥豆、青圓	鴨雜	鴨什件	澱粉	芡粉、團粉、粉麵
		燕窩	燕菜	獨蒜	獨頭蒜、獨獨蒜
豌豆尖	豆苗	燕窩席	燕菜席	嚐味	品味
熟地黃	熟地	燕蒸業	燕蒸幫	糟頭	頸肉、血脖、項圈
熟墩子	冷墩子	龍骨	大魚骨	鍋巴	鍋焦、黃金粉
腳貨	動物的內臟、下腳料等。	龍眼	桂圓、荔枝奴	鮮熘	滑熘
		龍蝦盤	龍蝦船	鴿蛋	鴿卵
墩子	菜墩、砧墩	龍蝦籤	龍蝦叉	螯蝦	大頭蝦、蟹蝦
盤工	管碗匠	糖	餳、糖霜		
調羹	湯匙	糖汁	糖色		

名詞	別稱或解釋
操作檯	案板、打碼檯、打荷檯、砧板檯、廚房工作檯
壓力鍋	高壓鍋
十八劃	
雞	燭夜、德禽
雞爪	雞腳、鳳爪
雞縱	雞菌、傘把菇、白蟻菇、三大菌（四川俗稱）
雞翅	鳳翅、雞翼、大轉彎
雞蛋	雞子、雞卵
雞腿	鳳腿
雞雜	雞什件
雞糕	雞肉茸蒸製成的糕
雞內金	雞胗皮
雞脯肉	雞胸肉、鳳脯
雞腿菇	雞腿蘑、雞腿菌
鵝	舒雁、家雁
鵝肶	鵝胆肝、鵝胗肝
鵝掌	鵝腳
鯉魚	鯉拐子
鯽魚	鯽拐子、喜頭
歸芪	當歸和黃芪
蕨菜	蕨根、蕨薹、蕨雞薹
蕪菁	葑、蔓菁、圓根、諸葛菜
蕎麥	烏麥、蕎子、菠麥
檸檬	黎檬子、夢子、檸果
翻沙	返沙
蟲草	冬蟲夏草
醬油	清醬、醬汁、豉油
醪糟	酒釀
轉刀刻	削花、雕花
釐等秤	等子秤
雙翼酒瓶開刀	螺旋鑽、果酒瓶開瓶器、雙翼酒鑽
十九劃	
薑	生薑
蟹肉	乾蟹肉、蟹米
蟹眼泡	蟹眼沸、蟹眼水
鵪鶉	鶉鳥、鵪鶉
鵪鶉蛋	鶉蛋

名詞	別稱或解釋
鯧魚	銀鯧、鏡魚、鯧鯿
鯰魚	土鯰、鱧魚（四川俗稱）
蕹菜	空心菜、空筒菜、藤藤菜、通菜
蠍子	鉗蠍、杜伯
鏊子	一種烙餅用的圓形平底鍋。
臀尖肉	寶尖
二十劃	
礬	硫酸鋁鉀
糯米	江米、元米、酒米
糯米粉	江米粉、酒米粉
麵板	案板
麵篩	籮篩、粉篩
麵包渣	麵包糠、麵包粉
麵食業	麵食幫
蠔油	牡蠣醬油
黨參	上黨人參、黃參、中靈草
魔芋	蒟蒻、鬼芋、花傘把、蛇六穀、星芋
瓊脂	凍粉、洋粉、洋菜、瓊膠
響皮	將豬皮用熱油炸，炸得金黃起泡，放置晾乾。
二十一劃	
藕	蓮藕、光旁、荷心
鐵板	鐵板燒
鐵算	鐵網，放烤盤的架子，不可移動。
鰣魚	時魚、三黎魚、三來
藠頭	薤、薤白、野蒜
饊子	一種用糯粉和麵扭成環的油炸麵食品。現在的饊子，用麵粉製成，細如麵條，呈環形柵狀。
二十二劃	
蘑菇	蘑菇蕈、肉蕈
蘆筍	露筍、石刁柏、龍鬚菜
蘋果	柰、頻婆、平波
藿香	排香草
灌腸	西式灌腸

名詞	別稱或解釋
鷗鵒	越雉、越鳥
鰳魚	勒魚、曹白魚、膾魚
二十三劃	
蘭花	蘭、山蘭、草蘭
鱖魚	桂魚、桂花魚、季花魚
二十四劃	
鹼	碳酸鈉
鹼水發	鹼發
蠶豆	鮮胡豆
靈芝	靈芝草、三秀、菌靈芝
鹽蛋	鹹蛋
二十五劃	
蘿蔔	萊菔、葵、蘆菔、紫菘、土酥、蘿白
觀音掌	梭掌
二十六劃	
鑷子	夾鉗
二十七劃	
鱸魚	鱸板、花鱸

第一篇

炊餐用具

第一章
烹調器具類

一、加熱設備

【灶】

用磚、石、泥、金屬等材料製成供熟食的設備稱為灶。如煤灶、柴灶、煤氣灶等。灶的特點是利用熱傳導，用火直接燒鍋，火力集中旺盛。以炒、炸、燒、燉、煮等方法烹熟食物。與爐利用熱輻射來進行烘、烤、燻等烹熟食物有所區別。四川飲食業習慣稱灶為爐灶。

【炒灶】

又稱「炒爐」。四川飲食行業用作單鍋小炒的爐灶。有火力集中、操作方便、便於控制的特點，適合多種烹調方法。其結構是肚大口小，爐膛深，無灶門，通風口大，煙囪火眼較小，在灶面火口上裝有一個7～10公分左右高的水泥圈或生鐵圈，作放鍋之用。灶面用瓷磚鋪成，灶邊有流水的溝槽，灶後有高的隔灰牆。

【蒸煮灶】

飲食行業用以蒸菜、蒸飯、煮肉、煮菜、煮麵的灶。它的構造是將鐵鍋固定嵌入灶內，鍋沿與灶面相平，爐膛底部要砌成與鍋底平行的弧形。灶口大，爐膛寬，灶門寬，爐底通風口也大，並有煙囪。一般是兩座、三座灶築在一起，共用煙囪。

【炮臺灶】

又稱「一火多鍋灶」、「一炮三響灶」。它是充分利用熱能的省煤灶，正火作炒、炸、熘、燴等之用；偏火用來燉、煨、燜食物，其中一個偏火設鼎鍋作燉湯之用，其餘偏火作煨、燜之用。

【太陽灶】

利用大面積凹面鏡集聚太陽光熱能裝置的爐灶。利用太陽能的熱力可以提高水溫達60℃左右。餐館用太陽灶多作為熱水炊煮之用，能節約能源，減少費用開支。

【柴油灶】

以柴油為燃料的烹飪加熱設備。常用的柴油灶有兩種不同的燃燒方式，一種是鼓風式柴油灶。這種柴油灶每個爐頭配有一隻鼓風機，柴油供應為自流式，爐膛內有多個小氣孔，一個出油孔在爐膛底部，工作時鼓風機送出的強大風力從氣孔噴出，使點燃的柴油汽化而產生高溫火焰。這種灶具的優點是爐頭簡單、易維修，但雜訊大。另一種是壓縮式柴油灶。這種柴油灶是用壓縮機將空氣輸送到爐頭，與柴油一起噴射，達到充分汽化燃燒，使用一個調節閥便可以調節火力大

小，且調節比較均勻，但這種灶具的輔助設備較複雜，一般為大、中型酒店使用。

柴油灶的品種規格很多，最常見的有：雙眼炒灶、雙眼蒸灶、單眼炒灶、單眼蒸灶、蒸炒雙眼灶、單眼明火灶、雙眼明火灶、大鍋灶（湯鍋灶）、煎炸灶、二托腸粉灶（粵點用）。

【燃氣灶】

燃氣灶是以天然氣、液化石油氣、瓦斯氣、人工煤氣為燃料的灶具。燃氣灶熱效率高，火力猛，燃燒噪音小，廢氣污染小，使用方便，潔淨衛生，是烹飪的理想灶具。燃氣灶的種類很多，按氣源分有天然氣灶、瓦斯氣灶、液化石油氣灶、人工煤氣灶、甲烷氣灶（卡式爐⊕）；按用途分有炒灶、蒸灶、大鍋灶（湯鍋灶）、火鍋灶；按規模分有單眼灶、雙眼灶、三眼灶、八眼灶、十眼灶。

無論何種氣源、何種型式的燃氣灶，其工作原理和操作方法基本相同，可以使用多種氣源（卡式爐除外），只要在使用前按不同氣源，選擇相應的噴嘴和燃燒器蓋，調整好壓力閥和風門，就可以點火操作了。行業用大型燃氣灶由灶體、灶檯、爐膛、燃燒器、調節閥、長明火、輸氣管組成。

⊕卡式爐是指在餐桌上可移動的小爐，用甲烷作燃料。

【煤油爐】

一種以煤油為燃料的灶具。煤油灶由灶架、燃燒器、油箱、打氣筒、油閥、風門等組成。其工作原理是：煤油在油箱內用打氣筒加壓後經油管進入預熱器加熱使油汽化，再經二通進入總閥，從總閥特製的噴嘴中形成霧狀，進入混合器，在混合器中與從風門進入的空氣混合形成具有良好燃燒性能的混合氣油，從火盤噴出燃燒。這種灶具的特點是火力旺、輕便。

【電磁爐】

電熱爐具。電磁爐可用來進行煮、炒、炸、煎、蒸等多種烹調操作，具有使用方便、安全可靠、熱效率高、無火、無煙、清潔衛生的優點。電磁爐由加熱圈、灶面板、安全保護電路和專用鍋組成。電磁爐通電後，加熱圈通過一定頻率的變電流，線圈周圍便產生磁場，使專用鍋的磁性鍋底產生感應電勢而形成渦流，這個渦流遇到金屬中的電阻便產生熱量，將鍋內食物烹熟。

【電波爐】

又稱熱波爐、旋流式電波爐。是一種風行世界的新型爐具。它集電烤箱、微波爐的優點於一身，通過強制熱循環系統產生高溫旋流輻射烘烤食物，使被烘烤食物受熱均勻，色味俱佳。電波爐烹飪功能很多，能烘烤蛋糕、麵包；能烤雞、烤鴨；製作叉燒、羊肉串；能蒸魚、肉、蛋；能燉（隔水蒸）藥膳；還可以對食品解凍，進行餐具消毒。

【微波爐】

利用微波能量加熱食物的新型爐具。在烹調中，它的加熱方式與傳統加熱方式完全不同。傳統加熱方式是通過熱傳輸的三種形式即傳導、輻射、對流，使熱量逐步由食物外部傳到內部。達到烹調加熱的目的。

微波爐加熱則是利用微波場能刺激食物中的水分子，使其以每秒25億次的高速振動，分子之間不斷振動摩擦而產生高熱，使得食物內部和外部同時加熱成熟或解凍。用微波爐加工食物既可縮短烹調時間，又可保存食物的營養成分。

【電扒爐】

又稱「電鐵板爐」。電熱爐具。爐的主體是一塊厚鐵板，鐵板下面有電熱管作熱源。它利用鐵板傳熱，使食物致熟。通常用於西餐及粵菜的扒類菜式，也可以用於川菜的煎烙菜式以及攤春卷皮、蛋皮，烙蔥油餅、大餅等。

【電炸爐】

用於炸製食品的爐具。由儲油鍋、電熱管、溫控器、指示燈、隔油簍組成。此爐用途廣泛，可以用來炸製麵食品和肉食品。

【烤鴨爐】

又稱「烤爐」、「煙燻爐」、「燒臘爐」。不銹鋼製成。用於烤鴨、雞、鵝、鴿、排骨、臘肉、香腸，也可用於製作煙燻食品。烤鴨爐由爐缸（爐體）、炭灶、吊架、旋環、溢油管、排煙管組成。

爐缸內上方裝有吊架，用於吊掛被加工原料，吊架與爐缸外的旋環連為一體，轉動旋環，可將被加工原料轉到不同位置，使之受熱均勻。爐膛內填有隔熱材料，烤爐的下方置有一炭灶，爐的腰部有一長方形爐門用來放進原料、添加燃料。用該爐煙燻食品時，掛入食品，點燃木炭，在木炭上加入略帶濕潤的花生殼、樟樹葉、茶葉、糠殼、松枝、大米等帶芬香味的植物，當上述植物慢慢炭化時，會產生大量煙霧使食物帶上煙燻香味。

【烤豬爐】

又稱「燒烤爐」。用來燒烤乳豬，製作叉燒酥方、叉燒雞、叉烤魚的專用爐具。烤爐呈長方形，爐體敞口，用不銹鋼板壓製成。爐膛內有爐橋，四周砌有耐火牆，爐上兩端置有鐵叉支撐槽，爐底有一抽屜式長槽，用以盛炭灰。

【小缸爐】

又稱「烤餅爐」、「燒餅爐」。爐身呈橢圓形，口小，底小，腹大。因形如缸子，故名。爐殼一般為鐵桶，也有木桶的。爐身由耐火磚泥砌成，有爐橋；爐底開一個小爐門以便通風。燒嵐炭（焦炭或焦煤）或無煙煤。如燒餅爐烤餅時，將餅貼於爐壁翻烤至熟後，用鉗子夾出。

【電烤箱】

餐廳常用烹飪器具。用途很多，既可烤製各種點心、各種乾果，也可烤製多種肉食品。由於它所用的發熱器具表面溫度較高，熱量直接輻射到被烘烤的食物上，因此烤出的食物色、香、味俱佳。

電烤箱的規格很多，結構也各不相同，但工作原理是一樣的，一般常用的電烤箱有單門、雙門、三門。電烤箱內有電熱管數層，每層電熱管又分有底火、面火，每層電熱管有一托架，架上可放置鐵製烤盤數只，烘烤食物時，可根據實際需要調節時間和調節底火、面火的溫度。

【遠紅外線電烤箱】

電烤箱的一種。其結構與常用的普通電烤箱相似，只是發熱原理與普通電烤箱不同。遠紅外線是一種不可見的射線，其波長為30～1000微米，具有很高的熱效應和很強的穿透力，食物吸收這種射線後內部產生了強烈振動，分子互相摩擦，產生分子熱，從而達到加熱食物的目的。由於遠紅外線的透射率高，減少了被加熱食品的內外溫差，使水分能從食物內部很快排出。因此，遠紅外線烤箱具有生產率高、耗能低的特點。

【蒸箱】

廚房蒸製炊具。全不銹鋼結構，由鍋灶和蒸箱構成。鍋灶由燃燒器和水箱組成，以柴油或燃氣為燃料。蒸箱由箱體、蒸盤、蒸葦（可移動的架子）、箱門組成，箱體內壁兩側安裝有多層滑槽，用於擱放蒸盤和蒸葦；箱門邊鑲嵌有無毒橡膠條，門外有閉鎖裝置。箱門的開啟有側拉式、上抽式和雙門對開式。蒸箱主要用於蒸、燉（隔水蒸）各種食品、菜餚，也可以用於餐具消毒。

【自助餐保溫鍋】

餐廳常用餐具。不銹鋼製成，有長方形、方形和圓形，由鍋體和鍋架組成。鍋體分為兩層，上面一層存放菜餚，下面一層盛

有溫水。鍋架上有一平板，放有酒精爐。自助餐保溫鍋一般用於冷餐會、自助餐陳列菜式。

【電熱保溫陳列湯盆】

餐廳電熱浸水式恆溫設備。主要用於速食、自助餐菜餚、羹湯的保溫。電熱保溫湯盆用不銹鋼製成，分為兩層，下面一層是溫水箱，用浸水式電熱棒為熱源；上面一層排有10個不銹鋼帶蓋方湯盆。保溫湯盆的溫度可在30～100℃之間由溫控旋扭調節。

【煎炸車】

一種移動式食品保溫、二次烹調加工設備。煎炸車用不銹鋼材料製成，共分為三層，下面兩層為封閉式，第二層前部放置有酒精加熱爐，上層為敞開式，放有一煎炸板（平底煎炸鍋）。車前部用玻璃鋼圍成半圈，車後部有一推拉把手。煎炸車用於餐廳店堂現場移動售賣點心，多使用已熟或半熟成品食物，主要起對食物的加熱作用，客人即點即烹。煎炸車的規格一般為700×420×1200公分。

【電子消毒碗櫃】

又稱「電子消毒櫃」、「電子消毒廚櫃」。電子消毒櫃的品種很多，有採用遠紅外線石英電熱管高溫消毒的高溫電子消毒櫃；有利用電暈放電產生臭氧殺滅病毒和細菌的低溫電子消毒櫃；有同時具備高溫、臭氧消毒雙重功能的電子消毒櫃。

高溫型電子消毒櫃最大的優點是外型美觀、結構合理，利用遠紅外線加熱速度快，穿透能力強，消毒徹底，安全可靠。

【固體燃料】

又稱「固體酒精」、「酒精蠟」。是用酒精添加化學凝固劑製成，形如蠟，質軟，有簡裝（條裝）和精裝（鐵罐裝）兩種規格。使用時，條裝燃料應放在專用爐具或鐵罐中用明火點燃，鐵罐裝燃料只要開啟鐵罐直接可用明火點燃。固體燃料具有無毒、無煙、無異味的優點，是餐車加熱保溫及做火鍋的理想燃料。

二、製冷設備

【冷藏櫃】

又稱「電冰櫃」、「雪櫃」。廚房必備製冷設備，主要用於食物的貯存保鮮。冷藏櫃的品種很多，從製冷原理上分有開啟式（水冷式）、半封閉式（風冷式）、全封閉式（風冷式）；從容積上分有0.5立方公尺、0.8立方公尺、1立方公尺、2立方公尺、2.5立方公尺；從造型上又分有立式和臥式。

不管是單門、雙門保鮮櫃，還是四門、六門冷藏櫃，它們的製冷溫度通常可在5℃到零下20℃之間進行調節。冷藏櫃的使用應根據環境和生產需要而設置，使用時要嚴格做到生和熟、成品和半成品分開存放，原料應分類用鋁盒盛好存放。

【臥式食品冷藏櫃】

又稱臥式電冰櫃。廚房、餐廳製冷設備。櫃體為夾層，外層為合金鋁裝飾板，內層是特殊合金鋁膜蒸發器，夾層中間是發泡塑膠保溫層。壓縮機工作時，通過櫃體內壁四周的特殊合金鋁膜吸收熱量來達到製冷效果。臥式食品冷藏櫃用於冷藏各種食品及製作冰塊和售賣雪糕、飲料。

【保鮮操作檯】

廚房保鮮製冷設備。這種操作檯分為砧板檯和打碼檯。保鮮砧板檯在操作板下面安裝有封閉式製冷設備，左邊1／4處是壓縮機等製冷系統，3／4是保鮮櫃，以便切配菜時對食物進行保鮮。

保鮮打碼檯的左邊1／3處是保鮮設施，下層安裝壓縮機，上層是開啟式保鮮櫃，櫃

中放置帶蓋的不銹鋼方盒若干，盒內可盛裝各種切好的原材料，以便隨時配料、碼味、下鍋烹調。

【保鮮陳列冰櫃】

又稱「保鮮櫃」。餐廳必備製冷設備。用於展示陳列商品的保鮮、冷藏。保鮮櫃採用間冷式結構，強勁的冷風對流循環使櫃內的溫度均勻。保鮮陳列櫃有立式和臥式兩種，立式櫃一般用於存放啤酒、飲料、水果、點心；臥式櫃一般用於展示肉類製品、蔬果、點心。無論是立式櫃還是臥式櫃都安裝玻璃櫃窗，使櫃內物品一目了然。

【浸水式飲料櫃】

又稱「冷水櫃」。餐廳製冷設備。全不銹鋼板製成。由製冷系統和冷水櫃組成，壓縮機安裝在水櫃下面，水櫃內左下角有細銅管盤成圈的蒸發器，圈內有一電動攪拌器。壓縮機工作時通過銅管吸走水中的熱量。這種冷藏櫃用於冰凍飲料和啤酒。

三、廚房機具

【蔬菜清洗機】

廚房用具。蔬菜清洗機的結構與工作原理類似自動洗衣機，把蔬菜、瓜果放入機內的金屬筐，通過清水噴射和金屬筐的旋轉達到清潔蔬果的效果。

【多功能食品攪拌機】

又稱三合一攪拌機。食品攪拌加工設備。它採用全封閉齒輪傳動，有高、中、低三種轉速，具有公轉和自轉，能徹底翻動被攪拌物。這種攪拌機將和麵、拌餡、打蛋功能集於一身，用蛇形攪拌杆低速運轉可以和麵、揉糍粑，比傳統和麵機械效果更好、更勻、更快；用拍狀攪拌器中速運轉，可以拌心餡、攪拌糊狀物料；用花蕾形攪拌器高速

運轉，可拌和奶油、打雞蛋。

【打蛋機】

攪拌蛋漿、奶油的專用機具。打蛋機的工作原理與多功能攪拌機相同，通過高速轉動蛋刷，使蛋液在不斷的攪動中充入空氣起發。

【和麵機】

麵點加工機械。和麵機工作時由電動機帶動減速機構驅動攪拌器運轉，使麵料在麵斗內不斷地翻動並互相揉和、擠壓形成麵團。和麵機既可用於麵團攪拌揉和，又可用於大批餡料的攪拌。

【壓麵機】

麵點加工機械。用於製作中西點心、麵條、抄手皮（餛飩皮、雲吞皮）、餃子皮、發酵麵點等。在製作發酵麵點時，將加入了乾酵母的麵團在機上反覆揉壓疊壓，麵團發白充分發揮麵粉的力度，麵眼細而密，經醒發一段時間，麵團起發均勻有力、綿軟且有彈性。用於製作麵條、餃子皮，可以增加麵皮的韌度，達到均勻的效果。

【磨漿機】

將黃豆、大米、玉米等顆粒狀糧食加工成漿狀物料的加工機械。磨漿機有立式和臥式兩種，主要由電動機、料斗、磨盤構成。加工人員將事先浸泡好的原料逐步放入料斗，原料順管道進入磨腔後即被磨成漿狀，由出料口排出。有些磨漿機可以用來作粉碎機，加工米粉、黃豆粉、玉米粉、糖粉、花椒粉、辣椒粉、胡椒粉。

【切肉機】

廚房加工機具。主要用於切割無骨肉類，也可用來加工無核硬脆質瓜果、塊莖類蔬菜，可將被加工物料切成絲、片、丁、末等形狀。切肉機分臺式和落地式兩種，其成形原理是兩組圓形滾筒式刀排在電動機驅動

下同時向內對轉，這時將肉（菜）塊平放入下料口，便可切成肉片，如果把切好的肉片疊好，轉90度放入下料口，即被切成肉絲，反覆多次就可以切成肉末。

【 切片機 】

又稱「刨片機」。廚房加工機具。是對肉類、複製品肉類（火腿腸、午餐肉）和硬脆性蔬果、薯類加工成片的理想工具。切片機是由安裝在底部的電動機輸出軸通過蝸杆傳動帶動刀盤旋轉，利用托盤往返移動及送進完成切片工作。切片機可以根據被加工物件的實際需要調整厚薄，其加工出來的物品厚薄均勻、大小一致。切片機每小時切片能力可達30公斤，用來加工蒜泥白肉、豬肉片、肥牛肉片、涮羊肉片、牛舌萵筍、燈影茗片等是其他工具所不能及的。

【 多功能切碎機 】

又稱「電動萬能攪拌器」。它配有多種刀具，可以根據需要又快又準確地將各類蔬菜、水果、魚類、肉類等切成多種規格，也可以攪拌蛋液、醬汁、腐乳；碾磨胡椒、花椒、花生、芝麻、黃豆、大米；還可以切剁肉餡、蒜泥、薑泥和磨豆漿、米漿。

【 鋸骨機 】

廚房加工機具。主要用於切割牛骨、豬骨等。

【 絞肉機 】

又稱「碎肉機」。廚房必備機具。主要功能是將整塊的原料加工成細粒。一般絞肉機都配有大、中、小孔板，可以根據需要選用。操作時開啟電源，把事先改切成長條形的肉放入（一次不能太多）下肉口，螺杆便把肉料輸送到切肉刀處切碎，從出肉孔板中擠出。絞肉機除了用於絞肉，還可以絞紅茗、大蒜、豆瓣、辣椒。如果在出肉孔處安裝特製的漏斗，可以用來灌香腸。

【 電熱開水器 】

燒開水的電熱器具。主要由水箱、電熱管、溫控器、水溫表、進水電磁閥、平臺架等構成。全自動電熱開水器具有自動恆溫、自動進水和補給冷水、缺水保護等多種功能。有的電熱開水器的平臺架呈櫃形，安裝有電熱管，可以進行小毛巾消毒、保溫。

【 洗碗機 】

又稱「餐具清潔機」。飲食業較為適用的廚房用具。洗碗機的工作原理是使用連續不斷的冷熱水、輔助洗滌劑，對碗盤作高壓水噴射清洗，降低油脂的黏度和附著力，進而將汙物噴洗乾淨。有的洗碗機還具有消毒、烘乾功能。

四、廚房用具

【 操作檯 】

又稱「案板」、「打碼檯」、「打荷檯」、「砧板檯」、「廚房工作檯」。是廚師切菜、配菜、做點心、打荷、擺餐具不可缺少的廚具。操作檯多為長方形，高80公分，規格無統一標準，視場地大小、操作方便而定。製作操作檯的材料很多，有的用質地堅實的木板，兩端有木製高腳架（有的兩端用磚砌腳架）；有的用磚和水泥板砌成，上面貼有瓷磚；更多的是用不銹鋼板製成，這種操作檯有的帶有抽屜、工具箱，有的帶有櫥櫃，有的帶有冷藏保鮮設施。

【 櫥櫃 】

廚房用具。擱放鍋、碗、盤、盞，存放原輔材料、半成品的專用櫃。有落地立式櫃，也有壁掛橫式櫃。櫃內有多層擱板，門為右左滑門，有的門裝有鋼紗窗。過去製作櫥櫃用木材，現在多用不銹鋼材。

【多層貨架】

廚房用具。不銹鋼管件焊製而成，規格視工作場地大小而設計製作，一般常用的為160x55x180公分，分為三層或五層。貨架主要用於擱放各種物品。

【調料車】

裝調料缸（缽）的廚車。不銹鋼製成，形似餐車。分為三層，上面一層排有多個不鏽缸調料缸，下面兩層裝有各種常用調料以隨時補充調料缸調料消耗。廚師上灶烹調時可把車停在順手邊，烹調完畢後蓋上蓋，把車推到一定地方停放。調料車的優點是：使用靈活方便，清潔衛生。

【鍋】

烹調用具，圓形中凹。種類多樣，若按其質地分，飲食上常用的有：

1. **生鐵鍋**：生鐵鑄造。不易跌壞，受熱均勻，散熱慢，易生銹，要經炙鍋除去鐵器異味後才能使用。規格有大有小，小鍋有兩耳，四川飲食業多用此鍋。

2. **鐵皮鍋**：由鐵皮壓製而成。體較輕，傳熱快，洗刷容易，兩耳用鐵釘固定，簸炒方便。無耳的則有把手。因其傳熱快，常用來燒、燴、汆、煮菜餚。

3. **不銹鋼鍋**：合金材料製成。不生銹，易傳熱，煎煮時間快。按其用途又分為炒鍋（耳鍋）、飯鍋、蒸鍋（籠鍋）、滷鍋、湯鍋等。

【鼎鍋】

又稱「吊子」，烹調用具。用生鐵鑄成。外形上、下部略小，中部向外凸起。規格有大中小之分，稱為大吊子、中吊子、小吊子。安在炒灶火眼的前面，利用炒灶的餘熱烹煮食物，主要用於烹製菜餚用的毛湯和煮肉等。

【平鏊】

又名「鏊子」、「雲板」。一般用生鐵鑄成，或用熟鐵捶打而成。圓形呈平面狀，有一提手把。多用於烤製各種鍋魁、烤餅，或烙製春餅皮、芝麻塊餅等。

【平鍋】

烹調用具。四川多用於小吃食品的煎、烙、貼，如生煎小包、鍋貼餃子等。以生鐵鑄造而成。圓形、大小各異，一般口徑約40公分。平底有邊、邊高約5公分，有平反沿，以利於端拿。

【汽鍋】

隔水汽蒸食品的炊具。土陶製成。形如品鍋，口大，底深，有蓋，鍋的中心有汽管。將蒸汽導入鍋中。

【砂鍋】

一種陶質炊具。其特點是：耐熱性能好，溫度不易散失，含有人體所需的鐵、鈣、鋅等微量元素，耐酸鹼、無氧化，用來烹調食物能保持食物的原汁原味。砂鍋的種類很多，大的直徑28公分，有兩耳形如「吊子」，口大底深；中型的直徑20公分，形如「品鍋」；小型的直徑小於15公分，口大身淺。有的小砂鍋帶有手柄（廣東稱「煲」）；有的砂鍋中間有隔斷，可以同時燒、燉不同品種的菜餚。大型砂鍋主要用於燉湯，中、小型砂鍋主要用於製作砂鍋菜式。

【壓力鍋】

又稱「高壓鍋」，密封式壓力炊具。用鋁合金製成。它是由鍋身、鍋蓋、蒸格、蒸架、安全塞、閥芯、重錘閥、密封圈、長手柄、短柄等10個部分組成。其原理是鋁身與鍋蓋結合處採用膠圈進行密封、使鍋內蒸汽不致外泄，在加熱過程中鍋內溫度隨氣壓升高而上升，縮短蒸煮食物成熟時間，節約能源，而且可使食物（肉、魚、飯、麵餃等）煮得鬆軟味美。

【不黏鍋】

烹調用鍋。不黏鍋品種很多，有大有小，有炒鍋、燉鍋、蒸鍋；有平鍋、桶鍋、碗鍋；有雙耳鍋、單柄鍋；也有電熱鍋、外加熱鍋。不黏鍋是用合金鋁鍋板經伸拉壓製成不同鍋形，烹飪面（鍋內面）塗有黑色氟樹脂不黏層，烹飪食物時不會產生黏鍋現象，既能把食物與鋁鍋分開，避免鋁元素對人體的危害，又不會產生焦黑食物，擺脫了焦黑食物的致癌作用。在使用不黏鍋烹飪食物時，應使用專用的塑膠質、木質、硬橡膠鍋鏟，以免刮傷不黏層。

【搪瓷燒鍋】

烹調用具。搪瓷燒鍋是在鐵或鋁製坯胎上塗一層玻璃質瓷釉的耐高溫炊具。搪瓷燒鍋的品種很多，有炒鍋、燉鍋（吊子）、雙隔蒸鍋。該炊具有很多優點，耐高溫，耐酸鹼，抗氧化，去汙消毒快。

【飯甑】

又稱「甑子」，蒸飯用的木製炊具。筒形，口圓腹深、上有蓋，底有蒸箅（箅，音同「畢」，是指平而有孔隙的竹器，墊在鍋底，以便蒸食物之用。）規格有大有小，大的可供上百人的伙食團、飯店、招待所用。四川農村家庭用的甑子，一般直徑只有40公分。

【蒸籠】

蒸食品的炊具。一般用竹製成，也有用鋁皮、白鐵皮、不銹鋼皮製作的。有圓形和長方形兩種。圓的下有籠座，上有籠蓋，可重疊若干蒸屜；長方形的如桌子之抽屜，分若干格子放進蒸櫃內。圓蒸籠分大、中、小三種。大的蒸菜、蒸點心用。中的蒸原籠點心和菜，隨籠上桌，如小籠包餃，原籠玉簪。小的口小如茶盅，名曰小籠籠，用於粉蒸牛肉、粉蒸羊肉的蒸製。

【蒸點方箱】

蒸製點心的工具。有木質和金屬的兩種，大小根據具體的品種而定，高度一般在7公分左右。多用於蒸製漿狀或糊狀的原料，如涼蛋糕、白蜂糕、雙色米糕、八寶棗糕等。

【酒鍋】

燙酒的鍋。酒（如黃酒）鍋裝水放在爐火上燒熱，然後將酒裝入瓶內或壺內，放入水中燙熱後再上桌。

【電飯鍋】

又稱「電飯煲」，一種電熱炊具。電飯鍋不僅可以自動定時煮飯、保溫，還可以熬粥、燉湯、煮菜、蒸食品。電飯鍋按其加熱方式不同分為直接加熱式和間接加熱式；按其功能不同分為普通式電飯鍋、保溫自動式電飯鍋、煎煮兩用電飯鍋、電子自動式電飯鍋和微型電腦控制電飯鍋。電飯鍋有大有小，容量大的煮米量，可供40～50人食用。

電飯鍋的工作原理是按下開關，發熱板對內鍋加熱，鍋內食物便加熱至沸，水分將溫度帶走，使鍋內溫度保持在100℃左右。當水分不斷減少至乾時，鍋內溫度便上升，當溫度上升到105℃時，發熱板中心的磁鋼限溫器的感溫磁體失磁，從而使控制系統動作，開關自動斷開。飯煮好後電飯鍋的保溫系統開始工作，當電飯鍋溫度降至65℃時，保溫器觸點自動閉合，鍋內溫度回升，超過70℃時保溫器觸點又自動斷開。如此往復使鍋內溫度保持在65℃至70℃之間。

【自動電熱不黏鍋】

電熱炊具。有多種烹飪功能，煮、蒸、燉、涮（火鍋）均可。它由不黏內鍋、底座、電熱器、控制板、玻璃蓋組成。電熱不黏鍋與自動電鍋結構相似，所不同的是電熱不黏鍋的形狀多樣，鍋身淺、鍋底平，這種結構便於煎、炒食物。電熱不黏鍋內鍋面塗有黑色氟樹脂不黏層。電熱不黏鍋的溫控設

有高檔和低檔，烹調時在所選定的溫度檔內實現自動控制。

【電炒鍋】

高溫炒煎食物的電熱飲具。具有炒、煎、蒸、炸、煮等功能。電炒鍋的種類很多，有電熱盤型、整體鑄鐵型、搪瓷網狀電熱絲型。

【紫砂電火鍋】

電熱炊具。以紫砂陶作鍋體，鍋體底座安裝電熱管直接加熱煮熟鍋內食物的電火鍋。這種類型的電火鍋外形美觀，頗具中國傳統飲食文化特色。它主要由鍋體、鍋蓋、電熱管、隔渣板組成。鍋體為雙層結構，用紫砂陶料燒結成形，呈棕色，鍋體含有多種人體需要的微量元素。用它烹調食物能最大限度地保持食物中的維生素，並能保持食物加熱前的顏色。這種鍋不僅可以作「火鍋」用，還可以用來熬粥、蒸菜。

【電子砂鍋】

一種電熱慢火烹飪鍋。它可以用來燉湯、熬粥、煎中藥，也可以用來燜、煮、蒸食物。烹飪時水分蒸發小，能保持砂鍋烹飪的獨特風味。

【電熱壓力烹飪鍋】

又稱「自動電熱壓力鍋」、「電熱高壓鍋」。是一種集電鍋與普通壓力鍋功能為一體的電熱炊具。它主要由鍋體、鍋蓋、限壓閥、安全裝置、溫控電熱裝置、過熱保護器、定時器、密封膠圈、指示燈等元件組成。為了提高電熱壓力鍋的保溫能力和降低外殼表面溫度，鍋體採用雙層結構，內層為鍋內膽，外層為外殼，中間是空氣保溫層。從總體上說，電熱壓力鍋在工作原理上、在結構上集中了電飯鍋和普通壓力鍋的全部優點，並使之更合理，電氣性能更優越，更安全可靠。

【電熱膜式電飯鍋】

電熱烹飪鍋。它集電飯鍋、電子砂鍋的功能於一體，不僅可以煮飯，還可以熬粥、燉湯、蒸饅頭、做火鍋。電熱膜式電飯鍋的外形和結構與電子砂鍋相似，只是電熱結構和選用的材料完全不同，它採用先進的電熱膜與傳統的陶瓷製品相結合燒製，使鍋內膽的外表面形成0.1毫米（公釐）的電熱塗層，通電後電熱膜發熱，將電能轉變成熱能，通過溫控器控制定值溫度來對食物進行加熱和保溫。

【火鍋】

又稱暖鍋。是隨鍋帶火上桌，由食者自燙自食的一種炊、餐結合的器皿。用火鍋原是民間的一種傳統食俗。宋代林洪撰《山家清供》一書中記載有「撥霞供」，其食法類似今人的火鍋。清代袁枚在《隨園食單》中也說：「冬日宴客，慣用火鍋。」可見火鍋的歷史是悠久的。

四川火鍋按傳熱方式可分為兩種：一種是用銅、鋁、銻等金屬專門製造的。有鍋身、鍋座、鍋蓋、鍋耳、爐橋。用木炭作燃料，火燒在中心的火筒內，借火筒導熱燒開湯汁，從而燙煮食物。這種火鍋，多用於筵席，如什錦火鍋、三鮮火鍋。另一種是用鍋和爐配合而成的火鍋。用小鍋放在火爐上燒開湯汁，再燙煮食物，燃料有嵐炭、酒精、煤氣多種。此種火鍋，多用於專業的火鍋店，例如毛肚火鍋，一般家庭也採用這種方式。

【涮烤兩用鍋】

火鍋的一種，用薄銅板或不銹鋼板製成。樣子類似北方的暖鍋（什錦火鍋、菊花火鍋），只是火筒比暖鍋略大。涮烤鍋以木炭為燃料，火筒從鍋身中央通過，四周裝有湯汁，可根據口味涮燙各種食物，火筒頂部有一圓形鐵板，鐵板四周有小槽供燒烤食物時肉油、料汁流淌，燒烤操作時先在鐵板上刷一層油，然後把碼好味的片狀食物平貼在鐵板上煎烤成熟，蘸佐料食用。

【瓢】

舀水、舀湯、撈菜的用具。有大有小。古時是剖開葫蘆做成瓢。現在有木瓢、椰瓢、鐵瓢、鋁瓢、銅瓢等。用途很廣,見湯瓢、漏瓢、焯瓢等條。

【炒瓢】

四川飲食行業爐子上用以炒菜的工具。一般為熟鐵製成。長把,口較淺,以體輕耐用為好。

【漏瓢】

四川飲食行業爐子上使用的主要工具。熟鐵製成,長柄、形如湯瓢,但口較深。瓢碗上鑽有若干小孔,可以漏油、漏水,烹調時用漏瓢可在油鍋、湯鍋中取料。

【焯瓢】

又稱「抄瓢」。濾油及從湯鍋中取料的工具。熟鐵製。形狀如同漏瓢,但大小不一樣。圓形,口大,淺底,把長。口徑約27公分,深5公分,底上鑽有很多小孔,以便漏油、漏湯。

【絲舀子】

在油鍋中或水鍋中撈取食料的工具。鐵架、鐵絲或不銹鋼架、不銹鋼絲編成網眼如瓢形。口的直徑約30公分,底深約10公分。有長柄,常作油炸食品、汆汍菜時在鍋中撈菜之用。

【鍋鏟】

炒菜時用以翻撥原料,煮飯時攪米、起飯、鏟鍋粑的工具。一般以熟鐵、不銹鋼、鋁材製成。有大有小,煮飯用的較大,有長柄;炒菜用的較小。四川飲食行業中多作鏟鍋之用。

【抓鉤】

又稱「出手」。從油鍋或湯鍋中勾取食物的工具。熟鐵製成。長柄木把,頂端有兩個尖形彎鉤,以便抓取食物。

【燒烤叉】

燒烤食物的工具。用鋼條或鐵條製成。雙枝,頭尖,有柄。飲食行業中常用的有:長叉(叉長100公分,把長80公分),適於烤乳豬等大件食品;中長叉(叉長80公分,把長80公分),適於烤豬方等;短叉(叉長35公分,把長25公分),適宜於烤仔雞、全魚等。

【滾筒叉】

燒烤食物的工具,將烤叉的兩端安上支撐架,原料坯子上叉固定後,可在烤爐上作圓周轉動。其優點是:操作方便省力、受熱均勻。見「燒烤叉」條。

【鬚鉤】

鉤掛食物的工具。熟鐵或不銹鋼製成。長約18公分,兩端呈彎鉤,一鉤向右,一鉤向左,互相錯開,以便掛杆。鉤的中部有一橫擔,以方便進烤爐時用鐵鉗夾住。有利於取放。

【烤蓋】

烤製糕點的工具。用銅、鋼、鋁合金等原料製成。有蓮斗形、梅花形、花邊形、條勺形等。便於定型,如烤各種蛋糕、鬆酥點心等。

【烤盤】

烤製糕點的工具。長方形、矮邊。大小按烤爐大小而定。一般長約50公分,寬約30公分。用薄鐵板製成。將加工好的糕點放入烤盤(盤底要刷油),再將烤盤送入烤爐放在鐵算(鐵網)上烤熟。

【食罩】

遮蓋食物的籠罩,作為防蠅、防塵的工具。半球形,口大,直徑為60~80公分,用竹子作架,蒙上紗布,所以稱紗罩。也有用

鐵絲、鐵紗製作的。現在有一種塑膠食罩，還可以折疊。

【鍋架】

又稱鍋圈。廚師烹調過程中臨時用於放置鍋的必備用具。圓形，直徑有大有小，高4～6公分。過去多用青竹編製，現在多用不銹鋼製成，有的鍋架下面有一鋼托盤。

【揻布】

揻，音同「展」。用來輕輕擦抹或按壓吸濕用的鬆軟乾燥的紡織品，稱為揻布。在墩子、爐子上，廚師用來清潔刀、瓢、墩子、炒瓢的紗布，也稱揻布（俗稱「隨手」）。

【磨刀石】

磨礪各種菜刀的工具。長條形，能立放。一般長40公分，寬10公分，高15公分。固定於四腳木架上，以便操作。要選質細較堅硬、起刀快的石料。

【手磨】

用手推的小磨。圓形，有磨盤。石料鑿成，重量較一般大磨輕。白案作磨細餡料（如芝麻、花仁、綠豆、大米）之用；紅案作磨細調料（如花椒、胡椒、辣椒）之用。

【蒜臼】

臼是舂搗食物的工具。由臼和臼棒組成。臼，凹形，一般用石頭鑿成，也有鐵鑄的。蒜臼是舂大蒜用的石臼。

【薑蔥擦】

廚房小工具，主要用於加工薑泥、蒜泥。薑蔥擦用塑膠製成，塑膠板上排列有多個直徑為0.3～0.5公分的小圓孔，圓孔邊緣有小刃。操作時只需要把薑塊、蒜瓣在板上來回摩擦，就能加工出薑泥、蒜泥。

【食夾】

夾取食物的工具。用有彈性的不銹鋼皮製成。可開可合，有大有小，一般長22公分，片寬5公分。飲食行業在出售糕點或成件食品時使用。

【鑷子】

又稱「夾鉗」，拔除毛髮、細刺或夾取細小東西的工具。鋼皮製成，寬約2.5公分，有長有短，前彎嘴為刀，中部有彈性，收攏後可以自動彈回。用作水案上鑷去豬、雞、鴨等皮上的細毛。

【菜篩】

盛裝粗加工後的各種原輔材料的用具。圓形或長方形，有邊，用竹片或塑膠製成。全身有網眼，可以漏水通風。墩子上將切好的各種蔬菜盛於篩中，再放在三角架上，以備隨時取用。滷鍋和湯鍋也利用菜篩盛滷好或煮好的大塊熟肉。

【墩子】

又稱「菜墩」、「砧墩」，是對原料進行刀工操作時的襯墊工具。一般是木質的，以皂角樹為好。大小應根據工作需要而定。墩子要生熟分開使用。用後要刮淨、洗淨、晾乾，用紗布或墩罩罩好，應保持平整，忌曝曬。

【盆】

盛東西或洗東西用的器具。口大，底盤較深，多為圓形，也有長方形的。有大有小，為木、陶、合金鋁、不銹鋼、搪瓷製品。如：洗菜盆、盛菜盆、端菜盆等。

【缸】

裝米、水等東西的盛器。底小口大，深於盆。為瓦、瓷、玻璃、搪瓷製品。如酒缸、水缸、米缸、油缸等。

【缽】

陶製的器具，也有搪瓷、不銹鋼製成的。形狀像盆而較小，圓口，深腹，平底。用來盛飯、盛菜、盛水或各種調料（料缽），也可用來漲發乾料等，用途甚廣。

【料缽】

裝調料的用具。圓口，深腹，平底，一般只有20公分高，為陶質、不銹鋼、搪瓷製品。爐子上作裝醬油、醋、鹽、糖、水豆粉、甜醬等調料之用。也可用於發製黃花、木耳等。

【湯桶】

廚房用大型容器。口大身直，直徑有24～70公分數種，用合金鋁板或不銹鋼板壓製焊接而成，配有桶蓋。湯桶可用於燒湯、熬粥、煮菜、裝水、盛油，也可以用於貯藏物品。

【鋼湯隔】

又稱「鋼籮斗」、「不銹鋼籮篩」。廚房烹調用具。不銹鋼身，身直底平，底面是用不銹鋼絲編織的細網。主要用於過濾油渣、湯汁，也可以用來作麵篩。

【碼味盅】

廚師烹調菜餚時用來對原材料「打底味」的盛器。用不銹鋼、合金鋁、陶瓷、玻璃等材料製成。

【片刀】

片肉、切菜的工具。長方形，刀身較窄，刀口鋒利，刀葉較長，體薄而輕。使用靈活方便。一般作切絲、片肉之用。如片白肉、片肝片、切黃絲（黃色豆腐皮切成的絲）或蘿蔔絲等。

【切刀】

切製動植物原料的工具。鋼鐵或不銹鋼製成。長方形，刀身比片刀略寬、略厚、略重，刀口鋒利、結實耐用。一般用於切絲、條、片、丁、塊等，又能用於加工略帶碎小骨頭或質地稍硬的原料。製雞、魚、蝦、兔茸時，用刀背捶。

【砍刀】

砍切堅硬原料的工具。鋼鐵製成。長方形，刀長而厚，體重。作砍帶骨和質地堅硬的原料之用。例如砍豬頭、砍排骨，砍雞鴨鵝等。

【刮刀】

食物原料粗加工的工具。鋼鐵或不銹鋼製成品。體形較小，刀刃不甚鋒利。作刮洗肉皮和魚鱗之用，也有作刮菜墩之用。

【尖刀】

水案和墩子上使用工具。鋼鐵或不銹鋼製成。前尖後寬，呈三角形，體輕。多用於剖魚和剔骨。

【竹刀】

竹子製成的刀。長約14～17公分，頭尖有把，體薄口鈍，表面光滑。用作打豆腐、涼粉等嫩軟食物，也有用來塗抹各種茸糊。

【骨刀】

用骨料製成的刀。長約10～18公分，有如平口鑿形，有柄，刀口較鈍，表面甚光滑。多用於剝果皮（如柚子）或鏟鍋貼食品之用。

【刻刀】

用於工藝菜造型時雕刻食物原料的工具。常用的刻刀有兩種：一是削刀。不銹鋼製。一般用7～8公分直柄或牛角可收折的小刀做成。刀口要薄而平，刀尖形成一定的斜度。口窄而尖，以利於切、削、挖、刻之用。它是製作工藝菜最常用的工具。二是鑿刀。用不銹鋼或銅皮按所需規格做成。分尖口鑿與圓口鑿兩種，大小不一，規格多樣。

鑿刀多用於雕鑿花瓣、鳥、獸羽毛及各種線條。常配合削刀使用。

【雕塑刀】

製作工藝菜時，茸糊造型所使用的工具。一般是竹片或質細的木料製成，長約15公分，彎曲薄片狀，表面打磨得十分光滑，以利於塗抹。它是製作工藝菜的必備的工具之一。

【鋸齒廚刀】

新型廚房用刀。用高碳鋼材料經電子電腦最佳設計，把刀口（刀刃）製成粗細不同的鋸齒狀，這些鋸齒有規律的排列成145個切割面，粗齒用於切、砍、斬、鋸硬質材料，細齒用於切、片、剖軟質材料。在刀身右邊接近刀口處與鋸齒切割面平行排列著一重凹槽，這排凹槽的作用如同一排「血槽」，在切軟黏材料時不會發生貼刀現象。

用一把鋸齒廚刀可以完成用幾把傳統廚刀才能完成的切、片、剖、砍、斬、剃、鋸等刀功，非常方便省力。還有帶鋸齒的切凍肉刀、切水果刀、雕花刀、剝菜刀及帶鋸齒的餐刀。

【模具】

製作工藝菜餚點心的造型工具。分壓形模具和翻鑄模具。壓形模具，是用馬口鐵或不銹鋼按花、鳥、魚、蟲、獸、花邊、字等的輪廓形象，敲打、彎折、焊接成的工具。用時先將食物原料開塊，再用工具壓成形。成形後再用刀切薄片，裝飾在菜盤內或菜盤邊以增加菜餚的美觀。也可壓糕點食物。

翻鑄模具，是按翻鑄石膏模型的方法，先雕刻一個鳥獸的模具，再用金屬（鋁、銅）翻鑄成一個空心模型。用時將模型殼內塗上油脂，以免黏貼，再填入茸糊，中心放上較硬的火腿、雞肉、冬菇等食料作襯，然後將兩塊模型合攏扣緊，上籠蒸熟。出籠後稍冷，打開模型，取出成品，再進行修飾。

【麵板】

又稱「案板」。白案上必不可少的用具。一般選用上等木材製成，表面光滑而平整。大小根據使用的要求而定。在和粉、擀製麵皮與麵條、製作各種點心坯子時使用。

【切麵刀】

白案切麵用的工具。鋼鐵製成。有大小多種規格，小刀一般用於分切各種麵團；大刀長約66公分，寬約13公分，用於切製各種麵條，例如切製金絲麵、銀絲麵、青菠麵條等。

【鋒刀】

白案切糕點的工具。鋼製。刀片薄而鋒利。長約30公分，寬約6公分，做糕點之用。

【擀麵杖】

擀麵工具。細質木料製成。圓筒形。分大、中、小三種。大的1.5公尺長，5公分粗；小的60公分長，3.5公分粗。作擀麵條、擀麵皮、擀餅之用。

【擀麵棍】

擀麵工具。用細質木料製成。形如擀麵杖，但比擀麵杖小。其長度為25～60公分不等，作擀製中型餅坯或小型糕點餅坯之用。

【擀麵扦】

白案上的擀麵工具。為細質木料車製而成。中間粗、兩頭細。分單擀扦和雙擀扦兩種。單擀扦長約30公分，作擀製包子皮之用。雙擀扦比單擀扦小，形狀相同，長約20公分，擀皮時兩根擀扦雙手使用，作擀製水餃皮、鍋貼皮之用。

【滾筒】

又稱「平走捶」。白案擀麵工具。用細質木料製成。圓筒形，長約26公分，粗約8公分，側面中心有通孔，在通孔中穿入一根

軸。作擀製花卷、大包酥等用。

【軲轆錘】

又稱「葫蘆錘」、「圓走錘」。白案用的擀麵工具。以細質木料車製而成。呈鼓形，長約8公分，中間粗7公分，兩頭粗5公分，側面中心有個通孔，在通孔中穿入木軸。多作擀製燒麥（燒賣）皮等之用。

【麵篩】

又稱「籮篩」、「粉篩」。是分離顆粒的工具。可用馬尾、絹、棕或鋼絲網底製成。有粗細眼之不同。作篩粉狀物、果料之用。

【粉帚】

白案上用作清掃麵粉和撣掃案板的工具。棕絲紮成。形如刀，長方形，有把。規格有大有小，應根據需要選用。

【炸點篩】

炸製點心的工具。一般選用鋁合金材料製成。有平面和淺盆形的兩種。篩內有很多小孔，便於瀝油，左右有兩個提手。用炸點篩製點心既便於定型，又能控制油溫。如製作菊花酥、鳳尾酥、百合酥、蓮花酥、鴛鴦酥等各類炸點，均宜使用炸點篩。

【夾花鉗】

又稱「花夾子」，白案上製作點心的工具。用銅或不銹鋼製成。多用於各種點心造型。如在製作花邊、花瓣點心時，使用夾花鉗既快又均勻。

【麵點梳】

在麵點上壓製花紋、花邊的工具。用銅、鋁、牛角、無毒塑膠等製成。形狀同婦女的頭梳，故名。如用於荷葉軟餅、海螺面芙蓉包等的製作。

【打蛋刷】

又稱「打蛋器」、「攪拌器」，打製蛋漿的工具。用不銹鋼絲製成，有銅把和鐵把兩種。作打雞蛋糕漿、奶油等用。

【標花嘴】

又稱「擠花嘴」、「標花龍頭」，製作花蛋糕的專用工具。標花嘴呈錐形，如筆殼，中空有嘴，嘴眼不宜太大，以能漏出標花材料即可。可標花邊、文字、花瓣、線條、花葉等十多種。用銅、不銹鋼、鐵皮製作均可。標花時，將裝好標花材料的紙筒（擠花袋）尖端剪一小孔，套入標花嘴，外面再套一紗布口袋，繫緊後，即可操作。

【蛋烘糕銅鍋】

烘製蛋烘糕用的特製銅鍋。口圓，直徑約8公分，邊高1.5公分，中心微凸，邊沿稍深，兩側有把手。製作時將調好的蛋漿舀入鍋內，用微火烘烤。

【油溫錶】

即「溫度計」。量油溫高低的儀器。在閉封玻璃管內裝有顯示油溫升降的物質——水銀。根據液柱頂端所在位置就可以從尺規上讀出溫度數值。飲食行業常用的是1～300℃的油溫表。多用於炸酥點、炸油條等。一般是在低溫時就把溫度錶放入油鍋內，待升到需要的油溫時再把油鍋端離火口，立即進行炸製。

【麵笊】

挑麵的工具。爲竹絲編製。形如「戽水笊」，長柄。可以濾去麵水。在麵鍋內挑麵時，先從鍋中挑麵入笊，再裝進碗中，也可作燙菜葉之用。

【釐等秤】

又稱「等子秤」。廚房用計量小工具。一種微型桿秤，主要用於稱量精度要求準、劑量小的配方原料。

第二章
飲食器具類

一、食品盛具

【碗】

盛飲食品的餐具。口大底小，按碗的大小分有品碗、頂碗、二大碗、三大碗、湯碗、蒸碗（扣碗）、飯碗、小飯碗、口湯杯，碗口直徑從8公分（口湯杯）到25公分（品碗）。按其用途可分為湯碗（品碗、頂碗、二大碗）、麵碗、蒸碗、菜碗、飯碗、口湯杯。按其形狀分有慶口碗、直口碗、羅漢碗和荷葉碗。按其材料分有瓷質碗、陶質碗、木質碗、玻璃碗、塑膠碗、金屬碗（金、銀、銅、合金鋁、不銹鋼）。

【盤】

盛菜餚的餐具。多為瓷質或陶質，也有用搪瓷、金屬（銀、銅、鋁、不銹鋼）等製成的。按形狀分有條盤、圓盤、方盤、平盤、窩盤、魚盤、湯盤等。

【圓盤】

盛菜餚的餐具。圓形。分平盤、窩盤兩種。平盤盛裝炒、炸、熘等不帶汁或少帶汁的菜餚；窩盤裝煮、燴、煨等帶汁較多的菜餚。直徑有15～40公分等多種。從顏色分有白釉、黃釉、綠釉三種。上花有青花、藍花、紅花幾種，以釉下花最好。上花又分滿花（盤中央有花）和邊花兩種，以邊花用途為廣。

【條盤】

又稱「腰盤」。呈橢圓形。有平盤、窩盤兩種。平盤盛裝炒、炸、熘等不帶汁或少帶汁的菜餚；窩盤裝煮、燴、煨等帶汁多的菜餚。從尺寸規格上有20～40公分（長軸）等多種。從顏色上分白釉、黃釉、綠釉三種。上花的有青花、藍花、紅花幾種，以釉下花最好。上花又可分滿花（盤子中央有花）和邊花兩種，以邊花用途為廣。

【湯盤】

盛菜餚的餐具。圓形有邊，有耳，口深凹形，直徑多為25公分。作為盛半湯菜之用。

【食盤】

又稱「接食盤」、「骨渣盤」。是筵席上分食用的餐具。一般為14～18公分的平盤。筵席上是擺在每個賓客座位前面（服務員在擺檯面時，常以食盤定位），供分食時盛菜餚，或是作接放骨渣之用。西餐上的食盤是每上一道菜就換一次。中餐上的食盤也要注意客人使用情況，及時撤換。

【品鍋】

俗稱「蠱子」。一種陶瓷的盛湯菜的餐具。多爲瓷質或陶質，也有搪瓷的。口大底深，有兩耳，分有蓋和無蓋兩種。口徑爲25～30公分。餐館一般作爲盛全雞、全鴨等座湯之用，置於托盤中上桌。

【鐵板】

又稱「鐵板燒」。一種特殊餐具。用生鐵鑄成，邊高中間平，呈橢圓形，有些鐵板邊緣鑄有牛、虎、龍的形象。使用時先把鐵板燒燙，墊上專用木板底座（盤托），然後在鐵板內鋪一層洋蔥片或甜辣椒片，放入事先煎炸好的原料，如牛肉片、大蝦、肉串等，由服務員端上桌後再烹入事先調兌好的滋汁。由於鐵板帶有高熱能，烹入滋汁後立即熱氣騰騰，吱吱作響，香氣四溢，平添了席面的歡樂氣氛。

【托盤】

承托器皿的盤子。爲了手不接觸食具，用盤子墊在下面端送食物。如品鍋下面都墊有托盤；茶碗下面，也墊有托盤。一般都是成套配好的。中國古代叫托子，多用金銀或瓷製成。始於唐代，流行於宋代和元代。

【攢盒】

又稱「蠱盒」。筵席中以多種冷菜盛裝在同一盒內，並用格子分開的餐具。攢盒有盒蓋、底盤和菜格三部分。盒蓋多繪有風景、珍禽異獸圖案等作裝飾，如龍鳳呈祥、熊貓戲竹、孔雀開屏等。菜格可以移動或取出，常見的可將底盤分爲九格，同時盛裝九種不同顏色、不同口味的菜餚，故稱「九色攢盒」。另外還有五色、七色、十三色等規格。攢盒有大有小，形狀有圓、方、棱形，有用木質、瓷質、多層綢子做胎胚漆製而成的。是四川筵席上用的傳統餐具之一。

【碟蓋】

又稱「盤蓋」。餐廳必備餐具。服務員從備餐間送菜上桌時蓋在菜盤上，菜上桌後揭開，以保證菜餚的熱度和清潔衛生。碟蓋用不銹鋼薄板壓製而成，有圓形、蛋形，高約5公分。有的頂平直筒，有的頂酷似麵包，頂上有一提手。碟蓋型號很多，可根據菜盤大小選用。

【龍蝦盤】

又稱「龍蝦船」，一種木製餐具。造型像小木船，有的小船船頭裝飾有龍的形象，主要用於盛裝刺身（生片）龍蝦和刺身（生片）三文魚。

【竹筒】

一種竹製餐具。用粗楠竹的自然節做成。粗10公分，長22～25公分，竹節橫放，在1／3處鋸開一塊，用來當作菜餚盛器。

【燉盅】

蒸燉藥膳、補品的專用餐具。用優質瓷料燒製而成。造型多樣。燉盅由盅身、盅內蓋、盅外蓋組成，內、外蓋與盅口非常吻合，在蒸燉食物時密封程度高，原氣不易外泄，能保持燉品的原汁原味。

【鮑翅盤】

又稱「鮑翅窩」。原爲盛裝魚翅菜餚的專用餐具，故名。這種盤邊稍直高，盤深底平，有兩平耳把。一般用於盛裝湯汁、滷汁、芡汁較多的燒、燴、燜菜餚，如水煮肉片、麻婆豆腐、半湯魚等。

【蓋碗茶杯】

中國傳統茶具。一種帶有蓋、配有底托盤的瓷茶杯。這種茶杯口敞大，身較直，杯形似喇叭。杯蓋小於杯口，主要作用是撇開杯內水面上的茶沫，以便飲用。茶杯托盤呈荷葉形。

【咖啡具】

咖啡具由咖啡杯碟、牛奶壺、糖缸、咖

啡壺、咖啡過濾器組成。咖啡杯碟一般成套使用。分大、中、小三種型號，大型用於早餐、中型用於午餐，小型用於晚餐。

【杯】

盛飲料或其他液體的器具。古代指盛羹器。多為圓柱狀，下部略細。一般容積不大，為瓷質、陶質、玻璃、搪瓷等的製成品。如茶杯、酒杯、水杯、湯杯等。

【酒杯】

裝酒的杯子。有大有小，裝啤酒的最大，每只可容啤酒250克；裝果酒的次之，每只可容70克；白酒杯最小，每只僅容30克左右。一般為瓷、陶、玻璃製品，古代有玉杯、金杯。酒杯口大底小，是筵席上必備的飲具。

【高腳杯】

有腳柱的酒杯。圓口，呈漏斗形，腳柱底有圓盤。多為玻璃製品，也有用瓷、陶製成的。筵席上作裝白酒之用。

【水杯】

裝飲料的杯子。為玻璃製品。口大底深，下部略小，一般高10公分，杯口直徑6公分。用以盛汽水、礦泉水、廣柑水（廣柑為四川叫法，是橙子的一種）、橘子水、香蕉水、檸檬水等。

【霜淇淋杯】

餐廳用玻璃器皿。體積略大於雞尾酒杯，杯口直徑10公分，高7.7公分。霜淇淋杯除了盛霜淇淋外，還可以用來作水杯和餐具，例如裝啤酒、果汁，盛明蝦、蓮子羹、冰汁百合等。

【果盤】

餐廳用來盛裝水果的玻璃器皿。底平口圓，底部有腳，直徑25公分，高8公分，有圓形和荷葉形兩種。一般用於裝乾、鮮果，製作水果拼盤，也可以用來裝點心。

【味壺】

裝調料的用具。飲食業有「三上桌」的行話。指的是醬油壺、醋壺、紅油辣椒盒三樣擺在餐桌上，便於顧客自己調味。還有「高醋矮醬油」的行話。指的是醋壺高、醬油壺矮，便於顧客識別。味壺多為瓷質、陶質、玻璃製成品，一般容量不大，造型比較精美。

【碟】

盛菜餚或調味的餐具。比盤子小，底平而淺，多為圓形。多以瓷質、陶質製成。隨菜裝調味品的叫味碟，直徑約7公分。有的菜餚要帶味碟上桌，如「香酥鴨子」要帶蔥醬味碟；「四吃鮑魚」要帶四種不同的味碟，供作客人蘸食用。另一種為雙格味碟，有方形和圓形兩種，可同時盛裝兩種不同的味汁。盛裝冷菜的單碟，有13公分、17公分、20公分、23公分等幾種規格。

【肉串籤】

用來製作烤肉串、棒蝦、鐵板菜式的專用籤。不銹鋼製成。長約20～25公分，籤尖略細，後柄上飾有小圓環。

二、服務用具

【調羹】

又稱「湯匙」。是用餐的餐具，是餐館的小餐具之一。一般是陶質製品，也有用銅、鋁製的。調羹是用來舀湯的小勺兒。

【匙架】

餐廳用小餐具。主要用於擱放餐匙。用不銹鋼或銅製成。長條形，上面有一凹平臺，造型多樣，有些匙架與筷組合在一起。

【茶匙】

舀取流質或粉末狀物質的小勺稱匙子。舀茶的稱爲茶匙。一般爲不銹鋼製成，柄較長，大小各異。

【餐刀】

西餐用的餐具。分肉刀、魚刀、黃油（奶油）刀、果刀幾種。刀有大有小，一般都是不銹鋼製成。用餐時，每上一道菜，換一次刀。用以分割食物。

【餐叉】

西餐用的餐具。作取菜或撥菜之用。一般都是不銹鋼製成，也有銅、銀合金製的。有大有小，分菜叉、魚叉、點心叉等幾種。西餐每上一道菜，換一次叉。

【餐勺】

西餐用的餐具。是作爲舀湯、舀飯用的。多數爲不銹鋼製成，也有用銅、銀合金製成的。有大有小，分湯勺、茶勺、飯勺、奶勺、咖啡勺等幾種。

【雙翼酒瓶開刀】

又稱「螺旋鑽」、「果酒瓶開瓶器」、「雙翼酒鑽」，餐廳必備服務工具。全不銹鋼製成。由塞鑽、套筒、雙翼手柄構成。塞鑽的前部是螺旋鑽花，中部杆上有螺紋，後部是啤酒瓶開瓶器。套筒的前部有一內徑和酒瓶口大小一致的套口，雙翼手柄與套筒連爲一體，手柄基部有齒輪，該齒輪的齒踞與鑽杆中部的螺紋吻合。

開瓶時將開刀的套口對準瓶口，垂直旋下塞鑽，隨著鑽花深入雙翼手柄慢慢展開，當輕輕壓下手柄，瓶塞就被拔出。這種開刀主要用於開啓葡萄酒、香檳酒等類的軟木瓶塞。

【牙籤筒】

裝牙籤的用具。圓筒形，高約7公分，筒口直徑約3公分，有罩，有座。陶瓷、塑膠或玻璃製成。一般是擺在桌上供顧客自己取用。因牙籤是入口的，要特別注意衛生。

【牙籤】

剔牙用品。多用竹或木材製成。有一頭尖和兩頭尖兩種。一般長6公分。

【果籤】

一種長7～10公分的竹籤，用來籤食瓜果。果籤一頭尖，一頭裹有彩色玻璃紙，有些果籤安裝有各種五彩繽紛的紙質飾物，如：蘋果、荔枝、花朵、旗幟、小傘。

【筷架】

擱放筷子的工具。用瓷質、陶質或金屬製成。形狀多樣，有山、花、菜、鳥、魚、蟲等形象。體形不大，一般高2公分，長5公分。在筵席上是放在食盤右面，供賓客擱放筷子之用。

【龍蝦籤】

又稱「龍蝦叉」，西餐專用餐具。不銹鋼製成，主要用於吃帶殼的海鮮菜點，如龍蝦、螺、貝、螃蟹、蝦等。

【冰塊夾】

用來夾取冰塊的服務用具。不銹鋼製成。有彈性，手柄由寬漸窄，夾具部分寬略凹，帶有鴨蹼形齒。小夾長10公分，大夾長18公分。

【方糖夾】

夾取方糖或椒鹽的食品夾。不銹鋼製成。夾具部分比手柄略寬，呈橢圓形，中間稍凹，長約10公分。

【毛巾夾】

夾取小毛巾的服務工具。用不銹鋼薄板製成。夾具部分壓有防滑花紋。

【冰塊桶】

盛裝冰塊的容器。一種是用不銹鋼製成的雙層保溫桶體，旁邊有兩個環耳把，主要用於自助餐、冷餐會。另一種是用玻璃製成，八角型桶體，口徑15.7公分，高12公分，有一不銹鋼提手，用於一般酒宴。

【洗手盅】

又稱「洗手碗」，餐廳服務用具。用玻璃或陶瓷製成，盛裝香片茶水，供客人食用帶殼海鮮時洗手用。常見的洗手盅為口徑14.5公分，高5公分的蓮花型玻璃盅。

【煙缸】

餐廳用具。供客人抖煙灰，放煙蒂用。有玻璃煙缸、陶瓷煙缸、金屬煙缸、塑膠煙缸等類型。

【鏤花紙墊】

一種吸水性很強的紙製品。用機器壓製成各種形狀、各種花紋和圖案。用於餐廳墊茶杯、墊餐具，也可用於墊在菜盤內盛裝酥炸、過油菜點。

【飲料吸管】

用無毒塑膠或高檔紙製成。用來吸食飲料。有的吸管在2／3處，特製有螺紋，使吸管可以根據需要隨意彎曲。

【桌裙】

用來圍於餐桌周邊，遮擋桌子底部的「圍裙」。桌裙一般用於較高級的宴會廳。桌裙上部有折子，底部舒放，很像姑娘穿的裙子。做桌裙的材料以質地高檔的暗紅、墨綠、玫瑰紅的絲絨為多，給人一種莊重、高檔的感覺。桌裙可用於圓桌，也可用於長桌和方桌。

【檯布】

鋪蓋桌面的衛生設備。一般為1.6公尺至2.5公尺見方的細漂白布製成。接縫要平直，布面要潔白無疵，燙熨平整。在國外也有用金絲絨檯布的。塑膠檯布，只要合乎衛生標準，也可使用。但在舉辦接待外賓的筵席上，還是以用布質的為宜。

【餐巾】

又稱「口布」、「花巾」、「席巾」，餐廳服務用品。多用細白布製成，也有彩色提花布製成的。一般是40～50公分見方。為中西餐客人用來放在領口上或放在膝蓋上以防油水弄髒衣服的；有時也可用來擦嘴擦手。為了增加檯面美觀，可用餐巾折成各種花、鳥、魚、蟲形象的布花，插在水杯內作為裝飾，以增加檯面美觀。口布花還要區別出主人入座的位置，主人座位上的口布花應與一般賓客不同。如果不折成口布花，也可折成方形，平擺在食盤內。

【小毛巾】

餐廳服務用品。一種26×26公分的針織品。小毛巾用途廣泛，在餐前、餐中和餐後供客人擦臉、抹手用。

【毛巾盤】

又稱「毛巾船」，裝小毛巾的用具。毛巾盤的形狀為長方形或蛋形，四邊高中間凹，像一隻船。做毛巾盤的材料很多，有竹、塑膠、玻璃、陶瓷、合金鋁或不銹鋼等類。

【消音墊】

餐廳輔助用品。墊在桌布下面用來消除碗盤和刀具在使用時引起的雜訊。有些餐桌安裝有永久性消音裝置，而有的餐桌要用紡織品或泡沫塑料來作消音墊。消音墊的大小視桌面大小而定。

【紙巾插】

餐廳服務用具。主要用於擱放餐巾紙，供客人隨時取用。紙巾插正面呈扇形有一圓形底座，口呈長方形，用不銹鋼製成。

【餐車】

又稱「餐廳服務車」。用不銹鋼製成。敞開式，分上中下三層，底部安裝有四個萬向輪。可推可拉。餐車有大、中、小三種型號，最常用的中號車尺寸爲860×450×850公分。餐車的用途廣泛，可以用來運送餐具、菜餚；可以用來展示菜點；也可以在車上放置一些灶具及烹飪原料，由廚師在大堂上當眾烹調菜餚，表演廚藝。

【點心車】

一種半封閉餐車。主體結構與一般餐車一樣，只是在下面兩層周圍安裝有透明玻璃鋼，左邊有玻璃鋼滑門，供隨時取用食品。點心車除具有開敞式餐車的功能外，主要用於早、晚茶（點）服務。服務員把供應品種置於車上，推車穿梭於客人之間，客人看著車上的食品即點即取。

【粥品車】

一種移動式餐車。用不銹鋼材料製成。外形與煎炸車相似。車後部是一個不銹鋼方桶，盛裝有熬好的米粥；車前部有若干個不銹鋼小方盒，用來盛裝各種已加工好的配料，如豬肝、皮蛋、瘦肉、牛肉以及食鹽、蔥花等。可根據食客的需要即時配製成各種口味的粥品。

【電動旋轉餐桌面】

又稱「電動轉盤」、「自動轉檯」，餐廳服務用具。由一個直徑38公分的電動轉圈和放置在上面的玻璃圓盤組成，採用四節1號電池爲能源，每轉一周需2.5分鐘，將各種菜餚緩緩送到每個就餐者面前，同時還具有手動順轉、逆轉、停轉功能。這種轉盤荷載能力可達35公斤。

【小毛巾暖巾櫃】

餐廳電熱用具。形如家用電子消毒碗櫃，內有電子發熱管，小毛巾洗淨脫水後放入櫃中進行加熱保溫消毒，隨時取用。

筆 記 欄

第二篇

名菜名點
名酒名茶

第一章 冷菜類

一、造型類彩盤

【熊貓戲竹】

　　冷菜。彩盤。多種味型。

- **特點**：造型生動，色彩淡雅，用料考究，加工精細。
- **烹製法**：滷、蒸、烤、燙、醉、拌等。用熟雞片、火腿片、冬筍片岔開，重疊黏合一起，作熊貓骨架（根據其動作取型），在面上敷上一層雞糝，上籠搭一火。取出用刀修成熊貓輪廓，再用蛋清豆粉、髮菜末黏成熊貓的黑毛，用海參片分別嵌成雙眼和雙耳。取一大攢盒底，周圍用醉冬筍做成玉石欄杆，中間分別用菜鬆鋪成草坪。午餐肉與烤鴨片鑲成園中小道。用髮菜蔥卷、芥末肚絲點綴成花叢。用醬桃仁、怪味花仁（花生仁）堆砌成假山，山上小亭子用蘿蔔雕成。走菜時，將熊貓（一般會使用幾個不同形態的熊貓，數量根據佈局而定）再上籠搭一火取出，安放園中，同時插上用芹菜做成的「竹子」即成。
- **製作要領**：熊貓造型要生動，富於變化；園中佈局要有層次，疏密得當；所用原料要精細，調味要準確，刀工要講究。

【丹鳳朝陽】

　　冷菜。彩盤。鹹鮮味型。

- **特點**：用料上乘，造型生動。
- **烹製法**：煮、滷、蒸等。用瓊脂加色素做「旭日東昇」圖案，凍於大圓盤中作襯底。用蘿蔔雕成鳳頭；用雞絲堆出鳳凰雛形；以紅、黃蛋皮，香腸，魚糝卷等做鳳尾；用火腿、蛋皮、絲瓜、冬菇、鴨片等切擺成鳳翅、鳳身；鑲上鳳頭，刷上香油上桌。
- **製作要領**：構思成熟後才能動手拼擺；注意清潔衛生，入盤原料要有味，能進食；注意色調對比，講究刀工。

【春色滿園】

　　冷菜。彩盤。多種味型。

- **特點**：選料精細，造型美觀，色彩豔麗，鹹甜香鮮。
- **烹製法**：浸、黏、凍、炸等。用雪梨、蘋果、珊瑚蘿蔔、午餐肉等切擺於大拼盤內，成亭、臺、石、梯。翡翠菜鬆鋪於兩側，作花圃。車梨凍作欄杆。用青蘋作花缽，放於石梯兩側；桃仁黏成假山擺在亭臺前。池內再用蝦糕、心舌、火腿、鵝脯、青筍等葷素原料，拼成扇形擺於假山之前。
- **製作要領**：構思成熟後再動手，使用原料可因地制宜；拼擺時注意色調對比，佈局

要合理；注意清潔衛生，盤內每一景物用料以能進食爲宜。

【九色攢盒】

冷菜。彩盤。多種味型。

- **特點**：色彩美觀協調，堆擺得體有序，用料考究，刀工精細。
- **烹製法**：醃、收、拌等。用9種不同的葷素原料，刀工處理成片、塊、丁、條、卷等形狀，調以各種不同的味，擺於攢盒的9個格子內。
- **製作要領**：具體內容要根據季節、對象而有所變化；要做到形色各異，口味不同，拼擺時要岔形，岔色，岔味。

【鯤鵬展翅】

冷菜。彩盤。多種味型。

- **特點**：形態生動逼真，立體感強，刀面整齊，拼擺精細，色彩絢麗。
- **烹製法**：凍、滷、炸、煮、蒸、拌等。取35公分大圓盤用雞汁凍做底。鴨梨去皮，雕刻頭部和腳爪。椒麻雞絲堆砌成初坯。海參改片，修成鳥類尾翎擺在初坯尾部。鮑魚改成橢圓形小片呈羽毛狀拼擺軀幹。干貝鬆鑲蓋在頸、腿部。滷豬舌、火腿、醉雞肝、海參改成大小不同的柳葉片擺成飛翔的雙翅。用雙色蛋糕、滷牛肉、黃瓜分別切成大小不等、形狀各異的薄片，擺成高低錯落、連綿起伏的群山，盤邊用干貝鬆、翡翠菜鬆點綴。
- **製作要領**：刀工要精細，刀面整齊，比例恰當，色彩要協調，要注意清潔衛生。

【松鶴遐齡】

冷菜。彩盤。多種味型。

- **特點**：色彩豔麗，形態逼真，刀面整齊，素雅恬靜。
- **烹製法**：煮、滷、蒸、拌等。雞汁凍倒入大號平圓（條）盤做底，香腸切橢圓形薄片擺蒼松主幹，燻牛肉做枝幹，青皮黃瓜切做松針。地瓜（或白蘿蔔）去皮雕刻仙

鶴頭頸和腳爪，用蔥油雞絲堆擺鶴身初坯，滷鴨肝切柳葉片疊擺成鶴尾，黃白蛋糕切成大小不同的柳葉片，並從尾部始逐層蓋在鶴身上，紅辣椒皮做鶴頂紅。雙色蛋糕、黃瓜、午餐肉切薄片同薑汁肚花、椒麻肫花堆擺成山巒狀。

- **製作要領**：造型比例恰當，刀面整齊，立體感要強。

【金魚荷花】

冷菜。彩盤。鹹鮮味型。

- **特點**：色澤豐富，構圖素雅，造型逼真，美觀大方。
- **烹製法**：汆、蒸、煮、拌等。用瓊脂凍加味入大圓盤冷卻作底。紅番茄去皮，去籽，改瓣，汩一水，撈出瀝乾水分，加糖蜜製後砌荷花形擺於盤子中部。絲瓜去青皮，取瓜衣汩熟，拌味，修雕成荷葉數片鑲於荷花邊部。再用優質皮蛋去殼，切拼成金魚數尾（須拌上味），游於荷花四周即成。
- **製作要領**：瓊脂熬凍不宜過嫩過老；拼擺時注意比例，金魚不能過小。

【浮波弄影】

冷菜。彩盤。鹹鮮味型。

- **特點**：形態生動，色彩絢麗，菜質細嫩，口味清鮮。
- **烹製法**：凍、燻、蒸、泡等。用雞脯肉加配料製成雞糝，煙燻鴨去骨，片成薄片。以鴨片爲骨架，用雞糝敷一層，上籠搭一火。用刀雕刻成鴛鴦坯子，然後再將紅蘿蔔、蛋皮、髮菜作羽毛，黏在鴛鴦身上，裝條盤中。用瓊脂加菠菜汁熬成凍，倒入走菜盤中待凝固，用蒸蛋白、蒜薹⊕、雞糝等做成荷花、蓮斗等。走菜時，鴛鴦再搭一火，取出晾冷，放盤中，再安上荷花、蓮斗等即成。
- **製作要領**：打糝⊕時要加夠味，糝宜嫩；敷鴛鴦的糝不宜過厚。此菜又稱爲「鴛鴦戲水」。

⊕蒜薹：蒜的嫩葉稱蒜苗或青蒜，蒜薹（或蒜苤）則是指花梗部位，嫩時也可以吃。蒜頭是鱗莖部位，呈球形，由數瓣到十餘瓣小鱗片（即蒜瓣）集成。

　　⊕糝：又稱為茸、泥或糊。打糝指的是將動物性食材攪製成茸糊狀的一種過程，通常會加入蛋白、生粉、鹽等等。

【三峽勝景】

　　冷菜。彩盤。多種味型。

- **特點**：用多種原料，取雕塑拼擺等手法，展示長江三峽奇峰異景。
- **烹製法**：炸、滷、蒸、拌。用蜜汁冬瓜兩大塊，雕成兩座山峰；燻魚、滷豬心、滷豬舌、滷牛肉、蛋黃粑⊕、蛋白粑等切成片，各取10片；用蛋黃粑刻成1只小船，白蘿蔔刻成小白鵝數隻，蛋白粑切成上山石梯；瓊脂加白糖、檸檬酸、菠菜汁蒸化，取少許抹於山峰上，其餘倒入盤中作底成碧波，兩座山峰入盤定位；待凍冷後，菜鬆擺放山腳作草坪，草坪上放石梯與山相連，小船、白鵝放於江中，各種片料放於山後，使全菜豐滿，再以香菜點綴成山間小樹即成。
- **製作要領**：事先應構思設計，使整體生動和諧；原料成型要相互協調；注意原料衛生，避免在拼擺中受污染。

　　⊕蛋黃粑：蛋黃打勻後入鍋炸成蛋黃粑塊。蛋白粑亦同。

【石寶風光】

　　冷菜。彩盤。多種味型。

- **特點**：以四川長江上游名勝石寶寨為題材，用多種原料精心製作，山水亭塔盡現盤中。
- **烹製法**：炸、滷、拌、炸收、醃漬等。先將瓊脂加水蒸化，放白糖、檸檬酸、菠菜汁調勻，入盤作底；用胡蘿蔔鏤空雕成一座寶塔，並刻亭子、小船、航標燈塔各1個，均泡入甜酸汁中漬入味；蒜苗切成花；胡蘿蔔、青白菜葉、雞蛋分別炸成

鬆。再將滷牛肉切片作山底，蔥酥魚、五香鴨脯切成條塊，碼放於牛肉片上，上面用鹽水鴨片鋪平，用醬酥桃仁黏結堆砌成山，依山安放鏤空寶塔，綠色瓊脂的江水中安放小船，用糖醋排骨堆成礁石，上放航標燈塔，再用蛋鬆等鋪成草坪，蒜苗點綴成小花即成。

- **製作要領**：瓊脂蒸前加水比例要適度；注意保持原料衛生，在拼擺中不受污染；設計要自然生動。石寶寨位於長江上游忠縣境內，孤峰突起，巉石淩空，四壁如削，形若玉印，塔高9層，為上山唯一通道。

【一品高椿】

　　冷菜。彩盤。多種味型。

- **特點**：成形呈六角立體，四周五彩扇面烘托，豐滿厚重。
- **烹製法**：滷、蒸、炸、拌。將滷豬舌、豬肝、牛肉趁熱壓平，冬筍切片碼味，加薑、蔥入籠蒸至熟透入味；火腿粉腸裹蛋白泡，炸熟起鍋晾涼。蛋清加水豆粉攪勻後倒入方盤內，再將皮蛋去殼切成芽瓣嵌入，上籠蒸熟後出籠晾涼，切成雙味蛋糕；香肝、糖醉冬筍、蔥油舌片、香油萵筍⊕、紅油牛肉切成長片，岔色碼入圓盤內，中央用軟炸火腿條疊成六角高椿共8層，頂上用雙味蛋糕蓋面，高椿底部空位處，用蛋鬆填充，最後在蛋鬆上均勻地擺上魚香蝦仁即成。
- **製作要領**：事先選好盛器，作好設計，原料按設計成形，要大小、厚薄均勻；拼擺時要岔色合理。

　　⊕萵筍：四川人稱青筍為萵筍。

【金雞報曉】

　　冷菜。彩盤。鹹鮮味型。

- **特點**：五彩金雞挺立盤中，引頸長鳴，栩栩如生。
- **烹製法**：煮、燻、攤、拌。鹽水雞脯肉切成細絲，入盤堆成雞身，煙燻牛肉修切成金雞尾羽，熟鹹蛋黃切半邊作雞頭，相思

豆嵌作眼，鹹蛋白、鹽水青椒切作羽毛、爪、嘴，番茄切作雞冠和耳垂，皮蛋切梳子片作雞翅，拼擺成金雞。餘料切片擺放在雞爪下作立腳之地，撒上菜鬆作小草，金雞胸前刻擺一朵蘿蔔花點綴即成。

- **製作要領**：事先作好設計；岔色分明，體形健壯；拼擺時注意原料保潔。

【喜鵲報春】

冷菜。彩盤。多種味型。

- **特點**：喜鵲、梅花展現盤中，立體感強，靜中有動感，原料皆可食用。
- **烹製法**：燻、燜、煮、拌。用胡蘿蔔刻成大小不同的20餘朵梅花，汩斷生，入糖水果汁中浸泡入味。瓊脂加清湯蒸化，放鹽、食用藍調勻，入圓盤冷卻作底襯。椒麻雞絲在冷後的凍上堆作3隻喜鵲雛形坯料；煙燻鵝肉、火腿、滷豬心、蛋白粑切成羽毛；餘下的蛋黃粑切成雀嘴；豆腐乾切成腳爪。然後按設計拼擺成3隻形狀各異的喜鵲，用毛牛肉作梅花枝幹，綴上梅花即成。
- **製作要領**：喜鵲姿勢要相互照應；比例協調，簡潔明快；在拼擺中注意原料保潔。

【八角高椿】

冷菜。彩盤。多種味型。

- **特點**：成菜原料多樣，造型立體感強，脆嫩鮮香。
- **烹製法**：用多種成菜作原料拼擺造型而成。用荸薺兔糕、蔥油萵筍切成長4公分、粗1.5公分的條，岔色擺於圓盤中心呈八角形，錯空疊擺四層，成鏤空立體塔形底座。熗黃瓜、醃牛肉、滷鵝脯、蛋白粑均切成條形片，岔色、交叉、壓頭疊擺七層後，用刀切成等邊八角形，用刀鏟起放於底座上蓋面。五香豬肝、糖醋胡蘿蔔、水晶凍肘、糟醉冬筍、熗黃瓜、芥末葫瓜均切成鋸形半圓片，岔色圍擺高椿四周，呈六組扇形花瓣即成。
- **製作要領**：先設計製圖，原料按要求成

形；高低比例要適當，岔色分明；拼擺時注意保潔。

二、水產類冷菜

【四味鮑魚】

冷菜。多種味型。

- **特點**：色淡雅，質鮮嫩；味型多樣，別具風味。
- **烹製法**：煮。罐裝鮑魚片薄片用好湯煮透；粉皮修整成大體一致的片。用大圓盤一個，底鋪粉皮，面鋪鮑魚，周圍用瓜果蔬菜花點綴；配芥末、怪味、椒麻、麻醬四個味碟即成。
- **製作要領**：鮑魚片要厚薄一致；四個味碟要配搭得當，濃淡相宜。

【麻醬鮮鮑】

冷菜。麻醬味型。

- **特點**：色澤美觀，鮑魚鮮嫩，清淡爽口。
- **烹製法**：煮、拌。將罐頭鮑魚取出去邊，片成片用好湯煮透；麻醬加香油調散，加冷開水、鹽、味精調勻成麻醬汁，放入鮑魚片拌勻即成。
- **製作要領**：鮑魚要片切均勻；麻醬必須先用香油澥散。

【水晶扇貝】

冷菜。鹹鮮味型。

- **特點**：色白透明，質地細嫩，味鹹鮮香。
- **烹製法**：汆。扇貝洗淨片成厚片，用食用鹼拌勻，醃1小時後漂去鹼澀味，入開水鍋中汆熟撈出，放入用薑、蔥、鹽、料酒、胡椒粉熬製晾涼的冷湯內，泡約1小時，撈起放入盤內，另用冷湯加味精、香油調勻，淋在扇貝上即成。
- **製作要領**：扇貝鹼味要漂淨，片時要薄厚均勻；扇貝片要汆熟後再用冷湯浸泡入味；裝盤時汁要擠乾。

【怪味扇貝】

冷菜。怪味味型。

- **特點**：色澤紅亮，質地細嫩，鹹、甜、麻、辣、酸、鮮、香並重，味道和諧，互不壓抑。
- **烹製法**：汆、拌。選大小一致的扇貝，片成厚片。鍋內鮮湯，加薑、蔥燒開出香味時，撈去薑、蔥，放入扇貝汆熟撈出，用少許鹽、香油和勻，攤開晾涼入碗，加怪味調料、蔥節拌勻裝盤即成。
- **製作要領**：扇貝成形要勻；入湯內汆時要掌握好老嫩；也可先將扇貝片入盤擺成形，再對好味汁澆上；各種調料的摻對比例要合適，互不壓味。用此法還可製作芥末扇貝、椒麻扇貝等。

【蒜泥海參】

冷菜。蒜泥味型。

- **特點**：質地柔嫩，鹹鮮微辣，蒜香突出。
- **烹製法**：汆、蒸、拌。水發海參片成片，冬筍切成片，一同入開水中汆煮至熟，撈出瀝乾水，入蒸碗摻鮮湯，加薑、蔥、料酒、鹽，入籠蒸至柔爬入味，撈出瀝乾。大蒜去皮拍碎，剁至極細，盛碗內，用燒熱的香油淋過，再放炒酥的豆瓣、鹽、白糖、味精調勻，再加海參、冬筍拌上味裝盤即成。
- **製作要領**：海參、冬筍成片要勻，汆熟，蒸至入味；調味時豆瓣不宜多，要突出蒜泥味。此菜可變化調味而成不同菜餚。

【紅油魚肚】

冷菜。紅油味型。

- **特點**：鹹鮮香辣，回味略甜。
- **烹製法**：煮、拌。水發魚肚、粉皮均切成小方塊。鍋內化豬油燒至五成熱時，下薑、蔥炒香，摻鮮湯燒開，撈去薑、蔥，下魚肚，放鹽、胡椒粉、料酒略煮入味撈出，擠乾湯汁晾冷。粉皮入開水鍋中焯水，撈出瀝乾晾冷，入盤墊底。用特製紅油、醬油、白糖、味精調成紅油味汁，放

入魚肚片拌勻，盛於粉皮上即成。
- **製作要領**：成形要均勻一致；魚肚要先餵（為烹飪術語，詳見《川菜烹飪事典·上輯》第四篇）煮入味。也可以調成其他味型。

【銀針蟹肉】

冷菜。鹹鮮味型。

- **特點**：質地嫩脆，鮮香爽口。
- **烹製法**：蒸、拌。肥蟹洗淨入籠蒸熟後出籠，開蟹殼取肉，去脆骨撕成絲。綠豆芽掐去兩頭洗淨，汩水，瀝乾後裝盤內墊底，蟹肉加鹽、味精、醬油、香油拌勻蓋豆芽上即成。
- **製作要領**：蟹要蒸熟；香油用量不宜多，使能體現蟹的本味。

【雞絲海蜇】

冷菜。椒麻味型。

- **特點**：白、綠、黃相間，協調美觀，鹹鮮香麻。
- **烹製法**：拌。蜇皮洗淨切成粗絲，熟雞肉切成粗絲。青皮黃瓜洗淨切成絲，用鹽少許拌入味，擠乾入盤墊底，蜇皮絲放在瓜絲上，再放入雞絲。將椒麻味汁淋於雞絲上即成。
- **製作要領**：花椒因人而異增減用量；蜇皮一定要洗乾淨；味汁色澤不宜太深。

【糖醋蜇卷】

冷菜。糖醋味型。

- **特點**：質地脆爽，甜酸純正，美味可口。
- **烹製法**：汆。優質海蜇皮除盡紫皮、沙質，改成4公分寬的長條，橫切一字花刀（切4／5，留1／5）；再改成塊，入開水鍋中汆一下立即撈出，用涼開水漂起。食用時撈出，瀝乾水分，裝盤，淋上糖醋味汁即成。
- **製作要領**：蜇皮沙質要除盡；汆製時火候要掌握好。

【蜇皮拌蝦仁】

冷菜。鹹鮮味型。

- **特點**：鹹鮮香脆。
- **烹製法**：拌。蜇皮用清水泡24小時後洗淨，切成細絲；蝦仁挑盡沙線洗淨，盛碗內加鹽、料酒，上籠蒸熟。萵筍切成細絲，擠乾水入盤墊底，用少許鹽拌入味後將蜇皮絲放在上面，蝦仁擺放蜇皮絲周圍。碗內用鹽、醬油、味精、冷鮮湯、香油調勻成味汁，澆淋於蜇絲上即成。
- **製作要領**：蜇皮要洗淨泥沙，切絲要勻，浸泡時要注意中途換水；調味不宜色太深或味過鹹，以體現鮮味。

【糖醋爆蝦】

冷菜。糖醋味型。

- **特點**：色澤橘紅，外酥內嫩，甜酸可口。
- **烹製法**：炸、烹。用鮮蝦剪去鬚、腳，洗淨，盛於容器內，加調料醃漬後撈出，入油鍋炸至皮酥起鍋。鍋內留油少許，下蝦，烹入糖醋味汁和轉起鍋，冷卻後裝盤即成。
- **製作要領**：炸製時掌握好油溫，以八成油溫下蝦為宜；糖醋味汁要調好。

【鹽水鮮蝦】

冷菜。鹹鮮味型。

- **特點**：質地鮮嫩，清淡爽口。
- **烹製法**：煮。鮮蝦洗淨，去鬚、腳。取鍋加水，下調料稍熬，即入蝦煮至熟透起鍋，連同原汁盛於容器內。食時取出裝盤，淋上適量原汁即成。
- **製作要領**：蝦鬚、蝦腳要剪盡，食時才取出裝盤。

【兩味醉蝦】

冷菜。椒麻味型，蒜泥味型。

- **特點**：此菜中鮮蝦以酒醉製，成菜活而食之，清鮮爽口，酒香蝦鮮，配以味碟，可一菜兩吃。
- **烹製法**：醉。鮮蝦用清水餵養兩天，去掉蝦槍、鬚、腳，用清水漂洗乾淨，盛入碗中，淋入料酒（亦可用四川特產之五糧液等名酒）醉製，上面放蔥白段。配椒麻味碟和蒜泥味碟入席。
- **製作要領**：蝦一定要鮮活；調味可因人而異，增減調味品的用量。

【金鉤蘿蔔乾】

冷菜。怪味味型。

- **特點**：色調美觀、脆嫩鮮香。
- **烹製法**：蒸、拌。金鉤（即金鉤蝦）淘洗乾淨裝碗內，加料酒上籠蒸過，取出。紅蘿蔔乾用溫水洗淨擠乾，切成豌豆大小的丁。小蔥切顆。將金鉤、蘿蔔乾同裝一碗，先加少許鹽拌和，再加怪味滋汁、蔥顆拌勻，裝盤即成。
- **製作要領**：金鉤要淘淨；蘿蔔乾要洗淨並擠乾水分。

【椒鹽酥蝦】

冷菜。椒鹽味型。

- **特點**：色黃質酥，鹹鮮香麻。
- **烹製法**：炸。用河蝦去蝦槍、鬚、腳洗淨瀝乾水，入盆，加鹽拌和後用全蛋豆粉拌勻。鍋內菜油燒至七成熱時，河蝦抖散入鍋炸散籽，待蝦全浮於油面且呈金黃色時，撈入盤內稍涼，撒上椒鹽味料即成。
- **製作要領**：調製椒鹽時，花椒用量不宜大，能體現香麻即可，鹽要炒乾水氣；豆粉濃度適宜，既能上糊，又不能黏連。

【燻魚】

冷菜。煙香味型。

- **特色**：色澤棕紅，質地細嫩，鹹鮮醇濃，香味獨特。
- **烹製法**：炸收、燻。鮮魚初加工後洗淨。在魚身兩側劃幾刀，用鹽、料酒、薑、蔥醃漬入味後，放入七成熱的菜油鍋中炸成棕紅色時撈起。鍋內另用油燒至五成熱時，下薑末、蒜末炒香，摻鮮湯，加鹽、料酒、白糖、味精燒開，下魚，用小火燒

至收汁入味，放蔥花、香油推勻，起鍋入盤，放入燻箱中用柏枝細煙慢燻即成。
- **製作要領**：用小火慢燻色才佳；忌用濃煙，以有煙香味即可。

【五香燻魚】

冷菜。五香味型。

- **特點**：色澤棕紅，質地酥軟，香味濃郁，鹹鮮回甜。
- **烹製法**：炸收。取淨鯉魚肉，用斜刀改成塊（俗稱「瓦塊」）盛於容器內，加調料醃漬。油鍋置火上，待八成油溫時下魚，炸至金黃色時撈起。瀝去炸油，加鮮湯、調料、香料，下魚塊用小火收汁，入味後起鍋。再將魚塊入烤盤，加鍋內原汁、香油、五香粉進烤箱稍燻，取出冷卻後，改刀裝盤即成。
- **製作要領**：炸製時，不宜炸得過老；底味不能過大；收汁時可用炒瓢舀原汁不斷澆淋魚塊上，不宜翻動。此菜烹製時，如無烤箱設備，可減少這一道操作程式。

【蔥油魚條】

冷菜。鹹鮮味型。

- **特點**：色澤橘黃，質地細嫩，鹹鮮味美，蔥香濃郁。
- **烹製法**：炸收。鮮鯉魚經初加工，改成6公分長、寬2公分的條，碼味醃漬。黃蔥改長節。油鍋置火上，達八成油溫時下魚炸至進皮，撈出。瀝去餘油，下蔥節稍炒，加鮮湯、調料、魚條移小火收至汁濃亮油時起鍋，冷卻後揀魚條裝盤。
- **製作要領**：底味不能過大；收汁時宜用小火慢收。

【蔥酥鯽魚】

冷菜。鹹鮮味型。

- **特點**：質地酥軟，爽口化渣，鹹鮮味美，略帶甜酸。
- **烹製法**：炸收。鮮鯽魚經初加工後，盛於容器內，下調料醃漬，大蔥去頭洗淨。油

鍋置火上，達八成油溫時下魚炸酥，撈出。另取炒鍋下香油，入大蔥煸至半熟取出一半。下魚平放於大蔥上，取出的一半大蔥覆蓋魚上，再加鮮湯、調料，移小火收至汁乾亮油時起鍋。冷卻後揀魚裝盤，淋上少量原汁即成。
- **製作要領**：選鯽魚須注意大小均勻，每條重50克左右為宜；炸製時要注意火候，魚要炸酥；收汁的時間不能過短，魚肉要收入味。

【豆豉魚】

冷菜。鹹鮮味型。

- **特點**：細嫩鮮香，風味別致。
- **烹製法**：炸收。用鮮鯽魚洗淨，下油鍋中炸進皮，撈起。鮮豬肉與潼川豆豉合剁為末。炒鍋內下油燒熱。放肉末、豆豉末入鍋煸散，加料酒、醬油、鹽和鮮湯燒開，放入魚略燒，再改用小火收至魚熟汁濃時起鍋，晾冷後切條裝圓盤。
- **製作要領**：魚不要炸得過久；豆豉等調料要適量；收魚的湯汁須掌握適度。

【麻辣酥魚】

冷菜。麻辣味型。

- **特點**：色澤紅亮，肉骨酥香，麻辣味濃。
- **烹製法**：炸。鮮鯽魚前處理去鱗，去鰓洗淨，用鹽、料酒、薑、蔥醃漬入味。鍋內菜油燒至六成熱，將魚入鍋炸至肉、骨已酥時起鍋入盆，放入白糖、味精、辣椒油、花椒粉拌勻即成。
- **製作要領**：選用體小的鯽魚為好，前處理時須從背脊入刀，不能傷苦膽；炸魚用小火慢炸至酥，旺火油溫過高易焦煳。

【薑汁魚絲】

冷菜。薑汁味型。

- **特點**：白綠相間，色澤素雅，細嫩爽脆，清淡適口。
- **烹製法**：拌。鮮魚肉去皮去骨，切成長8公分、粗0.8公分的絲，入開水鍋中汆熟，

撈出用鹽、香油拌勻晾涼；嫩黃瓜皮切成絲，用鹽碼入味，擠乾水，加味精、香油拌勻，裝盤墊底，魚絲放在上面，澆上薑汁味汁即成。

- **製作要領**：味不宜過鹹，要突出薑、醋鮮香；魚宜選肉質緊密的，以免絲形碎爛。

【芥末魚柳】

冷菜。芥末味型。

- **特點**：鹹鮮酸香，芥末沖辣，清新爽口。
- **烹製法**：煮、拌。鮮烏魚肉去皮，去骨刺，切成長10公分、粗0.8公分的絲，用鹽、料酒、薑、蔥醃漬入味後，入開水中煮熟撈出晾涼。綠豆芽掐去兩頭洗淨，入開水鍋中汆斷生，撈出晾冷，加鹽、香油拌勻入盤墊底。上蓋魚絲，澆上芥末味汁即成。
- **製作要領**：魚絲不宜過細，拌時要輕，以免斷絲；芥末應先用溫水調散，再加開水，密封燜發至冷後才能沖香。

【香糟魚條】

冷菜。香糟味型。

- **特點**：色澤棕黃，魚肉酥軟，鹹鮮酥香，回味略甜。
- **烹製法**：炸收。鮮魚處理洗淨，切成長4公分、粗1.5公分的魚條，用鹽、料酒、薑、蔥醃漬入味，放入七成熱的菜油鍋中炸製成淺黃色時撈起。瀝去餘油，下薑末、蔥花香，摻鮮湯，下魚條，加香糟、鹽、料酒、白糖、小茴香燒開後，改用小火慢燒至收汁，淋香油推勻，起鍋晾涼裝盤即成。
- **製作要領**：魚條成形要粗細均勻；注意火候，既要收汁入味，又不能焦煳。

【辣子魚塊】

冷菜。家常味型。

- **特點**：色澤紅亮，魚肉細嫩，味鹹鮮嫩辣略帶酸香。
- **烹製法**：炸收。鮮魚肉去皮，去盡骨刺，斬成2.7公分見方的塊，用鹽、料酒、薑、蔥醃漬入味後，入六成熱的菜油鍋中炸至金黃色撈出。瀝去餘油，下泡辣椒茸炒至油呈紅色時，下薑末、蒜末、蔥花炒香，摻鮮湯燒開，下魚塊，加醬油、料酒，用小火慢收至入味，加味精、醋收汁亮油，晾涼裝盤即成。
- **製作要領**：魚肉要去盡骨刺和魚皮，成形要大小均勻；要用小火慢燒至收汁亮油，不能焦煳。

【五香鱔段】

冷菜。五香味型。

- **特點**：酥軟醇香，鹹鮮回甜。
- **烹製法**：炸收。選鮮鱔魚剖開，去頭、骨、內臟，取中段，洗淨血污，切成5公分長的節，加調料醃漬後入油鍋炸進皮，撈起。取鍋加好湯，下香料、調料，用中火熬出香味後去料渣，下鱔段移小火慢收。至湯汁快乾時，加香油，繼續收至汁乾吐油時起鍋，冷卻後裝盤即成。
- **製作要領**：炸製時注意火候，鱔魚不能炸得太乾，湯要收乾。如需五香味濃郁些，可在起鍋時加一點五香粉推勻即可。

【麻辣鱔絲】

冷菜。麻辣味型。

- **特點**：色澤棕紅，質地細嫩，麻辣酥軟。
- **烹製法**：炸收。鮮鱔魚肉用鹽揉洗乾淨，瀝乾，切成粗0.7公分的絲，用鹽、料酒、薑、蔥醃漬入味後，放入六成熱的菜油鍋中炸至呈棕紅色時撈出。另用鍋加油燒熱，放入拍破的整薑蔥段炒出味，加入鱔絲、料酒、鹽、白糖、味精慢收至汁濃亮油時去掉薑蔥，放辣椒粉、花椒粉、香油拌勻，涼後撒入熟芝麻即成。
- **製作要領**：鮮魚要洗盡黏液，鱔絲不宜粗；入鍋不宜炸得過乾或太嫩，以酥軟為佳；熟芝麻要晾涼後放入，以保持酥香。

【花椒鱔段】

冷菜。麻辣味型。

- **特點**：色澤棕紅，質地酥軟，麻辣鮮香。
- **烹製法**：炸收。鮮鱔魚肉用鹽揉洗乾淨，斬成長5公分的段，用鹽、料酒、薑、蔥醃漬入味，放入七成熟的油鍋中炸至酥軟時撈出；撈去薑、蔥，瀝去餘油，下乾辣椒節、花椒炸出香味時，放入拍破的整薑蔥段合炒幾下，摻鮮湯，加鱔魚、鹽、白糖、料酒，用旺火燒開。改用中火燒至收汁亮油，加味精、香油推轉起鍋即成。
- **製作要領**：鱔魚要洗淨黏液，斬段要長短均勻一致；花椒用量宜大，乾辣椒宜少；掌握火候，既要收汁亮油，又不能焦煳。

【香滷鱔魚】

冷菜。五香味型。

- **特點**：肉質細嫩，鹹鮮而香，熱吃亦可。
- **烹製法**：滷。鱔魚經剖殺，用鹽揉洗，去盡黏液洗淨。滷水入鍋加料酒燒開，放入鱔魚，用小火滷至熟軟入味起鍋，晾涼後斬成長5公分的節，裝盤即成。
- **製作要領**：鱔魚肉要反覆清洗乾淨；滷至剛熟即可，不宜久滷。

【麻辣鰍魚】

冷菜。麻辣味型。

- **特點**：色澤棕紅，麻辣鮮香。
- **烹製法**：炸收。鰍魚剪去頭，剪開腹腔，去內臟洗淨，斬成兩段，用鹽、料酒、薑、蔥醃漬入味，入七成熟的菜油鍋中炸進皮且呈棕紅色時撈出。瀝去餘油，下乾辣椒節、花椒炒出香味，倒入鰍魚略炒，烹料酒，加入沸湯、鹽、白糖、醋，用小火收至汁乾亮油，下味精、花椒推勻，起鍋晾涼即成。
- **製作要領**：鰍魚要碼進味；選用中辣的二金條辣椒，花椒的用量須適度，要麻辣而不燥。

三、禽肉類冷菜

【醉雞】

冷菜。香糟味型。

- **特點**：質地細嫩，色澤潔白，味鮮清淡。
- **烹製法**：煮、醉。用白皮仔公雞入清水鍋內，加調料，煮熟撈起。冷卻後去頸、腳、大骨，改大塊入容器內，加鮮湯、料酒醉漬4小時後改刀裝盤，淋上適量原汁即成。
- **製作要領**：煮雞時底味要夠；不宜久煮。

【鹽水雞】

冷菜。鹹鮮味型。

- **特點**：色澤潔白，皮糯肉嫩，鮮美爽口。
- **烹製法**：蒸。選白皮仔公雞去腳洗淨，入開水鍋出一水，除盡血沫取出。將調料抹於雞身及腹腔，置容器內醃漬1小時，再入籠用旺火蒸粑取出，冷卻後改刀（可帶骨，亦可用淨雞肉）裝盤，淋上適量原汁即成。
- **製作要領**：碼味時應注意用量，鹹味要不缺不傷；蒸製要用旺火。按此法可製作鹽水鴨、鹽水鵝。

【白砍雞】

冷菜。鹹鮮味型。

- **特點**：質地細嫩，色澤乳白，鹹鮮味美，清淡爽口。
- **烹製法**：煮、拌。選白皮仔公雞去腳，洗淨血污，入湯鍋煮至剛熟撈起，滴乾水分，改刀裝盤，淋上鹹鮮味汁即成。
- **製作要領**：煮雞時注意火候，不能過頭；裝盤成「三疊水」形。要均勻而現刀口。

【陳皮雞】

冷菜。陳皮味型。

- **特點**：色澤紅亮，酥軟化渣，麻辣回甜，

味濃鮮香。

- **烹製法**：炸收。選仔公雞的雞脯、雞腿肉，去大骨，切成2公分見方的塊，碼味醃漬；乾辣椒去蒂、籽，陳皮洗淨撕塊。油鍋置火上，待六成油溫時下雞塊，炸至進皮撈起。瀝去部分餘油，鍋中留油適量，下乾辣椒節、花椒、陳皮稍炸，即放入雞塊炒勻，加鮮湯、調料等，用中火收至汁乾吐油時起鍋，冷卻後裝盤即成。
- **製作要領**：炸製不能過頭，見雞肉收縮即起；底味不能過大。此菜也有將乾辣椒節、陳皮等炸後撈起，先下雞塊收一陣，再加進乾辣椒、陳皮等同收；也有於起鍋前另加紅油。若去掉陳皮，重用乾辣椒、花椒，同以上作法，即成花椒雞。

【 羅粉雞絲 】

冷菜。蒜泥味型。

- **特點**：脆嫩鮮香，蒜泥味濃。
- **烹製法**：煮、拌。雞煮熟後晾涼，剔骨切成絲；乾羅粉泡軟，切成長6公分的細絲後用開水微汩，撈出滴盡水分。黃瓜去皮洗淨，切成絲，用鹽略醃。將黃瓜絲擠乾水，抖散入盤墊底，上蓋羅粉絲，再以雞絲蓋面，澆蒜泥味汁即成。
- **製作要領**：絲條要切勻；鹹味作基礎，但應不缺不傷；味型可視情況變化，紅油、麻辣、芥末、薑汁均可。

【 銀芽雞絲 】

冷菜。紅油味型。

- **特點**：顏色紅亮，脆嫩兼備，味鮮而辣，回味略甜。
- **烹製法**：拌。選熟雞肉切二粗絲，綠豆芽摘去兩頭汩一下，用鹽拌勻。豆芽冷後放入圓盤中墊底，雞絲放上面，澆上用醬油、紅油、蒜泥、醋、白糖、味精等對成的味汁即成。
- **製作要領**：雞用嫩雞，豆芽汩熟但不能過頭，要保持脆嫩；調味中的醋、鹽、蒜泥用量均微；走菜時再澆味汁。

【 紅油三絲 】

冷菜。紅油味型。

- **特點**：色澤紅亮，質地細嫩，香辣適口。
- **烹製法**：拌。熟雞肉、熟豬肚頭、萵筍分別切成長8公分、粗0.3公分的絲。萵筍絲用鹽醃入味，瀝乾水入盤墊底，再裝肚絲，雞絲蓋面，淋紅油味汁即成。
- **製作要領**：各絲要切均勻，配搭適當；萵筍絲鹽醃後不能用手擠乾，瀝乾即可。

【 紅油雞片 】

冷菜。紅油味型。

- **特點**：雞肉細嫩，鹹鮮香辣，回味略甜。
- **烹製法**：煮、拌。用仔公雞去腳洗淨，入開水鍋煮至剛熟撈出，入冷開水中漂涼。食時撈出揾乾水分，去骨改刀裝盤，淋上紅油味汁即成。
- **製作要領**：煮雞注意火候，不宜久煮；紅油味汁用量適度。按此法帶骨砍塊、切條裝盤、淋汁，即成紅油雞塊、紅油雞條。

【 椒麻雞片 】

冷菜。椒麻味型。

- **特點**：肉質細嫩，爽口化渣，麻香味濃。
- **烹製法**：煮、拌。選白皮仔公雞，經初加工後出一水，再入鍋加薑、蔥、料酒煮熟撈起。冷卻後取雞脯、雞腿肉斜片成片，裝盤，淋上椒麻味汁即成。
- **製作要領**：煮雞時注意火候，不能過頭；要用上等花椒粉對製味汁；改刀裝盤要現刀面。此菜如將雞肉切成塊狀，即稱椒麻雞塊。

【 花椒雞丁 】

冷菜。麻辣味型。

- **特點**：色澤棕紅，質地酥軟，麻辣醇香，回味略甜。
- **烹製法**：炸收。用雞腿肉去骨洗淨，切成2公分大的丁，用鹽、料酒、薑、蔥醃漬入味，入七成熱的菜油鍋中炸至呈棕紅色撈出；瀝去餘油，下乾辣椒節、花椒炸出

香味時，放入雞丁略炒，摻鮮湯，加鹽、料酒、白糖燒至收汁亮油，下味精、香油籤勻起鍋即成。

- **製作要領**：雞丁成形大小要勻；碼味適度；不能炸得過乾。

【桃仁雞丁】

冷菜。鹹鮮味型。

- **特點**：成菜紅、白、黃相間，協調美觀。細嫩香脆，鹹鮮清淡。
- **烹製法**：拌。熟晾雞肉去骨，切成1.5公分的丁。桃仁用開水燙後去皮，洗淨入碗，加鹽、開水、生雞油、薑、蔥，入籠蒸熟。出籠晾涼，去掉薑、蔥和油渣。甜紅椒去蒂去籽洗淨，切成小丁，用鹽醃入味。將雞丁、桃仁、辣椒丁入碗，加味精、香油拌勻，再淋入少許蒸桃仁的原汁即成。
- **製作要領**：桃仁去盡外皮；要用仔公雞，不要煮老了。

【怪味雞塊】

冷菜。怪味味型。

- **特點**：質地細嫩，麻、辣、甜、鹹、酸、鮮、香兼備，且互不壓抑，味美爽口。
- **烹製法**：煮、拌。仔公雞經宰殺治淨，煮熟撈出，晾涼後去骨，斬成條塊，加蔥白顆及怪味調料拌勻即成。
- **製作要領**：調味要注意用料比例，辣椒油應忌用朝天椒，以免燥辣；花椒應選用大紅袍，體現麻香；雞塊成形大小均勻。此菜成形可絲、可片，均能體現其特色。

【香糟雞條】

冷菜。香糟味型。

- **特點**：肉質細嫩，鹹鮮微甜，香糟味濃。
- **烹製法**：蒸。選煮熟晾涼的雞脯或雞腿肉，斬成長5公分、寬2公分的條，皮向下整齊擺入蒸碗內，放醪糟⊕汁、鹽、味精、胡椒粉，入籠蒸至熟入味，出籠晾涼，翻扣入盤即成。

- **製作要領**：要選仔公雞，必須漂洗乾淨；蒸時以剛斷生即可；斬條粗細、長短要均勻。

　　⊕醪糟：由糯米和食用真菌發酵而成，在成都稱醪糟，台灣則稱為酒釀。

【鹽水肫花】

冷菜。鹹鮮味型。

- **特點**：色澤橘紅，形如花朵，脆嫩化渣，清淡爽口。
- **烹製法**：煮。選鮮雞肫洗淨，改成兩瓣，削去粗皮，每瓣用十字花刀剞成花瓣。取鍋加清水，下調料燒開後，入肫花略煮撈起，原汁盛於容器內，冷卻後下肫花浸入味，食時取出裝盤，淋上原汁即成。
- **製作要領**：花瓣要剞好，刀路均勻，深度一致；注意火候，不能煮過頭。

【麻辣雞肝】

冷菜。麻辣味型。

- **特點**：色澤紅亮，質地細嫩，麻辣鮮香。
- **烹製法**：煮、拌。鮮雞肝入開水中汨水，去盡筋絡、雜質；鍋中摻清水，加薑、蔥燒開，放入雞肝煮熟撈出，晾涼後切成厚片，入碗，加蔥節、鹽、味精、花椒油、紅油辣椒、香油拌勻裝盤即成。
- **製作要領**：雞肝要撕盡膜皮，去盡邊油、筋絡，煮時用小火，成形要均勻。根據食者需求，亦可另加入花椒粉。

【魚香鳳爪】

冷菜。魚香味型。

- **特點**：色澤紅潤，鳳爪杷糯，魚香味濃。
- **烹製法**：炸、蒸、拌。鳳爪撕去腳皮，斬去趾尖，再從小腿與腳趾間斬為兩段，用鹽、料酒、薑、蔥醃漬入味，入六成熱的油鍋中炸至起泡撈出，入籠旱蒸約1小時至杷，出籠晾冷後去骨。鍋內香油燒至三成熱時，放泡辣椒茸、薑末、蒜末炒至色紅時，烹入用鹽、醬油、白糖、醋、味精、水豆粉調成的芡汁燒開，起鍋晾涼與

雞爪、蔥花拌勻即成。

- **製作要領**：選用肥大的肉雞腳爪，拌味時雞爪最好去骨，魚香味汁中的芡宜少放。

【煙燻鴨】

　　冷菜。煙香味型。

- **特點**：色澤金紅，肉質細嫩，煙香濃郁。
- **烹製法**：醃、燻、滷。選用仔鴨洗淨，去翅尖、鴨腳，碼味醃漬，出一水，取出晾乾水分後入燻爐燻至茶色，出爐後入鍋滷熟撈出。食時改刀裝盤，刷上香油即成。
- **製作要領**：煙燻掌握適度，用優質滷水。

【油燙鴨】

　　冷菜。五香味型。

- **特點**：色澤棕紅。皮酥肉嫩，鮮香適口。
- **烹製法**：滷、炸。鴨子經宰殺治淨，入開水鍋中汆水，沖洗乾淨，入紅滷鍋中待滷汁燒開後，用小火滷至熟軟起鍋，瀝乾，入七成熱的菜油鍋中炸至皮酥色棕紅時撈出，刷上香油，冷後切成條裝盤即成。
- **製作要領**：鴨滷製前要先汆水，炸製時油溫宜高，才能皮酥上色。

【軟燒鴨子】

　　冷菜。鹹鮮味型。

- **特點**：色澤金紅，皮酥肉嫩，味道鮮美。
- **烹製法**：掛爐烤。選肥仔鴨前處理後去毛小開，去內臟洗淨，釀入冬菜、泡辣椒、薑、鹽、豆豉、五香粉、蔥等調味料，用竹籤鎖住肛門，上撐子，在滷水鍋裡出一水，抹飴糖（即麥芽糖）亮坯。烤爐內先用青杠柴燃燒成木炭，扒木炭到兩邊，安上沙碗，再將鴨子放入烤熟後取出，倒出調味料，砍條裝盤，澆上滷水即成。
- **製作要領**：烤鴨時掌握好火力的大小，隨時注意翻面，保持皮色均勻。此菜為四川成都著名食品。
- **名菜典故**：始創者姓張，原在耗子洞的地方設攤經營，故又名「耗子洞張鴨子」。

【五香滷鴨】

　　冷菜。五香味型。

- **特點**：色澤紅亮，細嫩化渣，味濃鮮香。
- **烹製法**：滷。鴨子前處理並洗淨，汆水，沖洗乾淨，入紅滷水鍋中燒開，用小火滷至熟軟，撈出晾涼，斬成條，整齊裝入盤內，澆上少許滷水、香油即成。
- **製作要領**：鴨子碼味醃浸後再滷，味更佳，晾涼再斬成條，滷汁內加冰糖糖色，有利上色發亮。

【水晶鴨方】

　　冷菜。鹹鮮味型。

- **特點**：晶瑩透明，質地鮮嫩，成形規整，悅目清心。
- **烹製法**：滷、蒸、凍。選剖鴨洗淨，碼味，白滷至㸆，取鴨脯改成4公分長、3公分寬的鴨方12塊。瓊脂加清湯、加味蒸化。鴨方均勻擺於盤中，淋上瓊脂凍，冷卻後改刀裝條盤即成。
- **製作要領**：鴨子要滷㸆入味；瓊脂與清湯的比例要掌握恰當；瓊脂凍冷卻後方能改刀，大小要均勻。以雞脯為原料，用此法即成水晶雞方。

【子薑鴨脯】

　　冷菜。鹹鮮味型。

- **特點**：菜色素雅，汁白而亮，嫩中有脆，鮮香味長。
- **烹製法**：蒸、漬。鹽水鴨取脯，切斧楞片。子薑切成同鴨脯大小的片，用鹽浸漬入味。將鴨片、子薑片重疊交叉擺於碗內成「三疊水」形，翻入圓盤，淋上鹹鮮味汁即成。
- **製作要領**：子薑浸漬時間不宜太長，用軟燒鴨脯為料更好。

【芥末鴨片】

　　冷菜。芥末味型。

- **特點**：色澤淡雅，細嫩化渣，鹹鮮酸香，芥末味濃。

- 烹製法：煮、拌。仔鴨經宰殺治淨汩水，再沖洗乾淨，入湯鍋中煮熟，撈出晾涼去骨，片成長6公分、寬2.5公分、厚0.2公分的片，先將蔥節入盤墊底，鴨片擺放蔥節上成形。芥末入碗，用溫湯澥散，再加開水封閉至冷。取芥末糊、醋、白糖、醬油、鹽、香油等入碗內調勻，淋於鴨片上即成。
- 製作要領：鴨子煮至成熟略炽即可；調味中鹹味應不缺不傷，突出芥末沖香。

【椒麻鴨掌】

　　冷菜。椒麻味型。

- 特點：質地軟嫩，鹹麻鮮香。
- 烹製法：煮、蒸、拌。鴨腳去粗皮、趾尖，洗淨，入鍋煮至六成熟撈出，去筋、趾骨，盛碗內，加清湯、調料上籠蒸炽。出籠之後揀出鴨掌裝盤，淋上椒麻味汁即成。
- 製作要領：去鴨掌趾骨時，儘量保持鴨蹼完整；要用高級清湯蒸製；不宜蒸過炽。

【五香滷斑鳩】

　　冷菜。五香味型。

- 特點：肉質細嫩，色澤棕紅，鮮香味美。
- 烹製法：滷。將新鮮斑鳩乾褪毛（茸毛可用酒精火燎盡），取盡鳥槍子彈、腐肉，從背尾部剖開，去內臟，洗淨，斬去頭、爪，將翅膀翻扭在背上盤好，出一水，入紅滷鍋內滷熟撈出。冷卻後改刀裝盤，淋上適量原滷汁即成。
- 製作要領：毛根要除盡；要用優質滷水。

【五香禾花雀】

　　冷菜。五香味型。

- 特點：色澤棕紅，骨酥肉嫩，香味濃郁。
- 烹製法：炸收。將活禾花雀⊕入水悶死，再用熱水浸燙除毛，去內臟，洗淨，去爪，碼味醃漬後入油鍋炸酥撈出。倒去餘油，加清湯、調料及香料，下禾花雀燒開後移小火上，至湯汁快乾時加味精、香油

和勻起鍋，冷卻後揀盡料渣，裝盤即成。
- 製作要領：炸製不能炸過頭；湯汁應在小火上慢慢收乾。

　　⊕禾花雀：又名「口袋雀」，棲居於蘆葦、稻田周圍，喜聚群活動，肉質細嫩。

【香酥麻雀】

　　冷菜。鹹鮮味型。

- 特點：骨酥肉嫩，化渣適口，鹹鮮味美。
- 烹製法：蒸、清炸。將活麻雀水悶處理後，去毛、內臟、腳爪，洗淨，碼味浸漬，入味後上籠蒸熟取出，冷卻後入油鍋炸至骨酥撈起，裝盤即成。
- 製作要領：要浸漬入味，炸製時油溫不能過高。

【青椒皮蛋】

　　冷菜。鹹鮮味型。

- 特點：鮮辣味美。
- 烹製法：拌。選優質松花皮蛋去殼，改三角條（一個蛋成六瓣）入盤。青辣椒洗淨去蒂，取竹籤串起用暗火燒熟，剁細裝碗內，加鹽、醬油、味精、香油調成味汁，淋於皮蛋上即成。
- 製作要領：燒青椒時不能用明火；味汁要適量。

四、畜肉類冷菜

【風肉】

　　冷菜。鹹鮮味型。

- 特點：質地炽軟，臘香可口。
- 烹製法：醃、蒸。用豬臀尖肉，改長條，碼味醃漬（中間翻撬一次），取出掛通風處。食時用溫熱水洗淨，上籠蒸熟，切片裝盤即成。
- 製作要領：碼味時食鹽不能過重，蒸製火候以皮炽為度。此菜亦可定碗蒸炽熱食。

【 叉燒肉 】

冷菜。鹹鮮味型。

- **特點**：色澤棕紅，鹹鮮乾香。
- **烹製法**：炸。選肥瘦相連、去皮的坐臀肉切成長14公分、寬7公分、厚0.7公分的片，用鹽、料酒、薑、蔥醃漬入味。蔥白切成菊花蔥，泡入清水中待用。鍋置火上，放菜油燒至五成熱時，入肉片浸炸至熟撈出。待油溫升至七成熱時，入鍋複炸呈棕紅色時撈出，刷香油，再片切成厚0.2公分的條片裝盤的一端，花蔥瀝乾水擺入盤內另一端。配用甜醬、味精、白糖、香油調成的味碟入席即成。
- **製作要領**：碼味不宜過鹹，入味後再炸；片時要規格一致，便於裝盤成形。

【 太白醬肉 】

冷菜。醬香味型。

- **特點**：醬香濃郁。
- **烹製法**：醃、蒸。選豬腿肉或坐臀肉，改大長條，碼味入缸醃漬，入味後取出晾乾水分。再用甜醬、醪糟汁、白糖等和勻抹上，掛通風處。食時洗淨上籠蒸熟，切片裝盤即成。
- **製作要領**：醃漬時要醃透，食鹽不宜過量；上醬可反覆多次（晾乾重抹）。

【 香糟火腿 】

冷菜。香糟味型。

- **特點**：色澤棕紅，鮮嫩化渣，鹹甜鮮香，糟味濃郁。
- **烹製法**：蒸。選熟火腿的蓋板肉，切成長7公分、寬3公分、厚0.4公分的片，入碗擺成「三疊水」形，加白糖、麴酒、醪糟汁，入籠蒸入味，取出晾涼，翻扣入盤，淋香油即成。
- **製作要領**：成形要厚薄均勻，大小一致，使裝盤成形美觀。

【 蒜泥白肉 】

冷菜。蒜泥味型。

- **特點**：肉白汁紅，鹹鮮微辣，蒜香味濃。
- **烹製法**：煮。選連皮豬腿肉洗淨，入開水煮熟撈出，趁熱片成長約7公分、寬4公分的薄片置圓盤內，淋上複製紅醬油、紅油、蒜泥即成。
- **製作要領**：製蒜泥法，以擂茸的大蒜和少許鹽、香油、冷湯調成稀糊狀；片肉手須穩，按緊肉，拉鋸進刀，片張才不易穿花，達到薄而均勻。

【 芝麻肉絲 】

冷菜。鹹甜味型。

- **特點**：酥軟化渣，鮮香帶甜。
- **烹製法**：炸收。選豬里脊肉洗淨，切10公分長的頭粗絲，碼味浸漬。油鍋置火上，待六成油溫時，下肉絲炸熟撈出；瀝去餘油，加水，下調料煮開，移小火慢燒至汁乾吐油時起鍋，撒上熟芝麻裝盤即成。
- **製作要領**：炸製時肉絲不能炸得過老。按此烹製法，可做芝麻牛肉絲、芝麻魚條。四川有的地區在收汁時酌加紅油，成菜有鹹甜香辣的特點。

【 香椿肉絲 】

冷菜。紅油味型。

- **特點**：鹹鮮微辣，芳香可口。
- **烹製法**：煮、拌。將帶皮豬肉刮洗乾淨，入鍋中煮沸至定型，撈出後在肉的一面劃成寬0.6公分的連刀塊，再入鍋煮斷生，撈出晾涼去皮，切成絲，入盤。香椿洗淨沍水後，切成粒。將紅油味汁淋於肉絲上，撒上香椿即成。
- **製作要領**：肉煮斷生出鍋晾涼後才能切絲，肉絲應肥瘦相連；香椿不宜久燙，以保持鮮香。

【 糖醋排骨 】

冷菜。糖醋味型。

- **特點**：排骨酥爛，甜酸爽口。
- **烹製法**：煮、炸。豬籤子排骨（正肋骨）砍成3.5公分長的節，用中火煮至將離骨時

起鍋碼味、炸酥。入菜油炒糖醋汁，下排
骨，用微火自然收汁，見乾起鍋，裝條盤
即成。

- **製作要領**：排骨一定要煮至肉與骨稍用力
即成分離狀態；煮好晾乾水分才炸；糖炒
至濃稠時加適量水、醋和醬油，不可焦
煳。佐酒佳餚，因用糖醋而得名。亦可用
蒸的方法使排骨離骨後再炸。

【 薑汁肘卷 】
冷菜。薑汁味型。

- **特點**：呈圓形薄片，肉色紅亮，層次分
明，質炡軟柔香，薑汁味濃。
- **烹製法**：煮。豬肘洗淨除骨，平片成厚1
公分的大片張，皮向下捲裹成直徑4公分
的圓筒，先用紗布包好，再用麻繩纏緊，
入開水鍋中燒開，撈除浮沫，用小火煮至
肘炡撈出。晾涼後解開紗布，切成圓形薄
片，淋薑汁味汁即成。
- **製作要領**：豬肘要去盡殘毛；卷要捲緊纏
牢；煮至熟炡為度。

【 綠豆凍肘 】
冷菜。鹹鮮味型。

- **特點**：色淡綠而透明，質鮮嫩而爽口。
- **烹製法**：煨、蒸、凍。選豬前肘刮洗乾
淨，鮮豬肉皮洗淨；綠豆淘淨，用紗布包
好。砂鍋內摻鮮湯，放入肘、肉皮、綠豆
包，加薑、蔥用旺火燒開，撈除浮沫，用
小火煨至肘、肉皮炡軟後，撈出肘子晾
涼。切成長6公分、寬2.5公分、厚0.5公
分的塊，入碗上籠蒸至極炡取出。原湯內
撈出豬肉皮（另作它用）、綠豆包，去盡
料渣，入鍋燒開，撇盡浮油，用雞血清湯
後撈出，再放鹽、味精收至汁濃。過濾入
盆，放入豬肘，經冷凍製成凍肘，再切成
片入盤，配味碟入席。
- **製作要領**：肘、蹄要拔除殘毛，肘要蒸至
極炡，肉皮要煨至汁濃，用微火慢煨，忌
用猛火。味碟可用單一味碟，也可用多種
味碟。

【 桂花豬頭凍 】
冷菜。鹹鮮味型。

- **特點**：豬頭凍透明，蛋花色黃似桂花點點
嵌於凍中，肥而不膩，鮮香爽口。
- **烹製法**：煨、凍。豬頭肉洗淨、過水後煮
熟，冷後切成二粗絲。豬腳10趾刮洗乾
淨，焯水後洗淨，放入砂鍋內，摻鮮湯，
加薑、蔥燒開，撇盡浮沫，用小火煨至湯
汁濃稠，撈出豬腳另用。原汁撈去料渣，
過濾後入另一鍋內，放鹽、胡椒粉燒開，
先撈除浮油，再用雞血清湯，再撈起浮
沫，過濾後入鍋收濃。加味精和攪散的雞
蛋沖成蛋花，燒開舀入盆內，撒入豬頭肉
絲，待冷卻成凍後切成條或塊裝盤成形，
另配薑汁味碟入席即成。
- **製作要領**：豬頭肉要刮除殘毛再煮透，豬
腳要用微火慢煨至湯汁濃、稠，忌用旺
火，經冷卻方能晶瑩透明；雞蛋要用力攪
散，始能成花。

【 芥末肚花 】
冷菜。芥末味型。

- **特點**：色形美觀，質地嫩脆，鹹鮮沖香。
- **烹製法**：汆、拌。選用處理乾淨的肚頭中
段，先切成大4公分的塊，然後在肚頭內
面將兩邊向外斜片至薄，再橫切成三刀一
斷的梔子花形片；入開水鍋中汆至斷生且
成花形時撈出，瀝乾裝盤，搭配芥末味碟
即成。
- **製作要領**：肚花汆至斷生即可，以保持脆
嫩；調味時鹹度要不缺不傷，醬油用作調
色，要著重體現芥末沖香。

【 薑汁肚片 】
冷菜。薑汁味型。

- **特點**：質地脆嫩，清鮮適口，薑汁味濃。
- **烹製法**：拌。熟豬肚片成長5公分、寬2.5
公分、厚0.3公分的片。萵筍切成菱形薄
片，用少許鹽漬入味，瀝乾後入盤墊底，
放上肚片擺成風車形，淋薑汁味汁即成。
- **製作要領**：肚片要片成大小一致、厚薄均

匀的片；調味要以鹹鮮爲基礎，突出薑汁和醋的鮮香。

【皮扎絲】

冷菜。蒜泥味型。

- **特點**：色澤紅亮，質地柔韌，香辣回甜，味濃鮮香。
- **烹製法**：煮、拌。選鮮豬前肋脊背部位肉皮，修去肥膘，拔除毛根。改成大塊，入鍋煮至熟透。撈出壓平，修成6公分見方的塊，先片成薄片，再切成銀針絲，用鹽、蒜泥、紅油、白糖、味精拌匀裝盤（可用蔥絲墊底）即成。
- **製作要領**：豬皮料要選好，毛根要除盡；肉皮不宜煮得過㸚；拌味用的鹽要磨細，不能用醬油。此爲傳統作法，突出蒜泥味。如不用蒜泥即爲紅油皮扎絲。

【紅油川肚】

冷菜。紅油味型。

- **特點**：紅白綠相間，色協調美觀，質柔嫩爽口，鹹鮮微辣。
- **烹製法**：拌。經油發後的響皮⊕，用冷水泡漲，切成長5公分、寬2.5公分的塊，再逢中片開成片，用溫水加白鹼浸泡後反覆透盡鹼味，再放開水中加鹽氽一次，撈出擠乾水。菜頭、萵筍分別切成片，用鹽碼味後汩水，撈出晾涼。熟雞肉片成片。各種片料和匀入盤，淋入紅油味汁即成。
- **製作要領**：原料成片要匀；原料用量的比例要突出響皮；響皮一要泡至漲透，二要漂盡鹼味，三要將水擠淨。

    ⊕ **響皮**：就是晾乾的豬皮經過油炸。

【紅油耳絲】

冷菜。紅油味型。

- **特點**：色澤紅亮，質地脆糯，辣中帶甜，味濃鮮香。
- **烹製法**：煮、拌。鮮豬耳用明火燎燒至表皮焦煳，取溫水浸透後刮盡焦皮，修去耳部根蒂。入鍋用清水煮熟撈出，入冷開水內浸泡片刻，取出搌乾水分、壓平。食用時用斜刀改薄片，切麻線絲，加紅油味汁拌匀裝盤（可加蔥絲墊底）即成。
- **製作要領**：豬耳要燎燒好，絲子要均匀；拌味時要用鹽粉，不能用醬油。

【椒麻腰片】

冷菜。椒麻味型。

- **特點**：脆嫩爽滑，鹹鮮椒麻辛香。
- **烹製法**：燙、拌。豬腰洗淨，去盡腰臊、油皮。再片成薄片，入沸湯鍋中燙斷生撈出晾冷。小白菜心洗淨汩至斷生，撈起瀝乾，用鹽拌味，入盤墊底，上放腰片，淋上椒麻味汁即成。
- **製作要領**：腰片成形要均匀，汩至斷生；花椒選用優質大紅袍花椒，使成菜麻香。

【金銀肝】

冷菜。鹹鮮味型。

- **特點**：色澤分明，鹹鮮味美。
- **烹製法**：醃、蒸。豬肥膘改2公分見方的長條，碼味浸漬，入味後取出置通風處晾乾水分。取豬肝去筋、蒂，改大長條，碼味，並逐條用小刀逢中刺穿，將晾乾肥膘穿入，掛通風處。食用時洗淨上籠蒸熟，冷卻後切片裝盤即成。
- **製作要領**：要醃漬入味，蒸製時不宜久，熟透即可。

【達縣燈影牛肉】

冷菜。麻辣味型。

- **特點**：質地細嫩，色澤紅亮，片薄如紙，麻辣乾香。
- **烹製法**：烘、蒸、炸。選用黃牛後腿肉，去筋、膜，片成大薄片，碼味，晾乾，入烘爐脫水，再入籠用旺火蒸透，取出，改5公分長、3公分寬的塊。在五成油溫的鍋中下牛肉炸透。瀝去餘油，下調料撬匀起鍋，食時裝盤即成。
- **製作要領**：理淨牛肉不能用水洗；烘烤時火力不能大，不用明火，不能重疊。

【老四川燈影牛肉】

冷菜。麻辣味型。

- **特點**：片薄如紙，色澤紅亮，麻辣鮮香，爽口化渣，回味悠長。
- **烹製法**：醃、烘、蒸、炸、炒。選黃牛後腿肉，經片肉、醃漬、晾乾、烘烤、蒸熟、油炸、炒味等七道工序製成。片肉要求薄如紙，大如掌，不穿花，整齊方正。用槓炭火烘。用旺火先蒸半小時，取出趁熱改4公分長、3公分寬的小片，再上籠蒸1小時，出籠晾冷，下油鍋炸透。最後用少量油加醪糟、辣椒粉、花椒粉、白糖、味精等小火炒上味，起鍋晾冷，食用時加少許香油增香即成。
- **製作要領**：要將牛肉浮皮、污處修盡，要保持清潔；忌用水洗；肉片得越大越薄為好，且要厚薄一致；烘肉忌用明火，要保持無煙無塵；炸片時，要先把油煉熟，移至小火待降低油溫後才下肉，下肉後再移至旺火上炸透；炒時要將鍋移至小火上快速炒上味。
- **名菜典故**：此品為重慶老四川店創始人之一鍾易鳳（女）於1932年在重慶所創，因肉片薄如紙，在燈光下可透明視物，有如「牛皮燈影戲」，故名。用此烹法可製「麻辣牛肉絲」。

【火鞭牛肉】

冷菜。鹹鮮味型。

- **特點**：色澤紅亮，質地鬆軟，乾香化渣，回味悠長。
- **烹製法**：醃漬、烘、蒸。選淨瘦牛肉（筒筒肉或紅包肉）順紋路改成長15公分、寬4公分、厚0.6公分的大片，每片切成粗細一致的條數根，一端不切斷，形如一小掛鞭炮。碼味，醃漬入味後取出晾乾水分，進烘爐烘至脫水。上籠用旺火蒸熟，再取出晾冷。食用時刷香油，改節裝盤即成。
- **製作要領**：要醃漬入味，烘製時要不斷翻面，上籠要蒸炪。

【毛牛肉】

冷菜。五香味型。

- **特點**：色如琥珀，鬆軟化渣，醇香味美。
- **烹製法**：煮、收。選用淨瘦黃牛肉去盡浮皮，順紋路改大塊（500克左右為宜），入鍋煮至五成熟撈起。冷卻後仍順紋路切長4公分、粗0.6公分的條，再入湯鍋內。加香料、調料、熟植物油，用小火慢收至牛肉條起「毛」，油質全滲入肉內，鍋內水分全乾時起鍋，放於簎箕內晾起，冷透裝盤即成。
- **製作要領**：牛肉要精選，要順紋路改刀；收製時鍋內湯汁要適量，要用小火，保持微開；要用上等五香調料。

【陳皮牛肉】

冷菜。陳皮味型。

- **特點**：色澤紅亮，酥軟化渣，味濃鮮香，麻辣回甜。
- **烹製法**：炸收。選淨瘦黃牛肉去浮皮，橫切成片，碼味浸漬。油鍋置火上，待六成油溫時下牛肉炸進皮撈出。鍋內留油少許，下乾辣椒節、花椒跑油，打起，鍋內加好湯、調料，下牛肉燒開後移小火收至湯汁快乾時，下紅油、陳皮、辣椒節等，繼續收至吐油起鍋，冷卻後裝盤即成。
- **製作要領**：炸製時油溫不宜過高，收時要用小火。此菜收時乾辣椒、花椒也可不打起，與牛肉同收至軟。

【麻辣牛肉絲】

冷菜。麻辣味型。

- **特點**：色澤紅亮，麻辣乾香，食不落渣，回味悠長。
- **烹製法**：烘、蒸、炸。選淨牛後腿肉（筒筒肉或紅包肉），除浮皮，順紋路改1公分厚的大片，碼味，逐片攤開風乾水分。入烘爐用微火烘至脫水，取出，上籠用旺火猛蒸。出籠冷卻後撕成火柴棍粗細的絲，再入油鍋炸透，瀝去餘油，下調料搪勻起鍋，冷卻後裝盤即成。

- **製作要領**：牛肉不能用水清洗，防變質；蒸製時間不宜長，但要蒸透；炸製油溫不宜高，並要不斷翻動，炸透即可；所用調料（辣椒、花椒）選優質或專門加工用。

【玫瑰牛肉】

冷菜。鹹鮮味型。

- **特點**：色澤紅亮，爽口化渣，鹹鮮中略帶甜、辣，玫瑰香味濃郁。
- **烹製法**：炸收。選黃牛肉洗淨，去盡筋絡，切成條塊，用鹽、料酒、薑、蔥、八角、山柰、肉桂、花椒拌勻，醃漬48小時使充分入味後，晾去水分，再切成長4公分、寬3公分的片，入五成熱的菜油鍋中炸至酥軟時撈出。鍋洗淨摻清水，放白糖，用小火熬至汁濃，下剁細的蜜玫瑰、紅辣椒油、鹽推勻，下牛肉片燒至收汁，再淋辣椒油推勻，起鍋晾涼即成。
- **製作要領**：成片要勻，炸後牛肉片再次入鍋要收至回軟、汁濃亮油。

【軟酥牛肉】

冷菜。五香味型。

- **特點**：鹹鮮酥軟，略帶回甜。
- **烹製法**：滷、炸。黃牛後腿肉去盡筋、膜，順紋路改9公分長、6公分寬、1公分厚的片。入滷鍋滷透，撈出晾乾水分。在八成油溫的鍋中下牛肉炸酥，起鍋，加花椒粉、味精撈勻，晾冷裝盤即成。
- **製作要領**：要用優質滷水，滷透入味；炸製時不宜炸得過乾。

【夫妻肺片】

冷菜。麻辣味型。

- **特點**：色澤紅亮，質軟化渣，麻辣香鮮。
- **烹製法**：滷（煮）、拌。黃牛肉、牛雜等先在鍋中煮熟後撈起晾冷，再片切成長6公分、寬3公分的薄片，拌上用滷水、紅油辣椒、油酥花生米末、芝麻粉、花椒粉以及蔥節對成的味汁，裝盤即可。
- **製作要領**：掌握煮牛肉、牛雜的火候和時

間。食時配白麵鍋魁。

- **名菜典故**：成都著名小吃，三〇年代始創於郭朝華夫婦，故名。

【麻辣蹄筋】

冷菜。麻辣味型。

- **特點**：色澤紅亮，質地軟糯，麻辣鮮香。
- **烹製法**：煮、拌。選大小均勻的水發牛筋，鍋內摻清水，下薑、蔥燒開出香味時，下牛筋煮至熟軟後撈出，瀝乾水晾涼，用鹽拌勻後再放入紅油辣椒、醬油、味精、花椒粉即成。
- **製作要領**：牛筋也可改刀成均勻的條、片、段；調味宜少用朝天椒，以免燥辣；花椒用量應因人、因時、因地制宜，以體現麻香為度。

【紅油肚梁】

冷菜。紅油味型。

- **特點**：質地爬軟，鹹鮮辣香，回味略甜。
- **烹製法**：煮、拌。牛肚梁泡洗乾淨，鍋內摻清水，加薑、蔥燒開出香味時，下牛肚梁煮到爬軟，撈出晾涼後片成薄片，先用鹽拌勻，加辣椒油、醬油、白糖、味精拌勻裝盤，撒上熟芝麻即成。
- **製作要領**：肚梁晾涼後再切片，成片要薄而勻；調味可酌加醋、蒜泥，也不失體。

【卷筒兔】

冷菜。鹹鮮味型。

- **特點**：色澤美觀，鹹鮮可口。
- **烹製法**：捲、蒸。用剖兔（又稱水盆兔）淨肉去骨修平整，豬肥膘肉改長條，一併碼味。將兔肉攤平，取肥膘置於兔肉一端，裹製成卷，取紗布包一層，再用麻繩捆緊，置通風處。食時上籠用旺火蒸熟，冷卻後拆去麻繩、紗布，橫切圓片裝盤，淋上香油即成。
- **製作要領**：碼味時不宜過鹹，捲製時要裹緊，粗細一致。

【鹽水兔】

冷菜。鹹鮮味型。

- **特點**：色澤白淨，肉質細嫩，鹹鮮清淡。
- **烹製法**：蒸。活兔宰殺洗淨，入開水鍋出水。置容器內，取調料抹於兔肉上，醃漬2小時後上籠旺火蒸熟，出籠冷卻後去大骨改條裝盤，淋上少許原汁即成。
- **製作要領**：醃漬入味，用旺火猛蒸至熟。

【花仁兔丁】

冷菜。麻辣味型。

- **特點**：色澤紅亮，肉質細嫩，花仁酥香，麻辣不燥。
- **烹製法**：煮、拌。鮮兔肉用清水漂洗乾淨，放入溫水鍋中，胸向下平放燒開，用中火煮至斷生，連湯帶兔倒入盆中浸泡10分鐘後，撈出晾涼，切成1.5公分大的丁。鹽酥花仁去皮。鍋內菜油燒至四成熱時，下剁茸的郫縣豆瓣略炒後再放剁茸的豆豉炒香，起鍋晾涼，加醬油、鹽、白糖、味精、花椒粉、辣椒油、香油調勻成麻辣味料，放入兔丁、蔥顆、花仁拌勻即成。
- **製作要領**：兔不宜久煮，以剛熟爲好；兔肉要晾涼後斬成丁；要現食現拌。

【冰糖兔丁】

冷菜。鹹甜味型。

- **特點**：色澤紅亮，肉質細嫩，鹹鮮甜味並重。
- **烹製法**：炸收。鮮兔肉洗淨，剁成2.5公分的大丁，用鹽、料酒、薑、蔥醃漬入味後，入七成熱的菜油鍋中炸至呈黃色時撈出。揀去薑、蔥，瀝去餘油，放入碎冰糖炒成淺糖色，加清水、鹽燒開，下兔丁，用中火燒至收汁紅亮，起鍋淋香油，晾涼後撒熟芝麻即成。
- **製作要領**：斬丁時帶骨部位應比淨肉略小；兔丁炸製不宜過乾；冰糖不能炒得過老；用微火慢收至汁濃亮油。

【玫瑰兔丁】

冷菜。甜香味型。

- **特點**：色澤紅亮，滋潤乾香，甜鮮可口。
- **烹製法**：炸收。鮮兔肉洗淨，斬成2.5公分的大丁，用鹽、料酒、薑、蔥醃漬入味後，入七成熱的菜油鍋中炸呈黃色時撈出，瀝去餘油，放入碎冰糖炒至溶化成淺糖色，摻鮮湯，放兔丁燒開，用中火燒到收汁亮油時，放入蜜玫瑰收入味起鍋，晾涼即成。
- **製作要領**：兔丁成形要勻，碼鹽不宜重；玫瑰入鍋後時間不宜長，和勻入味即可。

【魚香兔絲】

冷菜。魚香味型。

- **特點**：色澤紅亮，兔絲細嫩，魚香濃郁。
- **烹製法**：拌。用熟兔的腰柳或腿肉，切成粗0.5公分的絲。綠豆芽掐去兩頭洗淨，汆斷生撈出瀝乾水，晾涼後入盤墊底，兔絲放在上面，淋上魚香味汁即成。
- **製作要領**：兔絲要順筋切勻；調味中泡辣椒茸、辣椒油用以提色、增香，但用量不宜重，以免壓味。

【椒麻兔片】

冷菜。椒麻味型。

- **特點**：色澤素雅，鮮嫩化渣，味鹹而鮮，椒麻辛香。
- **烹製法**：煮、拌。兔肉漂洗乾淨，入鍋摻清水燒開，打盡浮沫，加薑、蔥用小火煮熟，撈出晾涼，去骨，片成片裝盤。淋椒麻味汁即成。
- **製作要領**：兔肉應加薑、蔥煮，以去異增香，成片要勻；椒麻味汁以鹹味爲基礎，體現椒麻辛香。

【榨板羊糕】

冷菜。鹹鮮味型。

- **特點**：色澤紅亮，裝盤大方，細嫩爽口，味鹹鮮而香。
- **烹製法**：蒸。鮮羊肉洗淨，切薄片盛碗

中，加薑、蔥、花椒、料酒、鹽等醃漬後，上籠蒸爬。羊網油於開水中燙熟（不令其溶化），用木框一副，底鋪乾淨紗布，再將羊網油均勻鋪上，然後取出羊肉放網油上，最後把網油、紗布抄起包好，上榨板，重物壓過，取出。切片入盤，擺「扇面」。

• **製作要領**：醃漬的時間宜長，羊肉須蒸至極爬。

【怪味鹿肉】

冷菜。怪味味型。

• **特點**：肉質細嫩，味濃鮮香。
• **烹製法**：蒸、拌。鮮鹿肉洗淨，開條裝蒸碗內，加薑、蔥、花椒、料酒等，上籠蒸熟取出。鹿肉晾冷後，橫切成片，加怪味汁拌和均勻，盛圓盤即成。
• **製作要領**：鹿肉洗淨，除去膻味。

【涼拌麂肉】

冷菜。麻辣味型。

• **特點**：質地細嫩，麻辣醇香。
• **烹製法**：蒸、拌。選淨鮮麂腿肉，清水漂盡血污，盛容器內加調料上籠蒸熟，出籠冷卻後去筋、浮皮，切二粗絲，加麻辣味汁拌製入味，裝盤（用蔥白改絲墊底）即成。
• **製作要領**：蒸製時薑、蔥、料酒宜重；以蒸爬為度。如無鮮麂肉，醃的也可，方法相同。

五、蔬類冷菜

【糖醋蠶豆】

冷菜。糖醋味型。

• **特點**：酥香可口，甜酸味濃。
• **烹製法**：漬。選優質蠶豆，加水、明礬浸泡數小時，撈出瀝乾水分，入油鍋炸酥起鍋，趁熱將糖醋汁烹入，浸漬入味後，裝盤即成。

• **製作要領**：蠶豆泡好後用刀輕劃一刀口；炸製不能過頭，炸酥即可。

【魚香豌豆】

冷菜。魚香味型。

• **特點**：酥香化渣，鬆泡爽口，魚香味濃。
• **烹製法**：漬。選優質大白豌豆，用清水加明礬浸泡數小時，撈出瀝乾水分，用刀輕劃一小口，入油鍋炸至酥泡起鍋，趁熱烹入魚香味汁搋勻，冷卻後裝盤即成。
• **製作要領**：浸泡時間以豌豆漲透為限，明礬要適量；炸製不能過頭，味汁要適量，此為乾豌豆烹製法，也可用鮮豌豆，味質更佳，其烹製方法是：鮮豌豆淘淨、瀝乾，用刀輕劃一小口，入油鍋炸酥起鍋裝盤，晾冷後澆以魚香滋汁即成。此法還可製成魚香青豆、魚香蠶豆等。

【蘭花胡豆】

冷菜。椒鹽味型。

• **特點**：形似蘭花，酥香鬆泡，化渣爽口。
• **烹製法**：炸。選優質胡豆置容器內，加清水、明礬浸泡至漲，逐個去黑嘴，劃十字刀，下油鍋炸酥撈起裝盤，最後撒上椒鹽即成。
• **製作要領**：胡豆要浸泡透，注意火候，炸酥即起。有些地區稱胡豆為蠶豆。

【椿芽蠶豆】

冷菜。鹹鮮味型。

• **特點**：鮮香嫩爽，美味適口。
• **烹製法**：煮、拌。鮮蠶豆煮爬，撈起瀝乾。嫩椿芽洗淨，開水中略燙一下，鍘碎。蠶豆盛碗內，加鹽、醬油、味精、香油以及椿芽等拌勻，舀入盤內即成。
• **製作要領**：蠶豆不能煮得過爬；味汁的鹹度以不壓椿芽的清香味為好。此菜也可烹製成蒜泥味，個別地區還有用炒法成菜，呈鹹鮮味。

【鹽水青豆】

冷菜。鹹鮮味型。

- **特點**：色澤碧綠，鹹鮮清香。
- **烹製法**：煮。青豆洗淨入開水鍋中煮熟，撈入盆內，先用少許鹽、金鈎、香油拌勻裝盤。上桌前，用冷鮮湯、鹽、味精、香油調成鹹鮮味汁，淋入盤內即成。
- **製作要領**：注意火候，煮青豆應熟而不變色，鹹味應不缺不傷，以免壓鮮。

【紅油莖絲】

冷菜。紅油味型。

- **特點**：色澤紅亮，鹹鮮辣香，回味略甜。
- **烹製法**：拌。選優質大頭菜，去老皮，用冷開水洗淨，改薄片，切麻線絲，盛容器內加紅油味調料拌勻，裝盤即成。
- **製作要領**：絲子要粗細均勻，長短一致；紅油用量要適當，忌用醬油。

【麻醬鳳尾】

冷菜。醬香味型。

- **特點**：形如鳳尾，質地脆嫩，醬香濃郁，鮮美可口。
- **烹製法**：汆、拌。選嫩萵筍尖去皮，修成長10公分的節，在尖部改成四瓣，入開水鍋內汆至斷生即撈出，撒上毛毛鹽⊕撓勻攤開。食時整理整齊裝盤，淋上麻醬味汁即成。
- **製作要領**：汆製時注意火候，斷生即出；萵筍尖也可不下鍋汆，改刀後用鹽醃漬，再用冷開水沖去澀水，瀝乾後加味汁拌勻而成。

⊕四川話毛毛鹽指很少的鹽

【薑汁豇豆】

冷菜。薑汁味型。

- **特點**：色澤碧綠，質地脆嫩，清香爽口。
- **烹製法**：汆、拌。選碧綠、細長、子實的豇豆掐蒂、洗淨，入開水鍋中汆熟，撈起，撒少許鹽撓勻，攤平晾冷。食時取豇豆改成6公分長的節，裝碗內，加薑汁味汁拌勻，整齊裝條盤即成。
- **製作要領**：豇豆不宜汆得過㶶，斷生即可；底味不能過大。

【蔥油甜椒】

冷菜。鹹鮮味型。

- **特點**：色澤素雅，鹹鮮清香。
- **烹製法**：汆、拌。青甜椒去蒂去籽洗淨，汆斷生，撈出瀝乾，用少許香油拌勻晾涼，切成條塊入盤。蔥花放入碗內用滾油燙出香味，晾冷而成蔥油，加鹽、味精、香油調勻，舀淋青甜椒上即成。
- **製作要領**：青甜椒汆後應及時冷卻，以保持色綠；青椒成形可按設計而定，但應保持均勻一致。

【醬酥桃仁】

冷菜。醬香味型。

- **特點**：香酥化渣，醬香濃郁，香甜爽口。
- **烹製法**：炸、黏裹。桃仁用開水燙約5分鐘後撕去皮，放入四成熱的油鍋中炸至酥脆時撈出。鍋內瀝盡油洗淨，摻清水，放白糖炒化至起小泡時，加甜醬炒勻出香時，端離火口，倒入桃仁翻炒至糖均勻黏裹在桃仁上即成。
- **製作要領**：炸桃仁時應注意火候，不能焦煳；熬糖時應掌握好老嫩；黏糖先要快速翻炒，使黏裹均勻；快冷卻時翻炒要慢要輕，使桃仁不黏成團即可。

【椒麻桃仁】

冷菜。椒麻味型。

- **特點**：桃仁嫩脆，鹹鮮而清香，椒麻味突出。
- **烹製法**：拌。鮮桃仁用沸水燜泡約5分鐘，撕去皮洗淨入碗，加椒麻味汁拌勻，裝盤即成。
- **製作要領**：桃仁去皮時應保持整瓣成形不爛；製椒麻味汁宜少用有色的調味品，保持蔥葉嫩綠。

【蛋酥花仁】

冷菜。鹹鮮味型。

- **特點**：色澤淡黃，酥脆可口。
- **烹製法**：炸。用細乾豆粉，再加雞蛋調成全蛋糊，加鹽，放入乾花仁拌勻，入四成熱的油鍋中炸至呈淡黃色、花仁酥脆時，立即撈起瀝乾，晾涼即成。
- **製作要領**：花仁篩選顆粒均勻的，蛋豆粉的乾稀要適度，入鍋後要輕輕撥散籽。亦可將雞蛋放花仁內，加鹽調勻後，撒乾細豆粉簸勻炸製。

【怪味腰果】

冷菜。怪味味型。

- **特點**：脆酥鮮香，鹹、甜、麻、辣、酸、鮮、香並重，食之爽口。
- **烹製法**：炸、黏裹。腰果入五成熱的油鍋中炸至酥脆，撈出瀝乾油。鍋內摻清水燒開，放白糖用小火熬至起魚眼泡時，將鍋端離火口，放鹽和腰果，邊用鏟攪，邊依次放入辣椒粉、花椒粉、白醋、薑末、蒜末以及蔥花等調料，使腰果均勻地裹上各種調味品，待糖翻沙時起鍋晾涼即成。
- **製作要領**：注意熬糖的火候老嫩；要用微火慢熬糖水；掌握各種調味的調對比例，要做到互不壓味；腰果要黏勻而不黏連。

【雀翅黃瓜】

冷菜。糖醋味型。

- **特點**：形態美觀，質地脆嫩，甜酸香濃。
- **烹製法**：拌。選嫩刺黃瓜洗淨切去兩端，對剖去掉瓜心，剖面向下直刀、斜切成五刀一斷的雀翅片，用鹽少許醃漬約5分鐘，擠乾水入盆，放入用白糖、醋、味精、薑末、香油調成的味汁拌勻，分5層整齊地堆擺入盤即成。
- **製作要領**：切片要勻，調味要以鹹鮮為基礎，突出甜、酸，裝盤要美觀。

【豆瓣子薑】

冷菜。家常味型。

- **特點**：質脆嫩，味鹹鮮微辣，辛香濃郁。
- **烹製法**：拌。選子薑去皮洗淨，橫切成薄片盛碗內。加味精、醬油、豆瓣、香油拌勻即成。
- **製作要領**：子薑成片要厚薄一致，大小均勻；調味注意鹹味不宜過重，以免壓鮮；豆瓣一定要炒至斷生。

【虎皮青椒】

冷菜。鹹鮮味型。

- **特點**：質地嫩爽，鹹鮮辣香。
- **烹製法**：炒。選長度約8公分的青椒洗淨瀝乾水，入熱鍋內加鹽少許煏至皺皮、略現黑色斑點時，加入熟菜油適量，炒至油亮鮮香時，再放鹽炒勻起鍋，放香油、醋拌勻晾涼即成。
- **製作要領**：選用大小相近的鮮嫩辣椒，使成形美觀；炒前青椒要加鹽煏蔫，後放油和調料炒勻。成菜青椒的綠色中間有黑色斑點，故名虎皮。

【薑汁菠菜】

冷菜。薑汁味型。

- **特點**：色澤碧綠，質地脆嫩，鹹鮮清香，薑汁味濃。
- **烹製法**：汆、拌。菠菜擇洗乾淨、汆熟，撈入筲箕（淘米、盛飯或裝菜，且有濾水功能的器具）內瀝乾水撒上鹽，淋香油拌散，晾涼後入盆，加鹽、薑末、味精、醋、紅油辣椒、香油拌勻裝盤即成。
- **製作要領**：菠菜要等水燒至鼎沸入鍋，斷生即起並迅速抖散晾涼，以保持色綠；調味中不能用朝天椒調製的紅油辣椒，且宜少放，以突出薑汁鮮香。

【珊瑚蘿蔔卷】

冷菜。糖醋味型。

- **特點**：色澤素雅，紅白相間，質地脆爽，甜酸適口。
- **烹製法**：泡。選大白蘿蔔洗淨去皮，切薄片。胡蘿蔔洗淨去皮、去黃心，切麻線

絲，同入淡鹽水中浸泡。半小時後用冷開水清透，撈出擠乾水分，再入甜酸汁（冷開水加白糖、白醋，溶化後用紗布過濾而成）浸漬4小時後取出，將白蘿蔔逐片攤開，胡蘿蔔絲做芯，裹成卷，改馬耳朵形，裝盤即成。

- **製作要領：**白蘿蔔片張要大、薄，不能穿花；捲製時要裹緊。

【蒜泥莧菜】

冷菜。蒜泥味型。

- **特點：**色澤碧綠，質地軟嫩，鹹鮮微辣，蒜香濃郁。
- **烹製法：**汩、拌。莧菜擇取嫩尖、嫩葉和嫩莖洗淨，汩斷生，瀝乾水，撒少許鹽、淋香油拌勻，撥散晾涼，放入醬油、白糖、紅油辣椒、蒜泥、醋以及味精等拌勻即成。
- **製作要領：**汩莧菜應水開入鍋；調味應在鹹鮮的基礎上，突出蒜泥辛香。

【椒油蘑菇】

冷菜。鹹鮮味型。

- **特點：**質地嫩爽，鹹鮮麻香。
- **烹製法：**燒、拌。蘑菇淘洗乾淨，大的切成兩瓣。鍋內菜油燒至五成熱時，下薑、蔥炒香，摻鮮湯燒開，下蘑菇，加鹽、醬油、料酒、花椒油燒開後用中火燒至收汁入味，起鍋晾涼，揀去薑、蔥，加味精、香油拌勻即成。
- **製作要領：**燒蘑菇摻湯應適量，不宜多；調味則以鹹鮮為基礎，能體現花椒辛香即可。

【珊瑚雪蓮】

冷菜。糖醋味型。

- **特點：**色澤潔白，藕質脆嫩，爽口化渣，酸甜適口。
- **烹製法：**泡。選嫩藕中節，去表皮洗淨，橫切成0.3公分厚的片，入淡鹽水中（加少量嫩子薑片）浸泡2小時，再入開水中汆

一下撈出瀝乾水分，入甜酸汁（白糖、白醋用冷開水溶化，經紗布過濾而成）浸漬1天，揀出裝盤即成。

- **製作要領：**浸泡藕片時食鹽不能加得過多；甜酸汁要適量。此菜亦可稱作珊瑚荷心。

【燈影苕片】

冷菜。麻辣味型。

- **特點：**色澤棕紅，片薄酥脆，麻辣鮮香。
- **烹製法：**炸。選紅心紅苕洗淨去皮，切成長7公分、寬3.5公分、厚4公分的長條塊，先用鹽水浸泡15分鐘撈出，再片成極薄的片，入淡鹽、礬水中浸漂20分鐘瀝乾。分次放入五成熱的油鍋中炸至棕紅色、酥脆時撈起瀝油。用鹽、辣椒油、花椒油、白糖、味精、香油與苕片拌勻即成。
- **製作要領：**紅苕需入鹽水浸泡，便於成形時不致碎裂。切苕片應厚薄均勻，以免炸製時捲縮；調味品一次加足，拌勻時動作要輕。

【菊花板栗】

冷菜。五香味型。

- **特點：**形態美觀，香鮮味濃。
- **烹製法：**蒸。板栗洗淨，剝去外殼和仁衣，將板栗用小刀刻劃成菊花弧形，入碗，加鹽、五香粉、雞油、鮮湯，入籠蒸至熟軟，出籠，揀出板栗，用味精、香油拌勻，晾涼即成。
- **製作要領：**五香粉用量應適度，過多反而壓鮮；入籠要蒸至熟軟入味。

【髮菜卷】

冷菜。鹹鮮味型。

- **特點：**質地脆嫩，鹹鮮味美。
- **烹製法：**拌。選優質髮菜洗淨，入開水鍋煮一下撈出。瀝乾水分，拌入鹹鮮味調料。熟火腿、熟雞脯肉、熟冬筍均切絲拌味，取髮菜捲上火腿等絲，裝盤即成。
- **製作要領：**捲製時要裹緊，大小均勻，

雞、火腿、筍要搭配捲製。

【涼拌蕨薹】

冷菜。酸辣味型。

- **特點**：脆嫩滑爽，鹹鮮香辣。
- **烹製法**：汩、拌。選鮮嫩蕨薹嫩尖洗淨，每根順撕成3～4絲，入清水浸漂約1小時，再入開水鍋中汩斷生，撈起瀝乾，切成長3公分的節；綠豆芽掐去兩頭，汩一水，晾涼，與蕨薹同時入碗，放鹽、醬油、紅油辣椒、醋、味精、香油等拌与即成。
- **製作要領**：開水先焯綠豆芽，再焯蕨薹；調味以鹹鮮爲基礎，但應鹹而不傷，體現野菜的特殊本味；爲保蕨薹本色，醬油不宜多。

【糖醋韭黃】

冷菜。糖醋味型。

- **特點**：色澤淺黃，脆嫩鮮香，鹹鮮中突出甜酸。
- **烹製法**：汆、拌。韭黃擇洗淨切段，入開水鍋中汩斷生，撈出瀝乾，淋香油撥散晾冷，入盆，加鹽、白糖、醋、香油拌与裝盤即成。
- **製作要領**：糖醋味調製時應以鹹味作底味，重用甜、酸。

【拌馬齒莧】

冷菜。紅油味型。

- **特點**：質地脆嫩，微香略酸。
- **烹製法**：汩、拌。鮮馬齒莧⊕取嫩尖，淘淨泥沙，入開水鍋汩至斷生撈出，晾冷，加紅油味汁拌匀，裝盤即成。
- **製作要領**：馬齒莧下鍋汩至斷生即可，味汁要適量。

　　⊕馬齒莧是夏秋季節的野生菜，只宜應時採擷，過季則不可鮮食。

【拌側耳根】

冷菜。家常味型。

- **特點**：鮮嫩爽口，辣酸回甜，風味別緻。
- **烹製法**：拌。鮮嫩側耳根取尖，洗淨泥沙，入冷開水盆內清透，撈出瀝乾水分入盤，淋上用鹽、白糖、醋、紅油、花椒粉等對成的味汁，拌与即成。
- **製作要領**：調對味汁的調料分量可稍重。此菜是四川民間食品，民間還多配以切成絲或片的萵筍同食。

【燒拌鮮筍】

冷菜。糊辣味型。

- **特點**：味香辣，菜脆嫩。
- **烹製法**：燒、拌。帶殼鮮筍置於「子母火」中，慢慢燒乾水分，待鮮筍燒軟至熟取出，剝去外殼，削去筍皮和筍箬，再用刀拍破，先撕後切成粗0.5公分、長5公分的節，裝碗。乾紅辣椒在火上燒至呈黑紅色取出，抹盡灰渣，用刀鍘細，加醬油、鹽、味精、香油等調成汁，倒入筍絲中拌与盛盤即成。
- **製作要領**：筍要燒軟燒熟，乾紅辣椒不能燒得太過頭。

【糟醉冬筍】

冷菜。香糟味型。

- **特點**：色澤素雅，質地脆嫩，香糟味濃，清淡爽口。
- **烹製法**：糟醉。鮮冬筍去外皮，洗淨，取嫩尖改5公分長的小一字條，盛容器內，加調料（醪糟汁、料酒、胡椒粉、鹽等）拌与，用生雞油覆蓋上面，入籠用旺火蒸30分鐘後出籠，揀去油渣，冷卻後整齊裝盤，淋上原汁即成。
- **製作要領**：醪糟汁、料酒宜稍重，鹹味適度即可。

【五香豆筋】

冷菜。五香味型。

- **特點**：滋潤乾香，鮮香味長。
- **烹製法**：炸收。豆筋用溫水泡至回軟，切成長6公分的節，再剖切成4瓣，放入六成

熱的油鍋炸至發泡、皮酥時撈出。瀝去餘油，放薑、蔥，摻鮮湯燒開，放豆筋，加鹽、五香粉、糖色、白糖，用中火燒至收汁入味，揀去薑、蔥，放味精、香油推勻起鍋晾涼即成。

- **製作要領**：炸時豆筋入鍋每次不宜過多；用中火慢燒收至汁濃亮油；掌握糖色的用量，成菜呈淺茶色即可。

【 醬香腐乾 】
　　冷菜。醬香味型。

- **特點**：色澤棕紅，質地乾香，醬香濃郁。
- **烹製法**：炸收。豆腐乾切成長4公分、粗0.7公分的條，入六成熱的油鍋中，炸至色澤棕紅浮面時撈出，瀝乾油。瀝去餘油，下蔥、甜麵醬炒香，摻鮮湯燒開，下腐乾、鹽、白糖燒至收汁，加味精、香油收至汁乾，起鍋晾涼裝盤即成。
- **製作要領**：豆腐乾不宜久炸，炒甜麵醬時要控制好油溫，避免焦煳。

【 紅油豆乾 】
　　冷菜。紅油味型。

- **特點**：色澤紅亮，微辣回甜，味濃鮮香。
- **烹製法**：炸收。方塊豆腐乾洗淨，剖成兩片，對角切成小三角塊，入油鍋炸至進皮撈起。炒鍋油燒熟，下薑、蔥熅炒後，加調料、清水稍熬，撈盡料渣，下豆乾移小火收至汁快乾時，加紅油，續收至吐油起鍋，加味精和勻，冷卻後裝盤即成。
- **製作要領**：炸至豆乾進皮即可；汁收乾。

【 椒麻豆魚 】
　　冷菜。椒麻味型。

- **特點**：色澤金黃，清淡爽口。
- **烹製法**：煎、拌。選綠豆芽擇去兩頭，洗淨，韭黃切寸節，均下鍋炒至斷生，起鍋裝盤內，加熟雞肉、熟火腿切絲與豆芽、韭黃一起和勻。取鮮豆油皮改成10公分寬的長塊，置案桌上；在豆油皮的一端鋪放上各種絲，裹成一指大小的卷。炙鍋，用少許香油浪鍋，移小火上，將卷逐條入鍋，用手鏟稍壓呈扁形，兩面煎黃起鍋，修齊兩端，改成5公分長的節裝盤，淋上椒麻味汁即成。

- **製作要領**：捲製時要裹緊；煎烙時火不宜大，煎黃即可。
- **名菜典故**：豆魚非魚，因其形似魚而稱之。味汁改用麻辣，即麻辣豆魚。

【 腐皮鬆 】
　　冷菜。椒鹽味型。

- **特點**：絲細如絮，酥香化渣。
- **烹製法**：炸。優質新鮮豆油皮修齊邊沿，疊捲壓平切細絲，抖散入油鍋，炸至鬆脆時撈起，用乾紗布吸乾油分，抖散裝盤，撒上椒鹽粉即成。
- **製作要領**：炸製時要用新鮮菜油，油溫不宜高；原料多時可分次入鍋。此菜可用筵席單碟，亦可作造型拼盤的裝飾。

【 拌五丁 】
　　冷菜。鹹鮮味型。

- **特點**：嫩爽鹹鮮，本味鮮香。
- **烹製法**：蒸、拌。雪魔芋入溫水中發漲後洗淨，擠乾水切成丁，入碗摻少許鮮湯，加鹽、味精入籠蒸至回軟入味，出籠瀝去湯汁晾涼。皮蛋去殼洗淨，再用冷開水清洗，切成丁。番茄燙後去皮去籽，切成丁。滷豆腐乾切成丁。蔥白切成丁。先將魔芋、皮蛋、番茄、蔥白等丁料入碗，放鹽、熟菜油拌勻，再下滷豆腐乾丁，加香油、味精拌勻即成。
- **製作要領**：丁料成形要均勻；雪魔芋蒸後應擠乾水；鹹味不能重。

【 泡青菜 】
　　冷菜。泡菜。鹹鮮味型。

- **特點**：脆嫩鹹鮮，略帶乳酸鮮香。既可食鹹鮮本味，也可加入調味品拌成紅油味、麻辣味食用，又可作為輔料，製作熱菜、湯菜。

- **烹製法**：泡。選用新鮮片寬厚的青菜，掰開洗淨，晾曬至半蔫，放入缸內的出坯鹽水中，出坯2～3天，使鹽分滲入，追出部分水分和澀味，撈起瀝乾。入罈時，先將老鹽水倒入罈內，下白酒、紅糖、鹽攪勻，放入乾辣椒墊底，裝入青菜至一半時放入香料包，再裝青菜，用篾片卡緊，蓋上蓋，摻足罈沿水，泡7天即可食用。
- **製作要領**：先要出坯；罈沿水要保持一定的量，注意罈沿及泡菜房的清潔衛生。同法可泡製如蘿蔔、豇豆、兒菜、萵筍、薑頭等多種蔬菜。

【 泡紅辣椒 】

　　冷菜：泡菜。鹹鮮味型。

- **特點**：色澤紅豔，鹹鮮辣香，味鮮美。既可以作菜助餐，也是川菜烹調中的重要調味品。
- **烹製法**：泡。選新鮮、硬健、柄形完好的二金條辣椒洗淨，晾乾表面水分，剪去蒂。將新鹽水入罈，加白酒、紅糖、醪糟汁攪勻，辣椒入罈至一半時放入香料包，再放辣椒，用篾片卡緊，蓋上罈蓋，摻足罈沿水。3～5天翻罈一次，變換香料包的位置，70天即可食用，100天以後香味更濃，用作調味品，效果極佳。
- **製作要領**：入罈後要壓緊，適時翻罈；罈沿水要注意保持一定的量和清潔衛生。

【 冰汁桃脯 】

　　冷菜：甜菜。甜香味型。

- **特點**：色澤美觀，桃脯細軟，香甜爽口。
- **烹製法**：凍。罐頭桃脯取出，每半個切成3瓣，按設計擺入盤內，橘瓣擺在桃脯周圍，蜜櫻桃擺放在桃脯空隙處，入冰箱冷藏室內凍涼。鍋內摻清水，放白糖燒開，打盡浮沫，用小火慢慢熬至汁濃，起鍋晾涼，也入冰箱冷藏室凍涼。上桌前同時取出，將糖汁淋於桃脯上即成。
- **製作要領**：入冰箱冷藏室凍涼即可，不能久凍；熬糖汁注意避免污染，要小火慢燒

至溶化。用此法亦可作冰汁梨脯、冰汁杏脯等。

【 冰汁涼柚 】

　　冷菜：甜菜。甜香味型。

- **特點**：形態美觀，甜香爽口。
- **烹製法**：凍。柚子剝去皮，掰成瓣，再撕盡每瓣上的皮，去籽，入盤按設計擺成形，周圍用橘瓣和蜜櫻桃點綴，入冰箱冷藏室凍涼。鍋內清水，加冰糖燒開，打盡浮沫，用小火熬至汁濃晾涼，加玫瑰調勻，入冰箱冷藏室凍涼。上桌前同時取出，將糖汁淋於柚瓣上即成。
- **製作要領**：柚瓣既要撕盡外皮，又要保持形態完整；不能久凍；熬糖與水的摻對比例要恰當；熬糖用小火慢熬，不能焦煳。

【 枇杷凍 】

　　冷菜：甜菜。甜香味型。

- **特點**：形色美觀，晶瑩透明，甜潤爽口。
- **烹製法**：凍。選熟透大個的枇杷洗淨，去皮去核，放入小湯杯內；鍋內清水燒開，放白糖熬至溶化後，將蛋清鏟散成泡入鍋，打盡浮沫，放凍粉待熬溶化後稍晾涼，舀入枇杷杯內，入冰箱凍成形，倒入盤中。鍋內清水加冰糖熬成濃汁，晾涼淋入盤中枇杷凍上，用蜜櫻桃點綴即成。
- **製作要領**：凍粉用量比例要合適，多則老、少則不成形。

【 冰汁杏淖 】

　　冷菜：甜菜。甜香味型。

- **特點**：紅白相間，色澤協調，細嫩甜香，有杏仁原香。
- **烹製法**：凍。將甜杏仁、花生仁用開水泡後，去皮和心，用清水淘淨，細磨成漿，過濾取汁去渣。凍粉入碗，加清水入籠蒸化待用。鍋內清水加白糖燒開，將蛋清鏟散成泡入鍋，燒開後打盡浮沫，舀一半糖水留用。鍋內下杏仁花生漿，倒入蒸化的瓊脂，攪勻燒開略煮，舀入大凹盤內，晾

涼入冰箱冷凍後取出，上面擺放蜜櫻桃。留下的糖水入鍋收成汁，晾涼，入冰箱凍涼後倒入即成。

- **製作要領：**杏仁花生漿渣要瀝盡，瓊脂用量宜少。質求嫩滑。無杏仁時可用杏仁精代替。

【冰汁魔芋】

冷菜：甜菜。甜香味型。

- **特點：**色澤淡雅，滑嫩涼爽。
- **烹製法：**凍。鍋內清水放紅糖燒開熬化，瀝盡雜質，倒入盆內晾涼後入冰箱凍涼待用。食前將糖水舀入碗中，用淺小平瓢將白色魔芋打成雲朵形片狀，放入糖水中成飄浮狀，再將蜜橘瓣、桂圓肉撕成小塊，放於魔芋片上即成。
- **製作要領：**選用精粉製成白色魔芋；紅糖水要瀝盡雜質。

筆 記 欄

第二章
燕菜海鮮類

一、燕菜

【孔雀官燕】

熱菜：半湯菜。鹹鮮味型。

- **特點**：造型美觀華麗，湯清澈，味鮮美。
- **烹製法**：蒸。選上等官燕發漲，去盡茸毛、雜質，入碗加清湯入籠蒸熟。干貝蒸軟晾乾後撕成絲。刺參、竹蓀經發製改成片，入盤墊底，用魚糝堆塑成孔雀身型，將干貝絲、絲瓜皮、官燕、蛋粑、冬菇、紅辣椒等按要求切成形，嵌鑲成孔雀開屏圖形；胡蘿蔔刻成頭、頸，安放入盤，摻少許清湯，上籠蒸透取出，瀝去湯汁，另灌入特製清湯即成。
- **製作要領**：設計要与稱美觀，成型配色恰當，湯要清澈，蒸的火候要適當。

【一品官燕】

熱菜：湯菜。鹹鮮味型。

- **特點**：形態完整，色調淡雅，湯汁清澈，爽嫩可口。
- **烹製法**：蒸。選特級官燕漲發後瀝乾水分。用魚糝做成一個厚1公分、直徑15公分的餅。將官燕貼於餅上，餅邊沿上牽以火腿、冬菇、瓜衣切的絲，盛盤內，上籠蒸至糝熟取出，置於大窩盤中，灌入特級清湯即成。

- **製作要領**：官燕漲發不能過頭；魚糝以色澤白亮、有浮力為好；上籠蒸製的火候要適度。

【鴿蛋燕菜】

熱菜：湯菜。鹹鮮味型。

- **特點**：色素雅，湯清澈，細嫩爽滑，滋補營養。
- **烹製法**：蒸。選上等官燕泡發後瀝乾，盛碗內上籠，蒸熟取出。將12個鴿蛋逐個破殼入鍋，用水煮成溏心荷包蛋。另用一湯碗，置燕菜於碗中間，將鴿蛋圍放四周，灌入特級清湯即成。
- **製作要領**：蒸燕菜須軟硬適度，燕菜的雜毛和沉渣要揀乾淨；煮鴿蛋要用小火或微火，不能散黃。

【菊花燕菜】

熱菜：半湯菜。鹹鮮味型。

- **特點**：形如菊花，色澤雅潔。鹹鮮味美，清淡爽口。
- **烹製法**：蒸。燕窩用開水燜發，去盡毛與雜質、瀝乾水分。蛋皮、熟火腿、瓜衣切絲。取部分燕窩拌入魚糝，再將燕窩、火腿、蛋皮插入盞內糝上，上籠蒸熟，取出揀於盛有特級清湯的二湯碗內即可。
- **製作要領**：燕窩漲發要適度，並掌握好蒸

的火候。

【冰汁燕菜】

熱菜：甜菜。甜香味型。

- **特點**：色澤白亮，質地柔嫩。
- **烹製法**：煨。上等官燕燜發好，揀盡雜物。冰糖熬成糖水，用雞蛋清掃盡汁渣。取官燕煨好，撈出盛二湯碗，灌入冰糖水即成。
- **製作要領**：官燕要煨製好，糖水清澈不渾，甜度適宜。

二、海鮮

【白汁鮑魚】

熱菜。鹹鮮味型。

- **特點**：汁白菜豐，清淡適口。
- **烹製法**：煮、燴。用罐裝鮑魚片切成約0.3公分厚的片。熟雞脯肉、熟火腿、冬筍均改成片。炒鍋內先打蔥油，次下奶湯，湯開打去薑蔥，吃味，放入鮑魚片、火腿片、雞片、冬筍片等燴製入味，勾芡起鍋，盛大圓窩盤中即成（可以用菜心墊底）。
- **製作要領**：片鮑魚時不能切得太薄；湯適量，用薄芡。

【紅燒鮑魚】

熱菜。鹹鮮味型。

- **特點**：色澤棕紅，質地細嫩，醇濃鮮香。
- **烹製法**：燒。用發製好的鮑魚，先順剞數刀，再橫切三刀一斷的條，用清湯加鹽、味精、料酒燒入味待用。鍋內化豬油燒至五成熱時，下白菜心煸炒，再下冬筍條、蘑菇條，摻清湯，加鹽、料酒、醬油、味精燒熟入味，先將白菜入盤墊底，其他配料蓋在上面。鮑魚入鍋內湯汁中燒透，放味精，勾薄芡收汁，淋香油推勻，澆蓋於盤內菜上即成。

- **製作要領**：鮑魚剞刀成形要勻；用湯不宜多，芡宜薄。

【菊花鮑魚】

熱菜：湯菜。鹹鮮味型。

- **特點**：形似菊花，色彩豔麗，軟嫩適口，湯味清鮮。
- **烹製法**：蒸。罐裝鮑魚片成片，熟火腿、冬筍、蛋皮、瓜衣等均切絲。取菊花盞12個，先將鮑魚片墊底。次擠魚糝入盞內，上面又放入略小一些的鮑魚片，各種絲分別插入糝內，上籠蒸透後取出，盛大湯碗中，灌特級清湯即成。
- **製作要領**：鮑魚要蒸炧；各種絲要插牢。

【如意鮑魚】

熱菜。鹹鮮味型。

- **特點**：形似「如意」，色澤淡雅，鮑魚柔軟，魚糝細嫩。
- **烹製法**：蒸。將魚糝一半加雞蛋黃拌成黃色；大塊罐裝鮑魚片成薄片，振乾水分，平鋪於盤中，一端抹黃色魚糝，一端抹白色魚糝（即未加蛋黃的一半），對裹成如意卷，上籠蒸熟後取出。魚卷冷後切成長約2.5公分的節，切口向下，裝入蒸碗，餘料放碗面上，入籠餾起。另用一大圓盤，以燙熟的綠葉菜心鋪底，取出餾熱的魚卷翻扣在菜心上，灌入特級清湯即成。
- **製作要領**：鮑魚片要大、薄、軟，製卷時要裹緊不使脫落，定碗時卷與卷要靠緊。

【奶湯鮑魚】

熱菜：湯菜。鹹鮮味型。

- **特點**：湯白味濃，柔軟爽口。
- **烹製法**：煮。罐裝鮑魚改片，熟火腿、熟雞脯肉、冬菇均改片。鍋內摻奶湯，吃味，下主料與配料同煮至熟，起鍋盛大湯碗（白菜心墊底）內即成。
- **製作要領**：主、配料搭配要恰當。

【鬧龍宮】

熱菜。鹹鮮味型。

- **特點**：海珍濟濟，色澤金黃，汁濃味鮮。
- **烹製法**：燒。鮑魚、水發海參、魷魚均改片，加蝦仁及蒸軟的干貝等海珍，配以冬菇、冬筍、火腿片、無骨熟雞塊，用紅湯調料燒入味，撈入大窩盤，收濃原汁，下香油，起鍋淋上即成。
- **製作要領**：魷魚鹹味除盡，圓貝成形，蝦仁洗淨；經過發製的主、配料必須出水；原汁收稠，起色上味。

【三圓鮑魚】

熱菜。鹹鮮味型。

- **特點**：色彩豐富，質地細嫩，清鮮爽口，味極鮮香。
- **烹製法**：汆、燒。用鮮鮑魚治乾淨，正面向下，片成厚0.3公分的圓形片，入開水中略燙後撈出瀝乾。雞糝、魚糝、蝦糝擠成圓子，用鮮湯汆熟，連湯舀起待用。油菜取嫩尖。玉蘭片成片。冬菇切成四瓣。鍋內化豬油燒至五成熱時，下薑、蔥炒香，再下玉蘭片、冬菇、油菜翻炒，烹入料酒，加鹽、味精、胡椒粉，摻奶湯燒開，揀去薑蔥，將三圓撈出與鮑魚一起入鍋燒進味，勾薄芡收汁，淋入化雞油推勻裝盤即成。
- **製作要領**：鮑魚要平放，片成圓片；三圓要大小均勻、數量一致；芡汁宜薄，原料以燒至熟軟為度。

【孔雀鮑魚】

熱菜。鹹鮮味型。

- **特點**：形似孔雀，色彩豔麗，鹹鮮味美。
- **烹製法**：燒。罐裝鮑魚用紗布包好，雞肉、鴨腿、豬五花肉洗淨斬成大塊，入鍋摻鮮湯，加鹽、糖色燒開，打盡浮沫，放料酒、薑、蔥燒至七成熟時，放入鮑魚包同燒至鮑魚入味。盤中用熟冬瓜皮切成尾羽，其中心嵌香菇片，沿盤擺成尾形，入籠餾熱，取出鮑魚沿尾屏擺三層成半圓形，炒熟入味的西蘭花片沿鮑魚擺成雀身，以白蘿蔔刻成的孔雀頭安好頭羽、眉眼毛、眼等，放於雀身前端，頸頭前擺放兩朵番茄花。鍋內摻清湯燒開，放味精，勾薄芡，放化雞油淋於尾屏上；鍋內倒入燒鮑魚原汁，小火收濃，放蠔油推勻，舀淋於鮑魚上即成。
- **製作要領**：烹製前要作好設計，擺盤造型比例要適度；除雀頭外，均應製熟入味，可供食用。

【鍋巴鮑魚】

熱菜。荔枝味型。

- **特點**：鍋巴酥脆，鮑魚鮮嫩，荔枝味濃。
- **烹製法**：燒、炸。用罐裝鮑魚片成薄片，玉蘭片切片後汆去澀味。鍋內化豬油燒至五成熱時，下薑、蒜、玉蘭片、馬耳朵形蔥節、泡辣椒節炒香，烹入荔枝味滋汁，下鮑魚燒開，起鍋入碗待用；鍋內菜油燒至八成熱，下鍋巴炸至酥脆時撈入盤內，上桌後將鮑魚汁淋上即成。
- **製作要領**：鮑魚、鍋巴均要保持高溫，動作迅速，效果才好。鍋巴要掰成大小相近的塊，炸至酥脆。

【松茸鮑魚】

熱菜。鹹鮮味型。

- **特點**：形色美觀，味極鮮美。
- **烹製法**：燒。罐裝鮑魚剞十字花刀；松茸於清水中刮洗乾淨後對剖；瓢兒白心汩熟漂涼。鍋中化豬油燒至五成熱時，下薑、蔥炒香，摻鮮湯調好味，下瓢兒白燒熟，揀入盤中墊底。鍋中另加清湯燒開，入松茸燒熟，撈放於盤內瓢兒白上擺好；鮑魚入鍋內燒開後，撈放於松茸上，鍋內再放入鹽、胡椒粉、味精勾薄芡收汁，淋熟化雞油撬勻，起鍋，舀淋於鮑魚上即成。
- **製作要領**：鮑魚剞刀要勻，但不能剞穿，保持形整相連；松茸選菌苞未開、個頭一致的入菜，使成形更美觀。

【乾燒魚翅】

熱菜。鹹鮮味型。

- **特點**：色澤深黃，翅針明亮，柔軟爽口，汁稠味濃。
- **烹製法**：燴、乾燒。魚翅漲發後去盡雜質、仔骨等，放入鍋中加雞湯、料酒，用小火煮10分鐘撈起，用紗布包上。將雞、鴨、豬肉、火腿切成厚片，放入包罐（一種加熱器皿，類似砂煲），下紅湯及魚翅包等在旺火上略燒，再移至小火上燴。待燴至翅熟極軟、湯汁濃稠時提起魚翅包，解開，將魚翅平鋪於盛有菜心（已煸熟）的大圓盤中。再把罐中原汁瀝入炒鍋內收濃，淋於魚翅上即成。
- **製作要領**：燴翅的湯汁要適量，須自然收汁，不能勾芡。

【蟹黃魚翅】

熱菜。鹹鮮味型。

- **特點**：顏色橘黃，汁濃味鮮，柔軟爽滑。
- **烹製法**：蒸、燒。魚翅漲發後洗淨，盛大碗內，加清湯，調好味入籠蒸熟。蟹黃在鍋內用油煸散，再將魚翅連湯入鍋燒。新鮮菜心入另一鍋內煸熟後，入大圓窩盤內作底。待魚翅炆糯入味時勾芡起鍋，蓋於菜心上即成。
- **製作要領**：魚翅要炆糯軟和，蟹黃的用量以有色有味為度，不宜過多。

【繡球魚翅】

熱菜：湯菜。鹹鮮味型。

- **特點**：形色美觀，湯清味鮮。
- **烹製法**：蒸。翅針先用開水汆幾次，撈起裝碗內，加清湯，上籠蒸至炆軟時取出。冬菇、火腿、瓜衣、蛋皮切成細絲，與魚翅在盤內拌勻備用。雞糝擠成28個直徑約1.5公分的圓子，逐個放入裝有魚翅等絲的盤中，使之裹上各種絲成繡球狀，再放入方盤內，上籠蒸熟，取出另裝湯碗內，灌特級清湯即成。
- **製作要領**：魚翅要蒸至極軟；雞糝宜乾不

宜稀。

【三絲魚翅】

熱菜。鹹鮮味型。

- **特點**：汁濃色白，味鮮爽口。
- **烹製法**：蒸、燴。將發製好的翅針洗淨，盛碗內，加清湯上籠蒸軟。熟雞脯肉、熟火腿、冬筍均切絲。炒鍋內加奶湯，下三絲，吃味，燴入味後撈出，盛入盤中作底。鍋內放入魚翅再燒入味，勾芡收汁，起鍋舀於三絲上即成。
- **製作要領**：魚翅要蒸軟和，芡汁不宜多，亦不宜濃。

【鳳尾魚翅】

熱菜：湯菜。鹹鮮味型。

- **特點**：形如鳳尾，色彩鮮豔，湯汁清澈。質嫩味鮮。
- **烹製法**：蒸。將發製好的翅針盛於碗內，加清湯上籠蒸軟入味。熟火腿、冬菇、瓜衣、蛋皮均切成長5公分的細絲。雞糝擠入調羹內，將魚翅和各種配料順調羹把插入糝內，成鳳尾形，共24個。裝方盤入籠蒸熟，取出，揀於大湯碗內，灌高級清湯即成。
- **製作要領**：翅針要蒸軟、入味；突出主料，岔色均勻。

【五彩魚翅】

熱菜。鹹鮮味型。

- **特點**：配料顏色各異，質地柔糯軟嫩，鹹鮮而香。
- **烹製法**：煮、蒸。水發魚翅用好湯入鍋餵煮增鮮後，瀝乾湯汁，入蒸碗內，雞脯肉切成絲，放魚翅上，加鹽、胡椒粉、料酒、薑、蔥入籠蒸至魚翅柔炆。水發香菇、嫩絲瓜皮、火腿、冬筍、蛋黃皮均切成絲，用好湯分別餵煮，撈出瀝乾，放入大圓盤中岔色圍擺成圓形。取出魚翅去掉薑蔥，湯汁瀝於鍋中，倒於圓盤中五色絲上蓋面。湯燒開，加味精，勾薄芡收汁，

再加雞油推勻，舀淋魚翅上即成。

- **製作要領**：各種絲條要均勻一致，各絲擺盤外端呈圓形，岔色要分明，面上放魚翅，使成形美觀；魚翅要洗淨，多餵幾道再蒸。

【鴨包魚翅】

熱菜。鹹鮮味型。

- **特點**：質地炸糯鮮香，外形為鴨，內包魚翅，氣派大方。
- **烹製法**：煨、蒸。魚翅先用開水汆兩遍，瀝乾；火腿切絲；干貝用鮮湯泡漲後撕成絲。三料和勻，用紗布包好。雞斬成大塊；排骨斬成節，入開水汆透。鋁鍋內用竹筷架放，依次放入雞骨、魚翅包、雞肉、排骨，加料酒、薑、蔥，加清水淹沒原料，燒開打盡浮沫，用小火煨6小時，取出魚翅包，餘料另用。鴨從尾部去內臟治淨，用鹽、料酒、胡椒粉抹全身醃漬，入籠蒸至熟炸，出籠晾涼，從背上劃一刀，去盡骨，將魚翅裝入鴨腔，再用紗布包成鴨形，放入煨魚翅的湯內煨1小時，起鍋解包入盤，鴨脯向上；鮮菜心、胡蘿蔔切成花形汆煮調好味，斷生後揀放在鴨子周圍；將煨魚翅原汁入鍋，加鹽、味精，勾薄芡至收汁，加化雞油推勻，舀淋鴨身即成。
- **製作要領**：魚翅要先餵煮以入味增鮮；鴨骨要折盡並保持形態完整不爛。

【扇貝魚翅】

熱菜。鹹鮮味型。

- **特點**：形狀美觀，質地柔糯鮮香。
- **烹製法**：煨、炒。魚翅先汆兩遍洗淨，用紗布包好。火腿切片，鮮扇貝洗淨，兩者用紗布包好。雞剔骨斬成大塊，排骨斬成節，汆後洗淨。鋁鍋內用竹筷架設，依次放入雞骨、魚翅包、火腿、扇貝包、雞肉、排骨，摻清水，放料酒、薑、蔥燒開，打盡浮沫，加鹽、味精、胡椒粉，用小火煨至魚翅柔軟增鮮時撈出雞骨和排骨

另作它用；扇貝取出冷後，切成指甲片，用鹽、料酒碼味後用蛋清豆粉拌勻。胡蘿蔔切成花刀片，入鍋用湯加味燒熟，圍擺於盤邊。鍋內化豬油燒至九成熟時，下扇貝滑散，瀝去餘油，加火腿片、鹽、味精、鮮湯少許炒勻，裝盤墊底，將魚翅解包放在上面；原汁調好味勾薄芡至收汁，加化雞油推勻，舀淋魚翅上即成。

- **製作要領**：魚翅、鮮貝烹製前要餵煮增鮮；魚翅一定要餵炸糯，如放醬油宜少。

【雞淖魚翅】

熱菜。鹹鮮味型。

- **特點**：紅白相間，協調美觀，軟糯細嫩，鹹鮮而香。
- **烹製法**：炒。魚翅用溫水發軟洗淨入碗，加鹽、料酒、整薑蔥、鮮湯，入籠蒸至軟糯增鮮，出籠後入摻有鮮湯的鍋內，再加鹽、料酒、味精反覆餵煮，撈入鮮湯內浸泡待用。熟火腿切成細末。雞脯肉洗淨捶成茸，入碗分次下冷鮮湯澥散，加鹽、味精、胡椒粉、雞蛋清、水豆粉攪成雞漿，再加沸鮮湯攪勻，入五成熟的化豬油鍋中，用炒瓢來回推炒至熟，先舀一半入盤墊底；將魚翅撈出擠盡湯汁，加入雞淖鍋中，混合炒勻，舀入盤內雞淖上，撒上火腿末即成。
- **製作要領**：魚翅烹製前應反覆餵煮以至柔糯增鮮，魚翅入鍋動作要快，烹炒時間不宜過長。製茸和炒時均求潔淨；掌握茸、蛋、冷鮮湯、水豆粉的摻對比例。

【太白魚翅】

熱菜。鹹鮮味型。

- **特點**：色澤深黃透紅，質地軟糯，味鹹鮮而有濃郁的酒香。
- **烹製法**：燒。魚翅用溫水浸泡洗淨，入碗，摻鮮湯入籠蒸至回軟增鮮時，出籠用紗布包好。豬五花肉洗淨汆水後，切成4個見方的肉塊，在每塊皮上剞上回形花紋，用紗布包好。雞腿斬成小塊。火腿切

片。瓢白心汆熟。鍋內化豬油燒至五成熱時，下雞塊、薑、蔥煵香，摻鮮湯，放入魚翅包和肉包、火腿，加鹽、料酒、胡椒粉、冰糖糖色燒開，打盡浮沫，用小火燒至魚翅粑糯，鍋內放燒魚翅原汁，下瓢白心燒入味，揀入盤中墊底，魚翅放菜心上，肉放魚翅四周；鍋內原汁下味精、香油推勻，舀淋魚翅上即成。

- **製作要領**：魚翅入烹前應反覆餵煮；豬五花肉要成形一致，皮上剞花紋，既美觀，也便於粑軟入味；重用料酒以突出酒香。

【八珍魚翅】

　　熱菜：湯菜。鹹鮮味型。

- **特點**：湯汁乳白，質地脆嫩柔糯。味鹹鮮而香。
- **烹製法**：煮。魚翅先汆兩次入盆，摻鮮湯加味入籠蒸透，出籠瀝乾；海參、魚肚、鮑魚均切成絲，用鮮湯餵煮後瀝乾；香菇、冬筍、鮮菇、露筍均切成絲，入開水中汆透瀝乾。鍋內摻清湯，放入魚翅、海參、鮮菇、冬筍等絲料，加鹽、料酒、薑汁、葉精、胡椒粉燒開，打盡浮沫，煮至熟透，勾薄芡，淋入薑蔥油，舀入湯罐內，撒上香菜末即成。
- **製作要領**：海鮮原料烹製前要反覆餵煮至柔；調味鹹味不宜過重，以免壓鮮。
- **名菜典故**：此菜以魚翅、鮑魚、魚肚、蟹肉、香菇、冬筍、鮮菇、露筍等名貴原料合烹而成，故名。

【酸辣魚翅】

　　熱菜：湯菜。酸辣味型。

- **特點**：湯色淡黃，軟糯脆爽，酸辣味濃。
- **烹製法**：蒸、煮。魚翅經浸泡洗淨，加料酒、薑、蔥、胡椒粉，摻清湯入籠蒸至粑糯入味；鮮雞脯肉切絲，用鹽、料酒碼味後，用蛋清豆粉拌勻，入開水鍋中劃散，撈出晾涼；冬筍、香菇、魷魚、番茄均切成絲，除香菇外均用鮮湯餵煮過。鍋內摻清湯，放入冬筍、香菇、魷魚、胡椒粉煮

開後，放魚翅、雞絲略煮，勾薄芡。續加醋、番茄絲、香油推勻，舀入湯碗內即成。

- **製作要領**：魚翅先要用鮮湯調好味蒸至熟粑入味；此湯以鹹鮮為基礎，胡椒粉、醋用量應稍重，以突出主味。

【魚香鮮貝】

　　熱菜。魚香味型。

- **特點**：色澤紅亮，滑爽鮮嫩，魚香味濃。
- **烹製法**：熘。鮮貝洗淨，用鹽、蛋清澱粉拌勻；荸薺去皮切成半圓片。鍋內化豬油燒至四成熱時，下鮮貝滑散至熟透，瀝去餘油，下泡辣椒茸、薑末、蒜末炒香，再下荸薺片、蔥花炒勻，烹入魚香滋汁，收汁亮油起鍋即成。
- **製作要領**：漿鮮貝的蛋清豆粉稀稠要適度，各種調味料用量比例要合適，要能體現鹹辣酸甜，突出薑、蒜、蔥香。

【桂花干貝】

　　熱菜。鹹鮮味型。

- **特點**：形似桂花，質地細嫩，鹹鮮乾香。
- **烹製法**：蒸、炒。干貝洗淨，撕去筋皮，入碗摻清湯，加鹽、料酒入籠蒸約1小時出籠，撕成絲。雞蛋破殼入碗，加鹽、味精、蔥白末攪散，放入干貝絲調勻。鍋內化豬油燒至六成熱時，倒入干貝蛋漿撥散炒熟，起鍋裝盤，撒上熟火腿末即成。
- **製作要領**：干貝蒸後絲要撕勻，入鍋後不宜長時間久烹，以撥散炒凝固為宜；調味品及鍋瓢均要求潔淨。

【繡球干貝】

　　熱菜：湯菜。鹹鮮味型。

- **特點**：色調美觀，圓如彩球，湯汁清淡，味美肉鮮。
- **烹製法**：蒸。干貝洗淨，裝碗內摻清水，上籠蒸粑取出，晾冷，搓散成絲。蛋皮、絲瓜皮、熟火腿均切成2公分長的細絲，與干貝絲和勻抖散，裝方盤內。將雞糝擠

成直徑約1.5公分的圓子共24個，入方盤內裏上一層細絲，另裝盤內，上籠蒸熟，取出，裝湯碗，灌特級清湯即成。

- **製作要領**：各絲用量適當，要突出干貝；蒸的時間不能長，以剛熟為好。

【大蒜干貝】

熱菜。鹹鮮味型。

- **特點**：成菜美觀，黃白相間，軟糯可口，味道清鮮。
- **烹製法**：蒸。干貝肉裝碗內，加清湯、調料上籠蒸炕；獨蒜去皮、去蒂，在油鍋裡炸過，也入籠蒸炕。走菜時，將干貝從碗中取出，放置於圓盤中間，大蒜圍於邊上。鍋中勾薄芡淋上即可。
- **製作要領**：芡不宜厚，色不宜深。

【干貝芋糕】

熱菜。鹹鮮味型。

- **特點**：協調美觀，細嫩滑爽，鹹鮮而香。
- **烹製法**：蒸。干貝洗淨入碗，加清湯、調料入籠蒸炕。奶芋洗淨入籠蒸熟，去皮壓成泥，用紗布過濾取芋泥。雞脯肉、豬肥膘肉分別捶茸，去盡筋絡，與芋一起和勻，加蛋清、薑汁、鹽、胡椒粉、味精攪成芋糝。平盤內抹化豬油，放入芋糝抹平，胡蘿蔔切成花、豌豆尖在芋糕上牽擺成花卉，上籠蒸熟，取出切成菱形塊，入盤擺好，中間放干貝。鍋中清湯加鹽燒開，放味精，勾薄芡，淋化雞油推勻，起鍋澆淋盤中芋糕上即成。
- **製作要領**：芋泥要壓茸，要多過濾幾次；芋糕蒸時用中火，出籠後要稍晾後才能切成形。

【熘鮮貝】

熱菜。鹹鮮味型。

- **特點**：色澤白綠相間，質地細嫩脆爽，味道鹹鮮。
- **烹製法**：熘。鮮貝去筋皮，片成圓片，用鹽、料酒、胡椒粉、蛋清豆粉拌勻。蔥白斜切成片。青甜椒切成塊；荸薺去皮，切成圓片。鍋內化豬油燒至四成熱時，下鮮貝滑散起鍋，瀝去餘油，下薑片、蔥片炒香，下荸薺、甜椒、鮮貝合炒至熟，烹入用鹽、胡椒粉、水豆粉、鮮湯對勻的滋汁至收汁，淋化雞油推勻起鍋即成。

- **製作要領**：鮮貝片要厚薄一致，碼蛋清豆粉要稀稠適度，甜椒不宜多，點綴而已；調料和鍋瓢均求潔淨。

【宮保鮮貝】

熱菜。煳辣味型。

- **特點**：色澤棕紅，鮮香細嫩，辣而不燥，鹹鮮中略帶酸甜。
- **烹製法**：炒。鮮貝去筋皮，用鹽、料酒、胡椒粉碼味後，用全蛋豆粉拌勻；用鹽、料酒、醬油、味精、白糖、醋、鮮湯、水豆粉對成滋汁。鍋內化豬油燒至六成熱時，放乾辣椒節、花椒炒香呈棕紅色時，放入鮮貝炒散至熟，加薑片、蒜片、蔥片炒勻，烹入滋汁至收汁，放鹽酥花仁簸勻即成。
- **製作要領**：鮮貝上漿要稀稠適度；花仁要臨起鍋時再放入，以保持酥脆。

【泡菜鮮貝】

熱菜。鹹鮮味型。

- **特點**：色澤素雅，清淡鮮香。
- **烹製法**：燒。鮮貝去筋皮，用鹽、料酒、胡椒粉碼味後，用蛋清豆粉拌勻。選泡青菜切成細絲。泡辣椒去蒂去籽斜切成菱形段。鮮貝入開水鍋中劃散至熟撈出。鍋中放少量化豬油燒至五成熱時，下薑米炒香，摻清湯，放入鮮貝、泡菜、泡辣椒，加鹽、胡椒粉燒至泡菜味濃時，放味精勾薄芡至收汁，淋入化雞油推勻起鍋即成。
- **製作要領**：鮮貝洗淨後要用乾淨紗布吸乾水再碼味上漿；泡青菜用量稍重，以突出鮮香。

【一品海參】

熱菜。鹹鮮味型。

- **特點**：形整大方，海參軟糯，餡味鮮香。
- **烹製法**：釀、蒸。水發大開烏參一隻，用刀在腹腔內壁劃旗子塊花紋，用清湯餵一下。將豬肥瘦肉、雞肉、口蘑、冬筍、火腿、干貝等均切小方丁，入鍋內用油炒成餡，起鍋。再將餡料填入海參腹腔內，裝入蒸碗中蒸炟，取出後扣入圓盤內。原汁用水豆粉勾薄芡淋上即成。
- **製作要領**：劃海參時要深淺一致，不穿；蒸碗上須蒙一層草紙，以避免其他味竄入。

【家常海參】

熱菜。家常味型。

- **特點**：汁色棕紅，鹹鮮微辣，海參炟糯，肉餡軟酥。
- **烹製法**：燒。選水發海參切斧楞片，用好湯餵起。用油鍋炒肉末至酥，裝碗內。鍋內油燒熱再下豆瓣、泡辣椒、薑蒜米等炒出色和香味，加鮮湯，略燒片刻後將調料渣撈出。加料酒、肉末，將海參放入鍋內推轉，再置火上燴起。將黃豆芽掐去根瓣，入鍋內，加鹽炒熟，放入圓盤內墊底。再置海參鍋於旺火上勾芡收汁，下蔥顆、香油推轉，起鍋，裝於盛豆芽的圓盤中即成。
- **製作要領**：小火長燴。因海參本身無味，其鮮味全靠吸收湯汁及調料之味而成。

【響鈴海參】

熱菜。荔枝味型。

- **特點**：色澤金黃，軟糯脆香。
- **烹製法**：炸、燴。水發海參改斧楞片，熟火腿、冬菇、冬筍改片。取炒鍋，加好湯，下主、輔料，下荔枝味調料，勾芡，裝二湯碗待用。取抄手，下油鍋炸至外酥內熟，起鍋盛大窩盤。上桌時，將海參滋汁淋入盤內即成。
- **製作要領**：抄手包餡（肉餡內加荸薺粒）

時，形象要好，炸製後才像「響鈴」。炸抄手時，油溫以六成為好，滋汁要適量，勾薄芡。

【三鮮海參】

熱菜。鹹鮮味型。

- **特點**：三鮮⊕味香，海參柔軟，鹹鮮適口。
- **烹製法**：燒。水發海參片切成斧楞片，用好湯調味餵煮增鮮。火腿、熟雞肉、冬筍切成骨牌片。鍋內化豬油燒熱，下火腿、冬筍略炒，摻鮮湯，下雞油、海參，加鹽、料酒、醬油、味精、胡椒粉燒至入味。先將火腿、雞肉、冬筍撈入盤中墊底，再將海參撈出蓋在上面，鍋內原汁勾薄芡，至收汁淋香油推勻，舀淋在海參上即成。
- **製作要領**：海參應先經餵煮；調味時不宜過鹹，以免壓鮮。

⊕三鮮為泛指，只要是呈鮮味的原料即可，包括菇菌、時蔬、海鮮等。

【蝴蝶海參】

熱菜：湯菜。鹹鮮味型。

- **特點**：形態美觀，湯味清鮮，柔嫩爽滑。
- **烹製法**：燴、蒸。將0.3公分厚的水發海參片，用模具壓成蝴蝶形，燴入味。魚糝刮成橄欖形，作身，蝶翼刮平。用火腿、蛋皮、髮菜、瓜衣、冬筍絲牽身紋，黑芝麻作眼，魚翅針作鬚。上籠蒸熟，盛二湯碗內，灌特製清湯即成。
- **製作要領**：黏魚糝時要先抹一層蛋清豆粉，蒸的火候要適度。

【蛋餃海參】

熱菜。鹹鮮味型。

- **特點**：參灰餃黃，芡汁濃稠，鹹鮮味醇，質地軟糯。
- **烹製法**：燴。水發海參改薄片，用湯餵起。蛋皮包肉做成24個蛋餃，裝盤入籠蒸熟。鮮菜炒熟。裝大圓盤內墊底。另摻奶

湯入鍋，下海參，吃味略燒，打入圓盤菜心上。下蛋餃，勾芡收汁，起鍋舀於海參周圍即成。

- **製作要領**：蛋餃要餡心飽滿，餡內可加荸薺，芡宜薄。

【金錢海參】

熱菜。鹹鮮味型。

- **特點**：形似古錢，汁色乳白，質地㸆糯。
- **烹製法**：蒸。選水發灰刺參洗淨，用清湯餵入味後取出揩乾。火腿切二粗絲。先在海參腔內逐個抹一層蛋清豆粉，再釀入雞糝，火腿絲順放雞糝中心，然後捏成圓形，放盤中上籠蒸熟取出。海參冷後，橫切成厚約1公分的片。用一蒸碗，將大小一致的海參片平鋪碗底，上放餘下部分，最上面放汩過的黃秧白心，按緊入籠。餾熱後取出，翻入一大圓盤中，另外用清湯在鍋內燒開後，吃味，勾薄芡，淋於海參上即成。
- **製作要領**：海參腔內必須抹一層蛋清豆粉，片不能切得太薄。

【酸辣海參】

熱菜。湯菜。酸辣味型。

- **特點**：湯清呈淡茶色，味酸辣清鮮，質地軟糯爽口。
- **烹製法**：煮。將水發刺海參片成薄片，在開水鍋內煮後再用清湯餵一二次。鮮雞蛋煮成百合蛋，取蛋白與三鮮配料切成小片，放入大窩盤內，海參片瀝乾後亦放入。另用特級清湯在鍋內燒開，加胡椒、醋、鹽等吃味，去沫，澄清起鍋，灌入盤內即成。
- **製作要領**：湯色不宜深，可酌加薑汁以增辣味。

【鳳翅海參】

熱菜。鹹鮮味型。

- **特點**：汁色棕紅，雞翅㸆而入味，海參軟糯爽口。
- **烹製法**：蒸、燒。嫩雞翅去盡殘毛，洗淨，去掉翅尖再一分為二，於開水鍋中出一水，撈起，裝大蒸碗內，加薑、蔥、鹽、料酒等入籠蒸，至離骨取出。水發刺參改斧楞片，開水汆過，再用好湯餵起。煸鮮菜心盛大圓盤中作底。雞翅、海參一起下鍋同燒入味，勾薄芡起鍋，海參蓋菜心上，雞翅圍邊即成。
- **製作要領**：雞翅以蒸製㸆和離骨而不爛為度；芡宜薄，汁較一般燒菜多。

【乾燒海參】

熱菜。鹹鮮味型。

- **特點**：質地㸆糯，收汁亮油，鹹鮮中略有辣香。
- **烹製法**：燒。水發刺參切成條，用鮮湯，加料酒、薑、蔥略煮；豬肉剁細，入油鍋中炒至酥香，加醬油少許炒勻。鍋燒化豬油，放泡辣椒節、薑末、蒜末、蔥段炒香，摻鮮湯，放入海參，加鹽、料酒、芽菜末、肉末、醪糟汁燒開後用中火燒至入味，放味精，勾薄芡至收汁，放香油推勻起鍋即成。
- **製作要領**：海參烹製前，必須用鮮湯多餵煮幾次；燒時用中火或小火慢燒入味，燒至汁濃入味再勾芡。

【鴛鴦海參】

熱菜。家常味型，鹹鮮味型。

- **特點**：雙色雙味，質地軟糯，鹹鮮香辣。
- **烹製法**：燒。水發刺參片成斧楞片；水發梅花參切成大一字條。豬肉斬成細末。鍋內化豬油燒五成熱時，下泡青菜片略炒，摻清湯，下刺參片、火腿片、雞皮，加鹽、胡椒粉，用中火燒入味，放味精、勾芡，成鹹鮮味的酸菜海參。鍋內菜油燒至五成熱時，下剁細的郫縣豆瓣、泡辣椒茸、薑末、蒜末炒香，摻鮮湯燒開，打去料渣，放梅花參條，加鹽、料酒、醬油、白糖燒開入味，下煵好的肉末，撒蔥花，放味精，勾芡，放醋推勻，即成家常味型

的家常海參。盤中用土豆泥隔開成S形，兩種海參各舀一邊即成。

- **製作要領**：海參要經鮮湯餵煮才能入烹，土豆泥應調好味製熟，既免海參串味，又可食用。

【肝油海參】

熱菜。鹹鮮味型。

- **特點**：色澤紅亮，豬肝酥軟，海參炪糯，鮮香味濃。
- **烹製法**：燒。水發海參片成斧楞片，先出水，再用鮮湯、料酒、鹽、胡椒粉餵煮後撈出用紗布包好。鍋內摻鮮湯，下糖色、薑、蔥、料酒、鹽、醬油、胡椒粉，熟豬肝用手掰成大塊，鮮雞冠油燒開，打盡浮沫，用小火燒至豬肝發酥，將海參包入鍋燒20分鐘取出，去掉雞冠油，加味精推轉。鍋內勾薄芡，起鍋將豬肝盛入盤內墊底，取出海參放在上面，舀入鍋中收濃的原汁即成。
- **製作要領**：海參應先經餵煮入味再燒；豬肝應先用湯加鹽小火煮熟，冷後用手掰塊去筋再行燒製。

【孔雀開屏】

熱菜：湯菜。鹹鮮味型。

- **特點**：造型生動，色澤豔麗，湯清味美，柔和滋糯。
- **烹製法**：蒸。油發蹄筋片成薄長片，置圓盤中擺扇形，每片平敷魚糝，水發海參修成雀翅。蛋皮、海帶、絲瓜皮、泡紅辣椒切成由小到大桃尖形，由裡向外依次鑲嵌成翎眼。海參魚肚抹魚糝堆塑成雀身，上籠搭一火，定型，安上用根莖菜雕製的孔雀頭及火腿切製的雀爪。入籠蒸熟，灌特級清湯上席。
- **製作要領**：蹄筋放透提白，去盡油質；桃形金翠色彩協調，美觀大方；掌握火候，蒸熟即起，不變形不變色。

【蹄花海參】

熱菜。鹹鮮味型。

- **特點**：鮮香軟嫩，質地炪糯，肥而不膩。
- **烹製法**：蒸，燒。將豬蹄刮洗乾淨，入湯鍋煮至七成炪時撈出，去骨切成了3公分見方的塊，放入大蒸碗中，皮向碗底，加鮮湯、精鹽、料酒、胡椒粉、糖色、薑、蔥等，上籠蒸1小時取出，揀去薑蔥。水發海參洗淨，撕去腔內腹膜，切成大片，用鮮湯、精鹽、胡椒粉餵煮入味。將蒸好的豬蹄翻扣入盤；蒸豬蹄花的原汁倒入鍋中，下海參、料酒、味精燒至入味，用濕澱粉勾二流芡，放入雞油推勻，舀淋於豬蹄上即成。
- **製作要領**：豬蹄蒸至炪糯，但不能蒸爛。

【海味什景】

熱菜。鹹鮮味型。

- **特點**：原料多樣，營養豐富，鹹鮮味美。
- **烹製法**：燒。水發海參片成斧楞片，水發魷魚切成片，兩者均用鮮湯餵煮；發好的蹄筋切成節；冬筍、豬舌、心、肚均切成條，鴨、雞肉斬成塊。鍋燒化豬油，放雞、鴨、心、舌、肚略炒，摻鮮湯，加鹽、料酒、胡椒粉、冰糖糖色燒開，打盡浮沫，放薑、蔥、火腿、冬筍用中火燒入味，揀去薑、蔥。另鍋將鮮菜心炒斷生，起鍋入盤墊底，再將鍋內燒炪的原料撈出蓋菜心上，先放海參入鍋內原汁中燒入味，再放魷魚合燒入味後，撈出放入蓋面上；鍋內湯汁勾薄芡至收汁，淋化雞油推勻，舀淋菜上即成。
- **製作要領**：原料應選用新鮮味正者；海參要比魷魚先入鍋，芡汁不宜濃。

【乾煸魷魚絲】

熱菜。鹹鮮味型，

- **特點**：乾香綿韌。
- **烹製法**：乾煸。乾魷魚去頭尾，橫著切細絲，用熱水淘洗兩次，擠乾。綠豆芽去兩頭，豬肥瘦肉切二粗絲。旺火，豬油入鍋

燒至七成熱時，先下魷魚絲煸炒，次下肉絲煸炒一下，加味炒勻，加綠豆芽稍炒，放香油翻簸起鍋，盛條盤即成。

• 製作要領：魷魚以體薄、大張、乾透者為佳；魷魚切之前可先在火上烤一下。

【荔枝魷魚卷】

熱菜。荔枝味型。

• 特點：色澤棕紅，成形美觀，荔枝味濃，柔軟帶韌。

• 烹製法：炒。選優質水發整形魷魚去頭，用水洗淨，先切成長4.5公分、寬3.5公分的片，再用正反刀剞成荔枝花紋。蔥白切馬耳朵形，玉蘭片撕小，豌豆尖洗淨，泡辣椒段口。炙鍋、旺火、熱油，下魷魚、蔥白，炒至翻花成卷時，烹荔枝味芡汁，迅速翻簸起鍋，盛條盤即成。

• 製作要領：魷魚要剞得深淺一致；滋汁不宜多。

【三鮮魷魚】

熱菜。鹹鮮味型。

• 特點：鮮香爽滑，清淡可口。

• 烹製法：燴。水發魷魚改大片。熟雞脯肉、熟火腿、冬筍均改片。炒鍋內下奶湯，吃味，下各片同燴入味時勾芡，汁濃之後起鍋，裝入墊有鮮菜心的大圓窩盤內即成。

• 製作要領：魷魚的鹹味要提盡；燴時，先下三鮮料燒一陣，再下魷魚；用薄芡。

【玻璃魷魚】

熱菜。湯菜。鹹鮮味型。

• 特點：湯清如水，色白透明，湯味清鮮，入口滑嫩。

• 烹製法：煮。選上等魷魚溫水泡後洗淨，去頭尾，片成長7公分、寬5公分的薄片，裝碗內，加鹼開水並加蓋悶發至色白、透明、體軟，用清水漂起。菠菜心汩熟打起，放湯碗墊底。將魷魚片放鍋內，用清湯餵兩次。蓋於菠菜心上，另用特級清湯

燒開，吃味，灌入湯碗內即成。

• 製作要領：片薄而光滑，不穿花；魷魚鹹味必須提盡。體薄的魷魚也可不片，但必須提至透明。

【酸菜魷魚】

熱菜。湯菜。鹹鮮味型。

• 特點：湯清似水，酸鹹適度，質地滑嫩，清心爽口。

• 烹製法：煮。水發魷魚改方塊，去盡鹹味；酸菜用梗改成小薄片。鍋內加清湯，先放酸菜煮出味，再放魷魚略煮，吃味，起鍋裝入大湯碗內即成（也可酌加幾朵菜心）。

• 製作要領：魷魚要多沖幾次，提盡鹹味；酸菜葉部可先用於提味。此菜多用作湯菜，個別地區也有掛白汁的。

【家常魷魚】

熱菜。家常味型。

• 特點：色澤紅亮，質地柔嫩，鹹鮮微辣。

• 烹製法：燒。鹼發魷魚去盡鹹味，切成5公分大的塊，入鍋用鮮湯調味餵煮增鮮；豬肉、郫縣豆瓣分別剁細。鍋內燒油，放豬肉炒酥香散籽。烹入料酒，下豆瓣炒至油呈紅色時下薑末，炒出香味，摻鮮湯，加鹽、醬油、魷魚塊、味精燒開，放蔥花，勾濃芡，收汁亮油，淋香油推勻。另鍋放油燒熱，放鮮菜心、鹽炒斷生，入盤墊底，鍋內魷魚舀在菜心上面即成。

• 製作要領：魷魚要漂盡鹹味，用鮮湯調味餵煮增鮮；用湯、勾芡要適量，成菜要收汁亮油。

【荷包魷魚】

熱菜：半湯菜。鹹鮮味型。

• 特點：形似荷包，質地柔嫩，湯清澈而味鮮美。

• 烹製法：蒸。鹼發魷魚去盡鹹味，先片成6公分見方的片，再修切成半圓形，用清湯調好味餵煮增鮮。蛋皮、嫩絲瓜皮、火

腿各用一半切成小菱形片，一半切成細絲。魷魚搵乾水，抹上蛋清豆粉，再抹一層雞糝抹平，將菱形火腿片順半圓形雞糝，擺成花邊荷包，火腿等細絲插入下端作飄綴。入籠用小火蒸定型至熟，保溫待用。鍋內摻清湯，加鹽、料酒、胡椒粉、味精燒開，下豌豆尖略燙倒入湯盆中，再將荷包魷魚輕輕滑入即成。

- **製作要領**：魷魚要洗盡鹹味後，用鮮湯加味餵煮增鮮；絲瓜要用綠色嫩皮。

【兼善湯】

　　熱菜：湯菜。鹹鮮味型。

- **特點**：用料豐富，鹹鮮味美。
- **烹製法**：煮。水發魷魚、海參改絲，干貝蒸㸆搓散，熟火腿、冬菇、番茄改指甲片，菜心汆熟。取炒鍋加清湯、調料，下主輔料，煮開起鍋，入大湯罐即成。
- **製作要領**：魷魚鹹味要透淨；要用高級清湯。此菜是重慶北碚兼善餐廳名菜之一。

【紅燒墨魚】

　　熱菜。鹹鮮味型。

- **特點**：質地柔嫩滑爽，鹹鮮味美。
- **烹製法**：燒。鹹發墨魚洗盡鹹味，片切成塊，用鮮湯調味餵煮增鮮。火腿、玉蘭片、蘑菇切成片；鮮菜入開水鍋中汆斷生。鍋內化豬油燒至四成熱時，下薑、蔥炒香，摻鮮湯燒開，打去薑、蔥，放入火腿、玉蘭片、蘑菇，加鹽、料酒、醬油、胡椒粉、鮮菜燒至熟透入味，撈入盤內墊底；鍋內放入墨魚塊燒透，撈出並放菜心面上；鍋內勾薄芡，淋香油推勻，舀淋墨魚上即成。
- **製作要領**：墨魚應洗盡鹹味後，用鮮湯餵煮；放入墨魚後燒製的時間宜短。

【爆墨魚條】

　　熱菜。鹹鮮味型。

- **特點**：墨綠相間，脆嫩滑爽，鹹鮮而香。
- **烹製法**：炒。鮮墨魚去頭、皮洗淨，順切

成兩半，剞刀後切成寬0.5公分的條。香菜梗切成長3公分的段。鍋內菜油燒至五成熱時，入墨魚條炒至斷生後撈起瀝乾油，瀝去餘油，下薑絲、蔥絲、蒜片炒香，烹入料酒、醋，放入墨魚、香菜略炒，烹入用水豆粉、鮮湯、鹽、味精、料酒、香油對成的味汁，翻炒至熟，起鍋即成。

- **製作要領**：墨魚成條要均勻一致。湯汁不宜過多，以魷魚條能入味亮油為度。

【家常墨魚花】

　　熱菜。家常味型。

- **特點**：色澤紅亮，柔嫩脆爽，鹹鮮微辣。
- **烹製法**：炒。鮮墨魚中段洗淨，剞成麥穗花刀再切成塊；大木耳切成兩半。鍋內菜油燒至五成熱時，下墨魚塊炒至捲縮成形時，撈出瀝乾油。瀝去餘油，下剁細的郫縣豆瓣⊕炒至油呈紅色時，下墨魚花、木耳、豌豆尖、薑末、蔥花翻炒至熟，烹入用鹽、醬油、料酒、味精、鮮湯、水豆粉對成的滋汁，收汁亮油起鍋即成。
- **製作要領**：墨魚要大小長短一致，要正反斜剞深透而成形；墨魚入鍋斷生即可，久烹則質老；芡汁內的鮮湯用量宜少。

　　⊕四川料理用的豆瓣主要有郫縣豆瓣與金鉤豆瓣兩種，郫縣所製出名的豆瓣是以鮮辣椒、上等蠶豆和香料粉等原料釀成，味鮮辣、瓣粒酥脆、醬香濃。

【菠餃魚肚】

　　熱菜：湯菜。鹹鮮味型。

- **特點**：成菜美觀，細嫩柔軟，湯濃味鮮。
- **烹製法**：燴。發製好的黃魚肚去盡油質，改成4公分見方、0.1公分厚的片，用鮮湯餵起。熟火腿、熟雞皮均切成薄片。麵粉加水及菠菜汁和勻，製成直徑4公分的餃皮，包上肉餡成菠餃共24個。炒鍋內先打蔥油，下奶湯燒開，打去薑、蔥，吃味，下雞皮、火腿，魚肚撈起擠乾入鍋中，燴至入味時起鍋，盛大圓窩盤中；魚肚周圍，舀入剛煮熟的菠餃，灌入奶湯即成。

- **製作要領**：魚肚油質要除盡；餃子不宜大，要皮薄，餡飽，色綠，形如月牙。

【荷包魚肚】

熱菜：湯菜。鹹鮮味型。

- **特點**：造型美觀，細嫩可口，湯清味美。
- **烹製法**：蒸。發好的黃魚肚洗淨，改成厚0.5公分、直徑4公分的大半圓形片，共20片，用鮮湯餵入味，取出揾乾。每片上敷一層0.3公分厚的魚糝，再用熟火腿、瓜衣、黃蛋糕、冬菇等絲鑲邊，並牽以簡潔的花草圖案，成煙袋荷包狀，入籠蒸至剛熟，取出盛大湯碗內，灌入清湯即成。
- **製作要領**：魚肚要發透，去盡油質，蒸的時間不能長。

【百花魚肚】

熱菜。鹹鮮味型。

- **特點**：色彩豔麗，汁色乳白，質地柔軟。
- **烹製法**：燴。漲發後的黃魚肚除盡油膩，改成5公分長、2.5公分寬的方塊，餵上味後取出抹上魚糝，用冬菇絲、綠色蔬菜、蛋糕絲、瓜衣絲等逐個牽成各種花卉後上籠蒸熟。先將煸炒的豌豆尖鋪底，百花魚肚蓋豆尖上。鍋中湯汁勾薄芡起鍋淋於菜上即成。
- **製作要領**：魚肚油膩要去盡；「百花」要大小均勻、美觀；掌握好蒸的火候。

【雞茸魚肚】

熱菜。鹹鮮味型。

- **特點**：造型美觀，口感軟糯，營養豐富。
- **烹製法**：將漲發好了的魚肚切成長3公分、寬1公分的骨牌塊，先在開水中汆透，再用清湯加鹽、料酒、味精餵煮兩次以增鮮入味。另把鮮母雞脯肉捶成茸，去盡筋絡，加冷雞湯、鹽、料酒、化豬油、雞蛋清、水豆粉調勻；再將揾乾水分的魚肚加入，使魚肚掛勻雞茸，逐塊入開水鍋中汆透撈出瀝乾。鍋內摻清湯，加鹽、料酒、味精燒開，下雞茸魚肚略燒，勾薄芡

推勻至收汁，淋入化雞油推勻，用加味炒後的豌豆尖墊底、魚肚蓋面入盤即成。
- **製作要領**：魚肚用鮮湯加味餵煮入味，冷後水分要揾乾，雞茸的稀稠要適度，以能掛上魚肚為度。

【紅燒魚肚】

熱菜。鹹鮮味型。

- **特點**：魚肚柔軟，味濃鮮香，清淡適口。
- **烹製法**：紅燒。黃魚肚發透，去盡油質，改成長6公分、寬4公分的塊。熟雞脯、熟火腿、冬菇、冬筍改片。以紅湯、調料、魚肚等在鍋中同燒至入味，勾芡起鍋（用豌豆尖墊底），盛大圓盤即成。
- **製作要領**：魚肚要發透，滋汁要適量。

【鳳凰魚肚】

熱菜：半湯菜。鹹鮮味型。

- **特點**：形態生動，色彩絢麗，湯清味鮮，質地柔軟。
- **烹製法**：蒸。油發魚肚做鳳凰身、尾的底板，抹上魚糝；用水發海參、鮑魚、冬菇和午餐肉改切成柳葉薄片，拼擺成鳳翅。黃蛋糕、絲瓜皮、胡蘿蔔分別切梳齒形的長條片和大中小桃尖形薄片，拼擺成鳳尾。然後上籠蒸熟定型。用大白蘿蔔雕刻成生動的鳳頭、鳳爪鑲在鳳的身上，灌高級清湯上席。
- **製作要領**：魚肚要發透提白，去盡油質；糝白質嫩，葷素原料刀面要整齊，配色要鮮豔協調；入籠定型，火不宜大，剛熟即可，不能變色變形。

【棋盤魚肚】

熱菜：湯菜。鹹鮮味型。

- **特點**：湯汁清澈，紅、白、綠相間，協調美觀，質柔嫩，味清淡鹹鮮。
- **烹製法**：蒸。黃魚肚用油發透，洗漂盡油脂，片成厚0.5公分的大張薄片。菠菜取葉梗，入開水中汆熟，漂涼撕成細絲。熟火腿切成細絲。魚肚用鮮湯、鹽、料酒餵煮

兩次增鮮入味，擠乾湯汁，平鋪案上，抹蛋清豆粉，再塗上一層雞糝抹平，切成長20公分、寬15公分的坯，用菠菜杆絲、火腿絲在糝面牽擺成棋盤形，入籠蒸熟後放入湯盤中。鍋內摻清湯燒開，用鹽、胡椒粉、味精調好味，注入湯盤中即成。

- **製作要領：** 魚肚要洗漂盡浮油，用鮮湯加味反覆餵煮以增鮮；魚肚抹糝前水分要擠振乾；雞糝以1公分左右厚為宜。

【白汁魚肚卷】

　　熱菜。鹹鮮味型。

- **特點：** 汁色乳白，菜色淺黃，鮮嫩可口。
- **烹製法：** 蒸。用發好的黃魚肚去盡油，改成5公分長、2.5公分寬、0.5公分厚的片，共15片。用鮮湯餵過撈起，擠乾湯汁，平鋪盤內，逐片抹上一層蛋清豆粉，再抹一層魚糝，然後裹成捲筒，上籠蒸熟取出。魚肚卷冷後一切為二，切口向下定蒸碗內，上籠餾起。用一圓盤，熟菜心墊底，將蒸肚魚卷的碗取出，翻在菜心上，掛白汁即成。
- **製作要領：** 魚肚宜薄不宜厚；裹捲時交口處略壓；定碗時卷與卷要靠緊，上面要填平；汁適量，用薄芡。

【紅燒魚皮】

　　熱菜。鹹鮮味型。

- **特點：** 汁色棕紅，魚皮炕糯。
- **烹製法：** 煮、燒。水發魚皮開水鍋中煮炕撈起，晾冷後改成斧楞片；熟火腿、熟雞脯肉、冬菇、冬筍均切成片。鍋中摻紅湯，下魚皮及各種配料，小火燒入味時勾芡收汁，汁濃起鍋，蓋於鋪有菜心的大圓盤內即成。
- **製作要領：** 魚皮的火候要到家；用薄芡，芡汁適量。

【蟹黃魚皮】

　　熱菜。鹹鮮味型。

- **特點：** 色澤乳白，質地柔軟，蟹鮮香濃。
- **烹製法：** 燒。水發魚皮切成長5公分、寬3公分的條片，經出水後，用鮮湯加味餵煮兩次以增鮮入味，漂入湯中。鍋內化豬油燒至五成熱時，下薑、蔥炒香，摻清湯，加鹽、料酒燒開，打去薑、蔥，放入魚皮塊，用小火慢燒15分鐘，倒入漏勺內瀝乾。鮮菜心汩斷生撈出瀝乾，入鍋用油、鹽、味精炒後，圍擺在盤邊。鍋內化豬油燒熱，下薑末、蔥花炒香，下蟹黃，烹入料酒炒香，摻鮮湯，加鹽、白糖、胡椒粉。下魚皮，用小火燒透入味後放味精，改中火，勾薄芡，淋化雞油推勻，舀入盤中即成。
- **製作要領：** 魚皮必須事先汆透、餵煮致柔軟入味；蟹黃入鍋炒凝固即可，不宜長時烹製。

【家常魚唇】

　　熱菜。家常味型。

- **特點：** 色澤紅亮，味濃香辣，質地軟糯。
- **烹製法：** 燒、熗。水發魚唇在開水鍋中汆幾次，每次用清水透一下，直至洗淨為止。入包罐，用鮮湯小火煮約1.5小時撈起備用。豬肉末在炒鍋內焙酥起鍋，家常味調料下鍋焙出香味，下鮮湯稍熬一陣即撈去料渣，再下魚唇、肉末略燒，即移至小火熗起，至魚唇炕時勾芡、下蒜苗花，舀入盛有菜心的大圓盤中即成。
- **製作要領：** 魚唇以熗至炕糯為好；味不宜過濃過厚。

【白汁魚唇】

　　熱菜。鹹鮮味型。

- **特點：** 色彩乳白，魚唇柔糯。
- **烹製法：** 燒。水發魚唇改成長5公分、寬2.5公分的塊。炒鍋加奶湯，下魚唇，吃味，大火燒開，再移中火熗燒。嫩菜心炒熟，盛圓盤墊底。鍋內勾芡，起鍋盛於盤內即可。
- **製作要領：** 魚唇沙、骨要去盡；魚唇要熗至炕軟。

【蔥燒魚唇】

熱菜。鹹鮮味型。

- **特點**：汁稠色紅，富有蔥香，味道醇濃，軟糯柔爽。
- **烹製法**：燒。水發魚唇改成4公分長、1.5公分寬的條塊，在開水中汆幾次，每次用水清洗一次。蔥切成7公分長的段。炒鍋打蔥油，摻奶湯燒開，去薑蔥，吃味，上色，下魚唇。大火燒開後改用小火，燒至魚唇要炐軟時，將煸過的蔥段加入同燒，至汁稠魚唇炐軟成熟時，鍋內勾芡收汁，汁濃起鍋入大圓盤即成。
- **製作要領**：重用蔥，薄用芡，淺用色。

【清湯明骨】

熱菜：湯菜。鹹鮮味型。

- **特點**：湯汁清澈，白、綠相間，色澤素雅，質脆嫩，味鮮香。
- **烹製法**：蒸、煮。明骨入碗內加清水、大棗蒸漲透，取出切成長3公分、寬1.5公分的薄片，出一水。鍋內清湯，加鹽、料酒、味精，放入魚骨片燒開，撈盡浮沫，撒入豌豆尖略煮，舀入湯碗中即成。
- **製作要領**：明骨一定要蒸發漲透，成形厚薄均勻，大小一致。

【魚脆羹】

熱菜：甜湯。甜香味型。

- **特點**：脆嫩可口，香甜清心。
- **烹製法**：蒸。取魚脆上籠蒸炐，改小片。冰糖加清水在鍋內熬成糖水，用雞蛋清掃盡雜質，下魚脆、鳳梨、橘瓣略煮，起鍋盛於二湯碗內即成。
- **製作要領**：去淨魚脆中的腐肉腥氣，羹湯甜味須適宜。

【玲瓏魚脆】

熱菜。甜香味型。

- **特點**：形色美觀，玲瓏晶瑩，清涼爽口，甜而不膩。
- **烹製法**：煮。用製好魚脆一段，整雕成寶塔一座，餘下的碎料改指甲片，入開水汆一下；罐裝鳳梨、櫻桃、龍眼、蜜橘等水果改碎。冰糖水燒開，濾盡雜質，入冰櫃凍涼。食時取出冰糖水盛於玻璃或水晶大窩盤內，倒進各式水果，寶塔擺放於盤子中部即成。
- **製作要領**：糖水濾去雜質；甜度適宜。

【宮保大蝦】

熱菜。煳辣味型。

- **特點**：色澤棕紅，質地滑嫩，麻辣酸甜，鮮香可口，也稱宮保蝦仁。
- **烹製法**：炒。大蝦取仁用鹽、料酒碼味後，再以全蛋豆粉拌勻。鍋內燒油下蝦仁滑散撈出，瀝去餘油，放乾辣椒節、整花椒炸至油呈紅色時，下蝦仁、蒜片、蔥丁炒勻，烹入滋汁，至收汁淋香油，下油酥花仁簸勻即成。
- **製作要領**：蛋豆粉要稀稠適度，以蝦仁裹黏均勻爲度；滋汁用醋、白糖稍重，對成荔枝味。

【脆皮大蝦】

熱菜。糖醋味型。

- **特點**：皮酥肉嫩，甜酸味濃。
- **烹製法**：炸、熘。大蝦剝殼去頭留尾，挑盡沙線洗淨，用刀尖從背刺穿，尾從中穿出呈蟠龍狀，碼味後用少許蛋清豆粉拌勻。鍋內燒油，大蝦逐一裹上麵包粉入鍋炸定型撈出。待油溫上升，入鍋複炸至呈金黃色起鍋，入盤擺好。鍋瀝餘油，下薑末、蔥末炒香，烹入糖醋味汁，勾薄芡，沖入沸油，起泡時舀淋於大蝦上，再將和勻的泡辣椒絲、蔥絲、香菜撒於大蝦周圍即成。
- **製作要領**：掌握好炸蝦油溫，初炸定型，複炸至上色皮酥、斷生即可，久烹則蝦質變老，失去鮮香；掌握好糖醋味汁的摻對比例。

【琵琶大蝦】

熱菜。鹹鮮味型。

- **特點**：形似琵琶，色澤素雅，質地細嫩，鮮香爽口。
- **烹製法**：蒸。將蝦糝裝入抹有化豬油的大調羹內，將剖開的蝦尾放調羹把的頂端，放入蝦糝抹成微凸形，再將蝦尾片插入兩側作琴柄，海帶絲、絲瓜皮絲擺放糝面作琴弦，擺入火腿片入籠蒸熟。菜心根部削成橄欖形，汩斷生，用化豬油、鹽、味精炒勻後與琵琶大蝦岔色，擺入條盤。鍋內摻清湯，放鹽、味精燒開，勾薄芡至收汁，加化雞油，淋於大蝦上即成。
- **製作要領**：此菜重在造型，須事先設計以便原料成形；所用原料須事先製熟入味。

【魚香旱蒸蝦】

熱菜。魚香味型。

- **特點**：汁色紅亮，細嫩鮮美，魚香味濃。
- **烹製法**：旱蒸。選對蝦剪去頭、腳，挑盡沙腺，從背部順剖開成腹部相連的整蝦，用刀跟在蝦肉上扎數刀，用鹽、料酒、薑、蔥醃漬入味，上籠蒸熟，揀去薑、蔥，對稱平擺入盤。鍋內燒油，下泡辣椒茸炒至油紅，下薑末、蒜末炒香，烹入用鹽、料酒、白糖、醋、味精、鮮湯、水豆粉對成的滋汁，撒入細蔥花，待收汁起鍋，舀淋於蝦片上即成。
- **製作要領**：蒸至斷生即可，蝦味更鮮且嫩，蒸久則質老；宜選大蝦製作此菜；滋汁要收汁亮油；魚香味要拿正。

【翡翠蝦仁】

熱菜。鹹鮮味型。

- **特點**：豆綠蝦白，清鮮嫩滑。
- **烹製法**：鮮熘。鮮蝦取仁洗淨，碼味，碼蛋清豆粉。鮮蠶豆用細嫩而粒小者，每粒一分為二，在熱豬油鍋中跑一下（在溫油鍋裡滑一下再撈出來）撈起。將蝦仁下鍋，用溫豬油滑散，瀝去餘油，加入蠶豆略炒，烹滋汁，迅速翻簸，起鍋入條盤即

成。

- **製作要領**：碼芡不宜厚，滋汁中不能搭色，除鮮蠶豆之外，也可以用青豆、鮮豌豆等。

【鍋貼蝦仁】

熱菜。鹹鮮味型。

- **特點**：鹹鮮味美，酥嫩爽口。
- **烹製法**：鍋貼。肥膘煮熟，改20片長5公分、寬3公分、厚0.5公分的片，入鍋中出一水，揾乾水分並劃（刺）幾刀，撲細乾豆粉，再抹上蛋清豆粉。蝦仁（切顆）與火腿（切顆）、青圓（去殼、膜）加調料拌勻，抹在肥膘上面，抹平後入鍋中煎烙至金黃色，起鍋裝圓盤，帶上生菜即成。
- **製作要領**：肥膘不要煮得過粑；切片要厚薄一致，大小均勻；劃透、煎烙後，可用油稍浸至熟。

【茅梨蝦仁】

熱菜。鹹鮮味型。

- **特點**：白綠相間，素雅美觀，滑嫩脆爽，鹹鮮中略帶果味甜酸。
- **烹製法**：炒。蝦仁碼味後用蛋清豆粉拌勻；茅梨去皮去核，切成小丁；鹽、料酒、白糖、胡椒粉、味精、薑汁、水豆粉對成滋汁。鍋內燒化豬油，下蝦仁滑散籽，瀝去餘油，下茅梨、蔥顆炒勻至斷生，烹入滋汁，簸轉起鍋即成。
- **製作要領**：蝦仁要洗淨瀝乾水才能碼味；蛋清豆粉稀稠適度，以能黏裹不成團為度；滋汁中的白糖、胡椒粉用量宜少，以突出鹹鮮味。

【鮮熘蝦仁】

熱菜。鹹鮮味型。

- **特點**：紅、白、綠相間，色澤協調美觀，質滑嫩爽口，味鹹鮮而香。
- **烹製法**：熘。蝦仁擠乾水分，碼味，用蛋清豆粉拌勻。番茄去皮去籽，切成1公分見方的丁。鍋內燒化豬油，放蝦仁炒散

籽，加嫩蠶豆瓣炒熟，瀝去餘油，下番茄丁略炒，烹入以鹽、料酒、味精、胡椒粉、鮮湯、水豆粉對成的滋汁，至收汁亮油起鍋即成。

• **製作要領**：掌握好炒蝦仁的火候，並要選應時的鮮嫩蠶豆，用量略多於番茄。

【 金錢蝦餅 】

熱菜。鹹鮮味型。

• **特點**：色澤金黃，酥香細嫩。
• **烹製法**：煎。鮮蝦仁淘淨、漂白、切丁，加火腿丁、荸薺丁、青豆、鹽、料酒、胡椒粉與蛋清豆粉拌和均勻，做成24個直徑為4公分、厚1公分的餅。將蝦餅放入鍋內用中火溫油，煎至兩面金黃、熟透，起鍋盛條盤一端，鑲生菜即成。
• **製作要領**：拌生料做餅要乾稀適度；用中火、溫油並隨時轉動鍋，使之受熱均勻。

【 四喜蝦餅 】

熱菜。鹹鮮味型。

• **特點**：色白花豔，軟嫩清鮮。
• **烹製法**：蒸。蝦仁洗淨、做成蝦糝，取4個碟子，裝上糝，抹平。用多種切好的葷素料在糝上牽成花，上籠蒸熟取出，盛大圓盤內，鍋內勾芡淋上即成。
• **製作要領**：蒸的時間不能長且芡宜薄。

【 白汁蝦糕 】

熱菜。鹹鮮味型。

• **特點**：色白如玉，質地細嫩，鹹鮮味美，食之爽口。
• **烹製法**：蒸。蝦糝放入塗有化豬油的平盤內抹平。入籠蒸熟，切成長4公分、寬2公分、厚0.3公分的片，擺入盤中成形，上籠熘熱待用。鍋內燒化豬油，下薑、蔥炒香，摻清湯燒開，加鹽、味精、胡椒粉調好味，打去薑蔥，下鮮菜心燒熟，入盤擺於蝦糕周圍。鍋內勾薄芡至收汁，淋入化雞油推勻，舀淋於蝦糕上即成。
• **製作要領**：蝦糕必須用中火蒸熟，待冷透

後切片；擺盤應先用邊角料墊底，然後依盤造型；滋汁中的鹹味宜輕，因蝦糕本已有味。

【 軟炸蝦糕 】

熱菜。鹹鮮味型。

• **特點**：酥嫩適口，味美鮮香。
• **烹製法**：蒸、炸。用鮮蝦仁洗淨，捶茸製糝，裝入盤內抹平，上籠蒸至斷生，取出晾冷。將蝦糕改成寬一字條，再黏上一層細乾豆粉，入六成熱的豬油鍋中，炸至過心微變色時撈起。加香油簸勻入盤，另鑲生菜、蔥醬，配椒鹽味碟即成。
• **製作要領**：蒸和炸的火候要掌握好；炸蝦糕時可分幾次下鍋。

【 虎皮蝦包 】

熱菜。鹹鮮味型。

• **特點**：皮酥餡嫩，鮮香爽口。
• **烹製法**：炸。鮮嫩豌豆汩後去皮；火腿、肥膘肉、荸薺分別切成綠豆大的丁入盆，加蝦仁、豌豆，放鹽、料酒、味精、胡椒粉、蛋清豆粉少許拌勻成餡。豆油皮切成10公分見方的片，抹上蛋清豆粉，放入蝦餡，包成蝦包。鍋內菜油燒至六成熱時，放入蝦包，改用小火浸炸至熟呈金黃色，瀝盡餘油，淋香油簸勻，擺入條盤中間，兩端配糖醋生菜入席即成。
• **製作要領**：蛋清豆粉宜稍稠，量不宜多；炸製時用小火慢炸至熟，以便成菜外酥內嫩。
• **名菜典故**：此菜以豆油皮作皮料，「虎」、「腐」同音，又因腐皮色黃，恰似虎皮，故名。

【 四味清蒸龍蝦 】

熱菜。多種味型。

• **特點**：龍蝦氣派大方，原汁原味，鮮香爽口。配以四種不同味碟蘸食，又體現川菜以味見長的特色。
• **烹製法**：蒸。龍蝦洗淨，從背部剖開，取

出蝦肉，切成塊，用薑蔥汁、鹽、料酒調勻，再放回蝦殼內，復原成形。放上生雞油入蒸盆內，用皮紙封嚴，與龍蝦頭、尾齊入籠蒸熟出籠。移入另盤，頭尾分放條盤兩端，中間放蝦肉，周圍用香菜點綴，配以下四種味碟入席：

1. 用醬油、蠔油、香油對成的鹹鮮味碟。
2. 用薑末、鹽、醋、香油、味精、鮮湯對成的薑汁味碟。
3. 用蔥葉、花椒一同剁茸，加鹽、香油、味精、鮮湯對成的椒麻味碟。
4. 用泡辣椒茸、薑末、蒜末、蔥花入鍋炒香，加鹽、料酒、白糖、味精、醋推勻而成魚香味碟。

- **製作要領**：蝦肉應先碼味再蒸；為保龍蝦鮮嫩，蒸時不能太久；各味碟用味不宜過濃，能體現風味即可。

【茄汁龍蝦球】

　　熱菜。茄汁味型。

- **特點**：酥嫩鮮香，茄汁味濃。
- **烹製法**：炸、炒。龍蝦洗淨，從背部剖開取出蝦肉，在刀口兩面剞十字花刀，再切成2.5公分大的塊，用鹽、醪糟汁、薑、蔥醃漬入味，用蛋清豆粉拌勻。鍋內菜油燒至五成熱時，將龍蝦抖散入鍋略炸，至捲縮成球撈起，待油溫升至七成熱時入鍋複炸至色黃、肉熟起鍋。蝦殼和頭尾均入鍋略炸，起鍋入盤復原蝦形。鍋內菜油燒至五成熱時，下番茄醬、蔥節、蒜片炒香，烹入滋汁，隨即下蝦球，翻炒至龍蝦均勻裹上番茄汁時淋入香油，簸勻盛入蝦殼內即成。
- **製作要領**：剞刀均勻一致，火候掌握適度，要嫩而不生、熟而不老；裝盤造型要氣派大方，簡潔明快。

【薑汁基圍蝦】

　　熱菜。薑汁味型。

- **特點**：形態自然，質地鮮嫩。自剝去殼，蘸味汁而食，別有風味。

- **烹製法**：煮。活基圍蝦洗乾淨，鍋內摻清水，加適量鹽燒開，倒入基圍蝦，煮至蝦剛斷生時撈入盤內。用鹽、薑汁、醋、醬油、味精、香油對成薑汁味碟後與蝦同時入席，由食者自剝蘸味汁而食。
- **製作要領**：基圍蝦須選鮮活，再經淨養一天後最佳，煮時不宜長，久煮則肉質變老；味汁應在鹹鮮的基礎上，重用薑、醋以體現風味。亦可根據食者需求配蒜泥味、椒麻味、紅油味、鹹鮮味。

【竹蓀蝦糕湯】

　　熱菜：半湯菜。鹹鮮味型。

- **特點**：造型古樸典雅，湯汁乳白，蝦肉細嫩，竹蓀鮮脆清香。
- **烹製法**：蒸。蝦糝放入抹有化豬油的平盤內，抹成厚1.2公分的長方形，上籠蒸熟後出籠晾涼，切成長5公分、厚0.6公分的片，放入蒸碗內成三疊水形入籠蒸熟，翻扣入湯盅內。竹蓀洗淨切成節，入清湯中餵煮增鮮回軟。豌豆尖汩斷生，放蝦糕周圍。鍋內摻奶湯，加鹽、竹蓀燒開，放味精推勻，舀入湯盅內即成。
- **製作要領**：蒸蝦糕用中火，以免鼓泡不成形；蝦糕須晾至涼透才能切製；依圖定碗，要美觀大方，刀口緊閉，形態豐滿。

【鮮熘海蜇絲】

　　熱菜。鹹鮮味型。

- **特點**：色澤豐富，鮮嫩脆爽，鹹鮮適口。
- **烹製法**：炒。蜇皮發好洗淨切成絲，用鹽、料酒碼味；雞脯肉切成絲，用鹽、料酒、薑、蔥醃漬入味。將兩種絲料用蛋清豆粉拌勻。冬筍、紅辣椒切成絲。韭黃切成節。鍋內菜油燒至四成熱時，下蜇絲、雞絲撥散，用漏瓢撈起，瀝去餘油，放冬筍、韭黃、紅辣椒絲炒熟，再烹入鹹鮮味滋汁至收汁時，倒入蜇絲、雞絲簸勻起鍋即成。
- **製作要領**：海蜇要洗淨泥沙；絲料碼味後必須將水分擠淨；滑蜇絲、雞絲的火候要

掌握好，才能鮮嫩脆爽。

【清湯蜇蟹】

熱菜：湯菜。鹹鮮味型。

- **特點**：菜式新穎，形象逼真。鹹鮮清淡，湯汁清澈。
- **烹製法**：蒸。優質海蜇皮洗淨，上籠蒸炟取出，用一部分改絲（一端不切斷）作「水草」，餘下部分留做螃蟹形（可用模具成型）底面。用12個水發冬菇加工成蟹的背殼、鉗和大小腳。取魚糝做蟹體，上籠搭火定型。鮮鴿蛋12個煮熟去殼，盛大圓盤，再入蜇皮絲、螃蟹呈自由分布狀，灌入高級清湯即成。
- **製作要領**：螃蟹形象要做好，入籠不能蒸過久。

【大千蟹肉】

熱菜。家常味型。

- **特點**：味濃醇厚，鹹鮮微辣。
- **烹製法**：炸、燒。蟹去殼、內臟和鰓洗淨，斬成12塊，入五成熱的油鍋中略炸撈起。鮮菜心入鮮湯中加鹽汩斷生，揀入盤子周圍。鍋內菜油燒至五成熱時，下肉絲煸乾，放入剁細的郫縣豆瓣、泡辣椒茸、薑片、蒜片、蔥節炒至油紅出香時，摻鮮湯，放入蟹肉，加鹽、白糖、醪糟汁、醋、味精推勻，燒至汁濃亮油時起鍋，放於菜心內即成。
- **製作要領**：調味不宜過重，以免壓鮮。
- **名菜典故**：此菜是移用大千先生烹乾燒魚的用料和方法烹製而成，故名。

【銀針蟹絲】

熱菜。鹹鮮味型。

- **特點**：色澤素雅，細嫩脆爽，鹹鮮而香。
- **烹製法**：炒。熟蟹肉洗淨撕成絲。綠豆芽洗淨，掐去兩頭，入開水鍋中汩斷生。泡辣椒去把和籽、切成絲。鍋內菜油燒至五成熱，下薑、蔥炒香，打去薑、蔥，下蟹肉絲、綠豆芽、泡辣椒絲迅速翻炒，烹

入用薑汁、鹽、料酒、醋、味精對成的味汁，簸勻，淋入香油即成。
- **製作要領**：炒時油溫稍高，翻炒要輕而快，以保其鮮。

【火爆海螺】

熱菜。鹹鮮味型。

- **特點**：色澤協調，質鮮嫩脆爽，鹹鮮中略帶乳酸微辣。
- **烹製法**：炒。海螺肉去掉尾尖和螺腸，用鹽、醋反覆搓洗，去盡黏液用清水洗淨，瀝乾水。香菇片成薄條片，豌豆尖洗淨。海螺肉片成兩刀一斷的連夾薄片，加鹽、料酒、胡椒粉碼味後，用蛋清豆粉拌勻，入七成熱的化豬油鍋炒散籽，下香菇片同炒後瀝去餘油，下薑末、蒜末、泡辣椒節、蔥片炒香，下豌豆尖炒勻，邊簸鍋邊淋入鹹鮮滋汁，至收汁淋香油簸勻即成。
- **製作要領**：海螺片碼芡不宜太多，久炒則綿；滋汁的鮮湯用量亦不宜多，以便緊汁入味。

【魚香海螺】

熱菜。魚香味型。

- **特點**：色澤紅亮，質地脆嫩，鹹甜酸辣兼備，薑、蔥、蒜香突出。
- **烹製法**：炸、炒。鮮海螺肉用鹽、醋揉搓去黏液，漂洗乾淨，片為兩片，在肉上剞十字花刀後切成塊，用鹽、料酒、薑、蔥醃漬入味，用全蛋豆粉拌勻。鍋內菜油燒至六成熱時，將螺肉入鍋炸散籽呈淺黃色時撈起。待油溫升至八成熱時，入鍋複炸呈金黃色時撈出瀝乾油。鍋內瀝去餘油，下泡辣椒茸、薑末、蒜末炒香且油呈紅色時，烹入魚香滋汁，下海螺肉、蔥花，收汁簸勻，淋香油搋勻即成。
- **製作要領**：海螺要搓盡黏液，剞刀、成塊要均勻；兩次炸製，先是定型、散籽，再是上色至皮酥內嫩，久炸則不脆不鮮。

【軟炸蠣黃】

熱菜。椒鹽味型。

- **特點**：色澤金黃，外酥裡嫩，鹹鮮香麻。
- **烹製法**：炸。鮮牡蠣劈開殼，取出蠣黃肉，去牙邊洗淨，瀝乾水，用鹽、料酒、薑蔥汁碼入味後，用蛋清豆粉拌勻，入六成熱的菜油鍋中，炸散籽呈淺黃色時撈起。油溫升至七成熱，入鍋複炸至色澤金黃皮酥時撈起，瀝乾油裝盤。龍蝦片入油鍋中炸泡，出鍋鑲於蠣黃周圍，配椒鹽味碟入席。
- **製作要領**：蛋清豆粉要稀稠適度，既可上漿，又不能成團；兩次分炸，先是定型、散籽，再是高油溫上色至皮酥。

【金銀蠣子】

熱菜。椒鹽味型。

- **特點**：外酥裡嫩，鮮香味美。
- **烹製法**：炸。蠣黃洗淨，汩水後瀝乾，用鹽、味精、薑蔥汁、料酒、香油拌勻使入味；烏魚肉洗淨片成長片，去盡細刺。豬里脊肉片成片。蛋清加豆粉調成蛋清糊，蛋黃加豆粉調成蛋黃糊。魚片、肉片各24張，每張包入一個蠣黃，一半裹蛋清豆粉，一半裹蛋黃豆粉，入六成熱油鍋中，炸成雙色卷，撈起瀝乾油，入盤擺成形，隨同配椒鹽味碟入席即成。
- **製作要領**：魚片和肉片要碼味再裹；卷要粗細長短一致，封口處要用蛋糊黏牢；炸時既要斷生又不宜過久，以保持鮮嫩。此菜的蠣子魚卷、肉卷，各分黃、白兩色，故名。

【芙蓉蛤仁】

熱菜：湯菜。鹹鮮味型。

- **特點**：色澤素雅，質地細嫩，味極鮮美。
- **烹製法**：蒸、煮。蛤蜊用水洗淨；用開水燙開外殼，挖出蛤肉洗淨。雞蛋清入大蒸碗，加鹽、料酒、味精、溫鮮湯攪勻，入籠用小火蒸成芙蓉蛋，用手勺舀成形，盛入湯盤中。火腿切成薄片，青豆洗淨。鍋內摻鮮湯，下蛤蜊、火腿、青豆，加鹽、料酒燒開，打盡浮沫，煮至原料熟軟，放味精、勾薄芡推勻，舀入湯盤即成。
- **製作要領**：蛤蜊要反覆漂洗，去盡沙粒；掌握好蛋與鮮湯的摻對比例，蒸時忌用旺火；亦可改用酸辣味。

【大蒜仔鯊魚】

熱菜。魚香味型。

- **特點**：色澤紅亮，質地細嫩，大蒜炮香，鹹辣酸甜。
- **烹製法**：炸、燒。仔鯊魚剖腹去內臟，用開水燙後刮淨黏液，洗淨，切成條塊，用鹽、料酒、薑、蔥醃漬入味；大蒜去皮洗淨。鍋內菜油燒至六成熱時，鯊魚條用水豆粉拌勻入鍋炸至進皮撈起，大蒜入鍋炸至皺皮撈起。瀝去餘油，下郫縣豆瓣、泡辣椒節、薑末、蔥節炒香至色紅，摻鮮湯，加鹽、料酒、醬油、白糖、醋、味精燒開，撈去料渣，下魚條、大蒜，用小火燒至魚熟入味、蒜炮時，將魚和蒜起鍋，魚放盤中，大蒜圍邊裝盤；鍋內勾芡，至收汁舀淋於魚和蒜上即成。
- **製作要領**：獨蒜要選個頭均勻，先炸皺皮始能入烹；芡汁濃淡適中；鯊魚一定要燙刮洗淨，亦可整尾燒製，或蔥燒、家常燒、紅燒均可。

【酸辣鯊魚羹】

熱菜：湯菜。酸辣味型。

- **特點**：肉質細嫩，香酸微辣，清鮮味濃。
- **烹製法**：煮。鯊魚燙後刮去皮，取肉洗淨，切成條塊，用鹽、料酒碼味後。用蛋清豆粉碼芡。鍋內摻鮮湯燒開，下魚條、薑末、料酒燒開至熟，打盡浮沫，取大湯碗，放入醋、胡椒粉、香油、香菜、芹菜心細粒，將煮開的魚湯舀入即成。
- **製作要領**：調味要以鹹鮮為基礎，突出酸辣；辣的調味料應用胡椒粉，不用辣椒，更體現其鮮香。

【 炸蒸帶魚 】

熱菜。鹹鮮味型。

- **特點**：色澤金黃，肉質細嫩，鹹鮮而香。
- **烹製法**：炸、蒸。鮮帶魚洗淨，剖殺去內臟、頭尾、脊鰭，切成段，用鹽、料酒、薑蔥汁、胡椒粉、醬油少許、味精漬入味，用全蛋豆粉拌勻；入五成熱的油鍋中煎炸至呈金黃色，起鍋入碗，摻鮮湯適量，加鹽、味精、料酒，撒上薑、蔥絲和花椒，入籠蒸至熟透，出籠揀去薑、蔥、花椒，裝入盤內。蒸魚的原汁入鍋，加鹽、料酒、鮮湯燒開，撈去浮沫，勾薄芡，至收汁淋香油推勻之後，舀淋魚上即成。
- **製作要領**：帶魚洗淨則可；因幾次調味，用鹽避免味重。

【 荔枝帶魚 】

熱菜。荔枝味型。

- **特點**：形似荔枝，質細嫩，味酸甜。
- **烹製法**：炸、炒。鮮帶魚剖腹去內臟、頭尾、魚鰭，洗淨，剖成兩片，去盡骨刺，皮向下剖十字花刀後再切成菱形塊，用鹽、料酒碼味。冬菇、胡蘿蔔、玉蘭片均切成小丁。鍋內菜油燒至五成熱時，將魚塊裹上細乾豆粉，入鍋炸至捲縮定型時撈起，待油溫升至七成熱時，入鍋複炸至金黃色撈起，瀝乾油裝盤。瀝去餘油，下胡蘿蔔、冬菇、玉蘭片、青豆炒熟，摻鮮湯，加鹽、料酒、味精、醬油燒開，加白糖、醋，勾薄芡至收汁，淋香油推勻，舀淋魚上即成。
- **製作要領**：剖刀要準要勻；炸分兩次，第一次油溫較低炸至定型，第二次油溫偏高炸至上色外酥；掌握好味汁的摻對比例，要酸甜適度。

【 乾燒帶魚 】

熱菜。家常味型。

- **特點**：色澤紅亮，質地細嫩，鹹鮮微辣，酥脆鮮香。
- **烹製法**：炸、乾燒。帶魚去頭、尾、鰭和內臟洗淨，切成長20公分的段。豬肉洗淨切絲。芽菜、泡辣椒、蔥白切成段。鍋內菜油燒至六成熱時，下帶魚，炸至微黃撈起；瀝去餘油，下肉絲煸乾，加芽菜、泡辣椒、薑、蔥翻炒出香時，摻鮮湯燒開，下帶魚，加鹽、醬油、胡椒粉、白糖、味精，用小火燒至收汁亮油時，起鍋裝盤。另鍋下菜油燒至五成熱時，下菜心，加鹽、味精炒至斷生，起鍋圍擺帶魚周圍即成。
- **製作要領**：燒魚湯汁不宜太多，用微火慢燒至汁濃亮油；須避免焦煳，宜少翻撬。

【 清蒸石斑魚 】

熱菜：湯菜。鹹鮮味型。

- **特點**：肉質滑嫩，湯清味鮮。
- **烹製法**：蒸。石斑魚經剖殺，去內臟、鰓、鱗洗淨，魚身兩側剖刀，在每個剖刀口處，放入一片生豬板油、一片薑片，入盤加鹽、料酒、蔥段，入籠用旺火蒸熟入味，出籠去掉薑、蔥、豬板油，將魚揀入湯盤內，注入調好味的特製清湯，另配薑汁味碟一同入席即成。
- **製作要領**：魚必須要鮮活殺烹；蒸魚用旺火猛蒸，剛熟即可。

【 乾燒石斑魚 】

熱菜。家常味型。

- **特點**：色澤紅亮，肉質細嫩，鹹鮮微辣，回味略甜。
- **烹製法**：炸、乾燒。石斑魚經剖殺洗淨，將魚身兩側剖刀，用鹽、料酒、薑、蔥醃漬入味。火腿、冬筍分別切成丁。鍋內混合油燒至七成熱時，下石斑魚炸至皺皮撈起，瀝去餘油，下剁細的郫縣豆瓣炒至油呈紅色時，摻鮮湯燒開，撈去料渣，下泡辣椒節，放入魚、火腿、筍丁、薑末、蒜末，加鹽、醪糟汁、白糖，用小火慢燒，邊燒邊舀汁淋魚身，中途翻身至汁稠、魚入味時，放味精、蔥花、醋推勻，至收汁

亮油將魚揀入條盤，鍋內原汁用小火收濃，澆淋魚上即成。

- 製作要領：魚的鰓鱗要去盡，剞刀要勻；丁的大小一致；注意火候，燒時應用小火慢燒，切勿焦煳。

【 銀絲黃魚 】

熱菜。鹹鮮味型。

- 特點：色潔白，質滑嫩，味鹹鮮。
- 烹製法：炸、熘。鮮黃魚經剖殺，去內臟、鰓、鱗洗淨，斬下魚頭、尾碼入味。魚肉去盡骨刺，切成長6公分、粗0.3公分的絲，用鹽、料酒、味精碼味後，用蛋清豆粉拌勻。鍋內菜油燒至七成熱，魚頭、尾用蛋清豆粉裹勻，入鍋炸熟撈出，瀝乾油，分魚頭尾、擺入盤的兩端。另鍋用油燒至五成熱時，下魚絲滑散撈出，瀝去餘油，下薑、蔥絲炒香，烹料酒，下玉蘭片絲加鹽略炒，摻鮮湯燒開，勾薄芡，再下香菜段、香油推勻後，盛於頭、尾之間即成。
- 製作要領：魚絲要順纖維切均勻；裝盤時注意連接，復原呈魚形。

【 薺菜黃魚卷 】

熱菜。椒鹽味型。

- 特點：色澤金黃、外酥內嫩，魚卷鹹鮮，蘸椒鹽食之，麻香可口。
- 烹製法：炸。鮮黃魚肉洗淨，切成長4公分、粗0.2公分的絲。荸薺切成細絲。薺菜洗淨汨水後撈出漂涼，擠乾水切成末。以上原料入盆，加鹽、料酒、味精、香油、薑末、蔥末、蛋清豆粉拌勻成餡料。豆油皮用溫水泡軟後，切成寬8公分的長方塊，平鋪案上，揾乾水分，抹蛋清豆粉後放餡料捲成魚卷黏牢，切成兩段，裹上蛋清糊，入七成熱的油鍋中炸呈金黃色熟透撈起，瀝乾油入盤擺成形，另配椒鹽味碟入席即成。
- 製作要領：豆油皮應切去邊梗，卷的交口處要用蛋清糊黏牢，大小粗細應一致。

【 雪花黃魚羹 】

熱菜：湯菜。鹹鮮味型。

- 特點：色潔白，質細嫩，味鹹鮮。
- 烹製法：蒸、煮。鮮黃魚肉剔盡骨刺洗淨，入碗，加鹽、料酒、薑、蔥入籠蒸熟，出籠晾涼，去盡細刺撕碎。火腿、香菇、冬筍均切成綠豆大的粒。雞蛋清入碗攪成蛋泡。鍋內化豬油燒至五成熱時，下魚肉、火腿、香菇、冬筍，烹料酒，摻奶湯，加鹽燒開至熟，加味精，勾薄芡，倒入蛋泡推勻，淋入化豬油，倒入湯盆中，撒上胡椒粉即成。
- 製作要領：魚肉骨刺須除盡；奶湯稍多，芡宜薄，務求潔淨。

【 魚香銀魚 】

熱菜。魚香味型。

- 特點：色澤紅亮，質地酥嫩，魚香味濃。
- 烹製法：炸、炒。銀魚擠出眼睛，抽出肚腸洗淨，入盆加白礬用手抓拌後，用清水洗盡黏液，漂盡白礬澀味。撈出擠乾水，加鹽、料酒、胡椒粉碼味，用蛋清豆粉拌勻，入六成熱的油鍋中撥散，炸至淺黃色撈出。待油溫升至七成熱，入鍋複炸至皮酥內嫩呈金黃色時撈出，瀝乾油。瀝去餘油，下剁茸的泡辣椒炒至斷生色紅，下薑末、蒜末、蔥顆炒香，放入銀魚合炒，烹入魚香滋汁至收汁後，淋香油簸勻起鍋即成。
- 製作要領：要反覆漂盡白礬澀味；炸分兩次，低油溫炒至散籽，再用高油溫炸至外酥上色。

【 銀魚雞絲 】

熱菜。鹹鮮味型。

- 特點：白、綠、紅、黃相間，色澤豔麗，質地脆嫩，鹹鮮而香。
- 烹製法：炒。銀魚擠去內臟，反覆清洗乾淨，揾乾水。雞脯肉切成長8公分、粗0.3公分的絲。綠豆芽掐去兩頭。菠菜桿切成段。泡紅辣椒切成細絲。銀魚、雞絲一併

入碗，加鹽、料酒碼味後用蛋清豆粉拌勻。鍋內菜油燒至五成熟時，下銀魚、雞絲用筷子迅速撥散撈起。瀝去餘油，下綠豆芽、菠菜杆、辣椒絲炒斷生，烹鹹鮮滋汁，再下銀魚、雞絲合炒至熟即成。

- **製作要領**：絲條均勻，用量合適，使成菜美觀。

【芙蓉銀魚】

熱菜：湯菜。鹹鮮味型。

- **特點**：湯汁清澈，質地鮮嫩，鹹鮮而香。
- **烹製法**：汆、蒸。銀魚擠盡內臟，反覆漂洗乾淨，薑、蔥切成絲。一併入開水鍋中汆透，撈出瀝乾。雞蛋清入碗，加鹽、冷清湯攪散，上籠用小火蒸10分鐘成芙蓉蛋出籠，用手勺將芙蓉蛋糕舀成形，放入湯碗內，將汆透的銀魚放在上面。鍋內清湯加鹽、料酒、味精燒開，打盡浮沫，淋香油，澆入湯碗內即成。
- **製作要領**：銀魚要和薑、蔥絲一併入鍋汆熟；芙蓉蛋以熟為度，忌用旺火，更不宜久蒸，以保持鮮嫩。

【銀魚鍋巴羹】

熱菜：半湯菜。酸辣味型。

- **特點**：柔軟脆爽，鹹鮮而香，酸辣味突出。
- **烹製法**：燒。銀魚擠盡內臟洗淨，捩乾水，用水豆粉拌勻。鍋巴掰成塊。火腿、香菇、冬筍、子薑、蔥均切成絲。將醋、子薑絲取一半，香油均放盛湯的碗內。鍋內摻鮮湯，加鹽、料酒、胡椒粉、醬油，下香菇、火腿、冬筍、子薑絲燒開，打盡浮沫，放入銀魚、味精燒熟，舀入薑、醋碗內。將鍋巴放入八成熱的油鍋中，炸呈金黃色時撈入盤，與銀魚湯同時入席，再將鍋巴倒入湯內即成。
- **製作要領**：調味應以鹹鮮為基礎，重用醋、胡椒粉、薑，以突出酸辣。

筆 記 欄

第三章
禽蛋類

一、雞禽

滴以香油即成。

• **製作要領**：雞骨須先出水，方能入烹；蔥段須保持清香，切勿久燒。

【松籠雞】

熱菜。鹹鮮味型。

• **特點**：鬆軟滑嫩，形體飽滿，鹹鮮適口，湯汁清澈。

• **烹製法**：蒸。選仔公雞，宰殺洗淨，切成一指條狀，用鹽、料酒碼味，再用雞蛋、水豆粉、薑米、蔥顆拌勻，裝入蒸碗。芋頭去皮切條，碼味，放在雞塊上，上籠用旺火蒸約半小時，取出翻入湯碗中，灌入清湯即成。

• **製作要領**：條塊要粗細均勻、長短一致；碼雞塊的水豆粉不宜過多。此菜為重慶市奉節地方名菜。

【貴妃雞】

熱菜。鹹鮮味型。

• **特點**：色澤黃亮，鹹鮮味香，雞肉細嫩，形態大方。

• **烹製法**：燒。選約1250克重的公雞1隻，整治後入湯鍋除盡血水，取出改條塊。鍋置小火上，入紅湯、葡萄酒、雞鴨骨，將雞肉放骨上，待汁濃肉炤時，加稍煸炒過的長蔥段，與雞肉同燒片刻，即揀雞肉於盤中，蔥段圍邊。湯汁扒芡，淋於雞上，

【太白雞】

熱菜。鹹鮮味型。

• **特點**：色澤紅亮，質地炤軟，其味鮮香。

• **烹製法**：燒、燜。選白皮肥仔公雞洗淨，出一水，改成約4公分長、3公分寬的塊子，加調料燒燜至雞炤、汁稠時，起鍋盛條盤即成。

• **製作要領**：須用小火慢燜方能入味；收汁應濃稠。

• **名菜典故**：此菜是敬仰詩人李白而得名。

【雞豆花】

熱菜：湯菜。鹹鮮味型。

• **特點**：菜白湯清，清鮮味醇，質地細嫩。

• **烹製法**：沖。選母雞脯肉，用刀背捶茸，去筋後裝碗內，加冷清湯澥散，再加雞蛋清、水豆粉、鹽、味精、胡椒粉和勻。鍋洗淨加清湯燒開，倒進雞茸漿攪勻，移小火上燜起，待漸漸凝聚成豆花狀時，將菜心入開水汆熟置湯碗中，再將雞豆花舀在菜心上，灌入清湯，撒上火腿末即成。

• **製作要領**：製雞茸要細，去淨筋；燜「豆花」的時間以湯清、雞茸漿凝聚成團為度。依製雞豆花法可成肉豆花。因此菜似

豆花而得名。

【 燈籠雞 】

熱菜。家常味型。

- **特點**：色紅形整，肉質細糯，微辣鮮美。
- **烹製法**：蒸。取已治淨的仔公雞一隻（約 500克），醃漬入味。出一水，捩乾水分，使表面均勻地黏上一層大紅甜椒粉末，入盆，加薑蔥，蓋網油，用皮紙封口，上籠蒸烀。出籠，去掉網油、薑蔥，將雞置於大圓盤，原汁加香油推勻淋上即成。
- **製作要領**：辣椒越紅越好，要用粉末；保持雞形完整，皮不破。

【 叫化雞 】

熱菜。鹹鮮味型。

- **特點**：裝盤大方，條子均勻，肉質細嫩，餡味鮮香。
- **烹製法**：烤。仔雞殺後洗淨，砍去頭、腳、翅，剔去棒子骨，用鹽、醬油、花椒、料酒、薑、蔥醃約1小時。豬肉末、芽菜末、泡紅辣椒（剁細）加醬油炒成餡，填入雞腹內，再用荷葉把雞包緊，並用麻繩纏好，最後敷上泥在爐上烤至大乾熟透，破土取出倒出餡，雞肉砍一字條狀橫裝條盤中，兩頭分盛餡和生菜即成。
- **製作要領**：荷葉要大張新鮮、無孔，鮮荷葉上籠蒸1分鐘。泥土不要敷得太厚。「叫化雞」在江浙一帶亦有。
- **名菜典故**：四川「叫化雞」，也源於一個乞丐偷雞、吃雞的故事，又稱「討口雞」、「泥糊雞」。

【 醋熘雞 】

熱菜。鹹酸味型。

- **特點**：色棕紅，質細嫩，味鹹鮮微辣，醋香醇濃。
- **烹製法**：炒。選仔公雞脯肉剞幾刀，切成長3公分、寬2公分的塊，以料酒、鹽、水豆粉拌勻。糖、醋、醬油、水豆粉對滋汁，冬筍切梳子背。雞塊入鍋炒散籽，加泡辣椒（剁細）、花椒數粒，炒至油呈紅色，再下冬筍、薑、蒜、蔥顆炒轉，烹滋汁，簸勻起鍋，裝盤即成。
- **製作要領**：醋應比糖多，以突出酸香味；對滋汁的水豆粉不宜多。

【 小煎雞 】

熱菜。家常味型。

- **特點**：色橘紅，略酸香，質嫩爽口，微辣回甜。
- **烹製法**：炒。選仔公雞腿肉排鬆，剞菱形花刀，改小一字條，以鹽、水豆粉拌勻。鹽、味精、胡椒、醋、糖對滋汁。雞肉入油鍋炒散籽，烹紹酒，下泡辣椒節、薑、蒜片合炒，再下青筍條、馬耳蔥、芹黃節炒勻，烹滋汁，推轉起鍋，裝盤即成。
- **製作要領**：滋汁用量要適當；醋為增香，糖使回甜，皆不宜多。

【 茶燻雞 】

熱菜。煙香味型。

- **特點**：金黃發亮，茶煙香濃，肉質鬆嫩爽口。
- **烹製法**：滷、燻。公雞經宰殺治淨，入鍋摻水，加鹽、八角、小茴、花椒等香料，白滷至熟。另用一空鍋，底部放入花生殼末、茶葉，上面放鐵絲網架，將鍋放爐上加熱點燃，待黑煙初起，即將雞放網上，加蓋（半封閉）用細煙慢燻，適時揭蓋翻動，至雞燻勻呈色黃油亮、茶香濃郁時，取出斬成條塊，入盤拼擺成全雞形，淋白滷汁、香油即成。
- **製作要領**：雞要滷至熟烀入味；燻時要適時觀察翻動，燻勻至色黃亮油有煙香味即可，忌用旺火濃煙久燻。
- **名菜典故**：這是一款國畫大師張大千先生創制、喜愛的菜品。大千不嗜酒，唯好品茶，因而常以茶製菜，喜歡茶燻雞的香，創制此菜。

【熘雞米】

熱菜。鹹鮮味型。

- **特點**：色澤素雅，滑爽脆嫩，鹹鮮而香。
- **烹製法**：鮮熘。選雞脯肉切成綠豆大的丁，用鹽、料酒、蛋清豆粉拌匀。荸薺、火腿、蔥均切成雞肉一般大小的丁。水豆粉、鹽、味精、胡椒粉、料酒、清湯對成滋汁。鍋內化豬油燒至五成熱時，下雞丁用筷子迅速撥動，滑散籽，再下火腿、荸薺滑散後，瀝去餘油，鍋內原料撥至鍋邊，下蔥末稍煸，烹入滋汁，簸轉，淋香油起鍋即成。
- **製作要領**：原料切丁要匀，入鍋要迅速簸動，使成菜滑嫩爽口。

⊕雞米是指雞肉切成米粒、綠豆般的小丁。

【白果燒雞】

熱菜。鹹鮮味型。

- **特點**：色澤金黃、炣糯味鮮。
- **烹製法**：燒。取剖雞一隻（約1500克）洗淨，出一水。白果去皮，捅去心，入清水漂。紅湯入鍋，下雞鴨骨墊底，上放雞，後加白果，用小火慢燒。待燒至雞炣、白果裂縫時，將雞撈出，置大圓盤，再揀出白果圍邊，原汁勾芡收濃，放香油推匀，澆菜上即成。
- **製作要領**：白果心要去盡，以防有苦味；滋汁濃稠適度。因白果又名銀杏果，此菜又稱「銀杏燒雞」。

【叉燒全雞】

熱菜。鹹鮮味型。

- **特點**：色澤紅亮，酥脆香嫩。
- **烹製法**：明火烤。白皮仔母雞一隻褪毛去腳，小開取出內臟，洗淨，放盤內加鹽、料酒、拍破的薑、蔥、胡椒粉等拌匀浸漬入味。豬肥瘦肉絲、芽菜末加調料下鍋炒好後，灌入雞腹內，上叉。雞置湯鍋上，舀湯不斷淋雞身，待雞皮伸展，揞乾水分，抹飴糖，用木炭火烤至呈金黃色、皮酥肉熟時下叉。取出腹中餡料，盛於長條盤一端。雞刷香油，按部位砍成塊子，並按雞形擺另一端。搭配蔥醬味碟、荷葉餅即成。
- **製作要領**：碼味時肉厚處要多抹幾下，用竹籤鎖住肛門，雞翅盤在背上，燒烤時要不斷刷香油。

【三菌燉雞】

熱菜：湯菜。鹹鮮味型。

- **特點**：菜呈白色，雞炣菌嫩，湯味鮮美。
- **烹製法**：燉。肥仔雞連骨砍成2.5公分大的塊；三菌⊕去粗皮、老筋、腳，淘淨，改小，用鹽水漂起。炒鍋下豬油燒熱，下薑蔥、雞塊，煸至出香味時摻鮮湯，加蒜等燒開，舀入砂罐（砂鍋），加味，用微火燉煨約40分鐘後，將用油煸過的三菌放入，繼續燉約20分鐘，連湯帶菜一起盛入大湯碗中即成。
- **製作要領**：三菌必須先油煸過，下湯後不宜久煮。

⊕「三菌」，是成都人對一種其形如傘、產於成都附近山崖中的菌的稱呼，又稱「三大菌」。

【文君香雞】

熱菜。鹹鮮味型。

- **特點**：外酥內嫩，帶有文君茶葉香味。
- **烹製法**：燻、蒸、炸。選治淨後的肥公雞，先用花椒、精鹽醃漬，再用文君花茶等燻過，塗上醪糟汁、胡椒粉，上籠蒸炣。取出雞，下油鍋炸至酥，裝條盤，配生菜、軟餅即成。
- **製作要領**：炸時油溫宜稍高。

【椒鹽八寶雞】

熱菜。鹹鮮味型。

- **特點**：美觀大方，色黃油亮，餡味鮮美，入口酥香。
- **烹製法**：蒸、炸。用肥母雞一隻，宰殺褪毛，整料出骨，洗淨，抹料酒、鹽等醃漬備用。八寶配料加工成熟，與蒸過的糯米

加調料拌和上味。將八寶料自雞頸開口處釀入腹內，用細竹籤鎖口，放開水鍋內汩緊皮，裝碗上籠，蒸炟取出。鍋入化豬油燒至六成熱時，將晾冷的雞放入炸至黃色撈起，裝條盤內，抽去竹籤，用刀在雞脯上劃成菱形塊。淋熱香油，配椒鹽、生菜即成。

• **製作要領**：炸雞時須用竹籤放氣；餡不宜填得太多。烹此菜，也可用菜油而不用豬油，有的地區在雞裝盤後，不劃菱形塊。

【荷葉粉蒸雞】

　　熱菜。鹹鮮味型。

• **特點**：荷葉墨綠，雞嫩黃色，略感清香。

• **烹製法**：蒸。選淨雞腿肉，排、剜後剞十字花刀，切大一字條，加調料、熟米粉拌和均勻。荷葉洗淨燙軟，切12公分長的等邊三角塊，荷葉抹香油將雞肉裹成卷（每卷內加嫩豌豆數粒），裝蒸碗內，上籠蒸炟，翻扣於圓盤即成。

• **製作要領**：火候要適度，蒸炟即可。

【魚香八塊雞】

　　熱菜。魚香味型。

• **特點**：色澤紅亮、見油見汁，外酥內嫩，香味濃郁。

• **烹製法**：炸、熘。仔雞洗淨去骨，改成約3公分見方的塊，裝碗內醃上味，碼上蛋清豆粉，逐塊放入六成熱油鍋中炸定型打起。待油溫燒至八成熱時，雞塊下鍋炸至金黃色撈起。另用一鍋烹魚香滋汁，視汁濃吐油即下雞塊迅速翻簸，起鍋入盤即成。

• **製作要領**：炸雞塊兩次用的油溫不同；滋汁用量以雞塊都能黏裹上為度。

【旱蒸童仔雞】

　　熱菜。鹹鮮味型。

• **特點**：雞形完整，肉質細嫩，原汁本味、鮮香宜人。

• **烹製法**：旱蒸。選剖嫩仔雞一隻洗淨加

味，裝入罐子內，上用皮紙封口，一氣蒸熟，揭去皮紙即成。

• **製作要領**：忌用老雞，要一氣蒸熟，不能散火。

【薑汁熱窩雞】

　　熱菜。薑汁味型。

• **特點**：色澤黃亮，薑醋濃香，雞肉質嫩，豐腴大方。

• **烹製法**：選整治後的仔母雞，煮至斷生撈起，斬成均勻條塊，平放於碗內成三疊水，加調料、上籠用旺火蒸炟。出籠後揀去調味料渣，翻扣於圓盤中。再將蒸雞的原汁、薑汁及調料入炒鍋燒開。勾薄芡，收汁，加香油和勻，淋於雞上即成。

• **製作要領**：雞改塊後要去掉大骨。按上述製法，不用薑汁，改用泡辣椒、豆瓣煵汁，即成家常熱窩雞。烹製此菜的另一法：熟雞砍塊下油鍋，加薑米、蔥花煵炒片刻，摻湯吃味，中火燒炟，勾芡收汁，起鍋搭醋和勻，盛盤即成。

【紅燒卷筒雞】

　　熱菜。鹹鮮味型。

• **特點**：菜色棕紅，肉質細嫩，鹹鮮味美。

• **烹製法**：炸、燒、蒸。用雞脯肉改長4公分、寬2.5公分的薄片24張，裹火腿、冬菇、冬筍三絲捲成筒，穿衣後，入油鍋炸香取出。包罐內用雞鴨骨墊底，摻湯吃味上色，放入雞卷，大火燒開後改小火慢燒。取出雞卷定蒸碗中，上籠蒸炟取出，翻扣於盤內。再將蒸雞的原汁瀝入鍋中，勾薄芡，淋入雞卷之上即成。

• **製作要領**：卷筒大小要一致；穿衣要均勻，以免炸後散卷；蒸製須到火候。

【原籠粉蒸雞】

　　熱菜。鹹鮮味型。

• **特點**：色彩協調，形態美觀，散疏炟糯，鹹鮮回甜。

• **烹製法**：蒸。選剖仔公雞洗淨，砍成大小

一致的菱形塊，加調料、熟米粉拌勻。嫩豌豆加調料、熟米粉，揉和均勻，放入小蒸籠作底，上面再放雞塊，用旺火蒸熟後，將原籠放置托盤，淋沸油於粉蒸雞上即成。

- **製作要領**：須用旺火一氣蒸熟。選牛肉、羊肉、豬肉為料，依此法烹製，調料加原紅豆瓣，則可製成原籠粉蒸牛肉、原籠粉蒸羊肉、原籠粉蒸肉。

【魚香脆皮雞】

熱菜。魚香味型。

- **特點**：色澤紅亮，皮酥肉炟，魚香味濃。
- **烹製法**：蒸、炸。剖仔公雞治淨入盆，下調料浸漬後，上籠蒸炟，取出晾乾水氣，再入八成熱油中炸至呈金黃色，撈出盛大圓盤，澆上烹製的魚香滋汁即成。
- **製作要領**：炸雞時用抄瓢托起，以免炸煳或散架；魚香滋汁要適量。

【瓦塊雞】

熱菜。鹹鮮味型。

- **特點**：色澤金黃，味濃亮油，鮮香適口。
- **烹製法**：炸、燜。選母雞經宰殺治淨，小開去內臟、腳爪，翅盤於背夾住雞頭，揞乾水，用鹽、料酒抹遍全身，入盆加薑、蔥浸漬20分鐘，入油鍋炸呈金黃色時撈起。蔥白切成節。泡辣椒去蒂去籽。薑去皮切成粗絲。鍋內化豬油燒至五成熱時，將薑、蔥入鍋熗香，加鹽、料酒揉勻，起鍋與泡辣椒和勻裝入雞腹內。瓷瓦塊洗淨入包罐墊底，再將雞放於瓦塊上，摻鮮湯，加冰糖糖色、生菜油，用旺火燒開，打盡浮沫，再移至小火上燜半小時，將雞翻面，直至燜炟收汁亮油，雞身淋香油裝盤即成。
- **製作要領**：雞要治淨，炸時注意火不宜太大，以免焦皮；入罐燒開，應注意撈盡浮沫；用小火慢燜至炟而不爛，保持雞形完好。此菜在雞入罐燜煮時，以瓷瓦塊消毒墊底而得名。

【五香脆皮雞】

熱菜。五香味型。

- **特點**：酥脆香嫩，味鮮醇厚。
- **烹製法**：蒸、炸。母雞經宰殺治淨，去掉內臟、頭、翅、腳爪，入開水鍋中出水後撈起揞乾水，用鹽、醬油、白糖、料酒、花椒遍抹雞身內外，再將薑、蔥、香料塞入雞腹內，入籠蒸熟，取出晾涼。鍋內菜油燒至七成熱時，入雞翻炸，並不斷將滾油舀淋於露出油面的雞身，待炸至金黃色撈起，去盡腹內香料，剔去大骨，斬成一字條入盤，將蒸雞原汁加香油、味精和勻作味碟同時入席。
- **製作要領**：雞要治淨，味要碼勻，一定要蒸炟；炸時注意適時澆淋，使成菜色、味達到要求。

【耳環玻璃雞】

熱菜：湯菜。鹹鮮味型。

- **特點**：湯味鮮美，清淡爽口，多用於筵席。
- **烹製法**：汆、煮。選雞脯肉切成小丁，放入細乾豆粉內裹勻，用擀杖逐個擀成圓形薄片，入微開水鍋中汆透，再入涼水中漂洗後撈出，修切成圓形薄片，漂水待用。竹蓀用溫水泡漲，洗淨，橫切成圓圈形，入開水中汆透後撈出瀝乾。鍋內摻清湯，加鹽、料酒、味精、胡椒粉調味燒開，先下雞片、竹蓀略煮，再下豌豆苗煮至斷生，起鍋入碗即成。
- **製作要領**：乾豆粉要過篩取細粉；雞片要擀勻，厚薄一致。
- **名菜典故**：此菜以竹蓀作配料，竹蓀有「菌中皇后」之稱，屬於名貴原料，加工後形似耳環，雞片薄而白亮，恰似玻璃，故名。

【三圓白汁雞】

熱菜。鹹鮮味型。

- **特點**：色澤淡雅協調，成形美觀，雞肉炟軟，味清淡鮮美。

- **烹製法**：蒸、燒。仔雞經宰殺治淨，用鹽、料酒抹遍全身，入盆加薑、蔥浸漬入味，上籠蒸至熟炟。胡蘿蔔、白蘿蔔、萵筍去皮分別削成12個扁圓形，先入開水內汭熟，再入鍋摻奶湯，加鹽、料酒、味精、胡椒粉同燒至炟。將雞入盆，三圓揀放四周，鍋中湯汁用豆粉勾薄芡，至收汁，淋化雞油推勻，舀淋雞身即成。
- **製作要領**：雞、三圓一定要注意火候，烹至熟、炟；湯要用奶湯以增鮮香。以「三圓」命名，既指形狀又有祝福之意。

【 酥貼紅珠雞 】

　　熱菜。鹹鮮味型。

- **特點**：形態大方，雞白嫩香酥，鹹鮮味美，拌糖醋生菜食之，風味更佳。
- **烹製法**：貼。將雞脯肉片成長方形厚片，入碗，用鹽、料酒、胡椒粉、味精拌勻碼入味。火腿、荸薺分別剁成細粒。櫻桃切成兩爿。土司去外皮，切成與雞片大小一致的片。火腿、荸薺入碗加蛋清豆粉拌勻，土司片鋪案上，抹上拌好的蛋清豆粉，再鋪上雞片稍壓使貼緊，用兩爿櫻桃放於雞片中間作點綴。平鍋放化豬油燒至四成熱時，下貼好的雞片土司貼鍋煎炸至酥黃、雞熟時起鍋，淋香油後入盤。糖醋蓮白絲擺於雞片四周即成。
- **製作要領**：貼製雞片厚度要一致，片要貼牢。煎製時要低溫入鍋，邊煎邊向雞片上淋油，逐漸升溫至熟透。

【 吉慶奶汁雞 】

　　熱菜。鹹鮮味型。

- **特點**：湯汁乳白，質地炟軟，鮮香爽口。
- **烹製法**：蒸、燒。仔雞一隻治淨，入開水鍋中出水後，撈出用溫水沖洗乾淨，攥乾水，用鹽、料酒抹勻碼味，入盆加薑、蔥，摻鮮湯，上籠蒸至熟炟。胡蘿蔔、白蘿蔔、萵筍均切成吉慶形，入開水鍋中汭至斷生，撈出用涼水沖冷瀝乾待用。取出蒸雞，揀去薑、蔥，翻入大圓盤中。

鍋內化豬油燒至五成熱時，下薑蔥炒香，倒入蒸雞的原汁，摻雞湯，加牛奶、鹽、味精、料酒、胡椒粉，下吉慶略燒後勾薄芡，下雞油推勻，舀淋雞上即成。

- **製作要領**：雞要治淨、蒸炟；吉慶塊要切勻，燒炟入味。川菜中以牛奶入菜，是在二十世紀七〇年代後期才逐漸興起的，這是一款創新的筵席菜。

【 紅煨罐仔雞 】

　　熱菜。鹹鮮味型。

- **特點**：雞香肉炟，味香而濃。
- **烹製法**：煨。雞肉斬成塊，入碗用鹽、醬油、料酒碼入味，入鍋炸呈金黃色撈出。水發海參片成厚片。干貝入碗摻鮮湯上籠蒸透。冬筍切成梳子塊。火腿切成薄片。水發口蘑切成片。胡蘿蔔、土豆削成小圓形。鴿蛋蒸熟去殼，用醬油、料酒碼味，入油鍋炸呈金黃色。胡蘿蔔、土豆、冬筍入油鍋稍炸。鍋內化豬油燒至五成熱時，下番茄醬炒至油呈紅色，摻雞湯，下雞塊、鹽、胡椒粉、白糖、料酒、醬油、薑、蔥燒開，去盡浮沫，舀入罐中，加蓋用小火慢煨，至雞塊將炟時揀去薑、蔥，下海參、干貝、冬筍、鴿蛋、火腿、口蘑各料，上蓋煨至熟炟，放味精，勾薄芡攪勻略煨，擦淨罐面入席即成。
- **製作要領**：入罐以前原料處理要得當，用小火慢煨至炟而不爛；罐應加蓋蓋嚴。

【 酸菜雞絲湯 】

　　熱菜：湯菜。鹹鮮味型。

- **特點**：湯色清澈，雞絲白嫩，富含泡菜的特殊乳酸香味。
- **烹製法**：水滑、煮。雞脯肉、酸菜、瓜衣均切細絲。雞絲碼味、碼蛋清芡，在開水鍋中滑散打起。鍋內另用清湯，下酸菜絲，加調料，煮出味後再下雞絲、瓜衣絲，煮至雞絲熟後起鍋裝湯碗即成。
- **製作要領**：水滑雞絲散籽即可。

【芹黃雞絲】

熱菜。家常味型。

- **特點**：色澤紅亮，細嫩鮮香。
- **烹製法**：鮮熘。芹黃改節，薑切絲，雞脯肉切二粗絲，碼味、碼蛋清豆粉。炒鍋內油燒至四五成熱時，下雞絲滑散，瀝去餘油，下豆瓣（剁細）、薑絲、芹黃同炒，烹汁起鍋，裝條盤即成。
- **製作要領**：雞絲碼芡，水分吃足；芹黃炒至斷生即可。以上述原輔調料，加蒜苗絲，用生炒法成菜，即成家常雞絲。

【鮮熘雞絲】

熱菜。鹹鮮味型。

- **特點**：紅、白、綠相間，色澤素雅美觀，質地細嫩，鹹鮮適口。
- **烹製法**：鮮熘。雞脯肉、嫩絲瓜皮均切成二粗絲。番茄燙後去皮，也切成二粗絲。雞絲入碗，用鹽、蛋清豆粉拌勻。鹽、味精、胡椒粉、水豆粉、鮮湯入碗內對成滋汁。鍋內化豬油燒至四成熱時，下雞絲用竹筷撥散籽，瀝去餘油，下絲瓜絲合炒，烹入滋汁，待收汁後下番茄絲籤勻起鍋即成。
- **製作要領**：炒鍋需炙好，雞絲入鍋時油溫不宜高，撥的動作要輕快。

【蕺根熘雞絲】

熱菜。鹹鮮味型。

- **特點**：質地脆嫩，清香而鮮。
- **烹製法**：鮮熘。雞脯肉切成二粗絲，入碗，用鹽、蛋清豆粉碼勻。蕺菜摘去老葉和老莖，洗淨用少許的鹽漬一下。另用一碗，放鹽、料酒、味精、水豆粉、鮮湯對成滋汁。鍋內化豬油燒至四成熱時下雞絲滑散籽，瀝去餘油，下蕺根炒斷生，烹入滋汁，籤勻至收汁起鍋裝盤即成。
- **製作要領**：雞肉入鍋油溫不宜高，撥動要輕，以免雞絲斷成短節。蕺菜要炒斷生；蕺根又稱側爾根、魚腥草，野生，有特殊香味，能清熱解毒。食蕺根已成當今時

尚。常見蕺根都以涼拌生食，用蕺根作配料與雞絲同烹而成熱菜，乃創新之作。

【宮保雞丁】

熱菜。荔枝味型。

- **特點**：色澤棕紅，散籽亮油，辣香酸甜，滑嫩爽口。
- **烹製法**：炒。選嫩公雞肉，切約1.5公分見方的丁，碼味碼水芡。乾辣椒去蒂，切短節，薑、蒜切片，蔥切顆。鍋置旺火上，下油燒熱，下乾辣椒節、花椒炸變色，入雞丁炒散，加調料烹滋汁，迅速翻籤，加酥花仁籤勻，起鍋裝盤即成。
- **製作要領**：雞脯肉要排鬆，劃後切丁；醋比糖稍重，呈荔枝味。用此法，可烹宮保肉丁、宮保腰塊等菜。
- **名菜典故**：傳說清末四川總督丁寶楨愛吃此菜，丁寶楨在山東任巡撫時，官加太子少保（即「宮保」），人稱丁宮保，因此得名。

【碎米雞丁】

熱菜。家常味型。

- **特點**：色澤紅亮，質地脆嫩，微辣回甜。
- **烹製法**：炒。選仔公雞脯肉輕排切粒，以鹽、水豆粉拌勻。油酥花仁鍘碎，鹽、白糖、醋、味精、鮮湯、水豆粉對成滋汁。雞肉入油鍋炒散籽，烹料酒，下泡紅辣椒（剁細）、薑蒜米炒出香味，烹滋汁，炒轉起鍋，裝盤即成。
- **製作要領**：雞肉成粒狀，炒時油溫應稍低；烹汁應在下花仁之前，以保持花仁的香脆。

【辣仔雞丁】

熱菜。家常味型。

- **特點**：色澤紅亮，散籽亮油，質地鮮嫩。
- **烹製法**：炒。選仔公雞肉，用刀尖劃過，切成1.5公分見方的丁，碼味碼芡。荸薺去皮切丁，泡紅海椒剁細。炙鍋，旺火。燒至七成熱油時，將雞丁入鍋炒散，下辣

椒、薑、蒜片炒出色，加荸薺丁同炒幾下，烹滋汁，迅速翻簸起鍋，裝盤即成。

- **製作要領**：鍋要炙好，油要適量；注意操作連貫迅速。烹此菜時，泡辣椒也可改用郫縣豆瓣；荸薺可以青筍或鮮筍代替。

【 桃仁雞丁 】
熱菜。鹹鮮味型。

- **特點**：色白脆嫩，清鮮爽口。
- **烹製法**：熘。雞脯肉切成丁，入碗，加鹽、料酒、蛋清豆粉拌勻。鮮桃仁撕去外衣洗淨。鹽、味精、料酒、水豆粉、鮮湯入碗內對成滋汁。鍋內化豬油燒至五成熱時，放雞丁滑散後再放桃仁撿勻起鍋，瀝去餘油，下蔥顆炒勻，烹入滋汁，收汁後淋化雞油推勻，起鍋裝盤即成。
- **製作要領**：滑雞用油量稍多，雞丁成形大小要一致；動作要連貫，迅速成菜。

【 珊瑚雞丁 】
熱菜。鹹鮮味型。

- **特點**：雞丁呈紅珊瑚色，質地細嫩，味鮮而美。
- **烹製法**：炒。雞脯肉切成丁，入碗，用鹽、料酒、蛋清豆粉拌勻。醬油、料酒、胡椒粉、味精、水豆粉、鮮湯入碗內對成滋汁。胡蘿蔔洗淨去皮，刮成茸，黃心不用。鍋內化豬油燒至七成熱時，將雞丁入鍋炒散籽起鍋，瀝去餘油。鍋內留油100克燒至五成熱時，倒入胡蘿蔔茸煵至斷生成紅色，下雞丁炒勻，烹入滋汁撿勻，淋香油簸轉起鍋即成。
- **製作要領**：雞丁大小要勻；胡蘿蔔要輕刮才易成細茸狀；動作要迅速，一氣呵成。

【 芙蓉雞片 】
熱菜。鹹鮮味型。

- **特點**：顏色潔白，滑嫩鮮美。
- **烹製法**：沖、燴。選母雞脯肉捶茸、去筋、剁細裝碗內，先用冷鮮湯澥散後，再用蛋清、鹽、水豆粉調成漿，分數次入四成熱化豬油鍋沖成片，撈出放入鮮湯中漂去油質。瀝出鍋中餘油，入火腿片、冬筍片，摻奶湯，加鹽、味精、胡椒粉燒開，下雞片推轉稍燴，下豌豆尖，加雞油，勾薄芡起鍋，裝盤即成。
- **製作要領**：對漿須攪勻，對漿時加料要適量，因成菜色白雅潔，故名「芙蓉」。此菜所用雞片也可攤製而成。

【 鍋貼雞片 】
熱菜。鹹鮮味型。

- **特點**：底面深黃，鮮嫩酥香，肥而不膩，咀嚼爽口。
- **烹製法**：鍋貼。嫩雞脯肉片成0.3公分厚、5公分長、3.5公分寬的片，用調料碼味。熟火腿、荸薺剁碎。豬肥膘煮熟後改0.4公分厚、長寬與雞片相同的片，入開水內汩去油，撈出揾乾水氣，上蛋清豆粉，面上撒火腿、荸薺末。雞片上蛋清豆粉，貼於碎末上，下油鍋烙至雞脯肉熟、底面呈深黃色起鍋，修邊後裝條盤，配以生菜、蔥、醬即成。
- **製作要領**：豬肥膘肉成形後用刀劀過；烙雞片時油溫不宜過高。

【 牡丹雞片 】
熱菜。鹹鮮味型。

- **特點**：色白，形似牡丹花瓣，質地嫩爽，鹹鮮而香。
- **烹製法**：炸、燴。雞脯肉斜片成長方形薄片，撒乾豆粉，逐片用刀捶，使延展變薄。鍋內化豬油燒至四成熱時，用筷子將雞片逐片黏一層蛋泡糊，入鍋浸炸至發泡揀起，盛入盤內。鍋內瀝去餘油，放白菜心、口蘑、火腿薄片煸炒數下，摻清湯，加鹽、料酒、胡椒粉、味精燴熱，勾水豆粉推勻，淋化雞油起鍋即成。
- **製作要領**：捶雞片的豆粉要過篩至極細，雞片要捶至薄勻而不穿，炸雞片時掛蛋泡糊要薄厚一致，現炸現揀，以保持色白。

【青椒雞塊】

熱菜。家常味型。

- **特點**：清香脆嫩，鹹鮮而微辣，鄉土氣息濃郁。
- **烹製法**：煸。雞肉斬成塊；青椒切成與雞肉相等的節；鍋內下青椒加鹽煸炒至蔫鏟起。鍋洗淨，放菜油燒至七成熱時，下雞塊、鹽煸乾水氣至入味，下青椒、薑片、蔥段、醬油、白糖炒至雞熟，加味精簸勻起鍋即成。
- **製作要領**：青椒應先煸蔫；雞塊如連骨炒熟，必須去大骨，用淨肉更佳。這種家常味型，其辣味來自原料本身，不另外再放豆瓣。

【香酥雞塊】

熱菜。鹹鮮味型。

- **特點**：色形美觀，質地細嫩，酥香可口。雞塊與糖醋生菜伴食，風味尤佳。
- **烹製法**：炸。雞脯肉先切成厚片，再改成2.5公分見方的塊，入碗，放鹽、料酒、白糖、味精、胡椒粉、五香粉、香油、拍破的整薑、蔥碼味。土司粉加少許芝麻和勻。雞塊內揀去薑、蔥，加少許全蛋水豆粉拌勻，再放入土司粉內裹勻，取出輕拍使黏緊。鍋內菜油燒至六成熱時，放雞塊炸呈金黃色時起鍋，瀝去餘油，淋入香油簸勻，裝入盤的一端，另一端配放糖醋生菜即成。
- **製作要領**：雞塊要先浸漬入味，土司粉要裹緊以免炸時脫離。

【大千雞塊】

熱菜。家常味型。

- **特點**：色澤紅亮，質地細嫩，香辣清鮮。
- **烹製法**：炒。選仔公雞肉斬成塊，用鹽、料酒、水豆粉拌勻；嫩青椒切菱形塊，萵筍切成滾刀塊，豆瓣剁細。醬油、白糖、醋、胡椒粉、味精、雞湯、水豆粉對成滋汁。鍋內菜油燒至七成熱時，放乾辣椒節、花椒炸至出味，放雞塊炒至發白散

籽，再下萵筍、青椒、薑片、蔥白節炒至斷生，烹滋汁，簸勻起鍋即成。

- **製作要領**：雞塊形不宜過大且要均勻；炒時要熱鍋旺油，迅速成菜以保持鮮嫩。
- **名菜典故**：此菜因張大千先生創制而得名，此菜曾為香港《飲食天地》詳細介紹，流傳於日本、台灣、巴西等地。

【煳辣雞條】

熱菜。煳辣味型。

- **特點**：色澤金黃，肉嫩化渣，香辣鹹鮮，回味略甜。
- **烹製法**：炸、燒。雞脯肉先剞十字花刀，再切成條，入碗，用鹽、料酒碼味後用蛋清豆粉拌勻。萵筍切成條。鍋內菜油燒至六成熱時，入雞條炸呈金黃色時撈起，鍋留油50克燒至五成熱，下乾辣椒節、花椒炸至油呈棕紅色時，放薑、蒜片微炒，摻鮮湯，下雞條、萵筍條、醬油、白糖、料酒慢燒入味，放味精，勾薄芡至收汁，放醋、蔥節、香油推勻起鍋裝盤即成。
- **製作要領**：雞肉要先剞後切成條；燒時火不宜大，使成菜鮮嫩入味。萵筍條起鍋亦可鑲於盤邊。

【蔥汁雞條】

熱菜。鹹鮮味型。

- **特點**：整齊持重，炟香鮮嫩，原汁原味，蔥香濃郁，鹹鮮爽口。
- **烹製法**：蒸。熟雞肉斬成條，雞皮向碗底，整齊地擺入蒸碗內，餘料入碗鋪平，加鹽、料酒、薑、蔥段，摻鮮湯，上籠蒸至熟炟入味。鍋內菜油燒至六成熱時，下蔥末炒香，摻鮮湯，加鹽、料酒、醬油和蒸雞原汁燒開，勾薄芡至收汁，將雞出籠翻扣入盤，鍋內放味精、香油推勻，舀淋雞上即成。
- **製作要領**：雞條要斬勻，以便定碗成形；雞要蒸至熟炟；蔥末要炒香。

【乾燒雞條】

熱菜。家常味型。

- **特點**：色澤紅亮，質地香軟，鹹鮮微辣。
- **烹製法**：乾燒。雞脯肉切條，用鹽、料酒、胡椒粉碼入味，加蛋清豆粉拌勻。豬板油切成丁炒熟。鍋內菜油燒至六成熱時，放入雞條炸呈黃色時撈出，鍋內瀝去餘油，下郫縣豆瓣炒香至油呈紅色時，摻鮮湯燒開，撈去豆瓣渣，放入豬油丁、薑、蔥、蒜、雞條，加醬油、料酒、白糖燒透入味，慢火燒至汁濃亮油，加味精推勻起鍋即成。
- **製作要領**：炸雞條時不能黏連；小火慢燒自然收汁，忌勾芡；注意用火，以防原料焦糊。

【雪花雞淖】

熱菜。鹹鮮味型。

- **特點**：色白如雪，細嫩滑鮮。
- **烹製法**：軟炒。雞脯肉捶茸、去筋、剁細盛碗內，用冷清湯潷散，加雞蛋清（攪散）、鹽、料酒、胡椒粉、味精、水豆粉調成漿。鍋下化豬油燒至六成熱時，再加沸湯對勻雞漿倒入鍋內，炒熟起鍋，盛圓盤，撒上火腿末即成。
- **製作要領**：須去盡雞肉中的白筋。

【三色雞淖】

熱菜。鹹鮮味型。

- **特點**：一菜呈三色，協調美觀，質柔嫩滑爽，味鹹鮮而香。
- **烹製法**：炒。雞脯肉捶茸，先取2／3雞茸，用冷清湯潷散；放入攪散的雞蛋清、鹽、料酒、味精、胡椒粉、水豆粉攪勻呈白色。餘下的雞茸用冷雞湯潷散後加全蛋液、鹽、味精、胡椒粉、水豆粉攪勻呈黃色。鍋內化豬油燒至六成熱時，先將白色雞茸加沸湯對勻入鍋內翻炒至熟，舀一半入盤呈白色雞淖。鍋內餘下的雞淖加番茄醬炒勻成紅色雞淖，舀入盤中。鍋內另下化豬油燒至六成熱時如上法，下黃色雞淖

炒熟入盤，擺成三足鼎立狀即成。

- **製作要領**：雞要捶茸，潷散；白、紅、黃的量要一樣，裝盤成形最好用一模具，外呈圓形，內為三色扇形。此菜入鍋不宜久烹，凝固即成。

【出水芙蓉】

熱菜：湯菜。鹹鮮味型。

- **特點**：形狀美觀，色彩素雅，菜質細嫩，湯清味鮮。
- **烹製法**：蒸。雞蛋清蒸成白蛋粑，取出開大片，再修成朵朵蓮花瓣，用雞糝做座子，將花瓣安上，成一朵盛開的白蓮花，入籠內搭一火。另將鴿蛋12個煮成荷包蛋，用雞糝、豌豆、綠葉菜做成蓮蓬、荷葉等。走菜時，先將蓮花擺入大籃子中，再放入鴿蛋、蓮蓬、荷葉等，最後灌入清湯即成。
- **製作要領**：白蛋糕要白，雞糝要嫩。

【網油雞卷】

熱菜。鹹鮮味型。

- **特點**：皮酥裡嫩。
- **烹製法**：酥炸。雞脯肉、豬腿尖肉、熟火腿、荸薺（去皮）均切細絲，加鹽、胡椒粉、料酒製成餡。豬網油洗淨，晾乾水氣，抹上蛋清豆粉，包餡裹成直徑約1.5公分、長約6公分的卷4～6條，並用竹籤刺卷放氣。鍋中油燒至六成熱，雞卷滾一層乾豆粉後入鍋炸至呈金黃色撈起，刷上香油，改成3公分的條塊，盛條盤一端，另一端配生菜、椒鹽即成。
- **製作要領**：炸時油溫切忌過高。

【熘桃雞卷】

熱菜。鹹鮮味型。

- **特點**：色澤淺黃，脆嫩鮮香。
- **烹製法**：炸、熘。雞脯肉改片，桃仁去皮，熟火腿、水發口蘑改片。雞片抹蛋清豆粉，上置桃仁、火腿、口蘑裹成卷。用蛋清豆粉穿衣，入六成熱油鍋中炸透撈

起。鮮菜心煸熟，入條盤墊底。鍋內另烹鹹鮮滋汁，下雞卷簸轉，起鍋舀淋於菜上即成。

- **製作要領**：雞脯肉片張宜大，卷成形時大小要基本一致；炸時須謹視火候，勿使過頭；滋汁要適量。

【紅燒雞卷】

熱菜。鹹鮮味型。

- **特點**：色澤美觀，質地酥軟，鮮味香濃，爽口不膩。
- **烹製法**：炸、燒、蒸。雞肉切成頭粗絲。水發冬菇、冬筍尖、熟火腿分別切成二粗絲，一併入碗，加鹽、料酒、味精、胡椒粉、醬油、白糖、少許蛋清豆粉拌勻成餡料。豬網油去油梗，切成12公分見方的張片，鋪開抹蛋清豆粉，將餡料理順後放網油上捲成1.5公分粗的條。鍋內菜油燒至六成熱時，雞卷逐個外掛薄蛋清芡，入油內炸呈金黃色熟透時撈出。鍋內摻鮮湯，加醬油、鹽、料酒、味精、胡椒粉調味燒開，下雞卷燒15分鐘，起鍋晾涼切成段，入蒸碗定型，加整薑、蔥、清湯上籠蒸炧軟出籠，去掉薑、蔥；菜心汩透，瀝乾水，入鍋煸炒，加清湯、鹽、料酒、胡椒粉、味精燒入味，揀入雞卷碗內墊底，再翻扣入盤；餘下鍋內湯汁和蒸雞卷的汁入鍋燒開，勾薄芡至收汁，加化雞油推勻，舀淋雞卷上即成。
- **製作要領**：餡料要理順再捲，不宜過粗以便炸透；捲要裹緊黏牢。此菜亦可將雞骨、邊角肉等與雞卷同燒，味更鮮美。

【軟炸雞糕】

熱菜。鹹鮮味型。

- **特點**：鮮嫩酥香。
- **烹製法**：蒸、酥炸。雞脯肉加各種配料製成糝，裝方盤內，入籠蒸成雞糕。冷卻後改一字條，裹上乾豆粉，入六成熱油鍋（化豬油）炸至呈牙黃色時打起，再淋香油簸勻，起鍋時裝盤一端，另一端配生菜

即成。

- **製作要領**：雞糕臨炸時才能黏乾細豆粉，炸時油溫不宜過高。以豬肉、蝦肉、兔肉為料，依此法可製成軟炸肉糕、軟炸蝦糕、軟炸兔糕。

【麻酥雞糕】

熱菜。鹹鮮味型。

- **特點**：色澤淺黃，細嫩酥香。
- **烹製法**：炸。雞脯搥茸，荸薺剁末，加調料、蛋清豆粉拌和均勻成泥茸狀。芝麻炒香，撒平盤底，將雞茸用手壓平（厚約1.5公分），上面再撒熟芝麻。炒鍋入油燒至四成熱時，下雞茸餅，翻炸至兩面黃而酥時撈起，改刀裝長盤，配生菜、椒鹽味碟即成。
- **製作要領**：拌雞茸時掌握好乾稀度，宜乾不宜稀；芝麻須緊黏於雞茸上，勿使脫落；炸製時油溫不宜高。

【蝴蝶雞糕】

熱菜。鹹鮮味型。

- **特點**：湯汁清澈，蝶形逼真，雞糕細嫩，鮮美爽口。
- **烹製法**：蒸。雞蛋清攪泡，入平盤抹平，上籠微火蒸熟後取出晾冷，用蝴蝶模壓成12隻蝴蝶，用餐刀將雞糝刮塑成蝶身黏於蝴蝶正中，用泡辣椒絲、綠蔥絲岔色嵌蝶身花紋，芝麻作眼睛，魚翅作蝶鬚，上籠蒸至糝熟定型。雞糝加冷清湯、無色調味品對成較稠的糊漿，倒入窩盤內，上籠用小火蒸成雞糕。鍋內摻清湯，加鹽、料酒、胡椒粉、味精燒開，舀入大圓湯盤內，再將雞糕滑入，周圍擺上蝴蝶即成。
- **製作要領**：雞糕蒸時忌用旺火，掌握好對雞漿的用湯量，成菜要老嫩適度，雞糕表面還可牽花，使成菜更美。

【金錢雞塔】

熱菜。鹹鮮味型。

- **特點**：形似金錢，脆嫩香鮮。

- **烹製法**：鍋貼。豬肥膘肉煮熟，改直徑3.5公分、厚0.4公分的圓片，熟火腿改0.6公分見方的片，雞肉製成雞糝。肥膘振淨表面上的油，抹一層蛋清豆粉，上放擠成圓子的雞糝抹平，置火腿片於圓子頂部正中，下炒鍋烙至底面深黃色圓子熟透起鍋，裝條盤中間，兩端配以用韭菜白加鹽、醋、香油拌成的生菜即成。
- **製作要領**：雞糝水分要適度，以色白細嫩為佳；烙貼時注意掌握好火候。

【 羊耳雞塔 】
熱菜。鹹鮮味型。
- **特點**：色澤金黃，外酥內脆，質嫩化渣，味鮮美。
- **烹製法**：炸。將雞脯、豬肥膘、冬菇、冬筍、火腿、荸薺等絲料入碗，加薑、蔥末、蛋清豆粉拌勻成雞塔餡料。網油去油梗、切成20公分的正方形片，抹蛋清豆粉，放入餡料捲成扁長形，撲上一層細乾豆粉。鍋內菜油燒至六成熱時，下雞塔炸透呈金黃色時撈出，刷上香油，直刀斜切成羊耳形，入盤的一端疊擺成形，另一端放糖醋生菜，配椒鹽味碟入席即成。
- **製作要領**：捲疊時兩端要包嚴，接口要黏牢，黏乾豆粉前雞塔要用刀尖紮些氣孔；炸時油溫不宜太高，一定要炸至熟透。
- **名菜典故**：此菜因以網油作為皮料，也稱網油雞塔；又因用雞塔切成羊耳形裝盤，故名。

【 清湯雞圓 】
熱菜。半湯菜。鹹鮮味型。
- **特點**：色澤豐富，質地細嫩，味鹹鮮而清香。
- **烹製法**：煮。雞脯肉、豬肥膘肉搥茸，去盡筋絡，剁細。入碗，用清水澥散，加鹽、料酒、雞蛋清、細乾豆粉攪勻，擠成圓子，入開水鍋中汆熟撈起。鍋置火上，摻清湯，加鹽、味精、胡椒粉調好味，再放入雞圓、番茄片，菜心，煮至菜心斷

生，舀入湯盅中即成。
- **製作要領**：調雞茸時要加細乾豆粉適量，少則不嫩；湯要用清湯，否則會影響成菜效果。

【 鮮豆雞米 】
熱菜。鹹鮮味型。
- **特點**：紅、白、綠色相間，協調美觀，雞米滑嫩，鮮香味美，鹹鮮清淡。
- **烹製法**：鮮熘。雞脯肉切成豌豆大的粒，用鹽、料酒碼味，再用蛋清豆粉拌勻。鮮豌豆入開水鍋中汆熟漂涼，胡蘿蔔去皮切成豌豆大的粒。鍋內化豬油燒至四成熱時，下雞米、胡蘿蔔粒滑散至斷生起鍋。鍋內留油少許，下薑米炒香，加豌豆炒勻，鹽、料酒、味精、胡椒、水豆粉、鮮湯入碗內對勻成滋汁，倒入鍋內至收汁簸勻，起鍋裝盤即成。
- **製作要領**：熘炒時要掌握好油溫，動作要快捷、準確，斷生即起；雞米要嫩，豌豆要綠。

【 貴妃雞翅 】
熱菜。鹹鮮味型。
- **特點**：色澤金黃，質地軟嫩，鹹鮮味濃，酒香濃郁。
- **烹製法**：燒。雞翅去掉翅尖，斬成兩節，用鹽、料酒、胡椒粉碼味後，入開水鍋中汆過，胡蘿蔔削成青果形汆熟。鍋內菜油燒至五成熱時，下薑、蔥炒香，摻鮮湯，加鹽、冰糖汁、花椒、紅葡萄酒，下雞翅燒開，改用小火燒至汁濃翅粑時，揀去薑、蔥、花椒，下胡蘿蔔、味精撬勻，雞翅裝入盤子正中，胡蘿蔔擺四邊，淋香油即成。
- **製作要領**：燒雞翅要掌握好火候，燒至汁濃翅粑而不爛，應重用葡萄酒以突顯出酒香。
- **名菜典故**：相傳因為楊貴妃愛吃雞翅而得名。

【龍穿鳳翅】

熱菜。家常味型。

- **特點**：此菜喻雞爲鳳，海參爲龍，合烹而成，成菜形態美觀，色澤紅潤，質地炸嫩，香辣而鮮。
- **烹製法**：燒、蒸。水發海參對剖成兩片，雞翅取肥嫩的中段，去骨，將海參穿入雞翅內，入開水鍋中汆水，使雞翅緊裹海參。鍋內化豬油燒至五成熱時，下郫縣豆瓣炒香且油紅時，摻鮮湯燒開，打盡料渣，下海參雞翅，加醬油、料酒，用小火燒至湯濃半熟時，倒入蒸碗，加薑塊上籠蒸炸。將菜心、蔥白、蒜苗，炒後入盤墊底，將雞翅入盤擺菜心上成形；原汁入鍋放白糖、味精略燒，勾薄芡收汁，下香油推勻，舀淋雞翅上即成。
- **製作要領**：海參穿入雞翅要粗細長短一致；龍穿鳳翅要蒸至炸糯。

【龍鳳雞腿】

熱菜。鹹鮮味型。

- **特點**：成菜美觀，顏色金黃，清淡適口，細嫩酥香。
- **烹製法**：炸。雞脯、火腿、荸薺、冬菇均切指甲片，金鉤改粒，加味拌成餡。雞筒子骨做把，用網油包上餡成雞腿形，抹蛋清豆粉，黏上土司粉，入油炸至金黃色起鍋，與土司片間隔擺入圓盤，中間鑲生菜即成。
- **製作要領**：蛋清豆粉濃淡要適度；炸時分兩次進行，此菜也可配蔥醬味碟入席。

【葫蘆鳳腿】

熱菜。鹹鮮味型。

- **特點**：色澤金紅，形如葫蘆，皮酥內嫩。
- **烹製法**：滷、煎、炸。完整剝下雞腿皮，入碗，用鹽、料酒、薑、蔥醃漬入味。冬菇、冬筍、雞肉、火腿均切成細粒。薏仁、蓮米摻湯，入籠蒸炸。上述原料入盆，加鹽、味精、胡椒粉拌勻成餡料，塞入雞腿皮內，用細麻繩扎成葫蘆形，入開

水中汆緊皮，再入淡色滷水中滷入味，上籠蒸至熟炸，出籠揾乾水氣。鍋內菜油燒至七成熱，解開葫蘆麻繩，入鍋炸呈棕紅色時起鍋裝盤，配糖醋生菜入席。
- **製作要領**：選白皮仔雞腿皮，剝皮應不穿不破；注意釀入餡量要適度，釀多了易破，少了形差。

【五彩鳳衣】

熱菜：湯菜。鹹鮮味型。

- **特點**：色澤絢麗，質地糯爽，湯味鮮美。
- **烹製法**：蒸。熟雞皮改長4公分、寬3公分的片12張，每片用刀切4刀（一端相連），雞皮內面揾乾水氣，撲上細乾豆粉，敷上魚糝。熟火腿、冬菇、蛋皮、瓜衣等切絲，嵌入雞皮刀縫處，裝入平盤（盤底抹上豬油），上籠蒸熟，取出盛於二湯碗（碗底用豌豆尖墊底），灌入高級清湯即成。
- **製作要領**：宜選用白皮仔公雞的雞皮；嵌絲時注意色澤岔開；要用高級清湯。

【粉蒸鳳衣】

熱菜。鹹鮮味型。

- **特點**：顏色淡黃，柔嫩炸軟，鹹鮮可口。
- **烹製法**：蒸。生母雞皮擠乾水，切成塊，用薑末、醬油、胡椒粉、味精、花椒粉、米粉、鮮湯、化豬油拌勻，醃漬2小時後裝入蒸碗內。胡蘿蔔去皮切厚片，加米粉、鹽、味精拌勻，放雞皮碗內墊底，上籠蒸至熟炸，出籠翻扣入盤，撒蔥花，淋30克燙油即成。
- **製作要領**：此菜爲一次性調味，要掌握好鹹淡；注意米粉和湯的比例，湯少粉多，成菜乾燥粗硬，故宜稍稀；上籠用中火一氣呵成。

【火爆雙脆】

熱菜。鹹鮮味型。

- **特點**：質脆味鮮。
- **烹製法**：爆。雞肫去筋皮，對剖爲二，交

叉直剞細花，每半邊再改兩塊。豬肚頭漂淨，從內面交叉剞細花，切成約2公分見方小塊。薑、蒜、筍均切片，蔥、泡紅辣椒切馬耳朵。炒鍋內豬油燒至八成熱時，將肚頭、肫碼味碼芡，入鍋爆炒至發白散籽，下各種調、配料炒勻，烹滋汁，迅速起鍋，裝條盤即成。

- **製作要領**：油溫要高，炒時動作要快。用豬腰、肚為料，依此法可製成火爆嫩脆。

【 菠餃秧雞湯 】

熱菜：湯菜。鹹鮮味型。

- **特點**：雞肉細嫩，菠餃形美，色澤碧綠，味鮮適口。
- **烹製法**：煮、蒸。取秧雞⊕2隻，乾褪毛，去內臟、肛門，取盡鳥槍子彈，洗淨後出一水，斬去腳爪、嘴角，盛蒸缽內，加清湯、調料，豬網油蒙面，上籠蒸熟。菠菜取汁，與麵粉揉勻，做菠餃24個，入鍋熟煮撈起。從籠中取出秧雞，揭去網油。揀盡料渣和浮油，入大湯盅，周圍鑲上菠餃，續再將蒸缽中的原汁慢慢倒入即成。
- **製作要領**：秧雞蒸至㼉而不爛為度；調好湯汁味。

　　⊕秧雞是生活在四川省盆地秧田和水塘中的野雞，腿長而細。

【 冬筍熘野雞絲 】

熱菜。鹹鮮味型。

- **特點**：色白細嫩，清香爽口，鹹鮮味美。
- **烹製法**：鮮熘。野雞脯肉切二粗細，碼味，碼蛋清豆粉。冬筍煮熟切二粗絲。炙鍋，下豬油燒至四成熱時，入雞絲滑散，瀝去餘油，下冬筍炒勻，烹入鹹鮮味滋汁，簸轉起鍋，裝圓盤即成。
- **製作要領**：雞絲要切均勻；水分要吃夠；滋汁要適量。

【 珊瑚燒野雞 】

熱菜。鹹鮮味型。

- **特點**：雞肉細嫩，湯汁乳白，鹹鮮味美。
- **烹製法**：燒。將野雞去毛，去內臟、肛門，取盡鳥槍子彈，洗淨，斬成3公分見方的塊。胡蘿蔔洗淨，加工成吉慶塊。取炒鍋下豬油、雞塊煸乾水氣後加奶湯、調料，移小火煨燒至八成㼉時，下吉慶塊，再燒至㼉，勾薄芡，裝大圓盤，滴少量化雞油即成。
- **製作要領**：野雞毛根要除盡，鳥槍子彈邊的腐肉要修盡；滋汁要適量。

【 清蒸竹雞 】

熱菜：湯菜。鹹鮮味型。

- **特點**：色澤潔白，鮮嫩可口。
- **烹製法**：蒸。用竹雞4隻乾褪毛，去內臟、腳爪，洗淨，碼味醃漬後出一水。將竹雞、冬筍同盛於湯盅，加清湯、調料，並用豬網油蓋於竹雞上，取皮紙將湯盅封嚴，上籠用旺火蒸㼉，出籠後揭去皮紙、網油即成。
- **製作要領**：竹雞毛根要除盡；蒸製時宜用旺火。

【 旱蒸貝母雞 】

熱菜：湯菜。鹹鮮味型。

- **特點**：質地細嫩，味鮮而香。
- **烹製法**：蒸。貝母雞一隻經初加工後，清水浸漂，除盡血污，撈出晾乾水氣，取調料將雞身抹勻，醃漬一小時後出水，出鍋搌乾水分，將調料在雞身內外抹勻，盛於湯盅內，加清湯、蔥、薑、用皮紙封嚴，入籠蒸㼉即成。
- **製作要領**：初加工時不能傷皮，毛根要除盡；蒸製時盅子口要封嚴，用旺火一氣蒸㼉。
- **名菜典故**：「貝母雞」產於四川省阿壩高原地帶，是珍貴的野味之一，因啄食貝母，故名。

二、鴨與鵝

【樟茶鴨子】

熱菜。煙香味型。

- **特點**：色紅油亮，鹹鮮濃香，皮酥肉嫩，形態大方。
- **烹製法**：醃、燻、蒸、炸。選剖肥鴨洗淨，腿用竹籤插眼碼味，入開水鍋出坯。入燻爐，以樟樹葉、茶葉燻之。出爐後入籠蒸炟，再下油鍋炸呈棕紅色，取出斬塊，裝盤時復原成鴨形，刷以香油，配蔥醬味碟、荷葉餅同上。
- **製作要領**：鴨須醃漬入味，燻時注意火候，蒸時要用旺火，炸時謹察油溫。

【神仙鴨子】

熱菜。鹹鮮味型。

- **特點**：色澤棕黃，鹹鮮味濃，質炟肉嫩。
- **烹製法**：炸、燒。用肥鴨一隻，下鍋汆去血水，去腳、嘴殼，晾一下，拌上料酒，放入八成熱的油鍋中炸呈淺黃色撈起。用大蒸碗一個，先鋪一張紗布，將火腿片、玉蘭片、口蘑在碗底擺成三疊水，然後將鴨子放入碗中（腹向下），紗布抄攏打結，最後放入墊有雞、鴨骨的包罐，摻入清湯、調料等，先用大火燒開再移至小火，燒至骨鬆肉炟時，取出解開紗布，翻入大圓盤，將罐內汁水收濃澆上，配軟餅即可入席。
- **製作要領**：掌握好菜品顏色，不能過深；火候一定要到家。
- **名菜典故**：此菜最宜老年人食用，因老人有「老神仙」之稱，故名。

【太白鴨子】

熱菜。鹹鮮味型。

- **特點**：色白肉炟，體形完整，鹹鮮味醇。
- **烹製法**：蒸。選嫩肥鴨洗淨，入湯鍋出一水，盛於容器內，下調料醃漬入味後，用皮紙封口，上籠蒸炟，取出放入大長盤，淋少量鹹鮮味汁即成。
- **製作要領**：鴨要醃漬入味，方能上籠，味汁要用高級清湯勾對而成。
- **名菜典故**：此菜因敬仰詩人李白而得名。

【蟲草鴨子】

熱菜：湯菜。鹹鮮味型。

- **特點**：豐腴形整，湯味鮮醇，肉質炟嫩。
- **烹製法**：蒸。選肥鴨放血、去毛，尾脊開一小孔挖去內臟，洗淨，出一水。蟲草先蒸一下，然後在鴨脯的一面均勻地插上蟲草，盛於湯蘯內，加高級清湯和調料，上籠蒸炟即成。
- **製作要領**：選鴨務要健壯；加工不能傷皮；鴨要蒸炟方能入味。

【富貴鴨子】

熱菜。鹹鮮味型。

- **特點**：色澤淡黃，細嫩爽口，鹹鮮而香。
- **烹製法**：蒸。選活鴨治淨，於尾脊處開一小孔去內臟，洗淨。水發海參、魚肚、金鉤、玉蘭片、冬菇等均改指甲片，填入鴨腹，出一水，上籠蒸炟。出籠冷卻後搵乾水氣，在鴨脯的一面撲以乾細豆粉，並抹以蛋清豆粉，用雞糝糝敷在鴨腹上，抹平牽上花，再上籠搭一火，裝入窩盤，灌特製清湯即成。
- **製作要領**：整治時勿傷鴨皮；務必蒸炟。

【清蒸肥鴨】

熱菜，鹹鮮味型。

- **特點**：淡黃潤澤，湯汁清香，質嫩味鮮，形整大方。
- **烹製法**：蒸。選嫩肥鴨殺後去毛，從背尾開口挖去內臟，旋去肛門洗淨，出一水，斬去翅、腳。將鴨頭從頸背處曲置入腹，放入湯蘯子中，加料調灌清湯，用皮紙將蘯子口封好，上籠用旺火蒸炟，出籠後揀去料渣即成。

- **製作要領**：整治時勿傷皮，保持形整完好；蒸鴨定要蒸至炟。

【葫蘆鴨子】

熱菜。鹹鮮味型。

- **特點**：形似葫蘆，色澤淡黃，質地炟糯。
- **烹製法**：蒸。選活鴨放血去毛全除骨，腹內灌入熟糯米等八寶輔料，用麻繩在鴨身中部捆一圈，使成葫蘆形。出一水，上籠蒸炟，取出去麻繩裝圓盤，掛白汁即成。
- **製作要領**：整鴨除骨時不能傷皮；鴨腹內填的八寶要適量。
- **名菜典故**：此菜因形似葫蘆而得名。

【蛋酥鴨子】

熱菜。鹹鮮味型。

- **特點**：色澤深黃，蛋皮酥香，肉細嫩，味鮮美。
- **烹製法**：蒸、炸。選剖鴨洗淨，入鍋略煮，起鍋，抹鹽、料酒，加薑、蔥，上籠蒸熟取出，冷卻後取出全部骨頭，須保持鴨皮完整。淨鴨肉切頭粗絲，荸薺、火腿、熟豬肥膘等切二粗絲，加調料拌勻。取全蛋糊敷於鴨皮肉上（表皮向下），再放入各種絲按平，先入油鍋略炸撈起，待油溫增高，再入油鍋炸至酥香起鍋，改一指條或方塊入盤，鑲生菜，配上椒鹽味碟即成。
- **製作要領**：鴨肉應蒸炟入味；二次炸製時要掌握好火候。

【菜頭鴨子】

熱菜。鹹鮮味型。

- **特點**：色澤乳白、質地炟軟，醇香鮮美，清爽可口，營養豐富。
- **烹製法**：蒸、燒。鴨子經宰殺治淨，斬去頭、腳，割去肛門，入開水中氽盡血水，撈出晾涼沖淨，漂15分鐘，入盆，加薑、蔥、鹽、料酒，盆口蓋嚴後入籠蒸至熟炟。火腿切片入碗，加料酒、胡椒粉上籠蒸熟，取出晾涼。青菜頭切成鳳尾長條，

汩一水，晾涼瀝乾。鴨子出籠入盆，鴨脯向上，原汁內揀盡薑、蔥，入鍋加奶湯，下菜頭、火腿，放鹽、料酒，燒至菜頭熟炟入味，放味精，勾薄芡加化雞油推勻，注入鴨盆內即成。

- **製作要領**：鴨子要去盡殘毛蒸炟；菜頭斷生即可。

【銀粉全鴨】

熱菜。鹹鮮味型。

- **特點**：美觀大方，顏色棕紅，鴨子皮酥肉嫩，粉絲柔軟爽口。
- **烹製法**：蒸、炸。淨鴨子斬去嘴殼、翅尖和腳，入開水鍋中氽盡血水，撈出將翅盤於背，入盆，加鹽、料酒、薑、蔥，摻清湯，上籠蒸炟後出籠，瀝盡湯汁，用醬油抹遍全身，原汁留用。鍋內菜油燒至五成熱時，下粉絲炸泡撈起，待油溫升至八成熱時，入鴨子炸至皮酥色呈金黃時撈起瀝乾油入盤。鍋內瀝盡炸油，倒入原汁，摻鮮湯燒開，下薑米、蔥花、鹽、料酒調好味，放粉絲燒至柔軟入味，加味精、香油推轉舀於鴨子周圍即成。
- **製作要領**：粉絲要先炸泡再燒至回軟入味；忌勾芡。

【釀一品鴨】

熱菜。鹹鮮味型。

- **特點**：色美肉糯，多料味鮮。
- **烹製法**：蒸、燒。鴨子治淨，斬去嘴殼、腳，用鹽、料酒、胡椒粉抹遍全身內外，入盆，放薑、蔥、花椒醃1小時。豬肉、火腿、玉蘭片、金鉤、口蘑均切成黃豆大的丁。胡蘿蔔切片汩熟。鴨子蒸炟晾涼，背上開刀斬盡鴨骨，皮向下，從內面用刀剞成長方形塊，放入蒸碗內。鍋內化豬油燒至五成熱，放肉丁煸乾水氣，烹料酒，下火腿、玉蘭、金鉤、口蘑等丁炒勻，加鹽、醬油、味精，摻鮮湯略燒入味，倒入鴨碗內墊底，上籠蒸1小時出籠，倒出原汁備用，鴨子翻扣入盤。原汁入鍋，下胡

蘿蔔，加鹽、胡椒粉、味精燒入味撈出，擺於鴨子周圍，鍋內勾薄芡至收汁，加香油推勻，舀淋鴨上即成。

• 製作要領：鴨子去盡殘毛，折盡大骨，腹內剖塊時不能剖穿皮。

【糟黃鴨子】

熱菜。香糟味型。

• 特點：色澤金黃，質炕軟鮮香，香糟味濃，風味獨特。

• 烹製法：炸、蒸、炒。鴨子經宰殺治淨，用鹽、料酒、胡椒粉抹遍全身。鍋內菜油燒至七成熱時，下鴨子炸呈黃色，起鍋入盆，加薑、蔥、花椒、料酒，摻鮮湯，蓋嚴後入籠蒸至炕軟。糟蛋黃入碗，加鹽、味精、白糖、胡椒粉、料酒和勻呈糊狀。鍋內化豬油燒至五成熱時，下糟蛋糊炒香，再放出水後的玉筍節煸炒。將鴨子出籠揀去薑、蔥、花椒，翻扣入盤。原汁倒入鍋內，加鹽、味精、胡椒粉調勻吃好味，勾薄芡，加化雞油推勻起鍋，淋於鴨上即成。

• 製作要領：炒糟蛋糊要香而不焦煳。

【帶絲全鴨】

熱菜。鹹鮮味型。

• 特點：色鮮形美，清香適口，不膩不燥，夏季食之最好。

• 烹製法：煮、蒸。鴨子治淨，入開水鍋中汆盡血水撈出。水發海帶切成絲，出水後撈入清水中浸漂。鋁鍋置火上，以豬骨墊底，放入鴨子，背向上，摻鮮湯煮至六成炕時，撈出斬去爪尖，頭頸盤背上，放入蒸盆內，將海帶擠乾水，放在鴨上，加鹽、胡椒粉、料酒、味精、薑、蔥，摻入煮鴨原湯，入籠蒸炕取出，揀去薑、蔥，先將鴨脯向上盛入大碗內，撒上帶絲，原汁加味精推勻倒入即成。

• 製作要領：煮時要以骨墊底，海帶絲不宜過長，先用鹽搓，再用開水洗淨黏液。

【香酥鴨子】

熱菜。五香味型。

• 特點：色澤棕紅，皮酥肉嫩，味鮮香。

• 烹製法：蒸、炸。鴨子經宰殺治淨，斬去翅尖和腳，洗淨揾乾水。用鹽、料酒、五香粉抹遍全身內外，醃漬40分鐘，入蒸盆，加薑、蔥、花椒，上籠蒸至熟炕入味，出籠揾乾水。鍋內菜油燒至八成熱時，放入鴨子炸至皮酥色金黃時撈起，置菜墩上斬成條，擺盤還原成鴨形，淋香油，配蔥醬味碟入席。

• 製作要領：鴨子要去盡殘毛，味要抹勻，肉厚處要反覆揉抹；一定要蒸炕；斬時下刀要準，條塊均勻，裝盤要還原成形。

【醬燒鴨子】

熱菜。醬香味型。

• 特點：色棕紅，形大方，質地炕軟，醬香濃郁。

• 烹製法：蒸、燒。選剖鴨洗淨，腹腔內抹鹽，加調料上籠蒸炕。甜醬加油在鍋中炒香，加奶湯和勻，下鴨燒至炕軟入味，原汁收濃，淋於鴨上，配花卷入席。

• 製作要領：製作中勿傷鴨皮，炒甜醬須謹視火候，勿炒過火，以免焦煳。

【三圓白汁鴨】

熱菜。鹹鮮味型。

• 特點：湯汁乳白，三圓清香，鴨肉質嫩，豐腴大方。

• 烹製法：蒸。選無傷痕的肥鴨，整治後從尾脊骨末端開一小口，取出內臟洗淨，入湯鍋出一水，用鹽、料酒抹勻，裝碗，加薑、蔥、清湯上籠蒸炕。青菜頭、胡蘿蔔、萵筍加工成球形的三圓，在開水中煮熟，撈出漂起。走菜時，將鴨取出裝大圓盤中，取炒鍋將蒸鴨的原汁倒入，下三圓燒過心，勾清二流芡起鍋，三圓舀於鴨的周圍，汁澆鴨上即成。

• 製作要領：整治鴨時不能傷皮；芡宜薄，汁可稍多。

【 鍋貼鴨脯 】

熱菜。鹹鮮味型。

- **特點**：底部深黃，鮮嫩酥香，肥而不膩，食之爽口。
- **烹製法**：鍋貼。鹽水鴨脯改4公分長、3公分寬、0.6公分厚的片。熟肥膘肉切成比鴨略厚、形狀相同的片，黏上乾豆粉，取魚糝抹上，鴨脯貼於中間，兩頭牽以花卉。炙鍋後入豬油，肥膘底面抹一層蛋豆粉入鍋，煎至魚糝熟透、呈黃色起鍋，裝條盤，盤中置生菜即成。
- **製作要領**：鴨脯切塊後須用刀尖剗斷筋，防止加熱時起捲；魚糝與肥肉要連為一體，不能起層；謹視火候，勿使底煳。

【 豆沙鴨脯 】

熱菜。鹹鮮味型。

- **特點**：鴨味鮮美，豆沙酥香。
- **烹製法**：蒸、炒。剖鴨洗淨，碼味入籠蒸火巴，取完整鴨脯，鋪蒸碗底（鴨脯向下），腿肉改塊放脯上。新鮮豆沙蒸熟、炒香，加鮮湯，下調料成汁。鴨脯入籠餾熱，翻扣入圓盤，淋上豆沙汁即可。
- **製作要領**：鴨脯要入味、蒸火巴，豆沙要炒至翻沙酥香，定碗須注意形態飽滿。用全鴨蒸熟裝條盤，澆豆沙汁即為豆沙全鴨或豆沙鴨子。

【 釀鴨脯 】

熱菜。鹹鮮味型。

- **特點**：色澤淡黃，火巴嫩鮮香。
- **烹製法**：釀、蒸。剖鴨洗淨，加調料入籠蒸火巴，去骨架留脯肉及雙腿擺入蒸碗（脯向下），餘下的鴨肉與火腿、金鉤、玉蘭片等輔料切成粒，入鍋稍炒起鍋裝入蒸碗，上籠餾熱之後翻入圓盤，掛二流芡即成。
- **製作要領**：鴨脯肉務使完整，勿傷皮；定碗要飽滿；掛汁適量。

【 薑爆鴨絲 】

熱菜。鹹鮮味型。

- **特點**：鮮香味濃。
- **烹製法**：爆。選煙燻鴨蒸熟，取鴨脯切二粗絲。嫩薑、甜椒切絲，蒜苗改節。炒鍋入油燒至五成熱，下鴨絲速爆，即入薑絲、甜椒同爆，下調料，入蒜苗炒至斷生，起鍋裝圓盤即成。
- **製作要領**：爆鴨絲要快。

【 紅燒鴨卷 】

熱菜。鹹鮮味型。

- **特點**：醇濃鮮香，鴨卷色黃，質地軟嫩，咀嚼味長。
- **烹製法**：炸、燒、蒸。選肥嫩剖鴨去皮，改成長6公分、寬4公分、厚0.3公分的片，鴨頭、腳、翅、骨架斬成塊。取豬網油改成10公分長的等邊三角形，火腿、玉蘭片、口蘑均切絲。菜心去筋，烹製入味。鴨片上放入火腿絲等裹成卷，包網油裹蛋豆粉。油鍋內置豬油燒至五成熱，入鴨卷炸成黃色撈起。炒鍋內入鴨骨、調料、鮮湯燒開，放入鴨卷，用小火燒至七成火巴時起鍋。再將鴨卷整齊地排放裝碗，用皮紙封碗口，上籠以旺火蒸熟，出籠後揀去骨渣，取菜心墊底，翻扣於圓盤中。原湯瀝入炒鍋，勾二流芡澆於鴨卷上即成。
- **製作要領**：網油要修平，用刀背稍排，刀跟稍剗；網油包鴨卷，其接口處要用蛋清豆粉黏牢；滋汁用芡要適量。

【 白汁鴨卷 】

熱菜。鹹鮮味型。

- **特點**：形色美觀，質地火巴軟，醇鮮爽口。
- **烹製法**：蒸。鴨子斬去頭、腳，用刀從背部順開成兩片，去盡骨，用鹽、料酒、胡椒粉抹勻，入盆，加薑、蔥醃漬入味。白菜去筋汆斷生，漂冷，瀝乾切成四牙瓣。鴨子片勻、修切整齊，展開撒上細乾豆粉、火腿末，捲成筒，用無毒紙包好紮緊，入籠蒸熟出籠晾涼，解繩去紙，切成

厚圓片，擺入蒸碗中成形，放鹽、料酒、胡椒粉，摻鮮湯，再將燒入味的菜心鋪於鴨卷上使平，入籠餾熱後翻扣入盤。鍋內化豬油燒至五成熱時，下薑、蔥炒香，摻鮮湯燒開，打去薑、蔥，下鹽、料酒、胡椒粉，味精，勾薄芡至收汁，加化雞油推勻，舀淋於鴨卷上即成。

- **製作要領**：鴨卷要粗細一致，卷要紮緊；蒸熟定型。

【桃仁鴨方】

熱菜。鹹鮮味型。

- **特點**：用料多樣，營養豐富，皮酥內軟，鹹鮮而香。
- **烹製法**：蒸、炸。鴨經宰殺治淨，斬去頭、頸、翅、腳，用鹽、料酒、胡椒粉抹遍鴨身內外，入盆，加薑、蔥醃漬30分鐘，入籠蒸至熟爛，出籠晾涼。桃仁去皮切成片。荸薺、火腿均切成粒。鮮豌豆汩斷生後去皮。蔥切成花。鴨涼後剝下整皮，肉切成小丁。全部配料入碗，加鹽、料酒、味精、胡椒粉、蛋清豆粉拌成餡料。鴨皮平鋪案上，抹一層蛋清糊，放上餡料抹平，上面再抹一層蛋清糊。鍋內菜油燒至七成熱時，入鴨方炸至熟透呈金黃色時，起鍋刷香油，切成小方塊，入盤一端，另一端放糖醋生菜即成。
- **製作要領**：餡料拌勻，要濃稠適當；鴨皮與餡料之間，要用蛋清糊黏牢。

【魚香鴨方】

熱菜。魚香味型。

- **特點**：色澤紅亮，皮酥肉嫩，鹹甜酸辣兼備，薑蔥蒜香濃郁，風味獨特。
- **烹製法**：蒸、炸。鴨子經宰殺治淨，入鍋汆盡血水，撈出洗淨，用料酒、鹽、胡椒粉抹遍全身，入盆，加薑、蔥、花椒醃漬1小時，上籠蒸至熟軟，出籠晾涼，拆盡鴨骨，片成大片。冬筍和肥肉絲入碗，加鹽、料酒碼味後，用蛋清豆粉拌勻，貼於鴨肉上。用醬油、白糖、醋、料酒、味

精、水豆粉、鮮湯對成味汁。鍋內菜油燒至六成熱時，鴨片下鍋炸透撈起，待油溫上升至七成熱時，入鍋再炸至皮酥撈出，剁成鴨方，皮向上擺入盤。鍋內瀝去餘油，下剁細的泡辣椒炒至油呈紅色時，下薑、蒜末，蔥花炒出香味，烹入滋汁至收汁，舀淋鴨方上即成。

- **製作要領**：鴨與筍、肉要黏穩黏牢，切鴨方要長寬大小均勻，鴨方先炸定型，再炸至皮酥；薑、蒜、蔥要炒香，芡汁乾稀要適度。

【熘鴨肝】

熱菜。鹹鮮味型。

- **特點**：細嫩鮮香。
- **烹製法**：鮮熘。鮮鴨肝改片入碗，加鹽、料酒、蛋清豆粉拌勻。水發玉蘭片和水發口蘑均切片。炒鍋下豬油燒至四成熱時入鴨肝撥散，下薑片、蒜片、蔥節、泡辣椒節、玉蘭片、口蘑炒轉，烹滋汁，迅速起鍋盛條盤即成。
- **製作要領**：片鴨肝宜大張，不穿花；鴨肝下鍋時油溫不宜高。

【冬菜鴨肝湯】

熱菜：湯菜。鹹鮮味型。

- **特點**：湯清明亮，素雅清爽，鴨肝質細，味鮮而香。
- **烹製法**：燙。鴨肝片薄，用開水燙熟，撈入二湯碗待用。冬菜洗淨、切成細絲，加清湯熬後，灌入二湯碗中即成。
- **製作要領**：片鴨肝片不能穿花，燙忌過頭，以熟為度；冬菜定要熬出香味。選豬腰為料，依此法可製成冬菜腰片湯。

【番茄燴鴨腰】

熱菜。鹹鮮味型。

- **特點**：鮮嫩清淡，色澤美觀。
- **烹製法**：燴。鴨腰煮熟，對剖撕皮盛碗內。番茄燙後撕皮、去籽，改成梳子瓣。炒鍋燒熱打蔥油，摻鮮湯燒開，撈去薑

蔥，下鴨腰，加鹽、胡椒粉、料酒燴片刻，下番茄燴熟，勾清二流芡，加化雞油推轉，起鍋入圓盤即成。

- **製作要領**：番茄不宜早下；用薄芡；湯可稍多。

【口蘑燴舌掌】

熱菜。鹹鮮味型。

- **特點**：清淡鮮香，柔韌炢軟。
- **烹製法**：煮、蒸、燴。鮮鴨舌與鴨掌均煮熟，去粗皮，去骨，治淨，裝碗內加調料，上籠蒸炢。水發口蘑洗淨，再用好湯餵入味。炒鍋內下清湯、舌、掌、口蘑，吃味，燴片刻，勾芡收汁，起鍋盛圓盤即成。
- **製作要領**：鴨掌煮至能去骨抽筋為度；舌、掌一定要蒸炢；滋汁宜薄宜寬。

【蔥燒野鴨】

熱菜。鹹鮮味型。

- **特點**：色澤紅亮，肉質細嫩，鹹鮮味美，蔥香濃郁。
- **烹製法**：煨。選肥嫩野鴨，褪毛，去內臟、腳爪，取盡鳥槍子彈，洗淨。翅膀扭在背上盤好，入開水鍋出一水，用紗布包好，放入鍋內，加鴨塊、肥瘦肉、火腿與紅湯等，用小火煨炢。另取炒鍋，下豬油、蔥節煸炒，加煨鴨原汁燒上味，起鍋盛於大圓盤墊底。再將鴨肉取出，置於蔥節上面，收稠原汁淋上即成。
- **製作要領**：煨製時要用高級紅湯，火候要適度，滋汁要適量。

【掛爐烤鵝】

熱菜。鹹鮮味型。

- **特點**：鵝肉鮮香入味，油而不膩，且越嚼越香。
- **烹製法**：滷、烤。鵝經宰殺治淨，翅下開口去內臟洗淨。冬菜、泡辣椒切成段，薑拍鬆，入盆，加蔥、豆豉、鹽、料酒、花椒、胡椒粉、五香粉和勻，從開口處填入

腹內，用竹籤鎖住肛門，再用硬竹片從開口處入腹，撐開腹背，用鐵鉤掛著鵝頭，放入專用燒開的滷汁中，燙至緊皮提起，用飴糖、料酒和勻抹全身，掛通風處吹乾表皮水分，再將滷汁燒開，灌入腹中，掛入烤爐，不時翻動，烤至鵝皮紅亮、肉熟透取出，倒出腹內調味品，斬成條塊入盤，將滷汁燒開後放味精淋入即成。

- **製作要領**：鵝要去盡殘毛、鎖緊肛門；烤時注意轉動方向，使其受熱均勻。

【脆皮香糟鵝】

熱菜。香糟味型。

- **特點**：色澤紅亮，皮酥肉嫩，鮮香爽口，回味酒香。
- **烹製法**：燒、滷、炸。鵝經宰殺治淨，去內臟、翅尖、腳，用鹽、料酒抹遍全身，入盆，加薑、蔥醃漬入味。鍋內菜油燒至四成熱時，下甜麵醬炒散，摻鮮湯，放醪糟汁、香料包、薑、蔥、胡椒粉、鹽、醬油、白糖、料酒燒開，入鵝燒炢撈出，揾乾水，趁熱抹上飴糖，稍晾。鍋內菜油燒至七成熱時下鵝炸至皮酥撈出，去骨切成條塊，入盤成形，刷香油即成。
- **製作要領**：注意各種調味品的用量，以免過鹹或香味過重，重用醪糟；鵝要燒熟至炢，炸時油溫要稍高，入鍋後注意翻動，使受熱均勻。

【鳳翅鵝掌】

熱菜。鹹鮮味型。

- **特點**：鳳翅炢香，鵝掌軟糯，鮮香爽口。
- **烹製法**：燒。雞翅用中段，放醬油、料酒碼入味，入油鍋中炸呈黃色撈出，去骨，入鋁鍋，放醬油、薑、蔥、料酒、糖色、胡椒粉、摻鮮湯燒開，打盡浮沫，用小火燒炢入味。鵝掌去盡外皮，入開水中煮透，撈出沖涼，除骨，斬去腳爪，入碗，加鹽、料酒、胡椒粉、摻鮮湯，入籠蒸軟取出。香菇切成塊。鍋內化豬油燒至四成熱時，將雞翅揀盡薑、蔥，連汁入鍋，鵝

掌瀝乾和香菇放入鍋內，加鹽、料酒、胡椒粉、味精燒至汁濃，先將雞翅入盤圍擺四周，鵝掌盛於盤內中間。鍋內勾薄芡至收汁，加化雞油推勻，舀淋盤中即成。

- **製作要領**：翅用中段，掌要去盡骨後仍保持原狀；掌握好火候，燒至㸆軟汁濃。

三、飛禽

【富貴乳鴿】

熱菜。鹹鮮味型。

- **特點**：汁色乳白，肉嫩醇香，餡心鮮美而爽口。
- **烹製法**：蒸。鴿兩隻經悶殺，從肋下開口，去內臟，斬腳爪、翅尖，用鹽、料酒抹遍全身內外，入盆加薑、蔥醃漬半小時。水發海參、水發魚肚、冬菇、冬筍分別用鮮湯汆煮後，與火腿均切成小方片。干貝蒸軟撕成小塊。以上各料拌勻裝入鴿腹中，入蒸盆，腹向上入籠蒸至熟㸆。鍋內化豬油燒至五成熱時，下薑、蔥炒香，摻奶湯，加鹽、料酒、味精、胡椒粉燒開，揀盡薑、蔥，勾薄芡至收汁，將乳鴿入盤，汁淋其上即成。
- **製作要領**：鴿子要去盡殘毛蒸㸆；海味配料要先以鮮湯餵煮（蒸）增鮮後使用；芡宜薄。

【子母會】

熱菜。鹹鮮味型。

- **特點**：鴿肉鮮香，鴿蛋軟嫩，清淡適口。
- **烹製法**：炸、蒸。選肉鴿3隻，洗淨盤好，入油鍋稍炸，裝蒸碗，加薑、蔥、花椒、清湯等，上籠蒸至骨鬆翅裂。用12個鴿蛋煮熟去殼，黏一層乾豆粉，入油鍋炸至淡黃色撈起。取出鴿子擺入大圓盤，四周圍鴿蛋。原汁入鍋中勾芡收濃，淋於其上即成。
- **製作要領**：掌握蒸鴿子時間，寧可稍長一

些；滋汁宜薄、宜寬。

【家常鴿子】

熱菜。家常味型。

- **特點**：色紅而亮，微辣鮮香，鴿肉細嫩，咀嚼味長。
- **烹製法**：炒。以肥鴿脯切顆，裝碗碼蛋清豆粉，下炒鍋滑散，加芹菜花和家常味的調料合炒後烹入滋汁，下碎花仁粒，翻轉起鍋入條盤即成。
- **製作要領**：鴿脯肉大小務切均勻，家常味調料下鍋炒至出色有香味時方能烹滋汁。

【香酥鵪鶉】

熱菜。五香味型。

- **特點**：形整色勻，金黃油亮，皮酥肉香，細嫩化渣。伴糖醋生菜食之，集香、酥、脆、嫩、鮮於一體，宜佐酒。
- **烹製法**：蒸、炸。鵪鶉經悶殺治淨，去腳，出水洗淨，入碗，用鹽、料酒、醬油、五香粉拌勻，加薑、蔥，入籠蒸至熟㸆入味，出籠揀去薑、蔥稍晾，入七成熱的菜油鍋中，炸至皮酥呈金黃色時撈起，入盤擺放四周。番茄切片圍邊。萵筍絲先用鹽碼味，擠乾水，用白糖、醋、香油拌成糖醋生菜，放盤中番茄片空間處即成。
- **製作要領**：碼味要恰到好處，香料不宜過重；鵪鶉體小，炸時要注意火候。烹飪原料中的鴿子、鵪鶉、斑鳩、麻雀等，性質相近，菜式也可移用。

【三鮮鶉丁】

熱菜。鹹鮮味型。

- **特點**：質地滑嫩，鹹鮮味美，美味香醇。
- **烹製法**：炒。鶉脯肉洗淨，去盡筋絡，切成綠豆大的丁。冬筍、荸薺、蘑菇切成相似的丁。鶉丁入碗，加鹽、料酒、胡椒粉碼入味，再加蛋清豆粉拌勻。另碗，用鹽、料酒、味精、胡椒粉、白糖、醋、水豆粉對成滋汁。鍋內化豬油燒至五成熱時，入鶉丁滑散籽，至發白肉熟時瀝去餘

油。鍋內留油少許，下薑末、蔥花炒香，放入冬筍、荸薺、蘑菇合炒至熟，烹入滋汁至收汁時，淋入香油推勻即成。
- **製作要領**：原料大小要一致，入鍋要手法俐落，迅速成菜。

【樟茶斑鳩】
熱菜。煙香味型。
- **特點**：色澤紅亮，皮酥肉嫩，鹹鮮香濃。
- **烹製法**：醃、燻、蒸、炸。斑鳩經悶殺治淨，用鹽、料酒抹勻全身內外，腹內撒入花椒，入盆放薑、蔥醃漬24小時，中間翻動一次，取出振乾，抖出花椒。鍋內放鋸末，再撒上樟樹葉、茶葉末。鍋上面放鐵算子，斑鳩放算子上，半封閉加蓋，然後鍋置火上，鍋底發熱而使鋸末、樟葉、茶末冒出濃煙，使斑鳩燻煙上色。再將斑鳩入盆，放料酒、薑、蔥，入籠蒸至熟炟，出籠瀝乾，入五成熱的菜油鍋中，炸至皮酥呈金黃色時撈出，每隻斬成四塊，碼放入盤的一端，另一端配糖醋生菜入席。
- **製作要領**：燻時注意火力，要細煙慢燻，忌用明火；斑鳩要趁熱炸製，炸時輕輕推動翻滾，使受熱均勻。

【鮮熘鳩絲】
熱菜。鹹鮮味型。
- **特點**：色黃、紅、白、綠相間，協調美觀，質細嫩滑爽，味鹹鮮而香。
- **烹製法**：鮮熘。鳩脯肉漂盡血污瀝乾，切成二粗絲，入碗，放鹽、料酒、蛋清豆粉拌勻。另用一碗，放鹽、味精、水豆粉、鮮湯對成滋汁。鍋內化豬油燒至五成熱時，下鳩絲滑散至肉發白時，瀝去餘油。下薑、蒜和泡辣椒絲炒出香味，再下豌豆尖略炒，烹入滋汁至收汁籫勻，起鍋裝盤，撒上蔥絲即成。
- **製作要領**：鳩脯血水要漂淨，絲料粗細長短要均勻一致；薑、蒜、泡辣椒絲則要炒香。

【荸薺鳩丁】
熱菜。鹹鮮味型。
- **特點**：成菜清爽，滑嫩味鮮。
- **烹製法**：鮮熘。活斑鳩殺後洗淨，脯肉切小丁。荸薺去皮切丁。薑、蒜切片；蔥切顆。鳩丁碼味，碼蛋清豆粉，下溫油（豬油）鍋中滑散，瀝去餘油，將鳩丁撥一邊，下配料略炒，加鳩丁和轉。烹入滋汁迅速翻籫，起鍋入圓盤即成。
- **製作要領**：滋汁中微加醬油成淺茶色。此菜多作傳統筵席熱碟。

四、蛋類

【熘鴿蛋餃】
熱菜。鹹鮮味型。
- **特點**：清香味美，細嫩爽口。
- **烹製法**：蒸、炸、熘。將12個鮮鴿蛋打破，分別裝入一小碟中（碟底抹少許豬油），上籠蒸約10分鐘，取出晾冷，一切為二，成月牙形，再逐個滾一層乾豆粉，在油鍋中炸至呈金黃色撈起。鮮筍、水發口蘑均切片。番茄去皮及籽，改小瓣。鮮菜心洗淨。炒鍋內豬油燒熱，下各種配料略炒，摻清湯，吃味勾芡，汁稍濃時下鴿蛋餃一熘，起鍋裝條盤即成。
- **製作要領**：蒸鴿蛋須熟而不老；芡宜薄，不要加深色調料。

【釀鴿蛋】
熱菜。鹹鮮味型。
- **特點**：顏色金黃，外酥內嫩，鮮香可口。
- **烹製法**：蒸、炸。雞糝內和以熟火腿末、金鉤末、青豆末等，再加胡椒粉、料酒、鹽等調料拌和成餡。選20個鮮鴿蛋，分別打入20個小酒杯中，上籠蒸一氣，待鴿蛋白剛進氣（不使蛋黃氣熱）即取下，將適量餡用竹筷塞入杯中鴿蛋內，蛋黃自然溢出，封口再上籠蒸。蒸熟取出，黏上乾細

豆粉，入油鍋炸至呈金黃色撈出，盛條盤內，配以生菜、椒鹽即成。

- **製作要領**：釀餡要均勻；鴿蛋第一次上籠蒸至蛋清液體剛變成白色固體狀即可。

【鍋貼鴿蛋】

熱菜。鹹鮮味型。

- **特點**：形態美觀，質地脆嫩。
- **烹製法**：鍋貼。鮮鴿蛋煮熟後去殼，每個切成兩半。熟肥膘肉先改成0.4公分厚的片，再修成對角線為4公分和6公分的菱角形塊，用刀跟剞幾刀，撲上乾豆粉，均勻地抹上一層雞糝，鑲入鴿蛋，面上適當牽以花草形。平鋪鍋中（鍋要先炙過），煎烙至雞糝熟、底呈深黃色時起鍋，裝入條盤一端，另一端鑲生菜即成。
- **製作要領**：煮鴿蛋時火不宜太旺；注意雞糝與肥肉片黏牢，勿使離層。

【蹄燕鴿蛋】

熱菜。湯菜。鹹鮮味型。

- **特點**：色澤清淡素雅，柔嫩滑爽，湯清而味鮮。
- **烹製法**：煮。選油發後用水泡軟的豬蹄筋，對剖後再片成厚薄均勻的薄片，從每片當中切成細絲，兩端不能切斷，入碗內加入開水和少許食用鹼，密封燜15分鐘，換清水漂淨。鴿蛋入鍋煮熟去殼，火腿切成細絲。將碗內蹄燕瀝去水，再用開水燙後瀝去，另摻鮮湯浸泡，鴿蛋燙熱，先將蹄燕放入湯碗內，鴿蛋擺放四周。鍋內摻清湯燒開，加鹽、料酒、胡椒粉、味精調好味，舀入湯碗中撒上火腿絲即成。
- **製作要領**：蹄筋要發製得當，反覆漂盡油質和鹼味，切絲要細而勻且不爛，達到絲細似燕菜的效果。
- **名菜典故**：豬蹄筋經發製、水漂，加工成連刀細絲，晶瑩透明，柔軟滑嫩，有如燕菜一般，故名蹄燕。

【銀耳鴿蛋】

熱菜：湯菜。鹹鮮味型。

- **特點**：銀耳滋糯，湯鮮爽口，鴿蛋細嫩。
- **烹製法**：蒸、煮。銀耳發漲去蒂，入籠蒸炟，取出入二湯碗。鴿蛋煮成荷包蛋，入二湯碗內，灌上清湯即成。
- **製作要領**：銀耳必須發漲蒸炟；煮荷包蛋須注意形態完整，老嫩適度。

【竹蓀鴿蛋】

熱菜：湯菜。鹹鮮味型。

- **特點**：湯汁清澈，質嫩味鮮，清心爽口，雅潔可觀。
- **烹製法**：煮。竹蓀發後剖開，去蒂改片，出水，餵以清湯。鴿蛋煮成荷包蛋，撈入二湯碗，加竹蓀，灌特級清湯即成。
- **製作要領**：竹蓀一定要以高湯餵入味，煮鴿蛋時火不宜大。

【瀘州烘蛋】

熱菜。鹹鮮味型。

- **特點**：色澤深黃，鬆泡而香。
- **烹製法**：烘、炸。鮮雞蛋打破入碗，加調料、水豆粉、冷湯攪勻，下炒鍋烘。待水分快乾時，從邊沿向中心摺成方塊，至兩面表皮起酥、中間剛熟即起鍋，改菱形塊，再下油鍋炸酥、起鍋盛於圓盤即成。
- **製作要領**：調製蛋漿時雞蛋、水豆粉、冷清湯比例要適當，酥炸時火候要適度。

【椿芽烘蛋】

熱菜。鹹鮮味型。

- **特點**：色澤中黃，鬆泡酥散，味美清香。
- **烹製法**：烘。雞蛋打入碗內，加切碎的嫩椿芽、水豆粉、鹽調勻。炒鍋於旺火上炙熱，放豬油，待冒青煙即移至微火上，舀半瓢油起來，將調好的蛋糊倒入，並沖下瓢中熱油（向中心處沖），加蓋烘製。烘好後瀝去餘油，盛盤內即成。
- **製作要領**：加水豆粉要適量，烘蛋時須謹視火候。此為「急火烘」，用油要多。

「慢火烘」則是將蛋漿向鍋中心油中沖下，並立即將攪蛋原碗扣上，用小火慢烘製成。此菜不用椿芽即爲白油烘蛋；掛魚香滋汁即爲魚香烘蛋；若用臊子即爲臊子烘蛋。

【芙蓉臊子蛋】

熱菜。鹹鮮味型。

- **特點**：細嫩酥軟，清淡味鮮。
- **烹製法**：蒸。鮮蛋去殼入碗，下鹽，加冷湯攪散，入籠用小火蒸熟。肥瘦肉剁細，加多菜末炒香，下味，加鮮湯，扯茨成臊子，淋入蒸蛋面上即成。
- **製作要領**：蛋、湯比例掌握好，蒸蛋時忌用旺火且不能散火，臊子要燜酥燒軟。

【如意蛋卷】

熱菜。鹹鮮味型。

- **特點**：形色美觀，質細嫩爽口，味鹹鮮而醇香。
- **烹製法**：蒸。用雞蛋加鹽攪散，攤成蛋皮。豬肉剁茸分爲兩份，一份入碗，加鹽、胡椒粉、料酒、味精、水豆粉、蛋清調成白色餡料；另一份入碗，加鹽、胡椒粉、料酒、味精、水豆粉、蛋黃調成黃色餡料。蛋皮鋪平，修切整齊，抹全蛋茨，兩端放上白餡和黃餡抹平壓緊，對捲成如意卷形，交口處抹蛋茨黏牢，入籠蒸至定型，出籠切成厚片，擺入蒸碗，上籠蒸熟。鍋內化豬油燒至五成熱時，下薑、蔥炒香。摻鮮湯燒開，打去薑、蔥，加鹽、料酒、胡椒粉、鮮菜心燒斷生。蛋卷出籠，將菜心入碗墊底，翻扣在大圓盤內。鍋內湯汁勾薄茨至收汁，放味精推勻，舀淋於蛋卷上即成。
- **製作要領**：蛋皮與肉糝要黏牢，蒸時忌用旺火；蛋卷粗細要均勻，定碗蛋卷面向碗底，使成形美觀。

【熘皮蛋】

熱菜。糖醋味型。

- **特點**：甜酸味濃，綿軟適口。
- **烹製法**：炸熘。選松花皮蛋四個去殼，洗淨，每個切成六瓣，上裹細乾豆粉，入油鍋炸成深黃色取出。炒鍋用鮮湯加調料，烹成糖醋汁，再下皮蛋一熘，起鍋裝入圓盤即成。
- **製作要領**：皮蛋切瓣要均勻，熘時滋汁芡須適量。

【番茄皮蛋湯】

熱菜：湯菜。鹹鮮味型。

- **特點**：皮蛋柔嫩，湯味鮮美，色澤鮮明。
- **烹製法**：炸、煮。選老皮蛋，切六瓣，裹上乾豆粉，下油鍋微炸；番茄切片。鍋內鮮湯燒開，吃味，放進皮蛋稍煮，加番茄再煮片刻起鍋，裝湯碗即成。
- **製作要領**：皮蛋要選老一點，如嫩的可洗去灰，上籠蒸一下；炸皮蛋時油溫宜高。

筆 記 欄

第四章
淡水魚與龜鱉類

一、淡水魚

【熗鍋魚】

熱菜。家常味型。

- **特點**：形態完整，色澤紅亮，質地細嫩，鹹鮮辣香。
- **烹製法**：炸、熗、乾燒。鮮鯉魚一尾洗淨，魚身兩面斜劃幾刀，用料酒、鹽碼味。油鍋燒至七成熱時，將魚入鍋炸成金黃色撈起。鍋內留油100克，將乾辣椒炸至棕紅色，打起鍘碎。鍋內另放豆瓣、薑、蒜炒出香味，加醬油、鮮湯燒開，撈去料渣，下魚、料酒，改用小火慢燒。待魚燒至入味、汁乾亮油時，加蔥花、煳辣末令黏於魚的表面，起鍋裝入條盤即成。
- **製作要領**：劃魚時不要過深，要深淺一致，燒魚時注意翻面。此菜亦稱為熗鍋鯉魚。

【泡菜魚】

熱菜。家常味型。

- **特點**：魚體完整，質地細嫩，鹹鮮適口，略有酸味。
- **烹製法**：家常燒。鮮鯽魚洗淨，用菜油煎至兩面略黃時，下泡紅辣椒、薑、蒜（均剁為末）、醪糟炒出香味，再下料酒、醬油、清湯等，用中火燒開後放入泡青菜（切1.5公分長的細絲）燒約10分鐘（中途要翻面）。待魚入味後，再放蔥花、香油，勾芡起鍋，裝條盤內即成。
- **製作要領**：煎魚時火不宜大，油不宜多；鯽魚如不甚大，燒魚時尤應注意火候；湯不要多，以剛淹過魚身為度；泡青菜用梗不用葉。

【酸菜魚】

熱菜。鹹鮮味型。

- **特點**：肉質細嫩，鹹鮮辛香。
- **烹製法**：煮。選活魚經剖殺治淨，取下魚肉，切成片，用鹽、料酒碼味後，用蛋清豆粉拌勻，頭劈開，魚骨斬成塊。泡青菜洗淨切成節。鍋內混合油燒至五成熱時，下蒜瓣、薑片、花椒炒香後，下泡青菜炒出鮮味，摻鮮湯燒沸，下魚頭、骨熬煮，打盡浮沫，下料酒、鹽、胡椒粉調好味，魚片抖散入鍋。另鍋菜油燒至五成熱時，下泡辣椒末炒香，倒入魚片鍋內，待魚片煮熟時下味精推勻舀入湯盆即成。
- **製作要領**：魚應選活魚且現殺現烹，泡青菜應用隔年陳菜；魚片入鍋不宜隨意攪動，用小火汆熟。味以鹹鮮為基礎，突出泡菜乳酸，並重用胡椒。以魚肉切片，同泡青菜、魚頭、魚骨用猛火熬煮成菜。
- **名菜典故**：此菜於九○年代初風行一時，

成為當時一款創新菜式。其與傳統泡菜魚的主要區別在於：此菜選用大魚，魚肉切片製作。

【水煮魚】

熱菜。家常味型。

- **特點**：汁濃色白，質嫩味鮮。
- **烹製法**：滑、煮。鮮魚肉切一字條，用鹽、料酒碼上味，再用蛋清豆粉拌勻。鍋置旺火上，下豬油燒熱，將泡紅辣椒末、薑米熗香，加清水、鹽、蒜片燒開，下魚條輕輕滑散，煮至汁濃時下蔥節、胡椒粉，起鍋盛於窩盤內即成。
- **製作要領**：泡紅辣椒不宜多。

【紅燒魚】

熱菜。鹹鮮味型。

- **特點**：色澤銀紅，體形完整，質地細嫩。
- **烹製法**：炸、燒。鮮魚經初加工後兩面劃幾刀，入八成熱的油鍋中炸至進皮撈起。炒鍋內摻鮮湯，吃味上色，下火腿片、冬菇片、玉蘭片和魚同燒至魚熟入味後，勾芡收汁，起鍋盛條盤內即成。
- **製作要領**：炸魚的油溫要高，但不能炸過火；燒魚時湯適量，用小火。

【叉燒魚】

熱菜。鹹鮮味型。

- **特點**：油皮酥香，魚鮮味濃。
- **烹製法**：明火烤。用重約750克的鯉魚一尾，經初加工後，魚身兩面劃成梯形，加鹽、醬油、料酒、薑、蔥等碼上味。豬肥瘦肉、芽菜剁細，與細泡辣椒節炒製成餡，填入魚腹，用竹籤鎖嚴。用豬網油一面抹上蛋清豆粉，將魚裹住（須裹三至四層），再抹些蛋清豆粉後上叉，入火池上烤至金黃色時下叉，刷香油，劃破酥皮置大條盤中。油皮去裡層不用，其餘改成大一字條鑲在魚側，另一側鑲生菜即成。
- **製作要領**：碼魚時用盤不用碗，烤時先慢慢翻烤，烤進皮後動作要快。此菜又名包

燒魚。有的地區不鑲生菜而配蔥醬、火夾餅上席。

【脆皮魚】

熱菜。糖醋味型。

- **特點**：成菜大方，顏色棕黃，外酥內嫩，糖醋味濃。
- **烹製法**：炸熘。鮮鯉魚一尾洗淨，在魚身兩面對稱、等距離剞六七刀，先直刀後平刀，醃漬入味，碼水豆粉，在油鍋中炸定型打起。走菜時，魚再入八成熱的油鍋中炸脆，盛魚盤中，淋上烹好的糖醋滋汁，撒上蔥絲、泡紅辣椒絲、香菜即成。
- **製作要領**：剞魚時以刀至骨刺為度，第二次炸魚時要炸脆且炸透，芡汁的顏色不宜太深。

【火龍糖醋脆皮魚】

熱菜。糖醋味型。

- **特點**：魚身有火苗，稍含酒味，魚肉外酥內嫩，酸甜適口。
- **烹製法**：炸。選1000克以上的活鮮魚，經剖腹、去鰓、洗淨後，剞成梯形，用鹽、薑、蔥、料酒碼味，下油鍋炸熟，裝條盤，掛糖醋汁，上桌時灑上麯酒，再點火而食。
- **製作要領**：炸魚時掌握好火候，使魚皮外酥內嫩；糖醋用量和濃度適當，碼味時要重用料酒、薑、蔥，以去其腥味。
- **名菜典故**：此菜為居住四川的彝族「火把節」時烹製的食品。

【菊花魚】

熱菜。糖醋味型。

- **特點**：形似菊花，色澤金黃，肉質酥嫩，味甜酸而香。
- **烹製法**：炸。選鮮鯉魚肉洗淨，在肉的內面先用斜刀後用直刀，剞成十字花刀，然後切成見方的塊，用鹽、料酒、薑、蔥醃漬入味，再逐塊撲上細乾豆粉，使肉絲之間散開，入抄瓢中，放入六成熱的菜油鍋中炸至

散花定型起鍋，待油溫上升至八成熱時，入鍋複炸呈金黃色時入盤間隔擺好，其間點綴上芹菜嫩葉，淋糖醋滋汁即成。

- **製作要領**：魚要選2500克以上為佳，剞刀要深透，但不能剞穿，刀距要勻；豆粉要過篩、撲勻魚塊應放入抄瓢中定型後入鍋，成形才酷似菊花。

【半湯魚】

熱菜：半湯菜。薑汁味型。

- **特點**：汁色乳白，肉質細嫩，蘿蔔炬軟回甜，蘸毛薑醋食之，清淡爽口。
- **烹製法**：炸、煮。選鮮魚中段洗淨，切成條塊。蘿蔔去皮切成二粗絲。鍋內化豬油燒至七成熱時，下魚肉入鍋微炸撈起。瀝去餘油，下薑、蔥、蘿蔔絲、料酒炒勻，摻奶湯，加鹽、胡椒粉燒開，用小火煮至蘿蔔炬軟，揀去薑、蔥，加味精、化雞油推勻，舀入湯碗中，配毛薑醋味碟入席即成。
- **製作要領**：魚肉要去盡骨刺，用鯉魚最好，成條要勻；煮時以魚和蘿蔔絲剛熟即可；味碟要以鹹鮮為基礎，重用薑汁、醋，以突出薑醋味。

【富貴魚】

熱菜。鹹鮮味型。

- **特點**：用料多樣，魚腹飽滿，鮮香爽口。
- **烹製法**：蒸。選鮮活草魚經宰殺治淨，從魚背順片取出脊骨，肉洗淨，用鹽、料酒、薑、蔥醃漬入味。雞、魚、豬肉、冬筍、冬菇等絲料用蛋清豆粉拌勻，入五成熱的化豬油鍋中滑散，起鍋入盆，加薑末、蔥花、火腿絲、鹽、料酒、味精、胡椒粉和勻，放入蛋清豆粉拌成餡料，裝入魚腹內用細竹絲鎖口，入盤蓋上網油，入籠蒸熟，揭去網油，瀝去汁，去掉竹絲。鍋內摻鮮湯，加鹽、味精、料酒、胡椒粉燒開，勾薄芡，放番茄、蛋皮絲略燒，淋香油推勻，舀淋魚身即成。
- **製作要領**：背骨要取淨，要保持魚皮不穿

不破；入籠之前要鎖好開口處，以免露餡；掌握好蒸魚的時間，以剛熟即可。

- **名菜典故**：此菜移用川菜中釀製之法，取出魚骨，魚肉保持魚形完整，皮不穿透，釀入餡料，大腹便便，故名。

【葡萄魚】

熱菜。荔枝味型。

- **特點**：形似葡萄，色澤棕紅，外酥內嫩，味似荔枝鮮香。
- **烹製法**：炸。選鮮草魚洗淨，去盡骨刺，用先斜後直的刀法剞成十字花刀，不能穿皮，用鹽、料酒、薑、蔥、醃漬入味，揾乾水，用細乾豆粉撲滿全身後抖掉餘粉，翻捲成兩串葡萄雛形，放抄瓢內將魚托起，入八成熱的菜油鍋中，炸呈金黃色時撈起入盤擺好，用綠芹菜葉點綴。鍋內瀝去餘油，下薑末、蒜末炒香，下蔥粒炒勻，烹入用鹽、紅醬油、白糖、醋、味精、水豆粉、鮮湯對成的滋汁，至收汁舀淋魚身即成。
- **製作要領**：剞刀要深至皮，但不能穿，刀距均勻，一定要托於抄瓢內入鍋，以利成形；荔枝味也應以鹹鮮為基礎。

【麒麟魚】

熱菜：半湯菜。鹹鮮味型。

- **特點**：色彩斑斕，肉質細嫩，湯味鮮美，魚肉蘸毛薑醋食之，風味別具。
- **烹製法**：蒸。鮮鯉魚一尾經剖殺治淨，魚身兩面斜剞若干刀，用鹽、料酒、胡椒粉碼味。萵筍切成絲，出水後撈出漂入清水中。用模具將火腿片、黃白蛋糕、玉蘭片、海帶壓切成魚鱗形片，將魚揾乾，每一剞刀處插入以上五色片各一片，然後將魚入盤，放鹽、料酒、胡椒粉、花椒、薑，蓋上豬網油入籠蒸熟，餾熱待用。將特製清湯入鍋燒開，將魚出籠，去盡薑、蔥、花椒，灌入清湯，撒上筍絲，配毛薑醋味碟入席。
- **製作要領**：剞魚要有深度和斜度，各片黏

上蛋清豆粉嵌入刀口內至牢。亦可用萵筍刻作劃水翅，櫻桃作眼珠，泡辣椒安在頭上成獨角，入盤立放，其形更美。

【芙蓉鯽魚】

熱菜：半湯菜。鹹鮮味型。

- **特點**：色調素雅，有菜有湯，細嫩清鮮，魚肉蘸毛薑醋食之，清心爽口。
- **烹製法**：蒸。鯽魚經剖殺治淨，煮盡血水，撈入清水中略漂，撕去魚皮。火腿、冬筍、香菇均切成薄片。取一碗，放入豬網油，再放鯽魚、火腿、冬筍、香菇、薑、蔥，加鹽、料酒、胡椒粉，再將網油抄攏。蛋清入另碗，加鹽、鮮湯攪散，與魚一起入籠蒸熟，取出魚、芙蓉蛋，先將冬筍、冬菇、火腿入湯盆墊底，上放鯽魚，再用調羹將蛋舀成型，圍魚四周，灌入清湯，配毛薑醋味碟入席。
- **製作要領**：鯽魚應先出水、去皮、漂洗；蒸時注意火候，以蒸熟為度，防止蒸老。

【涼粉鯽魚】

熱菜。麻辣味型。

- **特點**：色紅亮，味麻辣，香味濃，魚質細嫩。
- **烹製法**：蒸、拌。選鯽魚3尾洗淨，抹鹽、料酒，放於墊有豬網油的蒸碗內，抄攏，加花椒、蔥、薑，上籠蒸熟。白涼粉打成約1.5公分見方的塊，入開水中汆過，打起盛碗內，待表面無水分時加紅油辣椒、豆豉泥、香油、醬油、蒜泥、芽菜、蔥花、芹菜花、花椒油、味精等拌勻。走菜時，將魚取出放於大條盤內，涼粉蓋於魚身及周圍。
- **製作要領**：魚不宜蒸得過久，魚出籠裝盤要與加熱了的涼粉同時進行。

【乾燒鯽魚】

熱菜。鹹鮮味型。

- **特點**：色澤棕紅，魚肉細嫩，味道醇濃。
- **烹製法**：煎、乾燒。選鯽魚3尾洗淨，魚身兩面各劃數刀，豬肥瘦肉剁為肉末，蔥切6公分長的段，泡紅辣椒切4公分長的節，薑蒜剁細。用旺火，鍋內加油燒熱，下魚將兩面煎黃，撥鍋邊。下肉末煵酥，再下薑、蒜、泡辣椒煵至呈紅色後，下醬油、白糖、鹽、料酒、胡椒粉和鮮湯，用中火燒至汁乾亮油，下蔥花，起鍋裝條盤即成。
- **製作要領**：魚身不宜劃得過深；湯要適量，不能多。

【豆豉酥魚】

熱菜。鹹鮮味型。

- **特點**：色澤金黃，酥嫩爽口，鹹鮮略甜。
- **烹製法**：炸、燒。選用鯽魚經剖殺治淨，兩側剞刀，用鹽、料酒、薑、蔥醃漬入味。豬肉剁成細末。鍋內菜油燒至七成熱時，下魚炸至呈金黃色撈起，瀝去餘油，入肉末炒至酥香，放入豆豉炒香，摻鮮湯，加鹽、料酒、糖色，放入炸好的魚，用小火燒至收汁亮油魚酥時，放香油推勻起鍋即成。
- **製作要領**：注意火候，炸、燒都應恰到好處；燒時湯汁不宜過多，用微火慢燒以便收汁入味亮油。

【鴛鴦全魚】

熱菜。鹹鮮味型，魚香味型。

- **特點**：一菜兩色雙味，肉質細嫩鮮香。
- **烹製法**：蒸、炸。鮮鯉魚1尾經剖殺治淨，斬下魚頭，從下顎處斬開而不斷，按平。魚身剖為兩爿，取盡脊胸刺，將每爿魚肉片成斜刀片，不穿皮，用鹽、料酒碼味。用一盤子先放肥膘片，後用一片魚放在上面，皮向下，把香菇、肥膘片插入魚片之間，上籠蒸熟。另一爿魚裹蛋清豆粉，放入八成熱的油鍋中炸呈金黃色時撈出入盤。魚頭碼味炸熟，擺魚身前端，淋魚香味汁；蒸好的魚放在另一邊，中間用香菜分開，蒸魚上撒蔥絲即成。
- **製作要領**：蒸魚以剛熟即可，掌握好魚香

味汁的摻對比例，兩魚之間以香菜隔好，以免串味。

【雙冬鯉魚】

熱菜。鹹鮮味型。

- **特點**：色澤金黃，肉質細嫩，鹹鮮而香。
- **烹製法**：炸、燒。鯉魚經剖殺治淨，魚身兩面剞刀，用鹽、料酒、薑、蔥醃漬入味。冬菜洗淨切成短節。冬筍切成菱形片。鍋內菜油燒至七成熱時，下魚炸呈金黃色時撈起。瀝去餘油，下薑末、蒜末炒香，摻鮮湯燒開，打去料渣，將魚入鍋，放冬菜、冬筍、鹽、胡椒粉、白糖燒開，用小火㷚至熟軟，下味精推勻，魚起鍋入盤，冬菜、冬筍起鍋放魚身兩側，鍋內勾薄芡收汁，放香油推勻，舀淋魚身即成。
- **製作要領**：魚身剞刀要勻，深以至骨為度；炸時注意火候，翻動宜輕。

【渝州醋魚】

熱菜。鹹鮮味型。

- **特點**：形態美觀，原汁原味，質地細嫩，鹹鮮中突出醋香。
- **烹製法**：蒸。草魚經剖殺治淨，兩面剞刀，入開水鍋中稍燙，撈出洗淨，用鹽、料酒、胡椒粉、薑、蔥醃漬後裝盤，用豬肥膘肉切成薄而大的片蓋上，入籠蒸至熟軟入味，出籠去掉肥膘肉、薑、蔥。泡紅辣椒、薑、蔥切成細絲和香菜和勻，撒於魚身。鍋內香油燒至四成熱時，下醬油、醋、鹽、味精推轉，舀淋魚身即成。
- **製作要領**：在鹹鮮的基礎上突出醋香。
- **名菜典故**：此菜因創制於重慶，深受歡迎，流行於市，故名。

【酥麻花魚】

熱菜。糖醋味型。

- **特點**：酥軟化渣，糖醋味濃。
- **烹製法**：炸、燒。麻花魚經剖殺治淨，入六成熱的油鍋中炸呈金黃色時撈起。瀝去餘油，下蔥段煵香，摻鮮湯，下鹽、料酒、醬油、白糖、醋燒沸，放入炸好的魚，用小火燒至收汁，加味精、胡椒粉、香油推轉起鍋即成。
- **製作要領**：麻花魚選大小相近的，魚小的可帶骨炸酥，一起食用。
- **名菜典故**：麻花魚又名水密子，產於長江上游和支流中，肉細嫩多脂，味鮮美。此菜也可冷食。

【豆瓣鮮魚】

熱菜。魚香味型。

- **特點**：色澤紅亮，鹹鮮微辣，肉質細嫩。
- **烹製法**：炸、家常燒。選鮮魚經剖殺治淨，在魚身兩面剞刀，用鹽、料酒碼味，入油鍋稍炸，至進皮取出。留油約75克於鍋內，入郫縣豆瓣（剁細）、薑、蒜煵出香味，放入鮮湯、醬油、鹽、白糖等與魚同燒至魚熟汁將乾時，勾芡推轉，撒上蔥花起鍋，盛入條盤中即成。
- **製作要領**：炸魚宜用七八成火，燒魚應用小火。

【豆腐鮮魚】

熱菜。家常味型。

- **特點**：色澤紅亮，味濃質嫩，鹹鮮微辣。
- **烹製法**：家常燒。鮮魚洗淨，魚身兩面各劃三刀，用鹽、料酒碼味；豆腐打成5公分長、3公分寬、1.5公分厚的塊放鍋中，用鮮湯放少許鹽在微火上㷚。將魚放入鍋中，用熱油煎至淺黃色，撥一邊。下豆瓣煵香出色，依次下醬油、薑片、蒜片和蔥白節和轉，再將㷚起的豆腐下鍋同燒，下醪糟、甜醬燒至魚熟，將魚揀入大圓盤。鍋內勾芡收汁，汁濃起鍋，倒在魚上即成。
- **製作要領**：火不宜大，湯不宜多，芡不宜厚。

【二黃湯魚】

熱菜：半湯菜。鹹鮮味型。

- **特點**：有菜有湯，細嫩脆爽，鹹鮮中略帶

乳酸辛香。

- **烹製法**：煮。鮮魚經剖殺治淨，片切成片，用鹽、料酒碼味後，用蛋清豆粉拌勻。鍋內化豬油燒至五成熱時，下剁細的泡辣椒和泡薑、花椒炒香，摻鮮湯燒開，打去料渣，下香菇片、玉蘭片略煮，將魚片抖散入鍋，加鹽、味精、胡椒粉燒開，煮熟後舀入湯盆內，撒上蔥花即成。
- **製作要領**：魚片要去盡細刺，漿好的魚片要抖散入鍋。
- **名菜典故**：此菜始於清初，當時竹海灘江河畔，黃氏兄弟打漁為業，以泡紅辣椒、泡生薑煮成湯魚，其味甚美，流傳於世，故名。

【蘿蔔絲鯽魚】

熱菜：半湯菜。鹹鮮味型。

- **特點**：色白湯鮮，細嫩爽口。
- **烹製法**：炸、燒。活鯽魚經初加工後用鹽、料酒、薑、蔥碼味，下六成熱的豬油鍋中炸至進皮後撈起。鍋內留少許油，摻鮮湯，吃味後下魚和切成二粗絲的白蘿蔔同燒，至蘿蔔絲炬時揀魚入窩盤。鍋內加火腿絲、勾清二流芡，起鍋淋於魚上，配毛薑醋碟即成。
- **製作要領**：魚不能久炸，湯汁要適量，芡要薄。

【大千乾燒魚】

熱菜。家常味型。

- **特點**：色澤紅亮，魚肉細嫩，辣香而鮮，其味醇濃。
- **烹製法**：煎、燒。鮮魚經剖殺治淨，兩側各劃幾刀，用鹽、料酒、薑、蔥醃漬入味。鍋內菜油燒至七成熱，下魚煎至兩面呈淺黃色時，下肉末煵香，放剁細的泡辣椒、郫縣豆瓣、薑末、蒜米炒香至油呈紅色，摻鮮湯，加醪糟汁、鹽、醬油、白糖、胡椒粉用中火慢燒至汁濃，下味精、醋、蔥花推勻起鍋即成。
- **製作要領**：魚要劃勻以便入味；調味用醪糟

汁，以增加醇香；辣椒不能用朝天椒，要辣而不燥；忌用旺火，用中火慢燒至汁濃。
- **名菜典故**：此菜為大千先生創製，故名。

【家常獅子魚】

熱菜。家常味型。

- **特點**：形如獅子，毛髮蓬鬆，外酥裡嫩，鹹鮮微辣，回味略酸。
- **烹製法**：炸。鮮魚治淨，先將魚全身兩面均斜片成0.3公分的牡丹薄片，與魚骨連接，然後用剪刀將每片魚肉剪成粗0.5公分的絲，用鹽、料酒碼味後全身撲勻細乾豆粉，手提魚尾，入七成熱的菜油鍋中，炸至呈金黃色皮酥肉嫩時，臥放裝盤。鍋內放菜油燒至五成熱時，放入泡辣椒茸、薑末、蒜末炒香，油呈紅色時，摻鮮湯，加鹽、醬油燒開，放味精勾薄芡，放醋推勻，舀淋魚身即成。
- **製作要領**：魚應選用肉厚、體大（約1000克）者，魚片要厚薄均勻，片至魚骨，剪絲要粗細一致；豆粉要撲勻，炸時先倒提魚尾，舀滾油將魚淋定型後再炸，成形才毛髮蓬鬆。

【草莓雙尾魚】

熱菜。荔枝味型。

- **特點**：色澤金黃，外酥內嫩，甜酸適口，果味香濃。
- **烹製法**：炸。鮮魚治淨，斬去頭，搌乾水，從頸部片至魚尾，去脊、胸骨，將魚肉從內面剞成十字花刀，魚尾修切成「V」形，入大盤內，用鹽、料酒、薑、蔥醃漬入味。全身裹上細乾豆粉，入七成熱的油鍋炸至魚尾捲曲定型時撈出，待油溫上升，入鍋複炸至呈金黃色、皮酥肉熟時起鍋入盤對齊擺好，似若雙尾。鍋內瀝去餘油，下薑末、草莓醬炒香，烹入荔枝味滋汁至收汁，舀淋魚身，撒上少許細蔥花和泡辣椒粒即成。
- **製作要領**：魚骨魚刺要去盡，保持魚尾完整不爛；剞刀要勻而不穿花；炸要先定

型，複炸至熟。

【家常茶花魚】

熱菜。家常味型。

- **特點**：形似茶花，肉質細嫩，鹹鮮微辣。
- **烹製法**：蒸。用鮮魚脯肉切成大小不等的半圓形薄片100片，用鹽、料酒、味精碼味後，用蛋清豆粉拌勻，再逐片裹上細乾豆粉，以10片為一組，先小後大，錯位捲、翻成茶花形，放入酒杯中入籠蒸熟。盤內先用製熟的香菇片擺成茶花枝葉，用胡蘿蔔、絲瓜片、銀耳等擺成點綴的花，放入蒸熟的茶花。將剁細的郫縣豆瓣、泡紅辣椒入五成熱的化豬油鍋中炒至油紅，下薑、蒜、蔥末炒香，摻鮮湯燒開，打去料渣，放白糖、味精調勻，勾薄芡至收汁，淋於「茶花」上。另鍋摻清湯，加鹽、味精燒開，勾薄芡，淋化雞油推勻，舀淋於枝葉上即成。
- **製作要領**：全菜造型要事先設計，再將原料按要求成形；注意家常味的茶花，不能與鹹鮮味的枝葉串味。

【糖醋鳳梨魚】

熱菜。糖醋味型。

- **特點**：色澤金黃，形似鳳梨，外酥內嫩，糖醋味濃。
- **烹製法**：炸。選鮮魚中段，去盡骨刺洗淨，揉乾水，魚皮向下微片至平，斜剞成0.7公分粗的十字花紋，用鹽、料酒、薑、蔥醃漬入味，裹上細乾豆粉，用手向魚皮方向捲呈鳳梨形，放漏瓢內，入八成熱的油鍋中炸呈金黃色時撈起入盤。將牛角椒剪成3瓣，去心，入清水內泡至自然捲縮，插入鳳梨魚的大端作葉。將糖醋味入鍋燒成汁，淋在魚上即成。
- **製作要領**：魚要去盡骨刺；要剞均勻，不能剞穿皮，先用手捲成形再入鍋內炸製。

【紙包鴨粒魚】

熱菜。鹹鮮味型。

- **特點**：形態美觀。餡心鮮嫩而爽口，風味獨特。
- **烹製法**：炸。用樟茶鴨肉、魚肉切成綠豆大的粒，加鹽、胡椒粉、料酒、味精、冬筍細粒、冬菜尖細粒、香油、蛋清糊攪勻成餡。糯米紙剪成13公分見方的片。麵包切成厚0.5公分、邊長1.5公分的方片。將糯米紙兩張疊放手心中，放入餡料捏成大白菜狀，底部抹蛋清糊黏上麵包片，入五成熱的油鍋中，炸至麵包呈金黃色熟透時撈出。用鮮麵條編成托盤入鍋炸酥脆，放入盤內，其上放鴨粒魚包即成。
- **製作要領**：拌餡蛋清糊應稀稠適宜，用量不能多，以能黏合原料為度；麵包片要黏牢、壓緊以免脫落，掌握好油溫、注意避免焦煳。

【菠餃燴麵魚】

熱菜。鹹鮮味型。

- **特點**：魚麵潔白，菠餃翠綠，色澤協調，鹹鮮清淡，入口滑爽。
- **烹製法**：蒸、煮。魚糝入平盤，抹0.4公分厚至平，上籠用小火蒸熟，切成寬1公分、長22公分的麵條形，五根一紮合攏，絞成繩狀。豬肉剁細，加香油、鹽、味精、料酒拌成餡。麵粉加鮮菠菜汁和勻擀成餃子皮，包入餡料成菠餃，入鍋煮熟。鍋內摻清湯，加鹽、料酒、味精、胡椒粉，下麵魚燒開，打盡浮沫，將麵魚撈出，順放入條盤中，蒸好的魚頭、魚尾擺放兩端，菠餃圍擺麵魚兩側。鍋內湯汁勾薄芡至收汁，舀淋於菠餃和麵魚上即成。
- **製作要領**：切成魚麵後，操作時動作要輕巧，以防斷條；芡汁不宜濃，能著味則可。

【五柳魚絲】

熱菜。鹹鮮味型。

- **特點**：清爽悅目，滑嫩清鮮。
- **烹製法**：鮮熘。淨魚肉切二粗絲；冬筍（煮熟）、香菌（即香菇，先煮過）、泡

紅辣椒（去籽）、絲瓜皮（汩過）和蔥白等均切細絲。魚絲碼上味，再碼上蛋清豆粉，入溫油（豬油）鍋中滑散，瀝去餘油，魚絲撥一邊。下五種絲略炒片刻，和入魚絲炒均勻，烹滋汁翻簸，起鍋盛條盤即成。

- **製作要領：** 魚絲的蛋清豆粉不宜碼得過厚；滋汁應適量。

【 芹黃魚絲 】

熱菜。鹹鮮味型。

- **特點：** 黃白相間，色澤明快素雅，質地脆嫩爽口，味鹹鮮而香。
- **烹製法：** 熘。鮮魚肉洗淨去皮，搌乾水，切成長6公分、粗0.3公分的絲，用鹽、料酒碼味後用蛋清豆粉拌勻。芹黃洗淨切成節。鍋內化豬油燒至四成熱時，放入魚絲滑散。瀝去餘油，下芹黃、薑絲、蒜絲、泡辣椒絲炒勻，再烹入滋汁至收汁簸勻即成。
- **製作要領：** 魚絲要粗細均勻；鍋要炙好，魚絲入鍋溫度不宜過高，且動作要輕巧，以免斷絲。此法可烹芹黃雞絲、芹黃鱔絲等菜。

【 香椿魚絲 】

熱菜。鹹鮮味型。

- **特點：** 魚絲細嫩，椿芽清香而爽口，味道鹹鮮。
- **烹製法：** 熘。鮮魚肉洗淨去皮，搌乾水，切成長6公分、粗0.33公分的絲，用鹽、料酒碼味後用蛋清豆粉拌勻。香椿洗淨切成粒。用鹽、料酒、味精、胡椒粉、鮮湯、水豆粉對成滋汁。鍋內化豬油燒至四成熱時，下魚絲滑散。鍋內瀝去餘油置火上，下薑絲、香椿略炒，再烹入滋汁簸勻起鍋即成。
- **製作要領：** 魚絲順著魚肉纖維切且要粗細均勻；烹製時動作要協調而輕以免斷絲。

【 荔枝魚丁 】

熱菜。荔枝味型。

- **特點：** 荔枝香濃，色澤協調，肉質細嫩。
- **烹製法：** 炒。鮮魚肉去皮洗淨，切成1.2公分見方的丁，用鹽、料酒碼味後用蛋清豆粉拌勻。鮮荔枝肉對剖。青、紅甜椒切成丁。鍋內菜油燒至六成熱時，魚丁炒散發白，放入甜椒丁、薑末、蒜末翻炒至熟，再下荔枝微炒，烹入荔枝味滋汁至收汁，淋化雞油推勻即成。
- **製作要領：** 魚肉要去盡骨刺，丁大小要切勻；火候適度，避免肉質炒老。

【 家常魚丁 】

熱菜。家常味型。

- **特點：** 色澤金黃，魚肉細嫩，鹹鮮香辣。
- **烹製法：** 炒。魚肉去盡皮、刺，切成1.2公分見方的丁，用鹽、料酒碼味後，用蛋清豆粉拌勻。冬筍切成1公分見方的丁，入開水鍋中汩熟。鍋內化豬油燒至五成熱時，下魚丁滑散，瀝去餘油，下泡辣椒茸炒至油呈紅色時，下薑末、蒜末炒香，下冬筍丁炒勻，烹滋汁炒至收汁，撒入蔥花推勻即成。
- **製作要領：** 魚丁要去盡骨刺，丁須要切均勻，冬筍丁應略小於魚丁；味要體現鹹鮮辣香。

【 翡翠魚丁 】

熱菜。鹹鮮味型。

- **特點：** 色澤協調，滑嫩脆爽，鹹鮮適口。
- **烹製法：** 熘。鮮魚肉洗淨，搌乾水，去盡皮刺，切成1.5公分見方的丁，用鹽、料酒碼味後用蛋清豆粉拌勻。鮮蠶豆去皮，掰成兩瓣，入油鍋中炸斷生撈起。黃瓜皮汩熟，壓成楓葉形。番茄去皮切成丁。鍋內化豬油燒至四成熱時，下魚丁滑散，瀝去餘油，下蠶豆、番茄丁略炒，烹入滋汁至收汁起鍋入盤，楓葉形黃瓜皮圍擺於四周即成。
- **製作要領：** 魚肉要去盡細刺、切成丁；滑

魚丁時鍋要炙好、油溫不宜過高，要滑散籽；注意潔淨，突出本色。

【鍋魁魚丁】

熱菜。家常味型。

- **特點**：色澤紅亮，魚肉細嫩，鍋魁香脆，鹹鮮香辣，回味略甜。
- **烹製法**：炸、炒。鮮魚肉洗淨，振乾水，切成1.5公分見方的丁，用鹽、料酒碼味後用蛋清豆粉拌勻。鍋魁切成1.2公分見方的丁。鍋內混合油燒至七成熱時，下鍋魁丁炸成金黃色時撈起。瀝去餘油，下乾辣椒節、花椒炸香後放魚丁炒散籽，烹入料酒，下薑片、蒜片、辣椒粉、馬耳朵蔥炒香，烹入滋汁至收汁，再放入鍋魁丁簸勻即成。
- **製作要領**：魚肉要去盡細刺，大小均勻；鍋魁丁入鍋不能久炸，以免變硬。

【鮮熘魚片】

熱菜。鹹鮮味型。

- **特點**：紅白相間，肉質細嫩，冬筍脆爽，鹹鮮而香。
- **烹製法**：熘。鮮魚肉洗淨，去盡魚皮和細刺，片成厚0.3公分的片；冬筍切成片出水。番茄去皮、籽，片成片。魚片用鹽、料酒碼味後用蛋清豆粉拌勻，入五成熱的豬油鍋中滑散，瀝去餘油，魚片撥至鍋邊，下冬筍、番茄、薑片、蒜片、蔥片炒熟，撥入魚片撬勻，烹入滋汁，至收汁淋明油起鍋即成。
- **製作要領**：魚片不宜太薄，入鍋推動要輕，以免破碎而不成片。

【響鈴魚片】

熱菜。荔枝味型。

- **特點**：魚肉鮮嫩，抄手形似銅鈴而酥香，酸甜味美，入席倒汁時會發出響聲，增添筵席氣氛。
- **烹製法**：熘、炸。鮮魚肉去盡細刺，片成片，用鹽、料酒碼味後用蛋清豆粉拌勻。

鍋內化豬油燒至四成熱時，入魚片滑散撈出。瀝去餘油，下薑片、蒜片炒香，再下玉蘭片、火腿片略炒，摻鮮湯燒開，加鹽、醬油、白糖、胡椒粉、味精略燒，下魚片，勾薄芡至湯汁濃稠時下醋、豌豆尖推勻，起鍋舀入一碗內。抄手入鍋炸至酥脆，撈入盤，淋少許滾油，入席時，將碗內魚片淋盤內抄手上即成。

- **製作要領**：菜餚入席時動作要快捷穩健，保持抄手和魚片的溫度，才會收到應有的效果。

【米酥魚片】

熱菜。五香味型、甜酸味型。

- **特點**：色澤金黃，酥脆化渣，甜酸中略帶果味。
- **烹製法**：炸。魚脯肉洗淨，去盡細刺，片成長6公分、寬2公分、厚0.5公分的片，用鹽、料酒、薑、蔥醃漬入味，揀去薑、蔥，放入撣散的蛋黃、細乾豆粉拌勻，再逐片黏裹一層五香米粉，入七成熱的菜油鍋中炸呈金黃色時撈起。瀝去餘油，將魚片入鍋，淋香油簸勻起鍋入盤的一端。白菜切成細絲，用鹽、白糖、檸檬汁、香油拌勻，裝在另一端即成。
- **製作要領**：魚肉要去盡細刺，五香米粉要黏牢。

【鍋貼魚片】

熱菜。鹹鮮味型。

- **特點**：鮮嫩酥香。
- **烹製法**：鍋貼。用鮮魚肉和熟豬肥膘肉各片24張長6公分、寬4公分、厚0.3公分的片。鮮筍切片，大小為魚片的一半。熟火腿剁成碎粒。將肥膘逐個平鋪盤內，振乾水分，抹上一層蛋清豆粉，再一邊貼上筍片，另一邊貼上火腿粒，然後再抹一層蛋清豆粉，貼上魚片。炙好鍋，下油於鍋中浪勻，端離火口，瀝盡油，將魚片肥膘一面貼鍋，再放中火上煎至肥膘呈鴨黃色時加香油起鍋，裝入條盤令成一方形，鑲以

生菜即可。

- **製作要領**：肥膘肉要逢中剞幾刀，使之不易捲曲；煎魚片時隨時將鍋轉動，使其受熱均勻；火力大時，鍋要端離火口。

【蔥燒魚條】

熱菜。鹹鮮味型。

- **特點**：蔥味濃郁，鹹鮮味美，色澤棕紅。
- **烹製法**：炸、燒。用鮮鯉魚經初加工後改大一字條，碼味，入油鍋中炸至進皮。蔥白切成6公分長的段，用油跑一下。鍋中打蔥油，加好湯燒開，棄渣，下調料、魚條、蔥段等燒入味，起鍋時勾芡裝盤即成。
- **製作要領**：魚條的大小要均勻，燒時火候適度，滋汁適量。

【小煎魚條】

熱菜。家常味型。

- **特點**：色澤紅亮，質地細嫩，鹹鮮微辣。
- **烹製法**：炒。鮮魚肉洗淨，去皮和骨刺，切成長4公分、粗0.5公分的條，用鹽、料酒碼味後用蛋清豆粉拌勻。芹黃切成節。萵筍切成條。鍋內菜油燒至七成熱時，下魚條滑散，撥至鍋邊，下泡辣椒節、薑末、蒜末炒香，撥入魚條，下萵筍、芹黃速炒斷生，烹入滋汁至收汁，簸勻即成。
- **製作要領**：要去盡魚刺，出條均勻；成菜迅速，保持原料鮮嫩。

【桃酥魚卷】

熱菜。椒鹽味型。

- **特點**：色澤金黃，質地酥脆嫩爽，鹹鮮麻香，配糖醋生菜食之，風味別具。
- **烹製法**：炸。鮮魚肉洗淨，去皮，去盡骨刺，片成薄片，用鹽、料酒、薑、蔥醃漬入味後搌乾水，抹上一層蛋清豆粉，放入兩瓣去皮的核桃仁，捲成卷，黏上一層麵包粉。入五成熱的油鍋中炸皮酥內熟呈金黃色時撈起，瀝乾油後裝盤，淋香油，撒上椒鹽，配糖醋生菜入席。

- **製作要領**：魚卷要長短粗細一致，要捲緊黏牢。

【椒鹽魚卷】

熱菜。椒鹽味型。

- **特點**：色澤金黃，脆嫩適口。
- **烹製法**：捲、蒸、軟炸。鮮鯉魚剖腹、去鱗、去內臟，洗淨後片成28片約6公分長、4公分寬的薄片，盛碗內，加料酒、鹽、薑、蔥醃入味。熟火腿、鮮筍、冬菇均切成長約6公分的二粗絲。魚片裹火腿、筍、菇絲成捲筒狀，交口處黏上蛋清豆粉。鍋內菜油燒至六成熱時，逐個將魚卷裹一層蛋清豆粉，下鍋炸至呈金黃色時瀝去油，另加香油簸勻，起鍋裝條盤內，配椒鹽味碟即成。
- **製作要領**：片要薄、封口處要黏牢；掌握炸的油溫。此菜除配椒鹽味碟外，亦可鑲生菜。

【銀杏魚卷】

熱菜。鹹鮮味型。

- **特點**：造型美觀，色澤協調，質地細嫩，鹹鮮味美。
- **烹製法**：蒸。鮮魚肉洗淨，去盡骨刺，片成長8公分、寬6公分、厚0.3公分的片24片，用鹽、料酒、胡椒粉、薑、蔥醃漬入味後，將魚片逐張整理平直，將火腿絲和汩後的冬筍絲放入一端捲成卷，用蛋清豆粉封口黏牢，入籠蒸熟。鮮銀杏24顆去殼、皮、心，出水後入碗，加鮮湯，加味放籠內蒸熟。菜心入鍋加味燒熟。將魚卷擺入盤中，四角岔色放銀杏、白菜。鍋內摻奶湯，放鹽、味精燒開，勾薄芡淋入化雞油，舀淋魚卷上即成。
- **製作要領**：魚要去盡細刺，魚卷粗細長短要勻、交口處要黏牢；銀杏要去皮，捅去心，出水，因杏心有微毒。

【芹網魚卷】

熱菜。紅油味型，薑汁味型。

- **特點**：造型新穎別具，魚卷色白鮮嫩，芹菜色綠清脆，色調協調，自選蘸味而食，風味別具。
- **烹製法**：蒸。魚肉洗淨去皮和刺，揾乾，片成薄片，用鹽、料酒碼味，均勻地抹上蛋清豆粉，包入汩熟的多筍、香菇絲和火腿絲，捲成長卷，入籠蒸熟，出籠晾涼，斜切成長5公分的段。芹菜杆切長細絲用鹽、味精、香油拌勻。用番茄、青甜椒切蓋、挖空作味盒。分裝紅油、薑汁味汁。芹菜入盤擺成網狀，魚卷兩個1組成十字擺在芹網上，入籠蒸熱，取出，兩角放入兩個味盒即成。
- **製作要領**：魚肉要去盡細刺，成卷要黏牢，大小一致；裝盤要美觀大方。

【紅燒魚卷】

熱菜。鹹鮮味型。

- **特點**：色澤銀紅，形態美觀，湯濃汁鮮，鹹鮮而香。
- **烹製法**：炸、燒。鮮魚肉去盡細刺，片成24張魚片，用鹽、料酒、薑、蔥醃漬入味。多菇、多筍、火腿均切成細絲。魚片攤平，揾餘水，抹蛋清豆粉，一端放以上各種絲料，捲成魚卷，逐個將外面掛全蛋糊，入七成熟的油鍋中炸呈金黃色時撈起，瀝去餘油，下薑、蔥炒香，摻鮮湯燒開，打去料渣，放入魚卷，加鹽、料酒、胡椒粉、冰糖色燒開後，用小火慢燒至魚卷入味回軟。另鍋白菜心加味炒熟入盤墊底，上放魚卷擺成形。鍋內原湯汁放味精、勾薄芡至收汁，淋香油推勻，舀淋魚卷上即成。
- **製作要領**：魚卷成形要大小一致；用小火慢燒，以能亮油著味為度。糖汁的用量以銀紅色為佳。

【竹蓀魚卷】

熱菜：半湯菜。鹹鮮味型。

- **特點**：湯汁清澈，魚卷細嫩，淡雅爽口，鹹鮮中有乳酸鮮香。
- **烹製法**：蒸。鮮魚肉去盡骨刺，片成片，用鹽、料酒、薑、蔥醃漬入味。豬里脊肉捶茸，加荸薺細粒、鹽、味精、胡椒粉、蛋清拌勻成餡。竹蓀泡漲洗淨，入碗加清湯上籠蒸熟。魚片置案上，抹上蛋清豆粉，放上餡料捲成卷，入籠蒸熟後晾涼兩端切齊，入蒸碗排放成形，餘料放在上面，入籠略蒸，翻扣入湯盅內。鍋內摻清湯燒開，放入泡青菜片、竹蓀、鹽，加味精推勻，灌入湯盅內即成。
- **製作要領**：湯要用特製清湯，竹蓀要去盡雜質漂淨，魚卷成形要一致，交口處要黏牢；定碗要美觀。

【吉慶魚花】

熱菜。家常味型。

- **特點**：形態美觀，色澤紅亮，脆嫩鮮香，鹹鮮微辣。
- **烹製法**：炒。鮮魚肉洗淨，剞刀後再切成1公分見方的丁，用鹽、料酒、薑、蔥醃漬入味。多筍切成吉慶塊。鍋內化豬油燒至六成熱時，先將吉慶塊入鍋熘熟撈出，再將魚用蛋清豆粉拌勻，入鍋熘熱撈出。鍋內化豬油燒至五成熱時，下泡辣椒茸炒至油呈紅色，接著下薑米、蒜片炒香，再下吉慶塊和魚花略炒，烹入滋汁至收汁起鍋即成。
- **製作要領**：吉慶成形要準，先切成正方形，再在每面直切一刀到1／2處，將四方轉切而成，不能有偏差，否則不能成形；調味要注意鹹鮮香辣。

【荔枝魚花】

熱菜。荔枝味型。

- **特點**：形味皆似荔枝，清淡爽口，回味悠長。
- **烹製法**：炸。鮮魚經剖殺治淨，片下兩片魚肉，去盡細刺，在肉的內面剞十字花刀後，再切成菱形塊，用鹽、料酒碼味，撲上細乾豆粉，入七成熟的菜油鍋中，炸至捲曲翻花時撈起，待油溫升高入鍋複炸至

呈金黃色、外酥內嫩時撈出，瀝乾油，入盤。瀝去餘油，下薑、蔥、蒜末炒香，烹入滋汁，燒至收汁，舀淋魚花上即成。

- **製作要領**：魚肉剞刀深度、刀距、成形要一致；撲細乾豆粉要勻，抖掉餘粉；味汁中的糖、醋用量要比糖醋味輕，要有明顯的鹹鮮味的感覺。

【鮮魚豆花】

熱菜。鹹鮮味型。

- **特點**：形似豆花，細嫩鮮香，蘸麻辣味料食之，麻辣鮮香。
- **烹製法**：蒸。鮮魚肉洗淨，去皮，去盡骨刺，反覆捶製成茸，去盡筋絡，再斬成泥，入碗，加冷鮮湯、雞蛋清、細乾豆粉、鹽、味精拌勻，再加湯調成稀糊狀，倒入蒸缽內，入籠用小火蒸約30分鐘至熟嫩的魚豆花。用白醬油、蒜泥、紅辣椒油、花椒粉、熟芝麻、酥花仁末、油酥黃豆、鹽、味精調成味碟，與魚豆花一起入席即成。
- **製作要領**：魚肉要去盡皮、骨、刺、筋絡，捶茸剁細；掌握好豆粉和冷鮮湯的用量；蒸時宜用小火慢蒸以免起泡；味碟中不能過於麻辣，而要取其香。

【醋熘魚花】

熱菜。家常味型。

- **特點**：色澤紅亮，形態美觀，肉質細嫩，鹹鮮微辣且有濃郁的醋香。
- **烹製法**：熘炒。鮮魚經剖殺治淨，去骨刺，平片成厚1公分的大片，肉內剞十字花刀，再切成邊長2公分的菱形塊，用鹽、料酒碼味，用蛋清豆粉拌勻，入五成熱的菜油鍋中炒散籽至翻花，瀝去餘油，將魚花撥至鍋邊，鍋內放入剁細的泡紅辣椒炒至油呈紅色時下薑米、蒜米與魚花同炒勻，烹入滋汁，撒蔥花，至收汁亮油，簸勻即成。
- **製作要領**：魚要去盡骨刺，剞刀要勻，成塊要大小一致，以保持成形美觀；滋汁中

用醋稍重，以突出醋香。

【茄汁魚脯】

熱菜。茄汁味型。

- **特點**：茄汁紅亮，質地細嫩，鹹鮮爽口。
- **烹製法**：炸熘。取魚糝做成直徑6公分、厚1公分的魚餅，用溫油浸炸至熟。番茄醬在鍋中煵香後，加鮮湯、調料及魚脯，待魚脯入味時揀入圓盤，原汁勾二流芡，淋於魚脯上。
- **製作要領**：魚脯不能炸泡、炸黃；番茄醬要煵出酸味。

【土司魚脯】

熱菜。糖醋味型，椒鹽味型。

- **特點**：魚肉細嫩，土司酥香，蘸味料食之，可一菜多味。
- **烹製法**：炸。魚糝擠成直徑2公分的圓子，滾上擀細的土司粉，入七成熱的菜油鍋中炸熟呈金黃色時，撈起瀝乾油裝盤，配糖醋生菜、椒鹽味碟入席即成。
- **製作要領**：魚糝要去盡骨刺、筋絡，捶成茸；製糝時注意蛋清、豆粉、冷鮮湯的摻對比例；魚圓應擠得大小一致。

【菊花魚脯】

熱菜：湯菜。鹹鮮味型。

- **特點**：形似菊花，質地細嫩，湯汁清澈，鹹鮮味美。
- **烹製法**：蒸。魚糝分放入12個抹有化豬油的小碟內。熟火腿、熟雞脯肉、冬菇、汩後的嫩青黃瓜皮均切成細絲，每個魚糝小碟內插入一種顏色的絲料成菊花，三個一組，入籠蒸定型至熟，出籠擺放入二湯盤內。特製清湯入鍋燒開，加鹽、味精推勻，灌入二湯盤內即成。
- **製作要領**：絲料應細而長，插入魚糝內產生一定彎曲狀，以似菊花瓣；湯要清澈見底、味鮮香。

【鮮熘魚脯】

熱菜。鹹鮮味型。

- **特點**：色調素雅，質地細嫩，鹹鮮而香。
- **烹製法**：蒸。魚糝放入5個直徑6公分的碟子內抹平，入籠用小火蒸熟。火腿、水發冬菇片成片。冬筍片成片出水。將蒸熟的魚脯取出，放入大圓盤內。鍋內化豬油燒至四成熟，下薑片、蒜片炒香，摻清湯燒開，撈去料渣，放入冬菇、火腿、冬筍、菜心燒沸至熟後，放鹽、味精推勻，勾薄茨至收汁，淋入化雞油推勻，舀淋魚脯上即成。
- **製作要領**：片料岔色要美觀，以大而薄爲好；掌握好魚糝的水、蛋、油、茨的摻對比例，要潔白細嫩。

【金魚鬧蓮】

熱菜：湯菜。鹹鮮味型。

- **特點**：色澤美觀，形象生動，鮮嫩味美，清淡適口。
- **烹製法**：蒸。用魚糝做成金魚軀體數尾。取黃、白蛋粑做魚的鱗片，熟火腿做脊翅，蜜櫻桃做眼，去骨鴨掌（蒸粑的）做魚尾。再用魚糝做一個荷花底座，取百合蛋堆砌成荷花，連同金魚上籠搭一火。另用絲瓜去粗皮，取皮汩熟，做成荷葉數片。髮菜蒸好餵上味。食時，取荷花置於大圓窩盤中部，荷葉鑲邊，髮菜放在四周，金魚不等距地放入盤內，灌清湯即成。
- **製作要領**：金魚的大小要根據盛器而定，宜小不宜大；注意蒸的火候，不能久蒸。

【魚香魚糕】

熱菜。魚香味型。

- **特點**：色澤紅亮，質地細嫩酥香，魚香味濃郁。
- **烹製法**：蒸、炸。荸薺洗淨去皮，切成細粒，入魚糝中拌勻，放入抹化豬油的方盤內，入籠蒸熟成魚糕，出籠晾涼切成丁。鍋內菜油燒至七成熟時，將魚丁裹上細乾豆粉，入鍋炸呈金黃色時撈出。瀝去

餘油，下泡辣椒茸炒至油呈紅色時，下薑米、蒜米炒香，烹入滋汁至收汁，放入魚丁，撒蔥花簸勻即成。

- **製作要領**：魚糝宜稍濃，以便形不爛，蒸時用中火以免起泡；丁要切勻。

【鴛鴦魚糕】

熱菜。鹹鮮味型。

- **特點**：形美味鮮，細嫩爽口。
- **烹製法**：蒸。魚肉洗淨，去盡魚皮和骨刺，捶茸，入碗加薑蔥汁、鹽、料酒、胡椒粉、味精、蛋清豆粉、冷湯攪成稀糊狀，入窩盤，上籠蒸成魚糕，出籠輕移至大圓盤內。按設計用汩熟的胡蘿蔔、蔬菜擺成花和月亮於魚糕上，成倒映水中之月。用蛋泡塑成鴛鴦雛型，安上嘴、尾、翅，擺在魚糕適當位置。鍋內摻清湯，加味精燒開，灌入即成。
- **製作要領**：製糕時要去盡骨刺、魚皮和筋絡，捶茸；花、月、鴛鴦要事先設計製圖，使造型美觀，避免返工。
- **名菜典故**：此菜工藝性強，魚糕面上塑成月、花和鴛鴦，有花好月圓人和睦之意。

【四鮮魚糕】

熱菜。鹹鮮味型。

- **特點**：色澤淡雅，成形美觀大方，湯汁乳白，鹹鮮味美。
- **烹製法**：蒸。魚糝入抹化豬油的方盤中，入籠蒸熟，取出晾至涼透，切成長10公分、寬2.5公分、厚0.4公分的片，裝入蒸碗中，餘料入碗裝平，加鹽、奶湯入籠蒸至熟透。熟火腿、熟雞脯肉、水發冬菇、冬筍均切成片。鍋內化豬油燒至五成熟，加鹽，下汩後的菜心炒斷生，放魚糕碗內墊底，魚糕翻扣其上。蒸魚糕的汁瀝入鍋內，加奶湯，放冬菇、冬筍、火腿、雞片、胡椒粉、鹽燒沸，放味精、勾薄茨至收汁，放化雞油推勻，舀淋魚糕上即成。
- **製作要領**：魚糕必須涼透才能切片；定碗成形要美觀、豐滿；湯汁不宜太多。

【蝴蝶牡丹】

熱菜:湯菜。鹹鮮味型。

- **特點**:湯汁清澈,形象生動,色澤豔麗,細嫩醇鮮。
- **烹製法**:蒸。取魚糝平攤於平盤上籠蒸熟,用蝶形模具壓製成蝴蝶雛型。絲瓜皮、火腿、蛋皮加工切製成小圓星做蝴蝶花紋,魚翅做蝶鬚,黑芝麻點眼睛,入籠蒸熟。再用大銀耳一朵洗淨蒸熟,入大圓盤中央,四周圍彩蝶,灌入清湯即成。
- **製作要領**:文火蒸熟不變形,銀耳蒸炽不蒸茸。

【三圓魚茸】

熱菜。鹹鮮味型。

- **特點**:紅、白、綠相間,協調美觀,質地細嫩,鹹鮮清香。
- **烹製法**:蒸、燒。選大鮮活鯽魚經剖殺治淨,用鹽、料酒、薑、蔥醃漬入味,入籠蒸熟後取下魚肉,去盡細刺,壓製成茸。胡蘿蔔、白蘿蔔、萵筍用盞瓢挖成圓球,每色8個,入開水鍋中煮熟,撈入清水中漂涼。鍋內化豬油燒至五成熱時,下薑、蔥炒香,摻鮮湯燒開,去掉薑、蔥,加鹽、胡椒粉,放入三圓和魚茸燒開,加味精,勾薄芡推勻,淋化雞油入盤即成。
- **製作要領**:三圓入鍋一定要汆熟,汆時要開水入鍋、水寬火旺、不加蓋,以保其色,使起鍋成菜熟軟一致,色澤鮮美。

【鳳尾魚茸】

熱菜。鹹鮮味型。

- **特點**:色澤碧綠,質地細嫩,鹹鮮清香,食之爽口。
- **烹製法**:蒸、燒。選鮮魚經剖殺治淨,用鹽、料酒、薑、蔥醃漬入味,入籠蒸熟後將魚去盡細刺、壓成茸。萵筍尖修切成長12公分,嫩莖去皮為3公分,入開水鍋中汆至熟軟,撈入清水中漂涼。鍋內摻鮮湯,下鹽、胡椒粉燒開,放入萵筍尖和魚茸合燒至筍尖炽軟,將筍尖、魚茸起鍋入

盤,擺放整齊。鍋內湯汁中放味精,勾薄芡至收汁,淋化雞油推勻,舀淋魚茸、筍尖上即成。

- **製作要領**:魚茸要去盡細刺,趁熱製茸;汆、燒筍尖時注意保持本色本味。

【什錦魚茸】

熱菜。鹹鮮味型。

- **特點**:色澤協調,細嫩爽口,鹹鮮而香。
- **烹製法**:蒸、燒。鮮魚肉洗淨,用鹽、料酒、薑、蔥醃漬入味,入籠蒸熟後,去皮和細刺,壓製成茸。胡蘿蔔、白蘿蔔、萵筍切成長方片,小白菜汆至斷生,漂入清水中。冬菇12個、蘑菇大的1個出水,再將以上鮮蔬、蘑菇入盤,岔色擺成風車形,大蘑菇一朵居中,加鹽、味精、胡椒粉、奶湯上籠蒸至熟軟,出籠倒掉湯汁。鍋內化豬油燒至五成熱時,下薑、蔥炒,摻奶湯,放鹽、胡椒粉燒開,去掉薑、蔥,下魚茸加味精略燒,勾薄芡至收汁,放入化雞油推勻,舀淋菜上即成。
- **製作要領**:擺盤要先設計,岔色一次形成,使之美觀。

【雪花魚淖】

熱菜。鹹鮮味型。

- **特點**:潔白如雪,質極細嫩,鹹鮮清淡而爽口。
- **烹製法**:炒。鮮魚肉洗淨,去皮和骨刺,漂盡血水,反覆捶製成茸,入碗加鮮湯、鹽、料酒、味精、胡椒粉、水豆粉,雞蛋清攪勻成稀糊狀,熟火腿切成細末。鍋內化豬油燒至六成熱,魚茸糊內加沸鮮湯對勻入鍋,用炒勺輕輕推轉,至魚茸凝固熟透時,起鍋入盤撒上火腿末即成。
- **製作要領**:魚肉要漂盡血水,捶製時要去盡刺筋,最後用刀口宰兩道;掌握好魚茸、鮮湯、水豆粉、蛋清的摻對比例且一定要攪勻才能入鍋;入鍋推動要有序進行,不宜太快。

【海參魚淖】

熱菜。鹹鮮味型。

- **特點**：質地細嫩，鹹鮮淡爽。
- **烹製法**：炒。鮮魚肉洗淨，去盡皮和骨刺，漂盡血水，反覆捶製成茸，入碗，用冷鮮湯、水豆粉漓散，加雞蛋清、鹽、料酒、味精、胡椒粉攪勻成稀糊狀，水發海參切成長5公分、粗0.3公分的絲，入碗摻鮮湯加味蒸至回軟入味取出擠乾水。鍋內化豬油燒至六成熱時，下魚茸用炒勺輕輕推勻至凝固時，先舀2／3入盤，再將海參絲入鍋內合炒均勻，舀入盤內魚茸上蓋面即成。
- **製作要領**：捶魚茸時要去盡血筋和骨刺至茸，最後用刀口輕宰至細；湯、水豆粉、雞蛋清摻和比例要合適。

【百花魚餅】

熱菜。鹹鮮味型。

- **特點**：酥香爽口，入口不膩，配糖醋生菜食之，其味更佳。
- **烹製法**：煎。將鹹麵包切成直徑6公分、厚2公分的圓片12片，魚糝貼於麵包片上抹平，再以泡紅辣椒、香菜、黃瓜嫩皮、香菇片等切刻成各種花卉，嵌於魚糝上。鍋內菜油燒至三成熱時，魚餅麵包面向下，入鍋煎至底面色呈金黃、魚餅熟透時，起鍋入盤擺成形，於周圍放糖醋生菜即成。
- **製作要領**：煎時用油量宜少，忌用旺火，邊煎邊轉動煎鍋並不時將滾油鏟淋於魚餅上，使受熱均勻以便熟透；煎炸時不用肥膘肉，而用麵包片。

【麻辣魚餅】

熱菜。麻辣味型。

- **特點**：色澤金黃，外酥內嫩，集麻、辣、香、酥、鮮、嫩、脆於一菜，且鄉土風味濃郁。
- **烹製法**：炸。將麵包粒鋪平，魚糝擠成12個圓子放麵包粒上，壓成圓餅狀，面上再撒一層麵包粉稍壓後，入五成熱的菜油鍋中，炸成色金黃外酥內嫩時，起鍋瀝乾油入盤，每個餅上撒上拌勻的辣椒粉、花椒粉，配糖醋生菜入席即成。
- **製作要領**：魚餅要厚薄均勻，大小一致；辣椒忌用朝天辣，花椒粉量宜少，取其辣、麻鮮香。

【三色魚圓】

熱菜：湯菜。鹹鮮味型。

- **特點**：菜分三色，鮮豔美觀，湯清如水，鮮嫩爽口。
- **烹製法**：汆。鮮鯰魚肉去筋、刺，加配料製成魚糝。分成三份：一份保持魚糝原狀；一份加菠菜汁拌勻；一份加蛋黃粉拌勻。分別在開水中汆成圓子，盛於大湯碗中，灌以特級清湯即成。
- **製作要領**：魚圓須大小一致；加入綠色（菠菜汁）、黃色（蛋黃粉）的魚糝宜乾一些。

【繡球魚圓】

熱菜。鹹鮮味型。

- **特點**：形如繡球，質地細嫩，鹹鮮爽口。
- **烹製法**：蒸。將蛋皮、熟雞脯肉、熟絲瓜皮、冬筍均切成長4公分、粗0.2公分的絲，與洗淨的髮菜入盤和勻，魚糝擠成24個圓球形，入盤內絲料中均勻地裹上一層，再將裹好的繡球放平盤內上籠蒸至定型熟透，出籠入盤。鍋內化豬油燒至六成熱時，下菜心加鹽、味精炒斷生，牽擺於繡球魚圓周圍。鍋內化豬油燒至五成熱時，下薑、蔥炒香，摻鮮湯燒開，打去薑、蔥，加鹽、胡椒粉、味精推勻，勾薄芡至收汁，加化雞油推勻，舀淋於魚圓上即成。
- **製作要領**：絲宜短細，要搵勻後再黏裹；圓子要大小均勻，蒸熟即可。此菜亦可改用清湯注入上席。

【雙味魚圓】

熱菜。鹹鮮味型，家常味型。

- **特點：** 此菜味分兩種，顏色各異，葷素兼有，色鮮味美，營養豐富，頗有新意。
- **烹製法：** 煮、炸。鮮魚肉洗淨，去盡皮和骨刺捶至極茸，入碗肉先用冷鮮湯澥散，再加雞蛋清、鹽、味精、薑末，攪至魚茸發白起泡時作魚圓皮料。土豆去皮蒸熟搗成泥，加細乾豆粉、鹽、雞蛋揉勻成素魚圓皮料。魚圓皮料包入一粒凍化豬油，入開水鍋中煮熟。土豆搓成圓子，入四成熱的菜油鍋中炸呈金黃色時撈起瀝乾油成素魚圓，入盤各放一端，中間用熗黃瓜條隔開。鍋內燒成鹹鮮味滋汁，淋魚圓上。家常味滋汁淋入土豆素魚圓上即成。
- **製作要領：** 兩種圓子應大小一致，且數量相同。

【家常鱔魚】

熱菜。麻辣味型。

- **特點：** 汁紅而亮，略有椒香，鹹鮮而辣。
- **烹製法：** 炒、家常燒。取鱔魚切段（約5公分長），入鍋用油煸乾水汽盛碗。鍋內另加油，下豆瓣（剁細）煸香，加鱔段合炒，摻鮮湯，放入調料，大火燒開後移小火上慢燒，至湯濃魚肉軟和時移大火上，下味精，勾芡，加芹菜節、香油、醋推轉起鍋，裝條盤，撒花椒粉即成。
- **製作要領：** 煸炒鱔魚用中火，燒的時間以鱔魚軟和為度，勾芡收汁以汁濃亮油為佳；無芹菜時可用蒜薹、蒜苗代替。

【五香鱔魚】

熱菜。五香味型。

- **特點：** 酥軟醇香，鹹鮮濃香。
- **烹製法：** 炸收。選鮮鱔魚肉洗淨，切成頭粗絲，用鹽、料酒碼味後，放入五成熱的菜油鍋中略炸撈起，待油溫上升到八成熱時，再下鱔魚炸酥軟撈起。瀝去餘油，下薑、蔥炒香，摻鮮湯燒開，下鱔絲，加鹽、料酒、醬油、白糖、五香粉，用中火

慢收至鱔絲回軟入味、汁濃時，去掉薑、蔥，加味精、香油推勻即成。

- **製作要領：** 鱔絲要切均勻，不宜過細；湯汁不宜過多，用中小火慢收至汁稠亮油即可；掌握好醬油用量，以棕紅色為佳。

【乾煸鱔絲】

熱菜。麻辣味型。

- **特點：** 酥軟乾香，麻辣味長。
- **烹製法：** 乾煸。鱔魚洗淨，切8.5公分長、筷子頭粗的絲。鱔絲入油鍋煸至水分乾時，烹料酒，下豆瓣煸至油呈紅色，下薑、蒜絲炒勻，下鹽、醬油、芹黃再炒片刻，烹少許醋、香油和勻，起鍋盛條盤，面上撒花椒粉即成。
- **製作要領：** 鱔絲用中火煸炒至水乾亮油時方下調料。

【茄汁鱔絲】

熱菜。茄汁味型。

- **特點：** 色澤紅亮，肉質細嫩，鹹鮮清爽，茄汁味濃。
- **烹製法：** 炒。鮮鱔魚片洗淨，片去魚皮，魚肉順切成絲，用鹽、料酒碼味後用蛋清豆粉拌勻。嫩韭黃洗淨切成節、泡辣椒切絲。鍋內化豬油燒至五成熱時，下鱔絲滑散撈起，鍋內瀝去餘油，下薑絲、蒜絲炒香，烹料酒，加番茄醬略炒，摻鮮湯，放入鱔絲、鹽、韭黃、泡辣椒絲、胡椒粉炒熟，放味精，勾薄芡至收汁後起鍋、裝盤即成。
- **製作要領：** 鱔魚片要去盡殘骨和皮。

【釀鱔段】

熱菜。鹹鮮味型。

- **特點：** 肉質軟嫩，鹹鮮而香。
- **烹製法：** 煎、燒。鱔魚斬殺時去頭、尾，挖去內臟洗淨，切成段，入開水鍋中汆透，撈出洗淨揾乾水，用圓口刀去骨。豬肉剁茸，加料酒、醬油、白糖、味精、薑蔥汁、細乾豆粉、雞蛋拌成餡料。將餡料

灌入鱔段內，兩端用蛋糊封口。鍋內化豬油燒至六成熱時，下鱔段煎至微黃，烹料酒，加蓋略燜後再摻鮮湯，放鹽、醬油、白糖、薑片、蔥段，用小火燒至鱔段酥軟餡熟，用旺火燒至收汁，放味精、香油推勻，入盤成形，撒上胡椒粉即成。

• **製作要領**：鱔魚先切段，出水後去骨，不能破腹；煎、燜、燒要注意火候，做到不生不綿、炻軟、入味、汁濃。

【海鮮鱔段】

　　熱菜。鹹鮮味型。

• **特點**：細嫩鮮香，海鮮與鮮蔬同烹，互增美味，鹹鮮清香。

• **烹製法**：燒。鮮鱔魚洗淨，斬成段。鮮魷魚切成條塊。萵筍切成條，汆斷生。鍋內菜油燒至六成熱時，放鱔段、薑片、蔥段炒至魚皮微皺，薑、蔥出香時，摻鮮湯，放金鉤、鹽、醬油、料酒、胡椒粉合燒至鱔段熟軟時，放萵筍、魷魚合燒入味，勾薄芡至收汁，起鍋即成。

• **製作要領**：鱔魚要洗淨；萵筍條要汆斷生；金鉤用溫湯發漲方能合燒。

【大蒜燒鱔段】

　　熱菜。鹹鮮味型。

• **特點**：色澤黃亮，魚鮮嫩，蒜炻香，鹹鮮適口。

• **烹製法**：燒。鱔魚中段洗淨，斬成段。八成熱的菜油鍋中下鱔段、獨蒜，炸至鱔段捲縮、蒜皺皮時瀝去餘油，摻鮮湯，加鹽、料酒、醬油、味精、胡椒粉燒至汁濃，起鍋入盤即成。

• **製作要領**：獨蒜要選均勻，不宜過大；鱔段入鍋不能炸過頭；要燒至肉炻、汁濃、入味，忌勾芡。

【宮保鱔花】

　　熱菜。煳辣味型。

• **特點**：形狀美觀，色澤紅亮，肉質細嫩，花仁酥脆，煳辣中有甜、酸味。

• **烹製法**：爆。選肥大且肉厚的鱔魚片，洗淨血污，在肉的內面剞十字花刀後再切成塊，用鹽、料酒、蛋清芡碼勻，入七成熱的菜油鍋中，爆炒至捲縮成花時撈出，瀝去餘油，放入乾辣椒節、花椒炸香，下薑片、蒜片、蔥白顆炒香，再放鱔花炒勻、炸香，烹入對勻的荔枝味滋汁，放鹽酥花仁至收汁亮油簸轉即成。

• **製作要領**：剞魚要深透均勻不穿花，鱔花碼芡宜少略乾；下鍋油量以能淹沒原料為宜，調味中鹹味不宜過重，突出酸甜荔枝味型。

【如意鱔卷】

　　熱菜。鹹鮮味型，魚香味型。

• **特點**：形色美觀，質地細嫩，一菜雙味兩色，風味別具。

• **烹製法**：蒸、炒。鱔魚經剖殺洗淨，片下魚皮，肉切成絲，漂盡血水，用鹽、料酒、蛋清豆粉拌勻。鱔魚皮用鹽、料酒、薑、蔥碼味醃漬，搌乾水後切成長片。鱔魚皮鋪案上，皮向下，先抹蛋清豆粉，再抹上魚糝，兩端各放一根胡蘿蔔絲，相對捲成如意形，用紗布包好，入籠蒸熟。鍋內化豬油燒至五成熱時，下鱔絲滑散，瀝去餘油，下剁細的泡辣椒、薑、蒜炒香，下萵筍絲、鱔絲合炒至熟，放蔥花炒勻後烹入魚香滋汁簸轉，裝入盤內中心，四周鑲餾熱的如意鱔卷即成。

• **製作要領**：鱔魚宜選個大的，取皮要完整不爛；如意鱔卷要裹緊，交口處蛋清芡多抹點，蒸熟後將鱔卷兩頭切齊；入盤後的鱔卷亦可淋白汁、魚香味汁，但要收緊，以免同鹹鮮魚卷串味。

【魚香鱔卷】

　　熱菜。魚香味型。

• **特點**：色澤金黃，皮酥餡嫩，魚香味濃。

• **烹製法**：炸。鱔魚肉洗淨切成絲。韭黃切成節。荸薺去皮切成絲。絲料入碗，加鹽、料酒、胡椒粉、味精、香油拌勻成餡

料。蛋皮鋪平抹上蛋清豆粉，放入餡料捲成卷，入六成熱的菜油鍋中炸呈金黃色時撈出，切成節入盤擺成形。烹熟的魚香味汁加蔥花，舀入味碟同上。

- **製作要領**：蛋皮上的蛋清豆粉不宜過多，以能將餡料黏合為度；卷要裹緊、粗細一致，兩端和交口處要用蛋清豆粉黏牢。

【 三鮮鱔絲湯 】

　　熱菜：湯菜。鹹鮮味型。

- **特點**：質地軟嫩，鹹鮮清香。
- **烹製法**：煮、燒。鱔魚片洗淨入開水鍋中燙熟，切成絲。黃瓜、豬瘦肉、蛋皮均切成絲。鍋內菜油燒至五成熱時，下薑絲炒香，摻鮮湯燒開，將肉絲碼味、上蛋清漿後入鍋，再放入鱔魚、黃瓜、蛋皮等絲料，加鹽、胡椒粉燒開，放味精，勾薄芡推勻，舀入湯碗內，撒上蔥絲。另鍋下香油燒開，舀淋蔥絲上即成。
- **製作要領**：芡宜極清，能使原料在湯汁中半浮半沉即可。

【 酸菜鱔片湯 】

　　熱菜：湯菜。紅油味型。

- **特點**：鱔片滑嫩，湯味鮮醇，蘸紅油味碟食之，辣香中有乳酸鮮香。
- **烹製法**：蒸。鱔魚片洗淨，瀝乾水，片成薄片，放入清水中微漂撈出。泡青菜片成片，放入湯盆內，再放入鱔魚片，摻鮮湯，加鹽、料酒、胡椒粉、味精、泡薑絲、泡紅辣椒絲，加蓋上籠蒸半小時出籠，配紅油味碟入席。
- **製作要領**：鱔片要薄而勻；注意鹹味不宜重，以保持原料本味鮮香。

【 蒜燒鰍魚 】

　　熱菜。家常味型。

- **特點**：色澤紅亮，質地細嫩，鹹鮮而微辣辛香。
- **烹製法**：燒。鰍魚經清水餓養幾天，使吐盡污物，入開水鍋中燜殺後斬去頭尾、洗淨。獨頭蒜入油鍋內炸皺皮撈出。鍋內菜油燒至五成熱時，下剁細的郫縣豆瓣炒香至油呈紅色，摻鮮湯，放入鰍魚、料酒、獨蒜、薑片、鹽、醬油燒開，用小火燒至熟炡入味，改用中火，下味精、蔥花推勻，勾薄芡至收汁，起鍋即成。
- **製作要領**：養鰍魚時不餵食，可滴入少許菜油，勤換水，以減少泥腥味；注意火候運用得當。

【 三絲鰍魚 】

　　熱菜。鹹鮮味型。

- **特點**：色紅、黃、綠、白相間，協調美觀，嫩脆鮮香，鹹鮮味美。
- **烹製法**：燒。鮮鰍魚去頭尾，去內臟和脊骨洗淨。熟火腿、熟雞脯肉切成絲。冬筍切成絲後出水，撈出瀝乾。鍋內化豬油燒至五成熱時，下薑片、蔥節炒香，摻鮮湯燒沸略煮，打去薑、蔥，下魚片、火腿、冬筍、雞肉，加鹽、料酒、胡椒粉燒入味，放豌豆尖燒斷生，放味精推勻，勾薄芡至收汁，淋化雞油起鍋即成。
- **製作要領**：絲要切勻；鰍魚要燒炡糯。按此烹法也可改用家常味或紅燒等。

【 魚香鰍魚 】

　　熱菜。魚香味型。

- **特點**：色澤紅亮，質地細嫩，魚香味濃。
- **烹製法**：炸、燒。淨鰍魚片洗淨，揾乾水，入六成熱的菜油鍋中炸至斷生撈起，瀝去餘油，下剁細的泡辣椒、薑末、蒜末炒香且油呈紅色時，摻鮮湯燒開，放入鰍魚片，加鹽、料酒、白糖、醬油燒　入味，放味精、醋推轉，勾芡略燒至收汁，撒入蔥花即成。
- **製作要領**：注意燒製的火候，以回軟入味為度。

【 熘烏魚片 】

　　熱菜。鹹鮮味型。

- **特點**：色澤潔白，質地滑嫩而爽口，鹹鮮

味美。

- **烹製法**：熘。烏魚經擊昏後剖腹去內臟洗淨，平刀片下兩爿魚肉，片去魚皮，去盡胸刺，片成片。冬筍、水發冬菇切成片。魚片用鹽、料酒碼味後用蛋清豆粉拌勻，入四成熱的化豬油鍋中滑散，瀝去餘油，下薑片、蒜片炒香，放入冬筍、冬菇、泡辣椒節、豌豆尖翻炒至熟，烹入滋汁至收汁，淋香油推勻即成。
- **製作要領**：魚的脊胸骨和皮要去盡；魚片略片厚一點，入鍋翻動要輕；調味時鹹味不宜過重，以免壓鮮。

【鍋貼烏魚】

熱菜。糖醋味型，茄汁味型。

- **特點**：色澤金黃，形美大方，酥香細嫩，伴糖醋生菜或蘸茄汁味料食之，鹹鮮甜酸，爽口不膩。
- **烹製法**：煎。淨烏魚肉洗淨，去皮，片成片，用鹽、料酒、薑、蔥醃漬入味。豬保肋肥膘肉煮熟切成片，平鋪案上用刀跟扎斷筋絡，入開水中稍燙撈出，平放案上，抹上一層蛋清豆粉，再將魚片、荸薺片、火腿片用少許蛋清豆粉拌勻後依次放肥膘片上壓平成條方片，撒上幾粒蔥花。鍋炙好留油少許，將貼好的魚片入鍋，肥肉向下煎至底面呈金黃色酥脆時，再用七成熱的化豬油將魚片燙熟，瀝盡油，起鍋入盤擺成形，配糖醋生菜、炒熟的番茄醬味碟入席。
- **製作要領**：肥膘一定要選無筋無瘦肉、煮熟透的，應略厚一點；各片寬窄要一致，重疊黏牢，忌翻煎；生菜臨走菜時才拌。

【清蒸烏魚】

熱菜：半湯菜。鹹鮮味型。

- **特點**：湯汁清澈，肉質細嫩，素雅清淡，鮮香爽口。
- **烹製法**：蒸。淨烏魚肉洗淨斜片成瓦形厚片，用鹽、料酒、胡椒粉、薑、蔥醃漬入味。熟火腿切片。金鉤入鮮湯碗中發漲。

多筍、多菇切成片，入開水鍋中稍煮撈出，用大碗以豬網油墊底，多筍片擺成一行，多菇、火腿片擺多筍兩側，魚片擺在上面，金鉤圍擺周圍，放拍破的整薑、蔥，加鹽、料酒，蓋上網油，摻鮮湯，入籠蒸熟，出籠後揭去網油，翻扣入湯蓋內。原汁瀝入鍋中，再摻鮮湯，放鹽、胡椒粉、味精燒開，打去浮沫，淋香油，注入湯盞中，配毛薑醋味碟入席。

- **製作要領**：原料成片要厚薄均勻，大小協調，岔色分明；烏魚要去盡皮、刺；用旺火蒸至魚斷生即可。

【猴頭青鱔】

熱菜。鹹鮮味型。

- **特點**：色澤棕紅，肉質細嫩，湯汁濃稠，鹹鮮而香。
- **烹製法**：炸、燒。青鱔斬殺後入開水中出水，刮去表皮，去內臟洗淨，切成段，用鹽、料酒、薑、蔥醃漬入味。鮮猴頭菌洗淨煮熟，切成塊。鍋內菜油燒至六成熱時，放鱔段炸皺皮撈起。鍋內瀝去餘油，下薑、蔥炒香，摻鮮湯，加醬油、鹽、胡椒粉、鱔段、猴頭菌燒炕軟入味，揀去薑、蔥，加味精推勻，青鱔撈起入盤中心，用猴頭菌圍邊。菜心入鍋燒熟入味，起鍋放猴頭菌外邊，鍋內湯汁勾薄芡至汁濃，舀淋於鱔段上即成。
- **製作要領**：青鱔應用鮮品，出水後必須治淨；調味時鹹味不宜重，以保持鮮香。

【清蒸青鱔】

熱菜：湯菜。鹹鮮味型。

- **特點**：色白湯清，肥美鮮嫩。
- **烹製法**：清蒸。青鱔殺後放盡血，用熱水燙去皮上黏液，去刺後切2公分長的短節。取蒸碗一個，鋪上豬網油，將青鱔節逐個立放碗內，料酒、胡椒粉、鹽、花椒拌勻，淋於鱔節上。另將豬肥瘦肉片放面上，用牛皮紙封口，上籠蒸熟取出，用特級清湯過兩次，瀝乾，翻扣大圓窩盤中，

揭去網油，周圍鑲三鮮配料，灌特級清湯，帶毛薑醋味碟即成。

- **製作要領**：須掌握好燙皮時的水溫；若用白鱔，效果更好。

【 紅燒青鱔 】

熱菜。鹹鮮味型。

- **特點**：湯汁黃亮，肉質細嫩，鹹鮮醇香。
- **烹製法**：炸、燒。青鱔入開水鍋中燙死，刮洗淨，再用竹筷從嘴插入腹中靠肉旋轉，取出內臟，斬成段，用鹽、料酒、薑、蔥醃漬入味。熟火腿切片。冬菇、冬筍切片後出水。鍋內菜油燒至七成熱時，下鱔段炸呈淺黃色時撈起，瀝去餘油，下薑、蔥炒香，摻鮮湯，下青鱔段、冬菇、冬筍、火腿、鹽、料酒、胡椒粉、糖色燒開，打去浮沫，用小火燒至炣軟入味，去掉薑、蔥，加味精推勻後將魚段入盤，四周放泹斷生入味的豌豆尖。鍋內勾薄芡至收汁，香油舀淋於盤中即成。
- **製作要領**：青鱔炸時不宜長，以保持鮮嫩；注意火候，要燒至炣軟鮮香而不焦煳。

【 泡菜白鱔 】

熱菜。家常味型。

- **特點**：白鱔鮮嫩，鹹鮮微辣、乳酸鮮香，鄉土風味濃郁。
- **烹製法**：蒸。白鱔經宰殺燙後刮去黏液、黑皮，去頭、去內臟洗淨，用刀從背部每隔2公分處斬斷脊骨，放入盤中捲成圓形，加薑、蔥、鹽、料酒、胡椒粉，入籠蒸至肉熟入味。鍋內化豬油燒至五成熱時，放泡辣椒米、薑末、蒜末、蔥花炒出香味，摻鮮湯，放切成細粒的泡青菜，加鹽、醬油、味精、胡椒粉、醋燒開，勾薄芡至收汁，淋入香油推勻，舀淋於白鱔上即成。
- **製作要領**：斬脊骨時不能將腹部的肉斬斷，以便捲曲成形；泡青菜要燒出味。

【 粉蒸白鱔 】

熱菜。鹹甜味型。

- **特點**：色澤棕紅，肉質細嫩，鹹鮮略甜。
- **烹製法**：蒸。白鱔經斬殺治淨，切成節，洗淨，瀝乾水。大米、花椒合炒至乾香後碾成粗粉，花椒、蔥葉剁茸成椒麻味料，一併入盆，加醬油、醪糟汁、腐乳汁、紅糖末、熟菜油、鮮湯、白鱔段拌勻。擺入蒸碗內，鮮嫩豌豆加鹽、米粉拌勻，放在上面墊底，入籠蒸至熟炣入味，出籠翻扣入盤，將香油入鍋燒至七成熱，淋於白鱔上，撒上蔥花即成。
- **製作要領**：拌味多以鹹甜味為主，亦可改用家常味、鹹鮮味、甜鹹味；米粉一定要炒熟、碾得不粗不細，粉粗了不黏附原料，粉細了不疏散；蒸時水開入籠，旺火一氣蒸熟即可，以免上水。

【 豉汁蟠龍鱔 】

熱菜。家常味型。

- **特點**：形若昂首蟠龍，質地細嫩，鹹鮮微辣，豉汁芳香。
- **烹製法**：蒸。白鱔經宰殺，用開水燙後刮洗淨，竹筷從魚嘴插入魚腹內，絞取出內臟治淨，從脊骨側面每隔3公分處斬斷脊骨，使呈竹節形。郫縣豆瓣剁細，入油鍋中炒至酥香，入碗，加豉汁泥、蒜泥、薑末、醬油、白糖、胡椒粉、味精、熟菜油調成味料，在白鱔身上抹勻，然後將白鱔頭昂起居盤中心，身順盤捲曲成圓形，入籠蒸至熟軟入味出籠，將菜油燒至七成熱，澆淋於鱔身即成。
- **製作要領**：斬刀要深勻，才易盤緊不變形，內臟除盡，勿弄破苦膽；用旺火蒸熟即可；豉汁用量應多於豆瓣。

【 軟燒仔鯰 】

熱菜。魚香味型。

- **特點**：色澤紅亮，細嫩鮮香。
- **烹製法**：軟燒。鮮仔鯰4尾剖腹，去內臟洗淨。獨蒜先在鍋中用油炸至皺皮，下剁

細的郫縣豆瓣炒出色，放薑米、鹽、醬油，下鯰魚（在油中過一下）和鮮湯燒開，再改用微火，蓋上蓋。待魚燒至入味時揀入盤中。原汁加白糖、水豆粉收汁，起鍋加醋、蔥花、熟辣椒油，推勻淋於魚上即成。

- **製作要領**：燒魚時應掌握火候，注意翻面。此菜所用的鯰魚，在成都地區俗稱爲「鱭魚」。

【 醋燒鯰魚 】
熱菜。家常味型。

- **特點**：色澤紅亮，鮮嫩爽口，略有醋香。
- **烹製法**：燒。用仔鯰魚3尾（約重600克）洗淨，油鍋中跑一下打起。蔥、泡紅辣椒均切長節，郫縣豆瓣剁細。炒鍋內油燒熱，下豆瓣熗香，摻湯燒開打渣，放入魚、料酒、醬油燒片刻，下蔥節、辣椒節，並酌加白糖，重用醋，改用小火燒至汁乾，起鍋揀入條盤即成。
- **製作要領**：燒魚的湯汁要掌握適量，並突出醋的香味。

【 大蒜鯰魚 】
熱菜。家常味型。

- **特點**：色澤紅亮，蒜香濃郁，皮糯肉嫩，鹹鮮微辣。
- **烹製法**：炸、燒。選鯰魚一尾（約750克）洗淨，切塊。以鹽、料酒碼味，入油鍋炸至進皮取出。油鍋內下入泡辣椒及薑、蒜米炒至呈紅色，入鮮湯燒至味香，撈渣棄之。待湯開，下魚塊、白糖、醬油、醋、料酒同燒至開，再移小火爆至湯汁快乾時下蔥顆，續勾芡推勻起鍋，裝入條盤。
- **製作要領**：炸魚時油溫要高。

【 犀浦鯰魚 】
熱菜。家常味型。

- **特點**：色澤金紅，鹹甜微辣，魚肉細嫩，香鮮味美。

- **烹製法**：炸、燒。選鮮活仔鯰魚洗淨，脊背處斬一刀（不斬斷），入油鍋中炸進皮撈出。瀝去炸油，留油約75克，下郫縣豆瓣、泡紅辣椒（均剁細）熗香，摻湯，下魚、醬油、醪糟汁、薑米、蒜米、白糖、胡椒粉等，用中火慢燒，魚熟後揀入盤中。勾二流芡，加醋、味精、蔥花推勻，淋於魚上即成。
- **製作要領**：炸魚的油溫要高，燒魚時火不宜大。
- **名菜典故**：四川郫縣的犀浦一帶盛產鯰魚，此爲當地名菜。

【 荷葉粉蒸鯰魚 】
熱菜。家常味型。

- **特點**：色澤紅亮，清香微辣，味鮮美，質細嫩。
- **烹製法**：蒸。淨鯰魚肉改成6公分長、3公分寬、0.6公分厚的片，荷葉洗淨、燙軟，切成長12公分的等邊三角形塊。魚片加調料和熟米粉拌勻後用荷葉包成卷，入蒸碗，上籠蒸熟，翻扣於圓盤內即成。
- **製作要領**：拌後的魚片要求滋潤；蒸時要掌握好火候，待米粉、魚片熟透即可。

【 菜魚湯 】
熱菜：半湯菜。家常味型。

- **特點**：清香鮮嫩，回味微辣。
- **烹製法**：炸、煮。用鯰魚中段，切成長5公分、寬3公分的條塊，冬菇、冬筍切片，鮮菜心改小。將魚塊放入七成熱的油鍋中炸至進皮，打起。瀝去油，略留油少許，下豆瓣、花椒、薑片快速熗炒至色紅時，摻鮮湯燒開，打去渣。下魚塊、冬菇、冬筍、菜心、蔥節、醬油、料酒、鹽等，煮熟後加味精，勾薄芡成糊狀，起鍋盛二湯碗內。
- **製作要領**：魚塊略炸進皮即可；煮魚時，宜用旺火。此菜如烹製成鹹鮮味則應加胡椒粉，不用豆瓣。

【砂鍋鯰魚頭】

熱菜：半湯菜。家常味型。

- **特點**：湯汁濃稠，肉質鮮嫩，鹹鮮中有乳酸辣香。
- **烹製法**：燒。選1000克左右的鯰魚頭，從下顎處斬開，魚頸兩側剖刀，魚頭頂部斬一條口。豬肉、冬筍切成條，入鹽沸水中略煮。粉皮切成片，用溫鹽水洗淨，出水後瀝乾。鍋內化豬油燒至七成熱時，魚頭入鍋炸至色黃撈起。瀝去餘油，下泡辣椒細粒炒至油呈紅色時，摻鮮湯燒沸，打去渣，舀入砂鍋中，下薑、蔥、魚頭、金鉤、豬肉、冬筍、料酒，加蓋，用猛火燒至魚眼突出時加入胡椒粉、冰糖色、豆腐條，燒至魚頭皺皮、湯汁濃稠時，加味精、醬油、粉皮略燒，淋入燒熱的香油即成，將砂鍋放入托盤內入席。
- **製作要領**：魚頭的剖、斬要恰到好處，既保持原形，又便於入味。

【浣花魚頭】

熱菜。鹹鮮味型。

- **特點**：清淡鮮美，魚頭細嫩炣香，鹹鮮中略帶辛香。
- **烹製法**：煮。選大鯰魚頭洗淨。干貝入碗，摻鮮湯上籠蒸透。砂鍋置火上，摻鮮湯燒沸，放入魚頭，開時打盡浮沫，煮至湯白、魚頭熟透時放入盤中。鍋內菜油燒至五成熱時，下薑米、蒜米煏香，倒入煮魚的湯、蒸干貝的原汁，放入冬筍丁、火腿丁、干貝絲，下鹽、醬油、料酒、胡椒粉、白糖、蔥花、味精燒開出香味時，勾薄芡至收汁，澆淋於魚頭上即成。
- **製作要領**：魚頭斬開而不斬離，應保持形整不爛，在內面肉厚處剖刀，以便入味，快速成熟。
- **名菜典故**：此菜以成都草堂側之浣花溪而得名，原為「帶江草堂餐廳」的名菜。

【清蒸江團】

熱菜。薑汁味型。

- **特點**：清淡可口，質地細嫩。
- **烹製法**：清蒸。江團經初加工後，在魚身兩面剖柳葉刀紋，碼味浸漬後入開水中出一水。取出裝入魚盤，加調料並蓋上豬網油，入籠蒸熟。將魚揀出放入魚盤，灌清湯，配毛薑醋碟上席。
- **製作要領**：蒸魚時以斷生為度；剖花刀時不宜太深。

【百花江團】

熱菜：半湯菜。鹹鮮味型。

- **特點**：肉質細嫩，清鮮醇香，爽口宜人，魚肉蘸毛薑醋食之，其味更佳。
- **烹製法**：蒸。江團一尾經剖殺治淨，魚身兩側剖刀，入溫水中洗淨，揮乾水，用鹽、料酒、胡椒粉、薑、蔥醃漬入味，放入蒸盆內，蓋上豬網油，摻清湯，加料酒，入籠蒸熟。用小圓碟10個抹上化豬油，放魚糝抹平，用各色蔬菜原料牽擺成四季花卉，入籠用小火蒸熟保溫。蒸魚原汁入鍋，摻清湯燒開，加鹽、味精、胡椒粉攪勻。先將魚揭去豬網油，揀盡薑、蔥入盤，百花魚糝圍放四周，注入鍋內湯汁即成。
- **製作要領**：江團須活殺現烹，殺後用開水燙刮洗淨黏液和黑膜；剖刀要深淺一致，刀距一致；味不宜重，以免壓鮮。
- **名菜典故**：此菜以魚糝造型，表面牽以不同色彩的花卉，故名。

【紙包江團】

熱菜。鹹鮮味型。

- **特點**：色澤金黃，肉質細嫩。
- **烹製法**：浸炸。江團經剖殺治淨，去皮和骨刺，切成小方片。雞肉、冬筍、火腿、水發冬菇均切成小方片。火腿與薑分別切成細粒。魚片用鹽、料酒、胡椒粉拌勻，放入以上備料，加香油、蛋清豆粉拌勻成餡料。用糯米紙鋪平，包入餡料，封口處黏牢，入四成熱的化豬油鍋中浸炸呈金黃熟透，撈起瀝乾油，入盤造型即成。

- **製作要領**：魚肉要去盡骨刺；餡料不宜包得過多，以便熟透。

【旱蒸腦花江團】

熱菜。紅油味型。

- **特點**：質地細嫩，鹹鮮辣香。
- **烹製法**：蒸、煮。江團經剖殺治淨，魚身兩側剞刀後入開水鍋中稍燙，撈入清水中刮去黑跡洗淨，用鹽、料酒、薑、蔥、胡椒粉醃漬入味，用豬網油包好，入盤上籠蒸至熟軟入味，出籠去掉網油、薑、蔥。腦花洗淨，撕盡血筋，漂洗乾淨切成塊，入開水鍋中加鹽用小火煮熟撈起，擺入魚盤四周。另碗，用紅辣椒油、白糖、味精、醬油、醋、鹽、薑汁、香油、蔥花調成味汁，舀淋於江團和腦花上即成。
- **製作要領**：應掌握旱蒸與清蒸的不同點，旱蒸不加湯汁，加蓋或用網油包裹上籠，以保持原汁原味。腦花的血筋可入水用手拍打，務必去盡；調味既要有鹹鮮作基礎，又要突出紅油辣香。

【半湯肥頭】

熱菜：半湯菜。薑汁味型。

- **特點**：色澤乳白，肉質細嫩，湯鮮味美，蘸薑汁味食之，辛香爽口。
- **烹製法**：炸、燒。選江團⊕中段，入開水鍋中略煮，撈入清水中刮盡黑跡洗淨，切成條塊，用鹽、料酒、薑、蔥醃漬入味。白蘿蔔去皮洗淨，切成條。鍋內化豬油燒至七成熱時，入魚塊炸至皺皮撈起，瀝去餘油，下薑、蔥炒香，下蘿蔔條略炒後摻沸奶湯，放魚塊、料酒、胡椒粉，加蓋、用旺火燒至蘿蔔炻軟入味，揀去薑、蔥，加鹽、味精、化雞油推勻即成，配毛薑醋味碟入席蘸食。
- **製作要領**：魚塊大小適度、均勻；烹時用旺火、加蓋；鹽有滲透作用，應最後放，湯易乳白；調味碟應以鹹鮮為基礎，突出薑汁、醋香。

⊕肥頭為江團的俗稱，在四川東部常用此入菜。

【乾燒岩鯉】

熱菜。家常味型。

- **特點**：形態完整，色澤紅亮，鹹鮮微辣，略帶回甜。
- **烹製法**：炸、乾燒。選岩鯉一尾（約重1000克）洗淨，在魚身兩面各剞數刀，遍抹紹酒、精鹽，入油鍋稍炸至皺皮撈出。鍋換冷油，熗泡辣椒、豆瓣（剁細）、薑米、蒜顆出香味，摻入鮮湯燒至味香，撈渣不用；將魚和火腿、肥肉丁、鹽、紹酒、醋、糖入鍋同燒至湯開，移小火慢燒至汁稠、魚入味，下蔥顆和勻起鍋，裝入條盤。
- **製作要領**：用小火收汁亮油，忌用大火。

【獨珠岩鯉】

熱菜。家常味型。

- **特點**：色澤紅亮，形態完整，質地細嫩，鹹鮮微辣。
- **烹製法**：炸、燒。岩鯉經剖殺治淨，用鹽、料酒碼味。獨頭蒜頂端豎刻成梅花形。鍋內菜油燒至四成熱時，將獨蒜入鍋微炸撈起。待油溫升至七成熱時，將魚入鍋炸呈金黃色時撈起。瀝去餘油，下剁細的郫縣豆瓣和泡辣椒，炒至油呈紅色，下薑、蔥炒香，摻鮮湯，加白糖、料酒燒開，打盡料渣，放入魚和大蒜燒開，用小火燒至魚熟、蒜炻入味，加味精推勻，將魚起鍋入盤，大蒜放在魚兩側，鍋內原汁勾薄芡至收汁時，舀淋於魚身即成。
- **製作要領**：魚入鍋前，料渣要撈盡，使色澤紅亮；要注意火候，使成菜熟炻入味而不焦煳。

【清蒸雅魚】

熱菜。鹹鮮味型。

- **特點**：肉質細嫩，淡雅鮮香。
- **烹製法**：蒸。雅魚經剖殺治淨，兩面剞刀，用鹽、料酒、胡椒粉、薑、蔥醃漬入味，入蒸盆內，放火腿片，玉蘭片、水發

口蘑片、金鉤，蓋上豬網油，加醬油、料酒、清湯，入籠蒸熟，出籠揀去薑、蔥，揭去網油，原汁倒入鍋內，翻盤入墊有製熟的鮮菜心的盤內。原汁內添清湯，加醬油、胡椒粉燒開，最後放味精，灌入魚盤內即成。

- **製作要領：**調味不宜過鹹，要突出鮮香；魚不宜久蒸，以保持鮮嫩。亦可另配薑汁、紅油、鹹鮮味碟同上蘸食。

【砂鍋雅魚】

熱菜。鹹鮮味型。

- **特點：**魚肉細嫩，湯味鮮美，營養豐富，香氣撲鼻。
- **烹製法：**煮。選500克重的鮮活雅魚，配小磨豆腐、海參、金鉤、雞、豬肚、心、舌、火腿、香菌、玉蘭片等輔料，裝入「滎經砂鍋」，用特製奶湯煮熟，以原鍋上桌。
- **製作要領：**主輔料的用量要配比恰當，火候和煮的時間要掌握好。此為四川雅安的地方名菜。

【軟燒石爬魚】

熱菜。魚香味型。

- **特點：**色澤紅亮，細嫩鮮香。
- **烹製法：**燒。石爬魚剖腹，去鰓、去內臟，用紗布揩淨。炒鍋放中火上，下油燒至六成熱，下剁細的郫縣豆瓣、薑米、蒜米煵出香味，再下料酒、醬油、白糖、鮮湯等燒開，下魚燒熟後撈於條盤內。鍋內加味精、蔥花勾芡收汁，下醋，起鍋淋於魚上。
- **製作要領：**剖腹時勿傷苦膽，剖後勿用水洗；把握好燒魚的火候。
- **名菜典故：**石爬魚又名石爬子，學名石斑鮡。產於岷江、湔江流域，背窄腹寬，因常爬於深水石頭上，故名。此菜為灌縣地方名菜。

【東坡墨魚】

熱菜。糖醋味型。

- **特點：**色澤金黃，外酥內嫩，甜酸微辣，酥香可口。
- **烹製法：**炸、熘。選500克重的墨鯉砍去頭尾，頭破為兩爿，魚身中段從背上開刀去骨，翻面後剞成大片的魚鰓形，碼味，裹上乾豆粉，下油鍋炸呈金黃色。頭尾也下鍋炸，復原成魚形裝條盤。以糖醋汁加香油豆瓣，淋在魚身上，再撒上泡辣椒絲、薑絲、蔥絲即成。
- **製作要領：**魚不宜過小；魚的頭尾不裹乾豆粉；魚肉要剞花，細刺要炸酥。
- **名菜典故：**墨鯉魚為黑色，產於樂山大佛岩下的江水中，傳說蘇東坡在大佛寺讀書，魚吃了他洗筆硯的墨水而變黑，故稱東坡墨魚。

【蒜燒黃臘丁】

熱菜。魚香味型。

- **特點：**肉質細嫩，鹹、辣、甜、酸兼備，薑、蔥、蒜香突出。
- **烹製法：**燒。黃臘丁經剖殺洗淨，從脊背處橫剞幾刀，用鹽、料酒碼味。鍋內菜油燒至五成熟時，下入大蒜稍炸至皺皮撈起，下薑米、蒜米、剁細的郫縣豆瓣炒香至油呈紅色時，摻鮮湯，放入黃臘丁、獨蒜，加醬油、白糖，用小火燒至魚入味、蒜爬軟時，將魚揀入盤內，獨蒜放於四周，鍋內原汁加味精、醋、蔥花推勻，勾薄芡至收汁，舀淋魚身即成。
- **製作要領：**魚、蒜均選用大小相若，個頭均勻的；注意火候，要燒至入味，但不焦不煳。

【黃臘丁湯】

熱菜：半湯菜。鹹鮮味型。

- **特點：**湯汁乳白，肉質細嫩，鹹鮮味美。
- **烹製法：**炸、煮。黃臘丁經剖殺治淨。冬筍、水發冬菇切成片，出水後撈出瀝乾。火腿切成片。鍋內化豬油燒至七成熱時，

下黃臘丁炸至進皮撈起。瀝去餘油，下薑
微炒，摻奶湯燒開，放魚、冬筍、冬菇熬
煮五分鐘，下火腿片、鹽、胡椒粉、味精
再煮幾分鐘，撈出薑塊，舀入湯蠱即成。
- **製作要領**：黃臘丁選個頭均勻者治淨；注
  意火候熬煮至熟軟，鮮香入味則可。

二、龜鱉與其他

【一品團魚】
熱菜。鹹鮮味型。
- **特點**：味濃鮮香，質地軟糯。
- **烹製法**：㸆、蒸。活團魚斬頭，出水，刮
  去粗皮，取鱉甲去內臟，洗淨，入紅湯鍋
  內，加雞塊㸆焖撈出，去其大骨。冬菇、
  熟火腿、熟雞脯肉均改片，裝入團魚腹
  部，用鱉甲蓋面，上籠稍蒸。獨蒜炸後蒸
  焖。取出團魚，盛大圓盤內，獨蒜圍邊，
  原汁收濃淋上即成。
- **製作要領**：裙邊粗皮要刮盡；滋芡適量。
  此菜又名富貴元魚、瑞氣吉祥。

【紅燒團魚】
熱菜。鹹鮮味型。
- **特點**：汁色金黃，味濃鮮香，肉焖可口。
- **烹製法**：燒、㸆。活團魚殺後，放淨血，
  開水煮過，刮去粗皮，去殼、內臟、腳
  尖，再改成約6公分的塊，用清水漂起。
  雞翅去尖，一斷為二。豬五花肉切塊。獨
  蒜入籠蒸焖。先將雞翅、豬肉加紅湯用微
  火㸆起。團魚用鮮湯、薑、蔥、料酒等同
  煮，去腥味後，撈起放入㸆雞翅的鍋內㸆
  至肉焖汁濃時，揀雞翅入圓盤墊底，上蓋
  團魚塊。鍋內豬肉打去，加獨蒜，收汁，
  起鍋淋於菜上。
- **製作要領**：團魚要去盡腥味，㸆焖；自然
  收汁，不加芡。

【大蒜腳魚】
熱菜。家常味型。
- **特點**：汁色紅亮，肉質軟糯，鹹鮮微辣，
  味濃鮮香。
- **烹製法**：燒。腳魚經宰殺，入開水中略
  燙，撈入涼水中刮去膜皮，去掉內臟，斬
  去腳指，洗淨斬成塊。大蒜入油鍋中炸至
  皺皮撈起。鍋內化豬油燒至四成熱時，下
  剁細的泡辣椒、薑末炒香，烹料酒，摻鮮
  湯，下腳魚、大蒜、鹽、白糖、醬油、醋
  慢燒至熟焖，加味精推勻，鮮菜心入鍋加
  油、鹽、味精炒斷生入盤墊底，腳魚、大
  蒜撈入盤內，原汁燒開勾薄芡至收汁，放
  香油推轉，舀淋腳魚上即成。
- **製作要領**：腳魚須宰殺放血成菜才色鮮味
  美；燙後的腳魚粗皮和黑膜一定要刮洗乾
  淨；剖腹時不能將苦膽弄破，嚴格檢查是
  否魚鉤去掉；炸後的大蒜亦可放蒸碗內加
  味蒸熟同燒。

【釀腳魚】
熱菜。鹹鮮味型。
- **特點**：形態完整氣派，肉質焖糯，鮮香而
  味美。
- **烹製法**：蒸。腳魚經宰殺後入開水鍋中略
  燙，洗刮盡粗皮和黑膜，去掉腳爪粗甲，
  取全甲殼去內臟洗淨。水發冬菇、冬筍、
  火腿、熟雞肉均切成片。鍋內化豬油燒至
  五成熱時，下冬菇、冬筍、雞片、火腿、
  薑、鹽、料酒、胡椒粉、味精炒熟入味起
  鍋作餡料，放入腳魚腹腔內，蓋上甲殼，
  再蓋豬網油，入盆，加薑、蔥，摻鮮湯，
  放鹽，入籠蒸至熟焖。出籠原汁倒入鍋內
  燒開，加味精，勾薄芡，淋入化雞油推
  勻，腳魚入盤，汁淋於腳魚上即成。
- **製作要領**：配料切片要薄而勻；鹹味不宜
  過重，以免壓鮮；腳魚要刮洗乾淨，揭殼
  取內臟要保持原形，蒸時要熟焖而不爛。

【蟲草腳魚】
熱菜：半湯菜。鹹鮮味型。

- **特點**：原汁原味，湯味鮮醇，肉質火巴糯，補腎益氣，極富營養。
- **烹製法**：蒸。腳魚經宰殺治淨，斬成塊。蟲草用溫水微泡後刮去表面粗皮洗淨。鍋內摻清水燒開，入腳魚塊略煮撈出，漂洗乾淨。鍋內化豬油燒至五成熱時，下薑、蔥炒香，摻清湯，加料酒、鹽、胡椒粉、腳魚塊燒沸，打盡浮沫，加味精，舀入原盅內，放入蟲草，加蓋密封，上籠蒸至熟火巴後出籠即成。
- **製作要領**：腳魚、蟲草要治淨，湯要用高級清湯，加蓋密封蒸火巴糯。

〔 腐鮑腳魚 〕
　　熱菜。鹹鮮味型。
- **特點**：形態美觀，質地細嫩火巴糯，味極鮮香，屬滋補佳品。
- **烹製法**：蒸。腳魚經宰殺治淨，稍煮燙後撈入涼水中刮去粗皮黑膜，洗淨入盆，加薑、蔥、枸杞、鹽、料酒、摻清湯，入籠蒸至熟火巴。豆腐摻入籠蒸成腐糕，晾涼切成片，罐裝鮑魚片成片，逐片蓋在腐糕片上，入籠蒸熟。將蒸腳魚的原汁瀝入鍋內，腳魚入盤放置正中，腐糕鮑魚鑲於周圍。鍋內原汁加清湯、鹽、胡椒粉燒開，放味精，勾薄芡，淋入化雞油推勻，舀淋於腳魚和腐鮑片上即成。
- **製作要領**：腳魚一定要刮淨粗皮黑膜洗淨；腐糕片要與鮑魚大小片一致，成形才美觀。

〔 雞燒裙邊 〕
　　熱菜。鹹鮮味型。
- **特點**：火巴糯鮮香。
- **烹製法**：燒、蒸。腳魚裙邊加工洗淨，切成條，在開水中煮幾次，去其腥味。雞肉砍成塊。鍋內加油燒熱，下雞塊煸乾水汽，吃味，上色，摻湯後打去浮沫，下裙邊，改用微火燒至裙邊火巴軟時揀出定碗，裙邊在下，雞塊在上，入籠餾熱，翻入大圓盤中，用煸熟的豌豆尖圍邊。將燒裙邊

的原汁在鍋內勾芡收濃，淋上即成。
- **製作要領**：去盡腥味，燒火巴入味。

〔 清蒸裙邊 〕
　　熱菜：湯菜。薑汁味型。
- **特點**：質地火巴糯，清淡爽口。
- **烹製法**：旱蒸。裙邊刮洗乾淨，入蒸碗加調料，蓋上豬網油，入籠蒸火巴，出籠後揀於窩盤中，灌入特級清湯，帶毛薑醋味碟入席。
- **製作要領**：裙邊入籠用大火一氣蒸成。

〔 百花裙邊 〕
　　熱菜。鹹鮮味型。
- **特點**：色澤淡雅，造型美觀，質細嫩火巴糯，味清淡鮮美。
- **烹製法**：蒸。腳魚裙邊煮後刮去粗皮黑膜洗淨，切成五刀一斷的片，擺於蒸碗中，放薑、蔥、鹽、料酒、胡椒粉，再放入火腿薄片，摻清湯，上籠蒸至熟火巴入味。魚糝入12個調羹內抹平，上面用絲瓜皮、紅辣椒切成形，牽擺成各種花，入籠用小火蒸熟。鮮菜心入鍋用鮮湯煮至斷生入味，入盤墊底。蒸裙邊原汁倒入鍋內，裙邊內去掉薑、蔥，翻扣入盤，蒸好的花形魚糝鑲擺周圍。鍋內原汁加清湯燒開，放味精，勾薄芡，淋化雞油推勻，澆淋裙邊和魚糝上即成。
- **製作要領**：裙邊一定要刮洗治淨，蒸火巴入味；魚糝上面的牽花要事先周密設計，使造型協調美觀。

〔 鱉裙鵝掌 〕
　　熱菜。鹹鮮味型。
- **特點**：汁色金黃而稠，質地柔韌火巴糯，鹹鮮醇香。
- **烹製法**：煮、蒸、燒。鵝掌入鍋煮熟，去皮膜、爪骨，入碗，加薑、蔥、鹽、料酒，摻鮮湯，入籠蒸至熟火巴入味。裙邊出水後刮去粗皮和黑膜，切成塊，用淨濕紗布包好。豬肘、雞骨斬成塊出水。鍋內化

豬油燒至六成熱時，下豬肘、雞骨、薑、蔥炒香，加鹽、料酒、醬油、糖色略炒，摻鮮湯燒開，打盡浮沫，倒入鋁鍋內，放入包好的裙邊，用小火爐至炤軟入味，端離火口。原汁入鍋，放鵝掌燒入味，撈入盤中周圍擺好，中間放入裙邊。原汁放味精、勾薄芡至收汁，淋入香油推勻，舀淋裙邊上即成。

- 製作要領：注意火候，鵝掌、裙邊必須柔炤入味；鵝掌骨既要去盡，又要保持原形不爛。

【龜鳳湯】

熱菜：半湯菜。鹹鮮味型。

- 特點：湯汁鮮濃，質地柔嫩，鹹鮮味美，益陰補血，滋補佳品。
- 烹製法：蒸。龜經宰殺，取下龜板，去內臟、腳爪、頭尾洗淨，與鮮仔雞肉斬成大塊，龜肉、雞肉、龜板一起入鍋汩盡血污洗淨。再將雞肉、龜肉、龜板入大湯盤內，加薑、蔥、胡椒粉、料酒、味精、鹽、雞湯，加蓋密封，入籠蒸2小時至炤糯後取出即成。
- 製作要領：龜宰殺後一定要刮洗治淨，密封加蓋旺火一氣蒸炤，才鮮香無腥味。

【家常牛蛙】

熱菜。家常味型。

- 特點：色澤紅亮，細嫩爽脆，鹹鮮微辣。
- 烹製法：炒。牛蛙經剖殺治淨斬成塊，用鹽、料酒碼味，再以蛋豆粉拌勻，入六成熱的菜油鍋中炒散起鍋。瀝去餘油，下剁細的泡辣椒炒至油呈紅色時，下薑末、蒜米炒香，摻少許鮮湯炒轉，放鹽、料酒、味精、芹菜節、蒜苗節炒斷生入味，勾薄芡至收汁，放香油、辣椒油推勻起鍋裝盤。再將西蘭花汩後用油、鹽、味精炒熟，放在牛蛙四周即成。
- 製作要領：牛蛙成形要勻；蛋豆粉要稀稠適度，過稀則黏不上，過濃不易裹勻，均會影響成菜品質。

【絲瓜燒牛蛙】

熱菜。魚香味型。

- 特點：色澤協調，質地鮮嫩，味鹹鮮酸辣，薑、蔥、蒜香突出。
- 烹製法：炸、燒。牛蛙腿洗淨斬成條塊，用鹽、料酒、薑、蔥醃漬入味。絲瓜刮皮洗淨，切成條。紅甜椒去蒂去籽，切成條。鍋內菜油燒至五成熱時，下絲瓜、甜椒稍炸撈出，待油溫至五成熱時，下牛蛙腿炸至半熟起鍋。鍋內化豬油燒至五成熱時，下剁細的郫縣豆瓣、花椒炒酥，下薑米、蒜米炒香，烹入料酒，摻鮮湯，加醬油、白糖，下甜椒、絲瓜、牛蛙燒開，打盡浮沫，加味精、醋、蔥花推勻，勾薄芡至收汁，起鍋即成。
- 製作要領：絲瓜、甜椒過油即可，不能久炸；摻湯不宜過多，以能燒熟入味、略現湯汁即可。

【獨蒜燒牛蛙】

熱菜。家常味型。

- 特點：色澤紅亮，質地炤糯鮮香，味鹹鮮微辣。
- 烹製法：炸、燒。牛蛙腿肉洗淨，斬成塊。大蒜去皮洗淨，炸後入碗，摻鮮湯，上籠蒸熟後瀝乾。郫縣豆瓣剁茸。鍋內菜油燒至六成熱時下牛蛙稍炸撈起，瀝去餘油，下豆瓣炒至油呈紅色，下薑、蔥炒香，摻鮮湯燒開，撈去料渣，放入牛蛙，加鹽、料酒、醬油、白糖、醋燒開，用小火燒炤，放入獨蒜、味精燒入味，勾薄芡至收汁，淋香油推勻即成。
- 製作要領：蛙腿斬塊要勻，獨蒜應選一般大小並先作炸蒸處理；調味不宜過鹹。

【宮保牛蛙】

熱菜。煳辣味型。

- 特點：色澤棕紅，質地鮮嫩，煳辣香麻適口，回味酸甜。
- 烹製法：炒。牛蛙腿肉洗淨，去骨剞刀後斬成丁，用鹽、料酒、胡椒粉碼味後，用

蛋豆粉拌勻。鍋內菜油燒至六成熱時，下乾辣椒節、整花椒炸至油呈紅色，下牛蛙炒散籽，放薑片、蒜片、蔥顆炒香至牛蛙熟透，烹入滋汁，下油酥花仁簸勻即成。

- **製作要領**：蛙腿肉應拍鬆剞刀，以便入味；花仁要成菜起鍋時放入，以保證酥脆；掌握好糖醋鹽各味的摻對比例，作到酸甜適度。

【炸熘蛙腿】

熱菜。鹹鮮味型。

- **特點**：質地酥嫩，鹹鮮而微辣，略帶乳酸鮮香。

- **烹製法**：炸、熘。牛蛙腿洗淨，搌乾，加鹽、料酒且用蛋清豆粉拌勻，入四成熱的菜油鍋中浸炸至透，撈出晾涼後斬成塊。用醬油、泡辣椒節、薑片、馬耳朵蔥、料酒、胡椒粉、水豆粉對成滋汁。鍋內化豬油燒至五成熱時，下牛蛙腿，烹入滋汁，加味精推勻即成。

- **製作要領**：蛋豆粉要稀稠適度；浸炸要熟透無黏連；晾涼後斬塊要均勻；滋汁則要收緊。

筆 記 欄

第五章
家畜與其它肉類

一、豬肉

【回鍋肉】

熱菜。家常味型。

- **特點**：色澤紅亮，香氣濃郁，微辣回甜，肥而不膩。
- **烹製法**：煮、炒。選帶皮豬坐臀肉，煮至斷生取出，切成長6.5公分、寬4.5公分、厚0.3公分的片，入油鍋炒至呈燈盞窩狀，烹入紹酒，下剁細的豆瓣炒至肉片上色，續下醬油、甜醬、鹽、白糖炒勻，加馬耳形的蒜苗節炒至斷生，起鍋裝入圓盤或條盤即成。
- **製作要領**：煮肉時肉斷生即可，忌煮過耙；下甜醬時火候不宜大。無蒜苗時，可用蔥、蒜薹作輔料。

【鹽煎肉】

熱菜。家常味型。四季可食，因為是生肉入鍋炒，又稱「生爆鹽煎肉」。

- **特點**：色澤棕紅，香氣濃郁，鹹鮮微辣。
- **烹製法**：炒。選去皮豬腿尖肉，切成長6公分、寬3.5公分、厚0.3公分的片，入油鍋中，加鹽炒至肉吐油時，下豆豉、郫縣豆瓣（剁細）炒至肉片上色，下白糖炒勻，再下蒜苗炒至斷生，起鍋裝入圓盤或條盤即成。

- **製作要領**：炒時火候不宜大，肉片炒至吐油時方能下調料。輔料如果沒有蒜苗時，可用蒜薹、大蔥、青椒、子薑、芹菜、豆腐乾代替。

【碎滑肉】

熱菜。魚香味型。此菜又可稱為「小滑肉」。

- **特點**：色紅而亮，細嫩鮮香。
- **烹製法**：炒。後腿尖肉切小指甲片，碼味、碼芡，入鍋用溫油炒散，撥在一邊，下剁細的薑、蒜末、泡辣椒、豆瓣熗出香味，與肉撬（翻拌）轉，再加玉蘭片、木耳、蔥花，烹滋汁起鍋，盛於條盤即成。
- **製作要領**：水豆粉不宜碼得過厚；肉入油鍋滑散時，切忌油溫過高。也可以烹製成家常味，依據上述作法，改肉片為肉末並酌加豬板油渣小丁，即為「魚香脆滑肉」，口感軟中帶脆，風味別具。

【櫻桃肉】

熱菜。甜鹹味型。

- **特點**：色澤紅亮，肉質耙糯，甜鹹味鮮，油而不膩。
- **烹製法**：煨。用豬五花肉（又稱「三線肉」）出水後改1.5公分見方的小塊，再氽一次。取炒鍋加水，下冰糖汁、調料，再下肉燒開，改用小火煨爛，待汁濃稠、肉

質烂軟時起鍋入條盤即成。

- **製作要領**：冰糖用量宜重，糖色適量。

【香糟肉】

熱菜。香糟味型。

- **特點**：肉色紅亮，香糟味濃，鹹鮮微甜，肥而不膩。
- **烹製法**：煨。豬五花肉洗淨切厚片，用油稍爆或出一水。炒鍋加好湯，下肉片，加香糟汁、冰糖汁等調料，用小火煨烂，揀去料渣，湯汁收濃，盛入條盤即成。
- **製作要領**：肉片須煨烂、入味、上色。烹此菜時如無香糟，也可用醪糟代之。

【罎子肉】

熱菜。鹹鮮味型。

- **特點**：肉質烂糯，味道濃厚，鮮香可口，形態豐腴。
- **烹製法**：煨。
- **作法一**：選五花豬肉洗淨，切7公分見方的塊，瘦肉剁細後炸成肉餅，同雞肉（切塊）、雞蛋（煮熟去殼，炸成黃色）、冬筍（切滾刀塊）、火腿裝入小陶質罎內，加黃酒、花椒、薑、蔥、干貝、冰糖、鹽、醬油和適量的鮮湯，用紙（先潤濕）封嚴罎口，在穀糠殼火上煨約五、六小時即成。
- **作法二**：選豬肘一個洗淨。先將豬骨墊於陶質罎底，再將開水、料酒、薑、蔥、鹽、醬油、火腿（切塊）、豬肘（切四大塊）、雞肉（切四大塊）、鴨肉（切四大塊）、冬筍（切片）、口蘑、干貝、冰糖汁等依次放入罎中，以草紙（先潤濕）封嚴罎口，在鋸木末火中煨五、六小時。然後撕去草紙，將發好的魚翅、海參、炸好的雞蛋放入罎中，再煨半小時即成。
- **製作要領**：肉、海味各料入罎前均要出水，並加工為半成品；須微火慢慢煨。第二種方法所製的罎子肉，既可將各種肉分別裝盤吃，也可以將各種肉分小塊，鑲盤合吃。

【炸蒸肉】

熱菜。椒鹽味型。

- **特點**：內烂外酥，黃綠兼有，肥而不膩，香酥適口。
- **烹製法**：蒸、酥炸。選豬保肋肉洗淨，切6公分長、4.5公分寬、0.4公分厚的片，拌調料定碗。嫩豌豆拌味後鋪於肉上，入籠蒸烂，取出。將豌豆裝另碗，複入籠餾起。肉稍冷後裹一層乾豆粉或麵包粉，入油鍋中炸呈深黃色撈起，盛於條盤中部。兩頭分裝豌豆、白糖、椒鹽即成。
- **製作要領**：炸蒸肉時油溫不宜太高，時間也不能太長。

【鵝黃肉】

熱菜。魚香味型。

- **特點**：形似佛手，皮酥肉嫩，汁濃味香。
- **烹製法**：捲、炸。選豬肥瘦肉剁細加鹽、蔥花、薑米等調料，拌成肉餡，雞蛋液加鹽，攤成蛋皮，鋪開後抹蛋清豆粉，包入肉餡按扁，五刀一斷，切若干個，下旺油鍋炸成深黃色，起鍋裝盤，淋上烹好的魚香滋汁即成。
- **製作要領**：拌餡必須濃稠適度；滋汁必須適量。

【珊瑚肉】

熱菜。鹹鮮味型。

- **特點**：色如珊瑚，質地酥軟，爽口化渣，味鹹鮮回甜。
- **烹製法**：炸、燒。胡蘿蔔去皮，刮成茸，去黃心。豬肉捶茸，去筋絡，兩者一併入碗，加鹽、薑末、胡椒粉、蛋清豆粉攪勻，捏成圓子，入七成熟的菜油鍋中炸呈淺黃色撈起。鍋內潷去餘油，下薑、蔥炒香，放入玉蘭片合炒至熟，下圓子及鮮湯，加鹽、醬油、胡椒粉燒入味，下菜心、水發木耳略燒，加味精推轉，勾薄芡至收汁，淋香油起鍋即成。
- **製作要領**：胡蘿蔔選鮮紅細心的，刮時手要輕，片要薄；茸攪勻，味不宜大，醬油

不宜多放，以突出原料本色本味。

【炸子蓋】

熱菜。鹹鮮味型。

- **特點**：色澤金黃，軟嫩酥香。
- **烹製法**：蒸、炸。豬五花肉出水去皮，改0.5公分厚的大片，用劗刀戳刺、碼味後上籠蒸熟。晾冷搌乾水汽，裹蛋清豆粉，下七成油溫的油鍋炸至金黃色，起鍋淋香油，切斜方塊裝條盤一端。另一端擺蔥白段、甜醬、蒜片即成。
- **製作要領**：肉片要肥瘦相間，蒸製肉片不宜過炕。

【粉蒸肉】

熱菜。家常味型。此菜俗稱糙肉，又名五香蒸肉。用味各地不一，此為家常味，也有鹹甜味者。一般農村作家常味時，用糙辣椒墊底，扣盤時還要撒蔥花。

- **特點**：色澤紅黃，甜鹹辣香，質地炕糯。
- **烹製法**：粉蒸。用豬五花肉洗淨，切7公分寬的片，下調料、熟米粉揉勻，定碗擺「一封書」。紅心苕（紅心的紅苕）洗淨去皮，切滾刀塊，拌調料、熟米粉入碗，上籠蒸炕，翻扣於圓盤即成。
- **製作要領**：揉糙麵時可加適量鮮湯，以保持糙肉滋潤；蒸製時宜用旺火一氣蒸炕。

【坨坨肉】

熱菜。麻辣味型。此菜是涼山地區彝族菜餚，用手拿食。

- **特點**：味重麻辣，肉質細嫩。
- **烹製法**：煮。選用25公斤重的小豬，殺後去毛洗淨，先切成2.5公斤左右，下鍋略煮便起鍋改成20克左右的小坨，再入鍋稍煮，加鹽、辣椒、花椒即成。
- **製作要領**：掌握火候，不能煮熟，微帶血水。也可以用牛、羊肉製作。

【鹹燒白】

熱菜。鹹鮮味型。此菜是四川傳統「三蒸九扣」菜式之一，又稱「扣肉」。

- **特點**：排列整齊，形圓飽滿，炕軟適口，色濃味鮮。
- **烹製法**：煮、蒸。選豬帶皮五花肉稍煮、走油，切8公分長、4.5公分寬、0.5公分厚的長方片，在碗內扣「一封書」，上裝芽菜節、豆豉、泡辣椒節等，上籠蒸熟至炕，翻扣於圓盤即成。
- **製作要領**：肉煮斷生即撈起，趁熱於肉皮上抹紅醬油或糖汁上色，必須蒸炕。

【龍眼鹹燒白】

熱菜。鹹鮮味型。

- **特點**：肥而不膩，炕而不爛，「龍眼」紅亮，味鹹香鮮。
- **烹製法**：煮、蒸。選五花肉煮熟，切成約5公分長、3.5公分寬、0.2公分厚的片。魚辣椒切節，芽菜切細。每片肉裹魚辣椒一節、豆豉二三粒成卷。裝碗時，肉皮向下，再裝上芽菜，上籠蒸至肉炕，翻於圓盤即成。
- **製作要領**：製卷要成形；用旺火一氣蒸炕，勿散火。

【刨花蒸肉】

熱菜。鹹甜味型。

- **特點**：其味鹹鮮，略有回甜，散疏爽口，色澤美觀。
- **烹製法**：蒸。用去皮豬腿尖肉切長方形薄片，與熟米粉、調料拌均勻，入小圓蒸籠蒸熟後取出，加蔥花，淋沸油，用托盤入席即可。
- **製作要領**：熟米粉的用量要適度；入籠後用旺火一氣蒸熟，勿散火。此菜簡便易作，如果沒有圓籠，用蒸碗也可以，另外也有作成家常味的。

【荷葉蒸肉】

熱菜。鹹鮮味型。

- **特點**：外綠內黃，肥瘦兼有，鹹鮮適口，味清香。

- **烹製法**：蒸。連皮豬肥肉、淨瘦肉各半洗淨，切約4.5公分長、3公分寬、0.6公分厚的片各20片，與米粉、調料拌勻。荷葉洗淨燙軟，改成邊長12公分的等邊三角形狀。每一張荷葉包肉兩片（一肥一瘦）中夾鮮黃豆幾粒，包後放於盤內，入籠蒸炟取出，裝條盤即成。
- **製作要領**：肉片與米粉拌和時油脂、水分應適度。

【 夾沙肉 】

熱菜：甜菜。甜香味型。此為傳統的田席菜品，最適宜多季選用。
- **特點**：甜香可口，炟軟滋糯，豐腴形美。
- **烹製法**：煮、蒸。選豬保肋肉煮熟、晾冷，切成約8公分長、4公分寬、0.3公分厚的火夾片。將製好的豆沙甜餡瓢入每片之中、定碗。糯米洗淨，蒸熟，拌糖，盛於夾沙肉面上，上籠蒸炟，翻扣於圓盤內，撒上白糖即成。
- **製作要領**：須選肥腴的保肋肉，豆沙須炒翻沙；蒸肉不能缺火。

【 龍眼甜燒白 】

熱菜：甜菜。甜香味型。
- **特點**：形似「龍眼」，豐腴美觀，甜香可口，肥而不膩。
- **烹製法**：煮、蒸。選豬保肋肉煮熟晾冷，切約9公分長、2公分寬、0.3公分厚的片，分別捲入豆沙，共24個。有肉皮的一面向下定碗。糯米蒸熟，拌紅糖，蓋於卷上，上籠蒸炟取出，翻扣於盤中，安上蜜櫻桃，周圍撒上白糖即成。
- **製作要領**：卷形要均勻；糯米要將肉卷箍緊；務令蒸炟。

【 莕菜獅子頭 】

熱菜。鹹鮮味型。因圓子如石刻的獅子頭狀，故名。
- **特點**：色澤美觀，菜式大方，入口鬆散，鮮美清香。

- **烹製法**：炸、燒。用金鉤、慈姑（去皮）、肥瘦肉（各半）、火腿、鮮青豆等分別切成碎顆裝盆內，加蛋清豆粉、調料拌勻，做成4個重約150克的扁形圓子，入豬油鍋內炸至進皮時撈起，放入小包罐中，加清湯、薑、蔥、鹽等，用小火燒1小時，加莕菜同燒至熟透時提起，平擺於窩盤中，莕菜鑲四周。罐內原汁加雞油收濃，淋於菜上。
- **製作要領**：做圓子時，蛋清豆粉的乾稀要適當；炸圓子的火不宜過大、過久。

【 一品酥方 】

熱菜。鹹鮮味型。此為傳統燒烤大菜，用於高級筵席。一般只食用酥皮，若食客要求吃「二道」，也可再抹一層蛋清豆粉，烤酥供食，第三次才上水肉。配食芝麻餅、軟餅、蔥醬均可。
- **特點**：色澤棕紅而且亮，體態大方，鹹鮮酥香。
- **烹製法**：明爐烤。選7.5公斤正方硬邊帶骨保肋豬肉一塊，經修方（去邊上不整齊部分）、刺眼（用竹籤於肋骨間瘦肉上刺若干氣眼）、上叉（在肋骨與肥膘肉之間處）、燻方（手執叉柄，將方肉有皮的一面在明火上均勻燎燒至粗皮自行脫落）、刮焦（從叉上取下方肉，用小刀輕刮去焦皮），再入溫水中清洗，攝乾水分，以鹽、薑、蔥、花椒、紹酒塗抹肉皮，再經吊膛、滾叉、烤酥等工序即成。裝盤前，於酥皮上改刀，令成塊。盛於大長盤，配以雙麻酥、蔥醬味碟同上。
- **製作要領**：選肉需皮完好無損；下方肉時，以肋骨七匹為好；刺眼時不能將皮刺穿；燻方是關鍵，行語：「燒方不用巧，只要燻得好」；吊膛時，排氣要均勻，若發生「粗眼」（穿孔）可用蛋清糊補救。

【 叉燒乳豬 】

熱菜。鹹鮮味型。此菜為傳統燒烤大菜，用於高級筵席。一般只食用酥皮，若食

客要求吃水肉，亦可改刀烹熟後食用。

- **特點：**成形大方，色澤紅亮，酥脆可口。
- **烹製法：**明爐烤。選乳豬一隻，放血刮毛洗淨，剖腹去內臟留豬腰，盤腳（前腳向後屈塞於胸腔，後腳向前屈塞於腹腔，均用竹籤鎖牢），入熱水中略燙使皮伸挺。取出揩乾水汽，豬皮上抹以紹酒和飴糖，從殺口處取出頸骨，切斷龍骨，上叉（用雙股鐵叉從後腿近肘處刺進，於兩耳根下穿出），修耳（用刀修去一部分），扭尾（用竹籤穿過，扭成「乙」字形，尾尖向上），排氣（用竹籤從腹內刺若干氣眼），然後在火池中吊膛、烤皮，至呈棕紅色即可。裝盤前，用刀將豬皮劃成長方形骨牌片，裝入大長盤，配以荷葉餅、蔥醬碟即成。
- **製作要領：**叉燒乳豬工序多，難度大，每一操作環節都不能疏忽。最好選用6.5公斤左右的肥仔豬，宰殺時忌嗆血（殺豬時沒有把體內的血放乾淨）；出坯時抹飴糖要趁熱，上叉的叉位要準確；吊膛時放氣要均勻，不能傷皮，火池要避風；豬皮烤至「發硬」時才能「揭皮」，同時要不斷刷香油。

【叉燒火腿】

熱菜。鹹鮮味型。

- **特點：**色澤淺黃，外酥而香，鬆軟適口，其味悠長。
- **烹製法：**明爐烤。取14公分長、6公分寬熟火腿一只，上叉，抹蛋清豆粉，放烤池上烤至火腿表面呈淺黃色；下叉後切成0.4公分的片，裝盤擺成三疊水，再配以麵包即成。
- **製作要領：**燒烤時切忌煙味熗入火腿；改片厚薄應一致。

【回鍋香腸】

熱菜。鹹鮮味型。

- **特點：**肥瘦兼有，味鮮濃香，細咀慢嚼，回味悠長。

- **烹製法：**熟炒。香腸煮熟取出晾冷，打斜切片，入鍋中爆炒，加蒜苗節及少許鹽攪勻，起鍋裝條盤即成。
- **製作要領：**炒至略呈凹狀、蒜苗斷生即可，忌在鍋中久炒。以上法用臘肉為原料，即為「回鍋臘肉」。

【合川肉片】

熱菜。荔枝味型。合川肉片為四川合川地方菜餚，原作法與現今不同。所錄技術規範是現今餐館通常的作法。

- **特點：**色似茶黃，酸甜鮮香，酥嫩適口。
- **烹製法：**煎、熘。選去皮豬腿尖肉切成長約4公分、寬3公分、厚0.3公分的片，以鹽、黃酒、蛋豆粉拌勻。將肉片逐一入油鍋煎熘，每塊勿使黏連，兩面均熘至茶黃色時撥於鍋邊。鍋中留油，炒薑、蒜片、玉蘭片、木耳、馬耳蔥，烹以醬油、白糖、醋、水豆粉、肉湯對成的滋汁，簸轉起鍋，裝條盤或圓盤即成。
- **製作要領：**熘肉片火宜小；滋汁量多少以現汁亮油為度。

【江津肉片】

熱菜。魚香味型。此菜是四川江津地方菜餚。

- **特點：**色棕紅，味濃鮮香，酥嫩爽口。
- **烹製法：**炸、熘。選去皮豬腿尖肉切片（約長4公分、寬3公分、厚0.3公分），以鹽、黃酒、蛋豆粉拌勻，將肉片抖散，入油鍋炸呈淺黃色撈出，複入油鍋炸酥撈出。鍋內入泡辣椒熗出色，入薑蒜米熗出香味，烹醬油、白糖、醋、水豆粉、鮮湯對成的滋汁，下木耳、蔥顆、肉片簸轉起鍋，裝條盤或圓盤即成。
- **製作要領：**炸肉片時，第一次將肉片炸進皮後撈出，待油溫上升，再下肉片炸至表皮酥脆即可。必須掌握好兩次炸製的不同油溫。

【鍋巴肉片】

熱菜。荔枝味型。

- **特點**：肉片滑嫩，鍋巴酥香，甜酸可口。
- **烹製法**：炸、炒、燴。選豬瘦肉切薄片，碼芡，入油鍋炒散籽，下薑蒜片及玉蘭片、木耳、泡辣椒（剁細）合炒，摻鮮湯、下鹽、白糖、味精、胡椒，勾芡起鍋，加醋和勻盛碗備用。另選厚薄均勻而乾透的大米鍋巴，掰方塊（約5公分見方），入油鍋炸酥、色呈金黃時撈出，置大窩盤。上桌時，將肉片等料倒進盛有鍋巴的窩盤中即成。
- **製作要領**：炸鍋巴油溫不宜低，湯汁以每片鍋巴能黏上為度；肉片、鍋巴都須保持熱度，上桌時才能發出聲響。以鍋巴為料，配海參則成「鍋巴海參」，配魷魚則成「鍋巴魷魚」。

【芙蓉肉片】

熱菜。茄汁味型。

- **特點**：白如芙蓉，鮮嫩酥香，醬香味濃。
- **烹製法**：煎、蒸。里脊肉洗淨切成方片，然後用刀背捶鬆，再用刀後跟剟數下，入碗用鹽、料酒、味精、胡椒粉碼勻，用蛋清豆粉少許拌勻，攤平後將一面黏上麵包粉，有麵包粉一面向下擺入鍋內，煎呈金黃半熟時再另用滾油倒入煎鍋內將肉片燙熟，潷盡餘油，入盤。蛋清入碗加鹽、溫鮮湯攪散，上籠用小火蒸成芙蓉蛋。鍋內菜油燒至五成熱時，下薑末、蒜末、番茄醬炒香，烹入荔枝滋汁略燒，撒蔥末，淋香油推轉，淋於肉片上，再將芙蓉蛋蓋在上面即成。
- **製作要領**：肉片要厚薄均勻，大小一致，淋滾油時只能燙熟不能久燙；番茄醬用量稍多，忌用醬油，最好用白醋，以突出茄汁之色和鮮味；掌握好蒸蛋的用湯比例，忌用旺火蒸製，以免起泡。

【銀耳熘肉片】

熱菜。鹹鮮味型。

- **特點**：紅、黃、白、綠相間，色澤豐富多彩，協調美觀，質地滑嫩，味鹹鮮爽口。
- **烹製法**：熘。里脊肉切成片，用鹽、料酒、蛋清豆粉碼勻，鍋內化豬油燒至四成熱時，下肉片熘至散籽發白，潷去餘油，下菜心炒斷生，再下去了皮的番茄片、水發銀耳炒勻，接著烹入滋汁至收汁推轉起鍋即成。
- **製作要領**：肉片成形要厚薄一致，大小均勻；銀耳要發漲透、洗淨泥沙；油和調味品均求潔淨；味求清淡、色求協調清爽。

【乾煸肉絲】

熱菜。鹹鮮味型。

- **特點**：絲狀均勻，色澤棕紅，乾香酥軟，鹹香味濃。
- **烹製法**：乾煸。選淨瘦肉切6公分長的二粗絲，乾辣椒、熟鮮冬筍亦切絲。將乾辣椒絲炸呈棕紅色撈起，肉絲下炒鍋內煸乾水汽，加調料、筍絲合炒片刻即將鍋離火，接著下辣椒絲、蔥絲和勻，再起鍋盛於條盤即成。
- **製作要領**：乾煸，火候應適度。亦可加紅油、花椒粉成麻辣味。

【榨菜肉絲】

熱菜。鹹鮮味型。

- **特點**：質地脆嫩，鮮香味濃。
- **烹製法**：炒。選優質榨菜，洗淨切細絲。豬瘦肉切二粗絲碼味，碼芡。肉絲入鍋炒散籽，下榨菜絲搵轉，接著烹汁起鍋入圓盤即成。
- **製作要領**：肉絲碼芡時，水分要吃足；榨菜若稍鹹，可先淘洗幾次。

【甜椒肉絲】

熱菜。鹹鮮味型。

- **特點**：紅白黃綠，四色相間，脆嫩鮮香，微辣鹹鮮。
- **烹製法**：炒。選豬背柳肉切二粗絲。甜椒去蒂、籽，切二粗絲；嫩薑切細絲，蒜苗

切寸節。先將甜椒絲炒斷生起鍋,再將肉絲碼芡後入鍋炒散,加甜椒絲、薑絲、蒜苗節合炒,烹汁起鍋,裝入條盤即成。

- **製作要領**:肉絲碼芡,水分要足;炒時動作要快;滋汁須適量。

【魚香肉絲】

熱菜。魚香味型。

- **特點**:色紅而豔,香氣濃郁,鹹甜酸辣兼備,薑蔥蒜味突出。
- **烹製法**:炒。選豬肥瘦肉切二粗絲;泡紅椒(剁細)、醬油、醋、白糖、水豆粉、鮮湯對成滋汁。將肉絲碼味和碼芡後入油鍋炒至散籽發白,下泡紅辣椒熗出紅色,加薑、蒜米炒出香味,烹滋汁,入蔥花迅速翻簸起鍋,裝條盤或圓盤即成。
- **製作要領**:炒肉絲動作要快;滋汁量不宜過多。此菜豬肉肥瘦比例以肥三瘦七為宜,可加木耳、玉蘭片為輔料,也可不加,從地區烹飪習慣而定。依烹魚香肉絲之調料,可製成魚香兔花、魚香腰花等。

【茅梨肉絲】

熱菜。鹹鮮味型。

- **特點**:茅梨翠綠化渣,肉絲質嫩爽口,鹹鮮清香且有甜酸的果味。
- **烹製法**:炒。茅梨去皮洗淨,切成絲。里脊肉切成絲,入碗,加鹽、料酒、蛋清豆粉拌勻。另碗,用鹽、料酒、白糖、味精、胡椒粉、鮮湯、水豆粉對成滋汁。鍋內化豬油燒至六成熱時,下肉絲炒散籽,加入茅梨絲和炒至熟,烹入滋汁收汁起鍋即成。
- **製作要領**:加工絲條要均勻,急火短炒,斷生即可。

【桃仁肉花】

熱菜。魚香味型。

- **特點**:色澤紅亮,質地酥香,魚香味濃。
- **烹製法**:炸。豬里脊肉洗淨切厚片,片上剞十字花刀後再切成塊,入碗,用鹽、料

酒碼味後用全蛋豆粉拌勻。桃仁用開水略泡後去皮,入四成熱的油鍋中炸酥撈入盤。鍋內菜油燒至七成熱時,將肉花入鍋炸至色黃翻花時撈出,放桃仁上。鍋內留油,下泡辣椒茸、薑米、蒜米炒香至油呈紅色時,摻鮮湯,加鹽、醬油、白糖燒沸,放味精,勾芡,放蔥花、醋推勻,舀淋肉花上即成。

- **製作要領**:肉片厚度約為1公分,剞花要均勻、深透而不穿花;肉花碼芡宜稀少;桃仁要去皮炸酥。

【腐皮肉卷】

熱菜。鹹鮮味型。

- **特點**:皮色金黃,酥嫩鮮香。
- **烹製法**:浸炸。豬夾心肉、荸薺、金鉤剁碎,加入調料及蛋清攪拌成餡。腐皮用清水浸軟,攤平後擺餡料捲成直徑約1.5公分、長約5公分的段子,裹乾豆粉,下五成油溫的油鍋浸炸至色呈金黃時撈起,裝圓盤,配生菜即成。
- **製作要領**:肉卷須裹緊,切勿炸焦。

【白菜肉卷】

熱菜。鹹鮮味型。此菜又名「白菜圓子」。

- **特點**:成菜形狀完整,質地鮮嫩,味道鹹鮮爽口。
- **烹製法**:蒸。將肥三瘦七的豬肉,加薑、蔥剁細,加鹽、胡椒粉、味精、雞蛋、水豆粉拌勻成餡。大白菜嫩葉洗淨,汆水撈出晾涼,攛乾水。白菜鋪案上,抹全蛋豆粉,放餡料捲成卷,黏牢,入籠蒸15分鐘至熟,出籠晾涼,切成段,切口向下擺入蒸碗內,餘料放面上鋪平,入籠蒸熱,取出翻扣大碗內,摻清湯放味精、鹽即成。
- **製作要領**:菜卷應大小一致,白菜不能有葉梗;最後摻湯不宜過多,並且湯味不能過鹹。

【椒鹽肉糕】

熱菜。椒鹽味型。

- **特點**：色澤金黃，內嫩外香，咀嚼味長。
- **烹製法**：蒸、炸。取豬瘦肉、豬肥膘剁茸，加蛋清、胡椒、鹽等拌勻，入蒸盤內抹平，入籠蒸熟，取出晾冷後改6公分長、3公分寬、0.4公分厚的塊，撲乾豆粉，入旺油鍋炸成金黃色，撈出盛於條盤，配以生菜、椒鹽即可。
- **製作要領**：製糕時水分、配料應適量；肉糕須冷透後才能改刀。

【椒鹽里脊】

熱菜。椒鹽味型。

- **特點**：酥嫩香麻，味鮮適口。
- **烹製法**：炸。豬里脊肉去筋，剞十字花刀，改一字條。碼味後上蛋豆粉，下六成油溫油鍋初炸一次撈出，待油溫升至八成熱時再下鍋炸至金黃色。潷去餘油，淋香油，簸轉起鍋入條盤，撒上椒鹽即成。
- **製作要領**：炸製油溫須掌握好。此菜如不用椒鹽，改烹糖醋滋汁即為糖醋里脊。

【東坡肘子】

熱菜。半湯菜。鹹鮮味型。此菜與大文豪蘇東坡有關，故以此命名，為成都「味之腴」的當家名菜。

- **特點**：湯汁乳白，炸軟適口，原汁原味，香氣四溢。
- **烹製法**：煨。豬肘治淨。順肘骨縫劃一刀，入沸湯鍋煮透，撈出晾涼，剔去骨，放入墊有豬骨的砂鍋內，摻鮮湯燒開，打盡浮沫，放入薑、蔥和雪山大豆燒沸，加蓋用小火慢煨至熟炸，加鹽、味精，舀入湯碗中，另配味碟入席。
- **製作要領**：豬肘要去盡殘毛，煨時要用豬骨墊底，用小火慢煨；味碟以食者所好配製，四川人多用豆瓣味碟蘸食。

【紅棗煨肘】

熱菜。甜鹹味型。

- **特點**：色澤銀紅明亮，炸糯鮮香，而且甜鹹不膩。
- **烹製法**：煨。豬肘治淨，入開水鍋中汆盡血污，放入墊有雞骨的鋁鍋中，摻鮮湯，用旺火燒沸，打盡浮沫，加冰糖糖色、去核的紅棗、鹽，用小火煨至炸透香糯，揀去薑、蔥、雞骨，將肘盛盤中，四周鑲紅棗，湯汁收濃稠後淋肘上即成。
- **製作要領**：豬肘要去盡殘毛，一定要用微火慢煨至炸；糖色用量以銀紅色為佳。

【豆瓣肘子】

熱菜。家常味型。

- **特點**：色澤紅亮，炸而不爛，肥而不膩，鹹鮮香辣回味略甜，家常味濃郁。
- **烹製法**：煨。豬肘治淨，入開水鍋中汩盡血污，撈出晾涼去骨，在肉的內面剞成大塊，不穿肉皮，放入墊有豬骨的砂鍋內。鍋內菜油燒至五成熱時，下剁細的郫縣豆瓣、花椒、薑米熗香，摻鮮湯，放鹽、醬油、醪糟汁、冰糖燒沸，倒入豬肘內，用旺火燒沸，以小火煨至肘炸汁濃，起鍋裝盤，撒上蔥花即成。
- **製作要領**：豬肘要去盡殘毛，用微火慢煨至炸而不爛；湯汁要收濃釅。此菜亦可用時令鮮菜心墊底或圍邊；此菜也可以用燒法製成。

【椒鹽蹄膀】

熱菜。椒鹽味型。

- **特點**：色深黃，內嫩外酥，炸糯適口，鹹麻味長。
- **烹製法**：蒸、炸。滷蹄膀去骨，酌加調料，蒸炸取出，切成3公分長的塊，用蛋豆粉裹均勻，下油鍋炸至色深黃，起鍋裝入條盤內，撒上椒鹽，配生菜即成。
- **製作要領**：炸時火勿過大。

【煙燻排骨】

熱菜。煙香味型。

- **特點**：色澤暗紅，鹹鮮濃香，肥瘦兼有，

鬆軟易嚼。

- **烹製法**：蒸、滷、炸、燻。選稍帶肥肉的肋骨，三根相連、砍成約13公分寬的塊，用五香粉、鹽、薑、蔥、花椒、醪糟汁拌勻，蒸至剛熟取出，入滷鍋滷至肉可離骨時，下油鍋浸炸呈醬紅色起鍋，再入爐燻製成暗紅色後取出，斬成小塊裝盤，刷上香油即成。
- **製作要領**：滷製時色不宜太深；入燻爐燻至有較濃的煙燻味時方能取出。

【香酥排骨】

熱菜。鹹鮮味型。

- **特點**：色澤金黃，酥軟適口。
- **烹製法**：蒸、炸。選帶肥膘的肋骨斬成5公分長的段，醃漬入味，出水後上籠蒸炢，取出晾冷，揾乾水分，黏一層麵包粉，下油鍋炸至金黃色撈出，入條盤，配蔥醬味碟即成。
- **製作要領**：排骨要醃漬入味，並且要蒸炢勿炸焦。

【原籠玉簪】

熱菜。家常味型。因排骨斬段後形如昔日婦女頭上裝飾用的玉簪，故名。

- **特點**：顏色棕紅，味濃鮮香。
- **烹製法**：粉蒸。選豬肥膘肋骨，每根排骨斬5公分長的段子，斬完後加調料、熟米粉拌勻，裝入小圓籠蒸熟，走菜時用圓盤托籠底，取蓋上桌。
- **製作要領**：肋骨肉宜厚，長短一致；米粉拌和均勻，勿太厚。排骨隨籠上席能保熱增鮮，香氣四溢，別有一番風味。

【連鍋湯】

熱菜：湯菜。鹹鮮味型。

- **特點**：汁白味鮮，葷素兼備，清淡爽口。
- **烹製法**：煮。去皮（也可帶皮）「二刀」豬腿肉洗淨切片，白蘿蔔去皮改骨牌片。炒鍋內放豬油，下薑、蔥、花椒粒同炒出味，下蘿蔔稍炒，再下鮮湯、肉片及調

料，煮至蘿蔔炢時揀去薑、蔥、花椒，起鍋裝入二湯碗即成。食用時，配香油豆瓣味碟。

- **製作要領**：切肉片應厚薄均勻；無蘿蔔作輔料，配冬瓜、青菜頭等令時蔬菜亦可。

【大千圓子湯】

熱菜：湯菜。鹹鮮味型。

- **特點**：肉嫩化渣，鮮菜清香。鹹鮮味美，回味悠長。
- **烹製法**：煮。選肥三瘦七的豬肉，加薑、雞蛋、醬油、花椒、鹽、蔥花、較乾的水豆粉剁至極細入碗。鍋內摻鮮湯，加冬菜尖、榨菜片、黃花、木耳燒沸，吊出味，保持微沸，再將剁好的肉捏成圓子入鍋汆熟，打盡浮沫，待圓子浮起時下鮮菜心、粉絲，加鹽、胡椒粉、味精攪勻即成。
- **製作要領**：剁肉要去盡筋絡；薑、花椒、蔥要剁細；剁好的肉不宜久攪，食之才有口感。

【豆芽肉餅湯】

熱菜：湯菜。鹹鮮味型。

- **特點**：肉取湯之香，湯吸肉之鮮，成菜鹹鮮醇香軟嫩。
- **烹製法**：煮、蒸。取肥三瘦七的豬肉與去皮的荸薺分別洗淨切成細粒，入碗，加鹽、料酒、胡椒粉、陰米粉、雞蛋清拌勻成餡料。鍋內摻清水，加薑、蔥燒沸出香味時揀去薑、蔥，下洗淨的冬菜節、黃豆芽燒沸，加鹽，改用小火燒1小時，舀入碗內，將餡做成圓餅，放入碗內壓在豆芽上面，上籠蒸至熟透，打盡浮沫，加味精，淋香油即成。
- **製作要領**：選肉要鮮且要肥瘦兼備；湯要熬出鮮香味；要用旺火蒸至熟透。

【豆渣豬頭】

熱菜。鹹鮮味型。

- **特點**：色澤棕紅，汁濃味醇，肉質糙糯，豆渣香酥。

- **烹製法**：燒。選細豆渣用紗布包起入清水搓洗後蒸熟，擠乾水分入鍋，加油爛酥。豬腦頂肉去雜毛、燒皮、刮洗乾淨，改大菱形塊，入鍋加紅湯，下調料燒爬，起鍋盛於圓盤中間。鍋中留原汁，下豆渣推轉起鍋，圍於圓盤四周，並覆蓋一部分豬腦頂肉即成。
- **製作要領**：豆渣以爛酥為度，勿使焦糊。

【菠餃銀肺】
　　熱菜。鹹鮮味型。

- **特點**：質地柔嫩，鹹鮮味美。
- **烹製法**：煮、蒸。取白淨豬肺用清水灌洗，去盡血污，煮熟晾冷，改片，以風車形入蒸鍋，加調料入籠蒸爬。取菠菜汁和麵粉擀皮，包肉餡成水餃，煮熟。將肺片翻扣於大窩盤，周圍鑲水餃，接著灌入奶湯即成。
- **製作要領**：煮水餃時要掌握好時間、火候，勿煮過久。

【白油肝片】
　　熱菜。鹹鮮味型。

- **特點**：色紫、黑、綠、紅相間，質地細嫩爽口，味鹹鮮中略呈乳酸辣香。
- **烹製法**：炒。豬肝洗淨，去筋，切成柳葉片，入碗，用鹽、料酒、水豆粉拌勻。用鹽、醬油、白糖、料酒、水豆粉、鮮湯對成滋汁。鍋內化豬油燒至六成熱時，下肝片炒散籽，放水發木耳、薑片、蒜片、泡辣椒節、鮮嫩菜心炒勻，接著烹入滋汁簸勻即成。
- **製作要領**：掛糊要適當濃一點；入鍋要快速成菜，肝片斷生即可。

【汆肝片湯】
　　熱菜：湯菜。鹹鮮味型。

- **特點**：湯清味鮮，細嫩爽口。
- **烹製法**：汆。豬肝切成片，入碗，加鹽、料酒、水豆粉拌勻。番茄去皮去籽，切成薄片，放入湯碗內。鍋內摻鮮湯，加化豬

油、鹽、胡椒粉、水發黃花、木耳、鮮菜心燒沸出香味時，將黃花、木耳撈入湯碗內，將肝片抖散入鍋，加味精、醬油汆至斷生，放香油，舀入湯碗內即成。
- **製作要領**：切製肝片宜薄，上漿宜乾，並且上漿至入鍋不能相隔過久，汆時以斷生為度。

【竹蓀肝膏湯】
　　熱菜：湯菜。鹹鮮味型。

- **特點**：湯清味鮮，質極細嫩，入口化渣。
- **烹製法**：煨、清蒸。竹蓀洗淨清水泡發，切長方塊出水後用清湯煨起。精選黃沙鮮豬肝去筋、捶茸，加清湯調勻，過濾去渣留肝汁，加蛋清，下調料攪勻，盛淺湯碗用中火蒸至膏狀出籠。高級清湯灌入湯碗，肝膏整放湯內，加竹蓀即成。
- **製作要領**：準確掌握肝汁濃淡比例，蛋清切勿過量；蒸製忌用旺火，以防肝膏發泡。此菜如用口蘑湯即是「口蘑肝膏湯」。

【臊子腦花】
　　熱菜。醬香味型。

- **特點**：成菜色澤茶紅，味道鹹鮮醇厚，醬香濃郁。
- **烹製法**：煮、燒。豬腦花泡入清水中，撕盡薄膜血筋，放入有鹽的開水鍋中煮至熟透，撈出瀝乾，切成塊。豬肉洗淨剁碎。鍋內化豬油燒至五成熱時，下豬肉炒散籽，下甜麵醬炒勻出香味時，摻鮮湯，加鹽、醬油，放入腦花燒入味，放蒜苗顆略燒至斷生，加味精推勻，勾薄芡至汁濃時即成。
- **製作要領**：洗豬腦花時，一手托起，一手輕輕拍打以便去盡血筋；煮腦花宜用中小火；切塊不宜小，以便保形；此菜忌色深味重。

【金銀腦花】
　　熱菜。糖醋味型。

- **特點**：皮酥內嫩，糖醋味濃，化渣爽口。

- 烹製法：煮、炸。腦花泡入清水中，撕盡血筋，放入有鹽的開水鍋中用小火煮熟，撈起瀝乾水，切成塊，放入全蛋糊拌勻。鍋內菜油燒至五成熱時，放入腦花炸呈淺黃色撈起，待油溫升至七成熱時，腦花入鍋再炸呈金黃色時撈入盤內。鍋內菜油燒至五成熱時，下薑末、蒜末炒香，烹入用鹽、白糖、醋、料酒、味精、水豆粉、鮮湯調成的味汁燒至收汁，再放炸後的腦花、香油、蔥花推勻即成。
- 製作要領：血筋要撕盡，蛋糊不宜過稀；炸分兩次，先定型再複炸至皮酥；調味要突出甜酸，但應注意鹹鮮底味不能少。亦可改用魚香、家常等味汁，還可採用蛋清糊、全蛋糊將熟腦花各半掛糊炸後、岔色入盤，撒椒鹽。

【龍眼脊髓】

熱菜：半湯菜。鹹鮮味型。

- 特點：湯清澈，色潔白，質細嫩，並且鮮香可口。
- 烹製法：煮、蒸。豬骨髓去盡筋絡，入加有鹽的開水鍋內用中火煮熟撈出瀝乾。小酒杯內抹油，先將脊髓捲曲放杯底，脊髓中間立放火腿絲一根，上面放魚糝抹平，入籠用小火蒸約10分鐘取出，脊髓向上翻放入碗內，過一次湯，揀入二湯盤內。鍋內清湯加鹽、料酒、胡椒粉、味精、綠菜心、口蘑片、冬筍片燒開，接著注入碗內即成。
- 製作要領：選形整完好、粗細均勻的脊髓；魚糝要稀稠適度，造型要美觀大方；入籠蒸熟即可，以保持鮮嫩；配料要岔色美觀，用量適度。

【酸辣腦花】

熱菜：湯菜。酸辣味型。

- 特點：細嫩滑爽，酸辣鮮香。
- 烹製法：煮。腦花入水漂洗，去盡血筋，切成大丁，入加有鹽的開水鍋中微煮後撈出瀝乾水。鍋內化豬油燒至六成熱時，下

肉末炒散籽，加醬油少許炒上色至入味，摻鮮湯，加薑米、鹽、料酒、胡椒粉、腦花煮熟，下水豆粉至湯汁濃稠時，加醋、味精、蔥花推轉起鍋，淋香油即成。
- 製作要領：腦花應撕盡血筋；調製酸辣味應以鹹鮮味作基礎，重用醋和胡椒粉，酸辣味才易突出而更富有層次；湯內勾芡濃稀要適度，以半浮半沉為宜。

【炒腰花】

熱菜。鹹鮮味型。

- 特點：花形美觀，質地脆嫩，鹹鮮爽口。
- 烹製法：炒。豬腰洗淨剖開，去盡皮膜和腰臊，先斜剞，再直剞，切成三刀一斷的鳳尾形，入碗，用鹽、料酒、水豆粉拌勻。另碗，用醬油、鹽、胡椒粉、味精、水豆粉、鮮湯對成滋汁。鍋內菜油燒至七成熱時，放腰花快速炒散籽，潷盡餘油，放入泡辣椒節、薑片、蒜片、蔥節、萵筍尖片、水發木耳炒至出香斷生時，烹入滋汁，簸勻即成。
- 製作要領：腰花要剞深剞透剞均勻而不穿花；芡宜略乾少一點；入鍋必須快速翻炒成菜。

【炸桃腰】

熱菜。鹹鮮味型。

- 特點：形色美觀，桃仁酥香，豬腰脆嫩。
- 烹製法：炸。鮮豬腰去皮膜對剖為二，去盡腰臊，剞十字花刀，每片腰塊改正方形兩塊共20塊，醃上味後撲細乾豆粉；桃仁去皮炸酥。油鍋五成熱時，取腰塊用無花紋一面包一粒桃仁，再用蛋清豆粉封口，入熱油鍋略炸撈出；待油溫升至八成熱，再入鍋炸至金黃色起鍋，裝入條盤，配蔥醬、荷葉餅或生菜即成。
- 製作要領：炸腰塊要掌握好油溫和時間。

【宮保腰塊】

熱菜。煳辣味型。

- 特點：色澤金黃，脆嫩鮮香，酸甜微辣。

- **烹製法**：炒。豬腰洗淨去掉皮膜及腰臊，從腰子的內面直剞十字花刀後再切成塊，用鹽、料酒、水豆粉拌勻。另用醬油、鹽、白糖、醋、味精、鮮湯、水豆粉對成滋汁。鍋內混合油燒至七成熱時，放入乾辣椒節和整花椒炒成深紅色出香味時，再放腰塊炒翻花，下薑片、蒜片、蔥節炒勻，烹入滋汁至收汁，放入油酥花仁簸勻即成。
- **製作要領**：腰片剞刀距離要均勻，刀深2／3為度；烹時要急火短炒，手法俐落、腰塊斷生即可烹滋；油酥花仁要在起鍋時加入，以保證酥脆；滋汁對成荔枝味型。

【荷花酥腰】
　　熱菜。糖醋味型。
- **特點**：色鮮形美，質地酥嫩，甜酸鮮香。
- **烹製法**：炸。豬腰兩個，洗淨去皮膜，對剖後片盡腰臊，再片成24片。入碗內加花椒、胡椒粉、鹽、薑片、蔥葉、料酒浸漬入味。用硬酥麵擀成麵皮，入小盞內作成一個中空的蓮斗形，入爐烤熟，取出放大圓盤中心處。鍋內菜油燒至七成熱時，取腰片揾乾，兩面黏上麵粉，入鍋炸呈金黃色時撈出，刷香油圍擺三圈入大圓盤的蓮斗四周組合成荷花形。鍋內菜油燒至五成熱時，下薑、蒜粒炒香，烹入糖醋滋汁收濃，加香油推勻，舀入蓮斗盞內，擺入蔥白顆於蓮蓬內的滋汁面上即成。入席，食者蘸滋汁而食。
- **製作要領**：腰片花瓣大小要一致，然後逐片用刀尖剜眼，以免遇熱捲曲；腰片炸製要掌握好火候，達到外酥內嫩的要求；蓮斗與炸後的腰片在組合時要比例適度，形美生動。

【網油腰卷】
　　熱菜。椒鹽味型。
- **特點**：色澤金黃，外酥內嫩。
- **烹製法**：炸。豬腰洗淨對剖，片去腰臊，與豬肉、水發蘭片（玉蘭片）均切成細絲，入碗，加鹽、料酒、胡椒粉、全蛋豆粉拌勻成餡。豬網油洗淨揾乾水，切成大片，鋪平抹蛋清豆粉，放入餡料，捲成卷。鍋內菜油燒至七成熱時，腰卷黏上細乾豆粉後入鍋炸呈金黃色撈出，切成段，入盤擺成形，淋香油，配糖醋生菜、椒鹽味碟入席。
- **製作要領**：餡料應整齊地放網油上捲緊，卷口處和兩端要黏牢；豆粉應過篩至極細；炸時應輕輕翻動，使受熱均勻。

【清湯腰方】
　　熱菜：湯菜。鹹鮮味型。
- **特點**：成菜湯汁清澈，質地脆嫩，味道鹹鮮適口。
- **烹製法**：汆。豬腰洗淨，剖開，去盡腰臊，從腰內面剞十字花刀，再切成長方塊入碗，用薑、蔥汁、花椒、胡椒粉、清水浸泡，漂盡腥味。鍋內摻清湯，加鹽、料酒、胡椒粉、味精、口蘑、豌豆尖燒開；另鍋摻清湯燒開，下豬腰塊汆至翻花時，撈入清湯鍋內稍汆，連菜帶湯舀入湯碗中即成。
- **製作要領**：剞刀要勻，用薑、蔥汁浸泡去腥，漂盡血水；汆時以斷生起花為度，不能捲曲；湯要用特製清湯。

【冬菜腰片湯】
　　熱菜：湯菜。鹹鮮味型。
- **特點**：清淡爽口，質地細嫩，味極鮮美。
- **烹製法**：燙。大白豬腰去皮膜、腰臊，片薄片，用清水漂盡血水，再用開水燙熟撈出入二湯碗，並且灌入加冬菜熬成的清湯即成。
- **製作要領**：豬腰片張宜大，厚薄要均勻；腰片不可久燙，以保其鮮嫩；冬菜要熬出味，可酌加冬菜節子入二湯碗。

【乾燒蹄筋】
　　熱菜。家常味型。
- **特點**：色澤紅亮，質地軟糯，鹹鮮微辣。

- **烹製法**：煮、燒。乾蹄筋洗淨入開水鍋中用微火慢煮至粑軟透心，撈出沖漂瀝乾，修切整齊。芹菜切成細花，綠豆芽掐去兩端。鍋內化豬油燒至六成熱時，下肉末煵酥炒香，加薑末、料酒、醬油炒至上色入味起鍋。鍋內下菜油燒至五成熱時，下豆瓣炒至油呈紅色時，摻鮮湯燒開，打去渣，下蹄筋、肉粒入鍋內，加鹽、料酒、醬油、胡椒粉、味精，用中火燒至汁濃入味。豆芽入鍋加鹽、味精炒斷生，入盆墊底。蹄筋鍋內下芹菜花、蔥花推勻起鍋，舀蓋於盤內豆芽上即成。
- **製作要領**：蹄筋必須先要漲發粑透後再燒，燒時摻湯不宜過多，用小火慢燒自然收汁，忌勾芡。

【 桂花蹄筋 】

　　熱菜。鹹鮮味型。此菜因為顏色似桂花而得名。
- **特點**：軟糯帶柔，清淡味美。
- **烹製法**：炒。油發蹄筋泡漲，去盡油質，切成片，擠乾水分，放碗內加雞蛋液、調料拌勻。鍋中豬油燒熱，下蹄筋快速炒散，待吐油時起鍋，加蔥花和勻裝盤。
- **製作要領**：雞蛋與水豆粉比例適量，蹄筋入味不能炒焦。

【 酸辣蹄筋 】

　　熱菜。酸辣味型。此菜夏季多用，有醒酒除膩的功效。
- **特點**：酸辣而香，質地粑糯。
- **烹製法**：燴。豬蹄筋油發後去盡油質，改刀，入湯鍋過一次。豬瘦肉切細，入油鍋煵酥，放入鹽、醬油、薑末、胡椒粉等，摻好湯，下蹄筋燴入味後勾二流芡起鍋，下蔥花、醋、香油裝碗即成。
- **製作要領**：用好湯燴入味，胡椒粉、薑米、醋稍重，芡汁適量。

【 彩鳳蹄筋 】

　　熱菜：湯菜。鹹鮮味型。

- **特點**：形似彩鳳，湯清質細，色豔味鮮。
- **烹製法**：蒸。油發蹄筋去盡油質，改薄片搌乾水汽，每片敷魚糝做鳳身雛形；絲瓜去皮，留青改片汨一水；蛋皮、蘿蔔雕成鳳頭，上籠定型、蒸熟，灌清湯即成。
- **製作要領**：造型自然，比例恰當；蒸至定型熟透、不變色。

【 大蒜仔蹄筋 】

　　熱菜。鹹鮮味型。
- **特點**：色澤油亮金黃，質地軟糯，味鹹鮮醇香。
- **烹製法**：煮、燒。豬蹄筋洗淨入鍋，摻水煮2小時撈出洗淨。鍋內化豬油燒至五成熱時，下大蒜炸至進皮撈起，鍋內放拍破的整薑、蔥炒香，摻鮮湯燒沸，打去薑、蔥，放入蹄筋、糖色、料酒、鹽燒開，打盡浮沫，倒入鋁鍋內慢燒2小時至粑糯入味，加大蒜再燒至汁濃、蒜粑而不爛，放香油、味精推勻，盤內以炒斷生入味的鮮菜心墊底，舀入蹄筋蓋面即成。
- **製作要領**：燒之前蹄筋要煮至粑軟，大蒜應炸至進皮，燒時應用中火慢燒至粑糯。

【 生燒筋尾舌 】

　　熱菜。鹹鮮味型。
- **特點**：色紅汁濃，軟糯鮮美。
- **烹製法**：煨。將豬舌入開水汆後刮去粗皮，洗淨改一字條。鮮豬蹄筋洗淨，切成5公分長的節子。豬尾去毛刮洗乾淨，斬成5公分長的段子。包罐加紅湯，下筋、尾、舌、調料，大火燒開，改用小火煨粑，湯汁收濃時用菜心墊底，筋尾舌置面，裝大圓盤即成。
- **製作要領**：小火慢燒，燒粑入味，汁釅色不深。

【 火爆肚頭 】

　　熱菜。鹹鮮味型。
- **特點**：形色美觀，質地脆嫩，鹹鮮微辣。
- **烹製法**：爆。豬肚頭洗淨去油筋，剞十字

花刀，切菱形塊，碼味碼芡。筍改片，蔥、泡紅辣椒切馬耳朵形。炒鍋入油燒至八成熱，下肚頭爆炒翻花，入輔料炒轉，烹滋汁簸轉起鍋，入條盤即成。

- **製作要領**：肚頭除盡雜質，花刀要剞均勻，大火爆炒，芡汁適量。

【炒雜拌】

熱菜。家常味型。

- **特點**：鮮香微辣，脆嫩爽口。
- **烹製法**：炒。豬肝去筋，豬腰去臊，肚頭去油筋，與肥瘦肉均切成片，碼味碼芡。炙鍋入油，下主料炒散籽，加玉蘭片等調輔料，烹滋汁，簸轉起鍋，入條盤即成。
- **製作要領**：旺火快炒，保嫩提鮮，芡汁適量。此菜也可烹製成鹹鮮味。原料亦可用雞鴨肝、雞鴨肫，加豬肚頭、肥瘦肉（均切片）和其他配料炒。

【軟炸肚頭】

熱菜。鹹鮮味型。

- **特點**：色澤金黃，質地外酥香內脆嫩，鮮香適口。
- **烹製法**：炸。豬肚頭洗淨，去盡筋絡、油膜洗淨，從內面先剞十字花刀，再切成菱形塊，入碗，加鹽、料酒、蔥節、薑片浸漬約5分鐘，撈出揾乾，用蛋清豆粉拌勻。鍋內化豬油燒至五成熱時，肚塊抖散後入五成熱的油鍋內先炸進皮撈出，待油溫上升至七成熱，再入鍋複炸至呈金黃色時，潷盡炸油，接著放香油簸勻起鍋，裝條盤一端，撒上椒鹽，另一端配上糖醋生菜即成。
- **製作要領**：剞刀要深透均勻而不穿花；蛋清豆粉要稀稠適度，上漿不宜太多；炸分兩次，以免黏連或脫芡；生菜臨走菜時再拌，以免吐水。

【清湯麥穗肚】

熱菜：湯菜。鹹鮮味型。

- **特點**：肚成穗狀，湯清鮮香，質地脆嫩。

- **烹製法**：煨。取淨肚頭，去盡油筋治淨，從內面順紋路橫著斜剞0.7公分寬交叉十字花刀，再順紋路切作3公分寬、9公分長的條，用白鹼稍漬揉勻，入開水透盡鹼味。番茄去皮、去籽切瓣。肚頭用湯餵二次，入二湯碗（用豌豆尖墊底），接著灌以清湯即成。
- **製作要領**：剞後改條，務須順著刀路切。

【炸扳指】

熱菜。糖醋味型。此菜因形似舊時射箭者帶在手指上的「扳指」，故名。

- **特點**：皮酥內火巴，鮮香化渣，色澤金黃，油而不膩。
- **烹製法**：蒸、清炸。選優質豬肥腸頭，切去兩頭，洗淨，杂煮後加調料上籠蒸火巴，入油鍋中炸呈金黃色時取出，切1.5公分長節子，裝於條盤一端，另一端放生菜。另對糖醋滋汁，裝湯杯即成。
- **製作要領**：腸頭須洗淨，無腥味；腸頭蒸火巴後揾乾水分，用竹籤戳些氣眼，再下鍋炸。此菜也可上蔥醬和椒鹽味碟。此外，若烹糖醋芡汁或魚香芡汁，則稱「糖醋扳指」或「魚香扳指」。

【珍珠肥腸】

熱菜。鹹鮮味型。

- **特點**：色澤銀紅明亮，質火巴軟適口，味鹹鮮爽口。
- **烹製法**：燒。豬大腸切去肛門，反復清洗淨黏液和雜質，再入開水鍋內出水後撈出漂洗乾淨，切成節；獨蒜入四成熱的油鍋中炸進皮撈起。鍋內放油和白糖炒成糖色，再下肥腸炒上色，摻鮮湯燒開，打盡浮沫，下獨蒜、鹽、胡椒粉、薑、蔥、花椒，用小火燒火巴，揀出薑、蔥，放味精勾薄芡至收汁，推勻即成。
- **製作要領**：肥腸要用白礬反復揉搓沖洗至淨；蒜要先作炸前處理，要燒至火巴透。

【紅燒帽結子】

熱菜。鹹鮮味型。此菜因豬小腸治淨挽結燒製成，形如舊時瓜皮帽結，故名。

- **特點**：炑軟鮮香，鹹鮮中略有甜味。
- **烹製法**：燒。豬小腸反復揉搓洗淨，入開水鍋中汆去異味撈起，沖洗乾淨，每根挽結後再切段。鍋內放油和冰糖炒成糖色，放帽結子炒上色，摻鮮湯燒開，加鹽、料酒、胡椒粉、薑、蔥用小火燒至熟炑，去掉薑、蔥，放味精，勾二流芡推勻即成。
- **製作要領**：豬小腸應用白礬反復揉搓漂洗，結要挽緊；掌握好炒糖色的老嫩；腸要燒炑入味。

【清蒸雜燴】

熱菜。湯菜。鹹鮮味型。此為傳統的三蒸九扣菜式之一。

- **特點**：質感多樣，鹹鮮略香，色澤和諧，豐腴大方。
- **烹製法**：煮、蒸。用豬的肚、心、舌，刮洗淨，煮熟後與熟雞肉均切成2.5公分寬、4.5公分長、0.3公分厚的片。熟老肉、水發響皮、水筍、門板酥均改如上大小的片。芋頭切一字條，蒸炑。取蒸碗一個，芋頭先擺碗中，上堆酥肉，然後再將各料岔色擺好，上放幾片酥肉封頂，加調料，入籠蒸炑後取出，灌煮各料的原湯而成。
- **製作要領**：豬肚、心、舌須刮洗乾淨，改片時要有刀面；上籠須用旺火一氣蒸炑。

【芙蓉雜燴】

熱菜：半湯菜。鹹鮮味型。因成菜時再蓋以芙蓉蛋，故名。

- **特點**：原料多樣，色形美觀，湯菜合一，香鮮醇濃。
- **烹製法**：蒸。熟豬舌、肚、心、火腿、尖刀圓子、酥肉、水發響皮、水發筍子、水發雞松菌等切5公分長、3公分寬、0.3公分厚的片。各料岔開擺於蒸碗內（筍片、響皮墊底），加入奶湯、鹽、胡椒等，旺火蒸熟，翻入湯碗內，舀芙蓉蛋，接著灌奶湯成菜。
- **製作要領**：必須注意層次，突出主料；製好奶湯。

【攢絲雜燴】

熱菜：半湯菜。鹹鮮味型。

- **特點**：色澤美觀，味道鮮美，醇厚不膩，清淡可口。
- **烹製法**：蒸。熟豬肚、熟雞肉、熟火腿、水發筍子、水發冬菇、雞蛋皮、淨絲瓜皮、酥肉均切二粗絲，按風車形擺於蒸碗內（色岔開，雞絲蓋面），墊筍絲或黃豆芽，加胡椒粉、味精、鹽，摻清湯入籠蒸熟，取出扣入湯碗，灌清湯即成。
- **製作要領**：不宜久蒸，否則影響鮮香味；半湯半菜，湯汁恰當。

【紅燒什錦】

熱菜。鹹鮮味型。

- **特點**：用料豐富，色彩協調，鹹鮮味美，質感多樣。
- **烹製法**：燒。豬心、舌、肚洗淨，出一水，與雞肉均切大一字條。水發蹄筋切節，冬筍、青筍、紅蘿蔔洗淨，也切大一字條；冬菇用開水煮過改條。豬環喉洗淨，剞人字花刀，加味蒸炑。取炒鍋，加紅湯及調料，將前列各料先後燒炑，起鍋時以素菜墊底，其他料蓋面，環喉置最上面，原汁勾二流芡淋上即成。
- **製作要領**：掌握好各料質地，分先後入鍋燒炑入味；滋芡濃稠要適量。此菜以用料多樣為其特點，所用原料可根據情況隨意組合。

二、牛肉

【水煮牛肉】

熱菜。麻辣味型。

- **特點**：麻、辣、鮮、嫩、燙。

- 烹製法：煮。選腰柳肉，按橫筋切片（約長5公分、寬3公分、厚0.3公分），以鹽、水豆粉、醪糟汁碼勻。乾辣椒入油鍋熗至深紅色取出、鍘碎，再下郫縣豆瓣熗出色，繼下辣椒粉、薑、蒜米熗出香味，下青筍尖炒幾下，加紹酒，摻鮮湯，入蒜苗煮至斷生時揀出，盛窩盤內。肉片下鍋滑散，斷生後起鍋置於青筍、蒜苗上，撒以辣椒末，澆沸油，撒花椒粉即成。
- 製作要領：肉片碼芡不宜厚，湯不宜多，以肉片成濃糊狀為度。主料改用豬肉，則為「水煮肉片」。

【原籠牛肉】
熱菜。家常味型。
- 特點：肉質細嫩，味道濃香。
- 烹製法：粉蒸。黃牛肉去筋，橫切成片，加熟米粉、調料拌勻，入小圓竹籠上旺火蒸熟後，加上辣椒粉、花椒粉、蔥花、香菜即成。
- 製作要領：牛肉勿順切，米粉宜稍粗，用旺火蒸熟。

【燒牛頭方】
熱菜。鹹鮮味型。
- 特點：質地炬糯，滋味醇濃，湯汁稠釅。
- 烹製法：煮、蒸、燒。水牛腦頂皮燒後去盡毛和粗皮，用清水煮炬取出，切成3公分見方塊。用開水汆幾次，盛碗內，加清湯、火腿片、薑、蔥、料酒、糖汁、鹽等上籠蒸炬。炒鍋下清湯、鮮菜心吃味，湯開後撈起菜心。鍋內下牛頭方略燒，收汁起鍋入圓盤，周圍鑲菜心即成。
- 製作要領：牛頭要除盡粗皮、雜毛，須蒸炬，並除盡腥膻味。

【鍋酥牛肉】
熱菜。鹹鮮味型。
- 特點：色澤金黃，成形美觀，質地酥香，鬆軟化渣，風味獨特。
- 烹製法：燴、蒸、炸。牛肉洗淨煮熟，切大方條，入鍋放鹽、料酒、花椒、八角、桂皮、薑、蔥，摻鮮湯燒開，打盡浮沫，燴炬後撈出晾涼，切成厚片，平放入盤，倒入原汁，入籠蒸炬入味，出籠瀝去汁晾涼。蛋清撣散，加麵粉、細乾豆粉、鹽、味精調勻，入平盤抹勻，鋪上牛肉，再抹上蛋清豆粉。鍋內菜油燒至五成熱時，將牛肉輕輕滑入炸呈金黃色時撈起切成菱形塊，入條盤一端擺成形，另一端放糖醋生菜，配蔥醬味碟入席。
- 製作要領：蛋清糊的稀稠適度；平鋪牛肉時中間不能留縫；入鍋時動作要輕，慢慢滑入。

【家常牛肉】
熱菜。家常味型。
- 特點：成菜色澤紅亮，質地炬軟，味鹹鮮微辣。
- 烹製法：燒。選黃牛肋條肉洗淨，切成塊，入開水鍋內出水後撈出。鍋內菜油燒至四成熱時，下剁細的郫縣豆瓣炒至油呈紅色，下少許辣椒粉炒上色，放入牛肉煸乾水汽，烹入料酒，加八角、花椒略炒。摻牛肉湯，加鹽、糖色、胡椒粉燒開，撇去泡沫，加入整薑、蔥，用小火將牛肉燒至炬軟，除去薑、蔥、八角，勾薄芡收汁，推勻入盤、撒上香菜末即成。
- 製作要領：牛肉塊大小要一致，以2.5公分見方左右為佳；豆瓣要熗酥香，辣椒粉勿炒煳；要用小火慢燒至炬。亦可根據時令加入紅蘿蔔或土豆同燒。

【脆皮牛肉】
熱菜。麻辣味型。
- 特點：成菜外酥香內炬軟，入口化渣，麻辣鮮香。
- 烹製法：滷、炸。選黃牛腿肉洗淨，切成條塊，用鹽、料酒、花椒醃入味，入鍋用水燒開後撈起漂淨。鍋內另加清水，放入牛肉、香料袋，加鹽、醬油、料酒、薑、蔥、味精，加蓋用小火煮至八成炬時，撈

出切成片塊，放入蛋清麵粉拌勻。鍋內菜油燒至七成熱時，牛肉入鍋炸呈金黃色，撈起入盤，淋香油，撒上用鹽、辣椒粉、花椒粉調勻的椒鹽味料即成。

- **製作要領**：牛肉要去盡筋絡，橫切切斷纖維，切片要厚薄適度且均勻；辣椒粉宜用中辣粉為好，以免燥辣。

【子薑牛肉絲】

　　熱菜。鹹鮮味型。

- **特點**：色澤淺黃，質地鮮嫩，鹹鮮中有子薑辛香。
- **烹製法**：炒。牛肉切成絲，入碗用鹽、料酒、水豆粉拌勻。冬筍入開水鍋內微汩後撈出與子薑、蔥白均切成絲。鍋內菜油燒至五成熱時，下牛肉絲滑散，潷去餘油，下薑、蔥、冬筍絲炒香，烹入用鹽、料酒、醬油、鮮湯、味精、水豆粉對勻的滋汁，推勻收汁，淋香油簸勻即成。
- **製作要領**：牛肉要去盡筋絡，橫切成絲；醬油用量不宜太多；冬筍汩斷生即可；蔥絲宜稍粗。

【乾煸牛肉絲】

　　熱菜。麻辣味型。

- **特點**：乾香化渣，麻辣鹹鮮。
- **烹製法**：乾煸。精選黃牛里脊肉切二粗絲，芹菜切寸節，薑切細絲，乾辣椒切絲，豆瓣剁細。取炒鍋下熟菜油，下乾辣椒絲炸過打起，下牛肉絲煸乾水汽，烹醪糟汁，加入薑絲、豆瓣，煸至牛肉絲乾酥時下辣椒絲、芹菜節等調料簸轉起鍋，裝入條盤，撒上花椒粉即成。
- **製作要領**：牛肉絲粗細要均勻，用中火乾煸，切勿煸焦。

【芙蓉牛柳】

　　熱菜。鹹鮮味型。此菜取蛋清炒熟之色，美稱芙蓉。

- **特點**：黃底白面，細嫩酥香，鹹鮮而香。
- **烹製法**：煎、炒。牛肉洗淨切成片，用鹽、料酒、蛋清豆粉拌勻，入五成熱的菜油鍋中煎至兩面呈黃色熟透，鏟入盤中擺好。鍋內放菜油燒五成熱時，放薑末、蒜末、蔥花炒香，烹入對勻的滋汁，淋香油推勻，舀淋牛肉片上。鍋內放化豬油燒至六成熱時，將蛋清加鹽、水豆粉攪勻後入鍋炒熟，起鍋蓋於牛肉上即成。
- **製作要領**：肉片要厚薄均勻，大小一致；炒芙蓉蛋的時候，鍋要洗乾淨，以保持其色潔白。

【魚香牛柳】

　　熱菜。魚香味型。

- **特點**：汁色紅亮，皮酥內嫩，魚香味濃。
- **烹製法**：煎。牛肉洗淨切成片，用鹽、料酒、胡椒粉碼味後加入蛋漿拌勻，然後將鹽炒花仁末黏於肉片兩面，用手拍緊。鍋中放少量菜油燒至五成熱時，將牛柳片入鍋，煎炸呈金黃色至熟時入盤擺好。鍋中放菜油燒至五成熱時，下泡辣椒末、薑末、蒜末、蔥花炒香，烹入滋汁收濃，放香油推勻，舀淋於牛肉片上即成。
- **製作要領**：牛腰柳肉要去盡筋絡、橫切成片，再用刀背輕捶後用刀後根剞數下以免捲曲；黏花仁時要輕輕拍緊以免脫落；注意火候，要酥而不焦、熟而不老。

【蝦餃牛柳卷】

　　熱菜。茄汁味型。

- **特點**：造型美觀，色澤紅亮，鮮嫩酥香，鹹鮮可口。
- **烹製法**：蒸、炸。牛柳肉片成大張薄片，再用刀根剞數下，用鹽、薑、蔥、料酒、胡椒粉、全蛋液碼味拌勻。蝦仁、荸薺分別剁細，加蛋清、鹽、味精、胡椒粉、薑米調成餡，用熟圓蛋皮包成豆角形蝦餃，入籠蒸熟取出。牛柳片鋪平，抹蝦餡後捲成圓筒，滾黏上麵包粉，入五成熱的油鍋中炸至皮酥肉熟時撈出，切成厚圓片，放於盤中擺好，四周鑲放蛋餃。鍋內菜油燒至五成熱，下番茄醬微炒至油紅，下薑末

炒香，摻鮮湯，加鹽、味精、胡椒粉，勾薄芡收汁，淋香油推勻，接著舀淋牛柳上即成。

- **製作要領**：牛柳肉要去盡筋絡，要捲緊黏牢炸熟，也可分兩次炸製，先用溫油炸定型，待油溫升高再炸至皮酥熟透。

【炸熘牛肉卷】

熱菜。茄汁味型。

- **特點**：皮酥餡香，茄汁味濃。
- **烹製法**：炸、熘。牛肉片成大薄片，再逐片用刀根剞數下，入碗用鹽、料酒、蛋清豆粉拌勻。牛肉、冬筍、冬菇分別切成粒，加蔥花、蛋清豆粉、鹽、胡椒粉、味精拌成餡料。將牛肉片鋪平，包入餡料裹成卷，入七成熱的油鍋中炸至皮酥餡熟撈出，放盤內擺好。鍋內留油燒至四成熱時，下番茄醬略炒，烹入以鹽、白糖、醋、鮮湯、水豆粉對成的滋汁至汁濃，放香油，澆淋牛肉卷上即成。
- **製作要領**：牛肉要去盡筋絡，要捲緊黏牢；調味要突出甜酸，但要以鹹鮮味作基礎，層次更豐富。

【雙味牛排】

熱菜。麻辣味型，茄汁味型。

- **特點**：色澤金黃，皮酥內嫩，一菜雙味。
- **烹製法**：煎。牛排洗淨，用鹽、料酒、胡椒粉、薑、蔥醃漬入味，取出先撲一層麵粉，放入蛋液中裹勻，再放入麵包粉中黏勻。鍋中放油少許燒熱，將牛排入鍋，用小火慢煎至皮色金黃、內熟嫩時出鍋，斜刀片成20片入盤；淋香油，周圍鑲花蔥段和香菜。用鹽、花椒末、家製辣椒粉製成麻辣味碟。番茄醬入鍋用少許的油微炒後，加鮮湯、鹽、醋、白糖燒開，放味精、蔥花、水豆粉炒成茄汁味，入小碟，與麻辣味碟一同入席即成。
- **製作要領**：牛排要去盡筋絡和脂肪，麵粉、蛋液、麵包粉要裹勻；用小火慢煎至熟，避免外焦內生；裝盤要美觀、大方、

氣派。

【川式牛排】

熱菜。家常味型。

- **特點**：色澤金黃，鮮香嫩脆，鹹鮮微辣。
- **烹製法**：煎。選牛排一片，先剞3～4刀，用鹽、料酒、五香粉碼味後，裹上蛋漿再黏裹一層麵包粉。鍋內放少量菜油燒熱，牛排入鍋鋪平，用小火將兩面煎黃至熟起鍋入盤擺好。芥藍菜入開水鍋中稍燙，撈出入另鍋加鹽炒入味後鑲於牛排兩側。鍋中菜油燒至五成熱時，下剁細的郫縣豆瓣炒至油呈紅色時，下薑末、蒜末、蔥花炒香，烹入滋汁收濃，盛於味碟中隨牛排入席即成。
- **製作要領**：牛排剞刀要深透而不穿花，要碼入味；麵包粉要裹勻黏牢；用小火慢煎，注意翻動，避免焦煳。

【紅燒牛掌】

熱菜。鹹鮮味型。

- **特點**：掌形完整，腴美大方，色澤銀紅明亮，質地炽軟柔糯，味鹹鮮香濃。
- **烹製法**：煮、燒。犛牛掌在明火上燒焦表皮，入溫水浸泡後刮洗乾淨。鍋內摻清水，下牛掌、料酒、薑、蔥燒沸後用小火慢煮至熟透，撈起洗淨後去骨，用紗布包好。另鍋摻鮮湯，下鮮母雞肉塊、水發口蘑、干貝、牛掌、料酒、拍破的薑和蔥、鮮母雞油、糖色、鹽、胡椒粉燒開，打盡浮沫，用小火燒至炽透入味，將牛掌撈出入盤。另用炒鍋內放菜油燒熱，加鹽，下鮮菜心炒至斷生，鑲於牛掌四周。鍋內原汁打盡料渣，下味精，勾薄芡收至汁濃，下香油推勻，舀淋牛掌上即成。
- **製作要領**：牛掌先要燒煳表面，入水刮淨，去盡毛根，用小火慢燒至極炽柔糯方可；注意糖色的用量，以銀紅色為佳。

【煨牛蹄】

熱菜：半湯菜。薑汁味型。

- **特點**：成菜湯汁乳白，質地炟糯，味鹹鮮而香。
- **烹製法**：煨。牛蹄去盡硬殼，入開水鍋中汆水後，刮洗乾淨，去骨斬成塊。用砂鍋摻清水，放入牛蹄燒開，打盡浮沫，放料酒、拍破的薑和蔥、胡椒粉用小火煨至牛蹄炟軟柔糯、湯濃色白，揀去薑、蔥，加鹽、味精調好味，舀入湯盆中，配薑汁味碟入席。
- **製作要領**：牛蹄要刮洗乾淨，去盡毛根，用小火慢煨至質炟湯濃。

【家常牛筋】

熱菜。家常味型。

- **特點**：色澤紅亮，質地軟糯，汁濃辣香，家常味濃。
- **烹製法**：煮、燒。牛筋煮炟後改7公分長條，粗細均勻，用好湯餵好；選牛瘦肉或豬瘦肉剁成碎粒，下油鍋熷酥，下調料、鮮湯，放牛筋燒入味，勾芡，起鍋，裝圓盤即成。
- **製作要領**：牛筋燒炟燒入味，滋汁適量。此菜也可以不加肉末。

【蔥燒牛筋】

熱菜。鹹鮮味型。

- **特點**：汁濃蔥香，炟糯入味。
- **烹製法**：燒。水發牛筋改7公分長的條，用鮮湯餵起。炒鍋內油燒熱，下長蔥段略熷，加紅湯，下調料及牛筋，燒至炟糯、湯汁快濃時勾芡起鍋裝圓盤即成。
- **製作要領**：牛筋發透；必須燒炟入味，勿黏鍋。

【鳳翅牛筋】

熱菜。鹹鮮味型。

- **特點**：鮮嫩炟糯，鹹鮮爽口。
- **烹製法**：燒。將乾牛筋洗淨入鍋，摻清水，用小火熷至八成炟時撈出，切成條。雞翅洗淨去翅尖，一斬為三段，入開水鍋中汆透撈起。鍋內化豬油燒至五成熱時下薑、蔥炒香，摻鮮湯燒開，下雞翅、牛筋，放鹽、料酒，用小火燒炟，打去薑、蔥，加枸杞、味精、化雞油燒至汁濃入味即成。
- **製作要領**：牛筋必須熷至炟軟；雞翅應汆透洗淨，去盡殘毛；湯汁不宜過多，以小火慢燒至炟透。

【紅燒牛腦】

熱菜。家常味型。

- **特點**：成菜色澤淺紅明亮，質地炟軟，鹹鮮辣香。
- **烹製法**：汆、燒。牛腦入清水淹沒，用手托著撕盡血筋，入微開水鍋中汆熟後，切成塊。鍋內菜油燒至五成熱時，下乾辣椒段、薑米、粗蔥花炒香，摻鮮湯燒開，放入牛腦，加鹽、料酒、醬油、胡椒粉燒至入味，加味精推勻，接著勾薄芡收汁起鍋即成。
- **製作要領**：牛腦血筋要撕盡；燒牛腦忌用旺火，要輕翻慢撬；芡要收緊。

【酥炸牛腦】

熱菜。椒鹽味型。

- **特點**：成菜色澤金黃，外酥內嫩，味道鹹鮮麻香。
- **烹製法**：汆、炸。牛腦治淨，入微沸水鍋中加鹽汆熟，撈出晾冷，切成塊，撒入胡椒粉、麵粉拌勻。鍋內菜油燒至五成熱時，牛腦逐塊裹上全蛋糊，入鍋炸至定型撈起，待油溫升至七成熱時再入油鍋內複炸至皮酥、色金黃，撈出瀝乾油入盤，撒上椒鹽即成。
- **製作要領**：牛腦血筋要撕盡；裹全蛋糊要均勻、黏牢；先用中火炸定型，油溫上升再複炸成菜。

【爆牛肚梁】

熱菜。鹹鮮味型。

- **特點**：質地嫩軟，鹹鮮味濃。
- **烹製法**：爆。牛肚梁去油筋刮洗乾淨，橫

切成薄片。炒鍋置旺火下油，待油溫升至八成熱時下薑片、花椒略煸，下牛肚梁爆散，速下泡紅辣椒（切馬耳朵形）、木耳、青筍片炒轉，烹滋汁，簸轉起鍋入條盤即成。

- **製作要領**：火候須掌握好，切勿過火，動作迅速；芡汁濃淡適宜。

【乾炸肚梁】

熱菜。椒鹽味型。

- **特點**：色澤黃亮，質地酥脆，鹹鮮麻香。
- **烹製法**：炸。牛肚梁洗淨去皮剞花，再切成塊，加鹽拌勻後再加麵粉糊拌勻，逐塊抖散，入五成熱的油鍋內炸至定型呈淺黃色時撈出，待油溫上升到七成熱時再入鍋內複炸至皮酥色深黃。潷盡餘油，淋入香油簸勻入盤，撒上椒鹽味料即成。
- **製作要領**：肚梁要剞深透而均勻、不穿花，切塊大小一致；裹麵糊宜略乾，少一點；炸分兩次以便掌握火候；椒、鹽要配組合適，應以體現麻香為度。

【魚香牛肝】

熱菜。魚香味型。

- **特點**：牛肝細嫩，魚香味濃。
- **烹製法**：炒。牛肝洗淨切薄片，用鹽、料酒、水豆粉拌勻。鹽、醬油、料酒、白糖、醋、水豆粉、牛肉湯入碗內對成滋汁。鍋內菜油燒至七成熱時，下肝片炒散籽，放剁細的泡辣椒、薑末、蒜末、蔥花炒勻出香，烹入滋汁至汁濃時放香油推勻即成。
- **製作要領**：牛肝筋絡要去盡，片張要薄而均勻；烹製動作要快捷；味要調準，鹹甜辣酸兼備，薑、蔥、蒜味突出。

【大棗牛肝湯】

熱菜：湯菜。鹹鮮味型。

- **特點**：肝嫩棗炬，湯鮮爽口。
- **烹製法**：煮。牛肝洗淨，片成薄片，加鹽、水豆粉拌勻。大棗洗淨，入清水中泡透。鍋內摻牛肉湯，放入大棗燒開，煮至棗炬，下牛肝片，放胡椒粉、料酒、鹽煮至肝片斷生，放味精起鍋即成。
- **製作要領**：牛肝要去盡筋絡和皮膜；大棗要先煮炬；肝片煮至斷生即可。

【枸杞牛鞭湯】

熱菜：湯菜。鹹鮮味型。此菜有強身壯陽的食療作用。

- **特點**：湯色清澈，濃郁醇香，質地炬糯，富於營養。
- **烹製法**：燉。鮮牛鞭去盡表皮，順尿道對剖洗淨，用開水汆煮後撈起漂冷，撕去浮皮，刮淨雜質，再出幾次水。燉鍋盛冷水，下牛鞭、雞肉、雞油，燒開後打去浮沫。放薑、料酒移至小火，加入枸杞燉炬，裝入湯碗即成。
- **製作要領**：雞肉提鮮，燉炬時撈起另作他用；牛鞭燉至八成炬時撈起改成小一字條後下鍋再燉；須用小火慢燉，要注意翻動勿黏鍋。

【清燉牛尾湯】

熱菜：湯菜。鹹鮮味型。

- **特點**：湯汁清爽，牛尾炬糯，鮮香醇美。
- **烹製法**：燉。鮮牛尾選用中段，除去殘皮後洗淨，骨縫處劃一刀，不切斷，用清水泡盡血污。取燉鍋加清水下薑、料酒，加入牛尾燒開，打去浮沫，改用小火燉至七成炬時撈出，濾去湯中雜質，再與牛尾燉至炬糯，起鍋裝入大湯碗，配上香油豆瓣碟即成。
- **製作要領**：燉開後打盡血泡雜質，慢火久燉至牛尾肉離骨而不散即可。

【清燉牛肉湯】

熱菜：湯菜。鹹鮮味型。

- **特點**：其湯清爽，筋軟糯，肉化渣，味道鮮香。
- **烹製法**：燉。先將黃牛肉在清水中浸漂，入燉鍋用小火燉至七成炬取出，按橫筋切

大一字條。湯用紗布濾去雜質，與牛肉繼續燉至炟軟。白蘿蔔去皮切條，煮炟，撈出用牛肉湯燴起。走菜時用蘿蔔墊底，牛肉蓋面，灌原湯，帶香油豆瓣碟即成。

- **製作要領：**燉時用小火，保持湯微沸，切勿黏鍋；牛肉下鍋初開時，打盡浮沫雜質，保持潔淨。

三、羊肉

【 醬爆羊肉 】

熱菜。醬香味型。

- **特點：**色澤黃亮，細嫩鮮香。
- **烹製法：**炒。選羊腿肉洗淨，去筋切薄片裝碗中，加鹽、料酒、水豆粉拌勻。炒鍋內菜油燒熱，下羊肉片炒散後加甜醬炒勻，再下蔥段和泡紅辣椒節和轉，烹滋汁，迅速簸鍋入盤即成。
- **製作要領：**醬不宜多，滋汁應適量。

【 酥炸羊肉 】

熱菜。鹹鮮味型。

- **特點：**顏色金黃，鬆軟酥香。
- **烹製法：**蒸、酥炸。選羊腿肉洗淨，改4公分見方的長條，裝蒸盤中，加鹽、料酒、胡椒粉、薑、蔥，入籠蒸至七成熟時取出，晾冷後裹蛋豆粉，入五成熱的油鍋中炸進皮撈起，待油溫升至八成熱時再下鍋，炸至皮酥撈起，橫切成厚約0.7公分的片，盛條盤中，配生菜或蔥醬、椒鹽味碟即成。
- **製作要領：**羊肉須蒸入味；把握好兩次炸製所用的油溫。

【 燒羊肉 】

熱菜。家常味型。

- **特點：**色呈棕紅，肉質炟軟，家常味濃。
- **烹製法：**燒。將肥瘦兼備的羊肉洗淨，用清水漂盡血水，切塊，入開水汆後撈出。

白蘿蔔洗淨切塊。旺火炒鍋入油，下豆瓣煵香後加湯稍熬，打去浮沫料渣，加入羊肉、香料、燒至炟軟，放入蘿蔔燒至入味。走菜時裝圓盤，蘿蔔墊底，羊肉置面，撒香菜即成。

- **製作要領：**羊肉除盡血水；五香調料用紗布包好下鍋；小火慢燒入味。

【 砂鍋羊肉 】

熱菜。鹹鮮味型。

- **特點：**成菜形色古樸大方，炟軟適口，湯汁鮮美。
- **烹製法：**蒸、燴。鮮羊肉去骨，洗淨汆煮後沖涼入盆，加鹽、料酒、胡椒粉、花椒、薑、蔥，摻鮮湯入籠蒸炟取出，晾涼切成片。紅蘿蔔、白蘿蔔、萵筍削成圓球汩透。金鉤放蒸碗內，加鮮湯入籠略蒸。白菜心入開水鍋內汩斷生。鍋內摻蒸羊肉的鮮湯，下菜心、冬筍片、冬菇片、火腿片、金鉤、紅蘿蔔、白蘿蔔、萵筍，加鹽、料酒、胡椒粉、味精燒開，倒入砂鍋內，上鋪羊肉片，下薑、蔥，淋化雞油，在小火上燴熟入味，去掉薑、蔥，勾薄芡至收汁，將砂鍋放入托盤入席。
- **製作要領：**羊肉要反復揉搓去盡血污；味不宜重，以體現原料鮮香。

【 米粉羊肉 】

熱菜。鹹鮮味型。

- **特點：**形狀大方，色澤黃亮，炟軟柔糯，鹹鮮而香。
- **烹製法：**蒸。糯米入鍋炒黃、磨成略粗的米粉。羊肉洗淨切成條片，用鹽、醬油、味精、薑米、花椒粉醃漬入味，用生菜油、冷羊肉湯少許加米粉拌勻，整齊地定於蒸碗內，餘下的入碗內墊底，入籠蒸至炟軟，出籠翻扣入盤，撒上香菜末即成。
- **製作要領：**拌羊肉要乾稀適度，米粉應磨略粗一點。亦可改用家常味，或用含水分少的芋兒、青豌豆、青黃豆等墊底。

【酒烤羊腿】

熱菜。鹹鮮味型。

- **特點**：形狀大方，質地酥炟，味鹹鮮略帶酒香。
- **烹製法**：烤。羊肉洗淨斬成大塊，用鹽、料酒、味精、胡椒粉、薑、蔥、八角、桂皮醃漬1小時，再放五糧液酒拌勻，入烤盤內，放嫩芹菜絲、圓蔥片，淋熟菜油，摻鮮湯，入烤爐烤呈淺黃色時將盤內原汁淋入羊肉上再烤，反復幾次至汁乾亮油、色澤金黃，出爐取羊腿，刷香油後切成片，圍擺大圓盤一周，淋入原汁，中間放糖醋生菜即成。
- **製作要領**：羊肉要洗淨醃碼入味，用酒量略大以使酒香濃郁；烤時要反復淋汁至熟；須趁熱切成略厚的大片，裝盤要美觀氣派。

【家常羊肉絲】

熱菜。家常味型。

- **特點**：成菜其色紅亮，質細嫩，微辣香，味鮮美。
- **烹製法**：炒。羊里脊肉洗淨，切二粗絲，碼味碼芡。子薑切絲，芹菜切寸節，蔥改馬耳朵形。炙鍋加菜油，下羊肉絲炒散籽，加調輔料，接著烹汁搋轉起鍋，入條盤即成。
- **製作要領**：切絲要粗細均勻；用旺火炒製；芡汁適量；配料也可加青蒜。

【麻辣羊肉丁】

熱菜。麻辣味型。

- **特點**：色澤紅亮，質地脆嫩，麻辣味鮮。
- **烹製法**：炒。羊肉切丁，用鹽、料酒、醬油、花椒水漬入味後，用蛋清豆粉拌勻。鮮冬筍切成丁。鍋內菜油燒至五成熱時，下羊肉丁滑散後倒入冬筍丁炒熟。潷去餘油，下薑末、粗蔥花炒香，放辣椒粉炒勻至香，烹入用鹽、醬油、味精、水豆粉、鮮湯對成的滋汁，至收汁搋勻盛盤內，撒上花椒粉即成。

- **製作要領**：肉丁和冬筍丁成形要均勻，無鮮冬筍可改用嫩萵筍；如不用辣椒粉，亦可用剁細的泡紅辣椒或郫縣豆瓣；花椒粉用量略大以突出麻香。

【茄汁羊肉丁】

熱菜。茄汁味型。

- **特點**：色澤紅亮，肉質細嫩，鹹鮮中略帶酸甜。
- **烹製法**：炒。羊肉和淨萵筍分別切成丁。羊肉丁用鹽、味精、花椒水漬入味後，用蛋清豆粉拌勻。鍋內菜油燒至五成熱時，下羊肉丁炒散籽，潷去餘油，下番茄醬炒上色，再下薑、蔥、蒜米炒香，加萵筍丁炒勻，烹入用白糖、鹽、白醋、鮮湯、味精、水豆粉對成的滋汁，收汁淋香油簸勻即成。
- **製作要領**：羊肉要去盡筋絡，成形大小要一致。

【虎皮羊腸】

熱菜。鹹鮮味型。

- **特點**：色如虎皮，炟軟略脆，鹹鮮而香。
- **烹製法**：炸、炒。熟羊肥腸切成段，用鹽、醬油、花椒水漬入味，用水豆粉拌勻。鍋內菜油燒至七成熱時，下肥腸炸至呈黃色時，撈出瀝乾油。潷去餘油，下蒜片、薑片、蔥段炒香，下水發木耳、肥腸合炒，烹入滋汁，淋香油簸勻即成。
- **製作要領**：羊腸要洗淨煮至熟炟；滋汁不宜多、不宜濃，以能上味為度。

【熘羊肝】

熱菜。鹹鮮味型。

- **特點**：色澤金紅，質地細嫩，鹹鮮爽口。
- **烹製法**：熘。羊肝洗淨，去盡筋絡切成薄片，用鹽、胡椒粉、料酒碼味後，用蛋清豆粉拌勻。鍋內菜油燒至六成熱時，下羊肝滑散，潷去餘油，下薑米、蒜片、泡紅椒段、蔥片炒香，下玉蘭薄片、豌豆尖略炒，接著烹入滋汁搋勻收濃，淋香油簸勻

即成。

• **製作要領**：羊肝片要去盡筋絡；炒要急火爆炒；以玉蘭片、豌豆尖斷生為度。

【燉羊尾】

　　熱菜：半湯菜。鹹鮮味型。

• **特點**：湯汁清爽，菜紅、黃、白相間，羊尾杷軟，味鮮香濃。

• **烹製法**：燉。羊尾治淨切段，出一水撈出。花椒、八角、桂皮、薑片洗淨，放入紗布袋中。鍋內摻清水，放入羊尾和香料袋燒開，打盡浮沫，用小火燉至熟杷，下胡蘿蔔塊、番茄片燉至熟杷時下鹽、味精、胡椒粉燒開，舀入湯盅內即成。

• **製作要領**：羊尾要去盡尾油和殘毛；燉至熟杷；走菜時浮油要撇盡。

四、其他肉類

【油淋仔兔】

　　熱菜。荔枝味型。

• **特點**：色澤金黃，酥嫩鮮香。

• **烹製法**：炸。兔肉排鬆刀剞，碼味浸漬後用抓勻抓起，熱油淋至金黃色至熟取下，斬一字條，裝條盤（擺三疊水），掛荔枝味汁即成。

• **製作要領**：底味適度；注意油溫，炸熟炸透不炸煳。

【香酥鮮兔】

　　熱菜。鹹鮮味型。

• **特點**：色澤金黃，外酥內嫩，鹹鮮而香。

• **烹製法**：蒸、炸。兔肉洗淨，去骨，去盡筋絡、邊皮，斬成大塊，用鹽、料酒、胡椒粉、味精碼入味，入盆加八角、桂皮、花椒、蔥節、薑片，上籠蒸至熟杷出籠。鍋內菜油燒至七成熟時，下兔塊炸呈金黃色時撈起，刷香油，斬成小塊，擺入盤，配花蔥、甜醬味碟入席。

• **製作要領**：兔肉成塊要勻；要碼入味；甜醬要加蓋入籠蒸熟。

【珊瑚仔兔】

　　熱菜。鹹鮮味型。

• **特點**：紅白相間，素雅協調，細嫩爽口，鹹鮮而香。

• **烹製法**：蒸、燒。淨鮮兔肉漂盡血污，先剞十字花刀，再切成塊，用鹽、料酒、胡椒粉、薑碼入味，揀去薑，用蛋清豆粉拌勻，入開水鍋中滑散撈出，入碗，加鹽、清湯、胡椒粉攪勻，上籠蒸熟取出。胡蘿蔔切成吉慶塊。鍋內放化豬油、清湯、鹽、胡椒粉、味精，下兔花、胡蘿蔔塊，燒至胡蘿蔔杷時，勾薄芡收汁，淋化雞油推勻起鍋，兔花置盤正中，周圍鑲胡蘿蔔塊即成。

• **製作要領**：兔肉剞花要深要勻，以便滑後起花；燒的時候湯不宜多，以燒至汁濃菜杷為度。

【小煎兔】

　　熱菜。家常味型。

• **特點**：色澤橘紅，質地嫩爽，鹹鮮微辣。

• **烹製法**：炒。兔肉洗淨淺剞十字花刀再切成一字條，入碗用鹽、料酒碼味，加蛋清豆粉拌勻。鍋內菜油燒至六成熱時，倒入兔條炒至散籽吐油，加泡紅辣椒段、薑末、蒜末、蔥片炒出香味，加入萵筍條和芹黃段炒勻，烹入用醬油、白糖、醋、味精、醪糟汁、鮮湯對成的味汁，待收汁吐油時淋香油簸勻即成。

• **製作要領**：兔條要切勻；炒時動作要迅速，以保持肉質鮮嫩。

【鮮熘兔絲】

　　熱菜。鹹鮮味型。

• **特點**：肉質細嫩，鹹鮮微辣。

• **烹製法**：熘。選兔背柳肉，切二粗絲，碼味，碼蛋清豆粉。炒鍋置旺火上，下豬油燒熱，下兔絲滑散籽，潷去餘油，下薑、

蒜、泡辣椒絲炒轉，速烹滋汁，簸轉起鍋，裝入條盤，撒上蔥絲即成。

- **製作要領**：兔絲粗細均勻；上芡均勻，厚薄適度；油滑時溫度不能高。

〖 銀針兔絲 〗

熱菜。鹹鮮味型。

- **特點**：色澤紅、白相間，協調雅致，味鹹鮮微辣。
- **烹製法**：熘。兔肉洗淨切成二粗絲，入碗，用鹽、料酒、蛋清豆粉拌勻。綠豆芽摘去芽、根。泡辣椒切成細絲。鍋內化豬肉燒至五成熱時，下兔絲滑散，潷去餘油，下綠豆芽炒斷生，加泡辣椒絲簸勻，烹入滋汁至收汁起鍋即成。
- **製作要領**：兔絲要粗細切均勻；豆芽要選鮮嫩粗狀而絲直的；辣椒用量宜少只作點綴；火宜大，油溫不宜過高，鍋要炙好，兔絲入鍋要滑散；豆芽斷生即可。

〖 家常兔塊 〗

熱菜。家常味型。

- **特點**：細嫩軟脆，鹹辣之中又略帶清香，四川鄉土風味濃郁。
- **烹製法**：燒。兔肉洗淨斬成塊。萵筍切成滾刀塊。鍋內菜油燒至七成熱時，下兔塊、鹽、花椒煸乾水汽起鍋。鍋內另下菜油燒至五成熱時，下剁細的郫縣豆瓣炒至油呈紅色，摻鮮湯燒開，打去渣，加醬油、薑塊、蔥節、兔塊燒開，打去浮沫，用中火燒至兔塊八成炮時下萵筍，燒至兔炮、菜熟入味，加味精，勾薄芡收汁起鍋即成。
- **製作要領**：兔塊要斬勻；兔肉要燒至熟炮入味後才收汁。

〖 煳辣兔塊 〗

熱菜。煳辣味型。

- **特點**：色棕紅，質細嫩，味辣香。
- **烹製法**：炒。鮮兔腿肉洗淨，剞交叉十字花刀，改梭子塊，碼味碼芡。取炒鍋下菜

油，放乾辣椒節、花椒略炸至呈醬紅色，下兔塊炒散籽，入薑、蒜片炒香，烹入荔枝味滋汁，簸轉起鍋，裝入魚盤即成。

- **製作要領**：乾紅辣椒節與花椒粒勿炸焦，用旺火炒製。

〖 魚香兔花 〗

熱菜。魚香味型。

- **特點**：味濃鮮香，肉質嫩滑。
- **烹製法**：炒。選用鮮兔背脊肉，去筋切厚片，用直刀剞十字花形，切菱形塊，碼味，碼蛋清豆粉。炙鍋入豬油燒熱，下兔花炒散籽，加調料，速烹魚香滋汁，下蔥花簸轉，起鍋入條盤即成。
- **製作要領**：兔花碼足底味，吃夠水分，上芡均勻；滑時油溫不宜高。

〖 鍋貼兔片 〗

熱菜。鹹鮮味型。

- **特點**：色澤黃亮，香酥脆嫩，爽口化渣。
- **烹製法**：鍋貼。兔肉洗淨，片成24張條方薄片，入碗用鹽、料酒、味精、蛋清豆粉拌勻。肥膘肉切成厚0.6公分的24張條方片，入開水鍋中汆去表面浮油，撈出揩乾，熟火腿、金鉤、荸薺、蔥白均分別切成細末。蛋清豆粉加鹽、味精調勻，抹在肥膘上，撒上火腿、金鉤等細末按平，再將兔片貼在面上，上面抹蛋清豆粉，撒上火腿、荸薺、蔥米等細粒按平黏牢。鍋內化豬油燒至五成熱，將兔片底面肥膘拖上水豆粉，入鍋，小火慢煎至肥膘吐油呈金黃色熟透時起鍋裝盤，配蔥醬味碟入席。
- **製作要領**：兔肉要去盡皮筋；肥膘肉片先要用刀跟遍戳小孔，以免捲縮；鍋貼要掌握好火候。

〖 魚香酥皮兔糕 〗

熱菜。魚香味型。

- **特點**：汁色紅亮，兔糕深黃，外酥內嫩，魚香味濃。
- **烹製法**：蒸、炸。精選鮮兔背脊肉（又稱

「腰黃肉」）捶茸，加蛋清、豬油等製成兔糁，加荸薺碎粒拌勻，平攤於盤內約1.5公分厚，上籠蒸熟，取出冷卻後改大一字條，撲乾豆粉。再於蛋漿中拖過，滾上一層麵包粉，入溫油鍋稍炸後撈出。待油溫回升至八成熟時，再入油鍋炸至深黃色打起。潷去餘油，烹入魚香滋汁，下兔糕，簸轉起鍋，入長條盤即成。

- **製作要領**：兔糁要打得老嫩適度，開條要整齊均勻。

【家常桃仁兔糕】

熱菜。家常味型。

- **特點**：色澤金黃，外酥內嫩，鹹鮮微辣，家常味濃。
- **烹製法**：蒸、炸。兔糁內放入去衣的桃仁粒，入抹化豬油的平盤內抹平，入籠蒸熟成桃仁兔糕，切成菱形塊。鵪鶉蛋加鹽煮熟去殼，切刻成小白兔。鍋內菜油燒至七成熱時，兔糕塊加上少許蛋黃液拌勻，再黏上麵包粉裹勻，入鍋炸呈金黃色，入盤擺在中心，周圍將上味熘熱的小白兔擺在香菜葉片上。鍋內化豬油燒至五成熱時，下剁細的郫縣豆瓣、泡辣椒炒上色，下薑末、蒜末炒香，烹入滋汁至收汁，加蔥花推勻，裝入口湯杯內與兔糕同上。
- **製作要領**：桃仁要用溫水泡後去皮；兔糕用中火蒸熟即可。

【銀芽鹿肉絲】

熱菜。鹹鮮味型。

- **特點**：顏色素雅，細嫩香脆，味鹹鮮略帶乳酸辣香。
- **烹製法**：炒。鮮鹿肉洗漂淨後切成二粗絲，用鹽、料酒碼味後，用蛋清豆粉拌勻。綠豆芽洗淨掐去兩頭。泡辣椒、薑切成絲。鍋內化豬油燒至五成熱時，放鹿肉絲滑散，潷去餘油，下豆芽、薑絲、泡辣椒絲炒勻，烹入鹽、味精、胡椒粉、水豆粉、鮮湯對勻的滋汁推勻至收汁，放香油簸勻即成。

- **製作要領**：切絲要粗細均勻；肉絲入鍋要滑散；豆芽斷生即可。亦可採用家常味、魚香味烹製。

【香酥鹿肉片】

熱菜。魚香味型。

- **特點**：色澤紅亮，外酥內嫩，鹹甜酸辣兼備，薑蔥蒜香突出。
- **烹製法**：炸。鮮鹿肉洗淨切成片，用鹽、料酒、胡椒粉碼味後，用蛋清豆粉拌勻。鹽、醬油、白糖、醋、味精、料酒、鮮湯、水豆粉入碗對成滋汁。鍋內菜油燒至五成熱時，下鹿肉炸進皮撈出，待油溫上升至七成熱時，入鍋複炸至皮酥呈金黃色時撈出，潷去餘油，下剁細的泡辣椒炒斷生，再加薑、蒜末炒香，烹入滋汁，放入蔥花，推轉至收汁，再倒入炸後的鹿肉片簸勻即成。
- **製作要領**：鹿肉片成形要厚薄一致，大小均勻；炸分兩次至皮酥肉嫩。

【紅燒鹿筋】

熱菜。鹹鮮味型。

- **特點**：色澤黃亮，軟糯味醇。
- **烹製法**：煨。乾鹿筋清水泡軟，撕去鹿肉、油皮及一切雜質，切成5公分長的段，入鍋，用鮮湯加料酒連續煮三次（每次20分鐘），撈出備用。炒鍋內油燒熱，放雞塊、五花豬肉塊煸炒，然後加薑、料酒、醬油、鹽、鮮湯和鹿筋，燒開後舀入砂鍋中，用微火煨至鹿筋烟軟。鮮菜心用煨鹿筋的湯汁煮烟，打起盛於條盤作底，雞塊、豬肉塊舀於盤中，然後揀鹿筋蓋在菜心上，原汁在炒鍋中收濃之後，淋於鹿筋上即成。
- **製作要領**：除盡膻味，煨至烟軟。

【清燉鹿沖】

熱菜：湯菜。鹹鮮味型。

- **特點**：湯清味鮮，質地烟糯，有補腎、壯陽、益精之功效。

- **烹製法**：燉。鮮鹿沖洗淨煮至半熟，撈出去掉筋和粗皮，剖開尿道刮洗乾淨，切成段。雞肉斬成條塊。鍋內摻清水，放薑、蔥、料酒、鹿沖燒開，撈出，如法反復幾次，去盡膻味。砂鍋摻清水，放雞塊、豬肘、鹿沖燒開，打盡浮沫，加料酒、薑、蔥、花椒用微火慢燉至炣軟、湯濃時去掉薑蔥，撇去浮油，撈出豬肘另作他用，放鹽、胡椒粉、味精調好味。先將雞塊入碗墊底，再將鹿沖放在上面，接著注入原湯即成。
- **製作要領**：鹿沖要刮盡粗皮，尿道內膜必須刮洗乾淨；重用薑、蔥、料酒反復餵煮去盡膻味；烹時用微火慢燉，使湯不易渾濁；亦可加枸杞子燉製。

【 三鮮鹿掌 】

熱菜。鹹鮮味型。
- **特點**：色澤金黃，質地炣糯。
- **烹製法**：煮、煨。選乾鹿掌20只，用溫水泡透，洗淨去雜質，入開水鍋煮至離骨撈起，去毛根、繭皮、趾骨。取炒鍋加鮮湯、調料，下鹿掌餵二次，再用紗布包好，放鍋內加紅湯，用小火煨炣。另取熟火腿、雞脯肉、冬筍改片入鍋，用豬油稍炒，加煨製鹿掌的原汁燒入味，起鍋盛入大圓盤墊底，再將鹿掌取出放在上面（掌心向上），用原汁勾薄芡淋上即成。
- **製作要領**：毛根、繭皮要除盡；煨製時要用高級紅湯；勾芡要適量。

【 一品熊掌 】

熱菜。鹹鮮味型。此菜可以用作高級筵席頭菜。
- **特點**：色澤紅亮，掌肉完整，質地軟糯，味濃汁稠。
- **烹製法**：煮、燒。選新鮮熊前掌一對，入鍋加水煮兩小時，撈出拈盡茸毛，削去繭皮，再入鍋加鮮湯、調料，反復煮數次（每煮一次，鮮湯和調料均需另換），除盡趾骨，用乾淨紗布包好。另取炒鍋下豬

油、雞塊、肥瘦豬肉煸炒，加鮮湯、調料和熊掌入鍋燒開，打盡泡沫，移小火上燶炣。起鍋後取出熊掌，盛大圓盤（用蔥段煸炒後墊底），掌心向上。將鍋內原汁收濃淋於熊掌上即成。
- **製作要領**：熊掌膻味要除盡，取趾骨時注意保持掌形完整；滋汁要適量。

【 酒燜熊掌 】

熱菜。鹹鮮味型。
- **特點**：色澤銀紅明亮，質地炣糯，鹹鮮回甜，酒香濃郁。
- **烹製法**：燒。熊掌入鍋摻清水燜煮2小時，撈出刮去粗皮，去盡茸毛，削去老繭，再用鮮湯反復餵煮後，去骨用紗布包好。雞、鴨、排骨斬成塊出一水，鍋摻鮮湯，放入排骨、雞、鴨、薑、蔥、冰糖色、鹽、胡椒粉和熊掌包燒開，打盡浮沫，倒入葡萄酒，用小火慢燒至汁濃掌炣。另用砂鍋放化豬油燒至五成熱時，下薑、蔥炒香，加入燒熊掌的原汁，熊掌解包放入鍋內，（雞、鴨、排骨另作他用），用小火收至汁濃，將蔥白段揀出放圓盤正中，熊掌面向上放於蔥白上。鍋內放香油推勻，舀淋熊掌上，西藍花炒熟，圍於熊掌四周即成。
- **製作要領**：熊掌要漲發透、去盡毛和繭皮，去骨時注意保持掌形完好；用鮮湯反復餵煮除盡膻味，再用微火慢燒至炣而不爛；重用葡萄酒以突出酒香。

【 兼得魚掌 】

熱菜。鹹鮮味型。古人云：魚我所欲也，熊掌亦我所欲也，二者不可得兼。今以二者合烹，故名。
- **特點**：色澤紅亮，質地炣糯，鹹鮮香醇，營養豐富。
- **烹製法**：煮、燒、蒸。熊掌經燜煮、刮製去骨，再用鮮湯餵煮幾次以去盡膻味，用紗布包好，與雞塊、鴨塊、火腿一併入鍋，摻鮮湯燒開，打盡浮沫，加鹽、料

酒、冰糖色、胡椒粉、薑、蔥燒至熊掌炮糯。腳魚經宰殺治淨，裙邊切成片，肉斬塊入開水中煮去血污。取出熊掌放入蒸碗碗底，裙邊片定於熊掌四周成風車形，上面放腳魚肉，加入燒熊掌原汁，密封入籠蒸至熟炮。熊掌出籠，湯汁潷入鍋內，加入汩過的嫩瓢兒白菜心燒熱，撈出放碗內墊底，再將碗翻扣於大圓盤內。鍋中原汁勾芡，加香油推轉，舀淋菜上即成。

- **製作要領**：熊掌要治淨，反覆餵煮入味，應蒸至炮糯。

【魚香狗肉】

　　熱菜。魚香味型。

- **特點**：色澤紅亮，外酥內嫩，魚香味濃。
- **烹製法**：炸、炒。狗肉洗淨切成薄片，用鹽、料酒、胡椒粉碼味，再用蛋清豆粉拌勻。鍋內菜油燒至五成熱時，下狗肉片炸至定型撈起，待油溫升至七成熱，複炸至皮酥呈金黃色時撈起，潷去餘油，烹入魚香滋汁，汁濃時倒入狗肉裏與起鍋裝盤。豌豆尖炒熟，鑲於四周即成。
- **製作要領**：狗肉烹製前要浸漂洗淨，去盡異味；炸要抖散且分次炸製；滋汁對成魚香味。

【紅燒狗肉】

　　熱菜。鹹鮮味型。

- **特點**：色澤紅亮，質地炮香，味鹹鮮中又微辣，醇香味厚。
- **烹製法**：煨。鮮狗肉切成塊，汆一水，用鹽、料酒碼味後，入六成熱的菜油鍋中炸上色撈出，用紗布包好。豬肉、雞肉斬成大塊，入開水中煮去血污，撈入鋁鍋內，放上狗肉包，摻鮮湯，加鹽、胡椒粉、料酒、糖色燒開，撇去浮沫，放入用紗布包好的乾辣椒、花椒、陳皮、薑、蔥作香料包，加蓋用小火煨至狗肉炮軟時改用旺火收濃湯汁，接著加味精、香油推勻，盛盤內即成。
- **製作要領**：狗肉要浸泡洗淨，去盡異味；

煨時摻湯以淹沒原料為度；調味以突出鮮香為宜，掌握好糖色的用量。

【枸杞燉狗肉】

　　熱菜：湯菜。鹹鮮味型。

- **特點**：質地炮軟，湯味鮮美。
- **烹製法**：燉。鮮狗腿肉洗淨去骨，入清水中浸泡洗淨，再入開水中煮去血污。雞肉、豬排骨洗淨斬成四大塊，均出一水。枸杞洗淨瀝乾。鋁鍋內依次放入排骨、雞肉、狗肉，摻清水燒開，打盡浮沫，放薑、蔥、料酒、生雞油，用中火燉至半炮時下枸杞燉至軟炮，倒入盆中，揀出狗肉晾涼，撕成粗條。原汁倒入淨鍋，下狗肉、枸杞，放鹽燒開、味精調好味，舀入湯盅內即成。
- **製作要領**：狗肉要浸漂洗淨，去盡異味；雞、排骨另作他用，只取其鮮；鹹味不宜重，以保持鮮香。

【家常熘蛇絲】

　　熱菜。家常味型。

- **特點**：色澤紅亮，嫩脆滑爽，鹹鮮微辣。
- **烹製法**：熘。鮮蛇肉去皮去骨，切二粗絲，用鹽、料酒碼味後用蛋清豆粉拌勻。芹黃切成段，冬筍切絲，郫縣豆瓣剁細。鍋內化豬油燒至五成熱時，下蛇絲滑散，潷去餘油，將蛇絲撥至鍋邊，下豆瓣炒至油紅，下薑末、蒜末炒香，再下芹黃、冬筍、蔥絲與蛇絲炒勻，烹滋汁，待收汁起鍋即成。
- **製作要領**：蛇肉要切均勻，入鍋應該迅速滑散籽，久烹肉質會變老，且配料炒至斷生即可。

【腰果蛇丁】

　　熱菜。煳辣味型。

- **特點**：色澤棕黃，蛇肉細嫩，腰果酥脆，鹹鮮辣香，回味甜酸。
- **烹製法**：煳。鮮蛇肉去皮去骨，切成丁，用鹽、醬油碼味後，再用蛋清豆粉拌勻。

腰果炸酥，乾辣椒切成節，蔥白切馬耳朵形。鍋內菜油燒至四成熱時，下蛇丁滑散後潷去餘油，鍋內留油少許，下乾辣椒、花椒炒出味，下薑和蔥片炒香，倒入蛇丁炒勻，烹入用鹽、醬油、白糖、醋、料酒、味精、水豆粉對成的滋汁，待汁濃時淋香油，倒入腰果簸勻即成。

- **製作要領：**蛇丁要切勻；滋汁調成甜酸味，突出香辣；腰果入鍋簸勻即可，以保持酥脆。

【酥炸蛇脯】

熱菜。椒鹽、醬香味型。蛇饌多以肉拆絲或斬段且採用燒、燴、燉、煮之法，而酥炸見之極少，此菜顯示了川菜因料施技、靈活多變的特點。

- **特點：**成菜色澤金黃，外酥內嫩，蘸味料食之。
- **烹製法：**煮、炸。蛇經宰殺剝皮，去頭、尾、內臟，斬成長5公分的段。冬筍切成薄片。蛇段放入高壓鍋內，摻鮮湯，加鹽、料酒、薑、蔥，置火上煮至蛇段粑粑粑而不爛，離火晾涼，出鍋去骨。炒鍋內菜油燒至五成熱時，將蛇段黏上蛋清潵粉，裹上一片冬筍，再裹上蛋清豆粉，入熱油鍋炸定型撈起，再入旺油鍋炸至呈金黃色，潷去炸油，淋香油簸勻裝盤，配椒鹽、蔥醬味碟入席。
- **製作要領：**蛇骨要出淨，肉要煮粑，出骨動作要輕以保持原形。

【雙菇燴蛇羹】

熱菜：湯菜。鹹鮮味型。

- **特點：**質地細嫩鮮香，味鹹鮮。
- **烹製法：**蒸、燴。大烏梢蛇經剖殺去皮，斬成段，入盆，加薑、蔥、料酒、陳皮上籠蒸約1小時，出籠後將蛇肉撕成絲。鍋內化豬油燒至五成熱時，下薑、蔥炒香，摻水燒開，將蛇骨包入紗布內入鍋，用小火煮30分鐘撈出。原湯中下蛇絲、水發口蘑絲、冬菇絲，用小火燴煮30分鐘，加胡

椒粉、鹽、味精調味，勾薄芡收汁，起鍋裝盤撒香菜末即成。

- **製作要領：**蛇骨要入鍋熬製以增鮮，鹹味不宜重，以免壓低鮮味；勾芡不宜太濃。

【家常龍衣】

熱菜。家常味型。

- **特點：**色澤紅亮，柔糯鮮香，鹹鮮微辣。
- **烹製法：**煮、燒。蛇皮入鹼水中浸泡至漲，刮去細鱗，切成片。冬筍切成條，入開水汆過。鍋置火上，用雞骨墊底，上面放蛇皮，下薑塊、蔥段、料酒，摻鮮湯，燒開後用小火燒至蛇皮軟爛出鍋。鍋內菜油燒至五成熱，下泡辣椒末煵至油呈紅色，下薑末、蒜末炒香，摻鮮湯，加鹽、料酒、白糖、味精調味，下蛇皮、冬筍同燒至汁濃油亮時，放馬耳朵蔥推勻，勾薄芡收汁，加香油、醋推勻起鍋即成。
- **製作要領：**蛇皮要用鹼發透後漂盡鹼味，要燒至粑軟發糯入味；注意摻湯適度，掌握好火候。

【黃燜野兔】

熱菜。鹹鮮味型。

- **特點：**色澤金黃，質地細嫩，味濃鮮香。
- **烹製法：**燜。鮮野兔剝皮，去內臟，斬去頭、爪，洗淨，砍成條塊出一水。玉蘭片拍鬆，改短節。蘑菇對剖。炙鍋，下菜油，入兔塊、調料煵炒後加鮮湯、輔料，移至小火燜燒至粑，起鍋時揀去蔥、薑，花椒，選淨兔肉入圓盤，收濃原汁，淋上即成。
- **製作要領：**兔塊出水前要用清水多漂幾次；滋汁要收濃。

【軟炸全蠍】

熱菜。鹹鮮味型。

- **特點：**酥軟鮮香，味似蝦蟹，有熄風止痙的功效。
- **烹製法：**炸。蠍子入瓶，加鹽，摻開水燙死後倒出，擇淨，瀝乾，用鹽、料酒碼

味。鍋內化豬油燒至四成熱時，用竹筷夾起蠍子逐個在蛋清豆粉中拖過，入鍋炸熟，撈起裝盤，盤內一角用蔬菜花稍微點綴即成。

- **製作要領**：蛋清豆粉要稀稠適度；油溫不宜過高，要慢炸至酥。

【紅燒雪豬】

熱菜。鹹鮮味型。

- **特點**：色澤紅亮，炪軟鮮醇，鹹鮮中略帶甜香。
- **烹製法**：燒。雪豬肉、雞肉洗淨切成塊。火腿、冬筍切成條塊。薑、蔥、八角、草果、桂皮、花椒、胡椒用紗布包成香料包。鍋內摻清水，放入雪豬肉、雞肉燒沸，去盡血污，撈出漂洗乾淨。鍋置火上，摻鮮湯，加料酒、醪糟、香料包、醬油、冰糖糖色、鹽燒開，放入雪豬、雞塊、火腿、冬筍、蘑菇燒開，打盡浮沫，加蓋，用小火燒至原料炪軟，去掉香料包，用漏勺將原料撈入盤中，原汁收濃，加味精推勻，舀淋菜上即成。
- **製作要領**：雪豬腥膻味重，烹製前應反復餵煮；香料應適當重用，以壓其膻。

筆 記 欄

第六章
蔬果綜合類

一、蔬菜

【開水白菜】

熱菜；湯菜。鹹鮮味型。開水，是比喻此菜湯清澈如水。

• **特點**：湯色清澈，菜質鮮嫩，清香味美。

• **烹製法**：汆、蒸。選黃秧白菜心修整齊、洗淨，入開水中汆至斷生撈出，漂於冷水中冷透撈出。順條形放蒸碗內，加鹽、胡椒粉、料酒、清湯，上籠蒸熱取出，用清湯過兩次，再灌以特級清湯即成。

• **製作要領**：汆菜心的水要多，火要旺；汆後要漂至冷透，以保持菜的鮮色。如果沒有黃秧白，用其他綠葉菜心也可以，製法相同。

【一品黃秧白】

熱菜。鹹鮮味型。

• **特點**：形似一品，色白似玉，軟嫩化渣，味美可口。

• **烹製法**：汆、燴。黃秧白心去筋洗淨，汆一水。炒鍋摻奶湯，下黃秧白，加調料燒炟，勾清二流芡，起鍋，理順入條盤，淋化雞油即成。

• **製作要領**：用優質奶湯燒燴，切勿使黃秧白變色。

【熗蓮白卷】

熱菜。煳辣味型。

• **特點**：質地脆嫩，鹹鮮香辣，回味略為帶點甜酸。

• **烹製法**：熗。選鮮嫩形整而大的蓮花白葉洗淨，瀝乾水。乾辣椒擦淨，去蒂去籽。鍋內菜油燒至五成熱時，下辣椒、花椒炸至色呈棕紅時，放蓮白葉迅速熗炒，加鹽、醬油、白糖、醋、水豆粉少許炒斷生攪勻，起鍋晾涼。炸後的辣椒切成絲，蓮白葉平鋪案上，逐片放入辣椒絲後，捲成粗1.5公分的卷，再切成段，入盤成形。餘下的滋汁去盡花椒，加味精、香油推勻，舀淋卷上即成。

• **製作要領**：蓮白入鍋不能久炒，斷生即可；卷要捲緊、粗細一致；裝盤成形要美觀大方。

【干貝菜心】

熱菜。鹹鮮味型。

• **特點**：清香鮮嫩，味美可口。

• **烹製法**：燒。干貝用清水洗淨蒸熟；菜心去筋，洗淨汆一水，入清水漂透，撈起瀝乾水分。取炒鍋，加奶湯，加味料，下菜心、干貝燒入味，勾二流芡，起鍋裝入圓盤，淋雞油即成。

• **製作要領**：菜心汆後漂冷，以防變黃；滋汁適量；裝盤時干貝置菜心面上。同法可

烹干貝鳳尾、干貝三圓等菜式。

【奶油菜心】

熱菜。鹹鮮味型。

- **特點**：清香鮮嫩，味美爽口。
- **烹製法**：燴。時鮮菜心（如黃秧白）去筋洗淨，順切成四瓣，汩一水，用清水漂冷撈出，理順頭尾約留9公分長，用清湯過幾次待用。取炒鍋加雞湯、牛奶、調料，下菜心燒燴，至菜心炢軟入味，起鍋裝圓盤。原汁勾清二流芡，淋於菜心上即成。
- **製作要領**：雞湯、牛奶比例適度；菜心燴炢勿變色。依法可烹奶油鳳尾、奶油三鮮等菜式。

【雙色菜心】

熱菜。鹹鮮味型。

- **特點**：白、綠相間，協調美觀，質炢軟清香，味鹹鮮適口。
- **烹製法**：燒。選嫩白菜心和色綠的油菜心洗淨，入開水鍋中汩斷生，撈出漂晾瀝乾水。鍋內化豬油燒至五成熱時，下薑片、蔥節炒香，摻鮮湯燒開出味，打去薑、蔥，放入兩種菜心，加鹽、胡椒粉、味精燒入味，撈出白菜心整齊堆放圓盤正中，油菜心放在白菜周圍。番茄去皮切成片，入鍋加熱後勾薄芡至收汁，淋化雞油推勻，舀淋菜上，入盤點綴於兩種菜心之間即成。
- **製作要領**：菜心汩水時，要水開後入鍋；菜心要燒入味；裝盤造型要美觀大方；突出清鮮、清淡、清爽，亮芡少油。

【白汁菠菜卷】

熱菜。鹹鮮味型。

- **特點**：清香味美，鮮嫩可口。
- **烹製法**：蒸。選葉大鮮嫩的菠菜葉和菠菜心，用開水汩後漂冷水中。取出菠菜葉，抹蛋清豆粉，裹雞糝，捲成長約5公分、直徑1.2公分的圓筒，上籠用中火蒸熟後取出，晾冷，擺三疊水形定碗。奶湯下鍋，

加調料，下菠菜心燒熱，打起放碗內墊底。菜卷上籠搭一火取出，翻扣盤內。將鍋中湯汁勾芡，放入雞油收濃，淋於菜卷上即成。
- **製作要領**：蒸勿過火；滋汁適量。

【奶油素什錦】

熱菜。鹹香味型。多用於筵席大菜。

- **特點**：紅綠白黃，色澤多樣，脆嫩適口，鹹鮮清香。
- **烹製法**：蒸。用青筍、胡蘿蔔、白蘿蔔、土豆、冬筍等切成刀口各異的形狀。黃秧白、菜心抽筋，均用開水汩至半熟。罐裝冬筍、冬菇均入開水中煮片刻。番茄去皮去籽改瓣。各料入大圓盤，擺風車形，番茄擺中間，上籠蒸熱。將奶湯、調料下鍋燒至味濃時，勾清二流芡，起鍋淋於菜上即成。
- **製作要領**：拼擺各料時，岔色要分明。

【四喜吉慶】

熱菜。鹹鮮味型。

- **特點**：造型寓意福祿壽喜，口味清鮮，質地炢嫩。
- **烹製法**：燒。土豆、紅蘿蔔、白蘿蔔、芋頭去皮取心，用刀改成吉慶形，入開水煮透。炒鍋下鮮湯，放吉慶塊，加味燒炢，起鍋，勾清二流芡裝盤即成。
- **製作要領**：吉慶質地不一，應分先後取出，以熟透不變色為度；掌握火候，以燒炢入味、形整不爛為好；芡汁適量有汁有味為佳。

【乾煸蘿蔔絲】

熱菜。鹹鮮味型。

- **特點**：鹹鮮乾香，清淡適口。
- **烹製法**：乾煸。白蘿蔔去皮切頭粗絲，入炒鍋過油，再煸炒至無水分時加焪酥肉末，下冬菜末、調料炒勻，撒蔥花，起鍋入圓盤即成。
- **製作要領**：蘿蔔絲要煸乾水汽；肉末要焪

酥香。

〖𤆤鍋胡蘿蔔〗

熱菜。家常味型。

- **特點**：色澤鮮豔，質𤆤軟爽口，鹹鮮微辣，味濃而香。
- **烹製法**：蒸、炒。胡蘿蔔去皮切成滾刀塊，入籠蒸𤆤。郫縣豆瓣剁細，豆豉壓成茸，蒜苗洗淨切馬耳朵片。鍋內菜油燒至六成熱時，放豆瓣、豆豉炒至酥香，倒入胡蘿蔔炒勻，摻少許鮮湯，加蒜苗、鹽搓勻，至蒜苗斷生起鍋即成。
- **製作要領**：胡蘿蔔塊要大小均勻；豆瓣、豆豉要煵香；摻湯不宜過多，使成菜滋潤即可。

〖龍眼蘿蔔卷〗

熱菜。鹹鮮味型。

- **特點**：形似龍眼，質軟滑嫩，鮮香爽口。
- **烹製法**：汆、蒸。蘿蔔去皮切成長8公分、寬3公分的薄片，入開水鍋中汆水，撈出沖涼搌乾水分。豬肉剁成細末，入碗，加鹽、料酒、胡椒粉、薑蔥末、蛋清豆粉拌勻成餡。火腿切成條。蘿蔔片鋪案上，抹蛋清豆粉，將餡料放入一端，火腿放在餡料中，捲成圓筒，卷口處用蛋清豆粉黏牢，入籠蒸熟後出籠晾涼，兩端修切整齊後逢中切成兩段，立放入蒸碗內，摻鮮湯，入籠蒸熟。鍋內化豬油燒至五成熱時，放入蔥、薑片炒出香味，摻鮮湯燒開，打去薑、蔥，加鹽、料酒、胡椒粉、味精調好味，勾薄芡收汁，加化雞油推勻。蘿蔔卷翻扣入盤，淋上滋汁即成。
- **製作要領**：蘿蔔片汆水時不能過久，過久則𤆤，卷口要黏牢；蒸製蘿蔔卷摻湯不宜過多。

〖雞油葵菜〗

熱菜。鹹鮮味型。

- **特點**：菜呈本色，鹹鮮清香。
- **烹製法**：煮。葵菜取嫩心，去皮抽筋，入

開水煮𤆤，另用鮮湯餵入味後，將葵菜撈入圓盤，理順後掛白汁即成。

- **製作要領**：煮葵菜時水宜寬；勿使過火。

〖玉兔葵菜〗

熱菜。鹹鮮味型。

- **特點**：形象生動，色澤素雅，質地鮮嫩爽滑，味鹹鮮清香。
- **烹製法**：蒸、燒。雞肉、火腿、冬筍均剁成細粒，入六成熱的化豬油鍋中炒勻，加鹽、味精、胡椒粉炒勻入味，起鍋作餡料。葵菜尖入開水鍋中汆熟，撈出漂涼。澄麵摻入開水燙熟和勻，揉成團，分成12份。每份包入餡料，捏成兔坯，櫻桃切成小粒嵌作眼和嘴，入籠蒸熟。鍋內化豬油燒至五成熱時，下薑片、蔥節炒香，摻鮮湯燒開，打去薑、蔥，加鹽、胡椒粉，下葵菜尖燒𤆤入味，揀入盤中擺放整齊。鍋內放味精，勾薄芡收汁，舀淋於葵菜上。玉兔出籠，擺放葵菜周圍即成。
- **製作要領**：葵菜汆時要開水入鍋；兔子可形態各異，但要生動。

〖雞蒙葵菜〗

熱菜：湯菜。鹹鮮味型。

- **特點**：形色美觀。質地細嫩滑爽，湯汁清澈，鹹鮮味醇。
- **烹製法**：煮。葵菜取嫩心洗淨，入開水鍋中汆斷生，撈出漂涼，搌乾水，逐一均勻的裹上一層雞糁，入微沸的清湯鍋內，燙至熟透，撈出瀝乾湯汁。鍋內另摻特製清湯燒開，加鹽、胡椒粉，下雞蒙葵菜燒開，再加味精推勻，舀入湯碗中即成。
- **製作要領**：汆葵菜應開水入鍋，斷生即撈出以保持綠色；蒙糁前要搌乾水分，蒙糁後入鍋水宜微沸，以免脫糁；為保菜餚清香，胡椒用量宜少。

〖醬燒茄子〗

熱菜。醬香味型。

- **特點**：收汁亮油，醬香濃郁，鹹鮮微甜。

- **烹製法**：燒。嫩茄子去蒂，改象牙條，過油撈起。甜醬入油鍋炒香，加鮮湯、調料和茄子同燒，待茄子炟軟上色，收汁後淋香油起鍋裝盤即成。
- **製作要領**：茄條梭油鍋時略炸即可；要燒至炟軟入味到醬香味濃時才能起鍋。

【魚香茄花】

熱菜。魚香味型。

- **特點**：形似梅花，色澤紅亮，質地柔炟，魚香味濃。
- **烹製法**：炸。茄子洗淨去皮，切成厚1.5公分的大片，再用梅花模具壓成形。鍋內菜油燒至六成熱時，將茄花裹上全蛋豆粉，逐塊入鍋炸定型撈起。待油溫升至七成熱時，入茄花複炸呈金黃色時撈入盤內。鍋內潷去餘油，放泡紅辣椒茸炒至色紅斷生時，下薑、蒜、蔥末炒香，摻鮮湯，加鹽、醬油、白糖、醋、味精燒開，勾薄芡收汁，舀淋茄花上即成。
- **製作要領**：茄子要選應時鮮嫩的；炸茄花時火不宜大，以免炸煳；魚香滋汁內摻湯不宜太多，以免影響上味。

【椒鹽茄餅】

熱菜。椒鹽味型。

- **特點**：色澤金黃，皮酥餡嫩，鮮香爽口，蘸椒鹽味料而食，風味尤佳。
- **烹製法**：炸。茄子洗淨，削去皮，切成直徑3.5公分的兩刀一斷的火連夾圓片。豬肉洗淨剁細，入碗，加細薑米、細蔥花、鹽、醬油、料酒、水豆粉、雞蛋拌成餡，釀入茄夾片內。鍋內菜油燒至六成熱時改用小火，茄片裹上一層全蛋豆粉，入鍋炸至定型撈出，待油溫上升至八成熱時，入鍋複炸至皮酥呈金黃色，揀入盤中擺成形，淋香油配椒鹽味碟入席。
- **製作要領**：餡料宜淡，釀餡不宜過滿，釀餡後的茄餅應即裹糊入鍋，不宜久放。亦可改用魚香味、酸辣味、荔枝味、茄汁味等滋汁澆淋茄餅上。

【釀番茄】

熱菜。鹹鮮味型。

- **特點**：菜色美觀，質地酥香、細嫩，鹹鮮微甜。
- **烹製法**：蒸。用番茄四個燙後去皮，切蒂部作蓋，挖去內瓤，同漂於清水中。豬肥瘦肉、金鉤、火腿、水發香菌均切細粒，在鍋中加油、鹽、胡椒粉等炒成餡。取出番茄搌乾水分，將肉餡釀入番茄內，蓋上蓋（用蛋漿黏連），裝碗內上籠蒸熟。取出後按「品」字形放於墊有鮮菜心的圓盤內，掛白汁即成。
- **製作要領**：填餡要飽滿；不宜久蒸。

【番茄青豆】

熱菜。鹹鮮味型。

- **特點**：紅綠相間，協調美觀，質鮮嫩爽口，鹹鮮清香中略有酸味。
- **烹製法**：燜。青豆淘淨，瀝乾水。番茄燙後去皮，切成丁。鍋內放化豬油燒至六成熱時，下青豆微炒，摻鮮湯燜燒至熟，加鹽、味精燒入味，再下番茄丁微燒至熟，勾薄芡收汁，淋化雞油起鍋即成。
- **製作要領**：青豆要加蓋燜燒，便於熟炟；番茄丁入鍋不宜久烹。

【炒黃豆芽】

熱菜。煳辣味型。

- **特點**：鮮香脆嫩，鹹鮮微辣。
- **烹製法**：炒。黃豆芽去根淘淨，瀝乾水。乾辣椒去蒂去籽，切成節。蔥切成段。鍋內下黃豆芽煵乾水汽至半熟鏟起。將鍋洗淨，下菜油燒至五成熱時，放入花椒、乾紅辣椒炒至色呈棕紅時，下蔥段炒香後再放豆芽，加鹽、味精炒勻，淋入香油簸轉即成。
- **製作要領**：乾辣椒要炒出香味；豆芽應先煵乾水氣再炒；每下一次調料都要搋勻後再放，以便入味。

【冬菜豆芽湯】

熱菜：湯菜。鹹鮮味型。

- **特點**：用料平常，烹製簡便，味極鮮美。
- **烹製法**：煮。黃豆芽去根淘淨。芽菜洗淨切成絲。薑拍鬆，蔥切花。鍋內摻鮮湯，放薑、花椒煮出香味，打去薑、花椒，先放黃豆芽煮約40分鐘，再放入冬菜煮10分鐘，放鹽、味精，起鍋入碗，接著撒上蔥花即成。
- **製作要領**：豆芽久熬湯味更鮮；芽菜入鍋後不能久煮，出鮮即可。

【魚香油菜薹】

熱菜。魚香味型。

- **特點**：色澤紫紅，質嫩清鮮，魚香味濃。
- **烹製法**：炒。菜薹選用嫩尖，去筋取葉和莖，擇成節洗淨。取一碗，放鹽、醬油少許、薑末、蒜末、蔥花、泡紅辣椒茸、白糖、醋、水豆粉、鮮湯對成味汁。鍋內放菜薹先加鹽煸乾水氣，再撥於鍋邊。鍋內另放菜油燒到七成熱時，烹入滋汁收至汁濃時，將菜薹炒勻沾裹上汁即成。
- **製作要領**：菜薹莖粗的應剖為兩半；菜薹必須先加鹽煸熟再炒；味汁中的醬油和水豆粉宜少用。

【糊辣油菜薹】

熱菜。糊辣味型。

- **特點**：色澤紫紅，質嫩清香，鹹鮮香辣，回味略酸甜。
- **烹製法**：炒。油菜薹選用嫩尖，去筋取葉和莖，擇成節洗淨瀝乾。取碗1個，放鹽、醬油、白糖、味精、醋、水豆粉對成味汁。鍋內放菜薹加鹽先煸乾水分鏟起。鍋內另放菜油燒至五成熱時，放乾辣椒節、花椒炸呈棕紅色時，放薑片、蔥節、油菜薹炒勻至熟，烹入味汁翻炒均勻起鍋即成。
- **製作要領**：粗莖的菜薹應對剖；乾辣椒、花椒先要炸香；滋汁中的醬油和水豆粉宜少放。

【白汁菜頭】

熱菜。鹹鮮味型。

- **特點**：色白清香，炝嫩鮮爽。
- **烹製法**：炸、燒。棒菜去皮去筋，洗淨，切骨牌片，入豬油鍋內浸炸，潷去餘油，加入奶湯，下調料燒炝，後勾二流芡略燒起鍋即成。
- **製作要領**：浸炸時油溫勿過高，以免棒菜變色。

【魚羹菜頭】

熱菜。鹹鮮味型。

- **特點**：魚羹鮮美，菜頭炝軟，形整不爛。
- **烹製法**：蒸、燒。鮮魚蒸炝去皮、刺，取淨魚肉入鍋，加好湯調料烹製成羹。青菜頭去老皮，抽筋，改長方片，入開水中煮至半熟，入鍋加鮮湯、調料，入魚羹燒炝，掛玻璃芡，起鍋入盤即成。
- **製作要領**：菜頭可先用溫油過一下，以便保色，燒炝入味。用同法可以加金鉤為金鉤菜頭；加干貝為干貝菜頭；加蟹黃為蟹黃菜頭。

【炒野雞紅】

熱菜。家常味型。此菜原料中因其色呈紅、黃、綠相間，似野雞羽毛而得名。

- **特點**：質地脆嫩，味鹹鮮微辣。
- **烹製法**：炒。胡蘿蔔洗淨切成二粗絲。芹菜、細蒜苗分別洗淨切成段。鍋內菜油燒至六成熱時，下剁細的郫縣豆瓣炒香，放胡蘿蔔、蒜苗、芹菜合炒至勻，加鹽、醬油少許，摻鮮湯炒熟入味，勾薄芡，加醋和勻起鍋，撒花椒粉即成。
- **製作要領**：味不宜大，摻湯要適度；醬油用量不能掩蓋菜的本色。

【芹菜肉末】

熱菜。鹹鮮味型。

- **特點**：質地脆嫩酥軟，味鹹鮮香。
- **烹製法**：炒。芹菜擇去葉洗淨，切成粗粒，入筲箕內撒鹽漬入味，擠盡水分。牛

肉剁成細末，入碗，加鹽、料酒、水豆粉拌勻。鍋內菜油燒至六成熱時，下肉末煵散籽酥香，下芹菜粒合炒至熟即可。
- **製作要領**：芹菜不宜切得太細，漬鹽後擠乾才能入鍋；牛肉粒要煵酥香。亦可加剁細的豆瓣，改用家常味。

【釀甜椒】

　　熱菜。鹹鮮味型。
- **特點**：形態飽滿，質地細嫩，鹹鮮微甜。
- **烹製法**：蒸。優質甜椒，除去椒蒂、椒籽，裡面黏上乾豆粉，釀入用豬肥瘦肉末、荸薺末加調料拌勻的餡心，加蓋，封口處抹蛋清豆粉黏牢。上籠蒸熟後裝圓盤，掛白汁即成。
- **製作要領**：餡心宜稍乾；蒸勿過煵。

【楂海椒】

　　熱菜。家常味型。
- **特點**：辣香滋糯，鮮美適口。
- **烹製法**：拌、炒。鮮小青椒去蒂，洗淨，入開水鍋中燙一下，晾冷，斬碎。加大米粉、糯米粉、鹽、花椒粉、乾酒拌勻，再攤開晾一晾，然後裝罈內壓緊，封嚴口，不讓空氣進入。食時取出，用炒鍋加豬油炒香，起鍋裝盤即成。
- **製作要領**：拌粉子要均勻，大米粉與糯米粉按10：1的量使用；罈口一定要封嚴。此菜可單獨成菜，亦可作輔料，用於醃臘製品的回鍋、蒸製菜式等。

【虎皮青椒】

　　熱菜。家常味型。
- **特點**：色碧綠誘人，質地鮮嫩，鹹鮮中有青椒本味的香辣。
- **烹製法**：炒。選鮮嫩青椒去蒂去籽洗淨。鍋內菜油燒至五成熱，下青椒炸蔫軟時潷盡餘油，放鹽搋勻，炒至熟透即成。
- **製作要領**：青椒選個頭均勻為好；炸時油宜稍多則成菜較快，或先將青椒煸蔫，再進行炒製。根據食者需求亦可起鍋時重用

米醋，或不用醋加豆豉合炒。

【金鉤鳳尾】

　　熱菜。鹹鮮味型。
- **特點**：質地煵柔，清鮮爽口。
- **烹製法**：汆、燒。萵筍嫩尖入開水汆至七成熟撈出，入水中漂冷，理齊，切成長約13公分的節。金鉤淘洗後用鮮湯泡起。鍋摻奶湯，入筍尖煮透，下金鉤、鹽、味精、胡椒粉燒一下撈筍尖於條盤中，鍋中再下水豆粉勾清二流芡，起鍋將金鉤及湯汁澆在筍尖上即成。
- **製作要領**：汆萵筍不能過煵；漂冷須透心。按此法用蟹黃與筍尖同燒，則成蟹黃鳳尾。

【熗莧菜】

　　熱菜。煳辣味型。此菜是四川民間端午節必備的民俗菜式，熱炒、涼拌均可，有清熱解毒之效。
- **特點**：清鮮滑爽，鹹鮮香辣。
- **烹製法**：熗：莧菜從尖部向下擇取葉莖的鮮嫩部分，洗淨瀝乾。鍋內菜油燒至七成熱時，下乾辣椒節、花椒炸呈棕紅色時，倒入莧菜快迅翻炒，加鹽炒勻至莧菜斷生即成。
- **製作要領**：莧菜應鮮嫩；乾辣椒、花椒要炸香後熗炒進味。

【白菜燒芋頭】

　　熱菜：半湯菜。鹹鮮味型。
- **特點**：成菜白綠相間，質煵軟鮮嫩，味鹹鮮適口。
- **烹製法**：炸、燒。選型小均勻的芋頭，泡入水中刮去粗皮洗淨。小白菜取心洗淨。鍋內化豬油燒至四成熱時，下芋頭用小火炸軟至熟撈出，潷去餘油，摻奶湯，放入芋頭，加鹽、味精、胡椒粉燒至芋頭煵軟入味，放入小白菜燒斷生，加入化雞油推勻，撒入蔥花舀入湯碗內即成。
- **製作要領**：應選小而均勻的芋頭，若芋頭

型大要切塊烹製；燒時要用奶湯，燒至㸆軟入味，忌用水豆粉。

【 珊瑚芋頭 】

熱菜。鹹鮮味型。此菜因胡蘿蔔色似珊瑚故名。

- **特點**：紅白相間，質地㸆軟，鹹鮮適口。
- **烹製法**：炸、燒。選粗大的胡蘿蔔洗淨，削成直經約2公分的圓球形，汨水後漂涼。芋頭選個頭與胡蘿蔔大小相若、均勻的入水，刮去粗皮洗淨。鍋內化豬油燒至五成熱時，下芋頭炸軟撈出，瀝乾油。鍋內潷去餘油，下薑、蔥炸香，摻鮮湯燒開，去打薑、蔥，放入芋頭，加鹽、料酒、胡椒粉，用小火燒㸆，放胡蘿蔔合燒入味，接著放味精、勾薄芡至收汁，起鍋即成。
- **製作要領**：選料要大小相若，芋頭炸後用小火慢燒至㸆。

【 金鉤豇豆 】

熱菜。鹹鮮味型。

- **特點**：色澤碧綠，點綴黃色金鉤，素淨淡雅，質地鮮嫩，鹹鮮可口。
- **烹製法**：炸、燒。嫩豇豆撕去筋，折成段。金鉤淘淨，入碗，摻開水泡透。鍋內化豬油燒至四成熱時，下豇豆炸至皺皮，潷去餘油，摻鮮湯，加鹽、味精略燒至㸆，撈入盤中擺放好。鍋內下金鉤略燒，放味精、勾薄芡至收汁，下雞油推勻，舀淋於豇豆上即成。
- **製作要領**：豇豆入鍋炸製，油溫不能高，以保持色綠，折段的長短應一致；金鉤選個頭均勻，用開水泡透後使用。亦可改用火腿、干貝、熗酥的豬肉粒等同烹成菜。

【 雞油豇豆 】

熱菜。鹹鮮味型。

- **特點**：清香脆嫩，鹹鮮爽口。
- **烹製法**：燒。嫩豇豆去蒂改段，用白油滑一下，加調料、鮮湯同燒。燒㸆入味後勾玻璃芡，起鍋裝圓盤，淋化雞油即成。
- **製作要領**：用白油滑至豇豆進皮即可；要燒㸆入味。用同法可以烹調金鉤豇豆、奶油豇豆。

【 乾煸四季豆 】

熱菜。鹹鮮味型。

- **特點**：色澤碧綠，鹹鮮乾香。
- **烹製法**：乾煸。四季豆撕去筋，擇成長6～8公分的節洗淨；芽菜洗淨擠乾，切成細末。肥瘦豬肉剁成碎粒。鍋內化豬油燒至六成熱時，下四季豆炸至皺皮，撈起瀝乾油。鍋內潷去餘油，放肉粒煵至酥香，再將四季豆入鍋煸炒，放鹽、醬油，下芽菜炒香，加料酒、味精、香油炒勻即成。
- **製作要領**：調味時注意鹽、醬油、芽菜、味精都有鹹味，用量要合適，以免過鹹；每加進一次調味品均應翻炒數下以便四季豆進味，醬油用量宜少。

【 家常四季豆 】

熱菜。家常味型。

- **特點**：汁紅豆綠，質地嫩爽，鹹鮮微辣。
- **烹製法**：燒。四季豆去蒂去筋，斷成兩截，梭油鍋。炒鍋下油、調料、鮮湯，入四季豆燒㸆，勾薄芡起鍋入盤即成。
- **製作要領**：注意火候，保持本色；滋汁要適量。

【 素燒蠶豆 】

熱菜。鹹鮮味型。

- **特點**：成菜色綠素雅，質㸆軟適口，味鹹鮮清淡。
- **烹製法**：燒。鮮蠶豆洗淨，剝去外殼。冬菇、冬筍洗淨，切成小方片。鍋內化豬油燒至六成熱時，放薑片、蔥節炒香，下香菇、冬筍略炒，摻鮮湯燒沸，將蠶豆瓣入鍋燒㸆，去掉薑、蔥，放鹽、味精燒入味，勾薄芡至收汁，起鍋即成。
- **製作要領**：鮮蠶豆去殼後，掰成兩瓣，豆瓣要燒㸆；香菇、冬筍要炒香至熟再燒。

【三鮮燴蠶豆】

熱菜。鹹鮮味型。

- 特點：色形美觀，清香鹹鮮。
- 烹製法：汆、燴。熟雞、火腿、玉蘭片均切成指甲片，新鮮蠶豆去殼，取瓣入開水中汆一下。炒鍋摻湯，吃味，下雞、火腿、筍、蠶豆等燴至入味後勾薄芡，起鍋裝盤即成。
- 製作要領：所用三鮮配料要少於蠶豆，多則喧賓奪主。

【酸菜豆瓣湯】

熱菜。鹹鮮味型。此為家庭風味菜。

- 特點：湯汁色白，鹹鮮略酸，開胃爽口。
- 烹製法：煮。酸青菜切絲，優質蠶豆泡漲去皮、煮炬。鍋內摻鮮湯，下酸菜、蠶豆，放鹽、味精、胡椒粉稍煮，入二湯碗，撒蔥花即成。
- 製作要領：蠶豆去殼分成瓣；泡菜須色正味好，鹽水不要擠得太乾。

【火腿青圓】

熱菜。鹹鮮味型。

- 特點：紅綠相間，清香味鮮。
- 烹製法：汆、燜。嫩豌豆去殼入開水中汆熱後，撈出漂晾。熟火腿切指甲片。炒鍋下化豬油燒至六成熱時，下豌豆略炒，摻鮮湯，下鹽、味精、料酒，再下火腿同燒，入味後勾薄芡，起鍋入窩盤即成。
- 製作要領：掌握火候，應使青圓炬而不爛，熟而不變色。同法可烹火腿蠶豆。

【粉蒸青圓】

熱菜。家常味型。

- 特點：清鮮滋潤，味濃而香。
- 烹製法：蒸。嫩豌豆洗淨。鍋內菜油燒至五成熱時，下剁細的郫縣豆瓣煵至酥香，起鍋入盆，加醬油、薑末、蔥椒末、白糖、鹽、味精調勻，放入嫩豌豆、大米粉拌和均勻，入碗，上籠蒸至熟炬，出籠翻扣入盤即成。

- 製作要領：米粉用量應合適；掌握好拌的乾稀要適度，味不宜鹹；入籠後旺火一氣蒸成，以免上水。

【白油青圓】

熱菜。鹹鮮味型。

- 特點：色碧綠，質嫩爽，味鹹鮮適口。
- 烹製法：燜。嫩豌豆洗淨瀝乾水，鍋內化豬油燒至六成熱時下豌豆略炒，摻鮮湯，加鹽、白糖、胡椒粉加蓋燜燒至熟炬，加味精推勻，勾薄芡至收汁，起鍋即成。
- 製作要領：調味時白糖不宜太多，略有甜的感覺即可；味不宜鹹，注意保持本色。

【家常土豆絲】

熱菜。家常味型。

- 特點：脆軟鮮香，鹹鮮微辣。
- 烹製法：炒。土豆洗淨去皮，切成二粗絲，漂入清水中，烹製前撈出瀝乾水。鍋內混合油燒至六成熱時，下剁細的郫縣豆瓣煵香至油呈紅色，土豆絲入鍋炒散，加蔥節、鹽、味精擂勻，烹入鮮湯少許炒轉起鍋即成。
- 製作要領：土豆絲要現切現漂入水中，以免變色和黏條；調味不宜過鹹；炒時斷生即可。

【酥炸土豆】

熱菜。椒鹽味型。

- 特點：色澤金黃，皮酥脆內炬香。
- 烹製法：炸。土豆洗淨去皮，切成1.25公分見方的丁，漂入清水中，烹製前撈出瀝乾水。鹽炒熟與花椒粉和勻成椒鹽味料。鍋內菜油燒至七成熱時，將土豆丁入蛋清豆粉內，加鹽、味精拌勻，入鍋炸呈金黃色時撈出瀝乾油，入盤撒上椒鹽即成。
- 製作要領：土豆顆粒要切均勻；炸至皮酥內熟即可。

【孔雀花菜】

熱菜。魚香味型。

- **特點**：形似孔雀，質地鮮嫩，魚香味濃。
- **烹製法**：蒸。花茱按設計修切成朵朵花蕾，入加有鹽的開水中汆斷生入味，撈出吹涼瀝乾水。白蘿蔔刻成雀頭頸，紅豆嵌作眼，青蘿蔔皮刻成冠插入頭頂。圓盤內抹化豬油，綠菜葉擺盤邊。盤中用雞糝堆放成雀身雛形，糝面插上花茱苞，安上頭，入籠蒸熟。鍋內化豬油燒至五成熱時，放泡辣椒茸炒至油呈紅色，下薑、蒜末炒香，摻鮮湯，加鹽、白糖、醬油、醋、味精燒開，勾薄芡至收汁，下蔥花推勻，舀淋花茱上即成。
- **製作要領**：先要周密設計，以便原料的準備和成形；雞糝雀身不宜堆得過厚，以免外熟內生；汁要淋勻，雀頭側面可點綴番茄花。

【素炒荷心】
　　熱菜。鹹鮮味型。
- **特點**：脆嫩清香，鹹鮮微甜。
- **烹製法**：炒。白花藕刮洗乾淨，對剖切成片，用清水淘洗瀝乾。甜椒洗淨切菱形塊。蒜苗摘洗乾淨切成節。鍋內菜油燒至七成熱時，下甜椒，加鹽略炒，再下藕片、白糖、蒜苗炒斷生，起鍋即成。
- **製作要領**：味不宜鹹，炒時斷生即可，以保持清脆。

【糖醋蓮排】
　　熱菜。糖醋味型。
- **特點**：素藕替肉骨，脆嫩又清香。
- **烹製法**：炸。藕刮洗乾淨，切骨牌長塊，入碗用鹽碼味。瘦肉洗淨切成長絲。麵包切成長方片。蛋白粑切成比麵包片略小的片。萵筍切成小菱形片。肉絲纏在蓮排片上，用蛋清豆粉黏牢，入三成熱的菜油鍋中浸炸至熟色黃時撈出，瀝乾油。鍋內摻清水，加白糖熬至色黃汁濃時，放入蓮排和醋簸勻，入盤堆放成形。麵包片抹果醬，中間放蛋白片，蛋白片上放萵筍片，鑲於圓盤四周即成。

- **製作要領**：此菜重在造型，因而原料成形上要先設計好大小再切製；肉絲要纏牢並用蛋清豆粉黏緊，入鍋浸炸要輕輕翻動，以免脫落。

【乾煸苦瓜】
　　熱菜。鹹鮮味型。
- **特點**：乾香適口，鹹鮮苦甘。
- **烹製法**：乾煸。嫩苦瓜去心切小一字條，下鍋慢煸至水分乾，撥於鍋邊。加油燒熱，下豬肉末煸散，下調料、料酒、芽菜末炒片刻。再與苦瓜同炒幾下起鍋，淋香油盛條盤即成。
- **製作要領**：注意火候，煸乾煸香。用上法改苦瓜為多筍，即是乾煸多筍。

【家常苦瓜】
　　熱菜。家常味型。
- **特點**：鮮香爽口，鹹鮮微辣。
- **烹製法**：炒。苦瓜切去兩頭，剖開去子，斜切成片，入鍋中加鹽炒乾水分。豬肉洗淨切片。鍋內菜油燒至五成熱時，下肉片炒至酥香，放剁細的郫縣豆瓣煸至斷生，下薑末、蔥花炒香，放苦瓜炒勻，再加鹽、白糖、醬油推勻後，再放入味精簸勻即成。
- **製作要領**：苦瓜要瀝乾水入鍋，注意鹹鮮要適度；醬油用量宜少，保持苦瓜本色；肉要炒酥香而不綿不硬。

【釀苦瓜】
　　熱菜。鹹鮮味型。
- **特點**：鹹鮮粑嫩，清淡爽口。
- **烹製法**：釀、蒸。苦瓜去兩頭、去內瓤，切寸節。豬肥瘦肉、金鉤、火腿均剁細，加鹽、胡椒粉、醬油拌成餡。將肉餡逐節填於苦瓜內，立即放入蒸碗（碗底鋪豬網油），用皮紙封嚴上籠蒸熟。食時翻扣入圓盤，掛白汁即成。
- **製作要領**：蒸時不宜過久，以餡熟為度。

【冬瓜盅】

熱菜。鹹鮮味型。

- **特點**：形態美觀，柔軟脆嫩，鮮香爽口。
- **烹製法**：燒、蒸。選皮青、長圓形的冬瓜，刮去粗皮，保留青色嫩皮，從距頂部3公分處切下作蓋，挖去內瓤，入鍋汩水，取出漂涼倒盡水。鍋內化豬油燒至五成熱時，下肉丁熰乾水汽，烹料酒，下火腿、口蘑、金鉤、冬筍等丁，加醬油少許、胡椒粉炒勻，摻鮮湯燒開，改用小火燒15分鐘，起鍋舀入冬瓜盅內，蓋好蓋，上籠蒸熟後出籠。鍋重置火上，倒入冬瓜內的湯汁，再另摻鮮湯燒開，加鹽、味精調好味，勾薄芡燒開，加香油推勻，慢慢淋入盅內，加蓋入席即成。
- **製作要領**：刮粗皮要注意保持瓜的外表青色一致；餡料要燒熟入盅；蒸要注意火候，以冬瓜剛熟為度，過火巴易爛或不成形；湯汁內勾芡不宜太濃，以半浮半沉為佳。可根據宴會性質，將冬瓜表面雕刻成各種圖案。

【干貝瓜方】

熱菜。鹹鮮味型。

- **特點**：清淡雅觀，瓜方碧綠，汁味清鮮。
- **烹製法**：燒。干貝入碗，加適量鮮湯、料酒入籠蒸巴。冬瓜去霜留青，改3公分見方的塊子，每塊可適當刻簡單圖案，開水中煮片刻撈起。鍋內摻鮮湯，下調料。將瓜方燒巴，下干貝略燒，將瓜方揀於盤中擺好，鍋內勾芡收汁，起鍋掛瓜方上。
- **製作要領**：干貝要蒸巴；瓜方熟巴不變色；勾芡宜薄。

【冬瓜燕】

熱菜：湯菜。鹹鮮味型。

- **特點**：形如燕菜，刀工精細，湯汁清澈，鹹鮮味美。
- **烹製法**：氽。冬瓜去老皮、內瓤，片成薄片，再切作銀針絲，瀝乾表面水分，黏上細乾豆粉，入開水鍋內氽透後撈出，用水漂冷，理順，整齊地擺於二湯碗內。熟火腿切絲和少許鹽，上籠「打一火」取出，潷去蒸餾水。在盛有冬瓜燕的二湯碗內灌入高級清湯，再撒上火腿絲即成。
- **製作要領**：瓜絲要切均勻，水分要搵乾淨；乾豆粉要黏勻；氽時使瓜絲透明不黏連。如加鴿蛋則為鴿蛋冬瓜燕。

【素燒瓜條】

熱菜。鹹鮮味型。

- **特點**：鹹鮮清淡，軟脆鮮香。
- **烹製法**：炸、燒。嫩黃瓜削皮，對剖成四瓣，去心切成條，入七成熱的化豬油鍋中微炸後撈起瀝乾油。鍋內留油，放薑片、蔥節炒香，摻鮮湯燒開，打去薑、蔥，將瓜條入鍋，加鹽、胡椒粉、味精燒入味，將瓜條入盤成形。鍋內勾薄芡至收汁，淋化雞油推勻，舀淋瓜條上即成。
- **製作要領**：瓜條要整齊均勻；味不宜大；菜不宜巴。此菜也可配以金鉤、干貝之類的海鮮原料，檔次隨之提高。

【甜椒絲瓜】

熱菜。鹹鮮味型。

- **特點**：紅綠相間，清香鮮脆，鹹鮮中略帶甜辣。
- **烹製法**：炒。嫩絲瓜刮盡粗皮洗淨，切成條；紅甜椒洗淨，切成絲。鍋內化豬油燒至六成熱時，先下絲瓜翻炒，再下甜椒絲、薑、蒜絲、蔥節，摻鮮湯入鍋推炒至熟，放鹽、胡椒粉、白糖、味精炒勻入味，勾薄芡至收汁，接著淋化豬油推轉起鍋即成。
- **製作要領**：薑、蔥、蒜要炒香；摻湯推炒時湯不宜多，以能推轉為度。

【三色如意卷】

熱菜。鹹鮮味型。

- **特點**：形似如意，鹹鮮清爽。
- **烹製法**：汩、蒸。嫩絲瓜去皮留青，改薄片，入開水中汩後以冷水浸透。竹筍發

漲，洗淨，改片。雞蛋攤成蛋皮。上述三種原料各用雞糝裹成如意形上籠，定型後改短節定碗，搭一火。出籠後翻扣於圓盤中，掛汁即成。

- **製作要領**：製卷時要捵乾水汽，裹緊卷筒；定碗時注意成形飽滿，岔色岔味。同法烹製，如灌清湯可作筵席二湯菜。

【 番茄絲瓜卷 】

熱菜。鹹鮮味型。

- **特點**：形態美觀，色澤鮮豔，鹹鮮適口。
- **烹製法**：汩、燴。嫩絲瓜刮去粗皮留青，開水中汩過漂冷，片成大薄片，捵乾水汽，撲上乾細豆粉，鋪平，抹一層薄肉糝，裹成卷筒，上籠搭一火。出籠冷卻後改刀定碗，加鮮湯再蒸，取出翻扣於窩盤中。番茄醬下鍋用油煵香，加鮮湯勾二流芡，淋於絲瓜卷上即成。
- **製作要領**：絲瓜卷上糝勿太厚，必須捲緊勿散。

【 釀南瓜 】

熱菜。鹹鮮味型。

- **特點**：美觀大方，鹹鮮細嫩，清香爽口。
- **烹製法**：釀、蒸。選嫩南瓜在中部挖一小孔，掏盡瓜瓤洗淨，在瓜的另一側可雕刻花紋作裝飾，在溫油中跑一下。豬腿尖肉剁成細末，荸薺、金鉤、火腿斬碎，加蛋漿、調料和勻拌成餡。將餡釀入瓜內，上籠蒸熟，取出裝圓盤，掛白汁即成。
- **製作要領**：蒸南瓜時，要用大火一氣蒸熟、蒸透。

【 乾煸冬筍 】

熱菜。鹹鮮味型。

- **特點**：色澤淡黃，清香鮮美，脆嫩爽口。
- **烹製法**：乾煸。冬筍切成長4公分、粗0.8公分的條。豬瘦肉、芽菜剁碎。鍋內化豬油燒至六成熱時，下冬筍微炸呈淺黃色時撈出。鍋內潷去餘油，放入肉粒炒散籽至酥香，下冬筍、鹽、醪糟汁、醬油、味精

邊炒邊加，煸至冬筍表面起皺時，放芽菜末炒乾水分，淋香油簸轉起鍋即成。

- **製作要領**：冬筍選料要鮮嫩；芽菜要淘淨，去盡老梗。

【 醬燒冬筍 】

熱菜。醬香味型。

- **特點**：色澤金黃，質地脆嫩，醬香味濃。
- **烹製法**：燒。冬筍去皮洗淨，撕成條，熱油中炸進皮撈起。甜醬在鍋內炒香，加鮮湯、調料燒至汁濃，下冬筍條再燒至甜醬全黏附筍上，起鍋入盤（盤底墊有煸熟的豆尖或菜心）即成。
- **製作要領**：冬筍炸至黃白色；甜醬燒出濃郁醬香味；裝盤後必須見油不見汁，呈乾醬狀。

【 軟炸冬筍 】

熱菜。椒鹽味型。

- **特點**：色澤金黃，香酥脆嫩，味鮮爽口。
- **烹製法**：軟炸。罐裝冬筍改象牙條，入鍋加鮮湯、調料燒上味撈出。瀝乾水汽，撲上乾豆粉，裹以蛋清豆粉，入油鍋分兩次炸至色黃、皮酥，起鍋裝條盤淋香油，配椒鹽碟即成。
- **製作要領**：撲粉要均勻，裹蛋清豆粉要厚薄一致；油炸兩次，第一次炸進皮，第二次炸起色、皮酥。

【 魚香筍盒 】

熱菜。魚香味型。

- **特點**：色澤金黃，外酥內嫩，鹹、甜、酸、辣兼而有之，薑、蔥、蒜香濃郁。
- **烹製法**：煮、炸。鮮冬筍修盡老皮，入開水鍋中煮至半熟，撈出切成兩刀一斷的火連夾圓片。豬肉、口蘑、薑、蒜、泡辣椒均切成細末。蔥切成細花。將肉末、鹽、薑、蔥、味精、料酒、全蛋豆粉入碗內拌成餡料。鍋內菜油燒至七成熱時，冬筍片夾入餡料，裹上全蛋糊，入鍋炸呈金黃色時撈出瀝乾油，入盤成形。鍋內放菜油燒

至五成熱時，下剁細的泡紅辣椒炒香至油呈紅色時，下薑、蒜煸香，烹入以鹽、醬油、白糖、味精、水豆粉、鮮湯對成的滋汁，至收汁時放醋、蔥花推勻，舀淋筍盒上即成。

- **製作要領**：筍盒要黏牢、炸透；炒魚香味汁時，蔥不宜下得過早，醋要最後入鍋。

【菊花冬筍】

熱菜。鹹鮮味型。

- **特點**：造型美觀，形似菊花，質地嫩爽，鹹鮮清香。
- **烹製法**：蒸。冬筍先切成薄片，再刻成菊花瓣形，如法製數根。蛋皮切成細末。取小圓味碟抹上化豬油，將雞糝擠成圓子，再將菊花瓣插於圓子四周，上面撒蛋黃末作花心而成菊花10朵。入籠蒸熟後出籠入盤成形，再用汆熟的海帶、芹菜葉、髮菜牽擺成菊花枝葉。鍋內摻清湯燒開，加鹽、胡椒粉、味精調好味，勾薄芡至收汁，下化雞油推勻之後，舀淋於菊花冬筍上即成。
- **製作要領**：筍片切瓣時不能全部切斷，插入雞糝要注意錯落有致；蒸時用中火；入盤造型要生動、美觀大方。

【雞皮慈筍】

熱菜。鹹鮮味型。

- **特點**：清淡醇鮮，質地嫩脆。
- **烹製法**：燴。慈竹筍取尖切成片，用礬水稍漂撈起，再用清水透去礬味。熟雞皮改塊。炒鍋打蔥油，下鮮湯、慈筍、雞皮和調料燒入味，勾薄芡，加雞油，和勻起鍋入盤即成。
- **製作要領**：明礬浸漂可去澀味；要用好鮮湯燒入味。

【青椒岷筍】

熱菜。鹹鮮味型。因筍產於岷山，故名岷筍。

- **特點**：鹹鮮微辣，脆嫩爽口。

- **烹製法**：炒。毛筍去殼，刮去筍衣，取嫩尖切長片。青椒去蒂去籽，改成片。鹽、味精、二湯、水豆粉對成滋汁。混合油燒七成熱，下筍片、青椒片，急火短炒，烹滋汁簸轉起鍋即成。
- **製作要領**：筍子要入水以去其澀味；快速短炒。

【蠶豆春筍】

熱菜。鹹鮮味型。

- **特點**：鮮香嫩脆，清淡爽口。
- **烹製法**：煮、燒。嫩蠶豆去殼取瓣，開水中汆過漂起。春筍去外衣，取嫩尖切小梳子塊，入開水煮透打起。炒鍋打蔥油，下鮮湯燒開，打去蔥、薑，加調料，入春筍、蠶豆瓣同燒至入味時，勾薄芡起鍋入圓窩盤即成。
- **製作要領**：燒製時要保持色鮮，燒至杷而不爛。

【白汁蘆筍】

熱菜。鹹鮮味型。

- **特點**：湯汁乳白，蘆筍嫩綠，協調素雅，脆嫩爽口，鹹鮮清香。
- **烹製法**：燒。選色綠蘆筍去老根修切整齊，入開水鍋中微汆。熟火腿切成薄片。鍋內摻奶湯燒沸，加化豬油、鹽、胡椒粉、料酒調味，下蘆筍、火腿片同燒至蘆筍杷軟入味時，下味精推勻，勾薄芡至收汁，淋香油推轉起鍋即成。
- **製作要領**：蘆筍要燒至軟杷入味，保持本色本味。

【三絲筍卷】

熱菜。鹹鮮味型。

- **特點**：色澤美觀，脆嫩鮮香，營養豐富。
- **烹製法**：煮、蒸。水發玉蘭片片成長寬薄片，入開水鍋中煮15分鐘，撈出漂冷。火腿、香菌、熟雞肉切成絲，混合成三鮮絲料。海帶絲、菠菜莖絲汆熟。熟蛋皮切成絲。蘭片入鍋摻清湯，放鹽、味精、胡椒

粉煮入味後，撈出平鋪案上，放上三鮮絲料，捲成1公分粗的卷，再用三色絲料在卷上岔色纏圈紮緊。餘料放二湯盤正中，三絲卷擺放周圍，入籠蒸至熟透。鍋內摻清湯，加鹽、胡椒粉、味精、燒開，勾薄芡至收汁，放化雞油推勻。將筍卷出籠，鍋內滋汁舀淋於卷上即成。

- **製作要領**：筍卷粗細長短要勻且要纏緊；蘭片要先煮熟軟，以免味澀。

【香酥平菇】

熱菜。鹹鮮味型。

- **特點**：脆嫩酥香，鹹鮮爽口。
- **烹製法**：炸。平菇泡洗乾淨，每朵平片成兩片。雞蛋加細乾豆粉、麵粉、鹽、味精調成全蛋糊。綠色菜葉洗淨，切成細絲瀝乾水，入油鍋中炸成菜鬆，起鍋瀝乾油，入盤墊底。鍋內菜油燒至六成熱時，將平菇裹上全蛋糊，入鍋炸至定型撈起，待油溫升至八成熱時，入鍋複炸呈金黃色時起鍋，津盡油、淋香油簸勻，整齊地擺於菜鬆上即成。
- **製作要領**：炸時要掌握好火候，先炸定型，再複炸至酥香。

【雞汁平菇】

熱菜。鹹鮮味型。

- **特點**：色白綠素雅，質鮮嫩爽口，味鹹鮮而香。
- **烹製法**：燒。平菇去老根漂洗乾淨，撕成塊。鍋內化豬油燒至五成熱時，下薑、蔥炒香，摻雞湯燒開，打去薑、蔥，下平菇和小白菜心，加鹽、料酒、胡椒粉燒至入味斷生時，先將小白菜起鍋入盤墊底，再將平菇撈起放於菜心上。鍋內加味精，勾薄芡燒至收汁，舀淋於平菇上即成。
- **製作要領**：平菇撕塊要勻；小白菜燒至斷生為度，以保持質脆嫩色綠。

【白汁釀冬菇】

熱菜。鹹鮮味型。

- **特點**：造型美觀，柔嫩滑爽，鹹鮮清香。
- **烹製法**：汆、蒸。選中等、肉厚、大小均勻的冬菇20朵，用溫水泡漲洗淨，去掉菌杆，入開水鍋中汆透，撈出瀝乾水，入蒸碗，加鹽、料酒、味精、薑、蔥、鮮湯，入籠蒸30分鐘，出籠擠乾水汁。胡蘿蔔去心、皮，切成瓜子形片，入開水鍋中汆熟，撈出漂涼。冬菇內面抹上蛋清糊，釀入鮮貝糝（或雞糝、魚糝），再用5片瓜子形胡蘿蔔片嵌入糝內成海棠花形，入籠蒸熟取出，間隔擺入盤。鍋內摻鮮湯，加鹽、味精燒開，勾薄芡至收汁，舀淋於冬菇上。豌豆尖入鍋加味炒斷生，鑲於盤邊即成。
- **製作要領**：釀糝之前冬菇要蒸熟、擠乾湯汁；胡蘿蔔片要嵌牢；蒸時用小火；裝盤造型美觀大方。

【針菇肉餅湯】

熱菜：湯菜。鹹鮮味型。

- **特點**：形色素雅，質地細嫩，味道鮮美。
- **烹製法**：煮、蒸。選肥瘦豬肉洗淨剁茸，入盆，放荸薺粒、薑米、雞蛋清、鹽、味精攪勻，做成直徑3.5公分、厚約0.5公分的肉餅，入半沸水鍋內煮至定型撈出待用。用湯盅1個，放入金針菇、肉餅，摻清湯，加鹽、味精、胡椒粉、薑、蔥，入籠蒸約10分鐘至肉餅、金針菇熟透出鮮味時出籠，揀去薑、蔥即成。
- **製作要領**：肉餅入湯鍋內火不宜大，否則要散餅；豬肉要剁而不捶，吃的時候才會有口感。

【乾燒猴頭蘑】

熱菜。魚香味型。

- **特點**：色澤紅亮，細嫩鮮香，汁緊明亮，鹹甜酸辣兼備，薑、蔥、蒜香突出。
- **烹製法**：汆、乾燒。鮮猴頭蘑洗淨，擇去老根，撕成塊，入開水鍋中汆透，撈出漂涼，擠乾水。豬板油洗淨切成小丁，嫩黃瓜皮洗淨切成雀翅片。鍋內化豬油燒至五成熱時，下剁細的郫縣豆瓣炒香至油呈紅

色,下薑、蔥末炒香,摻鮮湯,加鹽、料酒、胡椒粉、白糖,放入猴頭蘑燒至收汁亮油時,下味精、蔥花、醋推勻起鍋裝盤,雀翅黃瓜片圍邊即成。

• **製作要領**:汆水後的猴頭蘑要用清水多漂兩次,擠盡水分;燒時摻湯要適度,不宜過多,多則難以收汁亮油;用中火慢燒,忌用旺火烹製。

【 網油雞樅卷 】

熱菜。鹹鮮味型。

• **特點**:色澤金黃,外酥內嫩,鮮香爽口。
• **烹製法**:炸。選體大的鮮雞樅洗淨,切成40片。火腿切成與雞樅大小相等的20片。網油(豬網油)洗淨,揮乾水,去油梗,切成10公分見方的片,平鋪案上,將鹽、味精、胡椒粉拌勻,均勻地撒在網油上。將兩片雞樅夾一片火腿,放在網油上捲成卷,用蛋清糊封口,再裹上一層細乾豆粉,入六成熱的菜油鍋中略炸至定型撈出,待油溫上升至八成熱時,入鍋複炸至色金黃、皮酥、熟透時起鍋,滗盡餘油,淋香油簸勻裝盤即成。
• **製作要領**:網油要去盡邊筋和油梗,卷口要封嚴黏牢;用中油溫定型,高油溫炸至皮酥熟透;粗細長短要均勻一致,裝盤要美觀大方。

【 甜椒雞樅 】

熱菜。鹹鮮味型。

• **特點**:紅潤油亮,脆嫩鮮香。
• **烹製法**:炒。雞樅洗淨,滾切成小塊。豬肉切片入碗,加鹽、料酒、蛋清豆粉碼勻。紅甜椒洗淨,去蒂去籽,切成菱形塊。鍋內化豬油燒至五成熱時,下薑片、蒜片、蔥節炒香,端離火口待用。另鍋下化豬油燒至五成熱,下肉片滑散,再下雞樅炒勻,滗盡餘油,倒入盛有薑、蒜、蔥油的鍋內,加紅甜椒塊炒斷生,加鹽、醬油炒入味,勾薄芡少許至收汁,淋香油推勻起鍋即成。

• **製作要領**:雞樅要用鮮品;用急火短炒的方法迅速成菜。

【 酥皮鮮菇 】

熱菜。鹹鮮味型。

• **特點**:外酥內嫩,鹹鮮而香。
• **烹製法**:煮、炸。鮮菇去根洗淨,大的切成兩瓣,入開水鍋中煮熟,撈出瀝乾水,入碗,加鹽、料酒醃漬5分鐘。豬肉捶茸,去盡筋絡剁細,入碗,加鹽、味精、蛋清豆粉調勻,再加入花椒粉、蔥白細粒。鍋內菜油燒至六成熱時,用竹筷夾起鮮菇,放肉茸內,逐個裹上一層肉糝後入鍋炸定型撈出,待油溫上升至七成熱時,入鍋複炸至皮酥呈金黃色,撈出瀝乾油,淋香油裝盤即成。
• **製作要領**:豬肉要捶茸剁至極細,糝的稀稠要調製適度;汆後的鮮菇水分要揮乾,炸時先用低溫油定型,再用高溫油炸至皮酥變色。

【 香菇蝦餅 】

熱菜。鹹鮮味型。

• **特點**:形狀美觀,質地軟嫩,味極鮮美。
• **烹製法**:炸、燴。選大小均勻的香菇,用冷水漲發透後去腳蒂洗淨,擠乾水。冬筍切成薄片。蝦仁洗淨捶茸剁細,入碗加蛋清、鹽、味精、白糖、料酒、水豆粉攪成蝦餡。鍋內化豬油燒至六成熱時,將蝦餡填入香菇內一面成餅狀,入油鍋微炸至定型撈起。將蝦餅有餡的一面向下放入炒鍋內,冬筍放在上面,加醬油、料酒、味精、白糖,摻鮮湯,在小火上燴1小時,再用中火勾薄芡至收汁,淋入化豬油推勻,起鍋裝盤即成。
• **製作要領**:香菇內面最好先抹一層蛋清豆粉,蝦餡填入後應壓緊黏牢;燴時用微火,湯不宜多。

【 軟炸鮮菇 】

熱菜。椒鹽味型。

- **特點**：色澤金黃，外酥內嫩，鮮香適口。
- **烹製法**：軟炸。鮮菇揀淨雜質，洗淨泥沙，用鮮湯餵上味，撈出擠乾水，撲上乾細豆粉，裹一層蛋清豆粉，逐一入油鍋炸至金黃色，起鍋裝入條盤，配椒鹽味碟食用即成。
- **製作要領**：鮮菇要先餵入味；裹漿厚薄均勻，作兩次炸，第一次炸進皮，第二次炸出色。

【 蔥炒地耳 】
　　熱菜。鹹鮮味型。
- **特點**：質地脆嫩，蔥香濃郁，鮮美適口。
- **烹製法**：炒。取鮮地耳去根、蒂，淘淨泥沙撈出。黃蔥改馬耳朵節。炒鍋內下化豬油，放進地耳、蔥節稍炒，烹入味汁，簸轉起鍋裝盤即成。
- **製作要領**：地耳泥沙要淘淨；炒至蔥節斷生即起鍋。

【 蝴蝶竹蓀 】
　　熱菜：湯菜。鹹鮮味型。
- **特點**：湯清味美，形真色豔，脆嫩適口。
- **烹製法**：蒸。竹蓀水發後撳乾水分，加工成蝴蝶形，撲乾豆粉，抹蛋清豆粉，敷魚糝擀平。另用糝作蝶身（用有顏色的絲狀原料牽成曲紋），用魚翅作鬚，芝麻作眼，熟火腿、蛋糕、絲瓜皮等用圓口刀戳成小圓，嵌作蝶翼花紋。上籠餾一火定型，出籠後入二湯碗中灌清湯即成。
- **製作要領**：以文火蒸製定型，勿使變色。

【 推紗望月 】
　　熱菜：湯菜。鹹鮮味型。
- **特點**：構思新穎，立意高雅，色調協調，清淡鹹鮮。
- **烹製法**：煮、蒸。用鮮鴿蛋12個，1個煮荷包蛋，11個煮熟去殼。優質竹蓀改薄片，用好湯餵上味。另取大湯碗一個，在離碗口2公分處，用魚糝敷一圈，修成八角窗格形，再用熟火腿、瓜衣切麻線絲嵌

成窗格花線條，上籠餾火定型。出籠後，速取煮鴿蛋墊底，荷包鴿蛋置上，竹蓀蓋面，灌入高級清湯（湯不超過「窗格」）即成。
- **製作要領**：此菜有一定的工藝要求，造型必須要美。

【 如意竹蓀 】
　　熱菜：湯菜。鹹鮮味型。
- **特點**：色澤淡雅，質地柔嫩，鹹鮮味美，湯汁清澈。
- **烹製法**：捲、蒸。上等竹蓀洗淨，剖開用鮮湯餵入味。魚糝分兩半，一半加蛋黃，拌成黃白二色魚糝。取竹蓀撳乾水分，撲上細豆粉，將黃白魚糝均勻敷於兩端，向中裹成如意捲，裝盤，入籠蒸透。取出後改2公分長的節，定碗（切口貼碗底），搭一火，翻於二湯碗，接著灌入高級清湯即成。
- **製作要領**：竹蓀要多煮幾水；捲製要捲牢成形。

【 冰糖銀耳 】
　　熱菜：甜湯。甜香味型。
- **特點**：湯汁清亮，質地軟滑，滋味甘潤。
- **烹製法**：蒸。銀耳浸發後去雜質。冰糖加水入鍋，溶化後用蛋清掃清，盛二湯碗內，接著加銀耳上籠蒸至銀耳炟軟，出籠上席。
- **製作要領**：銀耳要除盡雜質，蒸炟；糖水比例恰當。此外，加入什錦果料則為什錦銀耳羹；加橘瓣則為銀耳橘羹。

【 蜜汁釀藕 】
　　熱菜：甜菜。甜香味型。
- **特點**：香甜炟糯，爽口化渣。
- **烹製法**：煮、蒸。蓮藕取中節，去皮，一端切一小段作蓋。糯米淘淨，釀入藕節內用蓋插上牙籤鎖緊，煮炟，用清水漂冷後直切成0.8公分厚的片。取蒸碗，碗底墊網油，藕片擺風車形裝入。另用蓮米等八寶

輔料將碗墊滿，入籠用旺火蒸至極粑。出籠翻入盤，揭去網油，淋上冰糖汁即成。
- **製作要領**：蒸製時宜用大火，越粑越好；糖水以黏上藕片為度。

【江津藕圓】
熱菜：甜菜。甜香味型。
- **特點**：色潔白、味香甜，細嫩爽口，油而不膩。
- **烹製法**：蒸。鮮藕刮洗乾淨，磨成茸擠盡澀水。豬肥膘肉洗淨剁茸、冰糖、橘餅、瓜圓切成細粒。陰米（糯米經蒸熟後曬乾）用溫水泡漲。肉茸入盆，打入雞蛋，加藕茸、冰糖、白糖、蜜餞拌勻，捏成圓子裹上一層陰米，每個嵌上一顆蜜櫻桃，入籠蒸熟，出籠裝盤撒上白糖即成。
- **製作要領**：肉茸、藕茸等料要充分和勻；圓子大小要一致；嵌入的蜜櫻桃應在圓子上面。

【蜜汁苕圓】
熱菜：甜菜。甜香味型。
- **特點**：色澤金黃，外酥內嫩，香甜可口。
- **烹製法**：蒸、炸。紅心苕洗淨去皮，蒸粑製成泥，加適量麵粉和勻，取糖餡做心，包成直徑3公分大的球，入油鍋炸至金黃色撈出，瀝乾油分揀入圓盤內，淋上收濃後的糖汁即成。
- **製作要領**：苕圓大小必須要一致；糖汁濃稠適度。

【蠶豆泥】
熱菜：甜菜。甜香味型。
- **特點**：顏色碧綠，沙糯不膩，甜香爽口。
- **烹製法**：煮、炒。鮮蠶豆煮粑用漏瓢壓取其泥，去殼。炙鍋入豬油燒熱，下豆泥炒至翻沙，加白糖再炒，加水豆粉炒至不黏鍋時入盤即成。
- **製作要領**：豆泥細度以能通過漏瓢孔眼為度；掌握白糖、水豆粉下鍋的最佳時刻。

【扁豆泥】
熱菜：甜菜。甜香味型。
- **特點**：爽口翻沙，甜香不膩。
- **烹製法**：煮、蒸、炒。扁豆煮約半小時後去皮，加水蒸粑，瀝乾，絞茸，入炒鍋加化豬油炒至翻沙，接著下糖、蜜玫瑰炒勻入盤即可。
- **製作要領**：炒乾水汽至翻沙時下糖；炒泥時逐步添油。

【紅苕泥】
熱菜：甜菜。甜香味型。
- **特點**：甜香可口。
- **烹製法**：蒸、炒。紅心苕去皮上籠蒸粑，取出製茸泥，入豬油鍋內反復炒至水汽剛乾時，加豬油再炒，至色呈微紅時加白糖，快速炒轉起鍋裝圓盤即成。
- **製作要領**：炒時切忌黏鍋，須拿穩火候。依此法，用板栗為料則製成板栗泥。

【翻沙苕蛋】
熱菜：甜菜。甜香味型。
- **特點**：外酥內軟，香甜化渣。
- **烹製法**：蒸、炸、黏糖。紅心苕洗淨去皮，蒸製製成泥，加適量麵粉和勻。取糖餡做心包成3公分大的圓球，入油鍋炸至金黃色撈起。另取鍋加水、白糖，熬至起大泡時倒入苕蛋，迅速撥轉、使之均勻黏上糖汁，將鍋提離火口，見糖汁翻沙變白時起鍋，揀入圓盤即成。
- **製作要領**：苕蛋大小要均勻；注意熬製糖汁時的火候。

二、花果

【臘梅蒸肉】
熱菜。鹹鮮味型。
- **特點**：色澤銀紅，質地鮮嫩，鮮香微甜。
- **烹製法**：蒸。豬五花肉洗淨剁茸，入碗加

鹽、料酒、味精、胡椒粉、蛋清豆粉拌勻，再放入洗淨的臘梅花瓣和勻，捏成櫻桃大小的圓子，放入抹油的蒸碗內，淋淺糖色至勻，入籠蒸熟，出籠將臘梅肉圓擺入條盤的一端，另一端放糖醋生菜即成。

- 製作要領：臘梅應選鮮品，去心用瓣，捏圓子大小要一致；蒸熟即可，久蒸質老。亦可改掛白汁。

【 香花雞絲 】
熱菜。鹹鮮味型。

- 特點：色澤潔白，質地鮮嫩，花香味濃，清淡爽口。
- 烹製法：熘。鮮雞脯肉切成二粗絲，入碗，加鹽、料酒碼味，用蛋清豆粉拌勻。夜來香花摘去蒂和花心，洗淨瀝乾水。熟瘦火腿切成絲。薑、蔥切成末。另用一碗，放鹽、料酒、味精、白糖、水豆粉、薑末、蔥末、鮮湯調成滋汁。鍋內化豬油燒至四成熱時，下雞肉用竹筷撥散，鍋內潷去餘油，下火腿絲翻炒數下，再放夜來香炒均勻，接著烹入滋汁，收汁亮油起鍋即成。
- 製作要領：夜來香花應選質嫩的鮮品，香花入鍋應快速成菜，斷生即可；油及各種調味品均求潔淨。

【 梔子花肉片 】
熱菜。鹹鮮味型。

- 特點：肉質細嫩，花瓣爽滑，鹹鮮而香。
- 烹製法：汆、炒。盛開的梔子花，去盡花蕊，淘洗乾淨撕成瓣，放入加有白礬的開水中汆去澀味，再用清水反復浸漂，撈出瀝乾水。豬肉切成薄片，入碗，加鹽、料酒碼味後用水豆粉拌勻。另用一碗，放鹽、味精、水豆粉、鮮湯調成滋汁。鍋內化豬油燒至六成熱時，下肉片速炒散籽，加入蒜片、薑片、泡紅椒節、蔥片炒出香味後，再放入梔子花瓣合炒，烹入滋汁推轉起鍋即成。
- 製作要領：梔子花瓣經白礬水汆以後，要反復漂盡白礬的澀味；要急火短炒，快速成菜，以保持鮮嫩。

【 茉莉雞圓 】
熱菜。鹹鮮味型。

- 特點：色調美觀，質嫩爽口，鮮味濃郁，花香宜人。
- 烹製法：煮。雞脯肉洗淨捶茸、去筋、剁細，入碗，加薑、蔥汁、鹽、料酒、味精、胡椒粉、化豬油攪勻成糝，分成三份：一份加鮮菠菜汁攪成綠色；一份加蛋黃攪成黃色；一份自成白色，分別擠成直徑1公分的圓子，入開水鍋中煮透撈出待用。茉莉花洗淨入碗，摻鮮沸雞湯加蓋悶約5分鐘。鍋內雞湯燒開，下三色雞圓，茉莉花連花帶汁一齊倒入，燒開打盡浮沫，加鹽、味精推勻，舀於湯碗中即成。
- 製作要領：選用質嫩的鮮花，雞湯浸泡時間不宜過長，長則香味散失。雞糝中的配料及各種調味品的比例要恰到好處。

【 菊花兔卷 】
熱菜。鹹鮮味型。

- 特點：色澤金黃，酥嫩脆爽，既是佳餚，又為食療菜品。
- 烹製法：炸。鮮兔腰柳肉片成長形薄片。白菊花瓣洗淨切成長3公分的段。薑切片，蔥切成長段。兔肉入碗，加鹽、料酒、薑、蔥醃漬20分鐘。兔片平鋪案上，一端放入菊花瓣捲成卷，再用蛋糊裹勻，入六成熱的菜油鍋中炸呈金黃色熟透時，撈起瀝乾油，拌香油碼放入盤即成。
- 製作要領：兔肉片要厚薄均勻，卷口處要黏牢；入鍋炸時要適時翻動，使受熱均勻，色澤一致。

【 雞冠花肉片 】
熱菜。家常味型。

- 特點：色澤豐富，紅、黃、綠、黑兼而有之，協調豔麗，細嫩滑爽，鹹鮮微辣，略帶清香。

- 烹製法：炒。鮮豬里脊肉切成薄片，入碗加鹽、料酒、醬油、水豆粉拌勻入味。雞冠花洗淨片成薄片。另用一碗，放鹽、味精、水豆粉、鮮湯對成滋汁。鍋內菜油燒至五成熱時，下肉片炒散籽，再下剁細的郫縣豆瓣熗香，下薑片、馬耳蔥、雞冠花片合炒至熟，烹入滋汁，待收汁亮油時起鍋即成。
- 製作要領：肉片要大小均勻，厚薄一致；炒要快捷以保鮮嫩。

【 芍藥兔脯 】
熱菜。鹹鮮味型。
- 特點：色澤潔白，清香鮮嫩。
- 烹製法：燙、燴。兔肉洗淨去骨捶茸，去盡筋絡剁細，入碗，加冷鮮湯、蛋清、鹽、味精攪勻成漿。鍋內清水燒至微沸，將兔茸分數次舀入鍋內燙成色白的薄片狀，撈出瀝乾水。芍藥取花瓣洗淨。嫩豌豆尖洗淨。薑、蔥白切成絲。鍋內化豬油燒至五成熱時，下薑、蔥炒香，下芍藥花瓣、兔肉片，加鮮湯、鹽、白糖燒透，放豌豆尖推勻至斷生，放味精，勾薄芡至收汁，放化豬油推勻起鍋即成。
- 製作要領：兔茸乾稀要適度，分舀數次入微沸水鍋內燙製成片，原料入鍋要輕輕推攪以免碎爛。

【 蘭花肚絲 】
熱菜。鹹鮮味型。
- 特點：色素雅，質脆嫩，味鹹鮮芬芳。
- 烹製法：炒。蘭草花抽心去莖，洗淨。荸薺去皮切成絲，分別漂入水中。肚頭反復洗刮淨，平刀起成兩層，去皮取肚頭，先斜刀剞花，再直切成二粗絲，入碗，加鹽、料酒、水豆粉碼勻。另碗，放鹽、料酒、胡椒粉、味精、鮮湯、水豆粉對成滋汁。鍋內化豬油燒至五成熱時，下豬肚迅速滑散，撥於鍋邊，下蘭花、荸薺絲略炒後再和炒勻，烹入滋汁簸勻，淋香油推勻起鍋即成。

- 製作要領：蘭草只能用花，老莖和花心要去盡；肚絲要先剞後切；成菜動作要快，以保持鮮嫩芳香。

【 軟炸海棠 】
熱菜：甜菜。甜香味型。
- 特點：色金黃，質柔嫩，味香甜。
- 烹製法：炸。取成朵海棠花去心洗淨，瀝乾水，裹上蛋清豆粉，入六成熱的菜油鍋中炸呈金黃色時撈起。瀝乾油入盤，撒上白糖即成。
- 製作要領：蛋清豆粉要稀稠適度，以便黏附均勻；白糖要磨細過籮篩，以免咀嚼時頂牙（嚼起費勁，口腔感覺不舒服）。

【 玉蘭花餃 】
熱菜：甜菜。甜香味型。
- 特點：形狀美觀，質地酥脆，味鮮香略帶甜味。
- 烹製法：炸。選嫩而形小的玉蘭花瓣洗淨，搌乾水。蜜棗去核剁成茸，入碗，加白糖、化豬油攪勻成餡。將玉蘭花瓣平置案上，抹上一層全蛋糊，放入餡心抹平，餡心上面再蓋一片花瓣，周邊用手捏合貼緊，成玉蘭花餃坯。鍋內熟菜油燒至四成熱時，將餃坯裹上全蛋糊，入鍋浸炸至色黃熟透，撈起瀝乾油入盤擺成形即成。
- 製作要領：花瓣要鮮，大小必須一致；蛋糊要濃度合適，掛糊要厚薄均勻、黏穩壓牢；炸時應翻動炸勻，使色澤一致。

【 炸荷花 】
熱菜：甜菜。甜香味型。
- 特點：酥脆芳香，香甜適口。
- 烹製法：炸。白荷花取瓣，修整齊，洗淨，搌乾水汽，裹蛋清豆粉入五成熱的豬油鍋逐片炸至體硬、色白、不黃，撈出入盤，撒胭脂糖上席。
- 製作要領：裹勻蛋清豆粉；炸時邊拈邊裹逐片下鍋。如此法，用玉蘭花即為炸玉蘭；用荷花裹蜜棗絲，入油鍋炸成，即為

炸荷花卷。

【醉八仙】

熱菜：甜菜。甜香味型。此菜因用料八種又略帶酒香，故名。所用的八種原料，除蓮米、葛仙米不能變動外，其餘原料可以根據情況和需要的不同而有所變化。此作法爲傳統作法。

- **特點**：用料講究，甜度適中，略有酒香。
- **烹製法**：煮。用百合、蓮米（去皮捅心）、苡仁、葛仙米等洗淨，蒸火巴，切成顆。取鍋熬糖水，加醪糟汁，放入小湯元煮熟，加入百合、蓮米、苡仁、葛仙米、櫻桃、鳳梨、橘瓣等，煮開後盛入酒精火鍋內即成。
- **製作要領**：百合、蓮米、苡仁、葛仙米一定要蒸火巴；醪糟汁不宜多。

【杏仁豆腐】

熱菜：甜湯。甜香味型。

- **特點**：色澤潔白，形如豆腐，香甜細嫩，冰涼爽口。
- **烹製法**：凍。甜杏仁、花生仁浸泡後去衣，一起舂成漿汁，裝碗內用清水澥散，瀝去渣。入鍋燒開，加蒸化後的瓊脂、糖水和轉裝碗內，入冰箱凍起。白糖加水製成糖水，裝碗內也入冰箱凍起。走菜時，從冰箱裡取出杏仁豆腐，劃成棱形塊，灌以冰凍糖水即成。
- **製作要領**：嚴格掌握瓊脂與水的比例，使之凝結不散。此外，如加上多種果料，即爲什錦杏仁豆腐。

【桃油果羹】

熱菜：甜湯。甜香味型。

- **特點**：湯汁清澈，質地爽滑，滋味甜潤。
- **烹製法**：蒸。桃油洗淨蒸火巴，橘瓣、果料切小塊裝二湯碗。桃油加糖水略燒，倒入裝有橘瓣的碗內即成。
- **製作要領**：桃油蒸火巴；甜度適宜。

【枇杷凍】

熱菜：甜湯。甜香味型。

- **特點**：果味濃郁，甜香滑軟。
- **烹製法**：凍。將罐裝枇杷改瓣放入小杯，並鑲蜜櫻桃。瓊脂洗淨加清水熬汁，與枇杷同舀入杯中進冰箱冷凍後逐個翻入大窩盤，灌冰糖水即成。
- **製作要領**：瓊脂與水的比例要適當；枇杷改瓣後，要將水分揾乾。

【蜜汁桃脯】

熱菜：甜菜。甜香味型。

- **特點**：色澤緋紅，甜香不膩，果味濃郁，軟嫩爽口。
- **烹製法**：煮。白花桃削皮，去核，改蓮花瓣，用礬水稍漂，出一水。鍋中加糖水煮至桃脯軟熟，揀入圓盤內擺好，將糖水收濃，加蜜玫瑰淋上即成。
- **製作要領**：應用礬水漂泡桃脯，以防變色；須掌握好漂泡的時間；糖水要用小火收濃，以能黏附桃脯爲好。

【八寶釀梨】

熱菜：甜菜。甜香味型。

- **特點**：香甜滋潤，火巴軟適口。
- **烹製法**：蒸。糯米、苡仁、百合洗淨蒸火巴。櫻桃、瓜元（以冬瓜爲原料製作的蜜餞）、百合切成小顆。各料拌成八寶餡。優質梨去皮，留蒂作蓋，挖心去核，入礬水中浸泡後，氽一水，漂去礬味，揾乾水分，釀入八寶餡，入籠蒸火巴。食時揭蓋，梨倒放入圓盤內，每個梨臍安一顆蜜櫻桃，掛冰糖汁即成。
- **製作要領**：灌入餡心後蓋嚴梨頂以防蒸汽水滲入；用大火一氣蒸火巴；糖汁要收濃。

【芝麻圓子】

熱菜：甜菜。甜香味型。此菜是江津地方名菜，爲三蒸九扣菜式中的甜菜之一。

- **特點**：甜香化渣，油而不膩。
- **烹製法**：蒸。豬肥膘肉剁茸加雞蛋製成

皮。炒芝麻擀細，加瓜元、蜜棗、桃脯（均銼細）、白糖、冰糖、紅糖、化豬油等，拌勻搓成糖餡。用皮料包糖餡，滾上陰米，裝碗上籠，蒸熟取出，晾冷後淋上化豬油，加上白糖再蒸熱，裝圓盤（每盤裝20個），撒上白糖即成。

- **製作要領**：肉茸加雞蛋調散後，視乾濕程度可酌加炒米（炒熟的陰米）；陰米先用熱水泡5分鐘，撈於筲箕內，淋冷水，使之散疏；蒸的時間不宜太久。

【 網油棗泥卷 】

熱菜：甜菜。甜香味型。

- **特點**：外酥內軟，香甜可口。
- **烹製法**：炸。蜜棗去核製成泥。桃仁去皮，炸酥銼碎，與棗泥拌成餡。鮮網油改成6公分見方的塊，加餡裹成卷，滾上細豆粉，入油鍋炸至鵝黃色撈出，裝圓盤，撒上糖粉即成。
- **製作要領**：捲製時大小要均勻；炸時應注意火候，不能炸過頭。此菜也可黏糖。

【 水晶球 】

熱菜：甜菜。甜香味型。因動筷時油糖即從球內溢出，故名。

- **特點**：外酥脆，內香甜。
- **烹製法**：炸。豬板油去筋與皮膜，捶茸後加切碎了的蜜櫻桃、玫瑰、白糖拌勻，捏成圓子，裹蛋泡糊逐個油炸，起鍋裝圓盤，撒上胭脂糖即成。
- **製作要領**：水晶球太小均勻；溫油炸製。

【 核桃泥 】

熱菜：甜菜。甜香味型。此菜又名雪花桃泥。

- **特點**：香甜軟嫩，油而不膩。
- **烹製法**：炒。核桃仁開水泡後去皮，銼成細末。荸薺（去皮）、瓜元、蜜棗、櫻桃分別銼成小顆，然後與白糖同盛盆內，加鮮雞蛋黃、玉米粉、清水等調成漿，餘下的雞蛋清攪成蛋泡。炒鍋置中火，下化

豬油燒五六成熱，下料漿迅速翻炒至水分乾、發白、吐油時，起鍋裝圓盤中，鋪上蛋泡即成。

- **製作要領**：須不斷翻炒，動作迅速；調漿的水分要適量。

【 蓮子泥 】

熱菜：甜菜。甜香味型。

- **特點**：甜香不膩，酥爽翻炒。
- **烹製法**：蒸、炒。蓮子去皮捅心，蒸巴，擂茸，入鍋加少量油炒至翻沙時，加糖炒化入盤，上蓋蛋泡點綴即成。
- **製作要領**：須炒翻沙後才能加糖。

【 八寶鍋蒸 】

熱菜：甜菜。甜香味型。

- **特點**：酥香滋糯，甜香不膩。
- **烹製法**：炒。荸薺去皮切指甲片。湘蓮去皮去心。扁豆去皮，連同百合上籠蒸巴。桃仁泡漲撕皮，炸酥，剁碎。櫻桃對剖，瓜片（以冬瓜為原料製作的蜜餞）、蜜棗切碎丁。炒鍋加油下麵粉炒散，下肥兒粉（商店出售的嬰兒米粉）和勻，加開水調勻，下白糖、果料、玫瑰、化豬油炒勻，起鍋入圓盤即成。
- **製作要領**：炒時動作要迅速，不斷翻炒。此法，如作清真菜，主料則改用米粉，輔之以麵粉、苡仁粉、蓮米粉和芡實粉；八寶的配料亦可依情況而定，但需用菜油炒製，不可用豬油。

【 糖黏羊尾 】

熱菜：甜菜。甜香味型。

- **特點**：色澤乳白，外酥內嫩，甜香可口。
- **烹製法**：炸、炒。用熟豬肥膘肉改小一字條，出一水撈出，搌乾水分，裹上蛋豆粉，入油鍋用熱油炸至皮酥撈起。另將炒鍋洗淨，入清水，下白糖，將糖汁熬至起大泡時，提鍋加入肉條，黏糖，翻沙呈白色，起鍋入盤即成。
- **製作要領**：熬糖火候應掌握好，黏糖必須

均勻。

【玫瑰鍋炸】

　　熱菜：甜菜。甜香味型。
- **特點**：外酥內嫩，香甜可口。
- **烹製法**：煮、炸、炒。雞蛋去殼，入麵粉調勻，加清水、水豆粉攪轉過濾成漿。鍋中燒水至開，倒漿攪至熟起鍋，盛入抹有油的平盤內鋪平，待冷後切條（粗1.2公分，長5公分），撲以乾豆粉，入油鍋炸至條浮於面上時撈出，待油溫升高，再入油鍋炸至呈黃褐色撈出。另取鍋加水，下白糖熬化，至起魚眼似的大泡時，撒入玫瑰（剁細），倒胚條入鍋黏糖，至翻沙時起鍋，裝條盤即成。
- **製作要領**：胚子要熟；炒糖汁以掛得起牌

為度。

【蜜汁八寶飯】

　　熱菜：甜菜。甜香味型。
- **特點**：香甜滋潤，㸆糯爽口，色澤美觀。
- **烹製法**：蒸。用熟糯米飯加白糖、豬油拌勻，百合、苡仁、蓮米（去皮捅心）、芡實洗淨，上籠蒸㸆。蒸碗底鋪一層豬網油，將瓜磚、橘紅、蜜棗（均切指甲片）、蓮子、百合、苡仁、芡實等鋪在網油上，然後填滿糯米飯，上籠蒸㸆。走菜時，取出蒸碗，翻於圓盤內，揭去網油。淋冰糖汁上席。
- **製作要領**：用大火一氣蒸㸆。

筆　記　欄

第七章

豆製品與魔芋

一、豆製品

【麻婆豆腐】

熱菜。麻辣味型。此菜因始創於清同治年間一個叫「陳麻婆」的女廚師，故名。

- **特點：**色澤紅亮，亮汁亮油，麻辣味厚，細嫩鮮香。
- **烹製法：**燒。選石膏豆腐切塊放碗中，加鹽摻入開水浸泡10分鐘去澀味。牛肉去筋剁成細粒。炒鍋內菜油燒至六成熱時，下牛肉末煵酥，加鹽、豆豉（研細）、辣椒粉、郫縣豆瓣（剁細）再炒數下，摻鮮湯，下豆腐，用中火燒幾分鐘，再下青蒜節、醬油等燒片刻，勾濃芡收汁，汁濃亮油時盛碗內，上撒花椒粉即成。
- **製作要領：**炒肉末時，要不停地來回鏟動；鮮湯以淹過豆腐為度；勾芡收汁時，一定要做到亮油汁濃。

【百花豆腐】

熱菜：湯菜。鹹鮮味型。此菜曾是1988年全國烹飪大賽上四川參賽的菜品，並且獲得金獎。

- **特點：**造型美觀，色彩素雅，質地細嫩，湯清味鮮。
- **烹製法：**蒸。石膏豆腐去表皮，壓茸過濾，取細泥擠盡水分。雞脯肉和豬肥肉捶成細泥，入碗加冷湯瀣散，加水豆粉、味精、胡椒粉、薑蔥汁、雞蛋清、鹽製成雞糝，再加入豆腐泥攪成豆腐糝。用扇形和蝴蝶形模具，內面抹油後分別裝入豆腐糝，並用不同色澤和形狀的原料點綴成各種花卉於豆糝面上，上籠用小火餾熟。將嫩豌豆尖放湯盅中，再取籠中的扇、蝶豆腐放於其上，注入燒開的特製清湯即成。
- **製作要領：**雞脯要漂盡血水；豆腐要擠乾水分；蒸時忌用旺火。

【口袋豆腐（之一）】

熱菜：半湯菜。鹹鮮味型。因成菜後每塊豆腐內脹滿漿汁，形似口袋，故名。

- **特點：**汁白菜黃，湯鮮味濃。
- **烹製法：**炸、煮。豆腐去皮切成30根長6公分、2公分見方的條，在旺油中炸至金黃色撈起，放入加草鹼的開水鍋裡泡4分鐘，撈起放清水碗中。走菜時，先用開水將豆腐過一兩次，再用好湯過一次。鍋中加奶湯、三鮮配料、料酒、胡椒粉、鹽、豆腐等燒開，裝淺盤即成。
- **製作要領：**掌握好炸豆腐的火候；豆腐在草鹼水鍋內提鹼時，水不要大開。

【口袋豆腐（之二）】

熱菜：半湯菜。鹹鮮味型。因豆腐炸後

似橄欖狀口袋,故名。

- **特點**:湯汁乳白,形似橄欖,質地柔嫩,味道鮮美。
- **烹製法**:炸、煮。嫩豆腐去皮,盛籮篩內揉成泥狀,包於白布中擠去水分使半乾,置盆內,加肉茸、麵粉、雞蛋、鹽、鹼、胡椒粉和勻。用手把豆腐擠成若干枚橄欖狀的圓子,依次入油鍋炸至呈鵝黃色撈出。白菜抽筋,入開水汨至四成熟即撈出。用一鍋入鮮湯與豆腐同煮,另用一鍋燒奶湯,加鹽、料酒、味精、胡椒粉與白菜心、冬筍(切片)、火腿(切片)等同燒後,將豆腐撈入燒奶湯的鍋內,加味勾清二流芡推轉起鍋,裝窩盤即成。
- **製作要領**:炸豆腐時要勤翻動,使受熱均勻;芡汁宜清不宜濃。

【 白油豆腐 】

熱菜。鹹鮮味型。

- **特點**:汁濃味厚,鮮嫩爽口。
- **烹製法**:燒。豆腐切成1.5公分見方的小塊。牛肉剁細粒,豆豉剁茸,蒜苗切短節。炒鍋內菜油燒熱,下牛肉末焅酥後,加甜醬、豆豉再焅上色,摻鮮湯,下豆腐、醬油等燒片刻,改用小火慢燒入味,放味精,勾水豆粉,加入蒜苗,收至汁濃吐油時起鍋,裝碗即成。
- **製作要領**:豆腐打好後,用開水沖兩次;甜醬與豆豉用量小,僅用於取味上色。此菜如重用甜醬,即成醬燒豆腐。

【 家常豆腐 】

熱菜。家常味型。因是四川家常風味菜,故稱家常豆腐,又稱「熊掌豆腐」、「兩面黃豆腐」。

- **特點**:色澤紅亮,鹹鮮微辣,味濃鮮香。
- **烹製法**:煎、燒。豆腐切5公分長、3公分寬、1公分厚的片子。二刀豬腿肉切片。蒜苗切4公分長節子。豆腐用中火煎成二面黃後鏟起,鍋中菜油燒熱,下肉片焅乾水汽,再下郫縣豆瓣(剁細)焅出色,摻

鮮湯,下豆腐、醬油等燒片刻,下蒜苗同燒至熟,加味精,勾芡,汁濃亮油時起鍋裝條盤即成。

- **製作要領**:豆腐切好後,用開水沖兩次;煎豆腐時用中火,並酌情撒點鹽。

【 一品豆腐 】

熱菜。鹹鮮味型。

- **特點**:成菜大方,色澤乳白,豆腐細嫩,味美鮮香。
- **烹製法**:蒸、燴。豆腐去皮,加雞蛋清、鹽、胡椒粉等攪碎為泥,倒入一淨布帕中(墊方盤),堆包成高3公分、12公分見方的方墩,入籠蒸熟取出,漂冷後修切方正。炒鍋內豬油燒熱,打蔥油,摻清湯,下玉蘭片、火腿、香菌(均切片)、金鉤、胡椒、鹽、料酒等燒開,倒入包罐中(用雞、鴨骨墊底),再放入豆腐,在小火上慢燴至豆腐入味,取出豆腐盛圓盤中央,周圍放各配料。原汁勾芡收濃,加香油和勻,淋豆腐上即成。
- **製作要領**:豆腐用中火蒸熟;清湯要一次摻足。

【 繡球豆腐 】

熱菜。鹹鮮味型。

- **特點**:色澤協調美觀,質地細嫩,並且鹹鮮味美。
- **烹製法**:蒸。用蛋皮、熟火腿、冬筍、髮菜、青菜葉切成短細絲,入盆內撬勻。白菜嫩心洗淨入開水鍋中汨熟,撈起漂涼瀝乾水。豆腐攪製成糝,擠成20個圓子,入盆內均勻地裹上5種細絲黏牢,入籠蒸熟,取出入盤堆擺成形。鍋置火上,下化豬油燒至五成熟時,下薑、蔥炒香,摻鮮湯燒開,打去薑蔥,下菜心,加鹽、味精燒入味,揀出擺在繡球周圍。鍋內用水豆粉勾薄芡燒至收汁,放香油推勻,舀淋於繡球豆腐上即成。
- **製作要領**:絲不宜長,要切細、勻,裹絲要黏牢固;蒸時用中火;芡宜薄,以能黏

附豆腐使上味為度。

【黃燜豆腐】

熱菜。鹹鮮味型。

- **特點**：色澤金黃，質地滑嫩，味極鮮美。
- **烹製法**：燜。豆腐切成大一字條，入淡鹽開水鍋中煮去豆腥味。火腿、冬筍切成條片。水發口蘑切成薄片，入碗，加薑片，摻鮮湯，加料酒、鹽上籠蒸軟。番茄燙後去皮，切成片。鍋置火上，下化豬油燒至五成熱時，下薑、蔥、蒜炒香，摻鮮湯燒開，打去料渣，放入豆腐、火腿、冬筍、口蘑，加適量蒸口蘑的湯汁，放鹽、醬油、料酒、胡椒粉燒開，加蓋用小火燜5分鐘，揭蓋後放味精，勾芡燒至汁濃，放香油推勻起鍋裝盤。番茄入鍋燒熟，入盤圍邊即成。
- **製作要領**：口蘑要先蒸至出味回軟；燜時要加蓋用小火燜入味；掌握好醬油用量，色不宜重；用芡濃度要合適。

【東坡豆腐】

熱菜。鹹鮮味型。

- **特點**：色銀紅明亮，造型大方，酷似豬肘，質地細嫩，鹹鮮清香。
- **烹製法**：炸、燒。先將鮮筍、萵筍切成滾刀塊，煮至熟焠。鮮菇切成小塊。雞蛋破殼入碗，加鹽、麵粉、胡椒粉、味精、番茄醬攪勻。鍋內放菜油燒至七成熱，將豆腐整塊搌乾水分，上雞蛋番茄糊入鍋，炸至收漿進皮，撈出瀝乾油，在一面用刀淺剞成2公分大的菱形格。鍋內留油少許摻鮮湯燒開，下鮮筍、鮮菇、萵筍，加鹽、醬油、味精、胡椒粉，再將豆腐入鍋，剞有格子的一面向下，燒至入味，將配料先撈入盤墊底，再將豆腐有格子的一面向上放配料上面，鍋內勾薄芡燒至汁濃，舀淋豆腐上即成。
- **製作要領**：配料要先煮或蒸至熟焠；豆腐剞刀深度以豆腐塊的1／2為宜；芡汁濃稠適度。

【魚香豆腐】

熱菜。魚香味型。

- **特點**：色澤紅亮、軟嫩鮮燙，魚香味濃，四川鄉土風味濃郁。
- **烹製法**：炸、燒。豆腐切成大一字條，薑、蒜切成粒，蔥切成節，郫縣豆瓣剁細。鍋內菜油燒至八成熱時，下豆腐條炸成金黃色時撈起，瀝乾油。鍋內留油適量，下豆瓣焙酥，加薑、蒜、蔥炒香，摻鮮湯，下豆腐條，放鹽、醬油、白糖、味精、醋燒入味，用水豆粉勾薄芡，燒至收汁亮油起鍋裝盤即成。
- **製作要領**：炸豆腐要掌握好火候；要燒進味，芡收緊，以外酥內嫩為度；成菜突出薑、蒜、蔥味。

【清湯豆腐】

熱菜：半湯菜。鹹鮮味型。

- **特點**：白綠相襯，色淡而雅，湯清不膩，鮮美可口。
- **烹製法**：蒸、煮。豆腐去皮，包入紗布中壓茸。豬肥膘肉剁茸。雞蛋清入碗撢散，將豆腐茸、肥膘、蛋清入盆，加水豆粉、鹽、味精攪成豆腐糝，入籠製成餅狀蒸熟，出籠晾涼，切成長條或菱形，入籠保溫。將鮮菜心洗淨，切成四瓣再改成10公分的節，入開水鍋中汨熟，撈入湯盆內墊底，再將蒸熟的豆腐放在上面擺成形。鍋中摻特製清湯，加鹽、味精、胡椒粉燒開，灌入湯盆中即成。
- **製作要領**：掌握好製糝原料的比例，一定要攪上勁；豆腐成形要厚薄一致，大方、美觀；蒸時用中火，一定要蒸熟。

【鍋貼豆腐】

熱菜。鹹鮮味型。

- **特點**：黃白相間，酥嫩鮮香。
- **烹製法**：鍋貼。嫩豆腐去皮取心攪茸，用紗布包緊，吊乾水分。魚糝加味拌勻，製成豆腐糝。豬肥膘肉煮焠，改成薄片，剞幾刀搌乾水汽，撲細乾豆粉抹蛋清豆粉，

敷上豆腐糝抹平，撒金鉤末、火腿末、蔥花等，按平改長方塊或菱形塊，底面貼鍋煎至金黃色，起鍋後修整齊入盤，帶生菜、椒鹽味碟即成。

- **製作要領**：鍋貼時用中火、淺油。

【 三鮮豆腐 】

熱菜。鹹鮮味型。

- **特點**：色調協調，細嫩鮮燙。
- **烹製法**：燒。熟雞肉、火腿、冬筍切長方片。嫩豆腐打長方塊，用開水沖兩次。炒鍋加鮮湯、調輔料，入豆腐、雞、火腿、筍同燒入味後，勾芡，起鍋入圓盤即成。
- **製作要領**：選用的豆腐一定要質嫩新鮮；燒時需慢燒才能入味。

【 珍珠豆腐 】

熱菜。鹹鮮味型。

- **特點**：形似珍珠，色白、紅、綠相間，協調美觀，清淡適口，味鮮美。
- **烹製法**：汆、燴。胡蘿蔔去皮，切成豌豆大的粒與洗淨的嫩豌豆汆熟。豆腐切成豌豆大的粒，入淡鹽開水鍋中汆去豆腥味，撈入溫水中保溫。鍋內化豬油燒至五成熱時，下薑片、蔥節炒香，摻鮮湯，加鹽、料酒，放入豆腐、豌豆、胡蘿蔔燒透入味，放味精，勾薄芡，淋香油推勻，舀入窩盤內即成。
- **製作要領**：原料大小要切勻；亦可加入番茄、水發香菇等粒同燒，味更佳。

【 葡萄豆腐 】

熱菜。茄汁味型。

- **特點**：色澤金黃，形似葡萄，酸甜可口。
- **烹製法**：炸。豆腐去皮壓茸入碗，加肉茸、鹽、料酒、味精、雞蛋清、乾細豆粉、薑、蔥末攪成豆腐糝。鍋內菜油燒至六成熱時，將豆腐糝擠成葡萄形狀的小球，入鍋炸成金黃色、浮於油面時撈入盤內，堆擺成一串葡萄狀。另鍋內放油，加薑、蔥、蒜末炒香，放番茄醬微炒，加清

湯燒開，放白糖、白醋攪勻，加味精，勾清二流芡，舀淋於葡萄豆腐上即成。

- **製作要領**：豆腐成形大小一致且要生動；裝盤造型美觀、簡潔明快、富藝術感；準確掌握好醋、糖的比例。

【 家常紅燒豆腐 】

熱菜。家常味型。

- **特點**：色澤紅亮，麻辣適口，家常味濃。
- **烹製法**：燒。豆腐切成2.5公分見方的塊，入淡鹽開水中汆透，撈出瀝乾水。蔥白、蒜苗洗淨切成馬耳節，郫縣豆瓣剁細。鍋內菜油燒至七成熱時，下豆瓣炒至色紅斷生，摻鮮湯，加鹽、醬油、豆腐、蒜苗燒開入味，加味精，勾濃芡，至收汁起鍋裝盤，撒上花椒粉即成。
- **製作要領**：豆腐大小要切勻；用中火燒至入味；芡要捆緊；油要亮出。

【 枇杷豆腐 】

熱菜。鹹鮮味型。

- **特點**：色澤金黃，形態美觀，質地酥嫩，鹹鮮而香。
- **烹製法**：炸。將豆腐茸和荸薺茸入碗，加鹽、味精、胡椒粉、雞蛋清、細乾豆粉攪成豆腐糝。蔥切成細絲。鍋內菜油燒至七成熱時，將豆腐糝擠成枇杷形，入鍋炸至皮酥、熟透呈枇杷色時撈入盤中，蔥絲擺在豆腐周圍。另鍋內放油少許燒至五成熱時，放薑、蔥炒香，摻鮮湯燒開，打去薑蔥，放醬油、味精，勾薄芡至收汁，放香油推勻，舀淋枇杷豆腐上即成。
- **製作要領**：豆腐糝大小要擠勻、形如枇杷；炸的時間以熟則可，色不宜太深；汁要注意澆勻。

【 金錢豆腐 】

熱菜。鹹鮮味型。

- **特點**：造型古樸，質地軟嫩，鮮香爽口。
- **烹製法**：蒸。熟瘦火腿切成0.7公分粗的長方形條。豆腐去皮壓泥入碗，將雞蛋清攪

散入豆腐泥內，加鹽、味精、胡椒粉、乾細豆粉、熟精煉油攪勻成豆腐糝。熟蛋皮平鋪案上，先抹蛋豆粉，再放上豆腐糝抹平，中間順放一根熟火腿條，然後捲成直徑2.5公分的圓筒，入籠蒸熟，取出晾涼，切成薄片。取一蒸碗抹油，將金錢豆腐片整齊地定入碗中，餘下豆腐片放碗內墊底，入籠蒸熟後出籠翻扣入盤。鍋內摻鮮湯，加鹽、胡椒粉燒開，放味精、勾薄芡至收汁，舀淋盤內豆腐上即成。

- **製作要領**：熟火腿必須切成正方形，然後撲乾豆粉再包以免離口；捲裹時要粗細均勻而緊，交口處要黏牢，成形要圓；裝盤可用應時綠色菜心圍邊點綴。

【五彩豆腐】

熱菜。鹹鮮味型。

- **特點**：造型美觀，酥嫩爽口，鹹鮮味美。配糖醋生菜食之，風味別具。
- **烹製法**：蒸、鍋貼。豆腐去皮壓茸瀝去渣，入碗，加撣散的雞蛋清、鹽、味精、化豬油攪成糝。肥膘肉煮熟晾涼；切成長4公分、寬3公分的薄片計24片。蛋皮、熟嫩蠶豆、火腿、蛋白糕均切成細粒。肥膘肉鋪平，搌淨油，先抹上蛋清豆粉，再放上豆腐糝抹平厚約1公分，再將各種細粒岔色整齊地豎放於豆腐糝上成五彩，入籠餾定型取出。鍋內放化豬油少許燒至三成熱時，豆腐肥膘向下入鍋，用小火煎至肥膘面呈金黃色、皮酥，豆腐呈淺黃色熟透時，淋入香油起鍋疊擺於條盤一端，然後將糖醋生菜放於另一端即成。
- **製作要領**：肥膘片要用刀劃入開水汆後，油搌淨；各色原料要岔色分明，不雜亂；煎時鍋內原料要不斷移動，使受熱均勻。

【荷包豆腐】

熱菜。鹹鮮味型。

- **特點**：色澤乳白，質嫩味鮮，鹹鮮爽口。
- **烹製法**：蒸。豆腐去皮、壓茸，瀝去渣，取細泥入碗，放鹽、味精、胡椒粉、雞蛋

清、細乾豆粉、化豬油攪成豆腐糝。竹蓀洗淨切成骨牌片，泡入清湯中。菠菜擇洗淨，入沸水中汩後撈起漂晾。將豆腐糝分放抹了油的調羹中抹平，上面撒火腿細末入籠蒸熟，取出泡入鮮湯中。鍋內摻鮮湯燒開，放鹽、料酒、味精、胡椒粉、菠菜稍煮，撈入盤內墊底。荷包豆腐瀝盡湯汁放於菠菜上擺好。鍋內摻雞湯燒開，放竹蓀、鹽、味精，勾薄芡淋化雞油推勻，舀淋於菜上即成。

- **製作要領**：竹蓀要汆煮進味，荷包豆腐均應以鮮湯浸泡以增其鮮；火腿末在豆腐糝面應稍壓以免脫落；蒸時用中火或小火，以免起泡；裝盤造型要美觀大方。

【干貝腐淖】

熱菜。鹹鮮味型。

- **特點**：色澤潔白，質地滑嫩，干貝鮮香，清淡爽口。
- **烹製法**：蒸、炒。豆腐去皮壓茸，瀝去渣，取細泥。干貝洗淨，去盡邊筋，入碗，加薑、蔥、料酒、胡椒粉、鮮湯少許、生雞油入籠蒸畑，出籠揀去薑、蔥和油渣，撈出干貝撕成絲。火腿剁成細末。豆腐茸入碗，倒入蒸干貝的湯汁，加鹽、料酒、味精、水豆粉、攪散的雞蛋清調勻。鍋內化豬油燒至六成熱時倒入豆腐漿炒至呈雪花狀、吐油，放入干貝絲撈勻起鍋裝盤，撒上火腿末即成。
- **製作要領**：蒸干貝的湯汁應倒入豆腐糝內；炒時鍋和各種調料均求潔淨；動作要快，翻炒致凝固吐油即成，不宜久烹。

【石寶蒸豆腐】

熱菜。鹹鮮味型。此為忠縣地方名菜，原為忠縣石寶寨寺廟的齋菜，後來流傳至民間，故名石寶蒸豆腐。

- **特點**：色澤紅亮，鹹鮮微辣，畑嫩爽口。
- **烹製法**：炸、燒、蒸。豆腐切長8公分、寬5公分的長方塊，在油鍋中炸成鴨黃色。放入鍋中，加雞湯、鹽、薑、蔥、辣

椒、花椒、紅糖燒至自然收汁，待汁乾後
撈出，放在盆中，加米粉拌勻，裝入蒸碗
成一封書形，用旺火蒸熟透，取出，翻扣
入圓盤即成。

- **製作要領**：定碗時豆腐要輕放，不可緊
壓；蒸時不能上水。

【豆腐圓子湯】

熱菜：湯菜。鹹鮮味型。

- **特點**：成形光圓美觀，細嫩爽滑，菜綠腐
白，有一清二白之美譽，湯清味美，鹹鮮
清淡。
- **烹製法**：煮。豆腐切成片，入淡鹽開水鍋
中汩去豆腥味，撈起瀝淨水、壓成茸。薑
去皮切成末。將豆腐茸、雞蛋清、細乾豆
粉、薑末一併入碗，加味精、鹽、胡椒粉
調勻。白菜心洗淨切成四瓣，再切成長10
公分的節。鍋內化豬油燒至五成熱時，下
菜心略炒，摻鮮湯燒開，再將豆腐茸擠成
直徑2公分的圓子入鍋，放鹽、胡椒粉煮
熟，放味精，舀入湯盆內即成。
- **製作要領**：汩豆腐時應放少許鹽；豆腐茸
濃稠適度，掌握好豆粉和雞蛋的摻對比
例；要攪勻上勁，浮力才好。

【八寶豆腐羹】

熱菜：湯菜。鹹鮮味型。

- **特點**：湯濃汁釅，質軟味鮮。
- **烹製法**：煮。豆腐糝捏成小顆。水發海
參、魷魚、熟雞肉、熟火腿、冬筍、番
茄、冬菇均改小指甲片。青黃豆或鮮豌豆
汩過，去皮。炒鍋入清湯，下主輔調料略
煮片刻，勾水豆粉成清二流芡，起鍋裝二
湯碗即成。
- **製作要領**：豆腐糝顆和各種材料所切的指
甲片，均需大小一致；湯汁厚薄需適度。

【椒鹽豆腐糕】

熱菜。椒鹽味型。

- **特點**：色澤金黃，皮酥裡嫩，鹹鮮酥香。
- **烹製法**：蒸、炸。嫩豆腐切去皮攪泥，加

肉糝製成豆腐糝，入平盤抹平，上籠蒸熟
後改長方塊，裹蛋清豆粉後黏乾細豆粉，
入油鍋炸至金黃色，撈起裝盤，配椒鹽味
碟即成。

- **製作要領**：蒸豆腐糕時謹視火候，勿蒸
泡；炸製時分二次，頭次進皮，二次出色
起酥。

【雙色豆腐餃】

熱菜。鹹鮮味型。

- **特點**：製法別致，造型美觀，細嫩清鮮，
鹹鮮適口，老幼皆宜。
- **烹製法**：蒸。豆腐去皮壓茸，過濾後取細
泥入碗，加乾細豆粉、鹽、味精、胡椒
粉、蛋清豆粉、化豬油、雞糝攪成豆腐
糝。取一半豆腐糝，加莧菜汁調成粉紅
色，剩下的自成白色。豬肥瘦肉、芽菜洗
淨分別剁細。時鮮菜心洗淨，根部削成橄
欖形。鍋內下化豬油燒至五成熱時，下肉
末炒香，加鹽、醬油、味精、芽菜推勻，
起鍋晾冷，捏成10個小圓球，取15公分見
方的濕紗帕10張，平放案上，再把紅、白
豆腐糝分別擠成1.2公分大的圓子各一個放
紗帕中心處，圓子連接處放入餡心一個，
再將紗布提起對摺成三角形，用兩手食指
和拇指將帕內豆腐壓成等邊三角形的雙色
餃，入籠用小火蒸熟，取出晾涼。鍋置火
上，摻鮮湯，加鹽燒開，放味精，下菜心
燒至斷生入味，撈出擠乾水，與豆腐餃岔
色、整齊放入條盤內擺成形，上籠餾熱。
鍋置火上，下化豬油燒至五成熱時，下整
薑、蔥炒香，摻鮮湯燒開，打去薑、蔥，
放鹽、味精，用水豆粉勾薄芡，淋化雞油
推勻，將豆腐餃出籠，接著淋上鍋內滋汁
即成。

- **製作要領**：餡要炒酥香而不硬；做豆腐餃
時壓力要適度，不能露餡；芡汁要薄，以
能上味為度；裝盤要美觀大方。

【魚粒豆腐包】

熱菜。鹹鮮味型。

- **特點**：構思新穎，製法獨特，色紅、白、綠相間，鮮嫩清香。
- **烹製法**：蒸。用蔥酥魚條去盡骨刺，剁細捏成12個小圓球作餡。番茄燙後去皮，切成12塊梳子瓣。嫩綠菜心根部削成橄欖形，入鍋汨斷生，撈入晾水中漂冷。取濕紗帕12張，分別放入豆腐糝，糝中心放入餡心壓進後提包成包子形，入籠蒸熟，出籠解開紗布堆放入大圓盤內，入籠鍋內餾熱待用。鍋內化豬油燒至六成熱時，放鹽，將菜心入鍋炒至入味，起鍋待用。鍋置火上，下化豬油燒至五成熱時，下薑、蔥炒香，摻奶湯燒開，打去薑、蔥，加番茄塊、鹽、胡椒粉、味精略燒後勾薄芡，將豆腐包出籠，番茄塊圍擺腐包四周，菜心根部向內拼擺於番茄四周；鍋內交汁淋雞油推轉，舀淋菜上即成。
- **製作要領**：豆腐糝要攪茸，餡心應包嚴，不能外露；拼擺前要預先設計，才能讓菜成形美觀。

【 五環鍋貼豆腐 】

熱菜。鹹鮮味型。

- **特點**：構思新穎，製法獨特，形美色豔，鮮香酥嫩，清脆爽口，並且鹹鮮酸甜兼而有之。
- **烹製法**：蒸、煎。選用罐頭馬蹄入鍋出水後撈出揹乾。髮菜擇洗泡漲後擠乾。金鉤洗淨入碗，加鹽、鮮湯、整薑、蔥，入籠蒸熟，出籠揀去薑、蔥，分別撈出擠盡湯汁。鍋內摻水少許，放白糖熬化，入碗晾涼，加鹽、白醋調成味汁。選伸直的黃瓜洗淨，用直刀順切至4／5的深度，然後橫切成厚1.5公釐的24片，入糖醋味汁內浸漬入味。髮菜、馬蹄、蠶豆、金鉤、火腿分別切成細粒。廣柑洗淨，切成20片半圓形薄片。豆腐泥加雞糝製成豆腐糝。將土司切成厚0.4公分的片，用模具壓成直徑15分的圓形，放入抹油的大盤中，再將直徑15公分、高2公分的圓形模具套在土司外面，豆腐糝放入模具內抹平，再將五色小

粒按設計岔色由外向內擺成五彩圓環，壓平壓穩，入籠蒸至半熟取出，放平鍋內，加熟菜油煎至底面呈金黃色、皮酥香。在煎的同時，另鍋置火上，放菜油燒至六成熱，輕輕淋於豆腐表面燙熟，潷去餘油，淋香油少許蕩勻起鍋，交叉切成10塊扇形塊，擺圓盤內呈圓形。黃瓜撈出用香油拌勻，逐片擺放豆腐周圍成繩邊形，然後將廣柑片擺放黃瓜外呈凸狀即成。

- **製作要領**：此菜應突出造型，色調要配搭合理，使觀之悅目；豆腐糝抹圓餅時也可夾放入不同風味餡心；煎時必須熟透而不焦煳。

【 山泉竹筒豆腐 】

熱菜。麻辣味型。

- **特點**：豆腐潔白細嫩，鄉土氣息濃郁。
- **烹製法**：煮。選黃豆入缸，用泉水泡至無硬心，再用青石小磨細磨成漿，入鍋加生菜油少許攪勻，中火燒開，瀝渣後用微火保溫，點鹵，凝固成豆花，加蓋用微火煮約30分鐘成豆腐。紅辣醬用油炒斷生，入碗加醬油、花椒粉、紅油辣椒、蒜泥調勻，舀入味碟，面上撒香菜即成蘸食的麻辣味料。豆腐舀成片狀入楠竹盛器內，加入豆腐水即成。
- **製作要領**：豆腐老嫩要適度，以用筷能輕輕夾起爲準；味碟調製可以根據食用者愛好而定。

【 河水豆花 】

熱菜。麻辣味型。此菜爲重慶北碚的風味菜，歷史上製豆花用嘉陵江的潔淨之水，故名。

- **特點**：湯汁清澈，潔白細嫩，蘸味而食，鮮燙清香。
- **烹製法**：煮。將黃豆浸泡四小時，換清水磨成漿，過濾取漿入鍋煮開，點入鹵水微攪至勻，待凝結成花，用微火保持沸而不騰，煮約15分鐘即成豆花。鍋中放油燒熱，下細豆瓣、豆豉茸炒香，放辣椒粉、

花椒粉、醬油攪勻起鍋入碗，再放鹽、芝麻醬、味精攪勻，分成味碟，撒上蔥花和香菜，與豆花同上即成。

- **製作要領**：點、壓豆花要老嫩適度，以筷子能輕輕夾起不散為宜。

【 渾漿豆花 】

熱菜。麻辣味型。

- **特點**：豆花潔白細嫩，蘸味麻辣鮮香。
- **烹製法**：煮。黃豆洗淨入清水中浸泡4小時，再換水浸泡後磨成漿，另加開水500毫升，瀝去渣，將豆漿入開水鍋中燒10分鐘，舀出豆漿1000毫升盛入碗內待用。另將鍋離火口，攪動豆漿，注入鹵水，直至成花，再用筲箕瀝壓成團，然後用竹刀劃成大塊，再將舀出的豆漿倒入即成豆花。鍋內下菜油燒熱，下細豆瓣、豆豉茸、鹽略炒，出鍋裝入碗內，再放入醬油、花椒粉、芝麻醬、蒜泥、香油、紅辣椒油、味精調勻，舀入味碟內，撒上蔥花。豆花帶白水分舀碗內，隨配味碟即成。
- **製作要領**：點豆花時要邊下鹵水邊不停地攪動均勻；忌沾鹽、鹼。

【 家常豆花 】

熱菜。麻辣味型。

- **特點**：細嫩爽口，麻辣鮮香。
- **烹製法**：煮。黃豆經選料、浸泡、磨細、瀝漿、煮沸、點鹵等工序製成豆花。豆瓣、豆豉、大頭菜、芽菜分別剁細。鍋內菜油燒至七成熱時，放入豆瓣、豆豉、甜醬煵至酥香，加入大頭菜、芽菜和勻，起鍋晾涼，加芝麻醬、蔥花、花椒粉調勻成味汁，舀入味碟與豆花同上即成。
- **製作要領**：調味料可按食者愛好增減；豆花老嫩以用筷能輕輕夾起為度。

【 翼王豆花 】

熱菜。麻辣味型。此菜據涪陵地方志記載：太平天國翼王石達開兵臨涪州城，一日偶見路旁一家豆花店，店主父女二人，生意清淡。翼王喜素食，轉戰南北，遍嚐各地豆花，並得名師傳授製作妙法，為濟父女之貧，翼王授而傳之，故名。

- **特點**：黃豆之外，另加糯米、銀耳粉點製豆花，配以冬寒菜尖，作法獨具匠心；豆花潔白細嫩，麻辣清香，極富營養。
- **烹製法**：煮。黃豆、糯米、銀耳分別洗淨，經漂泡、推漿、瀝渣、燒沸、點漿、輕壓成形，去盡窨水，摻清水燒開，放入汩熟的冬寒菜心，裝盤即成。以剁細煵酥的郫縣豆瓣，加花椒粉、鹽、味精、醬油、香油、白糖調成麻辣味汁；以薑汁、鹽、味精、醬油、白糖調成薑味汁分裝成味碟入席即成。
- **製作要領**：選當年黃豆洗淨、泡漲，慢磨成漿。

【 翠綠豆花 】

熱菜。麻辣味型。

- **特點**：色澤翠綠，清香清爽，別具一格。
- **烹製法**：煮。黃豆選洗浸泡後，加入青色嫩黃豆、米飯再細磨成漿、瀝渣、燒開，端離火口，待降至80℃，徐徐注入鹵水，用瓢底在湯面蕩動，至起花時加蓋，待凝固成團時再將瀝起的渣過漿，漿水從鍋邊緩緩注入豆花鍋中，用刀將豆花劃成塊，以微火燒開即成。乾辣椒切成1.7公分長的節，豆瓣剁細，花椒炕乾浸油斬細，大蒜加香油捶成泥。鍋內菜油燒至五成熱時，下豆瓣煵香，再下乾辣椒炒勻，起鍋入碗，加花椒粉、蔥花、醬油、味精、蒜泥、香油調成味汁，舀入味碟與豆花同上即成。
- **製作要領**：掌握好黃豆、青豆、米的比例；要掌握好點豆花的火候，以及下鹵的時間。

【 鮮肉豆花 】

熱菜。麻辣味型。

- **特點**：豆花中摻入適量肉茸製作豆花，製法新穎，集肉香、豆香為一體，潔白細

嫩，極富營養，味更鮮美。

- **烹製法**：煮。將豬瘦肉洗淨，用刀背捶至極茸，去盡筋絡，加少量豆漿澥散，倒入豆漿鍋內推勻，再按點製豆花之法製作而成。味碟按翼王、翠綠豆花的味汁調製均可，不嗜麻辣者，即可調成鹹鮮味汁。
- **製作要領**：一定要選新鮮豬瘦肉，捶茸去盡筋絡，並且剁至極茸，其肉茸用量不宜太多。

【螞蟻上樹】

熱菜。家常味型。成菜後因牛肉末黏附在粉條上，形似螞蟻上樹，故名。
- **特點**：色澤紅亮，香酥柔軟，鮮美微辣。
- **烹製法**：炸、燒。淨牛肉去筋剁碎，入炒鍋爛酥打起。乾粉條入油鍋中炸泡撈起。鍋內先爛豆瓣（剁細）、摻鮮湯，放入調料、粉條、牛肉末，用中火燒至收汁入味時，加蔥花和勻，起鍋入盤即成。
- **製作要領**：牛肉爛酥香；粉條燒軟入味。

【芹黃豆乾】

熱菜。鹹鮮味型。
- **特點**：乾香嫩脆，鮮爽適口。
- **烹製法**：炒。芹黃洗淨切節。豆乾對剖切絲，入油鍋炒至乾香，下調料和芹黃節，和轉起鍋入圓盤即成。
- **製作要領**：火不宜大，炒不宜久，芹黃斷生即起鍋。

【家常乾絲】

熱菜。家常味型。
- **特點**：色澤棕紅，鹹鮮微辣，質地爽滑。
- **烹製法**：燴。豆腐乾先片後切二粗絲。芹黃改節。炒鍋下油爛好豆瓣，下調料，加鮮湯，入乾絲燴入味，下芹黃略燒，勾芡收汁，起鍋入圓盤即成。
- **製作要領**：絲條切均勻；燴時火不宜大。此菜也可加肉絲同燴。

【香乾蛋卷】

熱菜。椒鹽味型。
- **特點**：色澤金黃，脆嫩鮮香。
- **烹製法**：炸。豆腐乾切成細絲。平菇洗淨、汩透切成細絲。椿芽、芽菜切成細粒。鍋內菜油燒至六成熱時，放鹽，先下芽菜、平菇、豆乾翻炒，再下椿芽、蔥白炒勻起鍋作餡料。蛋皮鋪案上，抹上蛋清豆粉，放入餡料捲成直徑2.5公分的長形圓卷，再用蛋清豆粉封口。鍋內菜油燒至六成熱時，將蛋卷入鍋炸至金黃、皮脆時撈起瀝乾油，按設計切成段，入盤堆擺成形，另配椒鹽味碟入席。
- **製作要領**：卷要裹緊封嚴，粗細長短一致，翻炸色勻；裝盤拼擺要美觀大方。餡料也可改為雞絲、火腿、干貝等葷料，其檔次更高。

【銀杏腐竹】

熱菜。鹹鮮味型。
- **特點**：黃白相間，協調美觀，質地爬糯軟綿，鹹鮮而香。
- **烹製法**：炸、燒。腐竹入溫水中泡漲，切成3公分長的節，入油鍋中炸泡撈出，瀝乾油。鮮銀杏去殼入開水鍋中，加白鹼少許稍煮，用竹刷洗去外皮，去果心，再入開水中汩去苦味，撈起用清水漂冷瀝乾。薑切成米，蔥切成顆。鍋內菜油燒至五成熱時，下薑、蔥、銀杏炒出香味，摻鮮湯，下腐竹、鹽燒開，打盡浮沫，用小火燒至爬軟入味時加味精、胡椒粉推勻，勾芡燒至收汁，起鍋裝盤即成。
- **製作要領**：泡腐竹的水溫不宜過高，一定要發漲、炸泡；剝、洗白果時必須保持形態完整，果心要去盡；用小火慢燒至爬軟入味；此外，勾芡宜薄，以能黏附原料表面為佳。

【燴千張】

熱菜。家常味型。此菜又稱為「家常千張」。

- **特點**：汁濃味美，細嫩柔軟，略帶麻辣。
- **烹製法**：煮、燴。千張切韭菜葉形，用淡鹼水略煮，開水浸漂去盡鹼味。豬肥瘦肉切二粗絲，碼味碼芡。鍋內油燒至五成熱時，下肉絲炒散起鍋。鍋中另用油將豆瓣煵酥，摻鮮湯燒開，去渣加醬油，下千張絲、肉絲，燴至千張入味，加韭黃節、味精，勾芡收汁，起鍋裝盤，撒少許花椒粉即成。
- **製作要領**：千張煮後多用開水浸漂幾次，才能鹼盡色白。

【三鮮千張】
　　熱菜。鹹鮮味型。
- **特點**：此菜脆嫩鮮香，鹹鮮味美，可用在筵席中。
- **烹製法**：燒。將千張洗淨切成塊，入沸鹼水中漲透，撈出漂盡鹼味瀝乾。火腿、雞肉、冬筍均切成薄片，蔥白切成節，薑切片。鍋內化豬油燒至五成熱時，下薑、蔥炒香，摻鮮湯燒開，打去薑、蔥，放入千張、火腿、雞肉、冬筍同燒，待湯汁乳白時加鹽、料酒、胡椒粉、味精燒入味，勾薄芡，淋化雞油推勻起鍋即成。
- **製作要領**：千張要發至回軟，漂盡鹼味。

二、魔芋

【水煮魔芋】
　　熱菜。麻辣味型。
- **特點**：色澤紅亮，麻辣鮮燙，綿軟滑爽，味厚醇濃。
- **烹製法**：煮。魔芋切成骨牌厚片，入清水中浸漂後撈出瀝乾，入油鍋中過油後撈出瀝盡油，入盆用鹽、水豆粉拌勻。蒜苗、芹菜切成段，萵筍尖切成片。乾辣椒、花椒入油鍋炸呈棕紅色，起鍋晾涼、鍘細。鍋內菜油燒至五成熱時，下鹽、萵筍、芹菜、蒜苗炒斷生，起鍋入碗墊底。鍋內混

合油燒至五成熱時，下剁細的郫縣豆瓣，炒至斷生油成色紅時摻鮮湯，加醬油、味精燒開，放魔芋片撥散略燒至吸汁入味時起鍋，舀放在菜上，再撒上鍘細的辣椒和花椒粉，用七成熱的菜油淋入即成。
- **製作要領**：淋入菜油後要及時入席；魔芋片入鍋過油即可，不能久炸。

【酸菜魔芋】
　　熱菜。家常味型。
- **特點**：綿軟脆嫩，鹹鮮微辣，並且有乳酸鮮香。
- **烹製法**：炒。魔芋切成條，入開水鍋中加鹽汩水後撈出瀝乾。泡青菜、泡紅辣椒切成細絲，蒜苗切成節。郫縣豆瓣剁細。鍋內化豬油燒至五成熱時，下豆瓣煵香，再下魔芋條、鹽炒勻，下泡青菜和泡辣椒絲炒數下，下蒜苗炒斷生，再放入味精炒勻起鍋即成。
- **製作要領**：炒時火不宜太大，以保持原料鮮嫩。

【乾煸魔芋】
　　熱菜。麻辣味型。
- **特點**：色澤紅亮，酥軟乾香，麻辣適度，佐餐下酒均宜。
- **烹製法**：炸、乾煸。魔芋去皮，切成長條，入奶湯鍋內，加鹽、胡椒粉、薑燒開煨煮增鮮，反復兩次，撈出瀝乾。豬肉切成二粗絲。冬筍、薑、蔥、乾辣椒均切成絲。另用整薑拍破。鍋內菜油燒至七成熱時，下魔芋條炸至進皮撈出，待油溫回升至七成熱時，入鍋再炸呈棕黃色時撈出。鍋內潷去餘油，燒至六成熱時，下乾辣椒絲炒香撈出。將肉絲入鍋煸乾水汽，下豆瓣、冬筍、薑絲煸至吐油，下魔芋條煸至入味，再放白糖、蔥絲、辣椒絲、味精、紅油、花椒油撬勻起鍋裝盤，撒上花椒粉即成。
- **製作要領**：烹製中注意用中火、熱油；邊加調料邊不斷的翻撬，使之入味和受熱均

匀，達到酥軟乾香的效果。

【魔芋肉片】

熱菜。家常味型。

- **特點**：質地滑爽，鹹鮮微辣，乳酸香濃。
- **烹製法**：炒、燒。魔芋切成片，汩水後撈出瀝乾。豬肉切成薄片，入碗，加鹽、料酒、水豆粉拌匀。泡辣椒、蔥切成馬耳形。泡薑、蒜切成片；蒜苗切段。鍋內化豬油燒至六成熱時，下肉片炒散籽，加入泡辣椒、蒜苗、薑、蒜翻炒出香味，摻鮮湯，下魔芋片，加鹽、醬油、胡椒粉燒開入味，放味精、勾濃芡至收汁，接著起鍋即成。
- **製作要領**：要用乾淨油脂；魔芋要汩後用清水漂淨；用中火慢燒入味；肉片芡不宜太厚，勾芡分兩次放入，芡要收緊。

【魔芋鮮魚】

熱菜。魚香味型。

- **特點**：色澤紅亮，細嫩滑爽，鹹甜酸辣兼備，薑、蔥、蒜濃郁。
- **烹製法**：炸、燒。魔芋切塊，入開水鍋中加鹽出水，撈出瀝乾。鮮魚1尾治淨，兩面剞刀，用鹽、料酒抹匀入味；豆瓣剁細。薑切米，蔥切粗花。鍋內菜油燒至六成熱，下魚炸至淺黃色時起鍋，潷去餘油，下豆瓣炒香、油成紅色時，下薑、蒜炒數下，摻鮮湯，下白糖、醬油、料酒、醋、魚和魔芋燒入味，魚熟時揀入盤中。鍋內放味精、蔥花、勾薄芡至收汁，推匀，再放醋少許舀淋於魚身即成。
- **製作要領**：魚應選鮮活魚，剞刀的深度要合適，炸至進皮為度；蒜蔥用量略大，以突出辛香；豆瓣、薑、蒜要炒香；用中火慢燒入味；魚應保持完整不爛。

【魔芋雞糕】

熱菜。鹹鮮味型。

- **特點**：造型美觀，色澤素雅，質地細嫩，鹹鮮味美。
- **烹製法**：蒸。用魔芋精粉加溫開水調匀，使膨化呈糊狀，再加雞糝、鹽、味精、胡椒粉、細乾豆粉攪匀。取平盤抹油，倒入魔芋雞糝，按厚3公分抹平，入籠蒸熟，取出晾涼切成條片。熟火腿、水發香菌分別切成半圓形的片。鵪鶉蛋煮熟去殼，切成片。先將鵪鶉蛋、香菌、火腿片擺入蒸碗底部成花狀，再將魔芋雞糕沿碗壁擺成風車形，餘料入碗墊平，摻入少許鮮湯，入籠蒸熟，出籠翻扣入盤。鍋內加鮮湯、鹽、胡椒粉燒開，放味精、勾薄芡，加化雞油推匀，舀淋魔芋雞糕上即成。
- **製作要領**：蒸魔芋雞糕用中火，以熟為度，火大、久蒸則易變形、起泡；定碗應整齊、大方、美觀，亦可翻碗改用清湯或奶湯。

【魔芋燒鴨】

熱菜。家常味型。

- **特點**：色澤紅亮，炣軟細嫩，鹹鮮辣香。
- **烹製法**：汆、燒。魔芋切成長條與花茶水（茉莉花茶泡出來的茶水）入開水鍋中汆兩次，去盡澀味，撈出泡入清水中。鴨肉斬成大一字條。薑、蒜切片。蒜苗切成段。鍋內化豬油燒至七成熱時。下鴨條炒呈淺黃色時起鍋。鍋洗淨放化豬油燒至五成熱時，放郫縣豆瓣、花椒炒香，摻鮮湯燒沸出味，打盡料渣，下鴨條、薑、蒜，加鹽、料酒、醬油同燒至鴨炣，下瀝乾的魔芋、蒜苗燒入味，放味精推匀，勾薄芡至收汁起鍋裝盤即成。
- **製作要領**：魔芋汆後要漂盡澀味，瀝乾入鍋，以免吐水；注意湯汁適度，用中火慢燒，避免燒焦；若適量加入泡子薑片，可以提味增鮮。

【雪魔芋雞翅】

熱菜。鹹鮮味型。

- **特點**：成菜色澤銀紅明亮，綿軟炣香，汁味鹹鮮。
- **烹製法**：汆、燒。漲發後的雪魔芋切成菱

形塊，與花茶水同入開水中汆兩次，撈出瀝乾水。鮮雞翅斬去翅尖和翅根呈V字形，出水洗淨瀝乾。鍋內化豬油燒至七成熱時，下雞翅炒乾水分，加醬油燜上色，再加薑片、蔥節、料酒燜香，摻雞湯，加鹽、胡椒粉。雞翅燒至七成熟時，下雪魔芋與雞翅同燒入味至粑，揀去薑、蔥，放味精推勻，接著勾薄芡至收汁，淋香油推勻即成。

- **製作要領：**醬油的用量以菜餚呈銀紅色為佳；用小火慢燒至雞翅入味離骨則可，久烹易爛；雪魔芋要燒透入味。

筆 記 欄

第八章
火鍋、點心與小吃

一、火鍋

【菊花火鍋】

火鍋。鹹鮮味型。此菜以秋季食之最好，常用於高級筵席的座湯。

- **特點：**原料多樣，嫩脆清香，湯鮮醇濃。
- **烹製法：**燉、燙。鯽魚、雞肫、大白豬腰、仔雞脯肉均片成薄片（四生片），分裝七寸盤擺成風車形。油條、饊子⊕、花仁、銀絲粉條均炸酥脆（四油酥），分裝五寸碟。白菜、菠菜心、豌豆尖、香菜洗淨（四鮮菜）分裝七寸圓碟。選大白菊花去蒂、去蕊，將花瓣擺在七寸碟內呈菊花形。薑米、胡椒粉、鹽、蔥花、味精分裝五個味碟。鍋內摻清湯，加魚骨等熬成魚羹奶湯，裝入特製的火鍋，放入盤托內上席。並將四生片、四油酥、四鮮菜、菊花及味碟同上。視個人喜愛自選自燙自食，還可以自行調味。
- **製作要領：**生片要薄，油酥要脆，鮮菜要嫩，菊花要鮮，湯要熬白；製湯時，要打蔥油，以提其鮮香味。

⊕一種用糯粉和麵扭成環的油炸麵食品。現在的饊子，用麵粉製成，細如麵條，呈環形柵狀。

【生片火鍋】

火鍋。鹹鮮味型（亦可用麻辣味型，亦可用鴛鴦鍋，兩種味型兼備）。

- **特點：**這是一種傳統火鍋，多用於筵席作尾湯（即座湯）。這種火鍋有一定的局限性，一般要與筵席配合使用，原料由烹調師根據時令安排，凡葷料要片至極薄，或剁細製圓子，素料要去粗取精，擇洗乾淨裝盤成形入席。例如1984年2月日本一美食旅遊團到重慶的會仙樓預訂的「小滿漢席」中選用此菜，原料爲葷四（魚片、里脊片、脆肚片、五彩魚圓），素四（玉蘭片、豌豆尖、蓮白片、菠菜）。此菜作爲尾湯入席，客人多已酒足菜飽，若非精緻而有特色，很難收到應有的效果。
- **烹製法：**煮、燙。配鹹鮮調味品，每人一味碟，生片葷料撒上鹽、水豆粉燙時拌勻，湯料燒開倒入火鍋中，隨調料和味碟一同入席即可。燙時將生片拌勻，蘸味而食即可。

【海鮮火鍋】

火鍋。鹹鮮味型。

- **特點：**這種火鍋是用空運入四川的鮮活海鮮原料和火鍋形式相結合的產物。四川海鮮火鍋有兩個鮮明的特點：一是用清湯，而且清湯熬製中加入蟹、金鉤等海鮮原料；二是燙製的原料以海鮮爲主，配以時

鮮蔬菜，使營養互補，味更清鮮。

- **烹製法**：熬、煮。在熬製清湯中，將青蟹1個洗淨，去掉蟹殼和鰓洗淨斬成塊，大甲敲破，使清湯煮至海鮮味濃時倒入火鍋中，隨燙食原料和味碟入席。海鮮火鍋應注意原料必須新鮮，燙時的時間可根據原料而定。也可按食者要求，調成麻辣味淡些的海鮮紅湯火鍋。

【鴛鴦火鍋】

火鍋。麻辣味型，鹹鮮味型。

- **特點**：鴛鴦火鍋亦稱雙味火鍋，是1983年四川省重慶代表隊為了參加中國大陸「首屆全國烹飪名師表演鑒定會」研製的新品種，一鍋之內，雙色雙味，適應食者不同的口味愛好。
- **烹製法**：熬、煮、燙。將已熬好的火鍋紅湯和火鍋清湯分別倒入有隔片的鴛鴦鍋內（目前也有用雙層◎形的鴛鴦鍋），與原料、味碟同時入席，點燃爐火，待湯汁滾沸時即可燙食。現將1983年1月日本中華料理品嚐團在重慶味苑餐廳品嚐雙味火鍋的席單附後：八葷——無鱗龍段（鱔魚）、胸藏萬卷（鴨腸）、浪翻千層（毛肚）、玻璃燭夜（雞片）、菊紅獻豔（鵝腸）、七星細柳（烏魚）、雪兆豐年（腦花）、紅梅映雪（牛肉）；八素——梁平銀線（粉絲）、六畜興旺（血旺）、紅嘴綠鸚（菠菜）、銀錘蓮白（蓮白）、翡翠香苗（蒜苗）、玉節金鞭（黃蔥）、天花競放（平菇）、遊龍曲鬚（豆苗）。

【鯰魚火鍋】

火鍋。麻辣味型。

- **特點**：川菜中之鄒鯰魚、犀浦鯰魚、紅燒鯰魚，無不膾炙人口，鯰魚火鍋在此基礎上發展而來，成菜肉質細嫩，味美汁濃，香氣濃郁，頗富鄉土氣息。
- **烹製法**：熬、煮。選重2000克的大鯰魚一尾，在頭骨距腰8公分處斬斷，摘去魚鰓，去內臟洗淨，在上顎處用刀斬開，在

頸內兩側剞刀，魚肉片成片。鍋內化豬油燒至八成熱時，魚頭入鍋炸呈黃色時撈起，鍋內留油100克，下泡辣椒節炒至紅色，下薑、蔥略炒，倒入魚湯（或鮮湯）燒開，下魚頭用大火燒開，打盡浮沫，加料酒、胡椒粉、花椒、冰糖熬至湯香味濃時，加鹽、醬油、味精，待魚頭燒至八成熟時，倒入火鍋內，同魚片、其他原料、味碟一起上桌。

【紅參黃臘丁火鍋】

火鍋。鹹鮮味型。

- **特點**：紅參黃臘丁火鍋是從民間菜式鮮湯黃臘丁發展而來。黃臘丁味鮮美，質細嫩，配以紅參，湯汁乳白，味道鮮美，食之能大補元氣，既可入席成菜，亦是滋補火鍋之一。
- **烹製法**：熬、煮。黃臘丁經剖殺治淨，每條用竹籤從口中插入至腹，放在盤中。紅參洗淨入碗，加清水上籠蒸15分鐘，出籠晾涼切成極薄的片。火鍋清湯入鍋燒開，放入紅參片和湯汁繼續熬5分鐘，即舀入火鍋內，與黃臘丁和其他原料、味碟同時入席。燙煮黃臘丁時，以手持竹籤將魚身全部入湯中淹沒，以煮熟入味為度，久煮會骨肉分離。此火鍋的紅參還可按食者要求以天麻、貝母替換，名稱亦因料而異。

【鰍魚火鍋】

火鍋。麻辣味型。

- **特點**：鰍魚製熟肉質細嫩，麻辣鮮香。具有補氣祛濕、興陽的食療效果。
- **烹製法**：熬、煮。鮮活鰍魚入盆，在清水內放少許菜油，使其吐盡腹內髒物，剪去頭，破腹去內臟，洗淨黏液後瀝乾水入盤。火鍋紅湯燒開，打盡浮沫，舀入火鍋中與鰍魚、其他原料、味碟同時入席。在剖治鰍魚時應注意不要弄破苦膽，煮時不宜過多，應邊吃邊煮。

【酸菜魚火鍋】

火鍋。麻辣味型。

- **特點：** 麻辣味次於毛肚火鍋，用魚湯熬製湯滷，炒料中加泡紅辣椒、泡青菜，口感適應面更寬。
- **烹製法：** 熬、煮。鍋內混合油燒至五成熱時，下郫縣豆瓣、泡紅辣椒炒香至油呈紅色，下薑、蒜熗香，再下泡青菜片略炒，摻魚湯，加鹽、味精、花椒、胡椒粉燒開，用小火熬至汁濃味鮮時，作火鍋湯滷。鮮魚肉片成厚片，入火鍋湯滷中燒開，煮至八成熟時舀入火鍋內，和其他原料、味碟入席，待魚片煮熟入味即可取食。此火鍋以吃魚為主，其他原料為輔並由食者自選。

【砂鍋啤酒鴨】

火鍋。麻辣味型。

- **特點：** 此品源於貴州，四川引進後演進成火鍋，以鴨、魔芋為主，兼燙其他原料。
- **烹製法：** 熬、煮。鴨子治淨入冷水鍋中，用旺火燒開，打盡浮沫再用小火慢煮，至八成粑時起鍋晾涼拆成塊，鴨湯留用。魔芋切成方塊汩水。泡辣椒、郫縣豆瓣、泡子薑剁細，薑拍破，蒜切片。鍋置火上，放化豬油燒至五成熱時，下郫縣豆瓣、泡辣椒、子薑、花椒、蒜、老薑炒香後，倒入鴨湯、魔芋略燒，再倒入啤酒，下鴨塊、白糖、糖色、鹽、味精、胡椒粉略燒，再加入熟菜油燒開，倒入砂鍋內，與其他原料、味碟同時上桌即成。

【麻辣火鍋雞】

火鍋。麻辣味型。

- **特點：** 將川菜中的萵筍燒雞與四川毛肚火鍋相結合創新而成，以雞、萵筍為主料，其餘各料由食者自選。
- **烹製法：** 熬、燒、煮。將經宰殺治淨的公雞斬成條塊，入盆，加鹽、料酒、胡椒粉碼味浸漬20分鐘。萵筍去皮洗淨，切成條。鍋內菜油燒至五成熱時，下雞塊熗六

成熟時起鍋，再將萵筍條入鍋過油後撈起待用。萵筍條入火鍋墊底，上面放雞塊，摻入火鍋紅湯適量，放泡野山椒燒至九成熟時，再摻燒開的紅湯，與原料、味碟同時入席，雞粑即可食用。

【啤酒兔火鍋】

火鍋。麻辣味型。

- **特點：** 湯汁醇厚，麻辣鮮香。此火鍋是在啤酒鴨火鍋的基礎上，結合川菜紅燒仔兔的製作方法創制而成，有不少火鍋店專營或以此為當家品種。
- **烹製法：** 熬、煮。兔子經擊殺去皮，去內臟、斬去頭腳，洗淨搌乾水，放入水鍋中燒開，打盡浮沫，煮至八成熟時撈出，瀝乾水，斬成4公分見方的塊。鍋內化豬油燒至五成熱時，下泡薑片、泡辣椒節、剁細的豆瓣熗香，下蒜、花椒翻炒出香味後，倒入煮兔子的湯燒開，打盡浮沫，下兔塊、啤酒、白糖、鹽、味精、胡椒粉燒開至兔肉入味，將兔肉和湯汁倒入火鍋中，與其他原料、味碟一同上桌。

【毛肚火鍋】

火鍋。麻辣味型。因以毛肚為此菜主要原料，故名，又稱「紅湯火鍋」。

- **特點：** 色澤棕紅，湯鮮香濃，麻辣味厚，擇好而食。
- **烹製法：** 熬、燙、煮。
- **選料與切配：** 水牛毛肚洗淨，切片；牛肝、牛腰、黃牛背柳肉洗淨後切大薄片；牛脊髓洗淨；蔥、青蒜苗切段；時鮮菜（蓮花白、芹菜、菠菜、豌豆苗均可）洗淨後撕成長片。
- **製滷水：** 鍋置中火上，牛油燒至六成熱，入豆瓣（剁細）熗酥，薑末、辣椒粉、花椒炒香，加牛肉湯燒開，倒砂鍋中。砂鍋置旺火上，入紹酒、豆豉（剁碎）、醪糟汁燒開，打盡浮沫即成滷水。臨用時，將滷水燒開，與其他原料和味碟一同上桌。

【排骨火鍋】

火鍋。麻辣味型。

- **特點**：此火鍋為眾多火鍋中的家常品種，原料簡便，麻辣程度較低，故在調味中應注意季節變化，可適當掌握。
- **烹製法**：熬、煮。將排骨洗淨斬成節，入開水中出水後撈出。鍋內菜油燒至五成熱時，下剁細的郫縣豆瓣炒香再下薑末、排骨炒至變色，加牛油、冰糖、花椒、鹽、料酒，先加少許肉湯，待排骨燒至八成熟時，再摻入鮮湯燒開，打盡浮沫，倒入火鍋中，與其他原料、味碟入席。本品既為家常品種，又可獨立成菜。也可根據食者須求隨配豬腰、豬肚、腦花、豬後腿肉和時鮮素菜等，豐儉隨意，價格便宜。

【肥腸火鍋】

火鍋。麻辣味型。

- **特點**：此品為川味傳統火鍋之一，成品色澤棕紅，肥腸軟爛入味，香味濃郁誘人。
- **烹製法**：熬、煮。大腸用鹽和醋等反復揉搓，用水連續翻洗至無黏液、顏色發白無異味時，入開水鍋中出水撈出，再用溫水洗兩次後切成節。鍋內菜油燒至四成熱時，下乾辣椒略炒後撈出。鍋內再下牛油、化豬油燒至五成熱時，下剁細的豆瓣炒香，再下薑、蒜，摻鮮湯燒開，放香料包、豆豉茸、醪糟汁、鹽、冰糖熬製，放大腸段熬15分鐘，再下乾辣椒、花椒熬10分鐘，打去浮沫，舀入火鍋內，與肉、內臟和素菜原料、味碟入席即成。食用時可先燙煮其他葷料，待腸段軟爛入味再取用食之。

【羊肉火鍋】

火鍋。麻辣味型。

- **特點**：此火鍋源於羊肉湯鍋，經發展創新而成，至今已成為麻、辣、燙、嫩、鮮、香的火鍋品種之一。它具有細嫩爽口，麻辣適度，味美回甜，湯汁濃鮮而不膩的特點。因羊肉味甘，性溫。能溫中暖腎，冬季食之最宜。此火鍋以吃羊肉、雜為主，亦可配食其他葷料和素食（必備香菜）。

- **烹製法**：熬、煮。將羊肉切成長形薄片。鍋內下菜油少許和乾辣椒節炒酥香待用，鍋中另下化豬油燒至五成熱時，下豆瓣炒香，再加薑、大蒜炒出香味，摻羊肉湯燒開，加鹽、豆豉茸、醪糟汁、冰糖、花椒、炒香的乾辣椒節、香料包同熬至麻辣鮮香，打盡浮沫，舀入火鍋中，與羊肉、其他原料、味碟同時入席。燙煮羊肉片時可夾入香菜，其味更美。

【肥牛火鍋】

火鍋。鹹鮮味型。

- **特點**：採用專供食用的菜牛。目前大多以空運進口牛肉作主料，按四川火鍋的烹製方法製成，成菜細嫩鮮香，鹹鮮爽口，為不嗜麻辣味者所喜愛。
- **烹製法**：燉、煮。肥牛肉洗淨，瀝乾水，切成極薄的大片入盤。鍋內化豬油燒至四成熱時，下花椒稍炸，放入料酒、白醋、蔥白略炒，倒入火鍋清湯燒沸，放鹽、生薑、胡椒粉燒開，打盡浮沫，舀入火鍋中，與肥牛肉片、其他原料、味碟同時入席。肥牛肉片可以掛薄芡，以保持其脆嫩鮮香。

【麻辣燙】

火鍋。麻辣味型。夏、秋坐食街頭，感覺涼爽；冬季、春初氣溫雖低，但麻辣入口，可生熱禦寒。

- **特點**：麻辣燙是方便型、小吃型、經濟型的大眾火鍋品種。其特點有三：一是多無店鋪，以街邊、巷口、廣場為店，夜出晝沒；二是原料用竹籤穿成串，以串計費，葷、素同價，客人自取，吃後按竹籤多少結帳；三是設備簡陋，一輛三輪貨車就是一個店，晚間借助街燈或其他光源，費用極小，價雖薄而利潤不小。
- **烹製法**：熬、煮。火鍋紅湯底料熬好以後舀入鍋內，原料用簸箕擺成圓形，竹籤柄

露於籮箕之外以便取食，以香油、味精為味碟，來客現對。

二、點心

【春餅】

烙點。

- **特點**：細韌綿軟，味鮮爽口。
- **烹製法**：烙。麵粉加水、鹽調製成濕麵團，用「雲板」鍋攤成春卷皮。此皮可捲食各種涼拌菜餡或韭黃、肉絲、蒜苔、肉絲等葷素菜餡。
- **製作要領**：麵團軟硬適度；火不宜大。

【炸春卷】

炸點。

- **特點**：色澤金黃，皮酥脆，餡鮮嫩。
- **烹製法**：炸。鮮豬瘦肉切成火柴棍細絲，韭黃洗淨切短節。豬肉絲用鹽、料酒、水豆粉碼味，入油鍋炒熟，加韭黃、綠豆芽拌成餡。麵粉加雞蛋、水豆粉、鹽少許調成稀糊狀，下鍋攤成薄圓皮。將圓皮縫中劃十字刀成四瓣，每瓣包入餡心，將兩頭抄攏裹成圓筒，接頭處用蛋漿黏好，入菜油鍋內炸呈金黃色即成。
- **製作要領**：麵皮不能攤得過厚，並且接頭要黏牢。

【雙色穿卷】

酥點。

- **特點**：兩色相映，色澤美觀，味酥香。
- **烹製法**：炸。將鮮雞蛋、白糖、化豬油一併和入特級麵粉內揉勻。用1／3的麵團加食用胭脂紅揉勻。將白色油水麵擀成兩條長方形麵皮。再將紅色的擀成一樣大小的麵皮，夾在兩條白色的麵皮之間，用刀改成寬2.5公分、長5公分的條形，中間用刀劃一條口，將一頭從口中穿過後理齊，入豬油鍋內炸製。

- **製作要領**：條的大小要一致；穿卷時，不要將口子拉得太大。

【紅珠雪卷】

蒸點。此點心又名紅珠雪蓮，宜夏季配綠豆涼羹等食用。

- **特點**：色澤美觀，甜香軟糯。
- **烹製法**：蒸。桃仁去皮，炸酥，切成小丁，加蜜玫瑰、白糖、化豬油等，揉成餡。糯米、大米浸泡後磨漿，吊乾水分，入籠蒸熟。加入白糖擂擀成長方形皮料，將餡放入，裹成圓筒搓長。用刀斜切成馬耳形，擺入盤內呈蓮花狀，每一花瓣上嵌一顆紅櫻桃。
- **製作要領**：粉料不能蒸得太炤；條宜搓細，大小要均勻。

【棗泥如意卷】

蒸點。適宜於夏季食用。

- **特點**：其兩色分明，如意形，皮軟糯，餡鮮香。
- **烹製法**：蒸。蜜棗去核揉茸，桃仁去皮炸酥切成丁，蜜瓜條切成丁，加化豬板油少許揉勻成餡。糯米、大米泡後磨細成漿，吊乾水分，入籠蒸熟後揉勻（揉時加白糖），擀成長方形，抹上棗泥餡裹成如意形，切成2公分厚的塊，接著豎立放於盤中即成。
- **製作要領**：掌握好糯米、大米的比例；泡米要到無硬心時才能磨。

【龍眼包子】

蒸點。此點心四季均宜。並可製成金鉤、香油、口蘑、蟹黃、海味等餡心。

- **特點**：小巧玲瓏，色白泡嫩，餡香鮮美。
- **烹製法**：蒸。特級麵粉發酵後，加白糖、化豬油、蘇打揉勻。鮮豬腿肉剁碎，加上等醬油、鹽、胡椒末、花椒汁、薑汁少許、白糖、料酒、雞湯，拌成餡心。將麵做成每個重約5克的劑子，按扁包入餡心，入籠蒸熟即成。

- **製作要領**：發麵不宜太老；餡心稍稀；蒸製的火宜旺。

【 鴛鴦包子 】

蒸點。

- **特點**：色白泡嫩，味別各異。
- **烹製法**：蒸。蜜桂花加白糖、化豬板油製成甜餡。肥瘦豬肉剁細入鍋煵散籽，加芽菜末、蔥白花、醬油、鹽、味精拌成鹹餡。特級麵粉發酵後加白糖、化豬油揉勻，再下蘇打揉勻，做成每個重25克的劑子，按扁成圓皮，中間捏一道摺子，在摺子兩邊各裝上甜餡和鹹餡。再將麵皮邊沿捏上花紋封口，入籠蒸製而成。
- **製作要領**：鹹餡油不宜多；包製時不使兩餡混合；甜餡一邊印上一小紅花。

【 破酥包子 】

蒸點。

- **特點**：成菜皮鬆泡而有層次，餡鮮香其質滋潤。
- **烹製法**：蒸。用揉勻餳好的發酵麵扯成劑子，同時將油酥麵扯成相同的劑子。用切成細粒的鮮豬肉、香菌、蘭片、金鉤，加鹽、料酒、胡椒粉、味精炒製成餡。將發酵麵擀成長方形皮料刷上化豬油，撒乾麵粉，捲筒扯成劑子，平放用手按扁，再按扁擀成包子皮料，包入餡心，收口處捏成細花，入籠旺火蒸約15分鐘即成。
- **製作要領**：化豬油要刷勻；乾麵粉撒勻；餡心味要正，不宜過鹹，以免壓鮮。

【 魚翅芙蓉包 】

蒸點。此品宜作高級筵席點心，與蝦仁米粉湯等配食，又稱「玉脊芙蓉包」。

- **特點**：形如芙蓉花，皮軟糯，餡柔軟爽口，味鮮美。
- **烹製法**：蒸。魚翅浸泡後去盡雜質，用開水汆去膠質，用高湯將魚翅餵幾次後用乾淨紗布包好，和雞肉塊、豬肘、火腿、薑、蔥、料酒、糖（少許）、鹽等用小火

燉軟，將魚翅改成寸節。大米、糯米一同浸泡後，磨漿吊乾，煮擂成團。將米團做成每個重15克的劑子，按扁包入餡心，封口向下，用手捏花瓣五個，壓上花紋，中間嵌上紅、黃兩色的花蕊，接著入籠蒸熟即成。

- **製作要領**：魚翅必須燉炤；封口要牢；蒸製時間不宜長。

【 翡翠燒麥 】

「麥」同「賣」，蒸點。

- **特點**：皮色翠綠，餡如白玉，味鮮香嫩。
- **烹製法**：蒸。鮮菠菜洗乾淨捶茸，用紗布包好擠汁，將汁和雞蛋清一併和入特級麵粉內揉成團。鮮蝦洗乾淨，擠出蝦仁，淘洗後瀝乾水，碼上鹽、料酒、蛋清豆粉，入豬油鍋同滑熟。肥豬肉（熟）切成小丁，生薑取汁，蔥白切成細花。將蝦仁、豬肉丁、薑汁、蔥白花、鹽、胡椒粉、味精一同拌勻成餡。麵團做成每個重5克的劑子，擀成荷葉邊形的圓皮，接著包入餡心後，捏成白菜形入籠蒸製，中途灑兩次清水即成。
- **製作要領**：皮要擀薄；蒸製時水要灑勻，否則會生熟不一。

【 青菠麵 】

煮麵點。可作高級麵點入席。

- **特點**：湯清麵綠，鮮滑爽口。
- **烹製法**：煮。鮮菠菜洗乾淨捶茸，用紗布包好擠出汁。將菠菜汁和鮮雞蛋清一併和入特級麵粉內，揉擂成團，然後用麵杖擀成薄而大的麵皮，切成韭菜葉形，入鍋煮熟，撈入灌有特級清湯的小碗內，亦可以另外加麵臊即成。
- **製作要領**：掌握好色澤，應保持其顏色呈翠綠色。

【 金絲麵 】

煮麵點。

- **特點**：筋力強，不渾湯，漲發好，味鮮

美，細嫩爽滑，營養豐富。若配以質鮮味美、清淡可口的麵臊，更能突出其風味。

- **烹製法**：煮。選特級麵粉、新鮮雞蛋，製作時，不加水、不加鹼做成細如金絲的麵條。此麵適宜的麵臊有：雜醬、鱔魚、清燉牛肉、三鮮、口蘑、原湯燉雞、原湯雞汁、奶湯、鱔魚、攢絲、什錦、海味、原湯雞絲、原湯足魚，等等。
- **製作要領**：手工擀製時，要和勻，揉熟，盤成條要好中求快，以防風乾。麵粉1000克需雞蛋10個；若用麵粉1000克和20個雞蛋的蛋清製麵，則麵色雪白，稱銀絲麵。其食用方法與金絲麵同。

【 海味煨麵 】

煮麵點。

- **特點**：海味鮮香，麵條爽口。
- **烹製法**：煮。先製海味麵臊，用五花肉、魷魚、豬肚、蘭片均切成小骨牌片。金鉤用鮮湯發漲。鍋置火上，下化豬油燒至七成熱時，放肉片煸斷生，烹料酒，下肚片、蘭片炒勻，倒入泡金鉤原汁，舀於砂鍋內煨1個半小時，下魷魚、金鉤煨入味後，煨在小火上保熱成麵臊。碗內放奶湯，用鹽、化豬油、味精、蔥花調勻，撈入煮熟的麵條，舀入麵臊即成。
- **製作要領**：舀麵臊時應連原汁齊舀；麵臊應保持一定溫度，其味才鮮。

【 三大菌麵 】

煮麵點。

- **特點**：臊鮮嫩爽滑味美，麵如銀絲。
- **烹製法**：煮。三大菌（四川人對雞樅的俗稱）用小刀將莖部、頂盤的粗皮削淨，用水沖洗，改為小骨牌片。熟雞肉、肥瘦豬肉切成指甲片。大蒜切成厚圓片。鍋內將豬油燒熱，下豬肉微炒後，下鹽、三大菌、蒜片炒一下，摻入雞湯，下雞片燜燒至熟起鍋成麵臊。鮮雞蛋清和特級麵粉擀切成銀絲麵入鍋煮熟，撈入裝有雞湯的碗內，舀上麵臊即成。

- **製作要領**：香菌的粗皮一定要削洗乾淨；麵臊要保持一定的溫度。

【 鮮蝦仁麵 】

煮麵點。

- **特點**：鮮嫩爽滑，麵條柔韌。
- **烹製法**：煮。鮮蝦洗乾淨，擠出蝦仁，碼鹽，加料酒、蛋清豆粉攪勻，入溫油鍋內滑熟。冬筍、火腿、均切成丁，下鍋微炒後摻奶湯，將蝦仁、胡椒粉、鹽下鍋燒入味成臊子。鮮雞蛋清和特製精麵粉擀切成銀絲麵，入鍋煮熟，撈入裝有奶湯的碗內，舀上麵臊即成。
- **製作要領**：淘洗蝦仁後水要瀝乾；蝦仁不能滑老。

【 三鮮子耳麵 】

煮麵點。此品可作中點。

- **特點**：色澤淡雅，軟硬適度，湯臊味鮮，入口爽滑。
- **烹製法**：煮、燴。用子麵在點心梳上，用大姆指按成形如貓耳的若干小麵塊，再放入鍋中煮至過心打起，漂於冷水盆中。砂鍋內先打蔥油，摻奶湯燒開，打去薑、蔥，加鹽、胡椒及三鮮料，起鍋盛麵碗內。可以根據情況，酌量加一點番茄或綠葉菜心即成。
- **製作要領**：麵塊不要煮得過肥，並且湯要適量。

【 原湯鮑魚麵 】

煮麵點。

- **特點**：湯鮮味美，麵如銀絲。
- **烹製法**：煮。用雞蛋清和入特級麵粉擀成團，再擀切成銀絲麵。罐頭裝的鮮鮑魚用刀順剖成兩半，然後片切成指甲片。用一部分罐頭原汁加少許奶湯、胡椒粉、鹽燒製，起鍋時下味精（也可以在燒鮑魚片時加進熟雞片、冬筍尖片）作麵臊。銀絲麵煮好後，撈入裝有原湯的碗內，舀上麵臊即成。

• **製作要領**：銀絲麵要擀好；麵臊的味道不宜鹹。

【 奶湯海參麵 】
　　煮麵點。
• **特點**：麵如金絲，湯鮮臊美。
• **烹製法**：煮。雞蛋和特製麵粉擀、切成金絲麵。水發海參、熟雞肉、口蘑均切成指甲片。鍋內燒豬油，下薑、蔥煸炒後摻奶湯，撈出薑、蔥不用，再將海參、雞肉、口蘑、火腿、胡椒、鹽燒好後，下味精攪轉起鍋成麵臊。將麵煮好撈入碗內（碗內先摻湯），舀上麵臊即成。
• **製作要領**：金絲麵要擀切均勻；麵臊中原料的形狀不宜過小。

【 魚茸抄手 】
　　煮麵點。
• **特點**：色白，餡細嫩，湯鮮。
• **烹製法**：煮。特製麵粉加雞蛋清、清水，擀製成抄手皮待用。鮮魚去皮、刺、骨，用刀背捶茸，加胡椒粉、味精、鹽、香油少許，用冷魚湯調拌成餡。用抄手皮包入餡心，下開水內煮熟，撈入裝有魚湯的碗內即成。
• **製作要領**：捶製魚茸時，骨、刺須去盡；抄手煮製時間不宜過長。

【 花瓶酥 】
　　酥點。
• **特點**：形如花瓶，皮酥餡香甜。
• **烹製法**：炸。花生仁炒酥去皮，切成丁，加白糖、瓜條丁、化豬板油少許，炒麵粉揉製成餡。油水麵扯成重15克的劑子，包入油酥麵，擀疊成圓皮，包入餡心箍緊，微扭成高裝形，口子鎖花邊，入油鍋炸熟後起鍋在瓶口處放上胭脂糖少許即成。
• **製作要領**：封口處須箍緊，以免漏餡；掌握好炸製的油溫。

【 盆花酥 】
　　酥點。
• **特點**：形態別致而美觀，皮酥餡香甜。
• **烹製法**：炸。鮮桂花淘洗後，用白糖蜜好，加少量炒麵粉、化豬油製成餡。一部分油水麵加食用紅揉勻。紅白兩色的油水麵分別包入油酥麵。用紅色油水麵擀裹成圓筒，用刀切成每片重8克的圓片，先用一片舀上餡，再用一片蓋上鎖上花邊。另用白色的油水麵包油酥麵擀疊好，用刀切成小劑，每個包入一顆紅櫻桃，用小刀在頂部劃十字口。將兩種坯子入豬油鍋內炸熟，把白色的小花形點心嵌在鎖好花邊的點心中間即成。
• **製作要領**：花邊要鎖均勻；小白色花要做得精緻；炸點心時火不宜大。

【 荷花酥 】
　　酥點。
• **特點**：色澤協調美觀，酥化香甜，形狀呈荷花形。
• **烹製法**：炸。蓮米去皮，捅心，蒸㸆，攪茸，下白糖，炒製成蓮茸餡。取油水麵、酥麵製成酥皮，包餡成蘋果形，中上部用刀劃成花瓣，下鍋炸至色白翻酥，起鍋裝盤即成。
• **製作要領**：刀片劃花瓣時深淺要適度，油溫穩定，火候要適度。

【 菊花酥 】
　　酥點。配用茶點或部分甜湯。
• **特點**：色白酥化，味香甜，呈菊花形。
• **烹製法**：炸。橘餅、冰糖等製成餡，油水麵、酥麵製成酥皮，包餡成半圓球形，用刀片劃八刀，成尖瓣形，豬油鍋三成熱，下餅坯炸至酥硬，色白翻酥裝盤即成。
• **製作要領**：劃花瓣時深淺要適度，勿劃到餡心；炸時火候不宜過大。

【 佛手酥 】
　　酥點。

- **特點**：色微黃，形狀猶如佛手果，皮酥餡香甜。
- **烹製法**：炸。瓜條、橘餅切成小丁，加白糖、化豬板油、炒麵粉少許，揉製成餡。油水麵加食用檸檬黃少許揉勻，作成每個重15克的劑子，包入油酥麵擀疊成圓皮，包入餡心封口，用手微搓成長條，按扁，用刀在一端劃條口，將一頭微捲，一頭略高成佛手形，入豬油鍋炸製。或將點心坯刷上蛋汁，入爐烤呈金黃色即成。
- **製作要領**：用刀劃口不宜深，以免漏餡；炸製時，要注意保持形的完好。也可用豆沙做餡。

【鴛鴦酥】
　　酥點。可作喜慶筵席用的點心。
- **特點**：雙色分明，鹹鮮甜香，酥層清晰，外形美觀。
- **烹製法**：炸。蜜餞、豬板油製作甜餡。半肥瘦肉爛熟製成鹹餡。用特粉製紅、白色水油皮和酥麵，分別製成酥皮。紅色酥皮包甜餡，白色酥皮包鹹餡，均成半圓餃形，二色配合成圓形，沿邊絞成繩形，下鍋用豬油炸熟後裝盤。
- **製作要領**：繩邊完整，紅白分明，交合自然、無縫。

【龍眼酥】
　　酥點。配綠豆羹、杏仁茶等食用。
- **特點**：形如龍眼，味酥香甜。
- **烹製法**：炸。橘餅、蜜棗、瓜條均切成小丁，加白糖、炒麵粉少許，化豬板油少許，製成餡。油水麵包油酥麵，擀裹成圓筒、搓長，用刀切成每個重15克的劑子，刀口向下按扁，包入餡心，入豬油鍋內炸熟後，在酥紋中心嵌一顆蜜櫻桃即成。
- **製作要領**：應保持點心坯子有一定的高度；炸製油溫不宜過高。

【蝴蝶酥】
　　酥點。

- **特點**：形態生動，皮酥餡香甜。
- **烹製法**：炸。黑芝麻淘洗乾淨、炒香，用滾筒軋碎，加白糖、桃米、化豬板油、炒麵粉少許，拌成餡。油水麵作成每個重13克的劑子，包入油酥麵擀疊成圓皮，包入糖餡，對疊成半圓形。再用點心梳擠壓成蝴蝶形，用兩顆黑芝麻嵌眼睛，用細絲安觸鬚二根，入溫豬油鍋內炸製即成。
- **製作要領**：炸製火候應掌握好，以免點心變形。

【孔雀酥】
　　酥點。
- **特點**：形態美觀，皮酥餡香甜。
- **烹製法**：炸。松子去殼，瓜條、蜜櫻桃切成丁，加白糖、炒麵粉、化豬板油揉成餡。油水麵作成每個重15克的劑子，包入油酥麵，擀疊成橢圓形的麵皮，將餡心放在麵皮的一端，邊子抹上清水捏攏捏細，用剪刀剪出兩個翅磅，用麵點梳壓一下。頭捏細，頂部夾一花紋，用黑芝麻兩粒嵌眼睛，尾部用剪刀修成花邊，壓上花紋與尾翅，入油鍋炸熟即成。
- **製作要領**：炸製時油溫應略高。

【鳳尾酥】
　　酥點。
- **特點**：色澤棕黃，外酥內嫩，味香甜，棕網呈鳳尾狀。
- **烹製法**：炸。子麵入開水鍋煮熟透，趁熱擦茸，分次下豬油，揉搓均勻為皮。分件包入冰桔甜餡，製成斧頭形，下無色菜油或沙拉油鍋中炸製即成。
- **製作要領**：揉麵時要分次加入豬油；掌握火候。

【眉毛酥】
　　酥點。此品常用於筵席之後，準備客人帶走。
- **特點**：形如娥眉，酥紋清晰，繩邊完整，味甜酥香。

- **烹製法**：炸。用油水麵35克包上酥麵15克，按扁，擀成牛舌條形，再裹成圓筒，橫切成兩節，刀口向下豎立在案板上按扁，再擀成直徑七公分的圓皮。逐個包上洗沙餡⊕成半圓形，抄兩角，鎖成繩邊後放入豬油鍋內，文火浸炸而成。
- **製作要領**：擀酥時用力輕重一致；包餡時，酥紋一面向外；一直使用文火，要邊炸邊淋油。

  ⊕民間手工方式加工出來的紅豆（或黑豆、綠豆）餡料，也叫豆沙餡、豆沙。

【 太極酥 】

酥點。此點形如太極圖，故名。餅餡甜鹹均可。
- **特點**：酥紋清晰美觀，皮酥餡香甜。
- **烹製法**：炸。炒花生仁去皮剁碎，蜜玫瑰、白糖、炒麵粉少許、化豬板油揉勻成餡。油水麵一半用食用檸檬黃揉勻。黃、白兩種油水麵分別包入油酥麵裹成圓筒，用刀各將兩種圓筒順切成兩半，刀口向下，再切成每個重8克的段。將黃白色的段各取一條合攏，捏成三角條形，兩頭向上扭成螺旋形圓餅，按扁，包入餡心，入溫豬油鍋內炸製，酥餅黃、白兩邊各安上蜜櫻桃一顆即成。
- **製作要領**：兩條麵段合攏時要均勻。

【 玉帶酥 】

酥點。此點心形如古代官員的玉飾腰帶，故名。
- **特點**：色白酥紋美觀，皮酥餡香甜。
- **烹製法**：炸。瓜片切成丁，加蜜玫瑰、白糖、炒麵粉少許、化豬板油揉合成餡。油水麵下成重30克一個的劑子，包入油酥麵擀裹成圓筒，將圓筒順切成兩半，刀口向下，取一半擀成圓皮，包入餡心，按扁成圓餅形（另一半又做一個），入溫豬油鍋炸製即成。
- **製作要領**：擀酥時用力要均，以保證厚薄均勻。

【 元寶酥 】

酥點。
- **特點**：形如元寶，色白皮酥，餡香甜。
- **烹製法**：炸。核桃仁去皮，炸酥後剁成丁，櫻桃切成丁，加白糖、化豬油、炒麵粉少許，拌勻成餡。油水麵作成每個重15克的劑子，包入酥麵擀疊成圓皮，包入餡心封口微搓長，兩頭按扁後再向上折成元寶形，入溫豬油鍋內炸製即成。
- **製作要領**：封口後搓時不宜用力壓；掌握好炸製油溫。

【 百合酥 】

酥點。
- **特點**：形如百合花，酥紋層次清晰，餡香甜可口。
- **烹製法**：炸。將花生仁炒酥去皮剁碎，瓜元、蜜棗（去核）切成小丁，加白糖、化豬油、炒麵粉少許，揉勻成餡。油水麵作成每個15克的劑子，包入油酥麵擀疊成圓皮，包入餡心封口，搓成高裝形，用小刀在點心頂部劃一個十字，然後入溫豬油鍋內炸熟即成。
- **製作要領**：掌握好用刀劃花瓣的深度；炸製的油溫應稍低，以保證花瓣展開。

【 金錢酥 】

酥點。
- **特點**：色金黃，形如古代錢幣，四味各異，別具風格。
- **烹製法**：炸。用花生仁、芝麻茸、什錦果料、豆沙分別製成四種餡心。油水麵加食用檸檬黃少許揉勻，包入油酥麵擀裹成圓筒，用刀將圓筒切成每個重3克的圓片，分別包入四種餡心，每個都對疊成半圓形。用四個不同餡心的半圓形將頭子搭穩，鎖上花邊，入豬油鍋炸製即成。
- **製作要領**：接頭要穩；鎖花邊應完整，炸製要成形。

【雙麻酥】

烤點。

- **特點**：餅圓形，色淡黃，殼酥瓢空，酥香化渣。
- **烹製法**：烤。特粉製成半燙麵，冷卻後加發麵純鹼適量揉勻成皮。特粉製成酥麵，下鹽、花椒粉適量。取皮包酥，製成酥皮，分件包酥成圓餅形，沾上白芝麻，入爐烤熟，餅沿用刀開一小口，掏去內包酥麵，裝盤即成。
- **製作要領**：烤製時間不宜過長，要防冒頂炸裂。

【馬蹄酥】

酥點。

- **特點**：形如馬蹄，紅白相襯，香酥味甜。
- **烹製法**：炸。油水麵包油酥麵擀裹成圓筒，用刀順剖橫切成兩半，刀口向下，再切成每個重15克的段，用兩手將麵段拉長，兩頭抄攏成馬蹄形，入化豬油鍋內炸製，熟後起鍋，接著在馬蹄酥內放上胭脂糖即成。
- **製作要領**：製坯時兩頭要抄穩。

【蓮蕊酥】

酥點。

- **特點**：色彩鮮豔，形態美觀，皮酥香、餡甜鹹爽口。
- **烹製法**：炸。將洗沙製成豆沙餡。油水麵加少許食用紅揉勻，作成每個重15克的劑子，包入油酥麵擀疊成圓皮。將熟鹽蛋黃切為兩半，一半放在圓皮中，再加豆沙餡封口，微搓成高裝形，用刀立劃三刀成6瓣，深度以露蛋黃為好，接著入豬油鍋炸製即成。
- **製作要領**：刀不宜劃深，以免劃爛蛋黃；炸製時油溫不宜高。

【火腿酥】

酥點。

- **特點**：皮酥脆，味鮮香。

- **烹製法**：炸。肥瘦豬肉剁細，火腿、冬筍切成丁。豬肉下鍋用油煵散，烹入料酒、醬油少許，搋轉起鍋，將火腿、冬筍拌入成餡。油水麵包油酥麵擀裹成圓筒，順剖切為兩半，刀口向下再切成每個重15克的段。將麵段擀成圓皮，包入餡心封口，按成圓餅形，入溫豬油鍋內炸熟即成。
- **製作要領**：餡味不宜鹹；炸製的時候油溫不宜高。

【海參酥】

酥點。可配銀絲湯、金絲湯食用。

- **特點**：皮酥餡鮮美，形態美觀。
- **烹製法**：炸。水發海參切成小指甲片，熟雞肉、冬筍尖、冬菇均切成小片。鍋內燒化豬油少許，將雞肉下鍋微炒，下高湯、海參、冬筍、冬菇、胡椒粉、鹽、醬油燒好成餡。油水麵作成重30克的劑子，包入油酥麵，擀裹成條，順切成兩半，刀口向下擀成圓皮，包入餡心後封口，搓成長條做成海參形，入豬油鍋內炸熟即成。
- **製作要領**：製餡時味要調好，包餡不漏；炸製火候不宜太大。

【重陽餅】

酥點。此點心是民間九月九日重陽節日的食品，故名。

- **特點**：兩色分明，酥香可口。
- **烹製法**：炸。用冰糖碎顆和橘餅（切成丁）、白糖、化豬油、炒麵粉少許揉勻成餡。將油水麵的一部分加食用紅少許揉勻成粉紅色。分別將白色和粉紅色的油水麵包入油酥麵擀疊成圓皮，再包入餡心封口，按成圓餅形。粉紅色的餅做小一點，抹少許清水黏在白色餅上，接著入豬油鍋炸製即成。
- **製作要領**：兩種色的餅應黏牢，以免炸時分開。

【鮮花餅】

酥點。

- **特點**：色白酥脆，香甜適口。
- **烹製法**：炸。油水麵作成劑子，包入油酥麵，擀疊成皮，包入茉莉鮮花甜餡封好口，微按成扁圓餅形，中心印一紅色的小梅花。鍋內燒化豬板油約四成熱時，將餅坯放入鍋中，用文火炸至餅面起酥、浮上油面至熟即成。
- **製作要領**：炸製時要特別注意油溫，不可大火。

【蘿蔔酥餅】

　　酥點。因為以酥麵作皮，蘿蔔絲作餡而得名。
- **特點**：酥香味美。
- **烹製法**：炸。油水麵包酥麵搓圓條，切節，捲成圓餅。半肥半瘦豬肉剁細，用豬油炒熟，加鹽起鍋與火腿顆、蘿蔔絲、花椒粉、蔥花、味精等和轉成餡。以圓餅包餡壓平，入豬油炸至餅微黃、浮於油面時起鍋即成。
- **製作要領**：在酥麵與油水麵合攏時，油水麵的塊子須厚一點，以免把酥麵包捲時穿出來；炸餅時，鍋要隨時擺動，以防黏鍋；火不宜大，以防炸煳或炸穿。

【牛肉焦餅】

　　煎點。
- **特點**：酥脆香鮮，細嫩。
- **烹製法**：煎。用開水將麵燙好，和入化牛油少許揉勻，作成劑子待用。無筋鮮牛肉斬細，加醪糟汁、鹽、豆瓣、醬油、生花椒粉、薑末拌好以後，再下蔥花調勻成餡。將麵劑微按至扁，包入餡心封口，用手掌壓成圓餅形。平鍋內燒菜油，將餅坯入鍋煎炸至金黃色即成。
- **製作要領**：油炸時要掌握好油溫。

【纏絲焦餅】

　　煎點。如果用牛肉製餡，即名纏絲牛肉焦餅。
- **特點**：絲紋清晰，色棕黃，皮酥脆，餡鮮

香，具有濃郁的四川風味。
- **烹製法**：煎。鮮豬腿肉剁碎入碗，生花椒鍘細，薑米、蔥白花、料酒、胡椒粉、味精、鹽、醬油、香油，一併和入肉碗裡拌成餡。將三生麵加菜油揉勻成油水麵，作成15克的劑子，擀成長條形薄片，用刀在一端劃成細絲。將餡放在未劃口的一端包好，再把細麵絲纏上，按扁成圓形，用菜油煎熟即成。
- **製作要領**：絲要纏好；煎時火不宜大。

【炸玉米餅】

　　炸點。
- **特點**：色澤金黃，外酥內嫩，甜香可口，營養豐富。
- **烹製法**：炸。玉米粉加入白糖，用開水調勻後揉至均勻無子粒，搓成條，切成圓餅，再用擀杖擀成厚1公分的餅狀，入五成熱的油鍋中炸至色澤金黃、玉米餅炸泡時即成。
- **製作要領**：粉要揉勻；餅坯不宜過薄。

【玫瑰紫薇餅】

　　炸點。此點心又名玫瑰苕餅，可隨甜羹入席，亦可作筵席甜菜。
- **特點**：色金黃，皮酥內嫩，餡香甜。
- **烹製法**：炸。蜜玫瑰加白糖、桃仁丁、化豬板油，製成餡心。紅苕洗乾淨後去皮，入籠蒸熟，擂茸，加糯米粉和勻，作成劑子，包入餡心，封口微按扁。將餅坯在蛋漿內滾一轉後，再入麵包粉內使兩面都黏上粉，入豬油鍋炸製即成。
- **製作要領**：苕泥不能過妣；包餡要嚴；炸製火候要掌握好，以免黏連。

【慈姑棗泥餅】

　　炸點。可配各類甜羹食用。此餅確切的說法，應稱為荸薺棗泥餅，因過去把荸薺誤為慈姑，沿用至今，故名。
- **特點**：脆嫩爽口，味香甜。
- **烹製法**：炸。蜜棗去核、剁茸，加入化豬

板油揉勻。桃仁去皮炸酥斬成丁，加蜜桂花糖、化豬油少許、棗泥製成餡。荸薺洗乾淨去皮剁成丁，與乾糯米粉（一半加水揉成團入鍋煮熟）揉勻作成劑子，按扁，包入餡心，封口，再按扁成圓餅形，入豬油鍋內炸熟即成。

- **製作要領**：餡心不宜太軟；包餡封口要嚴；炸製的火候不宜大。

【 火燒雞肉餅 】

煎點。

- **特點**：色金黃，皮酥香，餡鮮美。
- **烹製法**：煎。雞肉砍成塊，加薑、蔥、料酒、冰糖、醬油燒炆。撈出雞塊去骨，切成丁，和口蘑丁一道拌成餡。特級麵粉用開水燙成團，加油揉勻，做成劑子按扁，包入餡心，封口按扁成圓餅形。平鍋內燒菜油，將餅坯下鍋煎熟即成。
- **製作要領**：雞肉要燒炆；骨要去盡；麵不能燙老。

【 蔥燒火腿餅 】

煎點。

- **特點**：味鹹甜爽口，皮酥脆。
- **烹製法**：煎。瓜條、橘餅、熟火腿切成丁，加少許白糖、蔥白花、化豬油拌成餡。油水麵作成每個重15克的劑子，包入酥麵擀裹成圓筒。將圓筒豎立，用手壓成圓餅，再擀成圓皮。將餡心捏成長條，放於皮的中間，兩頭麵皮搭上，再由懷內向外裹成長條形，微按扁，封口處沾一點清水使之黏牢。平鍋內燒化豬油，將餅坯入鍋煎至色微黃、酥脆即成。
- **製作要領**：油水麵的含油量不宜多；封口須牢；煎時火不能太大，油溫不能過高。

【 水晶燕菜餅 】

蒸點。此品又名水晶燕窩餅，是高級筵席點心。可與湘蓮羹等配食。

- **特點**：成菜色白泡嫩，油香甜而化渣，營養豐富。

- **烹製法**：蒸。鮮豬板油去皮、筋，切成小方丁，用白糖蜜好。燕窩去盡雜質，上籠蒸炆後撈出。蜜桂花、水晶、油丁、白糖和燕窩拌成餡。特級麵粉經發酵後，加少許豬油、白糖、蘇打揉勻，作成每個重13克的麵劑，按扁包入餡心，封好口。另用一些麵團擀成薄皮，刷上豬油，用刀切成細絲。每個包好餡的劑子纏上絲按扁，上籠蒸熟，中間嵌一顆紅櫻桃即成。
- **製作要領**：餡心要包好，封口要緊；纏絲要均勻；掌握好蒸製的火候。

【 金魚餅 】

蒸點。此品一般是在筵席上作湯菜點心食用。

- **特點**：形態美觀，色彩鮮明，細嫩爽口。
- **烹製法**：蒸。豬肥瘦肉剁細粒，下鍋加油炒至酥軟。玉蘭片、熟火腿切細顆，再加蔥花、薑末、胡椒粉、白糖、鹽、味精等拌和成餡。澄麵用開水調和，揉至純滑，搓條扯節，製成餃皮，包餡封口，捏成金魚形，上籠蒸熟，裝圓平盤，盤中配上象形的水草等作裝飾即成。
- **製作要領**：澄粉燙製須熟透；澄麵餃皮加少許紅色食用色素，對邊包上餡，一端做金魚頭，有眼有嘴；一端擀成薄片，用剪刀剪成魚尾，用梳齒壓紋，魚身中間封口楞子作成背鰭。

【 梅花餃 】

蒸點。

- **特點**：形如梅花，色澤美觀，鹹鮮爽口。
- **烹製法**：蒸。澄粉用開水燙製成澄麵皮。半肥瘦肉剁細煵熟，與玉蘭片細粒拌和，下調料製成餡。取麵皮包餡，用手指捏成五瓣梅花形，雞蛋黃末、熟火腿末間隔置於花瓣、花蕊內，入籠蒸熟裝盤即成。
- **製作要領**：麵要燙熟；花瓣均勻；蒸時不宜久，防變形。

【白菜餃】

蒸點。

- **特點**：色潔白，形如白菜，餡鮮細嫩。
- **烹製法**：蒸。澄粉燙製成澄麵皮。半肥瘦肉、鮮蘑菇切細，下鹽、味精、胡椒粉，製成餡。取麵皮包餡，用手指捏成五瓣白菜形半成品，入籠蒸熟裝盤即成。
- **製作要領**：麵要燙熟；花瓣要捏均勻；蒸時不宜久，防變形。

【酥皮雞餃】

酥點。

- **特點**：成菜色澤金黃，形美，皮酥香，餡味鮮。
- **烹製法**：炸。嫩雞脯肉切成小片，加鹽、蛋清、豆粉、料酒碼勻，入溫豬油鍋內滑熟起鍋，加冬筍小片、蔥白花、胡椒粉、味精拌成餡。油水麵做成每個重15克的劑子，包入油酥麵擀疊成圓皮。每個圓皮包入餡心成半圓形，鎖好花邊，入豬油或無色菜油內炸製即成。
- **製作要領**：製餡時要注意保持雞肉的鮮嫩；掌握好烹製的火候。此點心亦可用烤的方法製成，不過要先刷蛋漿，才放入爐中烤製。

【菠汁蒸餃】

蒸點。

- **特點**：形似豆莢，淺綠色，餡嫩鮮爽口。
- **烹製法**：蒸。特粉、菠菜汁等製成餃皮。豬瘦肉、荸薺分別剁細，下調料製鹹鮮肉餡。取皮分別包餡，呈豌豆莢形，上籠蒸熟裝盤。
- **製作要領**：蒸製時要掌握好火候和時間。

【酥皮蔥餃】

酥點。

- **特點**：棕黃色，皮酥餡爽，鹹鮮適口。
- **烹製法**：炸。水油皮、酥麵分別包酥擀成圓形酥皮。熟火腿、蔥白切細絲，金鉤泡發切細顆，綠豆芽擇根洗淨汆過，加調料拌和成鹹鮮味餡。取皮包餡成半圓形，封口絞成繩形，下菜油鍋炸呈棕黃色。

- **製作要領**：用「小酥⊕」方法製酥；中火炸製，不破酥、不溏心。

  ⊕一種開酥方法，有別於大開酥。

【南瓜蒸餃】

蒸點。

- **特點**：月牙形，邊上鎖呈豌豆角狀，餡鮮爽口。
- **烹製法**：蒸。全燙麵下豬油製成餃皮。半肥瘦肉剁細熻散，下芽菜末翻炒起鍋，與老南瓜粒、蔥花調配成餡。取麵皮包餡捏成豆莢形，上籠蒸熟裝盤。
- **製作要領**：麵要燙熟；餡的油不宜多。宜熱食。

【清湯菠餃】

煮麵點。此品既是小吃，又可以做筵席中點。

- **特點**：湯清、餃綠、味鮮、餡嫩。
- **烹製法**：煮。鮮豬腿肉剁茸，拌入胡椒粉、鹽、味精、冷湯，攪成餡。鮮菠菜洗乾淨、捶茸，用紗布包好擠出汁，加雞蛋清少許，和入特級麵粉內，揉成綠色麵團，做成每個重2.5克的小劑，擀成小圓皮包入餡心，入鍋煮熟後撈入裝有高級清湯的小碗內。
- **製作要領**：餡一定要剁細，否則不吸水；餃子一定要做得小巧玲瓏；煮的時候火不宜太猛。

【銀芽米餃】

蒸點。用黃豆芽則稱豆芽米餃。

- **特點**：色白形美，餡心鮮嫩爽口。
- **烹製法**：蒸。肥瘦豬肉剁碎，豆瓣剁細。鍋內燒豬油少許，將肉下鍋先?散，再下豆瓣熻成紅色，烹入料酒、鹽、醬油炒勻起鍋。綠豆芽擇去頭尾，入鍋微炒後切成短節，拌入肉餡內。大米吊漿粉子蒸擂後，做成每個重5克的劑子，擀成圓皮，包入

餡心，接著捏上花紋成豆莢形入籠，蒸熟即成。

- **製作要領**：豆芽不宜久炒，以免失去水分；製作時封口要牢。

【蝴蝶米餃】

蒸點。此點心既可熱吃，又可冷食。

- **特點**：形如彩蝶，皮軟糯，餡香甜。
- **烹製法**：蒸。瓜條、橘餅、蜜櫻桃切成細丁，加白糖、炒麵粉少許、化豬板油揉製成餡。大米加糯米泡後磨細、吊乾水分，入籠煮熟，擂成團，作成劑子，擀成圓皮，包入餡心，對疊成半圓形，用麵點梳擠壓成蝴蝶形，用黑芝麻嵌眼睛，蛋皮做花紋，再加觸鬚兩根，入籠蒸熟即成。
- **製作要領**：米團不能煮得太炤，此菜講究造型。

【鳳餡四喜餃】

蒸點。此品可與蝦仁米粉湯等配食。又名鳳凰四喜餃、雞肉四喜餃。

- **特點**：成菜四色分明，皮白而軟，餡心鮮美爽口。
- **烹製法**：蒸。鮮雞肉宰成塊，加薑、蔥、冰糖、料酒、胡椒、醬油、鹽燒炤，撈出雞肉，去骨切成丁。冬筍、口蘑切成丁，加雞汁少許，一併拌勻成餡。大米吊漿粉子加清水少許揉勻，入鍋煮熟擂茸，作成每個重10克的劑子，擀成圓皮，包入餡心，頂部留四孔分別放入熟雞蛋黃、熟綠色蔬菜、熟蛋白、火腿米等，接著入籠蒸熟即成。
- **製作要領**：米團不宜軟；蒸製的火不宜旺；雞肉宜炤。

【棗糕】

蒸點。此為重慶頤之時餐廳的名點，可作席桌點心。蒸糕時可用黑芝麻點綴。因用蜜棗為主料，故名棗糕。

- **特點**：香甜油潤，鬆軟爽口，色澤棕黃，營養豐富。

- **烹製法**：蒸。雞蛋、白糖攪撣至發泡，放入麵粉攪和均勻，再放入切成細顆的生豬板油、蜜棗、瓜元、核桃米、櫻桃、玫瑰等拌成糕漿，入方木格內（糕漿厚1.5公分），上籠蒸熟，翻於木板上，稍冷後切成菱形，裝條盤。
- **製作要領**：蛋漿要撣好，使之發泡呈乳白色、膨脹，放入麵粉，拌和均勻，再放進各種配料；蒸時要用大火，用小竹籤插入糕內，不黏糕漿即熟。

【白蜂糕】

蒸點。

- **特點**：泡嫩香甜。此品可冷食，亦可熱食。冷食則不加豬板油丁。
- **烹製法**：蒸。大米淘淨、泡後加白飯和勻磨成米漿，並加母漿攪勻。蓋好，放至發酵後加白蜂蜜、白糖攪勻。蒸籠裡墊乾淨紗布，盛1.5公分厚的米漿，武火蒸20分鐘提下，上抹一層玫瑰果醬，再蓋1.5公分厚的米漿，然後將桃仁、瓜片、櫻桃（均切薄片）、生豬板油丁均勻撒上，武火再蒸至熟，取出晾冷，切菱形塊即成。
- **製作要領**：掌握好米漿發酵的時間；一直用武火蒸。

【涼蛋糕】

蒸點。最宜春末、夏季、秋初食用，也宜作早點和冷飲、筵席配點。

- **特點**：鬆軟柔嫩，化渣爽口，甜香宜人。
- **烹製法**：蒸。選上等麵粉、新鮮雞蛋，按麵粉400克、白糖500克、飴糖100克、雞蛋500克、食用香草精微量的比例配料。蛋清撣泡，插上筷子不倒即可。蛋黃與白糖再撣至不現糖粒，加入麵粉和好，放入蛋清泡調成稀糊狀。蒸籠墊白紙後倒入蛋糊，旺火蒸熟，晾冷後改刀。
- **製作要領**：蛋糊應軟硬適度，以舀起蛋糊慢慢來回疊起，其疊起層次能夠慢慢地塌下即可；蒸籠坐鍋內，待上蒸汽後才能倒入蛋糊；晾涼改刀，要由底面進刀，面部

收刀。

【波絲油糕】

酥點。春秋點心，熱食為好。

- **特點**：棕網狀，色茶黃，外酥內嫩，其味香甜。
- **烹製法**：炸。特粉下鍋燙熟，起鍋揉勻晾冷，分次下化豬油揉至油、麵融為一體。蜜棗、白糖、玫瑰、豬油等製成棗泥餡。取皮包餡成餅形，下菜油鍋炸成波絲網狀，裝盤即成。
- **製作要領**：燙麵熟透；分次下油；用中上火候。

【提絲發糕】

蒸點。此品為重慶傳統名小吃，可作筵席點心。因創於江北區「九江包席館」，故又名「江北提絲發糕」。

- **特點**：糕絲鬆散，綿糯化渣，甜香油潤，油而不膩。
- **烹製法**：蒸、炒。特級麵粉、飴糖、老麵加水揉和發酵，再加蘇打、豬油、白糖揉勻，擀成薄片，抹豬油捲筒，搓成小指粗的條子，切成1公分寬的絲，蒸熟撕散，製成糕絲。用旺火熱豬油炒糕絲，至浸透油後起鍋，撒白糖、芝麻粉、蜜桂花，裝條盤即成。
- **製作要領**：子發麵為好；擀成的薄麵片，要均勻地抹上化豬油，切絲後才抖得散；要用旺火一氣蒸好，出籠後用手輕拍，趁熱抖散；此外，要注意火候，要不碎、不焦、不巴鍋。

【鮮藕絲糕】

煮點。

- **特點**：甜嫩，香脆，爽口。
- **烹製法**：煮、攪。藕去節去皮，切成細絲，漂入白礬水中，入鍋前撈入開水鍋中略煮。清水鍋中放白糖，雞蛋清加少許清水調散後倒入鍋內，用勺推轉，待糖泡浮起時撈淨，加入少量食紅推勻呈粉紅色

時，再將藕粉調成清糊倒入鍋內，攪至快凝結時倒入藕絲和勻，起鍋倒入抹了油的平盤內，晾涼後切成精緻小塊裝盤即成。

- **製作要領**：藕粉加水適量並調勻調散；晾涼後才能切塊。

【雙色米糕】

蒸點。

- **特點**：香甜，鬆泡，綿韌。
- **烹製法**：蒸。秈米浸泡後瀝乾與秈米飯和勻，推成漿後加入酵母漿攪勻發酵，加蘇打、白糖和勻。蒸籠內先安放方木框，鋪上濕紗布，將米漿倒入一半，加蓋上籠蒸約15分鐘，餘下米漿加食紅攪成粉紅色後倒入木框中，加蓋再蒸約20分鐘，出籠晾涼切成形即成。
- **製作要領**：蘇打用量要適度；蒸製時不能散火；晾涼後才能切成形。

【一窩絲】

蒸點。此為四川自貢市的名小吃，又名「玫瑰一窩絲」。

- **特點**：柔潤適口，香甜不膩，鬆泡成絲。
- **烹製法**：蒸。特級麵粉用溫水和成麵團，抹油，放盆內醒約20～30分鐘，取出後放案板上攤成1公分厚的圓形皮張。淨豬版油捶茸抹在麵皮上，裹攏，反復疊扯，分為兩根卷條，搓揉成長扁條形，再裹成卷筒，上籠蒸熟。將兩個麵卷合攏，用手拍鬆，裝盤，淋上芝麻醬和胭脂糖即成。
- **製作要領**：和麵用水的溫度要掌握好，氣溫高，水溫要低；麵團要反復揉熟；用旺火蒸。

【涼糍粑】

蒸點，夏季食之最宜。因為冷食，故稱涼糍粑。

- **特點**：滋糯香甜，形狀美觀。
- **烹製法**：蒸。糯米溫水泡3小時，上籠蒸粑，在盆內舂茸成糍粑，晾冷後分為兩份：一份置鋪有熟黃豆粉的案上，用手壓

平，約0.5公分厚，鋪上洗沙餡；再將另一份壓平，蓋在洗沙餡上，撒上白糖、芝麻粉、蜜桂花，切6公分見方的小塊，裝小圓盤即成。

• **製作要領：**糯米要蒸烬，在蒸的過程中，可以灑水2～3次；芝麻要淘洗乾淨，並且炒熱碾細。熟黃豆粉是將黃豆炒熟、磨成的細粉。

【鴨參粥】

蒸點。如用雞脯肉，蒸熟後灌雞湯，即爲雞參粥。宜老年人食用。

• **特點：**營養豐富，軟糯適口。

• **烹製法：**蒸。熟鴨脯肉做成半圓形後，切成方丁，但不能搞亂原形。水發海參切成指甲片。將鴨脯（皮向碗底）和海參各擺一半於小湯碗底，再放上經汆後的糯米、苡仁、芡實、蓮米，灌湯少許，入籠蒸烬。下籠翻入凹盤內，灌少許鴨湯（湯內要放一點鹽、味精）即成。

• **製作要領：**鴨肉一定要烬；海參要選用發漲的；汆糯米要掌握好火候，以免夾生。

【綠豆團】

蒸點。此品可與西米果羹等配食。

• **特點：**細嫩色美，爽口香甜。

• **烹製法：**蒸。吊漿粉子揉勻，包上蜜棗、豬油、桂花、白糖製成的餡心，做成湯圓形，上籠蒸熟，取出後放入蒸烬的綠豆中，裹上一層即成。

• **製作要領：**製餡所用蜜棗要蒸軟揉茸，豬油可分幾次加入；綠豆先於開水鍋內煮熟，以手一擰就脫皮爲度，脫皮的綠豆還要上籠再蒸。另法，可以先裹綠豆再入籠蒸熟。

【八寶羹】

煮點。

• **特點：**清甜滋補，色調美觀。

• **烹製法：**煮。白糖加水燒開提成糖汁。蜜櫻桃、銀耳、白合、桃油、苡仁、蓮米、桃仁等加工待用。清水燒開，下蜜櫻桃等爲「八寶」，接著加糖汁適量，煮開裝碗即成。

• **製作要領：**蓮米要去皮、捅心；百合、苡仁泡發時應注意經常換清水。

【窩絲油花】

蒸點。此點心可兩用，如作中點可配酸辣湯；作席點可與清蒸鴨子等菜餚同上。食用時用筷子夾住壓在麵餅下的頭，向上一提即成絲狀。

• **特點：**鹹鮮乾香，窩絲爽口。

• **烹製法：**蒸。生豬板油、金鉤、火腿切碎與花椒粉、蔥白花、鹽等，拌勻成餡泥。子麵擀成0.5公分的麵皮，上抹勻餡泥。然後將麵皮裹成圓筒形，橫切成3.5公分長的短節，每節切成0.5公分的細絲，一起抖開、拉長，再捲成餅狀，上籠用旺火蒸製即成。

• **製作要領：**擀麵皮時厚薄要均勻，裹餡泥時要粗細一致；拉成細絲爲度，捲餅時要先捲一頭，然後提起再捲，尾部攏攏，壓於下面；必須使用武火。

【繡球圓子】

蒸點。

• **特點：**色彩美觀，宛如繡球，皮軟糯適口，餡香鮮。

• **烹製法：**蒸。豬腿肉剁碎，金鉤切成小丁，口蘑、芽菜洗乾淨切碎。鍋內燒化豬油，將肉下鍋煵散籽，下料酒、鹽、醬油、胡椒粉、芽菜炒香後，下金鉤、口蘑撘勻，起鍋成餡。糯米與大米適量泡後磨細、吊乾水分，然後加清水少許揉勻，作成每個重15克的劑子，包入餡心，封口搓圓，入籠蒸熟後下籠，在裝有火腿絲、蛋皮絲、瓜皮絲的三色盤內裹一轉，待黏滿後即成。

• **製作要領：**吊漿粉不能太軟；蒸的時間不能太長；三色絲要黏均勻。如用甜餡，則用紅綠果料絲裹黏，即爲甜點。

【龍眼玉杯】

蒸點。此點心又名龍眼水晶杯,宜於夏季食用。

- **特點**:造型別致,色澤美觀,軟糯涼爽。
- **烹製法**:蒸。瓊脂去雜質,用水浸泡後入籠蒸化,加白糖。用一部分加少許食用綠調勻,攤成0.5公分厚的圓皮。另一部分逐個倒入裝有蜜櫻桃的酒杯內成龍眼凍待用。鍋內燒白糖開水,用雞蛋清掃盡雜質,晾冷。大米吊漿粉子煮或蒸熟後擂壓成團,做成每個重25克的劑子,將米團製作成高腳杯形,上、下鎖上花邊,將龍眼凍輕輕翻入杯內,灌上糖水。綠色凍壓成圓片墊底即成。
- **製作要領**:凍不能太老;凍和杯的大小要適宜。

【櫻桃酥匣】

酥點。

- **特點**:成菜形如方匣,色白如玉,皮酥餡香甜。
- **烹製法**:炸。蜜櫻桃切成丁,桃仁去皮炸酥、切成丁,豬板油去筋剁茸,加白糖、炒麵粉少許,揉製成餡。油水麵做成每個重15克的劑子,包入油酥麵,擀疊成圓皮,包入餡心,將圓皮四邊提起成方匣形,接縫鎖上花邊,入豬油鍋內炸熟後起鍋,中間嵌一顆蜜紅櫻桃即成。
- **製作要領**:製作時應保證方匣美觀;炸製時油溫略高。

【玫瑰紅柿】

蒸點。冷食適於夏季,熱食四季均宜。

- **特點**:色澤金紅,皮軟糯,餡香甜。
- **烹製法**:蒸。桃仁去皮炸酥、切成丁,加瓜元丁、蜜玫瑰、化豬油拌成餡。大米吊漿蒸熟後,加熟鴨蛋黃揉成團。將米團作成每個重15克的劑子,按扁包入餡心,封口向下,頂部插一根細瓜條作為柿蒂,入籠蒸後即成。亦可不蒸冷食。
- **製作要領**:吊漿粉不宜蒸得太㸆;如果鮮

肉成餡,可用火腿絲做蒂。

【鳳翅玉盒】

蒸點。配各種鹹羹食用。

- **特點**:色白如玉,形態美觀,鮮香味美。
- **烹製法**:蒸。將雞翅加薑、蔥段、冰糖、料酒、醬油、鹽和高湯,入鍋燒㸆,撈出雞翅去骨切成小丁。多筍尖、多菇切成小丁,加少許雞翅汁拌勻成餡。大米、糯米漿吊乾,煮熟後擂成團,用麵棍擀開成皮,刷上化豬油,裹成圓筒,用刀切成圓片,先用一張圓片舀入餡心,再蓋一張圓皮鎖上花邊,入籠蒸製。
- **製作要領**:雞翅宜㸆,鎖邊要緊,並且不宜久蒸。

【翡翠玉杯】

蒸點。宜冬、春季配鹹羹食用。

- **特點**:成菜綠白相襯,造型美觀,餡鮮嫩爽滑。
- **烹製法**:蒸。鮮蝦洗乾淨,擠出蝦仁漂後瀝乾水分,鮮豌豆(或鮮嫩蠶豆米)去皮剝成瓣,鮮蝦仁用料酒、胡椒粉、味精、蛋清豆粉碼好後入溫豬油鍋內滑熟。瀋去餘油,留少許於鍋內,下豆米炒後,烹入湯汁搋勻成餡。大米吊漿粉煮熟後擂成團,作成每個重25克的劑子,做成高腳杯形,上下邊子鎖上花邊,裝入餡心,入籠微蒸即成。
- **製作要領**:製餡時注意保持鮮嫩;造型要穩,不宜久蒸。

【韭菜盒子】

酥點。

- **特點**:酥中有脆,味美鮮香。
- **烹製法**:炸,肥瘦肉斬細焆熟,韭菜切顆,合拌成餡。燙麵分件,包酥擀製成小圓酥皮若干。取一酥皮為底,包上餡。取一酥皮蓋面,沿邊捏合,絞成繩邊,下菜油鍋炸製呈金黃色即成。
- **製作要領**:調味中突出韭菜鮮香。

【蝦仁酥盒】

酥點。此品可隨配雞絲湯等食用。

- **特點**：色白，酥紋清晰，花邊美觀，餡心鮮嫩。
- **烹製法**：炸。蝦洗乾淨擠出蝦仁，加鹽、蛋清豆粉碼好，入溫油鍋內滑熟後起鍋，加冬筍丁、蘑菇丁、蔥白花、胡椒末、味精、料酒、鹽拌勻成餡。油水麵包油酥麵擀開裹成圓筒，搓長，用刀橫切成每片重8克的圓片。用一張圓皮舀入餡心，再蓋上另一張圓皮，用手鎖上花邊，入豬油鍋內炸熟即成。
- **製作要領**：製餡時應保持其鮮嫩；炸製時保證花邊的完整。

【海參玉芙蓉】

蒸點。此品可與雞絲湯、魚圓羹配食。

- **特點**：成菜造型美觀，皮軟糯，餡味濃香微辣。
- **烹製法**：蒸。水發海參切成指甲片，用湯煨好。肥、瘦豬肉剁碎，郫縣豆瓣剁細，細蒜苗花（細蔥花亦可），冬筍切成小指甲片。鍋內燒化豬油，肉入鍋煵散，下豆瓣煵呈紅色（亦可先煵豆瓣摻湯撈出渣不用），摻湯，下海參、醬油、鹽同燒，再下蒜苗花、味精，勾芡起鍋成餡。大米吊漿粉子煮熟後揉成團，做成每個重15克的劑子，將劑子按扁包入餡心，封口向下捏5個花瓣壓上花紋，中間安上紅、黃兩色花蕊，入籠蒸製即成。
- **製作要領**：海參一定要選用軟的，味不宜鹹，辣味要適中；封口要牢。

【荷葉玉米饃】

蒸點。

- **特點**：色翠綠，味鹹鮮，質糍糯爽口。
- **烹製法**：蒸（或烤）。嫩玉米磨成濃漿（泥狀），放鹽調勻；嫩南瓜切成二粗絲，入油鍋中炒斷生，放香油、味精、鹽揉勻成餡料。荷葉切成長方片，取玉米泥包入餡料，用荷葉包好，上籠蒸熟即成。

- **製作要領**：玉米漿應成泥狀；荷葉要包成形，紮好交口處。此點若用烤箱烤製，其味更佳。精製後可用以入席。

三、小吃

【燃麵】

麵食。因此麵淋熱油時發出響聲，猶如燃燒，故名。

- **特點**：紅亮，辣香，爽口。
- **烹製法**：煮。麵條煮到剛熟，撈入盛有化豬油、芽菜、蔥花、味精、醬油、精鹽等調味品的碗內，淋入燒至六成熱的豬油和勻即成。
- **製作要領**：麵不能炒；瀝乾水分；油溫適度；醬油宜少。「紅燃」再加辣椒油；「糖燃」則只要白糖與化豬油，酌加雞絲、火腿絲則效果更佳。

【擔擔麵】

麵食。擔擔麵是地道的川味小吃，因從前是小販挑著麵擔沿街叫賣的，故名。

- **特點**：麵細無湯，麻辣味鮮。
- **烹製法**：煮。細圓麵條煮熟，配已斷生的淨豌豆尖（或其他嫩菜葉），放入以紅醬油、化豬油、麻油、芝麻醬、蒜泥、蔥花、紅油辣椒、花椒粉、醋、芽菜、味精等對成的調料碗中即成。
- **製作要領**：煮麵須用旺火，水宜寬，水開才下麵，不可煮得太炒；豌豆尖在開水裡燙斷生即挑入碗內。此品調料多少，可以根據食者口味酌情增減。

【宋嫂麵】

麵食。此麵是仿「宋嫂魚羹」法並結合四川特點，加以改進而成。二十世紀四〇年代前始創於成都「徐來小酒間」，今為成都名小吃。

- **特點**：鮮香滋潤，入口爽滑。

- **烹製法**：煮。韭菜葉麵條⊕在鍋內煮熟，撈入碗內，澆上用鮮鯉魚肉、香菌、蘭片、芽菜末、蔥花、郫縣豆瓣、鹽、醋、料酒、胡椒末、味精、水豆粉等製成的魚羹臊子即可。
- **製作要領**：煮麵條要軟硬適度；製魚羹臊子要用微火熻。

    ⊕指麵條的寬窄有如韭菜葉。

【甜水麵】

    麵食。
- **特點**：根條均勻，色澤紅亮，香辣味甜，爽滑可口。
- **烹製法**：煮。特粉加鹽、清水揉勻成團，再擀成厚約0.6公分的整塊，用刀切成寬0.5公分的條子，一手五根，提兩頭左右扯成粗約0.4公分的條子後掐去兩頭，入開水中煮熟撈起，盛入裝有醬油、甜醬油、熟油辣椒、香油和蒜泥的碗內即成。
- **製作要領**：和麵時用適量食鹽，以增加其筋力；扯麵時用力要均勻。

【爐橋麵】

    麵食。此麵每個爐橋一碗，定量準確，深受消費者歡迎。
- **特點**：鹹鮮香辣，綿韌滑爽。
- **烹製法**：煮。先將揉勻餳好的麵團搓成直徑5公分的條，扯成每個擀一碗麵的劑子，然後擀成圓形薄片，再對疊成半圓形，用直刀在直線的一邊切成麵條，但圓邊留1公分左右不切斷，展開成爐橋形，入鍋煮熟，撈入放有醬油、紅醬油、紅油辣椒、花椒粉、芽菜末、味精、蔥花、鮮湯的碗內即成。
- **製作要領**：擀麵要薄而勻；水開後入鍋。

【豆花麵】

    麵食。此為成都名小吃店「譚豆花」的代表品種。
- **特點**：豆花白嫩，配料酥香，麻辣味濃，麵條滑爽。

- **烹製法**：煮。石膏豆花先在鍋內煨煮，加紅苕豆粉使成糊狀待用。麵碗內裝豆油、紅油、花椒粉、冬菜末、麻油、大頭菜顆、麻醬、酥黃豆、酥花仁、蔥以及連湯舀入的豆花，最後盛入煮熟的韭菜葉麵條即成。
- **製作要領**：沖石膏豆花時要先下芡；煮麵條要軟硬適度。

【牌坊麵】

    麵食。
- **特點**：麵滑爽，臊鮮香。
- **烹製法**：煮。以手工麵條入鍋煮熟，挑在放有醬油、味精、胡椒粉和鮮湯的碗中，接著麵上加以火腿、金鉤、蘭片、青腿菌（即雞腿菇）、肥瘦豬肉切絲製成的麵臊即成。
- **製作要領**：煮麵條不能過扒；麵臊應保溫；湯汁略寬。

【牛肉毛麵】

    麵食。此品可作筵席小吃。因用牛肉鬆作麵臊，麵內有很多茸毛狀的肉絲，故名。
- **特點**：麵油潤細滑，味麻辣鮮香，濃郁爽口。
- **烹製法**：煮。選新鮮黃牛臀部的肉，出水去血腥，入滷水鍋以微火煮至扒，撈出晾冷，在菜墩上以刀背捶成細肉茸，入鍋用微火炒成牛肉鬆作麵臊。手工麵條入鍋煮熟，挑入放有紅醬油、白醬油、醋、花椒粉、辣椒油和鮮湯的碗中，接著在麵上加麵臊即成。
- **製作要領**：麵條煮熟即可；牛肉鬆不能炒焦；湯汁適量。

【雞絲涼麵】

    麵食。
- **特點**：麻辣甜酸，鮮香爽口。
- **烹製法**：煮。特粉細麵條下鍋汩熟撈出，下麻油抖散製成涼麵。綠豆芽擇根洗淨氽熟，放入碗底。涼麵置於碗內，下佐料成

怪味，放上熟雞絲即成。

- **製作要領**：汩涼麵不宜過硬，並且要調好怪味汁。

【砂鍋煨麵】

麵食。

- **特點**：味美鮮香。
- **烹製法**：煮。用魷魚、五花肉、豬肚、玉蘭片、肉片，以砂鍋煨製成臊。麵條煮熟，挑入碗內，舀入麵臊。
- **製作要領**：煨麵臊須用小火慢煨。

【什錦燴麵】

麵食。此品為早點、宵夜佳品，亦可作筵席的中點。

- **特點**：麵、菜、湯合一，湯寬味鮮，清淡可口。
- **烹製法**：燴。麵皮切成1.5公分見方的片。火旺時下適量鮮湯入鍋中，待湯開，將麵皮抖散下鍋，煮至斷生時加什錦麵臊、鮮菜葉及胡椒粉、味精、精鹽、化豬油、醬油等調味品定味起鍋即成。
- **製作要領**：醬油應適量，多則影響色澤。

【豌豆扯麵】

麵食。

- **特點**：白嫩發亮，滑軟清香。
- **烹製法**：煮。豬肥腸洗淨煮熟，切成馬耳朵形薄片。白豌豆淘淨用水泡12～16小時，撈入筲箕內沖洗後瀝乾，放白鹼拌勻，10分鐘後入鍋燉至翻沙。豬骨洗淨入鍋，摻水燒開，打盡浮沫，薑洗淨拍破與胡椒粉放入鍋內，熬至湯白。麵粉加水和食鹽揉熟盤條，扯成節子，抹上熟菜油，用麵杖擀成長方形麵皮，再用手扯細扯薄成雞腸帶狀，放入湯鍋內，加燉豌豆、肥腸片煮熟，舀入放有鹽、醬油、味精、蔥花的碗內即成。
- **製作要領**：豌豆一定要泡燉；加鹼要適量；麵要扯至薄而勻。

【崇慶蕎麵】

麵食。此品屬成都市所屬崇州市的著名小吃，崇州市原名崇慶縣，故名。

- **特點**：色澤黃綠，營養豐富，味麻辣、酸辣均可，臊子用牛肉、豬肉、水筍均可，各有特色。
- **烹製法**：煮。蕎麥粉加淨水、石灰淨水、雞蛋、豆粉充分合勻揉熟，揉成條形，放入特製的壓麵機壓孔內，擠壓杠壓榨，蕎麥麵條即從小孔中壓出，截斷入鍋煮熟，撈入放有白醬油、味精、鮮湯、熟油辣椒、花椒粉、芽菜粒、蔥花的碗中即成。
- **製作要領**：蕎麥粉加水、石灰水要適量。

【銅井巷素麵】

麵食。此為成都名小吃，因五十多年前創始於銅井巷，故名。

- **特點**：色澤紅亮，佐料鮮香，軟硬適度，入口滑爽。
- **烹製法**：煮。韭菜葉麵條在麵鍋煮熟撈起，盛於裝有用熟油辣椒、芝麻醬、香油、花椒粉、蔥末、紅醬油、德陽醬油、味精、蒜泥、醋等對成佐料的麵碗中。
- **製作要領**：麵條剛煮過心，麵鍋中加適量的冷水，再開一次，撈麵時要甩乾水分。

【沙參燉雞麵】

麵食。

- **特點**：臊料營養豐富，湯汁鮮香。
- **烹製法**：燉、煮。麵粉加水、雞蛋揉和，擀製成手工麵條，選用新鮮雞、豬蹄拈毛洗淨，與雞骨、豬骨燉杷去骨，切2公分見方的丁。沙參刮皮洗淨，切成2公分長的段，入原湯內燉杷，合製成臊。用剔下的雞、豬骨吊二湯。麵條下鍋煮熟，起鍋盛碗，上澆臊子，麵湯中放胡椒粉、精鹽、醬油、味精、蔥花。
- **製作要領**：煮麵條不宜過杷；雞、豬蹄燉至杷而不爛；湯汁應濃而鮮香且宜寬，醬油宜少。

【豌豆撻撻麵】

麵食。

- **特點**：麻辣鮮香，風味別致。
- **烹製法**：煮。豌豆煮炟炒翻沙。豬骨湯用大火沖白（湯色變白）。碗內下醬油、紅油、花椒粉、芽菜、芝麻醬調成麻辣味。鹽水子麵分件抹油，擀薄邊撻邊拉長，用手撕成寬韭菜葉麵條，下鍋煮熟，撈入碗內，舀上豌豆即成。
- **製作要領**：麵團擀薄後用麵杖壓三至五道紋路，以便手撕成條。

【龍抄手】

麵食。此是成都名小吃之一，始創於1941年。

- **特點**：形如菱角，皮薄餡飽，入口爽滑，細嫩鮮香。
- **烹製法**：煮。鮮豬腿肉用淨瘦肉，去筋剁成茸，裝盆內，先加鹽、雞蛋等攪散，並下薑汁、香油、胡椒粉和清水用力攪拌成餡。用手工擀製的抄手皮（7.5公分見方），包餡心，在開水鍋中煮熟，舀入裝有酸辣味汁碗中即成。
- **製作要領**：拌餡時掌握好水的用量，拌至水肉融成一體為佳；煮抄手時，火宜大，但不能過猛。其他抄手尚有紅油、清湯、海味、燉雞、原湯等。

【吳抄手】

麵食。此品為重慶名小吃，是借用成都「吳抄手」之名而來，曾經改名為「重慶抄手」。

- **特點**：皮薄餡大，滋潤滑軟，細嫩鮮美。
- **烹製法**：煮。豬背柳肉剁茸，配金鉤、荸薺、雞蛋、薑汁、香油、化豬油、胡椒粉、鹽、味精九種調輔料製餡心。特級麵粉製皮，包餡呈菱角形，旺火煮熟。碗內舀入清湯，加鹽、味精、胡椒粉，淋化雞油，撒蔥花，每碗舀入10個即成。
- **製作要領**：關鍵在製餡，肉茸要分三次加水，加一次水就用力向一個方向攪拌，使

水分全部為肉茸所吸收而成漿糊狀，擠一小坨入清水中，能浮於水面方為合格；包好的抄手，不宜久放，不可堆疊，以防破裂變形、變味。

【牛肉抄手】

麵食。此品為萬州的名小吃。

- **特點**：細嫩化渣，鮮香可口。
- **烹製法**：煮。用牛背柳肉剁茸，加剁細的荸薺、金鉤、老薑和料酒、醬油、味精、雞蛋、蔥水、茶汁等拌和成餡。再用牛肋骨、黃豆芽、老薑、花椒、蔥等熬湯。以麵皮包餡成抄手，煮熟裝碗，放醬油、香油、芝麻醬、醋、蒜泥、紅油辣椒、花椒粉、冬菜、白糖等調料即成。
- **製作要領**：餡必須順一個方向用力攪拌，至嫩如豆花，稀而不流；煉油酥辣椒時放入核桃，煉好後再去掉。

【過橋抄手】

麵食。此品是重慶麻辣風味小吃之一。因須將碗內抄手夾人味碟內，蘸上味料而食，猶如過橋，故名。

- **特點**：麻辣鮮香，細嫩爽口。
- **烹製法**：煮。麵粉加水、雞蛋揉和，擀成皮。豬後腿肉用刀背捶茸，令呈漿糊狀，加切細的金鉤、花仁和香油、鹽、味精及水（分兩次加水）攪拌，至水分完全被肉茸吸收成餡。麵皮包餡捏成「扅（音同互）水牛」形，入開水煮熟，裝碗，隨配味碟上桌。味碟用紅油辣椒、小磨香油、醬油、胡椒粉、芝麻粉、白糖、蔥花、薑汁、蒜水等調成。

【韓包子】

麵食。此為成都名小吃之一，始創者韓文華，故名。

- **特點**：花紋清晰，色白鹼正，皮薄餡飽，鬆軟細嫩。
- **烹製法**：蒸。用發麵團扯成每個重約40克的劑子，再逐個包上45克餡心（用淨豬腿

肉按肥四瘦六的比例，剁成小顆粒，加剁茸的蝦仁、醬油、胡椒粉、花椒粉和雞汁拌成），捏花，露餡，上籠用大火蒸至皺皮、有彈力時即成。

- 製作要領：發麵團裡酌加白糖和化豬油揉勻，使之細軟鬆泡；裝籠時要擺正，以免汁水外溢。

【九園包子】

麵食。此品為重慶「九園食店」的著名風味小吃，故名。

- 特點：皮薄多餡，鬆泡如棉，爽口化渣，味道鮮美。
- 烹製法：蒸。特級麵粉加牛奶、飴糖、老麵發酵，再加白糖、蘇打揉勻擀成麵皮。以無皮五花肉顆、冬筍顆、干貝、金鉤、口蘑、熟火腿、薑米、蔥花、胡椒粉、香油、味精、化豬油等，炒成鹹餡。以豬板油、冰糖、玫瑰糖、橘餅、蜜瓜條、蜜棗、蜜櫻桃、核桃仁等料製成甜餡。兩種餡料分別包入麵皮內，並捏成底厚、皮薄、花瓣均勻的包子，用旺火蒸熟後取出，每盤裝甜、鹹包子各一個。
- 製作要領：發麵要多揉和，令其質軟如棉；製餡料時忌久拌；捏包子大花時動作要迅速。

【水煎包子】

麵食。

- 特點：鹹鮮味美，底部酥香。
- 烹製法：煎。用發麵團扯成劑子，再逐個包上用豬肉粒加食鹽、醬油、香油、胡椒粉、蔥花拌勻的餡心，捏成花褶收口，放入菜油燒至三成熱的平底鍋中，待底部煎成金黃色時烹入適量清水，加蓋烘幾分鐘至水分收乾即成。
- 製作要領：發麵應嫩一些；煎的時候火不宜大。

【叉燒包子】

麵食。此品餡料用肉，似簡單叉燒肉的製法，故名。

- 特點：色白皮薄，甜鹹爽口。
- 烹製法：蒸。豬肉洗淨切成片，入鍋煸乾水汽，放鹽、甜醬略炒，再放白糖炒斷生上味，出鍋剁成肉粒。鍋內炒好糖汁，再放入肉粒炒勻成餡，待冷卻使用。用上等麵粉的發麵，放入少許白糖和化豬油揉勻，扯成節子，按扁包入餡心，捏成二粗花放入籠內，用旺火蒸15分鐘即成。
- 製作要領：餡的放糖量不宜多，以鹹鮮略甜為度；蒸時用旺火且不能閃火（中途改小火或停火）。

【芝麻酥包】

麵食。

- 特點：淡黃色，扁圓形，酥香爽口。
- 烹製法：煎、炸。特粉製成半燙麵，冷後放適量發麵，下純鹼、化豬油適量，揉製成皮。特粉下豬油製成酥麵。半肥瘦肉煵熟，與玉蘭片粒拌和，下調料製成餡。取麵皮包酥製成酥皮，包餡按成扁圓形，餅麵黏上白芝麻，入平鍋烙黃，下熱豬油煎炸成熟裝盤即成。
- 製作要領：發麵不宜放多；煎、炸須用中小火。

【米包子】

米食。

- 特點：色白如玉，鬆泡軟綿，香甜適口。
- 烹製法：蒸。大米1750克、糯米750克分別淘淨，各泡24小時（夏季12小時），將大米磨成極細的吊漿米粉，糯米煮熟與大米粉混合，加草鹼25克揉勻作包皮。用冰糖、熟芝麻（舂細）、瓜片、花仁、核桃仁（均切細粒）與桂花或玫瑰、白糖合製成餡。用米粉包糖餡，做成50克一個的包子坯，入籠蒸熟即可。
- 製作要領：糖餡應酌加熟麵粉；蒸製時注意火候，防止破裂。此品也可以改用鹹餡製作。

【烤米包子】

米食。

- **特點**：色澤淡黃，酥香鬆軟，香甜可口。
- **烹製法**：蒸、烤。大米製成吊漿，糯米浸泡蒸熟，與吊漿揉勻，加老漿發酵，下鹼水、白糖揉勻為皮。蜜玫瑰、核桃仁、豬肥膘、瓜糖等製成玫瑰餡。取麵皮包餡，上籠蒸熟，冷卻後用木岡炭火烤黃裝盤。
- **製作要領**：發酵適度，用鹼適當；烤用中火為宜。多作早點，熱食。

【鍾水餃】

麵食。為成都名小吃，始創者姓鍾，故名。因店曾設荔枝巷，所以又稱「荔枝巷水餃」。

- **特點**：形如月牙，色白餡飽，皮薄餡嫩，配料濃香。
- **烹製法**：煮。用鮮豬腿肉去皮、骨、筋，剁極細，加鹽、花椒水、胡椒粉拌成餡，再用手工擀製的水餃皮（直徑4.5公分的薄皮）包成半月形，入開水鍋中煮熟，舀入盛有調料的碗內。
- **製作要領**：製餡時應掌握氣候、原料的不同；加水拌和，應使肉、水融為一體；煮餃時要水寬水滾，投量合適，以煮至皮皺為度。此品是紅油水餃，食用時配酥皮椒鹽鍋魁，其味尤佳；若用清湯，即為清湯水餃。

【花士林蒸餃】

麵食。此品是南充市有名的風味小吃。

- **特點**：餡心甜鹹各半，細嫩綿軟，味美可口，而且每位食用者隨配一碗雞湯，風味別具。
- **烹製法**：蒸。將燙麵揉勻，搭上濕紗布靜置30分鐘，扯成劑子，按平擀成皮料。豬肉切片入油鍋放生薑片、鹽、甜醬、白醬炒熟，起鍋晾涼斬碎，加入冬菜粒、花椒粉、味精攪勻成鹹餡。豬板油用開水氽後，切成小粒，加白糖、碾碎的芝麻、玫瑰、麵粉調成甜餡。每張皮料包入鹹餡或甜餡，放入小籠內，鹹、甜各半上籠蒸3～5分鐘即成。上桌時每人隨配一碗加入生薑、胡椒粉、鹽熬好的雞湯。

【玻璃燒麥】

麵食。

- **特點**：細嫩化渣，皮透明發亮似玻璃，鮮香可口。
- **烹製法**：蒸。肥肉煮熟切成細粒，瘦肉宰細、下調料拌和，小白菜汩熟剁細，混合拌製成餡。特粉、清水、蛋清揉勻，擀成燒麥皮，加餡包成小白菜形，接著上籠蒸熟即成。
- **製作要領**：擀皮應起荷葉邊狀；蒸到中途須適量灑水。

【雞汁鍋貼】

麵食。此品為重慶「丘二」館供應的名小吃，因用雞汁製餡，故名。

- **特點**：餃皮香脆，餡肉細嫩，味道鮮美，形狀美觀。
- **烹製法**：烙。特級麵粉製燙麵，冷卻後扯小節，擀成圓形餃皮。半肥瘦豬肉剁茸，先加鹽攪散，再分三次加進雞湯原汁、薑蔥汁，加一次攪拌一次，最後加進胡椒粉、料酒、白糖、味精、香油等製作餡心。餃皮捏成豌豆角形包入餡心，在平鍋內用中火燜烙，視餡熟餃底呈金黃色時起鍋，裝入小圓盤即成。
- **製作要領**：烙餃時，要淋上化豬油，並注入冷水，蓋上鍋蓋燜；鍋要隨時轉動，使受熱均勻；聽到鍋中發出炸聲才揭開蓋子，再淋一次化豬油，再燜2分鐘，起鍋須先鏟出中央的餃子。

【白糖蒸饃】

麵食，此品為閬中名點。

- **特點**：色奶白，質鬆軟。
- **烹製法**：蒸。特粉加酵麵、清水、白糖揉勻發酵，分件豎成蘋果形，放入籠內燙發，待麵團膨脹時再上籠旺火蒸熟。

- **製作要領**：自然發酵不需用鹼；麵團、半成品餳發時防風乾；酵母要純淨。

【開口笑】

麵食。成品從刀口處裂開，似張口大笑，故名。

- **特點**：鬆軟香甜。
- **烹製法**：蒸。酵麵、白糖、飴糖加溫水攪轉和勻，摻麵粉充分揉勻，蓋上紗帕發酵2小時左右，加蘇打粉揉勻，靜置15分鐘後搓成圓條，用刀在圓條上劃切1／3掰開，再在其2／3處均勻地劃切3條刀口掰開，化豬油刷在刀口處合攏，搓成圓條，砍成節子，將刀口斷面向上擺入籠內，大火蒸約15分鐘即成。
- **製作要領**：刀口深度要到2／3處；蒸用旺火且不能閃火。

【豬油麻花】

麵食。此品是四川民間小吃，老幼均宜，又名「麻花」，因形如麻絞而得名。

- **特點**：色澤茶黃，形如麻絞，酥脆香甜，散口化渣。
- **烹製法**：炸。麵粉配紅糖（化散）、白糖、化豬油、發麵、純鹼，加清水，先與麵粉充分和勻，再用力揉和至熟，拉成9公分寬、2.5公分厚的扁形片子，抹上菜油。待一刻鐘（15分鐘）後，用刀橫切成重約80克的一字條，搓麻花形，下油鍋炸呈淺茶黃色，起鍋瀝去餘油即成。
- **製作要領**：和麵是關鍵，加水時要把麵粉盡力和勻後才揉合，否則就會成「包漿麵」；炸時要掌握好火候，火大了麻花要散，以中火爲宜；要根據季節溫度變化掌握好麵的鹼性。

【焦皮酥】

麵食。

- **特點**：色澤棕黃，皮酥香脆，味甜爽口。
- **烹製法**：炸。全燙麵與子麵揉成皮，麵粉加菜油炒製成油酥。芝麻、橘餅等製成甜餡。取皮分件擀成牛舌形，抹一層油酥，捲製成酥皮，包餡成餅形，下油鍋用菜油慢火浸炸翻酥至熟即成。
- **製作要領**：慢火浸炸。

【羅漢酥】

麵食。

- **特點**：色白酥化，香甜。
- **烹製法**：炸。冰糖、橘餅等製成甜餡。取水油皮包酥、包餡成圓餅形，餅中心呈現螺旋酥紋，下鍋用豬油炸至色白身硬、翻酥時起鍋裝盤即成。
- **製作要領**：擀製酥皮用力均勻，酥層厚薄適度，小火炸製。

【核桃酥】

麵食。

- **特點**：色淡黃，鬆軟香甜，圓餅形。
- **烹製法**：烤。麵粉、化豬油、雞蛋、白糖、小蘇打製成桃酥皮。核桃仁去皮切細粒。桃酥皮分件成圓餅形，黏上核桃粒，入爐烤至淡黃色即成。
- **製作要領**：餅面成小裂紋。

【烤方酥】

麵食。此點精製可作席點，擀酥可製「大酥」，傳統烘烤用「傾爐」。

- **特點**：色澤淡黃，酥化香甜。
- **烹製法**：烤。特粉製成燙麵，稍冷後放適量發麵，下純鹼、豬油適量。特粉下豬油製成酥麵。取燙麵、酥麵，包酥製成酥皮，包芝麻甜餡擀成方形餅坯，黏上芝麻，入爐烤熟裝盤即成。
- **製作要領**：麵皮軟硬適度；發酵以麵團微泡起爲好；芝麻去皮。

【千層酥】

麵食。

- **特點**：色白翻酥，層次清晰，餡香甜。
- **烹製法**：炸。水油皮分件包酥，擀製成酥皮，包入玫瑰甜餡成圓餅形，用刀在餅身

中部劃一圈，下鍋用豬油炸至現酥層，成熟時裝盤即成。

- **製作要領**：用刀劃餅身，勿劃到餡心。

【荷葉餅】

麵食。

- **特點**：色白泡嫩，形似荷葉。
- **烹製法**：煎。發酵麵團加白糖、食用鹼揉勻，餳幾分鐘，搓成直徑3公分粗的條，扯成劑子，立放案上，刷上熟豬油，右手持梳子，左手將劑子按平，對疊，用梳齒在半圓形的餅面上按上花紋，最後左手指靠餅背捏著，右手用梳背在餅邊靠壓成荷葉形，入籠蒸10分鐘即成。
- **製作要領**：此餅無餡心，要求潔白形美。

【豌豆餅】

豆食。

- **特點**：鹹鮮香脆，色澤金黃。
- **烹製法**：炸。豌豆用白礬水漲發，大米磨製米漿。豌豆用清水沖漂。去礬味，合入米漿中，下食鹽、小蘇打適量，舀入特製的圓扁形鐵模中，下菜油鍋用中火炸熟。
- **製作要領**：豌豆一定用礬水漲發。

【酒糧餅】

米食。

- **特點**：芳香甜糯。
- **烹製法**：蒸。糯米、大米混合製成吊漿，以果料餡或其他甜餡為餡。吊漿分件作皮，包餡成圓形餅，放入瓷盤內，淋入醪糟適量，下化豬油少量，上籠蒸熟即成。
- **製作要領**：成形不宜大；應該使用混合吊漿粉。

【燕窩餅】

麵食。

- **特點**：形如燕窩，鬆軟香甜。
- **烹製法**：蒸。中發麵扎正鹼，放白糖、豬油適量揉勻，擀成長方形麵皮。豬板油捶成泥，鋪於麵皮上，撒上蜜餞捲成筒，切

成筷子粗根條，拉長纏成燕窩狀，入籠蒸熟，按上一蜜櫻桃裝盤即成。

- **製作要領**：麵不宜老。

【順江薄餅】

麵食。

- **特點**：麻辣鹹鮮，脆爽利口。
- **烹製法**：烙。麵粉下鹽製成軟子麵，烙製成薄餅。醬油、醋、紅油等調味待用。取薄餅一張，抹芥末適量，放入拌製好的粉條、豆芽、紅蘿蔔絲、蔥白絲，捲成筒形，一頭封口，一頭敞開，淋入調好的佐料，便可食用。
- **製作要領**：烙製薄餅時，要用雲板鍋小火攤製。

【香山蜜餅】

麵食。唐代大詩人白居易，號香山，因得罪權臣，貶為江州司馬，西元818年任忠州刺史，創制蜜餅，故名香山蜜餅（見《忠州鄉土志》）。

- **特點**：厚而酥，純甜而香，清爽可口。
- **烹製法**：烘。特級麵粉配蜂蜜、香油揉勻打成餅，上灶烘熟即成。
- **製作要領**：餅麵要揉得極勻，且要用小火烘烤。

【三鮮塔絲餅】

麵食。

- **特點**：鮮香適口，鬆軟，形似塔狀。
- **烹製法**：蒸。火腿、金鉤、冬筍等切成粒，豬網油剁茸剁細，放花椒粉製成三鮮餡。特粉和成子麵，擀薄成長方形。餡抹於麵皮上，切成根條捲成筒，把筒拉成70公分長的條狀，又切成十個節子，扯成細條、壓扁，挽成時鐘發條狀，把收頭的一端按在中心，翻轉壓扁成餅，入籠旺火蒸熟，裝盤即成。
- **製作要領**：餡要鹹鮮適度，微帶椒麻；扯麵拉絲要絲條均勻，互不黏連。

【紅苕雞腿】

麵食。

- **特點**：外脆內酥，形似雞腿，香甜可口。
- **烹製法**：炸。苕泥、麵粉、紅糖、老麵及純鹼適量製成麵團，子麵皮分件包入苕泥麵團，製成青果形，逢中斜改一刀，下菜油鍋翻炸呈金黃色即成。
- **製作要領**：紅糖不宜重；炸製用中火，注意油溫。

【鮮肉鍋魁】

麵食。此品為成都市所屬彭州市名小吃之一，源於彭州軍屯鄉，故又稱「軍屯肉鍋魁」。

- **特點**：鹹鮮而香，酥軟爽口。
- **烹製法**：烙、烤。鮮豬肉煮至六成熟，切成指甲片，豬板油去筋剁茸。鍋內放菜油燒至六成熱時下肉片炒散籽，放鹽、甜醬、胡椒粉、薑米、花椒粉炒勻入盆，加蔥花、味精拌勻成餡料。八成酵麵、二成燙麵揉勻扯成劑子後，先擀成條，塗勻板油捲成筒，立放壓扁，擀薄，包餡壓平稍擀成圓形，放在鏊子（一種烙餅用的圓形平底鍋）上不停轉、翻面，待兩面呈黃色時放入爐內烘烤至熟即成。
- **製作要領**：劑子、餡料成形要均勻整齊；烤時注意適時翻面。

【椒鹽酥鍋魁】

麵食。

- **特點**：色澤金黃，皮香酥脆，味美可口。
- **烹製法**：烙、烤。用菜油、麵粉揉勻成酥。四成燙麵、六成子麵揉勻發酵成子發麵，加入鹽、蘇打揉勻。按三成酥麵、七成發麵的比例，以發麵包酥麵按成圓形，一橫一順擀成方形，疊兩層再反復擀到卷面圓筒，交頭封好按扁，黏芝麻擀圓形，接著入鏊子烙呈黃白色、放爐內烘烤至熟即成。
- **製作要領**：麵劑要均勻，鍋魁半成品要厚薄一致；入爐烘烤，注意翻面，防止烤焦；包酥均勻，擀酥不爛。同一方法，去鹽和花椒不用，另用紅糖製餡，則成另一種風味的「酥糖鍋魁」。

【賴湯圓】

米食。此為成都名小吃，於二〇世紀初為賴源鑫所創，故名。

- **特點**：色白光滑，軟硬適度，入口滋糯，香甜可口。
- **烹製法**：煮。吊漿粉子揉勻，包上餡心做成每個重約25克的圓子，在開水鍋中煮到浮面、皮有彈性即熟，再連著水舀入碗內即成。
- **製作要領**：包湯圓時不要用手搓，餡心要正。煮時不能讓水翻滾，若已翻滾應適量摻入冷水。餡心種類很多，有芝麻、玫瑰、麻醬、洗沙、櫻桃等等。食時可配麻醬、白糖碟子同上。

【山城小湯圓】

米食。此品為重慶名小吃，通常用於筵席中。

- **特點**：皮薄餡大，白如玉珠，形如「龍眼」，甜香滋糯，細軟爽口。
- **烹製法**：煮。豬邊油切小方丁，芝麻、白糖磨細製成甜餡。500克湯圓粉子加水揉勻，分成150個粉團，每個包5克餡心成湯圓，入鍋煮熟且可隱約見心子即成。
- **製作要領**：上熟糯米磨得越細越好；芝麻不能久炒，桃仁不能久炸，餡心不能久存，切忌沾水；水開後才下湯圓，要多次下冷水，保持微開，使豬邊油、白糖溶化並防破裂。

【雞油大湯圓】

米食。此品為川東名食之一。

- **特點**：個大香甜，細嫩可口。
- **烹製法**：煮。吊漿粉子揉勻，包入用白糖、豬油、雞油、芝麻粉、桃仁顆、瓜圓粒、桂花混合揉勻的餡心，每個重約40克，入鍋煮至浮面、皮有彈性即成。

• **製作要領**：餡心要包好捏緊；煮時水不應翻滾，若開水翻滾可加入適量清水。

【粉子醪糟】

米食。此品也稱「醪糟小湯圓」或「掐掐湯圓」。

• **特點**：粉子軟糯，汁甜味醇。
• **烹製法**：煮。吊漿粉子加適量清水揉勻，搓成直徑1公分的條，再扯成長1公分的節子，入開水鍋中煮熟，加白糖待溶化後放入醪糟煮開，起鍋入碗即成。
• **製作要領**：醪糟下鍋不宜久煮。

【葉兒粑】

米食。此為川西地區著名小吃，因用芭蕉葉包上蒸製而成，故名。

• **特點**：色澤美觀，軟硬適度，滋潤爽口，清鮮香甜。
• **烹製法**：蒸。用糯米、大米製成吊漿粉子。用芝麻粉、生豬板油、白糖、麵粉等製成麻茸餡。用炒熟的豬肉末加醬油、香菌末、芽菜末等拌鹹鮮肉餡。再將粉子加水揉勻，分別包上甜、鹹餡心，做成重約75克的扁而長的坯子，再裹上芭蕉葉，立放籠內，用旺火蒸熟即成。
• **製作要領**：粉子要磨細，揉時加水要適量，以揉至手感細滑為度。芭蕉葉要先用開水燙過，包粑時葉上抹適量豬油，食用時要鹹、甜同上。餡心也可用玫瑰、豆沙、棗泥、桂花、醃肉、香腸、火腿等原料配製。

【三合泥】

米食。此品由成都市九眼橋董樹山創制，後由古月胡甜食店經營。

• **特點**：酥香油潤，味甜不膩，滋糯爽口。配紅白茶佐食，別具風味。
• **烹製法**：炒。糯米、大米、黑豆、芝麻炒熟後磨粉。將混合米粉入開水鍋內攪拌為糊狀坯料。以銅鍋放化豬油加入三合泥坯料、芝麻、花生仁粒、核桃仁粒炒至酥

香，又加白糖炒一下，再加蜜餞顆炒勻起鍋即成。

• **製作要領**：米粉磨極細，三合泥坯炒熟，不能現米粉顆粒；炒坯時應炒至酥香後才放入白糖、蜜餞。

【糖油果子】

米食。

• **特點**：色澤黃亮，外酥內糯，香甜可口。
• **烹製法**：炸。糯米、大米混合製成吊漿，下熟芡和適量鹼水揉成皮，包入果料甜餡，令成圓球形果子。菜油燒熱，下紅糖，待糖熔解後下果子，視油溫升高、果子膨脹，用中火取色、定型，撈出撒適量熟芝麻即成。
• **製作要領**：糯米、大米搭配適當；小火下鍋，中火取色、定型。

【三大炮糍粑】

米食。此品因糍粑擊桌時發出砰、砰、砰的響聲，銅盞也叮叮作響，俗稱「三大炮」，是川中著名小吃之一。

• **特點**：柔軟糍糯，香甜可口。
• **烹製法**：蒸。糯米淘淨泡7小時，入飯甑蒸熟後舂茸成糍粑。黃豆炒熟磨成粉，紅糖用適量開水溶化成濃汁。將黃豆粉放入簸箕內攤開，前端放小桌一張，桌上放方形木盤，盤內放兩到四組、兩三個一疊的銅盞。裝盤前將糍粑揉成三個圓球狀，用力分三次丟向木盤，滾入黃豆粉簸箕內，均勻裹上豆粉，糍粑入盤，接著澆上紅糖汁即成。
• **製作要領**：黃豆要炒熟並磨至極細；糖汁濃度要合適，切忌太清。

【麻圓】

米食，宜冬季食用。

• **特點**：色澤棕紅，外酥內軟糯，味香甜，形圓心空。
• **烹製法**：炸。糯米吊漿，下鹼水適量揉勻，分件包甜餡成球形，黏白芝麻，下鍋

用菜油炸至膨脹、起色成熟即成。

- **製作要領**：加鹼中和酸味；小火下鍋，逐漸升溫。

【糍粑塊】

米食。此品爲四川民間小吃。

- **特點**：色澤棕黃，皮酥內軟，香脆味美，鹹鮮微麻。
- **烹製法**：蒸、炸。以糯米入熱水中浸泡半小時，旺火蒸熟，加花椒、食鹽，裝入木盒。待冷卻後，翻在案板上，改長方條塊，再橫切成1.5公分寬的塊子，下油鍋炸至金黃色即成。
- **製作要領**：用旺火蒸熟，粑硬要適度；用中火炸，油燒至冒大煙時才下糍粑塊，輕輕撥動，使受熱均勻，不黏連。

【荷葉粑】

米食。

- **特點**：色嫩黃，清香爽口。
- **烹製法**：蒸。糯米、山柰、八角同炒至穀黃色，磨成細粉，下紅糖漿、白糖、化豬油揉勻，分件包入切好的肉片成圓形，荷葉包裹，上籠蒸熟即成。
- **製作要領**：不宜太甜，適當用油；注意蒸製火候，不失荷葉清香。

【苕棗】

米食。

- **特點**：色澤金黃，外酥內嫩，香甜可口。
- **烹製法**：炸。苕泥、糯米粉和勻，製成紅棗形，刷蛋漿，黏麵包粉，下鍋用菜油慢火翻炸呈金黃色，撈出裝盤。白糖與清水燒開，下蜜玫瑰汁、稀釋糯米吊漿，勾成二流芡汁，淋入棗面即成。
- **製作要領**：須選用紅心苕。

【油芯】

米食。此爲酉陽、秀山兩地少數民族喜吃的小吃品種，又稱「包心油粑」。

- **特點**：金黃油亮，外酥內嫩，香脆可口。

- **烹製法**：炸。大米、黃豆分別磨漿，混合拌勻。豬瘦肉剁成茸狀，加花椒、鹽、味精、蔥花等拌成餡。先舀少量混合漿裝入「油提」，次舀入餡心，再舀混合漿入提將餡心包住，然後將「油提」放入沸油鍋中炸10分鐘，最後把油芯倒出，在油中炸呈金黃色即成。
- **製作要領**：大米與黃豆的用量爲5：1，米漿要磨成漿糊狀，乾稀適度，且要用菜油慢炸。

【會理餌塊】

米食。本品原爲民間供佛用品，後發展成爲地方小吃，如小鍋餌絲、炒餌絲。漢元帝（劉奭）時，黃門令史游著《急就篇》裡就有「餅餌麥飯甘豆羹」的記載，注：「溲米而蒸之則爲餌。」

- **特點**：色白細嫩，勁韌香美。
- **烹製法**：蒸。選上熟秈稻米洗淨，浸泡後上鍋蒸熟，晾至溫熱，搗爛成泥，做成餌塊。臨吃時切絲或片，可炒、炸、煮、烤等而食。
- **製作要領**：米一般要蒸2～3次，蒸熟、蒸透；熟飯要盡力舂茸。

【油錢】

米食。多用作早點熱食。

- **特點**：茶黃色，圓窩形，酥香爽口。
- **烹製法**：炸。糯米蒸熟擂至半茸，分件包入洗沙餡，製成圓窩狀，下鍋用菜油中火炸至酥脆、茶黃色即成。
- **製作要領**：炒製洗沙要去皮，要炒至翻沙吐油。

【大竹醪糟】

米食。

- **特點**：色白汁清，香甜適口。
- **烹製法**：蒸。糯米蒸熟，灑清水降溫，下酒麴和勻，置於瓦鉢內，中心挖一圓洞，用紗布封嚴，加蓋，放入發酵窩內發酵。待其醪糟浮起，圓洞充滿酒汁水，有濃郁

酒香味，即可食用。

- **製作要領**：正確掌握發酵溫度與時間。

【涪陵油醪糟】

米食。

- **特點**：香甜可口，油而不膩，營養豐富。
- **烹製法**：煮。化豬油下鍋燒熱，下醪糟、黑芝麻粉、橘餅、核桃仁、花生仁（油酥）、蜜棗等，稍煎成油醪糟坯。鍋內清水燒開，舀入油醪糟，加糖煮開即成。
- **製作要領**：煎、煮醪糟時油糖不宜太重，宜熱食，產婦最宜。

【油茶】

米食。

- **特點**：鹹鮮爽口。
- **烹製法**：煮。米粉先下鍋炒香。溫水入鍋，下米粉攪勻成糊狀，舀於碗內，下化豬油、油酥花生、芝麻粉、榨菜粒、芽菜末等，放上油馓子。
- **製作要領**：用椒鹽調味。亦可撒入香菜，別有風味。

【炒米糖開水】

米食。此品是四川民間一種風味小吃。多在夜深時，由小販挑擔走街串巷叫賣。因用開水將炒米糖沖泡而成，故名。

- **特點**：酥脆清爽，純甜適口。
- **烹製法**：沖泡。優質「炒米糖」（糕點鋪出售的成品）分小塊裝碗，每碗裝50克，用開水沖泡而成。
- **製作要領**：沖「炒米糖」的水，一定要燒開；現吃現沖。

【黃糕】

米食。此品多用作早點。

- **特點**：鬆軟甜泡。
- **烹製法**：蒸。大米磨細漿，待其發酵，下紅糖漿攪勻，逐個舀入小竹圈內，用旺火蒸熟。
- **製作要領**：發酵要適度；米漿可用「熟

芡」和「生粉」對合。

【白糕】

米食。此品為四川民間傳統小吃，老幼咸宜。

- **特點**：色澤雪白，鬆泡滋潤，質地細嫩，香甜可口。
- **烹製法**：蒸。上熟大米泡漲後，加夾生飯和轉，加清水磨成米漿後加入老窖米漿令發酵。發好後加白糖、化豬油揉勻，再加純鹼調好酸鹼度。籠內擺上直徑6.5公分的竹圓圈，上鋪以密紋濕紗布，將米漿舀入竹圈內，以旺火蒸熟，趁熱用竹籤挑出裝盤即成。
- **製作要領**：關鍵在於掌握好米漿的發酵和酸鹼度。

【凍糕】

米食。

- **特點**：鬆泡甜潤，油而不膩。
- **烹製法**：蒸。大米、黃豆、糯米混合磨成糕漿，糯米適量上籠蒸熟，趁熱下糕漿攪勻，待發酵後下白糖、瓜糖粒。籠內放方格，玉米殼墊底，接著舀入糕漿蒸熟裝盤即成。
- **製作要領**：注意發酵時間適度。

【蒸蒸糕】

米食。重慶地區稱此糕為「沖沖糕」。

- **特點**：滋糯爽口，味香甜。
- **烹製法**：蒸。大米、糯米混合浸泡磨成粗粉，壓乾水分，將粉搓散。蒸時，用特製的燒水鍋置於旺火上，專用木模放於鍋面的氣孔上，待氣沖出時將米粉舀入木模，上氣後放化豬油適量，加蓋蒸熟，挑入盤內，撒芝麻桂花糖即成。
- **製作要領**：此菜蒸製時間3～4分鐘，體積小而薄。

【白果糕】

米食。

- **特點**：鬆軟甜香。
- **烹製法**：蒸。白果經炒製，去殼去心去衣，煮煣。桃仁、瓜片切細粒，入白糖、糯米粉、化豬油、清水揉勻，裝盤按平令成正方形，上籠蒸熟即可。
- **製作要領**：白果用急火炒製；掌握下糖量，勿傷糖。

【 馬蹄糕 】
米食。
- **特點**：色澤金黃，皮酥內糯，香甜可口。
- **烹製法**：蒸、烙。大米、糯米製成吊漿，上籠蒸熟，下白糖、蜜桂花、紅糖揉勻，搓成長圓條，改刀成馬蹄形，下鍋烙至兩面呈金黃色即可。
- **製作要領**：大米、糯米比例要適當；烙用小火。

【 蛋烘糕 】
麵食。
- **特點**：形色美觀，油亮飽滿，酥泡適口，鹹鮮香甜。
- **烹製法**：烤。用麵粉、紅糖水、雞蛋攪勻成麵漿，再加老麵適量發酵。臨烤前麵漿內加蘇打水拌勻，舀一瓢於烘烤鍋內蕩勻，置小爐上，視其收汗時加入豬油、瓜磚粒、花仁粒、芝麻粉、麻醬、玫瑰、櫻桃等，蓋上蓋烘片刻，夾起一邊疊成半圓形，兩面烘烤即成。
- **製作要領**：第一次烘烤時，不能過火；舀餡料時動作要快。

【 豬油發糕 】
麵食。
- **特點**：綿軟鬆泡，油而不膩，香甜可口。
- **烹製法**：蒸。麵粉放入缸內，加水和酵麵（發酵後的老麵）攪成漿糊狀，加蓋發酵。發麵內配豬邊油（切小丁）、白糖、蜜桂花，用化水的蘇打粉調和好酸鹼度，上籠用旺火蒸熟。翻出後切菱形塊，裝條盤即成。

- **製作要領**：糕漿要用力攪拌，發酵一般要2～3小時，待糕漿上面出現小圓泡、能聞到酸味時即要調和好酸鹼度；豬邊油要先用開水汆一次，除盡油皮，切成小指頭大的小方丁；籠底可用糯米紙或玻璃紙、紗布等鋪底，以免漏漿；籠的一角要隔上一塊木板，使蒸氣透入籠內。

【 燙麵油糕 】
麵食。
- **特點**：棕黃色，外酥內嫩。
- **烹製法**：炸。全燙麵下發麵、純鹼揉製成皮。傳統糖餡用紅糖，亦可選用豆沙及其他甜餡。取皮分件包餡，面餅中心黏芝麻，下油鍋用中火炸熟裝盤即成。
- **製作要領**：麵要燙熟；掌握中火取色。

【 雞蛋熨斗糕 】
米食。
- **特點**：軟酥內嫩，甜香爽口。
- **烹製法**：烙。大米浸泡洗淨，磨成漿，下老窖水漿攪勻發酵。待米漿發泡後，下新米漿、雞蛋、白糖、蜜桂花、適量蘇打製成糕漿。以20個烙碗置於「二炭」火上，碗內刷水油，舀入糕漿，加適量果醬，用一長籤挑糕翻面，烙至表面金黃即成。
- **製作要領**：注意掌握米漿發酵時間，勿使過頭。

【 豬油泡粑 】
米食。大多用作早點，四季皆宜，以熱食爲佳。
- **特點**：色澤淡黃，清甜可口，光滑軟嫩。
- **烹製法**：蒸。大米、黃豆磨成細漿，糯米蒸熟與米漿和勻，冷後將其搓茸，待發酵後再下雞蛋、白糖、熟豬油攪勻。糕漿舀入小竹圈內，用旺火蒸熟裝盤即成。
- **製作要領**：發酵要適度。

【 酸辣粉 】
薯食。

- 特點：滑爽鮮韌，酸辣味濃。
- 烹製法：煮。紅苕粉條先用開水泡至熟軟，食時放入竹漏瓢內，在燒開的鮮湯中冒燙後，倒入盛有醬油、紅油辣椒、醋、花椒粉、化豬油、味精的碗內，上面放燙斷生的豌豆尖，接著撒上油酥黃豆、蔥花即成。
- 製作要領：紅苕粉條一定要用開水泡至熟軟；食時入鍋要冒滾。

【 順慶羊肉粉 】

米食。此品始創於晚清，四川各地均有，唯順慶府（今南充市）一姓朱的經營的羊肉粉館製作最佳，所用羊肉均為自養自宰，加之製作精細，湯濃鮮香，便以順慶羊肉粉命名，以示區別。現為南充市傳統名小吃之一。

- 特點：湯色乳白，味鮮香微帶麻辣。
- 烹製法：蒸、煮。大米洗淨浸泡推成漿，過濾後經沉澱做成球狀粉坨，上籠大火蒸20分鐘至外熟內生，取出晾涼後搗碎，做成均勻的圓筒形坨，放入米粉機壓入開水鍋內煮熟，入清水中漂起待用。羊肉去骨切大塊，煮至八成熟。將羊頭、羊骨、豬骨入鍋加水燒開，打盡浮沫，加花椒、薑、胡椒粉、羊肉，加蓋煮至肉熟，起鍋橫切成指甲片，裝入筒箕內，湯熬白後舀起作原湯。鍋內摻水燒開，放入裝有羊肉的筍箕，米粉裝入竹漏瓢內，反覆提放燙滾，倒入碗中，舀入原湯，放鹽、味精、胡椒粉、紅油、醬油，撒上香菜即成。

【 安岳米卷 】

米食。此品還可以冷吃，或者和回鍋肉一起炒後食用。

- 特點：色白細嫩，酸辣味鮮，清爽適口。
- 烹製法：蒸、煮。選上熟大米，浸泡後磨成米漿，加水調勻。蒸籠內墊上蒸帕，將米漿舀在籠內，攤0.5公分厚的皮，蒸熟取出晾冷，捲成筒。吃時切韭菜葉，開水煮熟，配紅油、白醬油、醋、味精、香油、

花椒粉、白糖等調料即成。

- 製作要領：大米浸泡時間，夏天為1小時，冬季為2～3小時；米漿磨得越細越好；加水要適量，以米漿黏瓢為度；舀入籠的米漿要攤平，使皮厚薄一致，用猛火急蒸至熟；出籠後必須等米皮晾冷收汗後才捲，以免黏連。

【 羊肉米粉 】

米食。

- 特點：湯色奶白，味美質濃，鮮香滾燙，麻辣味重。
- 烹製法：煮。熟羊肉改成指甲片，羊肉、羊骨、豬骨用大火沖白成奶湯。鍋內清水燒開備燙米粉。佐料放於碗內，加奶湯，細米粉燙熟撈於碗內，放入適量羊肉、芫荽即可。
- 製作要領：熬湯多用生薑；提味用鹽，不用醬油。

【 川北涼粉 】

豆食。

- 特點：香辣味濃，細嫩綿實，滑潤爽口。
- 烹製法：煮。將豌豆脫殼磨細粉，加入清水攪成漿，用紗布籮篩過濾，去盡渣質，取漿沉澱後滗去清水不要，留中層水粉下層「砣粉」。取鍋加清水燒開，下「水粉」攪勻，再開後下「砣粉」燒至熟透起鍋入缸缽，冷卻凝結，食時切薄片，裝碗，加紅油、薑汁、蔥花、蒜泥、糖、醋等調料即成。
- 製作要領：豌豆要磨細；攪製時注意清水、水粉、砣粉比例；紅油、醬油都要專製，突出特色。

【 梓潼片粉 】

豆食。此品為綿陽市所屬梓潼縣名小吃之一，故名。

- 特點：色澤碧綠，滑爽柔韌，麻辣酸香。
- 烹製法：燙、拌。綠豆磨成漿瀝去渣，入缸沉澱2小時，滗去上面黃水，留白粉加

清水攪勻待用。韭菜舂至極茸,加水調勻,瀝去渣。白礬用清水溶化後與韭菜汁倒入粉漿內拌勻澄清。鍋置旺火上,加清水燒開,取圓形平底鋁製專用燙鍋一口,抹少許菜油,舀入粉漿蕩平約0.3公分厚,同時將鍋傾斜,用開水從粉面流過,將粉燙熟,連鍋一起漂入清水中即成片粉。取出切成條片,入碗淋入醬油、豆豉滷、醋、紅油、蒜泥、芥末,撒上花椒粉拌勻即成。

• **製作要領**:開水燙時不能流入鍋底。

【 洞子口張涼粉 】

米食。此涼粉可配白麵鍋魁同食。

• **特點**:味道濃厚,質地爽滑。
• **烹製法**:煮、拌。用淨飯米淘淨和水入磨推細,入鍋中加石灰水邊煮邊攪拌,起片子時改用文火燜20～30分鐘起鍋,盛於盆內,晾冷成米涼粉。

　　• 涼吃:切細長條,加醬油、醋、熟油辣椒、花椒粉、芝麻粉、蒜泥等佐料拌勻即可。
　　• 熱吃:切1.5公分見方小塊,入鍋煮至熟燙,舀入盛有豆豉滷、醬油、芹菜花、芝麻、紅油、蒜泥等佐料的碗中即可。

• **製作要領**:掌握好石灰水的用量;掌握好各種涼粉的切法和調味。

【 豆腐腦水粉 】

豆食。此品為內江地區的名小吃之一。

• **特點**:色白細嫩,鮮香鹹辣。
• **烹製法**:煮。先用石膏粉用水澥散,裝缸內,黃豆磨漿,去渣,豆漿燒開,沖入製成豆腐腦。紅苕粉製成細粉條,入鍋燙熱,裝碗(每碗30克),舀上豆腐腦,放醬油、薑末、醋、辣椒油、蔥花、味精、麻油、油酥黃豆等調料即成。
• **製作要領**:豆腐腦要求色白、細嫩、成形;水粉應做得細緻;調味品要加足,才能突出風味特色。

【 雞絲豆腐腦 】

豆食。

• **特點**:麻辣鮮香嫩,風味別致。
• **烹製法**:沖。石膏水適量置於大缸內,黃豆磨成細漿,去渣燒開,沖入缸中,加蓋稍悶製成豆腐腦。接著將豆腐腦裝碗,下紅油、花椒粉、榨菜粒、酥黃豆、熟雞絲等料即成。
• **製作要領**:注意佐料調配,保持麻辣鮮香風味。

【 淋汁豆花 】

豆食。

• **特點**:滑嫩爽口,微辣味濃。
• **烹製法**:煮、沖。優質黃豆去殼,用清水泡漲,磨漿,濾漿,燒沸,連同石膏水沖入瓦缸,用蓋蓋嚴,待凝固後用小瓢打片入碗,加麻辣調料即可。
• **製作要領**:漲發黃豆要適時;沖漿時要掌握好漿水、石膏比例。

【 綠豆粉 】

豆食。此為重慶秀山、石柱的土家族等少數民族喜歡吃的小吃。

• **特點**:粉絲綿扎,質嫩爽口,味道鹹鮮。
• **烹製法**:烙。綠豆、大米混合磨漿,在鍋內用小火烙成薄片。起鍋晾冷,切成絲狀。吃的時候,在開水內燙熱裝碗,加調料即可。
• **製作要領**:米漿要磨細,烙成的片要厚薄均勻。

第九章 歷史菜點

【蕫蒩】

漢代四川民間菜餚。《古今圖書集成·食貨典》引漢李膺著《益州記》：「蕫之莖，蜀人於冬月取舂碎，炙之，水淋一宿為蒩。」蕫為荷莖入泥的白色部分，俗名藕鞭。李時珍《本草綱目》：「藕芽種者最易發，其芽穿泥成白蕫，即蒩也，長者至丈餘，五六月嫩時，沒水取之，可作蔬茹，俗呼藕絲菜。」

【桄榔麵】

梁任昉《述異記》：「西蜀石門山有樹名曰桄榔，皮裡出屑如麵，用作餅食之，與麵相似，因謂之『桄榔麵』焉。」《廣群芳譜》：「盤水又東逕漢興縣，山溪之中，多生邛竹、桄榔樹。樹出麵，而土人資以自給。故《蜀都賦》曰：『麵有桄榔』。」桄榔麵為桄榔樹幹髓部的澱粉。將樹幹割斷，去皮，取髓部曬乾，磨粉而得。

【紅綾餅餤】

唐代四川菜點，原為唐宮廷饌餚。《避暑錄話》：「唐御膳以紅綾餅餤為重。昭宗光化中，放進士榜，得裴格等二十八人。以為得人，會燕曲江。令太官特作二十八餅餤賜之。盧延讓在其間，後入蜀為學士。既老，頗為蜀人所易。延讓詩素平易，近俳乃作詩云：莫欺零落殘牙齒，曾吃紅綾餅餤來。王衍聞知，遂命供膳亦以餅餤為上品，以紅羅裹之。至今蜀人工為餅餤，而紅羅裹其外，公廚大燕設為第一。」

【消災餅】

唐代四川菜點。《清異錄》：「僖宗幸蜀，乞食。有宮人出方巾所包麵半升許，會村人獻酒一提，偏用酒溲麵，煿餅以進，嬪嬙泣奏曰：『此消災餅，乞強進半枚。』」

【甲乙膏】

唐代四川菜餚。唐代馮贄《雲仙雜記》：「蜀人二月好以豉雜黃牛肉為『甲乙膏』，非尊親厚知不得而預。其家小兒三年一享。」

【槐葉淘】

唐代四川饌餚。宋林洪《山家清供》：「杜甫詩云：『青青高槐葉，採掇付中廚。新面來近市，汁滓宛相俱。人鼎資過熟，加餐愁欲無』。即此見其法。於夏採槐葉之高秀者，湯少淪，研細瀘（應是「濾」）清，和麵作淘，乃以醯醬為熟齏，簇細茵以盤行之，取其碧鮮可愛也。末句云『君王納涼晚，此味亦時須』。不惟見詩人一食未嘗忘君，且知貴為君王，亦珍此山林之味。旨哉，詩乎。」

【青精乾飯】

唐代四川饡餇。《廣群芳譜》引《零陽總記》：「蜀人遇寒食，用楊桐葉並細冬青葉染飯色，青而有光，食之資陽氣，道家謂之青精乾飯食。今俗以夾麥青草搗汁，和糯米作青粉團，烏桕葉染烏飯作糕，是此遺意。」皮日休《潤卿遺青餇飯兼之一絕聊用答謝》詩云：傳得三元餇飯名，大宛聞說有仙卿。分泉過屋舂青稻，拂霧影衣折紫莖。蒸處不叫雙鶴見，服來唯怕五雲生。草堂空坐無饞色，時把金津漱一聲」陸龜蒙《潤卿遺青餇飯》詩云：「舊聞舂積金山食，今見青精玉斧餐。自笑鏡中無骨錄，可能飛上紫雲端。」張賁詩《以青餇飯分送襲美魯望因成一絕》曰：「誰屑瓊瑤事青餇，舊傳名品出華陽。應宜仙子胡麻拌，因送劉郎與阮郎。」明沈明臣《武陵莊》詩：「青餇作飯紫蕈羹，飽後微吟水上行。不道空山曾有寺，隔溪風送午鐘聲。」

【酒骨糟】

五代四川官府菜。宋陶穀《清異錄·饡羞門》：「孟蜀尚食掌食典一百卷，有賜緋羊。其法以紅麴煮肉，緊卷石鎮，深入酒骨淹透，切如紙薄乃進。注云：酒骨糟也。」孟蜀，指五代時孟知祥、孟昶的後蜀政權。

【蝦羹】

《雲仙雜記》：成都薛氏家，士風甚美，廚司以牛觚為杓，子孫就食蝦羹、肉釅。

【西川乳糖】

北宋時四川飲食果子名，孟元老《東京夢華錄》有記。據唐慎微《政和證類本草》言：「鑠沙糖和牛乳為石蜜，即乳糖也。惟蜀川作之。……商人販至都下者。」

【獅子糖】

北宋時四川飲食果子名，孟元老《東京夢華錄》有記。孔平仲《談苑》：「川中乳糖獅子，多至前造者色白不壞，」曾慥《高齋漫錄》：熙寧中（西元1072年左右）上元，宣仁太后御樓觀燈，召外族愁集樓上。神宗皇帝數遣黃門稟曰：『外家合推恩乞疏示姓名，即降處分。』宣仁答云：『此自有處，不煩聖慮。』明日，上問何以處之，宣仁答曰：『大者各與絹兩疋，小兒各與乳糖獅子兩個。』」

【木魚子】

宋代四川饡餇。宋林洪《山家清供》：「坡云：『贈君木魚三百尾，中有鵝黃木（據蘇軾原詩，「木」字當為「子」）魚子。』春時，剝棕魚蒸熟，與筍同法。蜜、煮、酢、浸，可致千里。蜀人供物，多用之。」棕魚：即棕櫚子，因狀如魚，故名。

【東坡豆腐】

宋代四川饡餇。宋林洪《山家清供》：「豆腐，蔥油煎，用研榧子一二十枚，和醬料同煮。又方：純以酒煮，俱有益也。」

【鴛鴦炙】

宋代四川饡餇。宋林洪《山家清供》：「蜀有雞，嗉中藏綬如錦。遇晴則向陽擺之，出二角寸許。李文饒詩云：『葳蕤散綬輕風裡，若御若垂何可疑。』王安石詩云：『天日清明即一吐，兒童初見互驚猜。』生而反哺，亦名孝雉。杜甫有『香聞錦帶美』之句，而未嘗食。向游吳之蘆區、留錢春塘在唐舜選家，持螯把酒，適有弋人攜雙鴛至，得之燀以油爁，下酒醬香料煨熟，飲餘吟倦，得此其適。詩云：『盤中一箸休嫌瘦，入骨相思定不肥。』不減錦帶矣。靖言思之，吐綬鴛鴦雖各以文采烹，然吐綬能返哺，烹之忍哉！雉不可同胡桃、木耳簟食，下血。」

【蒸豬頭】

宋代四川寺廟菜。《仇池筆記》：「王中令既平蜀，饑甚，入一村寺。主僧醉，甚

箕踞，公欲斬之，僧應對不懼，公奇之。公求蔬食，云有肉無蔬，餽蒸豬頭，甚美，公喜，問：『止能飯酒肉耶，尚有他技也？』僧言能詩。公令賦蒸豚，立成云：『嘴長毛短淺含臕，久向山中食藥苗。蒸處已將蕉葉裹，熟時兼用杏漿澆。紅鮮雅稱金盤飣，熟軟真堪玉箸挑。若把氈根來比並，氈根自合吃藤條。』公大喜，與紫衣師號。」

【玉箸羹】

宋代四川官府菜。《古今圖書集成·食貨典》羹部紀事：「有肖壽丞震，少夢神人告以壽止十八。至十七歲，父帥蜀，不欲從。詰之。以夢告文。父以范昧，強之。行至郡，有盛集。蜀俗：主帥涖任，大宴。酒三行，例進玉箸羹。每取乳犉烙鐵饋其乳而出之，乳凝箸上以為饌。肖子偶至庖，見縶牛，知其故，亟以白父索食牌，判免此味。」後夢神言，不獨免夭，可望期頤果至九十餘，云云。

【自然羹】

宋陶穀《清異錄》：「蜀中有一道人賣自然羹。人試買之。碗中二魚，鱗鬣（音列）腸胃皆在，鱗上有黑紋，如一圓月。汁如淡水。食者旋剔去鱗腸，其味香美。有問魚上何故有月？道人從碗中傾出皆是荔枝仁。初未嘗有魚並汁，笑而急走，回顧云：蓬萊月也不識。明年時疫，食羹人皆免。道人不復再見。」《虛谷聞抄》亦記有自然羹可參考」

【暖肚餅】

宋代蘇軾回贈魯元翰之餅名。蘇東坡《謝魯元翰寄暖肚餅》云：「公昔遺余以暖肚餅，其值萬錢。我今報公亦以暖肚餅，其價不可言。中空而無眼，故不漏；上直而無耳，故不懸。以活潑潑為內，非湯非水；以赤歷歷為外，非銅非鉛；以念念不忘為項，不解不縛；以了了常知為腹，不方不圓。到希領取，如不肯承，當卻以見還。」

【川豬頭】

明代四川菜餚。明周履靖校刊之《易牙遺意》記此餚製法：「豬頭先以水煮熟，切作條子，用沙糖、花椒、砂仁、醬拌勻，重湯蒸燉」。高濂《遵生八箋》記此菜製法，在「重湯蒸燉」句後，還有「煮爛剔骨紮縛，作一塊大石太實，作膏糟食」之語。

【東坡火腿】

清朱竹垞《食憲鴻秘》：「陳金腿約六觔（斤）者，切去腳，分作兩方正塊，洗淨入鍋煮去油膩，收起。復將清水煮極爛為度。臨起仍用筍蝦作點，名東坡腿。」陳金腿為存放得久的金華火腿之簡稱。

【芙蓉豆腐湯】

清代四川菜餚。嘉慶甲子（1804年）刊六對山人（揚燮）作《錦城竹枝詞》：「北人館異南人館，黃酒坊殊老酒坊。仿紹不真真紹有，芙蓉豆腐是名湯。」三峨樵子注曰：「蓉花可食，相傳大憲請客，廚役誤汙一碗，忙中以芙蓉花並有鮮味和豆腐改充之，名曰芙蓉豆腐湯。各憲以為新美，上下並傳，人爭效之，特著其名云。」

【繡球燕窩】

《通覽》：「蝦醬，內果欠（當作裹芡），外鬆仁面。雞皮、火肘（即火腿）。雞魛（當作炰）燉。」《附》：「魚蝦攢果無、燕菜。底用雞絲、鴿蛋。清湯上。」

【白玉燕窩】

《通覽》：「雞絲皮（疑作雞皮絲）、雞蛋、香菌底，肉絲清湯。」《附》：「用火腿、雞絲、老肉絲、鴿蛋。清湯上。」

【鴛鴦燕窩】

《通覽》：「大鴿子雙品上。清湯。」

【燴燕窩】

《通覽》：「龍腦蛋（疑為魚腦蛋）、

鳳凰（疑脫蛋字，當爲禽鳥蛋之類）、石耳、無衣面。」

【龍頭燕窩】

《通覽》：「蝦料像（當作鑲）成龍頭。雞皮、火肘、口苣（即口蘑）。大塊。黃魚碎（當爲鰉魚脆）底。」《附》：「用蝦圓、魚圓，加火腿、雞絲，釀燕菜如龍頭形。鴿蛋，清湯上。」

【八寶燕窩】

《通覽》：「杏仁、桃仁、雞、火肘（即火腿）、口毛（當作口蘑）面。底肉片。掛滷。」《附》：「桃仁、杏仁、蓮米、芡實、苡仁、扁豆、火腿、老肉丁。清湯上。」

【芙蓉燕窩】

《通覽》：「火肘（即火腿）、腦髓蓋面。紅湯。」《附》：「用腦花、蛋清。底鴿蛋。清湯上。」

【冰糖燕窩】

《通覽》：「豆闒（用豆漿、蛋清、冰糖對好，上籠蒸製而成）底。」《附》：「用老豆腐、冰糖對蒸。出，糖汁上。」

【玉帶燕窩】

《通覽》：「雞絲、毛扣（當爲蘑菇）、海帶。」《附》：「用火腿絲、雞絲、筍尖、蘑菇、海帶纏。底鴿蛋。清湯上。」

【琉璃燕窩】

《通覽》：「雞絲、毛扣（即口蘑）、筍尖、大鴿子、燒鴨底。掛滷。」

【玻璃燕窩】

《通覽》：「大片雞皮、火肘（即火腿）、口毛（即口蘑）、毛扣（即蘑菇）面。雞片底。」《附》：「用榆耳、蝦扇、

大片雞皮，配合鴿蛋清。掛滷走。」

【鳳尾燕窩】

《通覽》：「白粉（絲）纏一頭，絲（當作撕）開。雞片、鴿蛋（切）方塊底。」《附》：「用魚料。白粉（絲）纏一頭。鴿蛋、火腿、雞絲、筍尖、榆耳。清湯上。」

【埋伏燕窩】

《通覽》：「雞皮、魚耳（當作榆耳）、筍尖、火肘（即火腿）、鴿蛋。清湯。」《附》：「用榆耳、火腿、雞片、鴿蛋，均蓋面。清湯上。」

【什錦燕窩】

《通覽》：「雞皮、香茵、火肘（即火腿）、鴿蛋。清湯」《附》：「用各樣配合，切絲。鴿蛋，清湯上。」

【蝦膳燕窩】

《通覽》：「雞絲、毛扣（即蘑菇）、貢筍、石耳底。（面蓋）蝦膳（當作蝦扇）。」《附》：「用蝦扇蓋面。底用火腿、鴿蛋配合，切片。清湯上。」

【燈籠燕窩】

《通覽》：「雞皮、杏仁、醃韭菜。清燉雞底。」《附》：「用桃仁、杏仁、醃韭菜、鴿蛋、火腿、口蘑底。用雞湯上。」

【餛燉燕窩】

《通覽》：「雞皮、火肘（即火腿）、毛扣（即蘑菇），方塊。煎鴿蛋。」（餛燉爲餛飩之誤）

【高升燕窩】

《通覽》蝦元底。雞皮絲、火肘（即火腿）、魚耳（即榆耳）、毛扣（即蘑菇）、大排骨塊四釀（當作鑲）。」《附》「用蝦圓、榆耳、火腿、雞片配合。鴿蛋，清湯

上。」

【三鮮燕窩】

《通覽》：「雞皮、火肘（即火腿）、魚耳（即榆耳）、冬筍片、黃牙（疑為黃芽白）。」《附》：「用榆耳，火腿、筍尖，加鴿蛋。配合清湯上。」

【福壽燕窩】

《通覽》：「大蝦仁、鴿蛋底。清燉湯。」《附》：「用蝦仁、青菜、燉雞。配合鴿蛋、清湯上。」

【把子燕窩】

《通覽》：「雞皮、火肘（即火腿）、香菌、雞蛋、毛扣（即蘑菇）。清湯底。」《附》：「用帶絲捆燕菜。配合切絲。底加鴿蛋，清湯上。」

【千層燕窩】

《通覽》：「蝦料底。鴿蛋、石耳、筍皮、毛扣（即蘑菇）、雞皮片。」《附》：「加石耳、火腿、雞片、清湯上。底用蝦米羹。」

【清湯燕窩】

《通覽》：「火肘（即火腿）、筍尖、毛扣（即蘑菇）。上籠。」《附》：「配合切絲。加鴿蛋，清湯上。」

【螃蟹燕窩】

《通覽》：「蝦蓋面，不用底。」《附》：「用蟹黃蓋面。底配合切絲。銀紅湯上。」

【雙鳳燕窩】

《新錄》：「用剔。瓢水鴿二支底。」

【八仙燕窩】

《新錄》：「用賓俏大配合，鑲鴿蛋。」

【清湯魚翅】

《通覽》：「雞絲（蓋）面。加配合。上清湯。」《附》：「配合攢絲，底加白菜心，清湯上。」

【橄欖魚翅】

《通覽》：「雞絲，筍尖果欠（當作裹芡）。上清湯。」

【繡球魚翅】

《通覽》：「雞絲、火肘（即火腿）、香菌、魚、餛燉（原文如此），上銀湯。」《新錄》：「用蝦瓢。」《附》：「用蝦、魚圓裹魚翅，清湯煮。加配合，切片。清湯上。」

【水晶魚翅】

《通覽》：「蝦仁、魚果，上清湯，釀（當作鑲）鮑魚。」《附》：「用鯽魚、蝦對鑲為中，底配合，清湯上。」

【雞燉魚翅】

《通覽》：「大塊。銀紅湯。欠（當作扯芡）。」《附》：「用子雞，紅燒收乾，配合銀紅湯上。」

【荷花魚翅】

《通覽》：「大鯽魚去骨，蒸過做底。雞皮，火肘（即火腿），毛扣（即蘑菇），大掛塊。」

【涼拌魚翅】

《通覽》：「紅肉片、火肘（即火腿）、毛扣（即蘑菇）、雞皮同拌。」《附》；「用紅白菜蒸，加雞絲，火腿配合，同拌上。」

【麻辣魚翅】

《通覽》：「麻醬各樣下鍋，勾茜（當作芡），麻哺（當作麻腐）涼拌，改一字條，掛滷。」《附》：「用麻香油拌，走

油，配合清燴，上胡椒麵。」

【鱔魚魚翅】

　　《通覽》：「鱔魚（當作鱓魚，詞目的鱔亦應作鱓）絲。上銀紅湯。加韭菜頭。」《附》：「用鱓絲，加配合，切絲。清湯上。」

【鴛鴦魚翅】

　　《通覽》：「雞容（當作茸）火肘（即火腿）、香菌、雞皮、韭菜雙並（當作拼）。上銀（紅）湯。」《附》：「用雀肉。韭菜纏。加配合。紅湯上。」

【蝦仁魚翅】

　　《通覽》：「蝦蟆（爲青蛙之類統稱）底。」《附》：「蝦仁蓋面。底用攢絲。清湯上。」

【木須魚翅】

　　《通覽》：「雞絲、火肘（即火腿）、青筍、口毛（即口蘑）絲、蛋黃、肉絲。」《附》：「加絲配合，雞蛋炒，清燴上。」

【火把魚翅】

　　《通覽》：「雞絲、火肘（即火腿）、香菌、外加配合。紅湯。」《附》：「切絲配合，海帶捆，底用鱓絲。紅湯上。」

【鳳尾魚翅】

　　《通覽》：「雞絲、火肘（即火腿）、魚料，果欠（即裹芡）。上籠蒸。《新錄》：「用蝦瓢，加配合。」

【三鮮魚翅】

　　《通覽》：「雞絲、火肘（即火腿）、青筍各料。肉絲（底）。清湯。」《附》：「用雞、魚、鴨爲三鮮，切絲配合。清湯上。」

【清品魚翅】

　　《通覽》：「五花肉砍骨排（當作牌）塊。上銀湯。」《附》：「用五花肉，排骨塊雙品配合，切片。紅湯上。」

【蘆條燉魚翅】

　　《通覽》：「粗肉絲、葫蘆條。銀紅帶茜（當作芡）。」

【甲魚燉魚翅】

　　《通覽》：「甲魚生砍大塊。紅湯燉。」

【紅燒魚翅】

　　《通覽》：「生肉絲、生雞絲、火肘（即火腿）、冬筍配合。不用底。」《附》：「用生雞、生肉、筍尖切片配合。紅湯上。」

【螃蟹魚翅】

　　《通覽》：「雞絲、火肘（即火腿）、毛扣（即蘑菇）各料，上清湯。螃蟹底。」

【釀魚翅】

　　《通覽》：「蝦配火肘（即火腿）、毛扣（即蘑菇），雞皮釀底。清湯。」

【爪尖魚翅】

　　《通覽》：「豬爪，光底。銀紅湯。白菜，茜（當作芡）收乾。」

【護臘魚翅】

　　《通覽》：「火肘（即火腿）、雞皮、香瓜。雞（皮蓋）面。紅湯，掛茜（當作芡）」《附》：「用火腿、雞片、筍尖，老肉底。紅湯上。」護臘，即煳辣，勾清茜（當作芡）扯成糊狀。

【鴨子魚翅】

　　《通覽》：「老鴨子，上清湯。」

【雞酪魚翅】

《新錄》：「用炒。」雞酪，即雞淖。

【三絲魚翅】

《新錄》：「用雞絲、火腿、青筍絲。」

【雞蒙魚翅】

《新錄》：「用雞茸蓋。」《附》：「用雞脯捶，對蛋清打川（糝），茸蓋面，加腿末。清湯上。」

【三鮮海參】

《通覽》：「肉底。」《附》：「用雞、鴨、海參為三鮮。加配合。清湯上。」

【玻璃海參】

《通覽》：「各料隨做，時務不同。直片，火肘（即火腿）、筍尖、蝦膳（即蝦扇），紅湯，掛茜（當作芡）。」《新錄》：「用鴿蛋清樣蒸，計（當作剞）刀，燴。」《附》：「用蝦扇、雞片，火腿、清燴，掛滷上。」

【瑪瑙海參】

《通覽》：「肺底，拌鴿蛋。紅湯。」《附》：「用心肺、加配合，切片。清湯上。」

【金錢海參】

《通覽》：「蝦釀海參，雜辦。」《新錄》：「用釀。」《附》：「用雞茸釀，海參切金錢樣，外加配合。清湯上。」

【鴛鴦海參】

《通覽》：「蝦蟆雞品底。」《附》：「用蝦蟆雞品，外加配合。清湯上。」

【大燴海參】

《通覽》：「蹄筋各料，紅湯。」

【麻辣海參】

《通覽》：「雞絲，火肘（即火腿）、毛扣（即蘑菇）各料，紅湯。」《新錄》：「用薑汁脯，拌。」《附》：「外加配合。用麻醬、胡椒麵、好醋、香油，燴拌。」

【芥末海參】

《通覽》：「雞絲、筍尖、黃瓜、木耳、青筍、雞皮底。」《附》：「用蝦仁、芥末，外加配合，同拌上。」

【芝麻脯海參】

《通覽》：「雞絲、火肘（即火腿）釀（當作鑲）核桃，芝麻醬拌麻脯（即麻腐）。」

【松仁海參】

《通覽》：「橫片。松仁、火肘（即火腿）、雞皮、青筍、不用底。」

【滷拌海參】

《通覽》：「子蓋燉好，改刀，去油上碗。」《附》：「用火腿、筍片、雞片、子菜（即紫菜），走油改刀，清燴上。」

【菊花海參】

《通覽》：「紅海參計（當作剞）邊，用蝦仁，加魚料並馬牙肉。」馬牙肉即豬肉切「馬牙」形。

【茄子海參】

《通覽》：「茄子去（當作過）油，（切）元（當作圓）雙並，底雞冠油。」

【石榴海參】

《通覽》：「雞皮、蝦料，果火肘（即裹火腿），上籠蒸。鍋燒。」《附》：「用生肉去皮，打花，扣碗，加冰糖、酒，抄菜皮，放之碗內蒸好。去皮。用胭脂點色，切一字條，紅湯上。」

【什錦海參】

《通覽》：「各料隨做。紅湯，無底。」《附》：「用各料配合。清湯上。」

【蝦膳海參】

《通覽》：「雞片、火肘（即火腿）、冬筍、蝦膳（即蝦扇），紅湯，無底。」詞目：「蝦膳」當作「蝦扇」。

【豬蹄海參】

《通覽》：「銀紅湯，冬筍收乾。」《附》：「用豬蹄、冬筍紅燒，收乾，外加配合，掛滋汁上。」

【螃蟹燉海參】

《通覽》：「螃蝦元（當作螃蟹圓），肉底。」

【黃魚筋燉海參】

《通覽》：「火肘（即火腿）、雞皮、毛扣（即蘑菇）。燴。」

【乾油海參】

《通覽》：「雞冠油、乾口、紅湯掛滷。」

【碧玉海參】

《新錄》：「用蛋糕熘。」

【馬蹄海參】

《新錄》：「用炸抄手。」

【繡球海參】

《新錄》：「橫切，裹釀。」

【三圓海參】

《通覽》：「蝦元（當作圓）、肉元（當作圓），同會（當作燴），掛滷上碗。」

【金錢鮑魚】

《通覽》：「小鮑魚肉，砍斗方塊，紅湯，收乾。」《附》：「用鮑魚打花，改金錢片，小魚肉改方塊，紅燒上。」

【鮑魚脯】

《通覽》：「大肉，酒收乾。」

【鮑魚燴豆腐】

《通覽》：「鮑魚片，豆腐，骨排塊（當作骨牌塊）。」

【櫻桃鮑魚】

《通覽》：「小斗元（疑作方）肉。鮑魚改刀，紅燉，收乾。」《附》：「鮑魚改刀，加肉切小方塊，冰糖，收乾。紅上。」

【糖燒鮑魚】

《通覽》：「小斗方肉，鮑魚改刀，冰糖，收乾。」《附》：「鮑魚改刀，肉改大方塊，加冰糖，收乾上。」

【燴鮑魚片】

《通覽》：「生肉片底。」《附》：「鮑魚切片、火腿、筍尖。銀紅湯上。」

【鮑魚燜茄子】

《通覽》：「魚肉、燒鴨雙品。到叩（當作倒扣），上碗。」

【雪花魚脆】

《新錄》：「用雞酪，炒。」雞酪，即雞淖。

【水晶魚脆】

《新錄》：「成甜隨意。」

【涼拌魚肚】

《新錄》：「用拌。」

【麻醬魚肚】

《新錄》：「麻醬拌。」

【薤末魚肚】

《新錄》：「涼拌。」薤末，當為芥末的誤寫。薤，俗稱藠頭，非芥菜。

【清燉魚唇】

《新錄》：「清湯，加大雞皮、火腿塊。」

【荔枝魷魚】

《新錄》：「計（當作剖）刀，燒。」

【燉鹿筋】

《通覽》：「火肘（即火腿）、雞捶碎，燉。」

【鹿尾】

《通覽》：「溫熱水泡發，去毛，□□果上籠。（蒸）好（切）片。」

【大燒群邊】

《新錄》：「大肉、雞，燒。」詞目「群邊」即「裙襬」，俗稱「裙邊」。

【生爆蝦仁】

《新錄》：「掛汁。」《附》：「加金鉤，配合，切丁，掛芡上。」

【蠶豆爆蝦】

《新錄》：「用胡豆瓣炒。」《附》：「胡豆末，配合，切丁，掛支子（當作滋汁）上。」

【鳳尾蝦扇】

《新錄》：「用連尾，粉排，湯汆。」

【八寶鴨】

《通覽》：「杏仁、桃仁、松子、蓮子、白果、口毛（即口蘑）、雞（為鴨之誤），改斗方塊。到叩（當作倒扣）。清湯。」《附》：「用生鴨去骨，釀蓮米、苡仁、扁豆，山藥、糯米、火腿、老肉丁，用網油包蒸。清湯上。」

【荷包鴨】

《通覽》：「蓮子、苡仁、火肘（即火腿）丁釀，面紅湯。」《附》：「鴨煮去骨，蓮子、松仁、火腿、筍尖、老肉丁釀。紅湯上。」

【菊花鴨】

《通覽》：「火肘（即火腿）改象眼塊，鴨照樣叩（當作扣）。清湯。」

【八仙鴨】

《通覽》：「火肘（即火腿）、鴨，四塊，到叩（當作倒扣）。清湯。」

【糖燒鴨】

《通覽》：「下紅鍋，合冰糖，收乾。」

【鍋燒鴨】

《通覽》：「紅鍋煮好，去油，並地菜、大頭菜、山藥聽用。」《新錄》：「紅燒，走油。」《附》：「鴨紅燒，涼乾，裹豆粉，走油，椒鹽上。」

【孔雀鴨】

《通覽》：「火肘（即火腿），瓦塊，紅湯。」

【老鴉鴨】

《通覽》：「肉、蘿（蔔）、海參，各樣，上紅湯。」

【糟油鴨】

《通覽》：「去油肉，用乾菜，網油，糟滷。」

【火腿燉鴨】

《通覽》：「火腿，代（當作帶）皮鴨，四塊。清湯。」

【丁香野鴨】

《通覽》：「紅滷，收乾。」

【五福填鴨】

《新錄》：「釀水鴿五支，貯鴨內，餡分五種。」

【神仙填鴨】

《新錄》：「瓷盆貯，就上上醃好，文火煨。」《附》：「填鴨出水，下神仙鹽，加火腿、冬筍配合燴。銀紅湯上。」

【紅燒鴨子】

《新錄》：「紅燒，配合。」《附》：「肥鴨出水，切大方塊，加山藥、肉片、大頭菜燒。銀紅湯上。」

【子薑鴨子】

《新錄》：「薑芽燒，收乾。」《附》：「鴨去骨切大片。鴨一片，薑一片扣蒸。原湯上。」

【鴛鴦鴨子】

《新錄》：「紅白鴿子釀。」

【掛爐燒鳧】

《新錄》：「燒鴨片。」

【鹽鹵鴨子】

《新錄》：「鹽鹵煮，冷上。」《附》：「鹽煮，切木瓜片，用鹽水、香油、白豆油配合，涼拌上。」

【蝦蟆雞】

《通覽》：「去骨。火肘（即火腿）、蓮子、筍子、糯米、清湯。」

【黃雀雞】

《通覽》：「去骨，計（當作剞）刀，蛋黃。銀紅湯。灰麵（即麵粉）。」

【紅松雞】

《通覽》：「去骨，斬刀，去油，加肉釀。」

【白松雞】

《通覽》：「去骨，斬刀，加蛋清，上籠。」

【菊花雞】

《通覽》：「火肘（即火腿），（切）象牙塊，到叩（當作扣）。」

【醇魚燉雞】

《通覽》：「酒燉。銀紅湯。」

【果子雞】

《通覽》：「果子加子雞。紅燉。」

【珍珠雞】

《通覽》：「板油、生蝦仁，按上蒸。」《附》：「蒸。一轉放生板栗、蝦仁上籠蒸。清湯上。」

【蜜臘雞】

《通覽》：「生底，響油下鍋，冰糖，麻油兼（疑作煎），收好上碗。」

【葫蘆條燉雞】

《通覽》：「葫蘆條，銀紅湯，燉。」

【芥菜拌雞】

《通覽》：「粉皮、黃瓜、耳子、代（當作帶）滷拌。」詞目「芥菜」當作「芥末」。

【蘑菇燉雞】

《通覽》：「毛扣（即蘑菇）清燉。」

《附》：「用口蘑燉，本色。」

【折頭燉雞】
　　《通覽》：「紅白隨用。」詞目「折頭」當爲「蜇頭」。

【金錢雞塔】
　　《新錄》：「肥膘塔走油，煎。椒鹽。」《附》：「雞脯片、肥肉片、慈姑片，蛋清芡，逗成三片，車圓，走油，椒鹽上。」

【晚香雞絲】
　　《新錄》：「炒，本色。」詞目「晚香」當爲「晚香玉」的簡稱。

【炸山雞卷】
　　《新錄》：「用（豬網）油果（當作裹）椒鹽。」

【燉黃魚】
　　《通覽》：「肉（切）大骨排（當作牌）塊。」

【燉黃魚碎】
　　《通覽》：「火肘（即火腿）、生雞燉大排骨塊。詞目「魚碎」當爲「魚脆」。

【燉黃魚筋】
　　《通覽》：「火肘（即火腿）、雞皮、毛扣（即蘑菇），燉。」

【燴魚腦】
　　《通覽》：「各樣折會上籠。」

【釀鯽魚】
　　《通覽》：「鯽魚去骨，釀肉。」《附》：「肥肉切泥，釀在魚肚內。面上抹雞蛋，走油。紅湯上。」

【酥銀魚】
　　《通覽》：「醬油、香油、醋、蔥、薑、收乾。」「灰麵（即麵粉）拌魚、肉絲，白蒸。品上。」

【糟魚片】
　　《通覽》：「糟滷。滷好的下清炗好。」

【釀甲魚】
　　《通覽》：「去骨。肉，欠（當作芡）。清蒸。」

【紅燒甲魚】
　　《通覽》：「大塊燉，紅湯。」

【清蒸甲魚】
　　《通覽》：「生雞、板油、火肘（火腿）、冬筍片，改斗方塊。」

【黃雀魚】
　　《通覽》：「長條、灰麵（當作麵粉）、蛋黃，去油上。」

【紅果魚元】
　　《通覽》：「肉釀果欠（當作裹芡），外果（當作裹）火肘（即火腿）。蒸好。」詞目「魚元」當作「魚圓」

【魚脯】
　　《通覽》：「火肘（即火腿）。清蒸。」

【燴魚羹】
　　《通覽》：「各料隨配。銀魚各樣。」

【烏魚蛋】
　　《通覽》：「火肘（即火腿）、雞皮、蛋清、掛（芡）。」

【荷花魚元】

《通覽》：「魚元（當作圓）。用銀耳。」

【魚羊會】

《通覽》：「魚砍斗方塊，羊肉同下鍋。」

【蘿蔔燉魚】

《通覽》：「不見蘿蔔，上白糖。」

【熘乾腸】

《通覽》：「肉、肝子、砍骨（牌）片，火肘（即火腿）、雞片。」

【蘿蔔絲魚】

《新錄》：「蘿蔔絲。煨。」

【大燜鰱魚】

《新錄》：「然湯，自來欠（當作芡）。」

【辣子魚絲】

《新錄》：「用炒。」

【芙蓉鯽魚】

《新錄》：「蛋白蒸，汁去腥。」

【燒燜鰱魚】

《新錄》：「紅燒。」

【清蒸肥坨】

《新錄》：「宜酒大。」肥坨，學名長吻鮠，四川也叫肥頭，江團。

【清汆魚片】

《新錄》：「魚片碼粉，清汆。」

【炙東坡魚】

《新錄》：「雞蛋面炸。紅燒。」

【清蒸雪豬】

《新錄》：「清蒸。」

【皺皮東坡】

《新錄》：「走油，紅收。」

【火夾肉】

《通覽》：「火肘（即火腿）釀扣。」

【孔雀肉】

《通覽》：「火肘釀扣。」

【東坡肉】

《通覽》：「刀刁，大塊。」《新錄》：「斗方四塊，計（當作剞）刀，紅燒。」《附》。「肉燒皮，洗，紅燒，加冰糖，紅油上。」

【櫻桃肉】

《通覽》：「下油鍋，合冰糖，燉。」《新錄》：「五花肉，小方塊，紅燒。」

【高麗肉】

《通覽》：「煮熟。（切）長條，（裹）灰麵（即麵粉）蛋黃。下紅鍋走油。」《附》：「肉去皮，打片。裹雞蛋、灰麵。走油，白糖上。」

【甜酒燒肉】

《通覽》：「五花肉，登（登當作墩）子塊，醬油、薑。」

【荷包肉】

《通覽》：「五花三層二白，計（當作剞）刀，白燉。」

【荷葉肉】

《通覽》：「大塊，醬油，加酒，米粉，用粉包果（當作裹），荷葉蒸。」

【椒鹽肘】

《新錄》：「紅燒，走油，上椒鹽。」
《附》：「肘子蒸好，晾乾後，抹豆粉，走油上。」

【孔明肉】

《新錄》：「頂方，非透挖空，內釀火腿、口蘑。裹餡，蒸。」

【醬炙肘子】

《新錄》：「燒。」

【冰糖燒肘】

《新錄》：「用冰糖、料酒、醬油。燉，收。」《附》：「加冰糖，紅燒上。」

【龍眼五花】

《新錄》：「用長片，捲豆豉，到扣。」

【板栗燒肉】

《新錄》：「用板栗燒。」

【粉子蒸肉】

《新錄》：「用粉蒸。五花肉。」

【炒滑肉片】

《新錄》：「用粉碼，溜。」

【乾煎肉片】

《新錄》：「用腿子。乾炒。」

【豆尖肉絲】

《新錄》：「鮮炒。」

【椒鹽肝卷】

《新錄》：「網油裹，上鹽，走油。」

【清燉羊肉】

《新錄》：「本色，燉。」

【鍋燒羊肉】

《新錄》：「走油，乾上。」

【茶燻羊肉】

《新錄》：「熱燻。涼片。」

【炒桂花蛋】

《新錄》：「用蝦炒。」

【嫩蒸雞蛋】

《新錄》：「加料，隨蒸。」

【清燴銀耳】

《新錄》：「清燴。」

【芙蓉豆腐】

《通覽》：「改小丁。雞皮代茜（當作帶芡）。桃仁、火肘（即火腿）、口毛（即口蘑），會，面。」

【蓮子豆腐】

《通覽》：「甜酒飽（疑作泡）好。（加）青筍、火肘（即火腿）燴。桃仁介（當作蓋）面。」

【子菜豆腐】

《通覽》：「瓜仁、杏仁（蓋）面，（豆腐）改骨排（當作牌）塊。香菌、冬筍燴。」詞目「子菜」當作「紫菜」。

【八寶豆腐】

《通覽》：「桂元（當作圓）、白果、核桃、板栗、杏仁、火肘（即火腿）、雞皮。（豆腐切）小凌（當作菱）塊。」

【凍豆腐】

《通覽》：「雞皮、火肘（即火腿）、毛扣（即蘑菇）、冬筍。清湯燴。」

【螃蟹豆腐】

《通覽》：「改三分一字條。銀湯代茜

（當作帶芡）。」

【雞鬆豆腐】

《通覽》：「改小眼塊。雞口、火肘（即火腿）、口毛（即口蘑）、青筍燴。」

【銀魚豆腐】

《通覽》：「老豆腐、雞皮、火肘（即火腿）、香菌、冬筍燴。」

【珍珠豆腐】

《新錄》：「用火腿丁燴。」《附》：「用豆腐丁，加葛仙米配合。燴。」

【豆腐元子】

《新錄》：「用肉打。」詞目「元子」當作「圓子」。

【羅漢麵筋】

《新錄》：「用素件燒。」《附》：「麵筋出水，外加配合。清燴上。」

【燴茄絲】

《通覽》：「雞皮、毛扣（即蘑菇），銀紅湯，代茜（當作帶芡）。」

【繡球蘿蔔】

《通覽》：「蝦料肉果（當作裹），外蘿蔔絲。」

【椒鹽子蓋】

《新錄》：「用五花肉，走油。椒鹽。」

【麻醬萵苣】

《新錄》：「用麻醬拌。」

【拌野雞紅】

《新錄》：「用紅蘿蔔拌。」

【冬菜茭白】

《新錄》：「用冬菜炒。」

【板栗白菜】

《新錄》：「走油，全燒。」

【燴豌豆瓣】

《新錄》：「口蘑、金鉤燴。」

【炒青豆瓣】

《新錄》：「用鮮青豆炒。」

【炒蠶豆泥】

《新錄》：「用胡豆炒。」

【燴蓮實羹】

《新錄》：「即蓮羹。」

【雪燕冬瓜】

《新錄》：「用粉尕。」

【燴髮菜卷】

《新錄》：「纏，燴。」

【烹三筍絲】

《新錄》：「鮮、明、青三筍。」

【南糟冬筍】

《新錄》：「酒醉。」

【玉液全釀】

《新錄》：「用雪梨。」

【炒鸚鵡菜】

《新錄》：「本色。」

第十章
名酒名茶

一、四川名酒

【五糧液】

中國名酒。四川省宜賓五糧液酒廠生產。白酒類、濃香型。酒精度分為60°、52°和39°。具有入口甘美、味醇厚、落喉淨爽、各味協調、恰到好處、飲後餘香不盡等特點。以高粱、糯米、大米、小麥、玉米等五種糧食為原料，取用岷江江心之水，以小麥製「包包麴」為糖化發酵劑，在陳年老窖中發酵後加工釀成。五糧液歷史悠久，以前名「雜糧酒」。據考證，現在使用的老窖有的建於明代，迄今已有500餘年歷史。

「五糧液」之名，為嗜酒文人楊惠泉1929年命名。五糧液於1915年就榮獲了巴拿馬萬國博覽會金質獎；1956年在首次中國名酒質量鑒定會上一舉奪魁後，又在1963年、1979年、1984年中國評酒會上，被評為中國名酒，並連續4屆蟬聯國家質量金獎；1988年在香港國際食品博覽會上榮獲最高獎——金龍獎；1992年在海外榮獲4個金獎，並在中國獲得了社會公認名酒第一名和消費者最滿意特別金獎。

【瀘州老窖特麴】

中國名酒。四川省瀘州麴酒廠生產。白酒類、濃香型。酒度分為60°、52°和38°。具有醇香濃郁、清冽甘爽、回味悠長，飲後猶香等特點。以高粱、糯米為原料，取用當地「龍泉井」之水，用小麥製成伏麴（於夏季伏天製的麴）發酵劑，在陳年老窖中發酵後加工釀成。因酒的獨特風格與陳年老窖關係極大，故在特麴之前加「老窖」二字。最老的窖，迄今已有300餘年的歷史。

二十世紀二〇年代，瀘州老窖特麴在國際巴拿馬博覽會上榮獲金質獎章和獎狀。1952年在中國第一屆評酒會上被評為中國八大名酒之一（當時名瀘州大麴酒）；1963年中國第二屆、1979年中國第三屆評酒會上被評為中國名酒；1980年榮獲國家質量金質獎；1992年在美國洛杉磯太平洋國際博覽會上獲得金獎，在匈牙利布達佩斯和俄羅斯莫斯科國際名酒展覽會上榮獲特別金獎。

【劍南春】

中國名酒。四川省綿竹縣酒廠生產。白酒類、濃香型。酒度分為60°、52°和38°。具有芳香濃郁，醇和回甜、清冽淨爽、餘香悠長等特點。以高粱、大米、糯米、玉米、小麥等為原料，在老窖中發酵後加工釀成。「劍南春」之名始於1958年，它的前身為清代著名的綿竹大麴酒。唐代以「春」命酒，加上綿竹是當時劍南道的一個大縣，「劍南春」由此得名。

1961年在中國第三屆食品會議上劍南春被評為優質酒；1963年被評為四川省名酒；1979年在中國第三屆評酒會議上被評為國家名酒；1992年分別在德國萊比錫、香港國際食品博覽會上榮獲金獎和金花獎。同時，在中國首屆中華酒文化精品展、首屆巴蜀食品節上榮獲特別金獎。

【全興大麴酒】

中國名酒。四川省成都酒廠生產。白酒類、濃香型。酒度分為60°、52°和38°。具有窖香濃郁、醇和協調、綿甜甘冽、落口淨爽的風格特色。以高粱為原料，用小麥製的高溫大麴為糖化發酵劑，在老窖中發酵後加工釀成。成都酒廠的前身是「全興老號」酒坊，創建於1824年，所生產的酒即名全興大麴酒，迄今已有150多年的歷史。由於酒質佳美，在中國有很好的聲譽，因而至今沿用其名。

1959年全興大麴被評為四川省名酒；1963年在中國第二屆評酒會上被評為中國名酒；1981年被評為商業部優質產品。此後又多次榮獲中國名酒的稱號。1992年全興大麴38°和52°在美國秋季博覽會上榮獲太陽神、帆船兩個金杯獎，及中國名優酒博覽金獎和中國消費者最喜愛產品。

【郎酒】

中國名酒。四川省古藺縣郎酒廠生產。白酒類、醬香型。酒度為53°、39°。具有醬香濃郁、醇厚淨爽、悠雅細膩、回甜味長等特點。以高粱為原料，取用「郎泉」之水，用小麥製成的高溫麴為糖化發酵劑。兩次投料，經反覆發酵，蒸餾七次取酒。每次取酒後，用瓦缸封閉，送入當地天然岩洞中儲存3年，再將各種酒勾兌調味。郎酒創於1933年，因取用「郎泉」之水，故名。

1963年被評為四川省名酒；1979年在中國第三屆評酒會上被評為中國優質酒；1981年被評為商業部優質產品；1984年在中國第四屆評酒會上被評為中國名酒；1992年又分別獲得中國名優酒博覽金獎、中國首屆優質酒消費者信任獎及首屆巴蜀食品節特別金獎。

【沱牌麴酒】

中國名酒。四川省射洪麴酒廠生產。白酒類、濃香型。酒度為54°和38°。具有窖香濃郁、甘冽清爽、綿軟醇厚、尾勁餘長。以高粱、糯米為主要原料，取用泉水，配以優質麥麴，入陳年老窖，經低溫發酵等操作工藝釀製而成。沱牌麴酒於1944年開始釀造，因廠址在射洪柳村沱而得名。現已成為名酒園裡的後起之秀。1980年沱牌麴酒被評為四川省名酒；1981年被評為商業部優質產品；1988年在中國第五屆評酒會上被評為中國名酒；1992年又獲得首屆巴蜀食品節特別金獎。

【文君酒】

商業部優質產品。四川省邛崍酒廠生產。白酒類，濃香型。酒度分為60°和55°。具有香冽醇厚、清爽舒適、回味悠長、入口香氣四溢等特點。以黃穀為原料，大、小麥混和製麴，經發酵釀製而成。邛崍酒廠建於1951年，廠址因設在卓文君故里，故名。文君酒的前身是「邛崍茅台」和「冷氣酒」，1962年才定名文君酒。1963年、1980年文君酒被評為四川省名酒；1981年被評為商業部優質產品；1985年獲商業部金爵獎；1988年榮獲巴黎第十三屆國際食品博覽會金獎；1992年文君酒又在中國和海外獲得3個金獎。

二、四川名茶

【蒙頂甘露】

四川名茶。產於四川省名山縣境內。綠茶類。品質特徵為：外形全芽整葉，緊捲多毫，嫩綠油潤；內質香高而鮮，味醇而甘；

湯色黃中透綠，清澈明亮；葉底勻整，嫩綠鮮亮。名山縣的蒙山自古即以出產名茶而聞名於世。甘露創制於1959年，採摘一芽一葉初展，精工細製，高溫殺青後，經三揉三炒，最後烘乾而成。其品質超過歷史名茶蒙頂黃芽。六〇年代被評為中國名茶；八〇年代後又多次榮獲省級名茶稱號。

【蒙頂石花】

四川名茶。產於四川省名山縣境內。綠茶類。1959年創制。品質特徵為：外形扁直勻齊，獨芽挺銳，鮮綠油潤，滿披銀毫。內質嫩香濃郁，味醇而鮮，湯色綠亮，葉底全芽嫩綠微黃。每年春分時節，茶芽爭春萌發時，即開園採摘。經攤放、殺青、攤涼、炒製、做形提毫、烘乾製成。因其外形獨芽、顯露白毫而故名石花。二十世紀六〇年代被評為中國名茶；八〇年代後多次獲得省級名茶稱號。

【「峨眉牌」毛峰茶】

四川名茶。產於四川省雅安縣鳳鳴鄉。綠茶類。品質特徵為：外形緊細勻捲，嫩綠油潤，銀芽秀麗。內質香氣鮮潔，滋味濃爽，湯色微黃而碧，葉底黃綠勻整。在春分至清明期間，採摘一芽一葉初展，芽葉長約2公分的嫩茶為原料，採取烘炒結合，經四炒、三揉、四烘，共11道工序製成。「峨眉牌」峨眉毛峰1985年、1986年連續兩年獲得國際金獎；在九〇年代又多次榮獲省級名優茶稱號。

【峨蕊】

四川名茶。產於四川省峨眉山市。綠茶類。品質特徵為：條索細緊捲曲纖秀，茸毫成朵如蕊，色澤嫩綠，香氣高潔，滋味醇爽，湯色清亮，葉底黃綠勻嫩。峨眉山是中國著名旅遊勝地，也是省名茶產地之一，茶園多分佈在海拔800～1200公尺的萬年寺、清音閣、白龍洞等地，處於群山環抱之中，茶葉天賦品質極好。峨蕊是採摘清明前10天

左右，一芽一葉初展的嫩茶精工細製而成。二十世紀六〇年代峨蕊被評為四川省名茶；八〇年代後多次榮獲省級名茶稱號。

【竹葉青】

四川名茶。產於四川省峨眉山市。綠茶類。品質特徵為：條索緊直、扁平、肥厚、帶毫，色澤嫩綠、微黃、油潤，香濃味爽，茶湯綠黃清亮，葉底鮮綠勻整。竹葉青採摘於峨眉山上茶園中一芽二葉初展的嫩茶，參照龍井茶手法，殺青後炒製成扁直的形狀，烘焙製成。

「竹葉青」原是萬年寺和尚就地採製用以待客的，二十世紀五〇年代中國的陳毅副總理遊覽峨眉時嚐到這種茶葉，覺得它形似竹葉，爆斑點點，香味甚佳，遂以「竹葉青」命名。竹葉青在1985年、1986年連續兩年榮獲國際金獎；九〇年代又多次獲得四川名優茶稱號。

【青城雪芽】

四川名茶。產於四川省都江堰市青城山。綠茶類。品質特徵為：形直微曲，芽壯葉厚，白毫似雪，香高持久，滋味鮮濃，湯色淺綠清亮，葉底鮮綠勻整。青城山是四川省歷史名茶產地之一，計有雀舌、烏嘴、麥顆、片早等名品，為明代散茶中的上品。灌縣茶廠在1959年創制了「青城雪芽」，採摘清明前後半個月內嫩芽，以一芽一葉為主，經11道工序精製而成。在八〇年代又創制了「都江茅亭」和「青城貢茶」等品種，但以雪芽製工最精、品質最好。青城雪芽在八〇年代被評為四川名茶。

【文君綠茶】

四川名茶。產於四川省邛崍市。綠茶類。品質特徵為：條索緊曲顯毫，色澤嫩綠油潤，香氣濃郁，滋味濃爽，湯色綠亮，葉底淺綠嫩勻。文君綠茶以春分至穀雨期，採摘一芽一葉為主和少量一芽二葉初展的嫩茶精工製成。因其產於邛崍縣，古稱臨邛，西

漢文學家司馬相如與妻卓文君「當壚賣酒」的佳話就發生在這個地方，故名文君綠茶。1985年、1989年被評為中國名茶；九〇年代又多次獲得省級名茶稱號。

【巴山銀芽】

重慶名茶。產於重慶市巴縣石嶺鎮。綠茶類。1980年巴縣石嶺茶廠採用福建大白茶良種的芽葉創制了「巴山銀芽」，品質別具風格：其外形挺直如針，色白似銀，香氣濃郁持久，滋味醇和回甘，湯色淡綠清亮，葉底嫩綠完整勻潔。巴山銀芽是在清明前後採摘一芽一葉，經7道工序製成。八〇年代被評為四川名茶。

【優質特種花茶品牌】

花茶是四川人喜愛的飲品，尤其受到川西人的鍾愛。花茶的級類較多，可分為特種、特級和一至五級等。特種花茶是選用優質綠茶為原料，通過精工製作成外形各具特色的綠茶，加入茉莉鮮花窨製而成。具有香氣鮮濃持久，滋味鮮、醇、爽，湯色綠黃明亮的特點。

在四川省有較高知名度，並受消費者喜愛的優質特種花茶品牌主要有：成都茶廠生產的「三花牌」蜀都毛峰、明前郁露、錦城露芽、蟹目香珠；成都市茶葉公司「蜀濤牌」茉莉花芽茶、濃香型花茶、玉葉天香、茉莉花毛峰；成都市茶葉進出口公司「蓉城牌」蘆山花毛峰；四川省龍都香茗有限公司生產的龍都香茗系列花茶等。這些品牌花茶在八〇年代和九〇年代曾多次獲得省級特種花茶獎勵。

筆 記 欄

第三篇

營養衛生

第一章
食品營養與衛生

一、營養

【營養】

「營」在漢字裡是謀求的意思，「養」是養身或養生的意思，從字面上講，「營養」是指通過食物謀求養生。一般說來，機體攝取、消化、吸收和利用食物中的養料以維持生命活動的整個過程，稱爲營養或營養作用。中國著名營養學家周啓源教授給營養作了如下定義：生物或使生物從外界吸取適量有益的物質和避免吸收有害的物質以謀求養生的行爲或作用。有時也用來表示食物中營養素含量的多少和品質的高低。

【營養學】

營養學是研究營養及其有關因素和措施的科學。根據研究的物件不同，有人類營養學、動物營養學、植物營養學等。人類營養學是研究食物與人體健康關係的一門綜合學科，它研究人體對營養素和能量的正常需要、各類食物的營養價值及不同人群的營養和膳食規律。

人類營養學主要有以下內容：

1. **基礎營養學**：主要研究各類營養素的生理功能，闡明人體的營養需要。
2. **食物化學**：主要研究食物中各種營養素的含量和品質，以及這些營養成分的分析方法和加工烹調中食物成分的變化。
3. **特殊營養學**：研究特殊生理條件下（孕婦、餵食母乳者、嬰兒、青少年、老年人）及特殊作業情況下（如航空、潛水、高溫、接觸有害化合物、射線）的營養需要與膳食特點。
4. **臨床營養學**：研究疾病的膳食治療及特殊營養供給手段，以促進病人的康復。
5. **傳統營養學**：以中國傳統醫學爲基礎，研究食療、食養和保健膳食。
6. **公共營養學**：研究營養調查、營養監測、營養立法和國家營養政策，使營養工作與國民經濟和社會發展相適應。

【營養素】

亦稱「營養成分」、「營養物質」，俗稱「養料」、「養分」。食物中所含的能夠維持人體正常生理功能、生活活動及生長發育所必需的成分。重要的營養素有蛋白質、脂類、糖類、維生素、無機鹽（礦物質）和水。但在正常條件下，水雖然是人體必需的，卻不易缺乏或過多，因爲水缺乏時，人會感到口渴而飲水，水不成爲重要的營養問題，故而有些人不把水看成營養素。持這種觀點者，認爲有五類營養素，而前者則認爲有六類營養素，二者都是正確的。

進入二十世紀八〇年代以來，歐美國家

由於其膳食自身的缺陷，認識到了膳食纖維的重要作用，為強調它的重要性而稱「七大營養素」。其實，膳食纖維僅為糖類的一部分，單獨列為一類未嘗不可，但在科學性上卻不甚嚴謹。在營養素中，蛋白質、脂類、糖類需經過消化後才能被吸收和利用。

【綠色食品】

並非指食品的顏色為綠色，而是指無公害、無污染的天然食品，即食品在生產、栽培和養殖中，未使用化肥、農藥，也未受到有害化學物的污染。雖然中國農業部已在部分食品上使用綠色食品標誌，但對綠色食品還無法定定義或標準術語。一般指安全、優質、營養、天然的食品。

【黑色食品】

黑色或深色的食品。主要有：黑米、黑蕎麥、黑大豆、黑芝麻、黑桑椹、乾海帶、紫菜、烏梅、黑加侖、黑木耳、黑靈芝、香菇、髮菜、烏骨雞、海參、螞蟻、烏龜、黑泥鰍、紫背天葵、何首烏、西瓜子、桃核、松子、黑葵瓜子。

黑色食品在營養上的特點為：

1. 營養素含量豐富，蛋白質含量較同種類的其他食物高，特別是酪氨酸及其衍生物較多，鐵、銅、碘、鉻、鎂等微量元素和核黃素、維生素E等維生素及必需脂肪酸含量高。
2. 保健作用明顯，中國醫學認為黑色食物有補腎、補血、黑髮明目、益智健腦、延緩衰老的作用。黑色主要由黑蛋白（動物性食物）、類胡蘿蔔素和褐色色素形成。

【營養價值】

食物中營養素的種類、數量和品質。營養素的種類指蛋白質、脂類、糖類、維生素、礦物質，食物可以含有其中一類、幾類或全部；營養素的數量指食物中營養素含量的多少，這裡的含量既指在食物中的絕對含量，也指相對人體需要而言的相對量，如微量元素和維生素相對蛋白質、糖類而言，其在食物中的含量甚微，但因人體需要很少，可以滿足人體需要，我們也認為其很豐富。

營養素的品質指營養素被人體消化、吸收和利用程度，而利用程度又與營養素的比例有關。若膳食中營養素種類齊全、數量多、品質高，則其營養價值高，合理配膳可提高食物的營養價值。烹調師可通過配菜和筵席組合提高飲食的營養價值。

【營養素供給量】

亦稱「每日膳食中營養素供給量」、「每日參考攝取量（RDI）」或「每日飲食建議量（RDA）」。為滿足合理營養的需要，必須每日由膳食給機體提供適當數量的營養素，這一數值稱供給量。

供給量能滿足正常人的需要，是根據營養素的需要量確定的，在需要量的基礎上，綜合考慮膳食習慣、食物供給情況而確定的最適宜量。營養素供給量是反映人群膳食品質或合理營養需要達到滿足程度的指標，可用於評價營養狀況，它隨營養研究的深入和食品生產的發展而不斷地修改和調整。烹調師應熟悉營養素供給量，以指導配膳。

【營養素需要量】

維持人體正常生理功能所必需的各種營養素的最低數量，低於這個數量，則不能維持機體健康。因年齡、性別、生理狀況（孕婦、餵食母乳者）、勞動強度和勞動條件等不同而有所不同。需要量常低於供給量，故不能作為膳食供給量標準。

【營養缺乏病】

因某種營養素缺乏所致的疾病。其原因主要是膳食中根本就沒有或只有數量很少的某種（或某幾種）營養素，導致機體攝入該營養素的量不足；也可能是機體消化、吸收或利用障礙，以及疾病、妊娠等情況下消耗或需要增加，機體表現出缺乏症狀。

【蛋白質】

　　氨基酸是以肽鍵連結成的高分子化合物。食物蛋白質是重要的營養素之一，具有極為重要的生理功能。蛋白質含碳、氫、氧、氮、硫、磷等元素，各種蛋白質的含氮量很接近，平均為16%，含氮物質常以蛋白質為主，故只要測定樣品中的氮含量，就可以推算其蛋白質含量，這是蛋白質定量的依據。

　　蛋白質的生理作用主要有：

1. 構成人體組織，占人體組成的18%，人體一切組織和細胞都含有蛋白質。
2. 供給能量，每1克蛋白質在體內可供給16.7千焦耳熱能。
3. 構成重要生理活性物質，如催化人體內化學反應的酶、調節物質代謝的激素、抵禦外來侵襲的抗體、運輸氧的血紅蛋白等都是由蛋白質構成的，因此，蛋白質是生命的物質基礎。從食物攝入的蛋白質主要用於維持組織的生長、更新和修復。

【蛋白質營養價值】

　　蛋白質營養價值的高低由蛋白質的「量」和「質」決定。就量而言，主要是指蛋白質在某種食物中的含量，如果沒有數量作為前提，蛋白質的營養價值不可能高；就質而言，則主要是指蛋白質必需氨基酸的有無、數量、相互比例以及蛋白質是否易於消化吸收。在食物蛋白質中，來自動物性食物的（如肉、魚、奶、蛋）稱動物蛋白，來自植物性食物（如穀類、豆類、蔬菜）的稱為植物蛋白。一般說來，動物蛋白的品質優於植物蛋白（大豆蛋白除外，其品質也較高）。

　　在營養學上，常以必需氨基酸的組成和促進動物生長的功能，將蛋白質分為完全蛋白質、部分完全蛋白質和不完全蛋白質。完全蛋白質含有全部人體必需氨基酸，其含量和相互比例適合人體需要，當用它作為唯一的蛋白質來源時足以促進生長和維持生命；部分完全蛋白質所含必需氨基酸的數量和比例不完全適合人體需要，因而只能維持生命，不能促進生長；不完全蛋白質缺乏必需氨基酸，用它作為唯一食物蛋白質來源時不能促進生長，也不能維持生命。含蛋白質豐富的食物有動物肉類、蛋類、豆類、乳製品。

【蛋白質消化率】

　　蛋白質品質評價指標之一。反映蛋白質在機體消化酶作用下分解的程度。影響蛋白質消化率的因素很多，主要有：

1. **蛋白質本身的結構**：加熱可使蛋白質變性，有利於消化酶作用，常使消化率提高。
2. **食物中的抗消化酶因數**：大豆等食品中含有蛋白酶抑制劑，抑制酶的活性，使消化率降低，加熱可破壞酶抑制劑，提高蛋白質消化率。
3. **纖維素**：植物性食品中，蛋白質被纖維素包圍，不能與消化酶很好接觸，消化率較低，烹調加工後，纖維素被軟化、破壞或除去，使消化率提高。如大豆製成豆腐後，蛋白質消化率由60%上升到90%。

【蛋白質互補作用】

　　幾種營養價值較低的食物蛋白質混合食用，以提高營養價值的作用。蛋白質互補作用的實質是氨基酸的相互補充。必須指出的是，幾種食物蛋白質要同時食用才能發生互補作用，在這個意義上說，食物種類應該多樣化。烹調上避免單料菜（點），採取葷素搭配，可發揮蛋白質互補作用。如配膳時，可將穀類、畜肉、豆類混合食用。

【氨基酸】

　　蛋白質的結構單位。所有氨基酸均有一致的化學結構，既有氨基又有羧基，共有22種氨基酸。膳食蛋白質中的氨基酸有必需、半必需和非必需之分。必需氨基酸是指人體需要的、但人體不能自己合成或合成速度不能滿足需要，必須由食物供給的氨基酸。

對成年人而言，必需氨基酸有8種，即賴氨酸、色氨酸、苯丙氨酸、蛋氨酸、蘇氨酸、亮氨酸、異亮氨酸、纈氨酸；對兒童而言，必需氨基酸有9種，即組氨酸也是必需氨基酸。

非必需氨基酸是人體需要但體內可自己合成的氨基酸，這種氨基酸不必由食物供給。半必需氨基酸是指酪氨酸和胱氨酸，它們在體內可分別由苯丙氨酸和蛋氨酸轉變而來，因此，如果食物中酪氨酸和胱氨酸含量豐富，則體內不必消耗苯丙氨酸和蛋氨酸來合成這兩種氨基酸，故機體對苯丙氨酸和蛋氨酸的需要量也減少，所以將酪氨酸、胱氨酸稱為半必需氨基酸。

【 氮平衡 】

反映機體蛋白質代謝情況的指標。指人體攝入氮的數量與排出氮的數量相等的狀態。兒童、孕婦和初癒病人要不斷的生長新組織，從食物攝入的蛋白質有一部分用來生成組織，其氮的攝入量大於排出量，這稱為正氮平衡或氮的正平衡；饑餓、膳食蛋白質缺乏及消耗性疾病患者，其每日氮食入量少於排出量，這稱為負氮平衡或氮的負平衡。

【 惡性營養不良 】

亦稱「加西卡病」（kwashiorkor）。為嚴重蛋白質缺乏導致的一種綜合症，其表現是皮膚和頭髮的色素沉著、水腫、皮膚損害、貧血及神情淡漠，兒童生長緩慢，體重低於正常水準。

【 膠原蛋白質 】

高等動物結締組織（皮、骨、筋腱、血管、軟骨）膠原纖維的主要成分。膠原蛋白水解後成為明膠（或稱白明膠），明膠在溫度低時成為凝膠（凍），廚師利用這一特點製肉皮凍、魚湯凍和雞湯凍。膠原蛋白因缺乏色氨酸，為一種不完全蛋白質，對正常人而言，是一種品質較差的蛋白質；但在創傷或外科手術後，直接供給膠原蛋白，其氨基酸組成比供給其他優質蛋白更有利於傷口的癒合。中國傳統用燉豬蹄等給外傷病人補養是有科學依據的。

【 營養強化 】

亦稱「食品強化」。在食品中加入某種不足或缺乏的營養素。如在穀類食物中加賴氨酸可提高穀物蛋白質品質，再如在食鹽中加碘可預防地方性甲狀腺腫的發生。

【 蛋白酶抑制劑 】

存在於豆類、花生、馬鈴薯、大蒜、筍、大米中的一類蛋白質。它可抑制人體內蛋白消化酶的活性而使食物蛋白質不易消化。蛋白酶抑制劑可在烹調加工中受到破壞而失去活性，常見的為胰蛋白酶抑制劑和糜蛋白酶抑制劑。

【 參考蛋白質 】

雞蛋和人奶蛋白質。人體對某種氨基酸的需要量很難準確測定，由於雞蛋和人奶的氨基酸構成接近人體需要，故在評價蛋白質品質時，用其代替人體對氨基酸需要量的組成，作為參照比例，故名。世界衛生組織（WHO）和聯合國糧農組織（FAO）制訂了一個氨基酸的參考標準，以色氨酸為1.0，其他氨基酸分別為：異亮氨酸4，亮氨酸7，賴氨酸5.5，（蛋氨酸＋胱氨酸）3.5，蘇氨酸4.0，纈氨酸5.0，（苯丙氨酸＋酪氨酸）6.0。

【 脂類 】

脂肪和類脂的總稱。脂肪是指甘油和脂肪酸組成的甘油三酯，但有時說脂肪是泛指脂類；類脂是與脂肪酸酯有關的物質，包括磷脂、糖脂、固醇和固醇脂、脂蛋白。習慣上把常溫下呈流體的脂類稱為「油」，而把呈固體或半固體者稱「脂」。

脂類的生理功能主要有：
1. 構成人體細胞的重要成分，類脂是生物膜的基本成分，與細胞的識別、種特異性、

組織免疫有關。

2. 保護機體，脂肪組織分佈於皮下和內臟周圍，有保護臟器和關節的作用，脂肪不易導熱，可以防止體內熱量散失而保持體溫、抵抗外界寒冷。

3. 儲能和供能，每1克脂在體內可供給37.6千焦耳熱量，在體內儲存時，所占體積相當於同等重量糖元的1／4，是一種經濟的能量儲存形式。

4. 供給必需脂肪酸。

5. 促進維生素A、D、E、K等脂溶性維生素的吸收，並可增加飽腹感和改善食物的感官性狀。含脂類多的食物為動植物油、肥豬肉、花生、大豆、核桃、瓜子、動物內臟、蛋黃。

【脂肪酸】

鏈狀羧酸的總稱。同甘油結合構成脂肪，是脂類的關鍵成分。脂肪酸有飽和與不飽和之分，碳鏈中含有雙鍵者稱為不飽和脂肪酸，而不含雙鍵者稱飽和脂肪酸。脂肪若含不飽和脂肪酸多，熔點低，常溫下呈液態，易被消化，如花生油、菜子油；脂肪若含飽和脂肪酸多，熔點高，常溫下呈固態，消化率較低，如牛油、羊油。

在不飽和脂肪酸中，具有兩個或兩個以上雙鍵的脂肪酸稱為多不飽和脂肪酸，如亞油酸、亞麻酸和花生四烯酸。在多不飽和脂肪酸中，人體內不能合成、必須由食物提供的脂肪酸稱為必需脂肪酸，膳食中只有亞油酸是必需脂肪酸。必需脂肪酸參與前列腺素、磷脂的合成和膽固醇的代謝，還與精子的形成有關。植物油是必需脂肪酸的良好來源。

【膽固醇】

一種類脂化合物。最初用於稱呼從膽石中分離出的一種物質，後來發現，一切人體組織中都有膽固醇，尤其是在大腦和脊髓中。

膽固醇主要有以下生理功能：

1. 構成組織，膽固醇是細胞膜、神經髓鞘和大腦的組成成分。

2. 生成膽汁酸，80%的膽固醇在肝臟中轉化成膽汁酸，作為膽汁的重要成分，在小腸中參與膳食脂肪的消化吸收。

3. 合成激素和維生素，膽固醇在卵巢、睪丸和腎上腺可作為生成黃體酮、可的松、皮質酮、醛甾酮、睪丸激素和雌酮激素的原料；膽固醇在人體內還可作為合成維生素D的原料。

人體中的膽固醇有兩個來源：（1）來自膳食。（2）人體內合成。膽固醇在體內代謝失調，可能導致動脈粥樣硬化、心臟病和膽石症。食物中以蛋黃、動物內臟和腦、肥豬肉的膽固醇含量多。

【腦黃金】

二十二碳六烯酸（DHA）和二十碳五烯酸（EPA）混合物的俗稱。二者均為多不飽和脂肪酸，可由亞麻酸代謝而來。這兩種脂肪酸存在於人和哺乳動物的大腦、視網膜、睪丸和精液中，研究表明，它們對高血壓、動脈粥樣硬化、關節炎及腫瘤有保健和輔助治療作用，可促進新生兒腦和視網膜的發育。

人體內的腦黃金主要有兩個來源：1.體內自身合成；2.來自食物。食物中以魚類、禽類和人乳較多，特別是海產魚中的鰻魚、鮭魚的脂中含量豐富，因此，各種魚油製品，如鰻魚油、魚腦精、鰻油精等都屬於這類保健品。

【糖類】

習慣上亦稱碳水化合物。由碳、氫和氧組成的有機化合物，最初認為這類化合物是碳的水合物，故稱碳水化合物。根據其分子結構分為單糖（如葡萄糖、果糖、半乳糖、核糖）、雙糖（如蔗糖、乳糖、麥芽糖）、三糖（如棉籽糖）、四糖（如水蘇糖）、多糖（如澱粉、糖元、纖維素）。就人類而言，食物中的碳水化合分成兩類：一類是人

可以吸收利用的有效碳水化合物，二是人不能消化的無效碳水化合物，澱粉屬於前者，而纖維素屬於後者。

碳水化合物主要有以下生理功能：
1. 供能，每1克可利用的碳水化合物可產生16.7千焦耳能量，糖類是人類最重要的能量來源。
2. 構成組織，核酸、糖蛋白、糖脂等與遺傳信息的傳遞、神經組織和結締組織的功能有關。
3. 有助於蛋白質和脂類的代謝，有節約蛋白質作用和抗生酮作用。
4. 食物中的無效碳水化合物雖不能被人體利用，但有助於腸蠕動和排便、增加膽固醇的排泄。人體所需的碳水化合物主要來自穀類、豆類、根莖類及精製食糖。

【澱粉】

由許多葡萄糖縮合而成的多糖，存在於穀類、豆類、根莖類植物中。澱粉有兩種類型，即直鏈澱粉和支鏈澱粉。澱粉攝入人體，要在體內澱粉酶的作用下生成糊精、麥芽糖和葡萄糖後，才能被人體吸收利用。

澱粉在水中加熱至50～80℃，可發生溶脹、分裂，形成均勻糊狀溶液，這種現象稱為糊化作用，烹飪中的勾芡、碼芡、熱水麵團調製、粉絲和涼粉製作等都與糊化有關。勾芡用的各種水豆粉（或稱團粉）、玉米澱粉、馬鈴薯澱粉、木薯粉等，其主要成分均為澱粉。澱粉的主要來源是穀類和根莖類食物。

【糖元】

由葡萄糖縮合而成的支鏈多糖。存在於動物的肝臟（稱肝糖元）和肌肉（稱肌糖元）中，是葡萄糖在動物體內的儲藏形式，故又稱動物澱粉。劇烈運動或血糖降低時，糖元便可分解為乳酸或葡萄糖，維持血糖的穩定；當進食後，血糖含量升高時，葡萄糖又合成糖元而儲備於肌肉和肝臟中。

【膳食纖維】

膳食中不能被消化的多糖的總稱，包括纖維素、半纖維素、木質素、混雜多糖。纖維素與澱粉相似，也是由許多葡萄糖分子縮合而成的多糖，所不同的是，澱粉為 α 一甙鍵，纖維素為 β 一甙鍵，人體只有水解 α 一甙鍵的酶，即只能利用具有 α 一甙鍵的多糖；而某些食草動物（反芻動物）則可消化有 β 一甙鍵的纖維素。

膳食纖維主要存在於植物性食物，是植物細胞壁的主要成分。瓊脂、果膠、幾丁質等混雜多糖則存在於海藻（如石花菜）、水果和甲殼綱動物（如蝦）。膳食纖維有兩方面的生理作用：1.刺激腸的蠕動，易於排便並增加便次，若膳食纖維過低，則易發生便秘。2.膳食纖維可增加膽固醇排泄，降低血中膽固醇。

【熱能】

熱和能量的合稱。人體要維持生命活動和生產勞動，就必須不斷地消耗能量，這些能量從食物中獲得。糖類、脂類和蛋白質在體內分解釋放的能量可直接或間接地用於體內所有耗能過程，也可以以三磷酸腺苷（ATP）的形式儲存於體內。營養素的化學能轉變為其他形式的能量或功能，都有一定的損耗，這一部分表現為熱，熱在體內不能再用作其他的功能，但可以維持體溫。人體熱能需要量主要由維持基礎代謝所需的能量、從事勞動所消耗的能量和食物特殊動力作用消耗的能量決定。

【無機鹽】

亦稱「礦物質」。除碳、氫、氧、氮以外，構成人體的各種化學元素。在無機鹽中，有些元素在人體中的含量較多，占人體重量的0.01％以上，每日需要量在十分之幾克至幾克，稱為宏量元素或常量元素，如鈣、鎂、鈉、鉀、磷、硫、氯；另外一些元素在體內含量極少，一般占人體重量的0.01％以下，每日需要量在微克（百萬分之

一克）到毫克（千分之一克）水準，稱爲微量元素或痕量元素，如鐵、氟、硒、鋅、銅、鉬、鈷、鉻、錳、碘、鎳、錫、矽和釩。

無機鹽主要有以下生理功能：
1. 構成骨骼和牙齒。
2. 維持機體的酸鹼平衡和組織細胞的滲透壓平衡。
3. 維持神經肌肉的興奮性。
4. 構成重要的生理活性物質，並能作爲酶的激活劑或抑制劑。在中國，易發生鈣、鐵、碘、鋅的缺乏。

【鈣】

礦物質之一。鈣的生理作用主要爲：與磷一起構成骨骼和牙齒；降低神經和肌肉的興奮性，增加心肌的興奮性；參與凝血過程。人體若鈣不足，兒童易發生佝僂病，成人則可能發生骨質疏鬆症。食物中含有豐富的鈣，但因吸收率低或維生素D水準低而使得人體易出現鈣缺乏。食物中以乳及乳製品含鈣豐富、吸收率高，海產品的鈣含量也比較豐富。中國成人每日膳食鈣的供給量爲800毫克，懷孕後三個月爲1500毫克。

【鐵】

礦物質之一。鐵的生理作用主要爲：構成血紅蛋白，在血液中運輸氧和二氧化碳；是肌紅蛋白、細胞色素酶、過氧化物酶和過氧化氫酶的組成成分。食物中的鐵分爲血色素鐵和非血色素鐵兩種，血色素鐵是指動物性食物中血紅蛋白或肌紅蛋白中與卟啉結合的鐵，血色素鐵的吸收率較高；非血色素鐵主要以氫氧化鐵絡合物的形式存在於食物中，吸收率較低。

鐵缺乏導致的缺鐵性貧血，是因爲鐵的利用率不高，而不是鐵攝入量不足。動物內臟、動物血是鐵的良好來源，黑木耳、蝦仁、海帶、芝麻、南瓜子等含鐵亦較多。中國成年男子每日膳食供給量爲12毫克，成年女子爲18毫克，懷孕後三個月和餵食母乳者爲28毫克。

【碘】

礦物質之一。碘的生理功能爲參與甲狀腺素構成，調節物質代謝、促進生長發育。缺碘可導致地方性甲狀腺腫大（俗稱缺碘的大脖子病）並影響青少年正常發育，原因是中國內陸山區飲水和食物中含碘量低。食物中以海帶、紫菜等海產品含碘多，中國採用食鹽中加碘來防治碘缺乏。中國成人和少年每日膳食碘供給量爲150微克，孕婦爲175微克，餵食母乳者爲200微克。

【鋅】

礦物質之一。鋅的生理作用爲：二十多種酶的組成成分，參與蛋白質和核酸的代謝，促進生長發育和傷口癒合；與性機能和性器官的正常發育有關，缺鋅時，性器官不能正常發育；鋅與味覺和食慾有關，唾液內的味覺素中含鋅，缺鋅時，味覺不敏感，食慾降低；鋅還與胰島素的功能有關，鋅缺乏時，將發生伊朗鄉村病（即青少年和兒童鋅缺乏症）。家畜肉類、水產品等動物性食品是鋅的良好來源，豆類含鋅較高，穀類次之，但利用率低。中國成人每日膳食鋅供給量爲15毫克，孕婦和餵食母乳者爲20毫克。

【硒】

礦物質之一。硒的生理作用爲：構成穀胱甘肽過氧化物酶，減少自由基的形成，有防癌、抗衰老作用；硒對輔酶Q的活性有影響，進而影響心肌的功能。人體硒缺乏，可引起克山病⊕。中國從東北到西南在地球化學組成上有一個貧硒帶，故食物和飲水中的硒含量少。海產品和動物內臟是硒的良好來源。中國成人每日膳食硒的供給量爲50微克。

⊕克山病的主要病癥爲心肌病變，包括心律加快、心電圖異樣、充血性心臟衰竭等，嚴重時會導致生命危險甚至死亡。

【維生素】

亦稱「維他命」。人體不能合成的維持正常生理功能和生長發育所必需的存在於食物中微量的一類低分子有機化合物。維生素的生理功能是調節機體物質代謝，而不是構成組織和供給能量。

維生素分為脂溶性維生素和水溶性維生素兩大類。脂溶性維生素包括維生素A、D、E、K；水溶性維生素包括維生素B1、B2、B6、B12、C、尼克酸、泛酸、生物素、葉酸。另外，有幾種曾經被認為是維生素，但實際上並不是維生素的化合物，它們是維生素P（生物類黃酮）、維生素BT（肉毒鹼）、泛醌（輔酶Q）、維生素B17（苦杏仁苷）、維生素B15（潘氨酸）、維生素B13（乳清酸）、肌醇、硫辛酸、對氨基苯甲酸、維生素F（不飽和脂肪酸）。維生素在食品加工中易被破壞和流失，並且容易發生缺乏。

【維生素A】

亦稱「抗乾眼病維生素」。脂溶性維生素之一。維生素A的生理功能為：構成視覺物質視紫紅質，視紫紅質與暗視覺有關，維生素A不足時，暗適應能力降低；維持上皮組織結構的完整和健全；促進生長發育。維生素A缺乏時，將出現夜盲症或乾眼病，中醫稱「雀目」；但是，過量攝入維生素A，又會引起中毒，一般為大量服用維生素A製劑（魚肝油）所致。

植物性食物中的類胡蘿蔔素，特別是β—胡蘿蔔素可在體內轉化為維生素A，故β—胡蘿蔔素又稱維生素A原，6微克β—胡蘿蔔素相當於1微克維生素A。維生素A的良好來源是魚、禽、畜等動物的肝臟、乳製品、蛋黃；胡蘿蔔素則主要存在於有色蔬菜中，如胡蘿蔔、莧菜、辣椒、冬寒菜、菠菜。中國成人每日膳食維生素A的供給量為800微克。魚肝油含維生素A豐富，用於嬰兒補充維生素A。

【複合維生素B】

亦稱「B族維生素」。除維生素C外，所有水溶性維生素的總稱，包括維生素B1、B2、B6、B5、B12、生物素、葉酸、尼克酸。

【維生素B1】

亦稱「抗腳氣病維生素」、「抗神經炎維生素」、硫胺素。水溶性維生素之一。維生素B1的生理功能為：構成輔羧酶，參與體內糖和能量代謝，進而影響脂代謝；維生素B1還對心臟功能和水鹽代謝有影響。

維生素B1缺乏時將發生腳氣病，而缺乏的原因是維生素B1易在加工中損失，如食物加工中加鹼、用油炸或用硫磺燻蒸，將導致維生素B1的大量破壞。穀類、豆類、酵母、乾果、動物內臟、瘦肉、蛋類含維生素B1豐富。中國維生素B1膳食供給量標準為0.5毫克／4184千焦耳。

【維生素B2】

亦稱核黃素。水溶性維生素之一。維生素B2的功能為：構成各種黃素酶的輔酶，在細胞氧化呼吸鏈中作為電子傳遞體，在能量代謝中起重要作用；維生素B2是維持黏膜、上皮和視覺正常結構所必需的。

維生素B2是中國最易缺乏的維生素，缺乏時出現唇炎、舌炎、口角炎、陰囊皮炎、眼部灼痛等症狀。動物內臟、奶類、蛋類含維生素B2較多，綠色蔬菜、豆類中也含維生素B2。中國膳食核黃素供給量標準為0.5毫克／4184千焦耳。

【尼克酸】

亦稱「煙酸」、「菸酸」、「維生素PP」、「抗糙皮病因子」。水溶性維生素之一。尼克酸的生理功能為：構成輔酶I和輔酶Ⅱ，作為體內極為重要的遞氫體參與體內能量代謝。

尼克酸可在體內由膳食中的色氨酸轉變而來，60毫克色氨酸可轉變為1毫克尼克

酸。人缺乏尼克酸將引起糙皮病或癩皮病，主要原因是長期以玉米為主食（玉米缺乏色氨酸，所含尼克酸為結合型，不易被人體吸收）或長期服用抗結核藥物異煙肼（即雷米封，對尼克酸有拮抗作用）。動物內臟、肉類、花生、酵母、豆類、全穀含尼克酸較多。中國膳食供給量標準為5毫克／4184千焦耳。

【維生素B6】

水溶性維生素之一。其生理功能為：作為轉氨酶、脫羧酶、轉硫酶的輔酶，參與體內氨基酸的代謝；參與血紅蛋白合成反應。維生素B6缺乏可引起周圍神經炎和小細胞低色素性貧血，原因是口服避孕藥或抗結核藥物異煙肼。動物肝臟、魚類、堅果、全穀、奶、蛋清、豆類都是維生素B6的良好來源。中國尚無供給量標準，一般認為，每日攝入1.8毫克便可滿足需要。

【泛酸】

亦稱「維生素B5」、「遍多酸」。水溶性維生素之一。泛酸的生理作用：構成輔酶A，參與體內糖、脂和蛋白質代謝。泛酸缺乏時，會出現疲乏、噁心、腹痛、肢端麻痹等症狀，但一般不會出現缺乏現象。動物肝臟、腎臟、蛋黃、花生、豌豆是泛酸的良好來源。中國尚無供給量標準，成人每天需5～10毫克。

【維生素B12】

亦稱「鈷胺素」、「氰鈷胺」。水溶性維生素之一。維生素B12也是微量元素鈷的活性形式，其功能是作為甲基丙二酸單醯輔酶A異構酶和同型半胱氨酸甲基轉移酶的輔因子，與葉酸一起參與體內一碳單位的代謝，調節核酸和蛋白質生物合成，促進紅細胞的發育和成熟。維生素B12缺乏時，出現巨紅細胞性貧血，也稱惡性貧血。動物肝臟、腎臟、肉類、乳類和蛋黃是維生素B12的良好來源。中國尚無供給量標準。

【葉酸】

亦稱「葉精」。水溶性維生素之一。葉酸的活性形式是四氫葉酸，其生理功能是參與一碳單位的轉移，與核酸和蛋白質生物合成有關。葉酸缺乏時，可導致巨紅細胞貧血症，原因是吸收障礙或口服避孕藥。葉酸來源於腸道細菌的代謝產物，動物肝臟、酵母和綠葉蔬菜是其良好來源。中國尚無供給量標準。

【生物素】

亦稱「維生素H」。水溶性維生素之一。生物素的生理作用為：作為羧化酶的組成成分，與糖、蛋白質和脂代謝相關聯。生物素缺乏十分罕見，缺乏時可發生貧血、皮炎、嘔吐，造成缺乏的原因是食生蛋清，因為蛋清中含抗生物素蛋白。動物肝臟、腎臟是生物素的良好來源。由於腸道細菌可大量合成生物素，故沒有必要規定其供給量。

【維生素C】

亦稱「抗壞血酸」。水溶性維生素之一。維生素C的生理功能有：骨膠原的形成、促進傷口的癒合；促進鐵的吸收和葉酸的代謝；增強血管的彈性；此外，維生素C還具有解毒作用。維生素C缺乏可致壞血病，表現為牙齦和毛囊四周出血，主要原因是烹調方法不合理，導致維生素C損失過多，而胃腸道疾病及需要增加也可能出現缺乏。

新鮮蔬菜和水果是維生素C的良好來源，冬寒菜、菠菜、豌豆苗、番茄、辣椒、橙、檸檬、沙棘、刺梨等含豐富的維生素C。中國每日膳食維生素C供給量為60毫克。維生素C易遭破壞，應選擇新鮮蔬果，烹調中應避免加鹼和用銅製器具，急火快烹，以減少維生素C的損失。

【維生素D】

亦稱「抗佝僂病維生素」。脂溶性維生素之一。維生素D的主要功能是：調節體內

鈣磷代謝，促進腸道鈣磷的吸收和腎臟的重吸收，維持血鈣穩定，促進骨牙的生長和鈣化。缺乏維生素D，兒童可發生佝僂病，成人可引起骨軟化病或稱骨質疏鬆症。

維生素D可在人體內合成，皮膚在日光或紫外線照射下，7─脫氫膽固醇轉變爲維生素D，故多曬太陽可預防維生素D缺乏。常用魚肝油（富含維生素D）給兒童補充維生素D，但過量服用可致維生素D中毒。動物肝臟、禽蛋、魚類是維生素D的良好來源。中國每日膳食維生素D成人供給量爲5微克。

【維生素E】

亦稱「生育酚」。脂溶性維生素之一。維生素E的生理作用爲：與生殖功能有關；有抗衰老作用；保持紅細胞的完整性。玉米油、花生油、芝麻油、小麥、黃豆、豌豆是生育酚的良好來源。中國成人膳食維生素E供給量爲10毫克。維生素E易被氧化，應避免久儲和久煮。

【維生素K】

亦稱「凝血維生素」。脂溶性維生素之一。維生素K的生理功能是參與凝血因子的合成，促進凝血；維生素K還參加能量代謝。人腸道細菌可合成維生素K，故無需規定供給量，也不易出現缺乏。綠葉蔬菜、動物肝臟、蛋黃、奶油、黃豆油含維生素K。

【基礎代謝】

維持人體基本生命活動的能量代謝。即人處於清醒狀態，無任何體力活動，也未進行緊張的思維活動，全身肌肉放鬆，消化系統也處於靜止狀態，在這種情況下，用於維持體溫、心臟跳動、肺呼吸、肌肉緊張度，以及細胞內外滲透壓和生物大分子合成的能量消耗。基礎代謝受年齡、性別、氣候條件的影響。

【食物特殊動力作用】

亦稱「食物特殊生熱作用」。機體由於攝取食物而引起體內能量消耗增加的現象。人體攝取食物後，可使機體能量代謝增加，向外界散失的熱量也增加，也就是說機體消耗的能量增加。

【粗纖維】

膳食成分測定指標之一。將樣品用硫酸和鹼處理後分出纖維素，秤重後燒灼，減去灰分重量即得纖維素淨重，因此法測得的纖維素，還包括少量半纖維、戍聚糖和含氮物質，不是純纖維素，故稱粗纖維。可用於反映食物中纖維素的含量。粗纖維存在於蔬菜、穀類等植物性食物，是膳食纖維的主要成分，其在膳食中的作用與膳食纖維相同。

【消化】

食物經過體內機械和化學作用分解成小分子化合物的過程。分爲機械消化和化學性消化，前者有咀嚼、吞咽、消化道蠕動；後者主要爲消化液中的酶對糖、脂、蛋白質的分解，主要有口腔中的唾液澱粉酶、胃中的胃蛋白酶及小腸中來自胰腺的胰蛋白酶、胰脂肪酶、胰澱粉酶，另外，膽汁對脂肪消化也是很重要的。食物被消化的程度用消化率來表示，消化率是某種營養素被人體吸收的部分占該營養素總攝取量的比例（或百分比），有表觀消化率和真消化率之分。

【吸收】

食物消化後經小腸或淋巴進入血液的過程。小腸是吸收的主要部位，營養素被吸收後隨血液循環至全身，用於合成組織或供給能量。

【焦糖化作用】

亦稱「焦糖化反應」。糖類在無氨基化合物存在的情況下，加熱到熔點以上，生成有色物質的現象。烹飪上的炒糖色便屬於焦糖化作用。

【成酸性食物】

在體內代謝產生較多有機酸的食物。一般說來，含蛋白質高的肉類、蛋類等動物性食物多為成酸性食物。

【成鹼性食物】

含鉀、鈉、鈣、鎂等較多、代謝產物成鹼性的食物。蔬菜、水果等植物性食物，在體內代謝後，有機酸被氧化，而鉀、鈉等表現出鹼性。水果雖然有酸味，但仍為成鹼性食物。一般而言，植物性食物多為成鹼性食物，但也有例外，水果中的烏梅、草莓和穀類、薯類為成酸性食物。

【營養比率】

食物中可消化的蛋白質與可消化的營養素的比例。這裡的可消化營養素指糖類、脂類和蛋白質的總和。

【水】

營養素之一。水約占成人體重的2／3，具有以下生理作用：參與體內化學反應；調節體溫；促進物質代謝；潤滑作用。正常人不易缺乏水。

【嬰幼兒營養】

嬰幼兒生長發育迅速、新陳代謝旺盛，對各種營養素的要求較高，表現為：組織生長需要較多的蛋白質和熱能；骨牙生長需要較多的鈣和磷，從母體帶來的鐵逐步耗竭，應注意鐵的供給；維生素C、維生素A、維生素D是嬰幼兒發育所必需的，也易缺乏，應注意添加和供給；嬰幼兒保水能力較差，應注意水的補充。

【孕婦營養】

胎兒生長發育所需的營養素全部由母體供給。妊娠初期，營養需要增加不大。三個月以後，胎兒的迅速生長，使得營養素需要量大增，特別是後三個月，基礎代謝增加，熱能需要增加；蛋白質需要增加；鈣、磷、碘、鋅等礦物質需要量增大；維生素A、D、E、C、B6、B12和葉酸等維生素的要求也明顯增加。

【乳母營養】

母乳是嬰兒最好的膳食，為保證泌乳，餵食母乳者需攝取較多的以下營養素：蛋白質和水分，這是對泌乳和乳量影響最大的營養素；鐵、鈣等礦物質和維生素C、B1、B2等水溶性維生素；熱能，泌乳活動的能量消耗和乳汁中所含的熱量都需要更多地供給熱量。

【青少年營養】

青少年進入青春期，生長迅速，發育旺盛，對營養素的需要也增加，對某些營養素的需要超過成人。青少年食慾旺盛，對熱量的攝取大大增加；迅速生長和發育，對蛋白質的需要增加較多，如青年男子每日需供給90克蛋白質，超過普通成人供給量。此外，骨骼的生長和發育需要增加鈣和磷；女性青年月經失血，對鐵的需要增加；性器官的發育和生長需較多的鋅；還應增加碘的攝取，以免發生甲狀腺腫大；維生素的供給也應增多。

【老年營養】

人到中年以後，便出現衰老退化現象，到60歲左右，這些現象更加明顯，隨之而來的老年性疾病也增多，良好的營養可以延緩衰老的發生。老年人的營養需要有以下特點：熱能需要減少，糖類和脂類的攝取應適當限制，否則可能出現肥胖；蛋白質供給量變化不大，但品質應提高；增加鐵的攝取，減少氯化鈉的攝取；多供給維生素C、E，延緩衰老；適當供給較細的膳食纖維，減少便秘的發生。

【膳食結構】

各類食物在膳食中的組成情況。中國傳統膳食結構以素食為主，根據「五穀為養，

五果爲助，五畜爲益，五菜爲充」的原則配膳。世界上目前有歐美、日本和中國三大膳食模式。

歐美膳食模式以肉、蛋和乳等動物性食物多爲特點，膳食爲高脂和高蛋白，其優點是蛋白質品質高，鈣、鐵、鋅和維生素B2多，缺點是高脂帶來的心血管疾病增加和高熱量帶來的肥胖增多；中國膳食模式的特點是以穀類和蔬菜爲主的植物性食物較多，其優點是膳食纖維多，脂肪、熱量和蛋白質均不過高，心血管疾病較發達國家低，缺點是蛋白質品質低，維生素B2不足，鈣、鐵利用率低；日本膳食模式以海產品多爲特點，其動物性食物較歐美少，穀類較歐美多、較中國少，蛋白質和礦物質品質高。根據中國國務院1993年2月9日第220次總理辦公會議通過的《九十年代中國食品結構改革與發展綱要》，中國膳食結構將向「營養、衛生、科學、合理」的方向發展。

【食慾】

即吃食物的慾望。食慾好是身體健康的標誌，其特點是吃起來有胃口。食慾受下丘腦的控制，生理、心理和社會因素對食慾有影響。

【平衡膳食】

向一個人提供24小時所需的適當比例和數量的全部營養的食物。即營養素平衡的膳食。

【健康標誌】

健康是指一個人在肉體、精神和社會等方面都處於良好狀態，而不是僅僅指無疾病。人們應瞭解健康的標誌：1.不易得病；2.性格開朗、充滿活力；3.正常的體溫、脈搏和呼吸率；4.體重正常；5.食慾旺盛；6.正常大、小便；7.明亮的眼睛；8.淡紅色的舌頭；9.健康的牙齒；10.膚色健康、有彈性；11.頭髮有光澤；12.指甲堅固、帶微紅色。背離上述標誌，將可能是疾病的徵兆。

【營養不良】

由於膳食或生理過程的原因使身體組織不能得到適當比例的營養素而引起的健康損害。營養不良包括營養缺乏和營養過剩。

【味覺】

辨別食物味道的感覺。由溶解於水或唾液中的化學物質作用於舌面和口腔黏膜上的味覺細胞（味蕾）產生興奮，再轉入大腦皮層，引起味的感覺。這是整個味分析器統一活動的結果。

基本味覺有酸、鹹、苦、甜四種，其餘都是混合味覺。整個舌體對味覺的感受並不一致，舌尖對甜味最敏感；舌根對苦味最敏感；舌兩側的後半部分對酸味最敏感；舌兩側的前部分對鹹味最敏感。而酸、鹹、苦、甜這四種味道，刺激味覺細胞的快慢深淺也各不相同，其中鹹味最快，甜味和酸味則比較平和，苦味則停留的時間最長。味覺還同其他感覺，特別同嗅覺、膚覺相聯繫，如辣覺就是熱覺、痛覺和基本味覺的混合。

【味蕾】

感受食物滋味的器官。是感覺上皮細胞和支持細胞所組成的卵圓形小體。分佈在舌乳頭（舌表面突起的結構）、齶、咽等處上皮內，以輪廓乳頭上最多。味蕾頂端有一小孔，開口於上皮表面，稱味孔。當溶解的食物進入味孔時，味覺細胞受刺激而興奮，經神經傳到大腦就產生味覺。成人的舌上約有9000個味蕾，每個味蕾由40～60個味覺細胞組成。一般女子的味蕾較男子多一些；兒童的味蕾最多、最敏感；老年人的味蕾最少而且較遲鈍。

二、衛生學

【衛生學】

研究環境與人體健康關係的科學。「衛生」一詞源於《莊子‧庚桑楚》：「顧聞衛生之經而矣。」原意爲養生或養身，現在一般指爲增進健康、預防疾病，改善和創造合乎生理要求的生產環境和生活條件而採取的個人和社會的措施。衛生學研究如何充分利用環境中有利於健康的因素，防止和消除有害的因素。根據研究的物件和範圍不同，又分爲環境衛生學、勞動衛生學、食品衛生學、兒童和少年衛生學、流行病學、毒理學、衛生統計學、社會醫學等學科。

食品衛生學是研究人類食品與健康關係的科學。它研究食物直接或間接地引起危害健康的原因，並研究預防、減少或消除這些因素的措施，提高食品衛生品質，保護人類健康。食品衛生學的內容主要有：食品污染的來源、性質、對人體健康的危害及預防措施；各類食品存在的衛生問題；食源性疾病及其預防措施；食品衛生管理及衛生法規。

【污染】

一種或多種雜質與樣品的混雜。食品中混入有害因素稱爲食物的污染，造成污染的東西稱爲污染物。根據污染的來源和性質不同，將污染分爲三類，即生物性污染、化學性污染、物理性污染。生物性污染主要包括細菌、黴菌、病毒、寄生蟲、昆蟲；化學性污染主要有農藥、有毒金屬、非金屬毒物、天然毒素、有害化合物；物理污染主要爲放射性污染和機械性雜質。

【毒物】

在一定條件下，以較小劑量進入生物體中，可以與生物體相互作用，引起生物體功能性或器質性損害的化學物質。毒物是與食物相對立的，常見的有毒物質有：動植物天然毒素，農藥和化肥，細菌和黴菌毒素，金屬和非金屬毒物，亞硝胺和多環芳烴類化合物。

【菌落總數】

在一定的條件下（如樣品處理、培養條件、計數方法），使適應培養條件下的每個活菌必須且只能生成一個肉眼可見的菌落所計數的結果。菌落總數是細菌數量的一種表示方法，代表在一定條件下適應培養條件的活菌的數量。細菌數量可以作爲食物被污染程度即清潔狀態的標誌，也可預測食物的耐保藏性（程度或期限）。中國衛生標準採用菌落總數反映食品和飲水受細菌污染情況的指標。

【大腸菌群】

腸桿菌科埃希氏菌屬、檸檬酸桿菌屬、腸桿菌屬和克雷伯氏菌屬的合稱。這些細菌直接或間接來自人及溫血動物腸道。大腸菌群作爲食品受糞便污染的指標，其中，檢出大腸桿菌標示近期和直接受糞便污染，檢出其他大腸菌群表明爲遠期或間接糞便污染。由於大腸菌群與腸道致病菌來源相同、檢驗方便，故也用大腸菌群作爲腸道致病菌污染食物的指示菌群。中國食品衛生標準採用大腸菌群反映食品和飲水受細菌污染程度的指標。

【腐敗變質】

在微生物爲主的各種因素的作用下，食品所發生的組織成分和感官性狀的變化，從而降低或喪失其食用價值的過程。引起食品腐敗變質的原因主要有：微生物在食品中繁殖、物理損傷、昆蟲損害、動植物組織中酶的作用、非酶化學反應。

感官性狀的變化表現爲氣味、色澤和味的變化，如出現腐敗臭、變色、褪色、沉澱、發生黏液、喪失彈性、光澤消失；組織成分的變化表現爲蛋白質、脂類和糖類的分

解，營養價值降低。食品發生腐敗變質後，由於微生物的污染嚴重，致病微生物及其毒素出現的機會增加，威脅人體健康。糧食黴變、油脂酸敗、蔬果潰爛、肉類腐臭都屬於腐敗變質。烹飪加工中應儘量使用新鮮未變質的原料。

【黴菌毒素】

黴菌在生長和繁殖過程中產生的有毒代謝產物。黴菌是對菌絲體比較發達而又沒有較大子實體的一部分真菌的俗稱，常見的有黃麴黴、島青黴、玉米赤黴。這些黴菌易在糧食、油料和發酵食品上生長，並可能產生黃麴黴毒素、島青黴毒素，以黃麴黴毒素B1最常見、危害最大。

黃麴黴毒素B1為劇毒，並有強烈的致癌性，其毒性比氰化鉀還大。玉米、花生等食物最易受黃麴黴菌及其毒素污染，可採用脫水、降溫及使用防黴劑來減少黴變；採用挑選黴粒、提高加工精度、植物油加鹼等方法來去毒。中國衛生標準（GB2761—81）規定，玉米、花生黃麴黴毒素不得超過20微克／公斤。嬰兒食品不得含黃麴黴毒素。餐飲企業庫房應採取防黴措施，以免原料黴變。

【細菌】

微生物的一大類。單細胞或多細胞的微小原核生物。必須借助顯微鏡才能看見。遍佈於土壤、水、空氣、有機物質中及生物體內和體表，對自然界物質循環起著巨大作用。以對人類是否致病為依據，將細菌分為致病菌和非致病菌、條件致病菌。

食品中常見的細菌稱為食品細菌。食品受細菌污染後，細菌可使食品中的營養素分解，導致食品發生腐敗變質。若受致病菌污染還可導致人體發生疾病。與食物有關的疾病，如霍亂、菌痢、傷寒等傳染病和沙門氏菌、葡萄球菌腸毒素、副溶血性弧菌等食物中毒，均由致病細菌所致。烹飪中應儘量避免細菌的污染，防止食品腐敗和食源性疾病

的發生。

【病毒】

微生物的一大類。一類體積微小、結構簡單、嚴格寄生於易感細胞內，以複製方式增殖的非細胞型微生物。多數病毒要借助電子顯微鏡才能看到。病毒可使人發生疾病，如病毒性肝炎、病毒性心肌炎、小兒麻痺症、流行性感冒、愛滋病、麻疹等均為病毒所致，有些病毒可通過食物的飲水引起傳播，應防止病從口入。

【消毒】

用物理方法和化學藥品殺滅病原體的措施，以防止疾病的發生。物理方法有加熱和紫外線（或其他射線）照射，烹飪中常用的為加熱煮沸、烤和蒸汽消毒；化學藥品主要是消毒劑。飲食行業的餐具和器皿易成為疾病的傳播途徑，為防止病從口入，必須堅持對餐具進行認真消毒。

【消毒劑】

亦稱「殺菌劑」。能殺死病原微生物的化學藥品。常見的消毒劑有酒精、石炭酸、來蘇爾（Lysol）、漂白粉、高錳酸鉀、過氧乙酸、乳酸、氯胺T，飲食行業常用的消毒劑為高錳酸鉀、漂白粉和石灰水。高錳酸鉀可用於蔬菜、水果和餐具的消毒；漂白粉可用於餐具的消毒；石灰水則用於廁所、水溝、陰溝等大面積消毒。對於乙型肝炎（B型肝炎）病毒，最好採用過氧乙酸消毒。

【滅菌】

亦稱「殺菌」。殺滅物品中一切微生物的措施。滅菌的方法分物理方法和化學方法兩大類，物理方法有射線照射、高溫高壓、高溫乾熱、冷凍；化學方法則使用殺菌劑，可用酒精、來蘇爾、高錳酸鉀等殺菌劑。

【寄生蟲】

一種不能完全獨立生活，要在宿主體內

才能完全發育成熟，並可能使宿主受損害的一些蟲類。在人體感染的寄生蟲中，有一部分是經過食物引起傳播的寄生蟲，主要有蛔蟲、薑片蟲、豬肉條蟲、牛肉條蟲、旋毛蟲、肝吸蟲、肺吸蟲。寄生蟲可掠奪人體營養，造成寄生組織損傷及功能的改變，甚至危及生命。

【牛肉條蟲】

亦稱「肥胖帶吻條蟲」、「無鉤條蟲」。該蟲呈帶狀，長達數公尺，頭上有4個吸盤，將蟲體吸附於人體腸壁。牛肉條蟲寄生於人體小腸上段，蟲卵隨糞便進入環境中，被牛（羊、羚羊）吞食後，在其肌肉中發育爲牛囊尾蚴，人吃未煮熟的牛肉而感染。

· 症狀與預防：牛肉條蟲的危害主要爲掠奪營養、導致消化不良，嚴重者出現腸梗阻。對於烹調師而言，除將牛肉加工成熟外，還應注意識別有蟲的牛肉，牛囊尾蚴如黃豆大小、呈白色半透明的囊狀物，囊內有液體，有一米粒大小的白點。加強糞便管理和改變吃生肉的習慣是預防牛肉條蟲的主要措施。

【豬肉條蟲】

亦稱「鏈狀帶條蟲」、「豬帶條蟲」。豬肉條蟲呈帶狀，比牛肉條蟲略短，頭部有吸盤和小鉤，將蟲體吸釘在腸壁上。豬肉條蟲寄生於人的小腸，蟲卵隨糞便進入環境中，蟲卵被豬（羊、狗、貓、野豬）吞食後，在豬肌肉中發育成豬囊尾蚴，人吃生豬肉而感染。

· 症狀與預防：豬肉條蟲除掠奪營養、導致局部組織炎症外，其最大危害在於引起囊蟲病，豬囊尾蚴可寄生於人的皮下組織、肌肉、腦、眼、心、肝、肺等組織和器官，對這些組織和器官的功能造成嚴重影響。烹調師除應將豬肉加工成熟外，還應識別有蟲的豬肉。豬囊尾蚴呈米粒大小，囊內有液體，中間有一菜子大小的白點，

故又將有囊尾蚴的豬肉稱爲「米豬肉」。克服吃生豬肉的習慣和改變豬飼養方式是預防豬肉條蟲的主要措施。

【華枝睪吸蟲】

亦稱「肝吸蟲」。肝吸蟲的成蟲體形狹長、扁平，前端尖細，後端鈍圓，有口吸盤和腹吸盤，具有雌雄兩套生殖系統。成蟲寄生於人的肝內膽管中，蟲卵經膽汁隨糞便排出體外。蟲卵進入水中被螺螄吞食，在螺螄體內經過一段時間發育後幼蟲逸出，進入淡水魚（蝦）中，寄生於魚肌肉中，人吃生魚（蝦）而感染，並由膽管運行至肝臟中寄生。

· 症狀與預防：肝吸蟲可造成膽管的增生、脫落，嚴重者可導致肝硬化，除掠奪營養外，還可出現黃疸、肝腫大。在烹調淡水魚（蝦）時需將其加熱熟透，克服吃生魚（蝦）的習慣，便可預防肝吸蟲病。

【肺吸蟲】

亦稱「衛氏並殖吸蟲」。肺吸蟲蟲體肥厚，腹面扁平，背面隆起，有口吸盤和腹吸盤。肺吸蟲寄生於人的肺臟，蟲卵隨痰液或經咽吞入由糞便排出體外，蟲卵進入水中被螺螄吞食，在螺螄體內發育後幼蟲逸出，進入淡水蟹（或螯蝦）中，人吃生淡水蟹而感染，幼蟲穿破腸壁進入肝臟，再穿過膈肌入胸腔在肺中寄生。

· 症狀與預防：肺吸蟲可引起肺部的炎症，出現咳嗽、血痰、胸痛等症狀。在烹調淡水蟹時，需將其加工成熟，克服吃生蟹的習慣，便可預防肺吸蟲的發生。

【蛔蟲】

蛔蟲是人體最常見的寄生蟲。蛔蟲形似蚯蚓，是人體腸道中最大的線蟲，雌蟲長20～35公分，雄蟲略短。成蟲寄生於人的小腸；蟲卵隨糞便排出體外；蟲卵在土壤中發育後成爲感染期卵而附於蔬菜、瓜果上；人吃生蔬菜而感染；幼蟲穿過腸壁進入肝臟，

再穿過膈肌入肺臟；並沿氣管至咽部，吞咽後至小腸寄生。

- 症狀與預防：蛔蟲可掠奪營養，影響兒童發育，還可導致消化不良，嚴重者可引起膽道蛔蟲和蛔蟲腸梗阻。注意個人飲食衛生和加強糞便管理可有效地預防蛔蟲，烹調中應特別注意生食蔬菜的衛生。

【薑片蟲】

亦稱「布氏薑片吸蟲」或「赤蟲」。薑片蟲是人體內最大的吸蟲，前端稍尖，後端鈍圓，呈長卵圓形，有口吸盤和腹吸盤。薑片蟲寄生於人或豬的小腸，蟲卵隨糞便進入環境中；入水中的卵進入螺螄，在螺螄體內發育後幼蟲逸出，附著於菱角、茭白筍、蓮、荸薺等水生植物表面，人食這些水生植物而感染。

- 症狀與預防：薑片蟲可掠奪營養，引起腸炎和潰瘍。不吃生的水生植物和加強對糞便的管理是預防薑片蟲的主要措施，對於生吃的水生植物，可用開水燙或去皮以除去或殺滅幼蟲。

【腸道傳染病】

以飲食作為傳播途徑的傳染病。常見傳染病有菌痢、傷寒、霍亂、病毒性肝炎。這些病原體從患者或健康帶菌（毒）者的糞便排出體外，直接或間接污染食物和飲水，並由食物和飲水經口腔進入體內，在體內繁殖而發病。傳染病可在人與人或人與動物之間相互傳染。

- 預防：對於飲食行業來說，做好餐具消毒，加強防蠅、防鼠和防塵是預防腸道傳染病的主要措施。

【霍亂】

俗稱「二號病」。由霍亂弧菌引起的烈性腸道傳染病，發病急、傳播快、病死率高，屬於國際檢驗傳染病。

- 症狀與預防：霍亂的主要症狀為突然發病、頻繁腹瀉和嘔吐，腹瀉物呈米泔（淘米水）樣，病人迅速脫水、循環衰竭，並可能出現死亡。此病常通過飲水或生冷的食物引起傳染，全年均可發生，但以夏秋季較多。對此病的預防主要有以下措施：加強對飲水、食物和糞便的管理；隔離病人，疫區取消集會和宴會；加強海關檢疫。抗菌素類藥物對本病為特效。

【肝炎】

肝臟發生炎性病變。引起肝炎的原因有病毒、細菌、寄生蟲感染、化學毒物中毒或嚴重營養不良，一般以病毒性肝炎最多見。病毒性肝炎分為甲、乙、丙（A,B,C）三型，其中以乙型肝炎最多，而甲型肝炎（又稱傳染性肝炎）以飲水和食物作為主要傳播途徑。

- 症狀與預防：肝炎的主要症狀為發燒、厭食、乏力、肝腫大、肝區疼痛和肝功能的改變。加強餐具消毒、弄好飲食衛生是預防病毒性肝炎的重要措施。

【菌痢】

亦稱「細菌性痢疾」、「赤痢」。由痢疾桿菌（又稱志賀氏菌）引起的常見傳染病。菌痢可通過手、食物、飲水及蠅等由口腔感染。夏秋季發病多，溫帶和亞熱帶發病多，寒帶和赤道附近很少發病。

- 症狀與預防：菌痢的主要症狀為發燒、腹痛、腹瀉。腹瀉為黃綠色水樣便，便中有黏液和膿血。加強糞便管理，注意個人及飲食衛生，隔離病人是本病的主要預防措施。夏秋季多吃大蒜，可預防菌痢。

【傷寒】

傷寒是由傷寒桿菌引起的一種急性腸道傳染病。傷寒可由飲水、食物、手、食具、生活用品等引起傳染。全年均有發病，以6～9月為多，發病以兒童和青壯年較多。

- 症狀與預防：傷寒的主要症狀為持續高燒、相對脈緩、脾腫大、玫瑰疹、白細胞減少、舌苔厚膩、腸氣脹，並可出現腸出

血和腸穿孔。隔離病人，注意飲食衛生，特別是做好食具消毒，不吃生冷食物，是預防本病的重要措施。

【傳染源】

體內有病原體寄生、繁殖並能排出病原體的人或動物。傳染病病人、受感染動物、病原攜帶者就是傳染源。病原攜帶者是指無臨床症狀但能排出病原體的人，包括健康帶菌者、帶毒者和帶蟲者，如乙肝（B肝）表面抗原陽性但無肝炎症狀者，便是健康帶毒者，也就是病原攜帶者。烹飪中原料生熟分開，工作人員勤勞洗手是預防傳染源的重要措施。

【傳播途徑】

病原體由傳染源排出後，經一定的方式再侵入其他易感者所經歷的途徑。一種疾病可能有一種或幾種傳播途徑。一種疾病通常以一種途徑為主，如乙型肝炎以血源傳播為主，流行性感冒由空氣傳播，而腸道傳染病均經口傳播。

一般說來，主要有以下幾種傳播途徑：

1. 經口傳播：由食物、飲水、密切的生活接觸引起傳播。
2. 經呼吸道傳播。
3. 血源傳播：輸血、外科手術等經血液、醫療器械等引起傳播。
4. 由皮膚引起傳播。

【易感人群】

對疾病缺乏特異性免疫能力的人群。疾病的流行與人群易感性（或易感程度）有關。如普通人對乙型肝炎普遍易感，但若某飯店對所有職工都注射了乙型肝炎疫苗並產生抗體，則該飯店人員對乙型肝炎不易感，乙型肝炎不能流行，反之則乙型肝炎容易流行。

【食品衛生法】

全稱為《中華人民共和國食品衛生法》。1995年10月30日由第八屆全國人大常委會第十六次會議通過。同日，中國國家主席江澤民以《中華人民共和國主席令》第五十九號簽署並公佈實施。全法共九章五十七條，約9000字，法律對食品、食品添加劑、食品包裝材料的衛生作了規定；法律還對食品衛生標準、食品衛生監督、法律責任作了明確的規定。食品衛生法是有關食品衛生工作的依據，其他衛生法規不得與之相違背。法律規定對餐飲企業及其從業員實行衛生許可證制度和健康證制度。

【食品衛生標準】

一種政令，是中國當局授權衛生部統一制訂的各種食品都必須達到的統一的衛生品質要求。《中華人民共和國食品衛生法》第十四條規定：「食品、食品添加劑，食品容器、包裝材料，食品用工具、設備，用於清洗食品和食品用工具、設備的洗滌劑、消毒劑以及食品中污染物質、放射性物質容許量的國家衛生標準、衛生檢驗辦法和檢驗規程，由國務院衛生行政部門制訂或者批准頒發。」中國現行衛生標準的編號為GB2707—2763—81。

【衛生五四制】

全稱為《食品加工、銷售、飲食企業衛生「五·四」制》。1960年2月由中華人民共和國衛生部、商業部聯合頒佈，具體內容如下：

1. 由原料到成品實行「四不」；採購員不買腐敗變質的原料；保管驗收員不收腐爛變質的原料；加工人員（廚師）不用腐爛變質的原料；營業員（服務員）不賣腐爛變質的食品。（零售單位：不收進腐爛變質食品；不出售腐爛變質食品；不用手拿食品；不用廢紙、汙物包裝食品）。
2. 成品（食物）實行「四隔離」：生與熟隔離；成品與半成品隔離；食品與雜物、藥物隔離；食品與天然水隔離。

3. 用（食）具實行「四過關」：洗、刷、
   沖、消毒（蒸汽或開水）。
4. 環境衛生實行「四定」：定人、定物、定
   時間、定品質。劃片分工，層層負責。
5. 個人衛生做到「四勤」：勤洗手剪指甲；
   勤洗澡理髮；勤洗衣服被褥；勤換工作
   服。

【胃印】

蟹體腹臍上方出現的黑斑或黑點，爲蟹
類衛生品質感官檢查指標之一。蟹以腐植質
爲食，死亡之後，胃內容物腐敗，便會在臍
上方出現黑印（即胃印），表明蟹已腐敗變
質。

【胖聽】

亦寫作「胖聽」。罐頭在貯藏時底蓋部
凸出的現象，爲罐頭品質感官檢查指標之
一。分爲物理性胖聽、化學性胖聽和生物性
胖聽。物理性胖聽爲真空度低、氣溫與氣壓
變化所致；化學性胖聽爲內容物發生化學反
應產生氫氣和二氧化碳所致；生物性胖聽爲
微生物繁殖分解營養素產生氣體所致。有時
化學性胖聽和生物性胖聽不易區別。胖聽意
味著罐頭有品質問題，能否食用需根據胖聽
的原因和檢驗結果而定。

【甲醇】

亦稱「木精」。最簡單的一元醇、酒的
化學檢驗指標之一。甲醇的毒性較乙醇（酒
精）大，可在人體內氧化爲甲醛，造成人體
肝臟和視神經的損害。釀酒時，原料中的果
膠水解可生成甲醇，在蒸餾時，最先被蒸餾
出來，因此，在生產白酒或食用酒精時，最
先蒸出的應除去（稱「卡頭」）。酒中毒通
常爲用工業酒精兌製成白酒所致，因其甲醇
含量高而引起中毒。

【雜醇油】

酒精發酵過程中所生成的較乙醇高級的
各種醇類，爲酒的化學檢驗指標之一。主要

有丙醇、丁醇、異丁醇、戊醇、異戊醇。
在蒸餾時，雜醇油較乙醇後蒸餾出來，在
生產酒時，應將後蒸餾出的除去（稱「去
尾」）。雜醇油具有芳香氣味，食用過多可
導致中毒，表現爲易醉、劇烈頭痛，並能使
神經系統充血。

【食品添加劑】

爲改善食品的品質和色、香、味，以及
爲防腐和加工工藝的需要而加入食品中的化
學合成或者天然物質。按其來源不同，可分
爲天然和化學合成兩大類；根據用途不同，
可分爲防腐劑、抗氧化劑、著色劑、發色
劑、漂白劑、增稠劑、膨鬆劑、香精和香
料、甜味劑和食用酸、酶制劑、凝固劑、消
泡劑、乳化劑、品質改良劑等15類，近200
種。食品添加劑應按規定使用，不能用作僞
造或掩蓋食品缺陷的手段，烹調中應加強對
添加劑的管理，避免濫用或誤用而引起食物
中毒。

【食品容器和包裝材料衛生】

食品在生產、加工、儲存、運輸等過程
中，需接觸各種容器、工具和包裝材料，在
接觸過程中，這些容器、包裝材料中的某些
成分可能移行至食品中造成化學性污染，從
而威脅人體健康。竹、木製品，紙、布及玻
璃一般較安全；金屬、搪瓷、陶瓷的主要衛
生問題是有害金屬（鉛）融入食品中；塑
膠、橡膠和化學纖維等高分子化合物用作食
品容器和包裝材料，其衛生問題是未聚合單
體、低聚物、添加劑和小分子降解產物可能
對人體有害。

【自然陳化】

穀類和豆類在儲藏過程中，由於自身酶
的作用，營養素分解，導致其品質和風味改
變的現象。澱粉在澱粉酶的作用下分解成爲
葡萄糖，後者進一步分解爲二氧化碳和水，
蛋白質和脂肪也分別被蛋白酶和脂肪酶作用
而分解爲氨基酸及游離脂肪酸，並可能進一

步氧化生成醛和酮。陳化的穀類表現為顏色陳舊、光澤消失、籽粒變形、重量減輕、製品黏性下降、香味下降、發酵不良。在製作優質菜點時，必需選擇新鮮的穀類和豆類。

【亞硝胺】

一類具有強致癌性的有機化合物。這類化合物可在多種動物的不同組織和器官上誘發癌症，主要有肝癌、胃癌、食道癌。這類化合物在醃臘製品、醃菜、泡菜、啤酒加工中產生。可通過改進加工工藝、提高維生素C攝取量和多食大蒜等措施來預防亞硝胺的危害。

【多環芳烴化合物】

兩個以上苯環稠合起來的一系列芳烴化合物及其衍生物，為一類具有強致癌性的有機化合物。在多環芳烴中最常見和危害最大的是苯並（a）芘，它可引起動物肺、肝、食道和胃腸道的癌症。苯並（a）芘是燃料燃燒不完全時產生的，在工業廢氣、城市燃料廢氣中較多。烹調中，用燻烤、煎炸等烹調方法加工食物，易產生苯並（a）芘，用瀝青拔毛也可使食物污染上苯並（a）芘。可通過改進加工工藝、限制食品中的含量來預防苯並（a）芘的危害。

【食物中毒】

吃了有毒食物引起的一類以急性症狀為主的非傳染性疾病的總稱。食物中毒有來勢急、短期內出現大量的病人，臨床症狀相似、以急性胃腸炎（噁心、嘔吐、腹痛、腹瀉）為主，有共同的食物史和不傳染等四個特徵。根據病原將食物中毒分為細菌性食物中毒、有毒動植物中毒、化學性食物中毒和黴變食品中毒四類。

食物中毒以細菌性食物中毒最多，夏秋季節發病多。導致食物中毒的原因有：微生物在食物上繁殖並產生毒素；化學毒物混入食品中；食品中含有天然毒素但因外形與一般食物相似而誤食；毒素二次轉移或食品發

生了理化變化。對於餐飲企業，一旦發生食物中毒或可疑是食物中毒時，應及時報告衛生防疫部門，迅速將病人送醫院救治，封存可疑食物，協助查明原因。

【細菌性食物中毒】

由細菌及其毒素引起的食物中毒。常見的有沙門氏菌中毒、葡萄球菌腸毒素中毒、副溶性弧菌中毒、肉毒梭狀芽胞桿菌毒素中毒、鏈球菌中毒等10多種。細菌性食物中毒占整個食物中毒的一半以上，氣溫較高的夏秋季發病多。中毒食物以動物性食物為多。

・**症狀**：一般噁心、嘔吐、腹痛、腹瀉症狀較明顯。若致病為細菌本身，則有體溫升高的症狀，用抗菌素治療效果良好；若為毒素致病，則體溫無明顯變化。除肉毒毒素中毒外，一般病死率低。

【沙門氏菌食物中毒】

沙門氏菌在食物中繁殖引起的食物中毒，為最常見的食物中毒。通常為鼠傷寒沙門氏菌、腸炎沙門氏菌、豬霍亂沙門氏菌和鴨沙門氏菌所致，本病以夏秋季較多，中毒食物以動物性食物較多，禽蛋（特別是鴨蛋）的帶菌率較高。

・**症狀與預防**：主要症狀為噁心、嘔吐、腹痛、腹瀉、體溫升高，腹瀉物為黃綠色水樣便、惡臭，有時腹瀉可達每日20～30次。預防此病的主要措施是嚴禁食用病死的畜禽肉類，製作菜點時生熟分開，動物性食物烹調時應熟透。

【葡萄球菌腸毒素中毒】

金色葡萄球菌腸毒素引起的食物中毒。葡萄球菌腸毒素耐高溫，普通烹調方法不易將其破壞。中國國內的中毒食物以稀飯、涼糕、涼粉等含澱粉豐富的食物最常見，國外則以動物性食物為主。此病的發生常與烹調人員或食品加工人員有化膿性皮炎、上呼吸道感染有關。

・**症狀與預防**：中毒的主要症狀為突然噁

心、劇烈嘔吐、腹痛、腹瀉，嘔吐可達10餘次，是本病的典型症狀。預防本病的措施主要是嚴格飲食從業人員體檢制度，夏天的剩粥、剩涼粉等食前應充分加熱且不能長時間保存，不飲用患乳房炎的奶牛所產之奶。

【肉毒梭狀芽胞桿菌毒素中毒】

亦稱「肉毒中毒」。由肉毒厭氧梭狀芽胞桿菌的毒素引起的中毒。肉毒毒素為一種強烈的神經毒，中毒死亡率很高。本病以冬春季節發病較多，引起中毒的食物以家庭自製發酵食品，如臭豆腐、豆腐乳、豆瓣醬、甜麵醬較多。

• 症狀與預防：主要中毒症狀為噁心、嘔吐、頭痛、抬頭困難、視力模糊、對光反應遲鈍、語言不清、吞咽困難，嚴重者因呼吸衰竭而死亡。對此病的預防措施主要是加強宣導，對吃了可疑食物尚未發病者可用抗毒素預防和治療。

【副溶血性弧菌中毒】

副溶血性弧菌所致食物中毒。副溶血性弧菌為一種嗜鹽菌，存在於海水底部沉積物和海產魚貝類中。中毒多發生於東南沿海。本病夏秋季節多見，中毒食物以海產品為主。

• 症狀與預防：主要症狀為上腹部陣發性絞痛，腹瀉，便中有血、膿和黏液，噁心、嘔吐、發燒。預防此病主要有以下措施，烹調中生熟分開，海產品充分加熱，最好不生吃。

【有毒植物中毒】

亦稱「植物天然毒中毒」。某些植物天然含有毒素，其外形與普通食物相似，誤食而引起中毒。常見有毒植物中毒有：野生毒蘑菇中毒、發芽馬鈴薯中毒、四季豆中毒、含氰甙類果仁（桃子仁、李子仁、枇杷仁、櫻桃仁、蘋果仁、苦杏仁）中毒、蓖麻籽中毒、地瓜籽中毒、桐油中毒、生豆漿中毒、苦瓠瓜中毒、鮮黃花中毒、野芹中毒、魔芋中毒、白果中毒。有毒植物中毒有明顯的地區性和季節性，多為散在發生，農村和邊遠山區發病較多。預防有毒植物中毒主要在於加強宣導，提高群眾的鑑別能力。

【四季豆中毒】

吃生的或未烹調成熟的四季豆而引起的中毒。四季豆中含植物血凝素，可致人發生中毒。

• 症狀與預防：主要症狀為噁心、嘔吐、腹痛、腹瀉、頭痛、胸悶、手腳發冷、四肢麻木。預防中毒的關鍵是將四季豆烹調成熟，不吃生的四季豆。

【發芽馬鈴薯中毒】

馬鈴薯發芽後可產生龍葵素而導致人體中毒。

• 症狀與預防：主要症狀為咽部、口腔黏膜有刺癢和燒灼感，噁心、嘔吐、腹痛、腹瀉，嚴重者因心臟衰竭、呼吸麻痺而死亡。預防馬鈴薯中毒的措施包括嚴重發芽者，不宜再食用；輕度發芽者需去皮去芽。因龍葵素對酸不穩定，故烹調時加醋可使龍葵素分解，而不發生中毒。

【毒蕈中毒】

亦稱「蘑菇中毒」。野生有毒蘑菇因在外形上與可食蘑菇相似，誤食而引起中毒。毒蘑菇中含有胃腸毒素、神經精神毒素、溶血毒素或肝腎損害毒素，中毒常以其中一種毒素為主，主要症狀為腹痛、噁心、嘔吐、腹瀉。

• 症狀與預防：神經毒素可出現幻覺和精神錯亂；溶血毒素可出現肝脾腫大、黃疸、血紅蛋白尿；肝腎損害毒素可致肝、腎、腦的實質性損害，嚴重者出現肝昏迷或腎功能衰竭。預防有毒蘑菇中毒的措施是加強宣導，提高鑑別力；不能識別者應交有關部門鑑定。另外，民間有一些鑑別毒蕈的辦法，雖缺乏科學依據，但可供參考，

有毒蘑菇一般色澤豔麗、表面黏脆、破碎後變色，煮時可使銀器、燈草、大蒜和象牙筷變黑。

【鮮黃花中毒】

鮮黃花中含有秋水仙鹼，其代謝產物可致人體中毒。

• **症狀與預防**：中毒症狀為噁心、嘔吐、咽喉不適、腹痛、腹瀉、頭痛、頭昏，嚴重者出現血尿、無尿。秋水仙鹼易溶於水，可用開水焯後再用涼水浸泡2～3小時，擠去水分再烹調，便可避免中毒。

【白果中毒】

白果（銀杏）中毒的原因還不十分清楚。可能為白果酸和白果二酚所致。

• **症狀與預防**：主要症狀為噁心、嘔吐、腹痛、頭痛、恐懼感、煩燥不安、驚厥、紫紺、瞳孔散大、昏迷，嚴重者可出現死亡。預防此病發生的主要措施包括不食生的或未加熱熟透的白果，熟食也應限量；烹調前應將果肉中的綠色胚除去。

【生豆漿中毒】

黃豆中含皂鹼、植物血凝素和抗胰蛋白酶，生吃可引起中毒。

• **症狀與預防**：主要症狀為噁心、嘔吐、腹瀉、腹脹、頭暈、無力。豆漿煮沸後維持數分鐘，可使皂鹼、抗胰蛋白酶等破壞，避免食物中毒的發生。

【有毒動物中毒】

亦稱「動物天然毒素中毒。」某些動物的組織器官本身含有天然毒素，由於誤食或食用不當而中毒。常見的有毒魚中毒、蟾蜍中毒、畜腺體中毒、麻痺性貝類中毒、有毒蜂蜜中毒。有毒動物中毒有明顯的地區性，其中以毒魚中毒和畜腺體中毒較多見。

【毒魚中毒】

某些魚的全身或某一器官含有毒素，人誤食而引起中毒。毒魚中毒有以下情況；幾乎全身都有河豚毒素的河豚魚中毒；青皮紅肉的鮐鮁魚、沙丁魚、金槍魚等不新鮮引起的組胺中毒；草魚、鯉魚、鰱魚、鯿魚等鯉科淡水魚膽毒中毒；金焰笛鯛、斑點裸胸鱔等熱帶海水魚類肌肉中的雪卡毒素中毒；鯊魚、藍點馬鮫、鱈魚等魚肝引起的維生素A中毒；鯰魚、青海湖裸鯉、馬魚、狗魚等魚卵毒素中毒；黃鱔、鰻鱺（四川稱青鱔）血引起的魚血毒素中毒；七鰓鰻黏液毒中毒。上述中毒，除組胺為酒醉樣，維生素A中毒有脫髮、脫眉外，多數有胃腸症狀和神經麻痺症狀。

【鱔魚中毒】

黃鱔和鰻魚（四川稱白鱔或青鱔）的血液中含有魚血毒素，生飲魚血或生吃魚肉（含未煮熟）便可導致中毒。

• **症狀與預防**：中毒表現為噁心、腹瀉、皮疹、紫紺、全身無力、心律不齊，重者因麻痺、呼吸困難而死亡。預防鱔魚中毒的措施是加工時，將魚血洗盡，烹調時將魚燒熟煮透。

【魚子中毒】

鯰魚（又稱「鮎魚」、「鯰巴朗」）、青海湟魚、馬魚、狗魚的魚卵中含有魚卵毒素，吃這些魚的魚子便可引起中毒。這些魚的肌肉無毒，是可食的。

• **症狀與預防**：主要症狀為嘔吐、腹痛、腹瀉、頭痛，嚴重者抽搐、昏迷，可能出現死亡。

【魚膽中毒】

草魚、青魚、鰱魚、鯉魚、鯿魚、鯿魚等淡水魚的苦膽中含有膽汁毒素，吞服魚膽將引起中毒。

• **症狀與預防**：主要症狀為噁心、嘔吐、腹痛、腹瀉、黃疸、肝臟腫大、尿少、血尿、無尿、四肢麻木、昏迷、心力衰竭而死亡。民間有用魚膽止咳或治療慢性支氣

管炎的說法，《本草綱目》中也有記載，但效果不佳，常致中毒，因此，必須使用時，應遵醫囑，嚴格限量。

【組胺中毒】

鮐鲅魚、鰹魚、鰺魚、金槍魚、沙丁魚、秋刀魚等青皮紅肉的海產魚類不新鮮時，組氨酸轉化爲組胺，組胺會使人發生過敏性中毒。

- **症狀與預防**：中毒症狀爲面部潮紅、似「酒醉」樣，頭劇痛、心跳和脈搏加快、胸悶，並可能有噁心、嘔吐、腹痛、腹瀉症狀。預防此病可採取措施包括不食用不新鮮的青皮紅肉魚；過敏體質者不食青皮紅肉魚；烹調時，宜紅燒和清蒸，不宜用油炸，可加醋、山楂等進行烹調。

【河豚魚中毒】

河豚魚指魨科、刺魨科、翻車魨科的魚類。每年3～5月由海中上溯江河中產卵繁殖，其卵巢、肝、脾、血、眼、鰓、腦、皮膚中含有河豚毒素，食河豚魚可引起中毒。

- **症狀與預防**：河豚毒素爲神經毒，中毒表現爲噁心、嘔吐、腹痛、腹瀉，唇、舌、指端麻木及語言不清、全身軟癱、腱反射消失、昏迷，最後因呼吸中樞麻痹而死亡。對此病的預防措施爲在產地加強宣導，提高消費者的鑑別力。

【畜腺體中毒】

豬及牛等大牲畜甲狀腺和腎上腺中含大量激素，人誤食而引起中毒。

- **症狀與預防**：甲狀腺中毒症狀爲頭暈、頭痛、噁心、嘔吐、腹瀉、心慌、氣短、煩燥、無力、心跳過速、失眠、脫髮、脫皮，一般半個月至一個月才能完全恢復。腎上腺中毒爲頭暈、噁心、嘔吐、上腹疼痛、腹瀉、手麻舌麻、心跳過速、瞳孔散大。豬甲狀腺位於豬喉頭甲狀軟骨腹側，呈暗紅色；腎上腺位於腎臟前端，俗稱「小腰子」。屠宰時，注意摘除，便可防

止中毒。

【化學性食物中毒】

食物被有毒化學物質污染而引起的中毒。常見的化學性食物中毒有農藥（有機磷、有機氯、除草劑、滅鼠藥）中毒、有毒金屬中毒（汞、鉛、鋅、鋇、鎘、錫）、有毒非金屬中毒（砷、氟）、亞硝酸鹽中毒、酒中毒。

化學性食物中毒的發生常與企業管理不善或貪圖便宜有關，如烹調師將發色劑亞硝酸鈉當成食鹽用，違法分子用工業酒精兌製食用白酒，將砒霜、氟化物當成蘇打使用，更有甚者，有人將有機磷農藥（油狀）當成食用油來炸食物，用鍍鋅鐵器盛裝酸性食物或飲料而引起中毒。預防化學性食物中毒主要是加強對有毒化學物質的管理和廚房調味品的管理。

【「酒」中毒】

酒中毒通常爲酒中甲醇含量過高而引起的中毒。一般爲不法分子用工業酒精兌製成白酒出售所致。

- **症狀與預防**：中毒症狀爲疲乏、頭痛、眩暈、無力、噁心、嘔吐、腹痛、腹瀉，嚴重者昏迷、視力模糊，甚至失明，可因呼吸衰竭而死亡。酒中毒的另一種情況是飲酒過量而致酒精中毒，酒精中毒輕則呈酒醉樣、臉色潮紅、語無倫次、步態不穩；重者昏迷，甚至出現死亡。長期大量飲烈性酒者，可出現肝臟脂變（即脂肪肝），甚至發生肝硬化。

【「食鹽」中毒】

工業鹽和粗製鹽中金屬鋇過高而引起中毒。食用鹽爲精製鹽，加工中經過脫鋇處理，而工業鹽和某些私製粗鹽中鋇含量高，用它們作爲「食鹽」便可引起中毒。

- **症狀與預防**：中毒症狀爲口腔、咽喉有燒灼感，噁心、嘔吐、腹痛、腹瀉，頭痛、眩暈、耳鳴、無力，肌肉麻痹，嚴重者有

腎功能損傷，因呼吸麻痹而死亡。工業鹽和粗製鹽爲黃褐色，注意鑑別便可預防中毒。「食鹽」中毒的另一種情況是把硝酸鹽和亞硝酸鹽誤認爲是「食鹽」而引起中毒，硝鹽中毒症狀爲乏力、心慌、氣緊、腹脹，口唇、指甲青紫，噁心、嘔吐、腹痛、腹瀉，嚴重者全身紫黑色，昏迷，因循環和呼吸衰竭而死，廚房加強對硝鹽等添加劑的管理，便可預防中毒的發生。

【「蘇打」中毒】

砒霜（三氧化二砷）和氟化物在外觀上與蘇打相似，誤用而引起中毒。

- **症狀與預防**：砒霜爲劇毒物質，中毒症狀爲口腔及咽有燒灼感、口中有金屬味、噁心、嘔吐、腹劇痛、腹瀉、面部浮腫、頭痛、四肢麻木、蛋白尿、尿少，嚴重者昏迷、呼吸和循環衰竭而死。氟化物中毒症狀爲流涎，口咽燒痛，心窩發脹，噁心、嘔吐、腹瀉、頭暈、皮下出血、呼吸困難、肝腫大、蛋白尿，嚴重者因呼吸中樞麻痹而死亡。預防上述中毒，應加強對砒霜等劇毒物質使用和貯存的管理，對來路不明的白色粉末不能當成蘇打使用。

【食物過敏】

對食物過敏者主要爲嬰兒。食物過敏爲一種免疫變態反應，隨著兒童年齡增長而逐漸減少。某些成人也會發生食物過敏，過敏一般與食物組胺含量高或有免疫缺陷（如蠶豆黃）有關，引起過敏的食物有玉米、小麥、草莓、柑橘、番茄、巧克力及奶類、蛋類、堅果類、豆類、海產品等。

- **症狀與預防**：嬰兒對牛奶、雞蛋、海產品、豆類等發生過敏，表現爲皮疹、濕疹、氣喘、咳嗽、嘔吐、腹瀉、便秘等症狀。

【蠶豆黃】

因吸入蠶豆花粉或吃生蠶豆而引起的全身發黃的溶血性疾病。蠶豆黃一般在春季發生，爲一種免疫變態反應疾病，患者紅細胞中缺乏葡萄糖—6—磷酸脫氫酶。

- **症狀與預防**：蠶豆黃的症狀爲黃疸、貧血、血尿，重者可危及生命。這類病人因爲遺傳缺陷，故應禁食蠶豆；在蠶豆開花季節，避免到種蠶豆的田間，這樣方可避免再度發病。

【食品保藏】

爲防止食品腐敗變質、延長食品的保質期限而採取的控制措施。常用的保藏方法有脫水、醃漬、冷藏、高溫滅菌、添加防腐劑、射線照射等。這些方法的基本原理是改變微生物賴以生存的條件，殺滅或抑制微生物，以延長食品保存時間。

【冷藏】

通過降低溫度以延長食品保藏時間的方法。低溫可降低或停止食物中微生物的生長和繁殖，因爲細菌微生物繁殖的最適溫度爲$20\sim40℃$，當溫度低於$0℃$時，絕大部分微生物幾乎不能生長，同時，食物中的酶的活性和化學反應速度較低，對營養的分解能力也很低，這樣便可延緩和防止食物腐敗變質。飲食行業常用冰箱、冷藏櫃來冷藏，使用時應定期檢查、防止停電，同時冷藏並未殺滅微生物，不是絕對安全。

【高溫滅菌保藏】

用高溫殺滅微生物以延長食品保藏期限的方法。在高溫作用下，微生物因酶和細胞膜破壞而死亡，多數細菌在$60℃$以上便不能存活，烹調上的蒸、煮、炸、烤都是高溫滅菌的方法。高溫滅菌保藏有時還與脫水、真空密封等配合使用。但高溫滅菌法對一些食品不適用，如牛奶、果汁、醬油等若採用高溫滅菌，將導致營養素的破壞，因此，一般用巴氏消毒法⊕。

⊕巴氏消毒法是為了避免某些食物會因高溫破壞營養成分或影響品質，所以只能用較低的溫度來殺死其中的病原微生物，這樣

既保持食物的營養和風味，又進行了消毒，保證了食品衛生。該法一般在62°C，30分鐘即可達到消毒目的。此法為法國微生物學家巴斯德首創，故名為巴氏消毒法。

【脫水保藏】

通過降低水分來延長食品保藏時間的方法。水分是微生物賴以生存的條件，脫水可抑制微生物生長，烹飪上所用的乾貨原料都是經過脫水乾製而成的。常用的脫水方法有曬乾、陰乾、烤乾、冷凍乾燥、紅外線乾燥、微波乾燥、噴霧乾燥。

【鹽醃和糖漬保藏】

通過加鹽或糖以延長食品保質期限的方法。微生物所生存的環境的滲透壓和離子強度是一定的，如果滲透壓升高，則微生物細胞的水將滲出而脫水，由此可達到抑制或殺滅微生物的目的，也可以減少食品的含氧量並可抑制酶的活性。鹹肉、鹹魚、醬、鹹菜是鹽醃的例子，蜜餞、果醬、煉乳是糖漬的例子。

【提高酸度保藏】

提高食品的氫離子濃度（降低pH）來延長食品的保藏時間的方法。每一種微生物都有其生長、繁殖的最適pH，如果降低pH，提高氫離子濃度來抑制微生物的生長繁殖，即可達到保藏食品的目的。此法多用於保存蔬菜。常用的為酸漬和乳酸發酵，前者如醋漬黃瓜，後者如四川泡菜，當pH達到2.3～2.5時，大部分腐敗菌被抑制。

【電離輻射保藏】

用γ一射線照射食品以殺滅微生物，防止食物腐敗變質的方法。這種方法的特點是食物溫度變化不大，可以減少營養素的損失，故又稱冷滅菌。中國允許使用於馬鈴薯、洋蔥、大蒜抑制發芽，花生、穀類滅蟲，蘑菇抑制生長，香腸滅菌，並可用於中藥和香料滅蟲、滅菌。

筆 記 欄

第二章
健康飲食的烹調

一、食療

【食療】

亦稱「食物療法」、「膳食治療」、「營養治療」、「飲食療法」、「食養療法」。用膳食搭配作爲防治疾病和養生保健的手段。食療以中國傳統醫學理論和現代營養學爲理論基礎，根據病情運用飲食進行治療或調理。

熟悉食物的性味和營養素構成是食療的基礎。例如，傳統醫學用豬肝（富含維生素A）治療夜盲症（俗稱「雀目」，即維生素A缺乏症）與現代營養理論是完全一致的。《皇帝內經》指出：「毒藥攻邪，五穀爲養，五果爲助，五畜爲益，五菜爲充，氣味合而服之，以補益精氣。」它闡明了食物有利於身體的康復，這便是早期的食療理論。

【低鹽膳食】

限制鈉的飲食。食鹽是飲食中鈉的最重要的來源。所以大多數限制鈉的飲食都是不用或至少限制食鹽在食物中的應用。心臟病、腎臟病患者的食療飲食中，必須限制鈉的使用量。輕度的限制是烹調食物時不加鹽，嚴格的限制則必須仔細選擇含鈉低的食物，而不僅是限制食鹽。

【減肥膳食】

減少熱量攝入的膳食。肥胖大多是攝入的熱量過多，以脂肪的形式儲存於體內，造成脂肪過多所致。安排膳食的基本做法是減少富含糖類和脂肪的食品數量，但必須保證供給礦物質和維生素等營養素。只要膳食熱量低至足以造成熱量虧損，必須消耗體內脂肪以彌補需要時，便可達到減肥之目的。

【高脂血症】

即「高脂蛋白血症」。血中的某一種或幾種脂蛋白的濃度過高。血中脂蛋白濃度受膳食、體內激素水準、年齡、體重、情緒、藥物和疾病的影響。高脂蛋白血症和動物粥樣硬化、冠心病的發生有密切關係，故脂蛋白是診斷動脈粥樣硬化、冠心病的重要檢驗指標。控制飲食中的脂類和總熱量對降低血中脂蛋白有重要作用。

【要素膳】

亦稱「合成平衡膳」、「化學成分固定膳」、「無纖維流質膳食」。由純淨的L—氨基酸、單糖、必需脂肪酸、維生素和礦物質人工合成的平衡膳食，它具有平衡、無渣、易長期保存和高度壓縮的特點。要素膳是在不適宜給病人餵給普通食品時採取的一種治療膳食，某些消化系統疾病，如胰腺炎、消化道瘻管等可用要素膳。

【流質膳食】

指液體或在口腔內即融化的食物，如牛奶、豆漿、肉湯、果汁、菜汁等。流質膳食適合於胃腸炎症、腹瀉等各種消化道病人，吞咽困難者及其它各種危重病人。流質膳食纖維少，易消化。

【半流質膳食】

呈半流體狀的食物，如稀飯、嫩豆花、蒸雞蛋、醪糟、碎菜湯。半流質膳食易咀嚼和吞咽，適宜於胃腸炎、食道疾病等消化道疾病及各種危重病人、腹部外科手術病人。

【孕婦膳食】

根據孕婦的營養需要和四川的食物特點，孕婦的膳食原則為：1.注意供給奶類、魚類、蛋類、家禽、家畜內臟和肉類；2.多吃新鮮蔬菜和水果；3.每隔10天吃一次海帶、紫菜等海產品；4.注意孕婦口味特點、克服偏食習慣；5.適當吃核桃、花生、芝麻等堅果類食物和木耳、蘑菇等菌類；6.減少或避免食用含有糖精、色素等添加劑的食品。

【乳母膳食】

根據餵食母乳者需要和四川的食物供應情況，乳母的膳食原則為：1.選用動物性食物（特別是奶類）和大豆製品，保證供給足夠的蛋白質和鈣，有利泌乳；2.注意供給新鮮蔬菜和水果；3.經常供給肉湯、骨頭湯、雞鴨湯、鯽魚湯；4.採用中國傳統醫學和民間一些行之有效的方法可促進泌乳，如紅糖雞蛋、花生燉豬蹄湯。

【幼兒膳食】

根據幼兒的營養需要，幼兒的膳食原則為：1.營養豐富、易於消化、花色品種多；2.照顧幼兒口味特點，食物應碎、細、軟、嫩、熟透，避免大、硬、韌、生；口味清淡，避免過油、過鹹、濃茶及刺激性食物；3.注意食物衛生，避免腸道傳染病；4.培養

良好的飲食習慣，吃食物應定時定量，不偏食，除三餐之外，可給孩子加餐兩次。

【青少年膳食】

青少年時期，生長迅速，發育旺盛，對營養素的需要增加。根據青少年的營養需要和存在的問題，其膳食原則是：1.膳食量要足、質要優；2.養成良好的膳食習慣，不挑食、不偏食、少吃零食；3.早餐要吃好吃飽；4.注意供給動物性食物和海產品，動物肝臟、雞蛋、海帶、瘦肉對青少年發育十分重要。

【老年膳食】

老年人由於衰老，代謝下降、活動減少，也易出現營養問題，其膳食原則為：1.注意進食數量，限制熱量攝取，因為老年人熱能需要減少，對肥胖者應限食；2.用牛奶、雞蛋等供給優質蛋白質和鈣，提高膳食品質；3.多食新鮮蔬菜和水果，供給維生素C、膳食纖維和果糖，以防便秘並增加體內膽固醇的排泄；4.提倡用植物油作為烹調油，少食動物油、肥肉；在肉類中，多選魚類和家禽，少用牛肉和豬肉等家畜肉類；5.適量飲水、口味清淡、少量多餐，避免大量飲水、濃茶、濃咖啡，少食刺激性強的食物，不酗酒，減少鹽的攝取量。

【心血管疾病膳食】

心血管疾病主要有心絞痛、動脈粥樣硬化、冠狀動脈阻塞（冠心病）、高血壓、高脂蛋白血症、腦血管硬化。高血壓病人的膳食原則為：1.肥胖者應減重，通過限制食量，減少熱量攝取；2.伴有高脂血症和冠心病者，應減少脂類的攝取，特別是動物油脂和膽固醇，多用植物油烹調；3.若有糖尿病者，減少糖類（碳水化合物）的攝取；4.限制食鹽攝取，降為日常膳食的1／3。

冠心病和高脂蛋白血症等的膳食原則是：1.通過限制食量，減少熱量攝取，以控制體重；2.減少脂類的總攝取量，尤其是飽

和脂肪酸和膽固醇；3.減少精製糖的攝取；4.多吃新鮮蔬菜和水果。

【肺結核病患者膳食】

肺結核是一種結核桿菌感染引起的慢性消耗性疾病。肺結核的膳食原則為：1.膳食應含高蛋白質、高熱量、高鈣，以補償結核的消耗，有利於病灶的鈣化和恢復，宜選用牛奶、雞蛋、畜瘦肉、禽肉；2.對咯血者，還應供給含鐵和維生素豐富的動物肝臟、血；3.多吃新鮮蔬菜和水果，以供給維生素C和膳食纖維。

【消化性潰瘍患者膳食】

消化性潰瘍主要有胃潰瘍和十二指腸潰瘍，以十二指腸潰瘍較多見。消化性潰瘍患者的膳食原則為：1.膳食要營養豐富，易於消化，不吃粗糧、乾豆類和堅果類，如玉米、高粱、乾黃豆；2.食物要無刺激性，溫度應適宜，不吃過熱、過冷、有刺激性的食品，如濃茶、辣椒、酒、油炸食物和過甜的食物；3.禁食生的、多纖維和產氣的蔬菜和水果，如洋蔥、韭菜、生蘿蔔、芹菜、山楂、楊梅；4.進食有規律，定時定量，少量多餐，心情愉快，避免過度憂傷、焦慮、疲勞。

【慢性腹瀉患者膳食】

慢性腹瀉可由多種疾病引起，如胃腸道炎症、消化不良。慢性腹瀉患者的膳食原則為：1.膳食應高熱能、高蛋白、營養豐富，限制脂肪的攝取；2.食物要少渣，禁食粗糧，禁食生、冷和過熱的食物及易脹氣的蔬菜、乾豆；3.禁食醃肉、燻肉、油炸食物；4.食物要多樣化，避免刺激性強的食物，如咖喱、辣椒、烈性酒。

【肝炎患者膳食】

肝炎有病毒性肝炎、化學中毒性肝炎、寄生蟲性肝炎、營養不良性肝炎。肝炎患者的膳食原則為：1.高糖、適量優質蛋白、

低脂；2.多吃新鮮蔬菜和水果，以供給維生素，促進食慾；3.多供給核苷酸豐富的動物內臟、魚、蝦、瘦肉和菜花、菠菜、蘑菇等，以促進組織的恢復；4.食物應細軟、無刺激性，禁酒。

【膽囊炎和膽石症患者膳食】

膽汁是脂肪消化的重要成分，膽囊炎和膽石症一般情況為靜止期，飲食不當可引起發作。其膳食原則為：1.供給富含糖類和維生素的糧食、蔬菜；2.限制脂肪攝取，禁食油炸食物；3.禁食含膽固醇高的動物內臟、蛋黃；4.食物應清淡、少渣，忌食刺激性食物，禁飲烈性酒；5.發作時可禁食，待好轉後逐步給流質膳食，禁食脂肪和刺激性食物，少量多餐。

【糖尿病患者膳食】

糖尿病是一種慢性的代謝性疾病，表現為血糖過高並出現尿糖，患者吃得多、喝得多、尿多、體重減少（簡稱「三多一少」）。膳食治療是糖尿病治療的重要措施。其膳食原則為：1.適當控制碳水化合物攝取的總量、時間和次數；2.肥胖者應適當限制總熱量的攝取，減少脂肪的攝取；3.禁食白糖、紅糖、蜜餞、含糖多的糕點、水果（如香蕉）；4.多選用含纖維素多的粗糧、魔芋製品、葉菜；5.食物應清淡，少鹽，忌飲酒。

【痛風患者膳食】

痛風為一種嘌呤代謝紊亂引起的慢性疾病。表現為體內尿酸增多，關節疼痛。膳食治療是痛風治療的主要措施。痛風患者的膳食原則為：1.禁食含嘌呤高的食物，如動物內臟（肝、腦、腎、胰）、肉湯、沙丁魚；限食畜禽肉類、魚、蝦、菜花、蘑菇、黃花；2.選用牛奶、雞蛋作為蛋白質來源；3.精製麵粉、大米、水果、乾果、蔬菜含嘌呤少，可任意選用；4.絕對禁酒、多飲水。

【急性腎小球腎炎患者膳食】

急性腎小球腎炎為一種免疫變態反應性疾病，常與鏈球菌感染有關，表現為尿少、血尿、蛋白尿、高血壓、浮腫。膳食治療在腎炎病人只起輔助作用。其膳食原則為：1.低鹽膳食，限制鈉的攝取；2.適當限制蛋白質、飲水和鉀的攝取量。

【皮膚病患者膳食】

常見皮膚病有脫髮、皮炎、濕疹、硬皮病、糙皮病。其中糙皮病與營養缺乏有關，採用食療效果好。糙皮病一般是因為膳食缺乏尼克酸和色氨酸所致，長期以玉米、高粱為主食者易發病，其膳食原則為：1.吃尼克酸含量高的動物瘦肉、肝臟、腎臟和花生、芝麻、酵母；2.少吃動物皮、結締組織、魚翅、魚肚、蹄筋等因它們含膠原較多，缺乏色氨酸，無助於糙皮病治療。

【腫瘤患者膳食】

腫瘤分為良性腫瘤和惡性腫瘤，惡性腫瘤又稱癌症。導致癌症的因素很多，與食物污染和營養不平衡也有一定關係。癌症病人的膳食原則為：1.化療或放射治療易引起營養問題，應注意熱量和蛋白質的供給，特別是優質蛋白質的比例應大；2.應多供給維生素C、B1、B2等含量豐富的食物，如新鮮蔬果、瘦肉；3.外科手術後，可採用流質或胃腸外營養。值得一提的是，膳食中的維生素A、維生素E、維生素C、硒、膳食纖維可能有一定的抗癌作用。

【骨質疏鬆症膳食】

骨質疏鬆症是一種老年性疾病，隨著年齡的增長而發生的骨組織大量的損耗，即單位體積內骨組織的總量減少，當損耗明顯時，易發生骨折並難於癒合。多數患者為年過50歲的婦女。發生骨質疏鬆症可能與膳食中缺鈣、缺維生素D、鈣磷不平衡、蛋白水準過高，缺乏足夠的運動及停經後的鈣損失多等因素有關。骨質疏鬆症患者的膳食原則：1.選擇含鈣豐富的牛奶、海產品作為膳食鈣來源；2.常吃豬肝等含維生素D豐富的食物。

【甲狀腺腫患者膳食】

甲狀腺腫常為地方性缺碘所致，故又稱地方性甲狀腺腫大。發生在胎兒和嬰兒的甲狀腺腫大，稱克汀病。甲狀腺腫患者的膳食應供給含碘豐富的海帶、紫菜等海產品，中國則推廣在食鹽中加碘以預防甲狀腺腫大。傳統醫學採用海帶、海蜇皮、昆布等煎服或涼拌食用，以治療甲狀腺腫大。

【貧血患者膳食】

人體血液中紅血球數目、紅血球體積或血紅蛋白低於正常時，稱為貧血。貧血分營養性貧血和非營養性貧血。營養性貧血有缺鐵性貧血、惡性貧血（缺維生素B12）、維生素E缺乏引起的溶血性貧血、維生素B6缺乏引起的貧血，以及缺乏葉酸和生物素引起的貧血，最常見的是缺鐵性貧血。貧血者的膳食原則：1.供給含鐵、維生素B12、葉酸、生物素和維生素B6豐富的動物肝臟、腎臟、心臟、血液及瘦肉；2.供給含維生素C豐富的有色蔬菜；3.供給足量的優質蛋白質。

【佝僂病患者膳食】

佝僂病是幼兒因缺鈣和維生素D引起的一種疾病，表現為肚子突出、串珠狀肋骨、弓形腿、雞胸、脊柱彎曲。佝僂病患者的膳食原則是：1.供給含鈣豐富的牛奶、海產品；2.供給含維生素D豐富的豬肝；3.幼兒膳食應細、軟，易於消化；4.可用魚肝油、鈣片進行預防和治療。

【嬰兒腹瀉膳食】

腹瀉是嬰兒的常見病。導致腹瀉的原因有餵養不當（如吃得過多）、食物衛生不好、維護不當（受熱或受涼）。根據大便情況，判斷腹瀉的原因，採用相應措施，一般

膳食原則爲：1.禁食8～24小時，其間可餵少量糖鹽水；2.逐漸由少到多、由稀至稠恢復飲食，限制脂類、糖類的量；3.供給適量蛋白質及維生素。

【濕疹患者膳食】

皮膚出現乾性或濕性的炎症，通常爲接觸刺激性物品或對食物等過敏所致。用牛奶進行人工餵養的前三個月的嬰兒易出現濕疹，這主要是對牛奶或其他食物過敏，其膳食原則是：1.輔助食物不要添加得過早過多，特別是魚、蝦、蛋和肉類；2.牛奶加熱煮沸的時間長一點，並可多加一些糖，四川民間在煮牛奶時加少量麥冬、燈草或在牛奶表面蓋青菜葉，據說可減少濕疹，不妨一試。

【醫食同源】

中國傳統醫學認爲，許多食物既可以充饑果腹，也是治療疾病的良藥，即是說食物可治病，醫也要用食。先民從擇食的過程中，逐步認識到以食治病，神農嘗百草便說明了中國古代的醫食同源。醫食同源這一觀點是傳統食療和營養治療的重要理論基礎。中國一些典籍如《黃帝內經》、《本草綱目》等也論及飲食與養生、治病的關係，並把食經、食單歸爲「醫術類」。

【感冒食療】

感冒有兩種意思，在現代醫學中指病毒引起的呼吸道傳染病，包括普通感冒和流行性感冒；在中醫學中爲一種病名，表現爲發燒、咳嗽、流鼻涕、舌苔薄、脈浮，有風寒感冒、風熱感冒和風濕感冒。感冒病人的飲食應清淡、稀軟，忌食油膩、黏滯、酸腥的食物，多飲水。對於風寒感冒，可用生薑加紅糖煎水服。

【雀目食療】

雀目又稱夜盲症，即維生素A缺乏症。其表現是從光線明亮的地方到光線暗的地方或夜晚看不清楚。中醫認爲是肝腎虧損、血不上注、水失濟承。中醫和西醫對雀目的食療是相似的，即採用動物肝臟、腎臟和桑椹、胡蘿蔔、油菜、薺菜、枸杞子等食物。中醫要求忌食辛辣食物，如辣椒、韭菜、洋蔥、大蒜等。

【痔瘡食療】

痔瘡是一種常見的肛管疾病，由於肛管或直腸末端的靜脈曲張所致，多見於坐立過久、經常便秘者。有內痔、外痔和內外混合痔之分，中醫則把血栓、肛脹、肛瘻、直腸脫垂等都稱爲痔瘡或痔瘻。

痔瘡患者的飲食應以減少糞便的刺激和便秘爲主，其膳食原則是：1.飲食應清淡，避免吃辛辣刺激性食物，如辣椒、胡椒、生薑、芥末、蔥、蒜，不飲烈性酒；2.宜多吃纖維細、有利便作用的食物，如水果中的香蕉、蘋果、梨，蔬菜中的多寒菜、莧菜，以及木耳、銀耳、蘑菇、海帶等菌藻類；3.中醫認爲蜂蜜、綠豆等食物對痔瘡有良好的治療作用。痔瘡患者不宜吃火鍋。

【便秘食療】

大便秘結不通，排便時間延長或有便意但因大便乾燥而難以排出稱便秘。便秘者的食療應增加膳食纖維和多飲水，以促進腸蠕動和使大便濕軟，其膳食原則是：1.多吃富含膳食纖維並有利便作用的水果和蔬菜，如香蕉、草莓、蘋果、梨子、多寒菜、莧菜、蘿蔔；2.多吃菌藻類，如木耳、銀耳、地耳、蘑菇、海帶、石花菜；3.忌食刺激性食物，如薑、辣椒、花椒、孜然、胡椒、烈性酒、濃咖啡；便秘者不宜吃火鍋。

【產後少乳食療】

產後乳少，傳統醫學認爲是產婦氣血虛弱、化源不足、氣血失調、經脈澀滯所致，而現代營養學則認爲是母體營養不良，特別是蛋白質和熱能儲備不夠。產後少乳的食療應補養氣血、通絡催乳，即以含蛋白質比較

豐富的各種湯、粥為主，如紅糖雞蛋、牛奶、鯽魚湯、豬蹄燉花生湯、烏雞湯、燉雞鴨湯、醪糟蛋、各種肉粥、燴鮮蝦仁、墨魚燉湯。禁食麥牙、穀牙、神曲等抑制泌乳的物品。

【咳嗽食療】

中醫認為咳嗽多因外感、內傷所致，外感由風、寒、燥和熱等邪侵入肺引起，內傷由痰濕、肝火及肺虛引起；西醫則認為咳嗽是氣管、支氣管、肺、胸膜的炎症或刺激引起。咳嗽患者的飲食原則為：1.禁食刺激性和油膩食物，如辣椒、鹹肉、肥豬肉；忌煙、酒；2.多食新鮮蔬菜和水果，多喝熱的開水或飲料，遠離塵埃或空氣污染重的環境；3.以下食物有利於咳嗽病痊癒，冰糖蒸梨、銀耳羹、枇杷、白果燉雞、桂圓、蜂蜜、豬肺湯、核桃。

【黃疸食療】

黃疸是中醫學病名，指身、面、目、小便俱黃，有陰黃和陽黃之分。西醫所說之黃疸是一種症狀，為人體中膽紅素濃度過高而致鞏膜、皮膚、黏膜等組織黃染，由溶血、肝臟疾病、膽道炎症或梗阻所致。中醫認為「肝病禁辛，宜食甘」，這便是黃疸食療的原則，即黃疸者禁吃辛辣、海腥之食物，如蔥、蒜、辣椒、蝦、蟹、魚類，忌生冷、煙、酒，少吃油脂；多吃新鮮蔬菜和水果、穀類、豆類及其製品。

【疳積食療】

疳積是中醫學病名，為積滯和疳症的總稱，表現為面黃肌瘦，肚腹膨大，潮熱口渴，食慾不振。多數為嬰兒或幼兒飲食失調、脾胃損傷、蟲積所致，治療以健脾、消積、驅蟲為主。疳積的食療以健脾、促進消化為原則，可用山楂、雞內金（雞胗皮）熬水喝或雞內金粉蒸雞蛋吃，斷奶後的嬰兒應供給牛奶、稀飯、菜泥等食物，添加食物應循序漸近，不要吃得過多過油。若為蟲積，可驅蟲健胃，採用西藥或使君子（是中藥裡的一味藥材，是使君子科植物使君子的成熟種子）等驅蟲，驅蟲後應注意飲食調養。

【哮喘食療】

哮喘為中醫學病名。哮指呼吸時喉間有哮鳴音，喘指呼吸急促、張口抬肩、不能平臥，哮喘為支氣管、肺部疾病的症狀之一，中醫又分為虛證和實證兩類。哮喘患者的飲食應營養豐富，忌煙、酒。在日常食物之中，生薑、蔥白、冬瓜、柚子、核桃、梨對哮喘有良好的治療作用，生薑、蔥白可作為調味品，也可用於熬粥，其餘可用冰糖蒸食。白果燉雞、杏仁豆腐、杏仁露等也有助於哮喘的治療。

【眩暈食療】

眩暈為中醫學病名。眼花或目視昏黑為眩，頭旋轉為暈。眩暈多由體虛、肝風、痰濕或精神刺激所致，治療可採取補肝益腎、養心健脾的方法。西醫認為高血壓、神經官能症、腦震盪後遺症、耳道疾病也會出現眩暈症狀。在食物中，紫蘇葉、杏仁、銀耳、豬腦、紅棗都有助於治療眩暈，天麻魚頭、天麻汽鍋雞、白果燉雞對眩暈也有治療作用。

【水腫食療】

水腫為中醫學病名。即體內水液滯留，氾濫肌膚，引起眼瞼、頭面、四肢、腹背甚至全身浮腫。有陽水和陰水之分，陽水由肺失宣降、三焦決瀆壅阻、膀胱氣化功能失常所致；陰水多由脾腎陽虛，不能運化水濕所致。西醫認為，水腫指細胞間液體積聚而發生局部或全身浮腫，主要由血液或淋巴循環回流不暢、營養不良、腎臟和內分泌功能紊亂（如甲狀腺功能降退）、妊娠後期所致。

水腫的食療原則是：1.忌鹽，包括鹹肉、鹹魚、醃菜，禁食含鹽多的蝦、蟹及其它海產品；2.忌酒、蔥、韭、蒜等辛辣刺激性食物；3.多食清淡、利尿的蔬菜和水果，

如蘋果、冬瓜、西瓜、茄子、苦瓜、黃瓜、萵苣、獼猴桃、黃花。另外，茶水和鯉魚湯對水腫也有一定的治療作用。

【鼻淵食療】

鼻淵為中醫學病名。指鼻通常有黃色腥臭濁涕積滯，阻滯不通，嗅覺減退，一般因肺火風熱蘊鬱或膽熱上移所致。鼻淵患者的飲食應清淡，多食蔬菜、豆類，忌酒、熱燥和辛辣食物，可用金銀花、菊花泡水喝，或在烹飲茶時加入菊花同泡。

【胸痺食療】

胸痺為中醫學病名，表現為胸膺部痞塞、疼痛，是由上焦陽氣不通，致水飲、痰濁、瘀血於胸中所致。胸痺與西醫所言之高血壓、冠心病出現的胸悶、胸痛相似。胸痺食療應少食油脂，多食蔬菜水果。在日常食物中，蜂蜜、大棗、核桃、杏仁露、苦瓜、木耳、山楂、無花果以及茶水有助於胸痺的治療。

【中風食療】

中風為中醫病名，表現為突然昏倒、不省人事、口眼歪斜、半身不遂、語言不清。西醫認為中風與腦出血或腦血管硬化有關。中風的食療原則為：1.發作時禁食，以免發生窒息，緩解後可進流質或半流質；2.忌油膩、辛辣、燥熱食物；3.多吃蔬菜、水果，如柿、蘿蔔；4.綠豆粥、飲茶有助於中風的治療。

【心悸食療】

心悸為中醫學病名，指心跳悸動不安。有虛證和實證之分，虛證多由陰血虧損、心失所養，或心陽虛衰、腎陰不足所致；實證多由水飲上運、瘀血內結、痰火升動或受驚恐所致。心悸者飲食忌煙、酒、濃茶、咖啡等興奮刺激性食物，食物宜清淡。在日常食物中，桂圓、大棗、蓮子、沙參等對心悸有治療作用。

二、食療實例

【一品山藥】

山藥蒸熟後與麵粉製成餅，在餅上放果脯等原料蒸製成熟，澆以糖汁即成。對腎虛遺精、尿頻、體弱等症有效。

【二仁全鴨】

杏仁去皮與薏苡仁共放雞腹內，加薑、蔥、料酒、鹽、湯蒸製而成。適用於脾虛食少、肺虛咳嗽、慢性支氣管炎等症。

【二甲營養湯】

以鱉甲、牡蠣與母雞為主料，加適當輔料燉製而成。適用於陰虛內熱所致的頭昏、失眠、體弱等症。

【九月雞片】

雞脯肉切片，加蛋清、鹽，上漿後與鮮菊花瓣炒製而成。適用於風火目赤、頭暈失眠等症。

【八仙糕】

以枳實、白術、山藥、山楂、茯苓、蓮米、黨參、陳皮共熬煮後取藥汁，與粳米粉、糯米粉、白糖混勻蒸製成糕。適用於脾胃虛損、食慾不振、泄瀉等症。

【八寶飯】

薏仁、白扁豆、蓮米、核桃肉、龍眼肉、大棗、糖青梅與糯米、白糖蒸製而成。適用於脾胃虛弱引起的體虛少食、頭昏眩暈、口渴等症。

【八寶鴨子】

將薏仁、芡實、蓮米、扁豆、大棗、豬五花肉丁、糯米放鴨腹內，入油炸呈紅黃色後放蒸碗內，加薑、蔥、鹽、料酒等蒸製而

成。適用於腎虛遺精、白帶過多、脾虛食少、腹瀉等症。

【丁香鴨】

將丁香、肉桂、草蔻、鴨子放於鍋中，加蔥、薑煮至六成熟後放入滷汁內滷熟，再用適量滷汁加冰糖、鹽攪勻後澆在鴨子上，至色澤紅亮即成。適用於脾陽虛弱、月經不調、脘腹冷痛等症。

【人參雞】

人參與母雞放入鍋內，加入蔥、薑、鹽等輔料，燉製而成。適用於脾肺氣虛所致的氣短、喘促、自汗、肢冷、久病體弱、神經衰弱等症。

【人參菠餃】

人參研末，同瘦豬肉一起製成餡，菠菜取汁與麵粉製成水餃皮，包餡後煮製而成。適用於脾胃虛弱引起的食慾不振、體弱多病、頭昏失眠等症。

【人參雞油湯圓】

以人參粉、雞油、白糖、黑芝麻、蜜櫻桃等製成餡，用糯米粉包成湯圓煮製而成。適用於脾虛泄瀉、心悸自汗、體虛乏力等症狀。

【人參全鹿湯】

人參、黃芪、白術、杜仲、芡實、熟地黃、茯苓、牛膝、當歸等藥用乾淨紗布包好，與鹿肉同入鍋中，加薑、蔥、料酒等輔料經燉或蒸製而成。適用於虛勞羸瘦、四肢厥冷、腰膝酸痛、陽痿遺精等症。

【十全大補湯】

將黨參、黃芪、熟地、白術、肉桂、川芎、當歸、茯苓、乾草（甘草）用乾淨紗布包好，與豬肉、豬肚、墨魚同入鍋中，加薑、蔥、料酒、鹽等輔料燉製而成。適用於腎陽虛衰、面色萎黃、腳膝無力、脾虛食少等症。

【三七雞】

以三七、母雞為主料，加適量輔料燉製而成。適用於氣血不足、失血、貧血等症。

【三仙糕】

將人參、山藥、蓮米、茯苓、芡實研末，加入糯米粉、粳米粉、白糖蒸製而成。適用於脾胃虛弱、食慾不振、體虛乏力等症狀。

【川貝釀梨】

以川貝母、糯米、冰糖、蜜餞多瓜條等與雪梨蒸製而成。適用於虛勞咳嗽、痰少咽燥等症。

【山藥麵】

將山藥研成細末，與麵粉、豆粉、雞蛋製成麵條。適用於脾虛食少，泄瀉、腎虛遺精、帶下等症。

【山藥羊肉湯】

以山藥、羊肉為主料，加適量輔料燉製而成。適用於脾虛食少、泄瀉、腎虛腰酸背痛等症。

【山藥壽桃】

以山藥、蓮子、豆沙、果脯、蜜棗、白糖、蜂蜜、麵粉製成桃形，蒸製而成。適用於脾虛食少、便溏（大便稀薄），腎虛遺精、帶下、腰膝酸痛等症。

【山藥扁豆糕】

以山藥、大棗、扁豆、陳皮製成泥，再蒸成糕。適用於脾氣虛弱、便溏、食少、泄瀉、體弱等症。

【山楂肉乾】

以瘦豬肉加山楂先煮，再炸製而成。適用於脾虛食積不化、脘腹痞滿、瀉痢等症。

【山楂雞】

將山楂放雞腹內，加蜂蜜等蒸製而成。適用於食積、肉積、脘腹脹滿等症。

【馬齒莧粥】

以馬齒莧與粳米同煮成粥。適用於腸炎痢疾等症。

【烏芋豬肚】

荸薺（烏芋）去皮，與豬肚一起入鍋，加適量輔料蒸製而成。適用於脾肺虛弱的食少、食積、咳嗽等症。

【烏髮湯】

將首烏、熟地黃、山藥、澤瀉、當歸、天麻、側柏葉、黑芝麻、核桃等藥物與羊肉一同入鍋，加適量輔料燉製而成。適用於氣血兩虛引起的脫髮、鬚髮早白等症。

【烏雞白鳳湯】

將人參、當歸、生地黃、熟地黃、黃芪、山藥、丹參、白芍、川芎、鹿角膠、鱉甲等藥物與烏雞同入鍋中，加適量輔料燉製而成。適用於氣血虧虛引起的體弱神倦、腰膝酸軟、月經不調、白帶量多以及失眠、心悸等症。

【太子參雞】

將太子參放於仔雞腹內，加啤酒、薑、蔥、鹽等輔料燉製而成。適用於體虛乏力、食少、肺虛咳嗽、心悸、失眠等症。

【五龍魚肚】

將五味子、桑螵蛸、龍骨、芡實、茯苓、秋石共煮熬後取藥汁約100克，水發魚肚片成大片，加入玉蘭片、火腿條等輔料，配以適當調料，煨製而成。適用於腎虛所致的遺精、陽痿、腰痛、心悸失眠等症。

【巴戟雞】

以巴戟與母雞為原料，加入適量調料燉製而成。適用於腎虛所致的陽萎、遺精、尿頻、腰膝疼痛等症。

【貝母粥】

以適量的川貝母、糯米、白糖為原料煮製而成。適用於各種熱咳及慢性支氣管炎、肺氣腫等症。

【牛膝蹄筋】

牛膝、豬蹄筋入鍋，加入雞肉、冬菇及調料後蒸（亦可燒）製而成。適用於風濕關節炎、筋骨疼痛等症。

【石斛花生米】

以鮮石斛、花生米、鹽、茴香、山柰煮製而成。適用於胃上有熱引起的口乾煩燥、津少便秘等症。

【玉米鬚龜】

玉米鬚洗淨裝入乾淨紗布袋內，與烏龜肉一同入鍋，加適量調料燉製後去掉玉米鬚即成。適用於虛勞咯血、失血、陰虛熱咳、糖尿病、高血壓、黃疸肝炎等症。

【玉鬚烏雞】

玉米鬚洗淨後用乾淨紗布包紮好，與烏雞同入鍋，加適量調料，燉到烏雞爛時去掉玉鬚，調味即成。適用於骨蒸勞熱、咽乾津少、崩漏、帶下等症。

【白雪糕】

將山藥、芡實、蓮米、粳米、糯米磨成粉末，加水調成麵團，經蒸製而成。適用於脾虛食少、便溏、遺精、婦女白濁、白帶等症狀。

【白木耳粥】

以白木耳、紅棗、粳米、冰糖煮製而成。適用於虛勞咳嗽、痰中帶血、津少便秘、便血等症。

【白果肉丁】

以白果、瘦豬肉丁入鍋，加適量調料炒製而成。適用於肺虛久咳、尿頻、白帶過多等症。

【白果蒸鴨】

將白果、鴨入鍋，加適量調料蒸製而成。適用於肺虛咳喘痰多、帶下清稀、小便頻數等症。

【龍馬童子雞】

以海馬、仔公雞爲主料，加蝦仁及適量調料蒸製而成。適用於腎虛陽痿、早洩、小便頻數、崩漏、帶下等症。

【龍眼蓮子粥】

以龍眼、蓮子、大棗、糯米、白糖煮製而成。適用於血虛脾虛所致之面黃消瘦、便溏食少、心悸失眠等症。

【龍眼蒸雞】

以龍眼、核桃、母雞，加適量調料經蒸製而成。適用於陽痿遺精、虛煩失眠、腦力衰弱等症。

【歸芪蒸雞】

以黃芪、當歸、仔雞入鍋，加調料蒸製而成。適用於氣血虛損之面色萎黃、體倦乏力、產後失血等症。

【竹參心子】

先將玉竹、豬心加調料共煮至熟，再將豬心放滷汁內滷約半小時，切片即成。適用於心血不足、熱病傷陰之乾咳、失眠等症。

【竹葉粥】

嫩竹葉、石膏、粳米、冰糖共煮成粥。適用於風熱目赤、暑熱傷津、心煩口渴、尿赤等症。

【蟲草鴨】

以蟲草、老雄鴨爲原料，加適量調料燉或蒸製而成。適用於虛勞咳喘、自汗盜汗、陽痿、遺精、腰膝酸軟等症。

【蟲草鵪鶉】

以蟲草、鵪鶉入鍋，加適量調料蒸或燉製而成。適用於勞熱骨蒸、腰膝酸痛、肺虛咯血、神疲少食等症。

【蟲草汽鍋雞】

先將蟲草與雞塊加適量調料蒸熟，然後取出雞塊，潷出原汁，加鹽、胡椒調味，倒入汽鍋內燒熱，連汽鍋一同上桌即成。適用於肺腎虛弱所致之陽痿、咳喘等症。

【百仁全雞】

以百合、母雞入鍋，加適量調料燉或蒸製而成。適用於肺虛久咳、痰中帶血、病後虛煩、脾虛食少等症。

【百合仙桃】

先將鮮百合蒸熟製成泥，與糯米粉和勻，再將瘦豬肉泥加調料製成餡，用百合泥包餡心製成桃形，上籠蒸熟即成。適用於肺熱咳嗽、消渴多飲、自汗等症。

【百合肉片】

以百合、瘦豬肉、玉蘭片、木耳及調料適量炒製而成。適用於肺熱咳嗽、痰多、煩熱等症。

【百合杏仁粥】

以百合、杏仁、粳米、白糖煮製成粥。適用於肺胃陰傷、乾咳無痰、虛煩多夢、氣逆作喘等症。

【歸芪雞】

以當歸、黃芪、母雞入鍋，加適量調料燉製而成。適用於氣血虧損、神疲乏力、面色萎黃、產後失血等症。

【冰糖蓮子】

先將蓮米去盡紅衣，蒸熟，放網油上，加冰糖適量再蒸，然後將原汁加熱收濃後倒於蓮子上即成。適用於脾虛食少、腎虛遺精、肺虛燥咳及心悸失眠等症。

【芝麻糕】

先將桑椹、麻仁煮熬取汁，黑芝麻炒香，然後將糯米粉、粳米粉、白糖、藥汁調勻成糕狀，撒上芝麻，上籠蒸熟，再撒上芝麻即成。適用於體虛腸燥、大便乾燥等症。

【紅棗扣肉】

先將豬五花肉煮後抹上糖色，入油中炸至皮色紅時撈出，加紅棗及調料適量，蒸至熟爛即成。適用於脾虛腹瀉、食慾不振、心悸失眠等症。

【紅棗粥】

以紅棗、粳米、白糖煮製成粥。適用於脾胃虛弱、面色萎黃等症。

【紅杞鯽魚】

以枸杞子、鯽魚入鍋，加入適量調料燒製而成。適用於脾胃虛弱、食慾不振、體倦乏力等症。

【紅棗雞】

紅棗去核，與瘦豬肉等原料製成餡，將餡放雞腹內，加適量調料蒸製而成。適用於脾胃虛弱、食少腹瀉、心悸失眠等症。

【紅杞銀耳羹】

以枸杞子、銀耳、冰糖熬製而成。適用於肺腎陰虛所致的乾咳、虛勞久咳及熱病津傷口渴、尿赤便秘、虛煩失眠等症。

【紅棗益脾糕】

先將白朮、紅棗、雞內金熬煮後取藥汁，用藥汁和麵粉，加入白糖，待發酵後，加適量鹼，再蒸製成糕。適用於脾胃虛弱引起的食慾不振、消化不良、腹痛瀉泄等症。

【地黃甜雞】

將生地黃、桂圓肉切成顆粒，加入飴糖和勻，放雞腹內，加湯、大棗共同蒸製而成。適用於氣血不足、脾腎虧損所致的血虛、血熱、虛熱煩燥、盜汗等症。

【芡實鴨】

以芡實、老鴨入鍋，加適量調料燉製而成。適用於糖尿病、水腫、遺精等症。

【阿黃豬肝湯】

先將阿膠熔化，黃芪、大棗熬煮取藥汁，再將豬肝切片後入鍋，加入藥汁及適量調料煮製而成。適用於血虛眩暈、心悸、吐血、便血、貧血等症。

【沙苑魚肚】

先將沙苑子熬煮取藥汁，再將魚肚切片後入鍋，加藥汁及調料共同煨製而成。適用於腎虛所致的遺精、陽痿、小便頻數、腰膝酸痛等症。

【沙參燉鴨】

將沙參、玉竹與老鴨一同入鍋，加適量調料燉製而成。適用於肺熱乾咳、口渴心煩、慢性氣管炎等症。

【沙參心肺湯】

以沙參、玉竹與豬心肺共燉而成。適用於老年肺虛咳嗽、大便燥結、口渴多飲等症狀。

【靈芝豬心】

先將靈芝熬煮取藥汁，與豬心入鍋，加調料共煮至六成熟時撈出，再將豬心放入滷汁內滷熟，切片；取滷汁少許，加入調料適量，收汁後淋豬心片上即成。適用於病後體虛、貧血、心悸不眠等症。

【靈芝鴨】

先將靈芝、肉桂、草果熬煮取藥汁，放入調料後加入鴨煮至熟，撈出鴨，再放入滷汁內滷約半小時即成。適用於肺虛咳嗽、氣管炎、便秘等症。

【靈芝乳鴿】

用靈芝與乳鴿燉製而成。適用於體虛乏力、表虛自汗等症。

【婦科保健湯】

將人參研末，鹿角膠、鱉甲、牡蠣、桑螵蛸、黃芪、當歸、白芍、熟地、川芎、山藥、白芍、丹參等藥用乾淨紗布包好，與烏骨雞一同入鍋，再加調料燉製而成。適用於氣血兩虛所致的身體瘦弱、腰膝酸軟、月經不調等症。

【蓯蓉牡蠣湯】

將肉蓯蓉、巴戟、雞血藤、金櫻子、牡蠣洗淨，裝入乾淨紗布袋內；牡蠣肉、墨魚片成厚片入鍋，放藥料袋和適量調料煮製而成。適用於氣血虛弱和腎虛所致之頭眩、心悸、陽痿、腰痛等症。

【蓯蓉海參】

先將肉蓯蓉切片後用乾淨紗布包紮；海參片成厚片，與藥料袋一同入鍋，加適量調料燒製而成。適用於腰膝酸痛、陽痿遺精、腸燥便秘等症。

【蓯蓉粥】

先將淨肉蓯蓉熬煮取藥汁，然後與羊肉、粳米共煮成粥。適用於腎虛陽痿、腰膝冷痛、筋骨無力、便秘等症。

【杜仲腰花】

先將杜仲熬煮取藥汁。再與豬腰同入鍋，加適量調料炒製而成。適用於腎虛腰痛、筋骨酸軟、陽痿、遺精、尿頻等症。

【陳皮鴨】

先將鴨汆水後抹上糖色，放入油中炸至金黃色時撈出，加陳皮、調料適量上籠蒸炣（食物爛糊、軟和）；原湯勾芡後，澆於鴨上即成。適用於脘腹脹滿、腹瀉等症。

【豆蔻饅頭】

先將豆蔻去殼磨粉，再與麵粉製麵團，蒸製成饅頭。適用於脾胃不和、冷痛、食少、氣滯、胸悶等症。

【苡仁肚條】

將豬肚汆水，切條；苡仁煮約半小時後下肚條，加入適量調料煨製而成。適用於脾虛食少、腹瀉、水腫、白帶、肺癰、腸痛等症狀。

【苡仁釀藕】

先將鮮藕一端節削去，洗淨，裝入苡仁、糯米，後封口，上籠蒸熟，取出切片後放入裝豬網油的碗內，再放入百合、芡實、蓮子蒸熟，加糖汁即成。適用於肺虛久咳、熱病煩渴等症。

【苡仁粥】

苡仁打碎與粳米共煮成粥。適用於脾虛腹瀉、風濕痹痛、水腫等症。

【苡仁抄手】

將苡仁用雞湯煨炣，加入煮熟的抄手碗中即成。適用於脾胃不和、泄瀉、水腫、燥咳等症。

【棗泥桃酥】

將山藥、大棗泥、桃仁製成餡，麵粉製成油酥麵，包餡後炸製而成。適用於脾虛食少、腎虛陽痿、腰痛等症。

【棗杏燜鴨】

以大棗、杏仁、板栗、核桃與鴨一同入鍋，加入適量調料燜製而成。適用於脾虛食

少、腎虛腰痛等症。

【棗蔻煨肘】

以大棗、豆蔻、冰糖、豬肘爲原料，加入適量調料煨製而成。適用於脾胃不和、嘔吐腹瀉、月經不調等症。

【玫瑰棗糕】

先將大棗、紅薯煮熟製泥；核桃仁、蜜瓜條、荸薺各切丁；再將上述各料加豬油和勻後蒸製而成。適用於腎虛腰痛、咳喘、脾虛食少、便秘等症。

【茯苓包子】

將茯苓研末，加瘦豬肉與調料製成餡心，麵粉做皮，包餡製成包子後蒸熟即成。適用於脾虛食少、小便不利、失眠等症。

【茯苓餅】

以茯苓製末，加白糖製成餡，用米粉製成麵團後包入餡心成餅，加入油煎製而成。適用於脾胃虛弱、食少、浮腫、失眠等症。

【板栗燒雞】

板栗與仔雞入鍋，加調料燒製而成。適用於脾胃虛弱、腰膝無力、筋骨腫痛、氣管炎、小兒腳弱無力等症。

【果仁排骨】

先將草果、苡仁熬煮取藥汁，放入豬排骨煮後撈出；再將排骨放入滷汁內滷熟，加冰糖、調料製成。適用於脾虛有濕、筋骨疼痛、食少便秘等症。

【參蒸鱔段】

黨參、當歸切片後與鱔段入鍋，加調料適量蒸製而成。適用於久病體虛、筋骨酸軟、面黃消瘦、疲倦乏力等症。

【參蔻鰱魚】

以黨參、白豆蔻、陳皮、鰱魚入鍋，加

入調料，蒸製而成。適用於脾胃冷痛、食慾不振、腹脹等症。

【參麥團魚】

以人參、浮小麥、茯苓與甲魚共入鍋，加入調料蒸製而成。適用於陰虛骨蒸勞熱、體虛盜汗、神倦氣短等症。

【參芪鴨條】

黨參、黃芪、陳皮與鴨一同入鍋，加調料共同煨製而成。適用於脾胃虛弱、氣虛咳喘、食慾不振等症。

【砂仁肚條】

先將砂仁研末，豬肚汆水、切條後入鍋，加入砂仁末、調料，共同煨製而成。適用於脾胃不和，濕阻氣滯，食慾不振，胎動不安等症。

【砂仁鯽魚】

將砂仁、胡椒、陳皮、辣椒、花椒、蓽茇、生薑、蔥及鹽等裝入魚腹內，先炸後煨而成。適用於脾胃虛寒、脘腹冷痛、食少腹脹等症。

【枸杞肉絲】

以枸杞與瘦豬肉絲爲原料，加調料炒製而成。適用於陰虛煩悶、腎虛腰痛、眼花頭昏等症。

【枸杞腰花】

以枸杞與豬腰爲原料，加入調料炒製而成。適用於目眩、頭暈、腰膝酸痛等症。

【枸杞蒸乳鴿】

以枸杞子、雞內金與乳鴿共同入鍋，加調料蒸製而成。適用於腎虛陽痿、遺精、腰痛、脾虛食少等症。

【首烏肝片】

先將首烏熬煮取藥汁，再將豬肝片入

鍋，加木耳、藥汁及調料炒製而成。適用於血虛眩暈、視物模糊、鬚髮早白、腰腿酸痛等症。

【柏子仁雞】

柏子仁與母雞入鍋，加調料蒸製而成。適用於心悸失眠、腸燥便秘等症。

【神仙鴨】

將大棗、蓮子、白果、人參與鴨入鍋，加調料蒸製而成。適用於脾虛食少、體倦乏力、腹瀉、心悸失眠、血虛眩暈等症。

【益母雞】

用益母草、八角、花椒及其他調料與母雞一起蒸製而成。適用於月經不調、經閉經痛等症。

【桑椹糕】

先將桑椹、墨旱蓮、女貞子熬煮取藥汁，再與麵粉、白糖、雞蛋製成麵團蒸熟即成。適用於陰虛眩暈、咳嗽、失眠、腰痛等症狀。

【桑椹豬腰】

豬腰切花後入鍋，加桑椹及調料，經炒製而成。適用於陰虛血燥所致之眩暈、失眠、腰膝酸痛、大便乾燥等症。

【海帶鴨子】

海帶與鴨入鍋，加調料燉製而成。適用於老年動脈硬化、高血壓、心臟病等。

【蓮子鍋蒸】

以蓮米、百合、扁豆、核桃、荸薺、麵粉、白糖等烹製而成。適用於脾虛食少、腹瀉、帶下、肺燥乾咳、腎虛遺精等症。

【蓮肉糕】

以蓮米與糯米爲原料，加入白糖製成。適用於病後體弱、食少便溏等症。

【蓮子豬肚】

以蓮米與豬肚入鍋，加調料蒸製而成。適用於脾胃虛弱、食少便溏等症。

【荸薺豆漿】

先將荸薺搗爛取汁，再與白糖、豆漿加熱拌勻即成。適用於肺熱咳嗽、腸熱便秘、胃熱口渴、血痢便血等症。

【消食餅】

以神曲、山楂、白術、大棗、麵粉、白糖蒸製而成。適用於小兒傷食、消化不良、食積等症。

【黃精豬肘】

以黃精、黨參、大棗、豬肘爲原料，加調料煨製而成。適用於脾胃虛弱、食慾不振、肺虛咳嗽、病後體弱等症。

【黃芪雞】

以黃芪、母雞入鍋，加調料燉製而成。適用於脾胃氣虛、食慾不振、體虛乏力等症狀。

【黃芪鯽魚】

以黃芪、黨參、鯽魚入鍋，加調料煨製而成。適用於脾胃虛弱、水腫脹滿、咳嗽氣逆等症。

【黃精鱔片】

黃精搗茸，鱔魚片入鍋，加黃精茸及調料炒製而成。適用於氣血虛弱引起的貧血、面色無華、頭昏失眠等症。

【黃芪鵪鶉】

以黃芪、苡仁、鵪鶉入鍋，加調料蒸製而成。適用於脾胃虛弱、水腫腹瀉、小便不利等症。

【黃精甲魚】

以黃精、杜仲、甲魚入鍋，加調料蒸製

而成。適用於肝腎陰虛所致的腰膝酸痛、筋
骨無力、骨蒸勞熱、病後體弱等症。

筆 記 欄

第四篇

大陸法規與規定

第一章
法律法規

一、 中華人民共和國野生動物保護法

（1988年11月8日第七屆全國人民代表大會常務委員會第四次會議通過根據2004年8月28日第十屆全國人民代表大會常務委員會第十一次會議《關於修改〈中華人民共和國野生動物保護法〉的決定》修正）

【第一章 總則】

第一條 為保護、拯救珍貴、瀕危野生動物，保護、發展和合理利用野生動物資源，維護生態平衡，制定本法。

第二條 在中華人民共和國境內從事野生動物的保護、馴養繁殖、開發利用活動，必須遵守本法。

本法規定保護的野生動物，是指珍貴、瀕危的陸生、水生野生動物和有益的或者有重要經濟、科學研究價值的陸生野生動物。

本法各條款所提野生動物，均系指前款規定的受保護的野生動物。

珍貴、瀕危的水生野生動物以外的其他水生野生動物的保護，適用漁業法的規定。

第三條 野生動物資源屬於國家所有。

國家保護依法開發利用野生動物資源的單位和個人的合法權益。

第四條 國家對野生動物實行加強資源保護、積極馴養繁殖、合理開發利用的方針，鼓勵開展野生動物科學研究。

在野生動物資源保護、科學研究和馴養繁殖方面成績顯著的單位和個人，由政府給予獎勵。

第五條 中華人民共和國公民有保護野生動物資源的義務，對侵佔或者破壞野生動物資源的行為有權檢舉和控告。

第六條 各級政府應當加強對野生動物資源的管理，制定保護、發展和合理利用野生動物資源的規劃和措施。

第七條 國務院林業、漁業行政主管部門分別主管全國陸生、水生野生動物管理工作。

省、自治區、直轄市政府林業行政主管部門主管本行政區域內陸生野生動物管理工作。

自治州、縣和市政府陸生野生動物管理工作的行政主管部門，由省、自治區、直轄市政府確定。

縣級以上地方政府漁業行政主管部門主管本行政區域內水生野生動物管理工作。

【第二章 野生動物保護】

第八條 國家保護野生動物及其生存環境，禁止任何單位和個人非法獵捕或者破壞。

第九條 國家對珍貴、瀕危的野生動物實行重點保護。國家重點保護的野生動物分為一級保護野生動物和二級保護野生動物。國家重點保護的野生動物名錄及其調整，由國務院野生動物行政主管部門制定，報國務院批准公佈。

地方重點保護野生動物，是指國家重點保護野生動物以外，由省、自治區、直轄市重點保護的野生動物。地方重點保護的野生動物名錄，由省、自治區、直轄市政府制定並公佈，報國務院備案。

國家保護的有益的或者有重要經濟、科學研究價值的陸生野生動物名錄及其調整，由國務院野生動物行政主管部門制定並公佈。

第十條 國務院野生動物行政主管部門和省、自治區、直轄市政府，應當在國家和地方重點保護野生動物的主要生息繁衍的地區和水域，劃定自然保護區，加強對國家和地方重點保護野生動物及其生存環境的保護管理。

自然保護區的劃定和管理，按照國務院有關規定辦理。

第十一條 各級野生動物行政主管部門應當監視、監測環境對野生動物的影響。由於環境影響對野生動物造成危害時，野生動物行政主管部門應當會同有關部門進行調查處理。

第十二條 建設專案對國家或者地方重點保護野生動物的生存環境產生不利影響的，建設單位應當提交環境影響報告書；環境保護部門在審批時，應當徵求同級野生動物行政主管部門的意見。

第十三條 國家和地方重點保護野生動物受到自然災害威脅時，當地政府應當及時採取拯救措施。

第十四條 因保護國家和地方重點保護野生動物，造成農作物或者其他損失的，由當地政府給予補償。補償辦法由省、自治區、直轄市政府制定。

【第三章 野生動物管理】

第十五條 野生動物行政主管部門應當定期組織對野生動物資源的調查，建立野生動物資源檔案。

第十六條 禁止獵捕、殺害國家重點保護野生動物。因科學研究、馴養繁殖、展覽或者其他特殊情況，需要捕捉、捕撈國家一級保護野生動物的，必須向國務院野生動物行政主管部門申請特許獵捕證；獵捕國家二級保護野生動物的，必須向省、自治區、直轄市政府野生動物行政主管部門申請特許獵捕證。

第十七條 國家鼓勵馴養繁殖野生動物。

馴養繁殖國家重點保護野生動物的，應當持有許可證。許可證的管理辦法由國務院野生動物行政主管部門制定。

第十八條 獵捕非國家重點保護野生動物的，必須取得狩獵證，並且服從獵捕量限額管理。

持槍獵捕的，必須取得縣、市公安機關核發的持槍證。

第十九條　獵捕者應當按照特許獵捕證、狩獵證規定的種類、數量、地點和期限進行獵捕。

第二十條　在自然保護區、禁獵區和禁獵期內，禁止獵捕和其他妨礙野生動物生息繁衍的活動。

禁獵區和禁獵期以及禁止使用的獵捕工具和方法，由縣級以上政府或者其野生動物行政主管部門規定。

第二十一條　禁止使用軍用武器、毒藥、炸藥進行獵捕。

獵槍及彈具的生產、銷售和使用管理辦法，由國務院林業行政主管部門會同公安部門制定，報國務院批准施行。

第二十二條　禁止出售、收購國家重點保護野生動物或者其產品。因科學研究、馴養繁殖、展覽等特殊情況，需要出售、收購、利用國家一級保護野生動物或者其產品的，必須經國務院野生動物行政主管部門或者其授權的單位批准；需要出售、收購、利用國家二級保護野生動物或者其產品的，必須經省、自治區、直轄市政府野生動物行政主管部門或者其授權的單位批准。

馴養繁殖國家重點保護野生動物的單位和個人可以憑馴養繁殖許可證向政府指定的收購單位，按照規定出售國家重點保護野生動物或者其產品。

工商行政管理部門對進入市場的野生動物或者其產品，應當進行監督管理。

第二十三條　運輸、攜帶國家重點保護野生動物或者其產品出縣境的，必須經省、自治區、直轄市政府野生動物行政主管部門或者其授權的單位批准。

第二十四條　出口國家重點保護野生動物或者其產品的，進出口中國參加的國際公約所限制進出口的野生動物或者其產品的，必須經國務院野生動物行政主管部門或者國務院批准，並取得國家瀕危物種進出口管理機構核發的允許進出口證明書。海關憑允許進出口證明書查驗放行。

涉及科學技術保密的野生動物物種的出口，按照國務院有關規定辦理。

第二十五條　禁止偽造、倒賣、轉讓特許獵捕證、狩獵證、馴養繁殖許可證和允許進出口證明書。

第二十六條　外國人在中國境內對國家重點保護野生動物進行野外考察或者在野外拍攝電影、錄影，必須經國務院野生動物行政主管部門或者其授權的單位批准。

建立對外國人開放的獵捕場所，應當報國務院野生動物行政主管部門備案。

第二十七條　經營利用野生動物或者其產品的，應當繳納野生動物資源保護管理費。收費標準和辦法由國務院野生動物行政主管部門會同財政、物價部門制定，報國務院批准後施行。

第二十八條　因獵捕野生動物造成農作物或者其他損失的，由獵捕者負責賠償。

第二十九條　有關地方政府應當採取措施，預防、控制野生動物所造成的危害，保障人畜安全和農業、林業生產。

第三十條　地方重點保護野生動物和其他非國家重點保護野生動物的管理辦法，由省、自治區、直轄市人民代表大會常務委員會制定。

【 第四章　法律責任 】

第三十一條　非法捕殺國家重點保護野生動物的，依照關於懲治捕殺國家重點保護的珍貴、瀕危野生動物犯罪的補充規定追究刑事責任。

第三十二條　違反本法規定，在禁獵區、禁獵期或者使用禁用的工具、方法獵捕野生動物的，由野生動物行政主管部門沒收獵獲物、獵捕工具和違法所得，處以罰款；情節嚴重、構成犯罪的，依照刑法第一百三十條的規定追究刑事責任。

第三十三條　違反本法規定，未取得狩獵證或者未按狩獵證規定獵捕野生動物的，由野生動物行政主管部門沒收獵獲物和違法所得，處以罰款，並可以沒收獵捕工具，吊銷狩獵證。

違反本法規定，未取得持槍證持槍獵捕野生動物的，由公安機關比照治安管理處罰條例的規定處罰。

第三十四條　違反本法規定，在自然保護區、禁獵區破壞國家或者地方重點保護野生動物主要生息繁衍場所的，由野生動物行政主管部門責令停止破壞行為，限期恢復原狀，處以罰款。

第三十五條　違反本法規定，出售、收購、運輸、攜帶國家或者地方重點保護野生動物或者其產品的，由工商行政管理部門沒收實物和違法所得，可以並處罰款。

違反本法規定，出售、收購國家重點保護野生動物或者其產品，情節嚴重、構成投機倒把罪、走私罪的，依照刑法有關規定追究刑事責任。

沒收的實物，由野生動物行政主管部門或者其授權的單位按照規定處理。

第三十六條　非法進出口野生動物或者其產品的，由海關依照海關法處罰；情節嚴重、構成犯罪的，依照刑法關於走私罪的規定追究刑事責任。

第三十七條　偽造、倒賣、轉讓特許獵捕證、狩獵證、馴養繁殖許可證或者允許進出口證明書的，由野生動物行政主管部門或者工商行政管理部門吊銷證件，沒收違法所得，可以並處罰款。

偽造、倒賣特許獵捕證或者允許進出口證明書，情節嚴重、構成犯罪的，比照刑法第一百六十七條的規定追究刑事責任。

第三十八條　野生動物行政主管部門的工作人員怠忽職守、濫用職權、徇私舞弊的，由其所在單位或者上級主管機關給予行政處分；情節嚴重、構成犯罪的，依法追究刑事責任。

第三十九條　當事人對行政處罰決定不服的，可以在接到處罰通知之日起十五日內，向作出處罰決定機關的上一級機關申請覆議；對上一級機關的覆議決定不服的，可以在接到覆議決定通知之日起十五日內，向法院起訴。當事人也可以在接到處罰通知之日起十五日內，直接向法院起訴。當事人逾期不申請覆議或者不向法院起訴又不履行處罰決定的，由作出處罰決定的機關申請法院強制執行。

對海關處罰或者治安管理處罰不服的，依照海關法或者治安管理處罰條例的規定辦理。

【 第五章　附則 】

第四十條　中華人民共和國締結或者參加的與保護野生動物有關的國際條約與本法有不同規定的，適用國際條約的規定，但中華人民共和國聲明保留的條款除外。

第四十一條　國務院野生動物行政主管部門根據本法制定實施條例，報國務院批准施行。

省、自治區、直轄市人民代表大會常務委員會可以根據本法制定實施辦法。

第四十二條　本法自1989年3月1日起施行。

⊕「國家重點保護野生動物名錄」可連結中國大陸「國家環境保護總局」網站。

http://www.zhb.gov.cn/natu/swdyx/swwzzybh/200211/t20021118_83384.htm

二、四川省《中華人民共和國野生動物保護法實施辦法》

省《中華人民共和國野生動物保護法》實施辦法。（1990年1月16日四川省第七屆人民代表大會常務委員會第十三次會議通過，根據1996年6月18日四川省第八屆人民代表大會常務委員會第二十一次會議通過的《四川省〈中華人民共和國野生動物保護法〉實施辦法修正案》第一次修正，根據2004年9月24日四川省第十屆人民代表大會常務委員會第十一次會議《關於修改〈四川省《中華人民共和國野生動物保護法》實施辦法〉的決定》第二次修正）。

【第一章 總則】

第一條 根據《中華人民共和國野生動物保護法》，結合四川實際，制定本實施辦法。

第二條 在四川省行政區域內從事野生動物保護管理、馴養繁殖、開發利用、科學研究等活動，必須遵守《中華人民共和國野生動物保護法》和本實施辦法。

第三條 本實施辦法規定保護的野生動物，是指國家和省重點保護的陸生、水生野生動物；國家和省保護的有益的或者有重要經濟、科學研究價值的陸生野生動物。國家和省重點保護的水生野生動物以外的其他水生野生動物的保護管理，適用漁業法律、法規的規定。

第四條 野生動物資源屬於國家所有。

依法進行科學研究、馴養繁殖和其他開發利用野生動物資源者的合法權益受法律保護。

第五條 野生動物的保護管理，實行加強資源保護、積極馴養繁殖、合理開發利用的方針，鼓勵開展野生動物科學研究。

任何單位和個人都有保護野生動物資源的義務，對侵佔或者破壞野生動物資源的行為，有權制止、檢舉和控告。

在野生動物的保護管理、馴養繁殖和科學研究等方面有突出成績的單位和個人，由人民政府給予獎勵。

第六條 縣級以上（含縣，下同）人民政府應當把保護、發展和合理利用野生動物資源納入國民經濟和社會發展計畫。

縣級以上人民政府野生動物行政主管部門，每五年至少組織一次野生動物資源調查，建立資源檔案。

第七條 省林業廳、省水利廳是省人民政府的野生動物行政主管部門，分別主管全省陸生、水生野生動物的保護管理工作；縣級以上林業、漁業行政主管部門，是本級人民政府的野生動物行政主管部門，分別主管本行政區域內陸生、水生野生動物保護管理工作。

縣級以上陸生野生動物行政主管部門，應當設立與工作任務相適應的管理機構或專管人員。縣級以上漁業行政主管部門所屬的漁政監督管理機構和漁政檢查人員，是水生野生動物的管理機構和專管人員。

第八條 保護管理野生動物資源所需經費，在縣級以上人民政府野生動物行政主管部門的年度經費中列支，納入同級財政預算。

建立野生動物保護發展基金制度。

【 第二章 野生動物保護 】

第九條 國家重點保護的野生動物名錄，按國務院批准公佈的執行；國家保護的有益的或者有重要經濟、科學研究價值的陸生野生動物名錄，按國務院野生動物行政主管部門公佈的執行。

省重點保護的野生動物名錄，由省野生動物行政主管部門提出，省人民政府批准公佈，報國務院備案；省保護的有益的或者有重要經濟、科學研究價值的野生動物名錄，由省野生動物行政主管部門制定公佈，報省人民政府備案。

第十條 每年十月爲四川省保護野生動物宣傳月。每年四月的第一周爲四川省愛鳥周。

每年三、四、五、六、七月爲全省禁獵期，但經國家批准的狩獵場除外。

第十一條 縣級以上人民政府野生動物行政主管部門，應採取生物和工程技術措施，改善野生動物主要生息繁衍環境和食物條件。

單位和個人對傷病、受困、擱淺、迷途的國家和省重點保護野生動物，應盡力救護，並及時報告當地野生動物行政主管部門。

第十二條 禁止污染野生動物生息環境；禁止破壞野生動物巢、穴、洞、索餌場和洄游通道；禁止在國家和省重點保護野生動物主要生息繁衍場所使用有毒有害藥物。

第十三條 省人民政府應在珍稀或有特殊保護價值的野生動物的主要生息繁衍地區和水域劃定自然保護區。在野生動物資源遭受嚴重破壞或資源貧乏的地區，由縣級人民政府劃定限期性的禁止獵捕區。分佈零散的珍稀野生動物，由所在地的縣級人民政府明令保護。

自然保護區的範圍和用途，未經原批准機關批准，不得改變。

在自然保護區內禁止採伐、獵捕、墾荒、開礦。

第十四條 在國家和省重點保護野生動物的集中分佈區，應逐級建立保護管理責任制。具體辦法由縣級人民政府野生動物行政主管部門制定。

大熊貓、鱘魚主要生息繁衍場所所在縣，對大熊貓、鱘魚的保護管理實行縣級人民政府行政首長負責制。

第十五條 因保護野生動物，造成農作物或其他損失的，應給予補償。補償經費由省、市、州、縣人民政府承擔。具體補償辦法，由省人民政府制定。

【 第三章 獵捕管理 】

第十六條 禁止捕殺、採集國家和省重點保護野生動物（含卵）。因科學研究、養殖、展覽、交換、贈送或其他特殊情況，需要捕捉國家一級重點保護野生動物的，必須經省野生動物行政主管部門審核，向國務院野生動物行政主管部門申請特許獵捕證；獵捕國家二級和省重點保護野生動物的，必須經市、州人民政府野生動物行政主管部門審核，向省野生動物行政主管部門申請特許獵捕證。

第十七條 獵捕國家和省保護的有益的或者有重要經濟、科學研究價值的野生動物，必須經縣級人民政府野生動物行政主管部門審核後，向市、州人民政府野生動物行政主管部門申請領取獵捕證。獵捕證由省野生動物行政主管部門印製。

獵捕動物種類和年度獵捕量限額，由省陸生野生動物行政主管部門下達，不得超過。獵捕證每年驗證一次，對不按照獵捕證規定獵捕的應註銷獵捕證。

第十八條 獵捕者應按批准的種類、數量、場所、期限、工具、方法進行獵捕。嚴禁非法獵捕。

第十九條 禁止使用軍用武器、小口徑步槍、汽槍、毒藥、炸藥、地弓、地槍、鐵夾、

豬套、鳥網、陷阱、火攻等工具和方法進行獵捕。因特殊需要使用獵套、鳥網、陷阱捕捉的，必須經縣級人民政府野生動物行政主管部門批准。

第二十條　誤捕國家和省重點保護的水生野生動物，應立即放回原生息場所；誤傷的應及時救護，並報告當地野生動物行政主管部門。

第二十一條　嚴禁獵捕、買賣國家和省保護的益鳥。

在城市、工礦、鄉鎮、村院等人口聚居區，禁止捕捉、獵殺鳥類，採集鳥卵，搗毀鳥巢。

第二十二條　外國人在四川省境內對非國家重點保護野生動物進行野外考察、標本採集或者在野外拍攝電影、錄影的，必須經省野生動物行政主管部門批准。

外國人需要攜帶、郵寄或以其他方式將野生動物標本及其衍生物運出國（邊）境的，必須經省野生動物行政主管部門審核同意後，報國務院野生動物行政主管部門批准。

【 第四章　馴養繁殖和經營利用管理 】

第二十三條　鼓勵開展野生動物科學研究和馴養繁殖。加強野生動物保護區、飼養場、馴養繁殖場、科學研究單位和動物園的管理工作。

第二十四條　馴養繁殖野生動物的單位和個人，須按下列規定申請領取馴養繁殖許可證：屬國家重點保護野生動物，按國家有關規定辦理；屬省重點保護野生動物，由市、州人民政府野生動物行政主管部門審核，報省野生動物行政主管部門批准；屬國家和省保護的有益的或者有重要經濟、科學研究價值的野生動物，由縣級人民政府野生動物行政主管部門審核，報市、州人民政府野生動物行政主管部門批准。

停止馴養繁殖野生動物的，應向批准機關申請註銷馴養繁殖許可證，按規定妥善處理馴養繁殖的野生動物。

第二十五條　馴養繁殖許可證每年十二月驗證一次。從事野生動物馴養繁殖的單位不得收購無證獵捕的野生動物。

第二十六條　禁止非法出售、收購、利用、加工、轉讓野生動物或其產品。因科學研究、養殖、展覽、交換、贈送和其他特殊情況，需要出售、收購、利用、加工、轉讓的，屬國家一級保護野生動物或其產品，須經省野生動物行政主管部門審核，報國務院野生動物行政主管部門或其授權的單位批准；屬國家二級和省重點保護野生動物或其產品，須經市、州人民政府野生動物行政主管部門審核，報省野生動物行政主管部門批准；屬國有和省保護的有益的或者有重要經濟、科學研究價值的野生動物或其產品，由市、州人民政府野生動物行政主管部門批准。

第二十七條　馴養繁殖野生動物的單位和個人，憑馴養繁殖許可證，向縣級以上人民政府指定的收購單位出售野生動物或其產品。

第二十八條　運輸、郵寄和攜帶野生動物或其產品，必須辦理准運證。出縣境的准運證，由所在市、州人民政府野生動物行政主管部門核發；出省境的，由省野生動物行政主管部門核發；出國（邊）境的，必須經省野生動物行政主管部門審核同意後，報國務院野生動物行政主管部門審批。

運輸野生動物不得超越准運證規定的種類、數量、期限和起止地點。活體野生動物的運輸及裝貨應當遵守國家有關規定和我國參加的國際公約的規定。

第二十九條　林業行政主管部門依法設立的木材檢查站對非法運輸的野生動物及其產品有權制止，予以扣留。任何單位和個人不得拒絕。木材檢查站擋獲的野生動物及其產品，應

及時交當地野生動物行政主管部門處理。

　　第三十條　經營野生動物或其產品，實行經營許可證制度。經營許可證管理辦法，由省野生動物行政主管部門會同省工商行政管理部門制定。

　　對經營的野生動物或其產品，野生動物行政主管部門、工商行政管理部門或者其他行政管理部門都應依法加強監督管理。工商行政管理部門或者其他行政管理部門在依法監督管理中擋獲的野生動物及其產品，應及時交給當地野生動物行政主管部門按照國家規定處理。

　　第三十一條　禁止任何單位和個人超越經營許可證規定的種類、數量和期限經營野生動物或其產品。

【 第五章 罰則 】

　　第三十二條　違反本實施辦法的規定，有下列行爲之一的，依照《中華人民共和國野生動物保護法》的規定處罰。需要處以罰款的，陸生野生動物依照《中華人民共和國陸生野生動物保護實施條例》規定的標準執行，水生野生動物依照《中華人民共和國水生野生動物保護實施條例》規定的標準執行：

　　（一）非法捕殺國家重點保護野生動物的；
　　（二）在禁獵區、禁獵期或者使用禁用的工具、方法獵捕非國家重點保護野生動物的；
　　（三）未取得獵捕證或者未按獵捕證規定獵捕非國家重點保護野生動物的；
　　（四）未取得持槍證持槍獵捕非國家重點保護野生動物的；
　　（五）在自然保護區、禁獵區破壞國家或者省重點保護野生動物主要生息繁衍場所的；
　　（六）出售、收購、運輸、攜帶國家或者省重點保護野生動物或者其產品的；
　　（七）僞造、倒賣、轉讓特許獵捕證、獵捕證、馴養繁殖許可證或者允許進出口證明書的；
　　（八）非法進出口野生動物或者其產品的。

　　第三十三條　違反本實施辦法的規定，有下列行爲之一的，陸生野生動物依照《中華人民共和國陸生野生動物保護實施條例》的規定處罰，水生野生動物依照《中華人民共和國水生野生動物保護實施條例》的規定處罰：

　　（一）在自然保護區、禁獵區破壞非國家或者省重點保護野生動物主要生息繁衍場所的；
　　（二）未取得馴養繁殖許可證或者超越馴養繁殖許可證規定範圍馴養繁殖國家重點保護野生動物的。

　　第三十四條　違反本實施辦法的規定，非法捕殺省重點保護野生動物的，由野生動物行政主管部門沒收獵獲物、獵捕工具和違法所得，吊銷特許獵捕證，並處以相當於獵獲物價值8倍以下的罰款，沒有獵獲物的處8000元以下的罰款。

　　第三十五條　違反本實施辦法的規定，外國人未經批准在四川境內對非國家重點保護野生動物進行野外考察、標本採集或者在野外拍攝電影、錄影的，由野生動物行政主管部門沒收考察、拍攝的資料以及所獲標本，可並處4萬元以下罰款。

　　第三十六條　違反本實施辦法的規定，誤捕國家和省重點保護的水生野生動物不立即放回原生息場所，或者誤傷國家和省重點保護水生野生動物不及時救護與報告的，由野生動物行政主管部門給予警告，責令糾正，可處500元以上2000元以下的罰款。

　　第三十七條　違反本實施辦法的規定，獵捕、買賣國家和省保護的益鳥，或者在人口聚居區捕捉獵殺鳥類、採集鳥卵、搗毀鳥巢的，由野生動物行政主管部門給予警告，責令停止

違法行為，沒收獵獲物及其獵捕工具，可處5000元以下的罰款；沒有獵獲物的，沒收獵捕工具，可處1000元以下的罰款。

　　第三十八條　違反本實施辦法的規定，未取得馴養繁殖許可證或者超越馴養繁殖許可證規定範圍馴養繁殖國家重點保護野生動物以外的野生動物的，由野生動物行政主管部門沒收違法所得，處2000元以下罰款，可以並處沒收野生動物、吊銷馴養繁殖許可證。

　　違反本實施辦法的規定，收購無證獵捕的野生動物的，由野生動物行政主管部門沒收實物和違法所得，並處相當於實物價值3倍以下的罰款，吊銷馴養繁殖許可證。

　　第三十九條　違反本實施辦法的規定，偽造、倒賣、轉讓經營許可證的，由野生動物行政主管部門吊銷證件，沒收違法所得，處以5000元以上2萬元以下的罰款。

　　第四十條　違反本實施辦法的規定，出售、收購、運輸、攜帶非國家和省重點保護野生動物或其產品的，由工商行政主管部門或者野生動物行政主管部門沒收實物和違法所得，追繳2至5倍野生動物資源保護管理費，可以並處相當於實物價值5倍以下的罰款。

　　違反本實施辦法的規定，加工、利用、轉讓野生動物及其產品，或者郵寄國家和省重點保護野生動物產品的，由野生動物行政主管部門沒收實物，並處相當於實物價值3倍以下的罰款。

　　第四十一條　違反本實施辦法的規定，超越准運證規定的種類、數量、期限運輸野生動物或其產品的，由野生動物行政主管部門按照無證運輸野生動物或其產品的行為處罰。

　　第四十二條　本實施辦法規定的漁業行政主管部門的行政處罰權，可以由其所屬的漁政監督管理機構行使。

　　第四十三條　野生動物行政主管部門決定的行政處罰，必須出具處罰決定書；罰款、沒收實物或違法所得，必須出具財務專用收據。罰沒款一律交同級財政。

　　依法追繳的野生動物資源保護管理費，必須全部用於野生動物保護事業。

　　第四十四條　超過控制指標發放的獵捕證或者越權發放的獵捕證無效，對直接責任人員和主要負責人員，由其所在單位或者上級主管部門給予行政處分。

　　第四十五條　違反本實施辦法規定，情節嚴重，構成犯罪的，由司法機關追究刑事責任。

　　第四十六條　野生動物行政主管部門的工作人員，怠忽職守，濫用職權，徇私舞弊，由其所在單位或上級主管部門給予行政處分。構成犯罪的，依法追究刑事責任。

　　第四十七條　當事人對行政處罰決定不服的，可以依法申請行政覆議或者提起行政訴訟。逾期不申請行政覆議或者不提起行政訴訟又不履行行政處罰決定的，由作出行政處罰決定的機關申請人民法院強制執行。

　　當事人對工商行政處罰、治安管理處罰決定不服的，分別依照工商管理法規、《中華人民共和國治安管理處罰條例》的規定辦理。

【 第六章 附則 】

　　第四十八條　本實施辦法有關用語的含義：

　　國家重點保護的野生動物，是指由國務院公佈的《國家重點保護野生動物名錄》所列的野生動物和從國外引進的珍貴、瀕危的野生動物。

　　省重點保護的野生動物，是指由省人民政府公佈的《四川省重點保護野生動物名錄》所列的野生動物和從國外引進的其他野生動物。

　　國家保護的有益的或者有重要經濟、科學研究價值的陸生野生動物，是指由國務院林業

行政主管部門公佈的《國家保護的有益的或者有重要經濟、科學研究價值的陸生野生動物名錄》所列的野生動物。

省保護的有益的或者有重要經濟、科學研究價值的陸生野生動物，是指由省人民政府林業行政主管部門公佈的《四川省保護的有益的或有重要經濟、科學研究價值的陸生野生動物名錄》所列的野生動物。

經營野生動物或其產品，包括出售、收購、利用、加工、轉讓野生動物或其產品的行為。

第四十九條 外省進入四川省境內的野生動物，屬於原產省重點保護野生動物的，可以視為四川省重點保護野生動物適用本實施辦法的有關規定；不屬於原產省重點保護野生動物的，陸生野生動物可以視為四川省保護的有益的或者有重要經濟、科學研究價值的野生動物適用本實施辦法的有關規定，水生野生動物可以視為天然水域的有重要經濟價值的漁業資源適用漁業法律、法規的有關規定。

第五十條 民族自治地方人民代表大會，可以依據本實施辦法的原則，結合當地的實際情況，制定補充規定，報省人民代表大會常務委員會批准實施。

第五十一條 本實施辦法自公佈之日起施行。

⊕「四川省重點保護野生動物名錄」可連結中國大陸「中國農業信息網」網站。
http://agri.gov.cn/zcfg/t20030221_58065.htm

三、中華人民共和國食品衛生法

（1995年10月30日第八屆全國人民代表大會常務委員會第十六次會議通過）

【第一章 總則】

第一條 為保證食品衛生，防止食品污染和有害因素對人體的危害，保障人民身體健康，增強人民體質，制定本法。

第二條 國家實行食品衛生監督制度。

第三條 國務院衛生行政部門主管全國食品衛生監督管理工作。

國務院有關部門在各自的職責範圍內負責食品衛生管理工作。

第四條 凡在中華人民共和國領域內從事食品生產經營的，都必須遵守本法。

本法適用於一切食品，食品添加劑，食品容器、包裝材料和食品用工具、設備、洗滌劑、消毒劑；也適用於食品的生產經營場所、設施和有關環境。

第五條 國家鼓勵和保護社會團體和個人對食品衛生的社會監督。

對違反本法的行為，任何人都有權檢舉和控告。

【第二章 食品的衛生】

第六條 食品應當無毒、無害，符合應當有的營養要求，具有相應的色、香、味等感官性狀。

第七條 專供嬰幼兒的主、輔食品，必須符合國務院衛生行政部門制定的營養、衛生標準。

第八條　食品生產經營過程必須符合下列衛生要求：
（一）保持內外環境整潔。採取消除蒼蠅、老鼠、蟑螂和其他有害昆蟲及其孳生條件的措施，與有毒、有害場所保持規定的距離；
（二）食品生產經營企業應當有與產品品種、數量相適應的食品原料處理、加工、包裝、貯存等廠房或者場所；
（三）應當有相應的消毒、更衣、盥洗、採光、照明、通風、防腐、防塵、防蠅、防鼠、洗滌、污水排放、存放垃圾和廢棄物的設施；
（四）設備佈局和工藝流程應當合理，防止待加工食品與直接入口食品、原料與成品交叉污染，食品不得接觸有毒物、不潔物；
（五）餐具、飲具和盛放直接入口食品的容器，使用前必須洗淨、消毒，炊具、用具用後必須洗淨，保持清潔；
（六）貯存、運輸和裝卸食品的容器包裝、工具、設備和條件必須安全、無害，保持清潔，防止食品污染；
（七）直接入口的食品應當有小包裝或者使用無毒、清潔的包裝材料；
（八）食品生產經營人員應當經常保持個人衛生，生產、銷售食品時，必須將手洗淨，穿戴清潔的工作衣、帽；銷售直接入口食品時，必須使用售貨工具；
（九）用水必須符合國家規定的城鄉生活飲用水衛生標準；
（十）使用的洗滌劑、消毒劑應當對人體安全、無害。
　　對食品攤販和城鄉集市貿易食品經營者在食品生產經營過程中的衛生要求，由省、自治區、直轄市人民代表大會常務委員會根據本法作出具體規定。
第九條　禁止生產經營下列食品：
（一）腐敗變質、油脂酸敗、黴變、生蟲、污穢不潔、混有異物或者其他感官性狀異常，可能對人體健康有害的；
（二）含有毒、有害物質或者被有毒、有害物質污染，可能對人體健康有害的；
（三）含有致病性寄生蟲、微生物的，或者微生物毒素含量超過國家限定標準的；
（四）未經獸醫衛生檢驗或者檢驗不合格的肉類及其製品；
（五）病死、毒死或者死因不明的禽、畜、獸、水產動物等及其製品；
（六）容器包裝污穢不潔、嚴重破損或者運輸工具不潔造成污染的；
（七）摻假、摻雜、偽造，影響營養、衛生的；
（八）用非食品原料加工的，加入非食品用化學物質的或者將非食品當作食品的；
（九）超過保質期限的；
（十）為防病等特殊需要，國務院衛生行政部門或者省、自治區、直轄市人民政府專門規定禁止出售的；
（十一）含有未經國務院衛生行政部門批准使用的添加劑的或者農藥殘留超過國家規定容許量的；
（十二）其他不符合食品衛生標準和衛生要求的。
　　第十條　食品不得加入藥物，但是按照傳統既是食品又是藥品的作為原料、調料或者營養強化劑加入的除外。

【 第三章 食品添加劑的衛生 】
　　第十一條　生產經營和使用食品添加劑，必須符合食品添加劑使用衛生標準和衛生管理

辦法的規定；不符合衛生標準和衛生管理辦法的食品添加劑，不得經營、使用。

【 第四章 食品容器、包裝材料和食品用工具、設備的衛生 】

第十二條　食品容器、包裝材料和食品用工具、設備必須符合衛生標準和衛生管理辦法的規定。

第十三條　食品容器、包裝材料和食品用工具、設備的生產必須採用符合衛生要求的原材料。產品應當便於清洗和消毒。

【 第五章 食品衛生標準和管理辦法的制定 】

第十四條　食品，食品添加劑，食品容器、包裝材料，食品用工具、設備，用於清洗食品和食品用工具、設備的洗滌劑、消毒劑以及食品中污染物質、放射性物質容許量的國家衛生標準、衛生管理辦法和檢驗規程，由國務院衛生行政部門制定或者批准頒發。

第十五條　國家未制定衛生標準的食品，省、自治區、直轄市人民政府可以制定地方衛生標準，報國務院衛生行政部門和國務院標準化行政主管部門備案。

第十六條　食品添加劑的國家產品質量標準中有衛生學意義的指標，必須經國務院衛生行政部門審查同意。

農藥、化肥等農用化學物質的安全性評價，必須經國務院衛生行政部門審查同意。

屠宰畜、禽的獸醫衛生檢驗規程，由國務院有關行政部門會同國務院衛生行政部門制定。

【 第六章 食品衛生管理 】

第十七條　各級人民政府的食品生產經營管理部門應當加強食品衛生管理工作，並對執行本法情況進行檢查。

各級人民政府應當鼓勵和支持改進食品加工工藝，促進提高食品衛生質量。

第十八條　食品生產經營企業應當健全本單位的食品衛生管理制度，配備專職或者兼職食品衛生管理人員，加強對所生產經營食品的檢驗工作。

第十九條　食品生產經營企業的新建、擴建、改建工程的選址和設計應當符合衛生要求，其設計審查和工程驗收必須有衛生行政部門參加。

第二十條　利用新資源生產的食品、食品添加劑的新品種，生產經營企業在投入生產前，必須提出該產品衛生評價和營養評價所需的資料；利用新的原材料生產的食品容器、包裝材料和食品用工具、設備的新品種，生產經營企業在投入生產前，必須提出該產品衛生評價所需的資料。上述新品種在投入生產前還需提供樣品，並按照規定的食品衛生標準審批程序報請審批。

第二十一條　定型包裝食品和食品添加劑，必須在包裝標識或者產品說明書上根據不同產品分別按照規定標出品名、產地、廠名、生產日期、批號或者代號、規格、配方或者主要成分、保質期限、食用或者使用方法等。食品、食品添加劑的產品說明書，不得有誇大或者虛假的宣傳內容。

食品包裝標識必須清楚，容易辨識。在國內市場銷售的食品，必須有中文標識。

第二十二條　表明具有特定保健功能的食品，其產品及說明書必須報國務院衛生行政部門審查批准，其衛生標準和生產經營管理辦法，由國務院衛生行政部門制定。

第二十三條　表明具有特定保健功能的食品，不得有害於人體健康，其產品說明書內容

必須真實，該產品的功能和成分必須與說明書相一致，不得有虛假。

　　第二十四條　食品、食品添加劑和專用於食品的容器、包裝材料及其他用具，其生產者必須按照衛生標準和衛生管理辦法實施檢驗合格後，方可出廠或者銷售。

　　第二十五條　食品生產經營者採購食品及其原料，應當按照國家有關規定索取檢驗合格證或者化驗單，銷售者應當保證提供。需要索證的範圍和種類由省、自治區、直轄市人民政府衛生行政部門規定。

　　第二十六條　食品生產經營人員每年必須進行健康檢查；新參加工作和臨時參加工作的食品生產經營人員必須進行健康檢查，取得健康證明後方可參加工作。

　　凡患有痢疾、傷寒、病毒性肝炎等消化道傳染病（包括病原攜帶者），活動性肺結核，化膿性或者滲出性皮膚病以及其他有礙食品衛生的疾病的，不得參加接觸直接入口食品的工作。

　　第二十七條　食品生產經營企業和食品攤販，必須先取得衛生行政部門發放的衛生許可證方可向工商行政管理部門申請登記。未取得衛生許可證的，不得從事食品生產經營活動。

　　食品生產經營者不得偽造、塗改、出借衛生許可證。

　　衛生許可證的發放管理辦法由省、自治區、直轄市人民政府衛生行政部門制定。

　　第二十八條　各類食品市場的舉辦者應當負責市場內的食品衛生管理工作，並在市場內設置必要的公共衛生設施，保持良好的環境衛生狀況。

　　第二十九條　城鄉集市貿易的食品衛生管理工作由工商行政管理部門負責，食品衛生監督檢驗工作由衛生行政部門負責。

　　第三十條　進口的食品，食品添加劑，食品容器、包裝材料和食品用工具及設備，必須符合國家衛生標準和衛生管理辦法的規定。

　　進口前款所列產品，由口岸進口食品衛生監督檢驗機構進行衛生監督、檢驗。檢驗合格的，方准進口。海關憑檢驗合格證書放行。

　　進口單位在申報檢驗時，應當提供輸出國（地區）所使用的農藥、添加劑、燻蒸劑等有關資料和檢驗報告。

　　進口第一款所列產品，依照國家衛生標準進行檢驗，尚無國家衛生標準的，進口單位必須提供輸出國（地區）的衛生部門或者組織出具的衛生評價資料，經口岸進口食品衛生監督檢驗機構審查檢驗並報國務院衛生行政部門批准。

　　第三十一條　出口食品由國家進出口商品檢驗部門進行衛生監督、檢驗。

　　海關憑國家進出口商品檢驗部門出具的證書放行。

【第七章 食品衛生監督】

　　第三十二條　縣級以上地方人民政府衛生行政部門在管轄範圍內行使食品衛生監督職責。

　　鐵道、交通行政主管部門設立的食品衛生監督機構，行使國務院衛生行政部門會同國務院有關部門規定的食品衛生監督職責。

　　第三十三條　食品衛生監督職責是：

　　（一）進行食品衛生監測、檢驗和技術指導；

　　（二）協助培訓食品生產經營人員，監督食品生產經營人員的健康檢查；

　　（三）宣傳食品衛生、營養知識，進行食品衛生評價，公佈食品衛生情況；

　　（四）對食品生產經營企業的新建、擴建、改建工程的選址和設計進行衛生審查，並參

加工程驗收；

（五）對食物中毒和食品污染事故進行調查，並採取控制措施；

（六）對違反本法的行為進行巡迴監督檢查；

（七）對違反本法的行為追查責任，依法進行行政處罰；

（八）負責其他食品衛生監督事項。

第三十四條　縣級以上人民政府衛生行政部門設立食品衛生監督員。食品衛生監督員由合格的專業人員擔任，由同級衛生行政部門發給證書。

鐵道、交通的食品衛生監督員，由其上級主管部門發給證書。

第三十五條　食品衛生監督員執行衛生行政部門交付的任務。

食品衛生監督員必須秉公執法，忠於職守，不得利用職權謀取私利。

食品衛生監督員在執行任務時，可以向食品生產經營者瞭解情況，索取必要的資料，進入生產經營場所檢查，按照規定無償採樣。生產經營者不得拒絕或者隱瞞。

食品衛生監督員對生產經營者提供的技術資料負有保密的義務。

第三十六條　國務院和省、自治區、直轄市人民政府的衛生行政部門，根據需要可以確定具備條件的單位作為食品衛生檢驗單位，進行食品衛生檢驗並出具檢驗報告。

第三十七條　縣級以上地方人民政府衛生行政部門對已造成食物中毒事故或者有證據證明可能導致食物中毒事故的，可以對該食品生產經營者採取下列臨時控制措施：

（一）封存造成食物中毒或者可能導致食物中毒的食品及其原料；

（二）封存被污染的食品用工具及用具，並責令進行清洗消毒。

經檢驗，屬於被污染的食品，予以銷毀；未被污染的食品，予以解封。

第三十八條　發生食物中毒的單位和接收病人進行治療的單位，除採取搶救措施外，應當根據國家有關規定，及時向所在地衛生行政部門報告。

縣級以上地方人民政府衛生行政部門接到報告後，應當及時進行調查處理，並採取控制措施。

【 第八章 法律責任 】

第三十九條　違反本法規定，生產經營不符合衛生標準的食品，造成食物中毒事故或者其他食源性疾患的，責令停止生產經營，銷毀導致食物中毒或者其他食源性疾患的食品，沒收違法所得，並處以違法所得一倍以上五倍以下的罰款；沒有違法所得的，處以一千元以上五萬元以下的罰款。

違反本法規定，生產經營不符合衛生標準的食品，造成嚴重食物中毒事故或者其他嚴重食源性疾患，對人體健康造成嚴重危害的，或者在生產經營的食品中摻入有毒、有害的非食品原料的，依法追究刑事責任。

有本條所列行為之一的，吊銷衛生許可證。

第四十條　違反本法規定，未取得衛生許可證或者偽造衛生許可證從事食品生產經營活動的，予以取締，沒收違法所得，並處以違法所得一倍以上五倍以下的罰款；沒有違法所得的，處以五百元以上三萬元以下的罰款。塗改、出借衛生許可證的，收繳衛生許可證，沒收違法所得，並處以違法所得一倍以上三倍以下的罰款；沒有違法所得的，處以五百元以上一萬元以下的罰款。

第四十一條　違反本法規定，食品生產經營過程不符合衛生要求的責令改正，給予警告，可以處以五千元以下的罰款；拒不改正或者有其他嚴重情節的，吊銷衛生許可證。

第四十二條　違反本法規定，生產經營禁止生產經營的食品的，責令停止生產經營，立即公告收回已售出的食品，並銷毀該食品，沒收違法所得，並處以違法所得一倍以上五倍以下的罰款；沒有違法所得的，處以一千元以上五萬元以下的罰款。情節嚴重的，吊銷衛生許可證。

第四十三條　違反本法規定，生產經營不符合營養、衛生標準的專供嬰幼兒的主、輔食品的，責令停止生產經營，立即公告收回已售出的食品，並銷毀該食品，沒收違法所得，並處以違法所得一倍以上五倍以下的罰款；沒有違法所得的，處以一千元以上五萬元以下的罰款。情節嚴重的，吊銷衛生許可證。

第四十四條　違反本法規定，生產經營或者使用不符合衛生標準和衛生管理辦法規定的食品添加劑、食品容器、包裝材料和食品用工具、設備以及洗滌劑、消毒劑的，責令停止生產或者使用，沒收違法所得，並處以違法所得一倍以上三倍以下的罰款；沒有違法所得的，處以五千元以下的罰款。

第四十五條　違反本法規定，未經國務院衛生行政部門審查批准而生產經營表明具有特定保健功能的食品的，或者該食品的產品說明書內容虛假的，責令停止生產經營，沒收違法所得，並處以違法所得一倍以上五倍以下的罰款；沒有違法所得的，處以一千元以上五萬元以下的罰款。情節嚴重的吊銷衛生許可證。

第四十六條　違反本法規定，定型包裝食品和食品添加劑的包裝標識或者產品說明書上不標明或者虛假標注生產日期、保質期限等規定事項的，或者違反規定不標注中文標識的，責令改正，可以處以五百元以上一萬元以下的罰款。

第四十七條　違反本法規定，食品生產經營人員未取得健康證明而從事食品生產經營的，或者對患有疾病不得接觸直接入口食品的生產經營人員，不按規定調離的，責令改正，可以處以五千元以下的罰款。

第四十八條　違反本法規定，造成食物中毒事故或者其他食源性疾患的，或者因其他違反本法行為給他人造成損害的，應當依法承擔民事賠償責任。

第四十九條　本法規定的行政處罰由縣級以上地方人民政府衛生行政部門決定。本法規定的行使食品衛生監督權的其他機關，在規定的職責範圍內，依照本法的規定作出行政處罰決定。

第五十條　當事人對行政處罰決定不服的，可以在接到處罰通知之日起十五日內向作出處罰決定的機關的上一級機關申請覆議；當事人也可以在接到處罰通知之日起十五日內直接向人民法院起訴。

覆議機關應當在接到覆議申請之日起十五日內作出覆議決定。當事人對覆議決定不服的，可以在接到覆議決定之日起十五日內向人民法院起訴。

當事人逾期不申請覆議也不向人民法院起訴，又不履行處罰決定的，作出處罰決定的機關可以申請人民法院強制執行。

第五十一條　衛生行政部門違反本法規定，對不符合條件的生產經營者發放衛生許可證的，對直接責任人員給予行政處分；收受賄賂，構成犯罪的，依法追究刑事責任。

第五十二條　食品衛生監督管理人員濫用職權、玩忽職守、營私舞弊，造成重大事故，構成犯罪的，依法追究刑事責任；不構成犯罪的，依法給予行政處分。

第五十三條　以暴力、威脅方法阻礙食品衛生監督管理人員依法執行職務的，依法追究刑事責任；拒絕、阻礙食品衛生監督管理人員依法執行職務，但未使用暴力、威脅方法的，由公安機關依照治安管理處罰條例的規定處罰。

【第九章 附則】

第五十四條 本法下列用語的含義：

食品：指各種供人食用或者飲用的成品和原料以及按照傳統既是食品又是藥品的物品，但是不包括以治療為目的的物品。

食品添加劑：指為改善食品品質和色、香、味，以及為防腐和加工工藝的需要而加入食品中的化學合成或者天然物質。

營養強化劑：指為增強營養成分而加入食品中的天然的或者人工合成的屬於天然營養素範圍的食品添加劑。

食品容器、包裝材料：指包裝、盛放食品用的紙、竹、木、金屬、搪瓷、陶瓷、塑料、橡膠、天然纖維、化學纖維、玻璃等製品和接觸食品的塗料。

食品用工具、設備：指食品在生產經營過程中接觸食品的機械、管道、傳送帶、容器、用具、餐具等。

食品生產經營：指一切食品的生產（不包括種植業和養殖業）、採集、收購、加工、貯存、運輸、陳列、供應、銷售等活動。

食品生產經營者：指一切從事食品生產經營的單位或者個人，包括職工食堂、食品攤販等。

第五十五條 出口食品的管理辦法，由國家進出口商品檢驗部門會同國務院衛生行政部門和有關行政部門另行制定。

第五十六條 軍隊專用食品和自供食品的衛生管理辦法由中央軍事委員會依據本法制定。

第五十七條 本法自公佈之日起施行。《中華人民共和國食品衛生法（試行）》同時廢止。

四、新資源食品管理辦法

《新資源食品管理辦法》已於2006年12月26日經衛生部部務會議討論通過，自2007年12月1日起施行。

【第一章 總則】

第一條 為加強對新資源食品的監督管理，保障消費者身體健康，根據《中華人民共和國食品衛生法》（以下簡稱《食品衛生法》），制定本辦法。

第二條 本辦法規定的新資源食品包括：

（一）在我國無食用習慣的動物、植物和微生物；

（二）從動物、植物、微生物中分離的在我國無食用習慣的食品原料；

（三）在食品加工過程中使用的微生物新品種；

（四）因採用新工藝生產導致原有成分或者結構發生改變的食品原料。

第三條 新資源食品應當符合《食品衛生法》及有關法規、規章、標準的規定，對人體不得產生任何急性、亞急性、慢性或其他潛在性健康危害。

第四條 國家鼓勵對新資源食品的科學研究和開發。

第五條　衛生部主管全國新資源食品衛生監督管理工作。

縣級以上地方人民政府衛生行政部門負責本行政區域內新資源食品衛生監督管理工作。

【第二章 新資源食品的申請】

第六條　生產經營或者使用新資源食品的單位或者個人，在產品首次上市前應當報衛生部審核批准。

第七條　申請新資源食品的，應當向衛生部提交下列材料：

（一）新資源食品衛生行政許可申請表；

（二）研製報告和安全性研究報告；

（三）生產工藝簡述和流程圖；

（四）產品質量標準；

（五）國內外的研究利用情況和相關的安全性資料；

（六）產品標籤及說明書；

（七）有助於評審的其他資料。

另附未啓封的產品樣品1件或者原料30克。

申請進口新資源食品，還應當提交生產國（地區）相關部門或者機構出具的允許在本國（地區）生產（或者銷售）的證明或者該食品在生產國（地區）的傳統食用歷史證明資料。

【第三章 安全性評價和審批】

第八條　衛生部建立新資源食品安全性評價制度。新資源食品安全性評價採用危險性評估、實質等同等原則。

衛生部制定和頒佈新資源食品安全性評價規程、技術規範和標準。

第九條　衛生部新資源食品專家評估委員會（以下簡稱評估委員會）負責新資源食品安全性評價工作。評估委員會由食品衛生、毒理、營養、微生物、工藝和化學等方面的專家組成。

第十條　評估委員會根據以下數據和資料進行安全性評價：新資源食品來源、傳統食用歷史、生產工藝、質量標準、主要成分及含量、估計攝入量、用途和使用範圍、毒理學；微生物產品的菌株生物學特徵、遺傳穩定性、致病性或者毒力等資料及其它科學數據。

第十一條　衛生部受理新資源食品申請後，在技術審查中需要補正有關資料的，申請人應當予以配合。

對需要進行驗證試驗的，評估委員會確定新資源食品安全性驗證的檢驗專案、檢驗批次、檢驗方法和檢驗機構，以及是否進行現場審查和採樣封樣，並告知申請人。安全性驗證檢驗一般在衛生部認定的檢驗機構進行。

需要進行現場審查和採樣封樣的，由省級衛生行政部門組織實施。

第十二條　衛生部根據評估委員會的技術審查結論、現場審查結果等進行行政審查，做出是否批准作爲新資源食品的決定。

在評審過程中，如審核確定申報產品爲普通食品的，應當告知申請人，並做出終止審批的決定。

第十三條　新資源食品審批的具體程序按照《衛生行政許可管理辦法》和《健康相關產品衛生行政許可程序》等有關規定進行。

第十四條　衛生部對批准的新資源食品以名單形式公告。根據不同新資源食品的特點，

公告內容一般包括名稱（包括拉丁名）、種屬、來源、生物學特徵、採用工藝、主要成分、食用部位、使用量、使用範圍、食用人群、食用量和質量標準等內容；對微生物類，同時公告其菌株號。

第十五條　根據新資源食品使用情況，衛生部適時公佈新資源食品轉爲普通食品的名單。

第十六條　有下列情形之一的，衛生部可以組織評估委員會對已經批准的新資源食品進行再評價：

（一）隨著科學技術的發展，對已批准的新資源食品在食用安全性和營養學認識上發生改變的；

（二）對新資源食品的食用安全性和營養學質量產生質疑的；

（三）新資源食品監督和監測工作需要。

經再評價審核不合格的，衛生部可以公告禁止其生產經營和使用。

【 第四章 生產經營管理 】

第十七條　食品生產經營企業應當保證所生產經營和使用的新資源食品食用安全性。

符合本法第二條規定的，未經衛生部批准並公佈作爲新資源食品的，不得作爲食品或者食品原料生產經營和使用。

第十八條　生產新資源食品的企業必須符合有關法律、法規、技術規範的規定和要求。

新資源食品生產企業應當向省級衛生行政部門申請衛生許可證，取得衛生許可證後方可生產。

第十九條　食品生產企業在生產或者使用新資源食品前，應當與衛生部公告的內容進行核實，保證該產品爲衛生部公告的新資源食品或者與衛生部公告的新資源食品具有實質等同性。

第二十條　生產新資源食品的企業或者使用新資源食品生產其他食品的企業，應當建立新資源食品食用安全信息收集報告制度，每年向當地衛生行政部門報告新資源食品食用安全信息。發現新資源食品存在食用安全問題，應當及時報告當地衛生行政部門。

第二十一條　新資源食品以及食品產品中含有新資源食品的，其產品標籤應當符合國家有關規定，標籤標示的新資源食品名稱應當與衛生部公告的內容一致。

第二十二條　生產經營新資源食品，不得宣稱或者暗示其具有療效及特定保健功能。

【 第五章 衛生監督 】

第二十三條　縣級以上人民政府衛生行政部門應當按照《食品衛生法》及有關規定，對新資源食品的生產經營和使用情況進行監督抽查和日常衛生監督管理。

第二十四條　縣級以上地方人民政府衛生行政部門應當定期對新資源食品食用安全信息收集報告情況進行檢查，及時向上級衛生行政部門報告轄區內新資源食品食用安全信息。省級衛生行政部門對報告的食用安全信息進行調查、確認和處理後及時向衛生部報告。衛生部及時研究分析新資源食品食用安全信息，並向社會公佈。

生產經營或者使用新資源食品的企業應當配合衛生行政部門對食用安全問題的調查處理工作，對食用安全信息隱瞞不報的，衛生行政部門可以給予通報批評。

第二十五條　生產經營未經衛生部批准的新資源食品，或者將未經衛生部批准的新資源食品作爲原料生產加工食品的，由縣級以上地方人民政府衛生行政部門按照《食品衛生法》

第四十二條的規定予以處罰。

【 第六章 附則 】

第二十六條　本辦法下列用語的含義：

危險性評估，是指對人體攝入含有危害物質的食品所產生的健康不良作用可能性的科學評價，包括危害識別、危害特徵的描述、暴露評估、危險性特徵的描述四個步驟。

實質等同，是指如某個新資源食品與傳統食品或食品原料或已批准的新資源食品在種屬、來源、生物學特徵、主要成分、食用部位、使用量、使用範圍和應用人群等方面比較大體相同，所採用工藝和質量標準基本一致，可視為它們是同等安全的，具有實質等同性。

第二十七條　轉基因食品和食品添加劑的管理依照國家有關法規執行。

第二十八條　本辦法自2007年12月1日起施行，1990年7月28日由衛生部頒佈的《新資源食品衛生管理辦法》和2002年4月8日由衛生部頒佈的《轉基因食品衛生管理辦法》同時廢止。

五、新資源食品安全性評價規程

第一條　為規範新資源食品的安全性評價，保障消費者健康，根據衛生部《新資源食品管理辦法》要求，制定本規程。

第二條　本規程規定了新資源食品安全性評價的原則、內容和要求。

第三條　新資源食品的安全性評價採用危險性評估和實質等同原則。

第四條　新資源食品安全性評價內容包括：申報資料審查和評價、生產現場審查和評價、人群食用後的安全性評價，以及安全性的再評價。

第五條　新資源食品申報資料的審查和評價是對新資源食品的特徵、食用歷史、生產工藝、質量標準、主要成分及含量、使用範圍、使用量、推薦攝入量、適宜人群、衛生學、毒理學資料、國內外相關安全性文獻資料及與類似食品原料比較分析資料的綜合評價。

第六條　新資源食品特徵的評價：動物和植物包括來源、食用部位、生物學特徵、品種鑒定等資料，微生物包括來源、分類學地位、菌種鑒定、生物學特徵等資料，從動物、植物、微生物中分離的食品原料包括來源、主要成分的理化特性和化學結構等資料。要求動物、植物和微生物的來源、生物學特徵清楚，從動物、植物、微生物中分離的食品原料主要成分的理化特性和化學結構明確，且該結構不提示有毒性作用。

第七條　食用歷史的評價：食用歷史資料是安全性評價最有價值的人群資料，包括國內外人群食用歷史（食用人群、食用量、食用時間及不良反應資料）和其他國家批准情況和市場應用情況。在新資源食品食用歷史中應當無人類食用發生重大不良反應記錄。

第八條　生產工藝的評價：重點包括原料處理、提取、濃縮、乾燥、消毒滅菌等工藝和各關鍵技術參數及加工條件資料，生產工藝應安全合理，生產加工過程中所用原料、添加劑及加工助劑應符合我國食品有關標準和規定。

第九條　質量標準的評價：重點包括感觀指標、主要成分含量、理化指標、微生物指標等，質量標準的制訂應符合國家有關標準的制訂原則和相關規定。質量標準中應對原料、原料來源和品質作出規定，並附主要成分的定性和定量偵測方法。

第十條　成分組成及含量的評價：成分組成及含量清楚，包括主要營養成分及可能有害成分，其各成分含量在預期攝入水平下對健康不應造成不良影響。

第十一條　使用範圍和使用量的評價：新資源食品用途明確，使用範圍和使用量依據充足。

第十二條　推薦攝入量和適宜人群的評價：人群推薦攝入量的依據充足，不適宜人群明確。對推薦攝入量是否合理進行評估時，應考慮從膳食各途徑總的攝入水平。

第十三條　衛生學試驗的評價：衛生學是評價新資源食品安全性的重要指標，衛生學試驗應提供近期三批有代表性樣品的衛生學檢測報告，包括鉛、砷、汞等衛生理化指標和細菌、黴菌和酵母等微生物指標的檢測，檢測指標應符合申報產品質量標準的規定。

第十四條　國內外相關安全性文獻資料的評價：安全性文獻資料是評價新資源食品安全性的重要參考資料，包括國際組織和其他國家對該原料的安全性評價資料及公開發表的相關安全性研究文獻資料。

第十五條　毒理學試驗安全性的評價：毒理學試驗是評價產品安全性的必要條件，根據申報新資源食品在國內外安全食用歷史和各個國家的批准應用情況，並綜合分析產品的來源、成分、食用人群和食用量等特點，開展不同的毒理學試驗，新資源食品在人體可能攝入量下對健康不應產生急性、慢性或其他潛在的健康危害。

（一）國內外均無食用歷史的動物、植物和從動物、植物及其微生物分離的以及新工藝生產的導致原有成分或結構發生改變的食品原料，原則上應當評價急性經口毒性試驗、三項致突變試驗（Ames試驗、小鼠骨髓細胞微核試驗和小鼠精子畸形試驗或睪丸染色體畸變試驗）、90天經口毒性試驗、致畸試驗和繁殖毒性試驗、慢性毒性和致癌試驗及代謝試驗。

（二）僅在國外個別國家或國內局部地區有食用歷史的動物、植物和從動物、植物及其微生物分離的以及新工藝生產的導致原有成分或結構發生改變的食品原料，原則上評價急性經口毒性試驗、三項致突變試驗、90天經口毒性試驗、致畸試驗和繁殖毒性試驗；但若根據有關文獻資料及成分分析，未發現有毒性作用和有較大數量人群長期食用歷史而未發現有害作用的新資源食品，可以先評價急性經口毒性試驗、三項致突變試驗、90天經口毒性試驗和致畸試驗。

（三）已在多個國家批准廣泛使用的動物、植物和從動物、植物及微生物分離的以及新工藝生產的導致原有成分或結構發生改變的食品原料，在提供安全性評價資料的基礎上，原則上評價急性經口毒性試驗、三項致突變試驗、30天經口毒性試驗。

（四）國內外均無食用歷史且直接供人食用的微生物，應評價急性經口毒性試驗／致病性試驗、三項致突變試驗、90天經口毒性試驗、致畸試驗和繁殖毒性試驗。僅在國外個別國家或國內局部地區有食用歷史的微生物，應進行急性經口毒性試驗／致病性試驗、三項致突變試驗、90天經口毒性試驗；已在多個國家批准食用的微生物，可進行急性經口毒性試驗／致病性試驗、二項致突變試驗。

國內外均無使用歷史的食品加工用微生物，應進行急性經口毒性試驗／致病性試驗、三項致突變試驗和90天經口毒性試驗。僅在國外個別國家或國內局部地區有使用歷史的食品加工用微生物，應進行急性經口毒性試驗／致病性試驗和三項致突變試驗。已在多個國家批准使用的食品加工用微生物，可僅進行急性經口毒性試驗／致病性試驗。

作為新資源食品申報的細菌應進行耐藥性試驗。申報微生物為新資源食品的，應

當依據其是否屬於產毒菌屬而進行產毒能力試驗。大型真菌的毒理學試驗按照植物類新資源食品進行。

（五）根據新資源食品可能潛在的危害，必要時選擇其他敏感試驗或敏感指標進行毒理學試驗評價，或者根據新資源食品評估委員會評審結論，驗證或補充毒理學試驗進行評價。

（六）毒理學試驗方法和結果判定原則按照現行國標GB15193《食品安全性毒理學評價程序和方法》的規定進行。有關微生物的毒性或致病性試驗可參照有關規定進行。

（七）進口新資源食品可提供在國外符合良好實驗室規範（GLP）的毒理學試驗室進行的該新資源食品的毒理學試驗報告，根據新資源食品評估委員會評審結論，驗證或補充毒理學試驗資料。

第十六條　生產現場審查和評價是評價新資源食品的研製情況、生產工藝是否與申報資料相符合的重要手段，現場審查的內容包括生產單位資質證明、生產工藝過程、生產環境衛生條件、生產過程記錄（樣品的原料來源和投料記錄等信息），產品質量控制過程及技術文件，以及這些過程與核準申報資料的一致性等。

第十七條　新資源食品上市後，應建立新資源食品人群食用安全性的信息監測和上報制度，重點收集人群食用後的不良反應資料，進行上市後人群食用的安全性評價，以進一步確證新資源食品人群食用的安全性。

第十八條　隨著科學技術的發展、檢驗水平的提高、安全性評估技術和要求發生改變，以及市場監督的需要，應當對新資源食品的安全性進行再評價。再評價內容包括新資源食品的食用人群、食用量、成分組成、衛生學、毒理學和人群食用後的安全性信息等相關內容。

六、新資源食品衛生行政許可申報與受理規定

【第一章　總則】

第一條　為規範新資源食品申報受理工作，保證許可工作的公開、公平、公正，制定本規定。

第二條　本規定所稱新資源食品是指依據《中華人民共和國食品衛生法》和《新資源食品管理辦法》，由衛生部許可的國產和進口新資源食品。

第三條　新資源食品的申報受理應當嚴格按照《衛生行政許可管理辦法》和《健康相關產品衛生行政許可程序》等有關規定進行。

第四條　申報資料的一般要求：

（一）首次申報新資源食品許可的，提供原件1份，複印件4份；

（二）除檢驗報告及官方證明文件外，申報資料原件應當逐頁加蓋申報單位公章或騎縫章；如為個人申請，申報資料應當逐頁加蓋申請人名章或簽字，並提供身份證複印件；

（三）使用A4規格紙張列印，使用明顯區分標誌，按規定順序排列，並裝訂成冊；

（四）使用中國法定計量單位；

（五）申報資料應當完整、清晰，同一項目的填寫應前後一致；

（六）申報資料中的外文應當譯為規範的中文，並將譯文附在相應的外文資料前，但本規定要求使用英文或拉丁文的成分名稱、人名以及外國地址等除外；

（七）申報資料應當真實、合法。複印件應當由原件複製，複印件應當清晰並與原件完全一致。

【第二章 申請許可的申報資料】

第五條　申請新資源食品許可的，應當提交下列材料：

（一）新資源食品衛生行政許可申請表（附件1）；

（二）研製報告和安全性研究報告；

（三）生產工藝簡述和流程圖；

（四）產品質量標準；

（五）國內外的研究利用情況和相關的安全性資料；

（六）產品標籤及說明書；

（七）代理申報的，應當提供經公證的委託代理證明；

（八）有助於評審的其他資料。

另附未啟封的樣品1件或者原料30克。

申請進口新資源食品的，還應當提交：

（一）生產國（地區）相關部門或者機構出具的允許在本國（地區）生產（或者銷售）的證明或者該食品在生產國（地區）的傳統食用歷史證明資料；

（二）在華責任單位授權書。

第六條　申報產品以委託加工方式生產的，除按以上規定提交材料外，還須提交以下資料：

（一）委託方與被委託方簽訂的委託加工協議書；

（二）進口產品應當提供被委託方生產企業的質量管理體系或良好生產規範的證明文件；

（三）國產產品應提供被委託方生產企業的衛生許可證複印件。

【第三章 申報資料的具體要求】

第七條　研製報告的內容應符合《新資源食品研製報告指導原則》（附件2）的要求。

第八條　安全性研究報告應當包括下列內容：

（一）毒理學檢驗報告或資料；

（二）衛生學檢驗報告或資料；

（三）成分分析報告及檢驗方法或資料；

（四）致病性試驗報告或資料、耐藥性試驗報告或資料、產毒能力試驗報告或資料（申報在我國無食用習慣的微生物及在食品加工過程中使用微生物新品種時需提供）；

（五）必要時提供人體流行病學資料；

（六）其他有助於評審的安全性資料。

第九條　生產工藝簡述和流程圖應當包括下列內容：

（一）詳細、規範的工藝說明及工藝流程圖、技術參數、關鍵技術要求，使用原料、助劑的名稱、規格及質量要求，同時標明生產環境的空氣潔淨度級別及區域劃分；

（二）擬公告的生產工藝簡述。

第十條　產品質量標準應當符合下列要求：

（一）質量標準的格式應當符合GB／T 1.1-2000標準化工作導則的有關要求；

（二）質量標準的內容應當包括感官指標、理化指標、微生物指標、主要成分定性定量
　　　檢測方法等相關內容。

第十一條　產品標籤及說明書除應當符合國家有關規定外，必要時還應標注以下內容：
使用方法、使用範圍、食用人群、食用量；需要標明的警示性標示，包括使用禁忌與安全注
意事項等。

第十二條　國內外的研究利用情況和相關的安全性資料應當包括下列內容：

（一）國內外批准利用情況或市場利用情況；

（二）食用歷史和食用人群的調查資料。

第十三條　委託代理證明應當符合下列要求：

（一）應載明委託申報的產品名稱、受委託單位名稱、委託事項和委託日期，並加蓋委
　　　託單位的公章或由法定代表人簽名；

（二）一份委託代理證明文件載明多個產品的應當同時申報，其中一個產品提供原件，
　　　其他產品可提供複印件，並提交書面說明，指明原件在哪個產品的申報資料中；

（三）委託代理證明應當經真實性公證；

（四）委託代理證明如為外文，應當譯成規範的中文，中文譯文應當經中國公證機關公
　　　證。

第十四條　生產國（地區）相關部門或者機構出具的允許在本國（地區）生產（或者銷
售）的證明文件或者該食品在生產國（地區）的傳統食用歷史證明資料應當符合下列要求：

（一）由產品生產國或原產國（地區）政府主管部門、行業協會出具。無法提供文件原
　　　件的，可提供複印件，複印件須由出具單位確認或由我國駐產品生產國使（領）
　　　館確認；

（二）應當載明產品名稱、申報單位名稱、出具文件的單位名稱並加蓋單位印章或法定
　　　代表人（或其授權人）簽名及文件出具日期；

（三）所載明的產品名稱和申報單位名稱應當與所申報的內容完全一致；

（四）一份證明文件載明多個產品的應當同時申報，其中一個產品提供原件，其他可提
　　　供複印件，並提供書面說明，指明原件在哪個產品申報資料中；

（五）證明文件如為外文，應譯為規範的中文，中文譯文應當由中國公證機關公證；

（六）無法提交證明文件的，衛生部可對產品生產現場進行審核。

第十五條　在華責任單位授權書的內容應當符合衛生部2007年第2號公告的要求。

第十六條　提交補充資料應當符合下列要求：

（一）提交完整的補充資料原件1份，補充資料須逐頁加蓋申報單位印章或由申請人簽字
　　　（蓋章），並注明補充資料的日期；

（二）接到《行政許可技術審查延期通知書》後，申報單位應當在一年內提交補充資
　　　料，逾期未提交的，視為終止申報。如有特殊情況的應當提交書面說明。

第十七條　終止申報或未獲批准的新資源食品，申報單位可書面申請退回提交的委託代
理證明和在生產國（地區）允許生產銷售的證明文件（載明多個產品並同時申報的證明文件
原件除外）及公證書。

第十八條　本規定由衛生部負責解釋。

第十九條　本規定自發佈之日起實施，以往衛生部發佈的有關文件與本規定不一致的，以本規定為準。

附件1

新資源食品衛生行政許可

申　請　表

產品中文名稱：＿＿＿＿＿＿＿＿＿＿＿＿＿＿＿＿

中華人民共和國衛生部製

填 表 說 明

1. 本申請表可從衛生部或衛生部衛生監督中心網站上下載使用。
   網址：http：//www.moh.gov.cn
   　　　http：//www.jdzx.net.cn
2. 本表申報內容及所有申報資料均須打印。
3. 本表申報內容應當完整、清楚，不得塗改。
4. 填寫此表前，請認真閱讀有關法規及申報受理規定。

產品名稱	中文	
	英文	

產品類別	☐ 在我國無食用習慣的動物、植物和微生物 ☐ 從動物、植物、微生物中分離的在我國無食用習慣的食品原料 ☐ 在食品加工過程中使用的微生物新品種 ☐ 因採用新工藝生產導致原有成分或者結構發生改變的食品原料

申報單位 或申請人	名稱	中文			
		英文			
	地址			生產國 （地區）	
	聯繫電話			聯繫人	

委託代理單位	名稱			
	地址			
	聯繫電話		聯繫人	
	傳真		郵編	

在華責任單位	名稱			
	地址			
	傳真		郵編	
	聯繫電話		聯繫人	

保證書

　　本產品申報單位保證：本申請表中所申報的內容和所附資料均真實、合法，複印件和原件一致，所附資料中的數據均為研究和檢測該產品得到的數據。如有不實之處，我願負相應法律責任，並承擔由此造成的一切後果。

　　　　　_____　　　　　_____
　　　　　　　申報單位（簽章）　　　　　　　法定代表人／申請人（簽字）

年　月　日

所附資料（請在所提供資料前的□內打「✓」）
□　1. 新資源食品衛生行政許可申請表
□　2. 研製報告和安全性研究報告
□　3. 生產工藝簡述和流程圖
□　4. 產品質量標準
□　5. 國內外研究利用情況和相關的安全性資料
□　6. 產品標籤和說明書
□　7. 生產國（地區）相關部門或者機構出具的允許在本國（地區）生產（或者銷售）的證明或者該食品
　　　在生產國（地區）的傳統食用歷史證明資料（國產新資源食品不提供）
□　8. 在華責任單位授權書（國產新資源食品不提供）
□　9. 代理申報的，應提供委託代理證明
□ 10. 有助於評審的其它資料
□ 11. 未啟封的樣品1件或者原料30克

　　如果產品的原產國即實際生產國（地區）與申報單位不同，或存在多個國家生產的，或有多個在華責任單位的，應填寫此項。

產品實際生產企業名稱：

產品實際生產企業地址：

產品實際生產企業所在國：

生產企業與產品實際生產企業之間的關係　□委託生產　□同屬一個集團

其它在華責任單位：

其它需要說明的問題：

附件2

新資源食品研製報告指導原則

【概述】

《新資源食品研製報告指導原則》是根據《新資源食品管理辦法》相關要求而制訂的。

本指導原則針對新資源食品研發目的與依據和主要研究內容等方面，從新資源食品註冊申報的需要出發，對申報資料中「研製報告」的撰寫內容作出一般性的要求，以指導註冊申請人在對前期研發工作進行綜合分析和總結的基礎上形成規範性研製報告。

【主要內容】

新資源食品的研製報告原則上應包括以下內容：

（一）基本信息；

（二）研發目的和依據；

（三）工藝研究；

（四）質量控制研究；

（五）成分確定和分析研究；

（六）人群推薦食用量和食品中使用量的研究和確定依據；

（七）毒理學安全性研究；

（八）與類似產品比較分析研究等內容。

對於上述某些研究內容，可以根據新資源食品的不同類別按照要求撰寫不同的內容。

【內容要求】

（一）基本信息。至少應包括以下內容：

　　1. 名稱：包括商品名、通用名、化學名、英文名。

　　2. 來源：學名、拉丁學名，動物和植物應包括產地、食用部位、形態描述、生物學特徵等資料、品種鑑定和鑑定方法及依據；微生物應包括來源、分類學地位、生物學特徵、菌種鑑定和鑑定方法及依據等資料。

　　3. 從動物、植物、微生物中分離的食品原料，應包括動物、植物、微生物的名稱和來源等基本信息及分離產品的主要成分的理化特性和化學結構等資料。

（二）研發目的和依據。本部分主要闡明該新資源食品的研發背景、研發目的和科學依據，至少應包括以下內容：

　　1. 目的：簡述所申報新資源食品研發的目的和用途，包括新資源食品的營養、生理和功能作用，並提供支援該研發目的、用途或作用的研究進展和科學依據或推論；以及該產品開發的市場應用前景和可能帶來的社會效益和經濟效益。

　　2. 依據和研發背景：從新資源食品定義以及國內外食用歷史和其他國家批准和市場應用情況闡明產品可以作爲新資源食品的理由。

　　　2.1 新資源食品定義：是否符合《新資源食品管理辦法》中新資源食品的定義。

　　　2.2 簡述國內外食用歷史情況：闡述該新資源食品的國內外食用歷史情況，至少包括食用人群、食用量、食用時間、食用目的、人群食用後可能的不良作用

資料等信息，所有信息盡可能量化。

2.3 簡述在其他國家的批准應用情況：如美國、歐盟、加拿大、日本的批准情況和市場銷售應用情況，在其他國家作為普通食品管理，食品添加劑、新資源食品、膳食補充劑、藥品、功能食品管理等相關信息。

3. 簡述其他與研發有關的背景資料，如為改變工藝生產的新資源食品，應闡述改變工藝的理由，原工藝與新工藝的異同等，同時應說明新工藝生產的食品成分組成、含量或結構與傳統食品相比有哪些改變及確認依據。

（三）工藝研究。本部分內容主要應闡明生產工藝研究篩選、確定和應用的合理性和安全性，至少應包括以下內容：

1. 對於未經加工處理的或經過簡單機械物理加工的動物、植物類新資源食品，應簡述動植物養殖或種植過程和條件，新資源食品的可食部位的確定方法和依據；並簡述非可食部分去除或可食部位擇取方法、或簡單物理加工的生產工藝流程及關鍵步驟和條件。

2. 從動物、植物和微生物中分離的食品原料：

2.1 簡述產品的製備工藝（重點包括起始原料、使用的設備、方法的選擇、關鍵步驟等）、工藝過程中關鍵技術參數的篩選研究。

2.2 簡述生產過程的研究內容，重點包括原料篩選、投料量和收得率。

2.3 簡述工藝過程中所使用的各種提取分離溶劑及其選擇依據，溶劑殘留的去除或控制方法。

2.4 簡述工藝過程中可能產生的雜質及控制方法。

3. 對於微生物或在食品加工過程中使用的微生物新品種，簡述菌種的培養條件（培養基、培養溫度等）的選擇及其依據；菌種的保藏方法、復壯方法及傳代次數；對經過馴化或誘變的菌種，應提供馴化或誘變的方法及馴化劑、誘變劑等研究性資料。

（四）質量控制研究和標準制定。主要闡述新資源食品的質量控制研究與質量標準的制訂過程，至少應至少包括以下內容：

1. 簡述質量控制研究的內容及其確定的依據，可根據有關法規或文件對新資源食品質量的一般性要求，結合新資源食品的生產工藝特點和穩定性研究結果等進行分析。

2. 簡述與質量有關的主要成分和主要質量指標的分析方法和依據（如文獻依據、理論依據及試驗依據等），以及方法驗證的內容和結果。

3. 簡述與產品質量安全有關的穩定性、衛生學等方面的研究結果和資料；

4. 簡述質量標準起草與修訂的過程，質量標準的項目及確定依據、質量標準限度及確定依據。

（五）成分確定和分析研究。應簡述成分組成和含量及確定依據，包括主要營養成分含量和可能的天然有害物質（如天然毒素或抗營養因子等）。

（六）毒理學安全性研究。簡述產品研發過程中所進行的與食用安全性有關的毒理學研究內容和主要結論，包括急性毒性、亞慢性毒性、遺傳毒性、致畸變性、慢性毒性和致癌性等主要試驗結果。如未進行相關研究，應提供詳盡的國內外文獻綜述。並對相關文獻資料或其他國家對其安全性評價資料進行綜合分析和總結。

（七）人群應用範圍和推薦食用劑量、食品中使用範圍和劑量及確定依據。

1. 根據人群食用歷史、毒理學研究資料、營養和生理及功能作用的動物和人群試驗研究資料、國外其它國家批准應用情況、文獻研究資料等，詳細闡述產品的人群應用範圍和推薦食用劑量的依據。

2. 簡述新資源食品的不適宜人群以及確定依據。

3. 結合上述資料，說明食品中的使用範圍和使用劑量的確定依據。

（八）與類似食品原料的比較分析資料。如存在與申報新資源食品類似的傳統食品或已批准的新資源食品，應包括以下內容：

1. 根據新資源食品的名稱、來源等基本信息，簡述與該產品相類似的傳統食品或已批准的新資源食品的基本特徵和信息。

2. 簡述新資源食品與傳統食品或與已批准的新資源食品實質等同性的分析資料，包括來源、成分組成和含量、生產工藝、質量標準、使用範圍和劑量、推薦食用量等方面資料。

筆　記　欄

第二章 行業技術標準

（一）烹調專業

【特一級烹調師】

1. 精通某一菜系各種菜餚的全部烹調技術，技藝精湛，對麵點製作技術有較高的水準。
2. 具有組織管理大型飲食企業廚房工作的能力，能熟練地組織和製作高級筵席。
3. 具有系統的專業理論和有關科學知識，對中國烹飪文化事業的發展有創新、有貢獻，在全國烹飪界享有很高聲譽。
4. 勝任大專院校烹飪專業的教學和學術研究工作，有培養高級烹調師的能力。

【特二級烹調師】

1. 精通某一菜系的全部烹調技術，並有所提高和創新，旁通其他菜系的製作方法和特點，成菜特色鮮明，風格獨特。
2. 具有組織管理大、中型飲食企業廚房工作的能力，能製作高級筵席，編制高級筵席菜單。
3. 具有豐富的專業理論知識，對繼承、創新烹飪技藝有顯著貢獻，在全國同行業中享有較高聲譽。

4. 能輔導高級烹調專業人員進修，勝任大、中專院校烹飪專業的教學工作。

【特三級烹調師】

1. 精通某一菜系的全部烹調技術，有獨到之處，並掌握一定的麵點製作技術和拼製花色冷盤技術。
2. 具有組織大、中型飲食企業廚房工作的能力，合理安排技術力量，妥善管理使用各種機具、設備。
3. 善於配製具有地方風味的高級筵席，菜品豐富，口味多樣，適應不同消費者需要。
4. 通曉山珍海味等高檔原輔材料的品種、性能、用途、產地、生產季節、質量標準、折淨率及其保管發製和烹調方法。
5. 具有較豐富的烹調工藝學、營養學、衛生學、生物化學等有關理論知識，對烹調技術的發展和提高有一定貢獻，在全國同行業中享有聲譽。
6. 能編寫烹調專業教材，勝任中等專業學校的教學工作，有培養中級烹調師的能力。

【一級烹調師】

1. 具有一定的烹調專業理論水準，通曉某一菜系的風味特色，並能製作擅長的菜品。

2. 有豐富的專業實踐經驗，能熟練掌握切配、烹調和冷菜技術，並有專長技藝。
3. 具有組織廚房工作的能力，能配製較高級風味筵席。
4. 全面熟悉常用的各種原料、輔料、調料的性能、品質和主要產地，熟練掌握其保管、使用、活養、發製及烹調方法。

【二級烹調師】

1. 熟練掌握某一菜系主要風味菜品的切配、烹調和冷菜技術，在灶和墩的多種製作方法上有較高技術水準。
2. 具有組織廚房某項工種生產的能力，並能配製中檔風味筵席。
3. 熟悉常用的主要原料、輔料、調料及禽、畜、水產品等各個部位的質地和用途，分檔取料，合理使用。
4. 熟練掌握吊湯技術，色澤純正，味道適口。

【三級烹調師】

1. 掌握烹調專業基本理論知識，瞭解麵點製作技術。
2. 熟練掌握本地中檔以上風味菜品的各種烹調方法，並能烹製一定數量的風味名菜，刀功嫻熟，火候適宜，成菜口感好，風味特色鮮明。
3. 掌握常用的主要原料、輔料、調料的性能、質地、用途和產地，熟悉其加工、泡發和切配技術，工效快，品質好，份量準，折淨率高。
4. 能組織廚房某項工種的工作，能獨立配製普通風味筵席。
5. 有全面輔導初級烹調技術人員操作的能力。

【四級烹調師】

1. 能掌握和運用多種切配、烹調方法，烹製出較好的風味菜品，熟練掌握蒸鍋和湯鍋的操作技能，並能根據季節特點，烹製出部分時令名菜。

2. 熟悉常用動、植物原料的部位結構，熟練運用各種刀功、刀法，準確加工，速度較快，品質較好。
3. 能烹製一般酒席菜品，並能拼製冷盤，成菜刀工明細均勻，色彩和諧，造形美觀。
4. 掌握廚房管理的一般知識和烹調專業的常用知識，能準確地進行成本核算。

【五級烹調師】

1. 懂得烹調專業的一般知識，能運用多種烹調方法，烹製出色、香、味、形俱佳的菜肴，並能掌握煮鍋及吊湯技術，火候適宜，色澤美觀。
2. 能在烹調原料加工切配、烹調、冷菜製作、蒸鍋等工種中，獨立承擔一面工作。
3. 熟悉一般常用原料、輔料、調料的使用和保管方法，能鑒別一般動、植物原料的質地，並根據其不同部位合理取料。
4. 能運用多種刀功、刀法，將不同原料切配成適合多種烹調需要的形狀，質量符合要求。
5. 能正確使用和管理廚房的一般機具、設備。

【一級烹調技工】

1. 熟悉一般烹調原料、輔料和調料的加工過程，能加工常用的各類動、植物原料，掌握多種乾貨的發製方法。
2. 能熟練掌握基本刀功、刀法，加工塊、片、條、絲、茸等，速度和品質符合要求。
3. 能較熟練地運用常用烹調方法，烹製出符合質量要求的普通菜、湯。
4. 能掌握常用生、熟食品和乾鮮原料的保管方法和有關知識。

【二級烹調技工】

1. 瞭解一般烹調原料、輔料和調料的名稱、性能、用途和保管知識。
2. 瞭解一般烹調原料的加工製作過程，包括分類、宰殺、洗滌、泡發、切配的基本技

能和成本核算知識。

3. 掌握爐灶、冰箱、機具器皿及廚房設備的使用和管理方法。
4. 懂得常用的烹調方法，能烹製一般菜、湯，投料準確，質量穩定。
5. 熟悉並執行食品衛生制度和《食品衛生法》，使各項衛生符合規定要求。

（二）麵點專業

【特一級麵點師】

1. 精通麵點專業的全部製作技術，技藝精湛，通曉主要地方風味麵點的製作方法和特點，並熟練地掌握某一菜系的烹調技術。
2. 具有組織管理大型飲食企業麵點廚房工作的能力，能熟練地配製高級筵席麵點。
3. 具有系統的專業理論和有關科學知識，對麵點製作技術有所發展，有所創新，在全國烹飪界享有較高聲譽。
4. 勝任大專院校麵點專業的教學和學術研究工作，有培養高級麵點師的能力。

【特二級麵點師】

1. 精通各種麵團製品的全部製作技術，技能優異，熟悉幾個地區的麵點製作方法和特點，並能掌握一定的菜餚烹調技術。
2. 能製作多種名點、名小吃，並旁通西點製作技術，對技術難度大、圖案造型各異的人物、鳥獸、蟲魚、時果、喜壽、花草等各式點心，在製作技藝上有一定風格。
3. 有管理大、中型飲食企業麵點廚房工作的能力，能配製高級筵席麵點。
4. 具有豐富的專業理論知識，對改進和創新麵點製作工藝有一定貢獻，在全國同行業中享有聲譽。
5. 能編寫麵點專業教材，勝任中等專業學校的教學工作，有培養中級麵點師的能力。

【一級麵點師】

1. 具有比較豐富的專業理論知識，通曉各種麵團製品的全部製作技術，並對其中某幾項技術有特長，能製作多種特色麵點、小吃，產品色正、形好、味美。
2. 具有豐富的麵點製作經驗，對達不到質量要求的半成品。能及時予以補救。
3. 熟悉各種原材料的產地、產期、性能、特點、用途和保管方法。
4. 具有組織麵點廚房工作的能力，能配製較高級筵席麵點。

【二級麵點師】

1. 能熟練地掌握各種麵團製品的全部製作技術，懂得其主要調製原理。
2. 有製作不同花色品種、不同口味的麵點、小吃及高級筵席點心，或對幾種名點、名小吃有獨特的製作技術。
3. 有一定的麵點廚房工作經驗和組織能力。瞭解一兩個菜系的基本烹調技術和特點，並能掌握某些常用的操作方法。

【三級麵點師】

1. 熟悉麵點專業的基本理論知識，能掌握各種麵團製品的製作技術和部分西點的製作方法，質量符合要求。
2. 能調製多種葷、素、甜、鹹餡心，配製比例恰當，味道醇正。
3. 能熟練地掌握多種成型技術，動作準確，造型美觀，大小均勻。
4. 能熟練地掌握多種成熟方法，火候適宜，質感適度，會製作應季適令麵點、小吃和一般筵席點心。
5. 有全面輔導初級麵點技術人員操作的能力。

【四級麵點師】

1. 熟悉四種以上麵團的調製技術，質量符合要求。
2. 能較熟練地掌握多種常用成型技術，操作嫺熟，造型美觀，份量準確，速度較快。

3. 能較熟練地掌握常用的成熟方法，火候適宜，會製作多種麵點、小吃或能製作某幾種富有特色的品種。
4. 掌握廚房管理的一般知識和麵點專業的常用知識，能準確地進行成本核算。

【五級麵點師】

1. 熟悉兩三種麵團的調製方法，基本功扎實，品質符合要求。
2. 能調製一般葷、素、甜、鹹餡心，投料準確，口味符合要求。
3. 掌握常用的成型技術，操作正確，速度較快。
4. 掌握常用的成熟方法，火候恰當，不過不欠。
5. 會製作一般麵點、小吃、色、香、味、形較佳。
6. 能正確使用和管理廚房的一般機具、設備。

【一級麵點技工】

1. 能掌握調製常用麵團的基本功，吃水使鹼均勻、適當。
2. 初步掌握常用的餡心原料、調製性能、用途，能調製幾種餡心，投料準確，口味適宜。
3. 初步掌握常用的成型技術（擀、捏、包、抻、削、切、壓等）和成熟方法（蒸、炸、煮、烙、烤等）。
4. 會製作一般麵點、小吃，質量符合要求。

【二級麵點技工】

1. 瞭解各種麵點、小吃原料的名稱、性能、保管方法及主要麵點、小吃的製作過程。
2. 瞭解爐灶、機具、器皿及廚房設備的使用和管理方法。
3. 會製作幾種麵點、小吃品種，份量準確，質量合格，並能掌握各種原料的投料標準和成本核算知識。
4. 熟悉並執行食品衛生制度和《食品衛生法》，使各項衛生符合規定要求。

（三）餐廳服務專業

【特一級宴會設計師】

1. 熟悉國內主要菜系的風味特色和名菜名點，能熟練地編制富有特色的高級筵席菜單。
2. 熟悉外賓和國內各民族的食俗習慣，具有豐富的服務知識和經驗，能熟練地使用外語接待外賓。
3. 具有系統的專業理論和有關科學知識，能熟練地擔任各種規格的大型或國際性宴會、酒會的組織設計工作，瞭解國內外接待服務工作情況，指導服務水準的提高，在全國同行業中享有較高聲譽。
4. 勝任大專院校餐廳服務專業的教學和有關研究工作，能培養高級餐廳服務師。

【特二級宴會設計師】

1. 能按照高級店的服務規程接待賓客。熟悉各種筵席、宴會的擺檯程序和餐廳佈置要求，合理安排人力，使接待服務工作有條不紊地進行。
2. 熟悉中國各民族的食俗習慣，做好接待服務工作；懂得接待外賓的知識，對世界主要地區外賓的食俗習慣有一定瞭解，能較熟練地使用中國主要地區的方言和外語接待外賓。
3. 具有豐富的專業理論和一定的美學修養，能熟練地擔任各種規格的大型宴會和高級筵席的組織設計工作，在全國同行業中享有聲譽。
4. 能編寫專業教材，勝任中專以上學校餐廳服務專業的教學工作，有培養餐廳服務師的能力。

【一級餐廳服務師】

1. 通曉餐廳服務工作的全部業務和有關知識，服務技藝高，並有全面領導餐廳服務工作的能力。

2. 懂得有關烹調知識，熟悉其時令菜、傳統風味特色菜的口味特點，能鑒別菜點質量以及酒類的特色，能根據賓客需要配製菜點，編制高級筵席菜單。
3. 能按照高、中級店的服務規程，熟練地組織接待服務工作。
4. 熟悉中國少數民族的食俗習慣，能用外語接待外賓。

【二級餐廳服務師】

1. 熟悉並掌握餐廳服務的全部知識，有組織餐廳服務工作和協助企業改善經營管理的能力。
2. 熟悉某一菜系風味特色菜點的製作過程和口味特點，能幫助賓客點配飯菜，並能編制中檔筵席菜單和調配酒水。
3. 能按照中級店的服務規程，較熟練地組織接待服務工作。
4. 懂得中國少數民族的用餐習慣和接待禮節。
5. 勝任餐廳服務員的培訓工作。

【三級餐廳服務師】

1. 熟悉餐廳服務知識，能按照服務規範要求為賓客服務，並能及時妥善地處理接待服務工作中發生的問題。
2. 熟悉本企業各種菜點的製作過程和口味特點，能根據賓客需要配製菜點，能編制一般筵席菜單。
3. 瞭解中國少數民族的用餐習慣，並能用簡單外語接待外賓。
4. 熟悉高級餐具、設備的使用、保管及維護方法。
5. 能收集賓客意見，配合廚房改進技術，增加花色品種，適應消費者需要。
6. 有全面輔導餐廳服務員進行工作的能力。

【一級餐廳服務員】

1. 熟悉一般筵席的擺檯程序和上菜規則。能同時接待三四桌散座賓客，並能迅速準確地進行服務。

2. 熟悉一般菜點的規格質量、主副配料、食用方法及製作特點。
3. 在接待散座服務工作中，能按不同賓客心意，主動幫助點配飯菜，開單、結帳，準確迅速。
4. 能做好班前準備和班後收尾工作。

【二級餐廳服務員】

1. 熟悉餐廳一般服務規程，能獨立接待二三桌散座賓客，並能較熟練地進行服務。
2. 熟悉一般菜點的名稱、規格、價格和口味特點，並能根據不同賓客的需要介紹適宜品種，服務周到，算帳準確。
3. 懂得常用餐具、設備的使用、保管及維護方法。
4. 熟悉並執行食品衛生制度和《食品衛生法》，使各項衛生符合規定要求。

二、國家職業技能標準中式烹調師

- **工種定義**：運用中國傳統的和現代的加工切配技術和烹調方法，對各種原料和輔料進行加工，烹製成中國風味的菜餚。
- **適用範圍**：中國各菜系（包括地方風味）的冷熱菜。
- **等級線**：初、中、高。
- **學徒期**：二年，其中培訓期一年，見習期一年。

【初級中式烹調師】

- **知識要求**：
1. 具有初中文化程度或同等學歷。
2. 瞭解常用烹調原料的名稱、特點、質量標準和鑒別、保管知識。
3. 瞭解調味的種類、原則、階段和方法等基礎知識。
4. 掌握初步加工和熟處理的原則和知識。
5. 掌握傳熱介質、傳熱方式、火力鑒別、溫度控制等基本知識。

6. 掌握基本刀法的分類和技術操作知識。
7. 掌握常用烹調方法的分類和技術操作知識。
8. 瞭解食品衛生的基本知識和《食品衛生法》。
9. 掌握本崗位所用工具、機具、設備的使用和保養知識。
10. 瞭解廚房所用易燃、易爆物品的性能及使用知識。
11. 掌握單個菜餚的成本核算知識。
12. 熟悉本地民俗及飲食習慣，初步瞭解國內外其他地區的民俗和飲食習慣。

• 技能要求：
1. 能獨立地對常用原料進行宰殺、剖剝、洗滌、整理、分檔取料等方面的初加工。
2. 掌握一般乾貨原料漲發的技術和方法。
3. 能獨立進行焯水、過油、走紅、製湯等初步熟處理的操作。
4. 能調製常用的糊、漿、芡，其原料組合、比例、投放順序、濃度等符合標準。
5. 能熟練地運用各種刀法，按烹調的質量要求進行切割和配製，並能進行一般的冷盤拼製。
6. 熟練地運用常用的烹調方法進行一般冷、熱菜的製作。
7. 掌握基本味型的比例和調製以及各種芡汁的運用。
8. 能準確地計算原料的淨料率和進行一般菜品的成本核算，準確定量。
9. 能正確地操作所用的機具和設備等，並能進行一般的保養。
10. 能指導徒工工作。

【 中級中式烹調師 】
• 知識要求：
1. 具有高中文化程度或同等學歷。
2. 熟悉某一菜系所用烹調原料的名稱、產地、特點、性能、用途、質量標準和鑒別、保管知識。

3. 瞭解禽畜、魚類等原料的組織結構、行刀部位和合理使用原料方面的知識。
4. 掌握高檔原料的漲發原理和方法。
5. 掌握吊湯的原理和製作要點。
6. 熟悉食品雕刻及花式冷拼的知識。
7. 掌握原料採購、驗收及生產、銷售、成本控制等方面的管理知識。
8. 熟悉安全生產方面的知識。
9. 熟悉中國主要菜系的特點和中國烹飪歷史發展的概況。
10. 具備營養衛生、烹飪美學、食品生化方面的基本知識。

• 技能要求：
1. 能根據賓客的不同情況和要求，設計製作賓客滿意的菜肴和宴席。
2. 能掌握某一菜系的全面操作技術和一定數量的風味菜、特色菜（冷、熱菜）的製作。
3. 能進行高檔原料的漲發。
4. 熟練應用各種行刀技法，會切製多種造型（如菊花、麥穗、荔枝、核桃、蘭花、葡萄等）和多種花色冷拼。
5. 能掌握吊湯技術，要求湯色純正、湯汁鮮美。
6. 掌握畜禽、魚類分檔拆卸與整料拆卸的技能。
7. 掌握各種廚房機具、設備的使用和保養。
8. 熟練地控制各種宴席的總體用料和掌握成本核算。
9. 能編制多種一般宴席的功能表，並能根據季節變化及時改變菜餚的品種。
10. 能及時發現和處理生產過程中存在的隱患和突發事件，能處理善後工作。
11. 能培訓和指導初級中式烹調師。

【 高級中式烹調師 】
• 知識要求：
1. 具有高中以上文化程度或同等學歷。
2. 有系統的烹飪理論知識。
3. 熟悉高檔原料的品種、產地、特點、用

途、質量鑒別和保管知識。

4. 瞭解調味品的呈味成分及味的轉換、疲勞、積累；味的對比、相乘、抑止現象等有關知識。

5. 瞭解原料在加熱過程中所發生的分解、水解、凝固、酯化、氧化等理化變化的基本知識。

6. 掌握有關美學原理和熟練運用多種手段美化原料、菜餚的造型藝術知識。

7. 熟悉原料的營養成分在烹調過程中產生的各種變化，掌握保護營養、減少損失的知識。

8. 具有市場預測、廚房合理佈局和現代化管理知識。

9. 具有廚房、食品事故預防、應急方面的知識。

10. 熟悉烹飪史學和飲食心理學方面的知識。

11. 瞭解中式麵點製作、餐廳服務的有關知識。

• 技能要求：

1. 能根據市場需求，不斷挖掘傳統名餚，並能進行改革創新。

2. 精通某一菜系的全部製作技藝，同時旁通其他菜系製作技藝。

3. 全面掌握各種原料及稀有高檔原料的鑒別、保管、漲發、製作技術。

4. 能製作和編寫多種高級宴席和菜單。

5. 熟練地製作多種花色冷拼，掌握一定數量的食雕、圍邊等美化菜餚的技術。

6. 能全面設計、組建、合理安排大中型廚房佈局和組織管理廚房生產。

7. 對達不到質量要求的成品、半成品能及時分析出原因，並提出補救辦法和措施。

8. 具有一定的中式麵點製作技術。

9. 能製作各種調料：如江米酒、泡辣椒等。

10. 能培訓和指導中級中式烹調師。

三、國家職業技能標準中式麵點師

• **工種定義**：運用中國傳統的和現代的成型技術和成熟方法，對各種麵點的主料和輔料進行加工，製作成具有中國口味和花色的麵點或小吃。

• **適用範圍**：中國各種風味麵食。

• **等級線**：初、中、高。

• **學徒期**：二年，其中培訓期一年，見習期一年。

〔 初級中式麵點師 〕

• **知識要求**：

1. 具有初中文化程度或同等學歷。

2. 瞭解中式麵點基本功以及調製膨鬆、水調、米粉（或油酥）3種主坯的基礎理論知識及其一般製品的基礎操作知識、操作程序和質量標準。

3. 掌握一般原材料的上市季節、加工及其品質鑒別、原料保管知識。

4. 掌握單一品種的成本核算知識。

5. 瞭解常用中式麵點成熟方法的工藝知識。

6. 瞭解食品營養衛生知識，熟悉《食品衛生法》。

7. 掌握所用易燃、易爆（油、煤氣、液化氣）物品的性能及使用知識。

8. 掌握所用機械設備、電動設施、器具的性能及用電知識。

9. 瞭解中國主要地區風俗習慣、宗教信仰和飲食習俗及節令麵點的一般常識。

• **技能要求**：

1. 掌握3種主坯的各類坯皮調製技術，對所製成品的成型、成熟技術，做到動作正確、熟練，形態美觀，火候恰當。

2. 能調製常用葷、素、甜、鹹餡料，做到用料廣博，選料合理，口味恰當。

3. 除能製作一般主食外，並能按成品質量

要求，獨立製作膨鬆、水調、米粉（或油酥）3種主胚的一般品種，每種主坯品種不少於10個，並做到色、香、味、型較佳。

4. 掌握原材料出成率和對一般產品的成本核算。

5. 能使用與保養所用的設備、機具。

6. 能準確填寫部門原料、成品的進、產、銷、存日報表。

7. 能指導徒工工作。

【 中級中式麵點師 】

• 知識要求：

1. 具有高中文化程度或同等學歷。

2. 瞭解各種主坯的調製及其成品的形成原理。

3. 瞭解各種坯皮原料、餡心原料、輔料原料、食用油脂、調味料、添加劑的性能、品質鑑別方法與運用保管知識。

4. 掌握烹飪美學基礎知識。

5. 掌握有關採購、生產、銷售等方面的管理知識。

6. 熟悉不同製品的包捏成型工藝知識。

7. 熟悉蒸、煮、炸、煎、烤、烙等各種成熟工藝知識。

8. 熟悉常用主坯（皮）及其製品的工藝流程，質量標準。

9. 瞭解中式麵點的發展簡史及各流派麵點的風格。

10. 瞭解餐廳服務中茶市服務（指茶水、點心、宵夜等非正餐的餐飲服務）、宴席服務的基本知識。

• 技能要求：

1. 能根據餐飲市場和季節變化，做到不斷改進原料加工工藝，成品製作工藝和更新品種。

2. 掌握各種主坯製作技術，包括能運用活性乾酵母、添加劑的膨鬆工藝。

3. 能調製多種葷、素、甜、鹹餡心，並做到投料準確，配料恰當，風味多樣，味道醇正。

4. 能對麵點常用的禽、畜、水產、海味、乾料類原料熟練進行加工、拆卸、漲發與保管。

5. 熟練配製80個品種以上不同花色、不同口味的較高級的小吃、茶點或宴席點心。

6. 能製作幾種地方風味特色的代表性品種。

7. 能對一般宴席、套式點心進行成本核算。

8. 能使用和保養常用設備、器具，並能排除一些簡單的機械的設備故障。

9. 能處理日常產銷中一般性的突發事故。

10. 能培訓和指導初級中式麵點師。

【 高級中式麵點師 】

• 知識要求：

1. 具有高中以上文化程度或同等學歷。

2. 具有較系統的麵點專業理論知識和食品營養學、衛生學、生物化學、工藝美學等方面的基礎知識。

3. 掌握預測餐飲市場行銷變化和現代廚房管理學等方面的知識。

4. 掌握中式麵點的歷史、現狀及其發展趨勢。

5. 具有對點心房新型設備、器具的使用、保養和管理知識。

6. 精通某一地區各種麵點製作、原材料的加工知識。

7. 瞭解各主要流派風味點心和部分西點的工藝製作流程及有關新工藝操作知識。

8. 熟悉麵點製作工藝過程的操作原理。

9. 熟悉各種添加劑、複合調味劑等輔助原料的性能和運用知識。

10. 通曉各種主坯（皮）製作的主要風味特色點心的產品質量標準。

11. 掌握一般的原料和菜單的外語名稱。

• 技能要求：

1. 能根據市場需求，不斷挖掘傳統特色名點，並能對新的工藝流程進行操作，使成品質量符合標準。

2. 能製作多種風味名點、名小吃。

3. 能製作多種就餐形式（大型宴會、冷餐會、雞尾酒會等）的組合點心、四季時令點心以及觀賞與食用相結合的象形點心。

4. 能製作多種具有特色的精細點心，在製作技藝上具有一定風格，並旁通部分西點製作技術。

5. 掌握一定的菜餚烹調技術。

6. 能發現產品在配方、工藝流程、運輸保管中存在的問題，並能及時採取措施予以補救。

7. 熟悉多種行銷方式，能測算、規劃部門的經營利潤。

8. 能參與點心房設備的安裝、調試。

9. 具有豐富的臨場經驗。對日常營銷或大型宴會、冷餐會中特殊要求或突發性事故能及時採取應變措施。

10. 能培訓和指導中級中式麵點師。

四、國家職業技能標準餐廳服務員

• **工種定義：** 為就餐賓客安排座位、點配菜點，提供各項餐飲服務；進行宴會設計、裝飾、佈置等。

• **適用範圍：** 飯店、賓館、遊船等場所的宴會廳、餐廳、酒吧。

• **等級線：** 初、中、高。

• **學徒期：** 二年，其中培訓期一年，見習期一年。

【初級餐廳服務員】

• **知識要求：**

1. 具有初中文化程度或同等學歷。

2. 瞭解餐廳服務接待知識，掌握不同年齡、職業、不同就餐目的的賓客的飲食要求。

3. 瞭解世界主要國家、地區和中國少數民族的風俗習慣、宗教信仰和飲食習俗。

4. 瞭解所供應的各種菜點的口味、烹調方法和製作過程及售價。

5. 瞭解所供應的各種酒類、飲料的名稱、產地、特點及售價。

6. 瞭解銷售過程中的各道手續及要求。

7. 懂得各種單據的使用和保管知識。

8. 瞭解食品營養衛生知識，熟悉《食品衛生法》。

9. 瞭解餐廳內常用布件、餐具、酒具和用具的使用以及分類保管知識。

10. 掌握托盤、擺檯等技能所需的技術及動作要求。

11. 掌握散座和一般宴會的服務規程。

12. 掌握各種菜點、酒類、飲料的適用範圍及食用方法。

13. 掌握各種菜點所需的佐料及其特點。

14. 具有服務心理學的基礎知識。

15. 瞭解本崗位的職責、工作程序及工作標準。

16. 掌握安全使用電、煤氣（瓦斯）及消防設施的知識。

17. 瞭解餐廳內常用設備、工具的使用及保養知識。

18. 懂得基本化妝知識和一般社交禮儀、禮節。

• **技能要求：**

1. 能判斷賓客心理，並能推銷各種菜點及酒類、飲料。

2. 能按照功能表要求正確配置和擺放餐具。

3. 能按照服務規程接待散座客人與一般宴會。

4. 能熟練地進行托盤、折花、擺檯、斟酒、上菜、分菜等工作。

5. 能根據賓客需要，介紹、推薦菜餚、點心和酒類、飲料。

6. 能準確迅速地計算售價。

7. 能正確使用和保養常用的機具、設備。

8. 能獨立處理接待過程中的一般問題。

9. 會講普通話、語言簡練、準確，並能用外語進行簡單的工作會話。

10. 能指導徒工工作。

【中級餐廳服務員】

• 知識要求：

1. 具有高中文化程度或同等學歷。
2. 熟悉某一菜系的特點及名菜、名點的製作過程和口味特點。
3. 熟悉餐廳服務各項工作的工作流程，餐廳各崗位的設置、職責、人員配備及要求。
4. 掌握餐廳佈局知識。
5. 具有促銷和班組管理知識。
6. 掌握餐廳內各項操作技能標準。
7. 掌握高、中級宴會的服務知識和要求。
8. 掌握餐廳所供應菜餚、點心、酒類和飲料的質量標準。
9. 掌握與餐飲業相關的主要商品知識。
10. 掌握各種佐料的配製及應用知識。

• 技能要求：

1. 能比較準確地判斷賓客心理。
2. 能根據賓客要求編制一般的宴會菜單。
3. 能對高級宴會進行擺檯，會鋪花檯。
4. 能鑒別菜餚、點心、酒類、飲料的品質優劣。
5. 能組織一般宴會的接待服務工作。
6. 能根據賓客要求，佈置各類餐廳，設計和裝飾各種舞台設計，掌握插花技藝。
7. 能調製雞尾酒、配製佐料，表情自如，動作優美。
8. 能正確使用和保養餐廳內傢俱、餐具、布件及其視聽等設備。
9. 能對餐廳出現的特殊情況和賓客投訴作出正確判斷，找出原因，提出解決措施。
10. 具有一定的組織管理和語言表達能力。
11. 能培訓和指導初級餐廳服務員。

【高級餐廳服務員】

• 知識要求：

1. 具有高中以上文化程度或同等學歷。
2. 掌握消費心理學和服務心理學及國內外

各種節日的知識。
3. 掌握部分疾病患者的特殊飲食要求和食療的基礎知識。
4. 有較豐富的烹飪基礎知識，掌握主要菜系的風格及名菜、名點的製作過程和特點。
5. 精通餐飲業管理知識，掌握市場行銷及成本核算知識。
6. 掌握各種類型宴會（包括雞尾酒會，冷餐會）的設計和裝飾能力。
7. 掌握餐廳內常用空調、視聽等設備的原理、使用及保養知識。
8. 具有預防、判斷和處理食物中毒的知識。
9. 掌握與餐飲服務有關的法規、政策和制度。

• 技能要求：

1. 能準確判斷賓客心理，迅速領會賓客的意圖，及時滿足賓客的需要。
2. 能根據賓客需要，編制高級宴會功能表和連續多日的團體包餐菜單。
3. 具有大型高級宴會的組織、設計和指導工作的能力。
4. 能收集賓客意見，配合廚房改進技術，增加花色品種，適應消費者需要。
5. 具有餐飲成本核算的能力。
6. 及時發現並排除餐廳內照明及常用機具、設備的一般故障。
7. 能妥善處理賓客的投訴和突發事故。
8. 具有語言藝術表達能力和應變服務技巧，能用外語接待外賓。
9. 能培訓和指導中級餐廳服務員。

國家圖書館出版品預行編目資料

川菜烹飪事典 / 《川菜烹飪事典》編寫委員會編著；李
新主編. -- 初版. -- 臺北市：賽尚圖文，民97.03-97.05
冊；公分. --（大飲食家系列；1-2）

ISBN 978-986-83869-6-9（上輯 ： 平裝）. --
ISBN 978-986-83869-8-3（下輯 ： 平裝）

1. 食譜　2. 中國

427.1127　　　　　　　　　　　　　97002543

大飲食家 系列02

川菜烹飪事典 下輯

本書作者群

主編◎李新

作者◎《川菜烹飪事典》編寫委員會

發 行 人◎蔡名雄

企劃主編◎鄭思榕

文字編輯◎江佩君、林佳怡

封面、書名頁、廣告頁設計◎馬克杯企業社

出版發行◎賽尚圖文事業有限公司

106台北市大安區臥龍街267之4號1樓

（電話）02-27388115　（傳真）02-27388191

（劃撥帳號）19923978　（戶名）賽尚圖文事業有限公司

（網址）www.tsais-idea.com.tw

總經銷◎紅螞蟻圖書有限公司

台北市內湖區舊宗路二段121巷28號4樓

（電話）02-27953656　（傳真）02-27954100

電腦排版◎帛格有限公司

製版印刷◎科億印刷股份有限公司

出版日期・2008年（民97）5月初版

ISBN・978-986-83869-8-3

定價・520元

川菜烹飪事典

666團購特惠方案

幫您省荷包也能打下「川式」基本功

凡團購《川菜烹飪事典》6套以上，即享有團購特惠66折（原價乙套1040元／團購價乙套686元），還可以特價加購賽尚推薦書哦！（詳細內容及優惠請看下頁）

加購辦法

1. 剪下「郵政劃撥儲金存款單」填妥後至郵局劃撥。

2. 請將劃撥收據傳真至02-2738-8191。傳真後請打客服電話02-2738-8115確認訂單。

◎寄款人請注意背面說明
◎本收據由電腦印錄請勿填寫

郵政劃撥儲金存款收據

收款帳號戶名

存款金額

電腦記錄

經辦局收款戳

郵政劃撥儲金存款單

收款帳號 19923978

98-04-43-04

金額 新台幣（數字）

收款戶名 賽尚圖文事業有限公司

寄款人 姓名 地址 電話

□他人存款 □本戶存款

主管：

經辦局收款戳

通訊欄（限與本次存款有關事項）
（請勾選訂購方案）
□川菜烹飪事典套書　　　套
加購
□郭主義新派川菜　　　本
□中華料理食尚派對　　　本
□點菜的門道　　　本
□吃來吃去　　一個「知食分子」　　本
　的動動感味覺

生日：　　年　　月　　日
e-mail：
行動電話：
公司抬頭：
發票統一編號：（如需統編請填寫）

大飲食家系列讀者支持卡

感謝您用行動支持賽尚圖文出版的好書！
與您做伴 是我們的幸福

讓我們認識您
姓名：_____
性別：□1.男 □2.女
年齡：□1.10~19 □2.20~29 □3.30~39 □4.40~49 □5.50~
地址：□□□ _____
電子郵件信箱：_____
電話：(日)_____ (夜)/手機_____
職業：□1.學生 _____學校 _____系
　　　□2.教師 _____學校 _____系
　　　□3.餐飲業者 □ 4.飯店服務業 □5.傳播業 □6.家管 □7.其他 _____

關於本書
您在哪兒買到本書呢？
□1.誠品 □2.金石堂 □3.一般書店 _____縣市_____書店
□4.劃撥郵購 □5.網路購書 □6.其他 _____

您在哪裡得知本書的消息呢？（可複選）
□1.書店 □2.網路書店 □3.書店所發行的書訊 □4.雜誌 □5.電子報 □6.親友推薦 □7.其他 _____

吸引您購買本書的原因？（可複選）
□1.主題特色 □2.內容專業性 □3.資訊豐富實用 □ 4.整體編排設計 □5.名師推薦 □6.職業需求 □7.暢銷排行
□8.賽尚之友 □9.其他 _____

您最喜歡本書的哪一個單元？（可複選）
□1.炊餐用具 □2.名菜名點名酒名茶 □3.營養衛生 □4.大陸法規與規定
原因 _____

來交流一下吧！
您都習慣以何種方式購買專業書籍呢？（可複選）
□1.一般書店 □2.劃撥郵購 □3.書展 □4.網路書店 □5.專業書店（代理商）
□6.其他 _____

您習慣從哪獲得飲食相關的專業資訊呢？（可複選）
□1.圖書館查詢 □2.網路搜尋 □3.報紙 □4.雜誌 □5.繁體中文書
□6.外文書（□英、□日、□簡體中文、□其他 _____） □7.電視節目
□8.教學教材 □9.其他 _____

您期待的飲食相關專業書籍的主題有哪些呢？（可複選）
□1.飲食文化（□中式 □西式 □日式 □其他 _____）
□2.烹飪技術（□中式 □西式 □日式 □其他 _____）
□3.菜品示範（□中式 □西式 □日式 □其他 _____）
□4.料理食材（□中式 □西式 □日式 □其他 _____）
□5.餐旅管理 □6.綜合料理大全 □7.其他 _____

您願意獲得來自賽尚不定期推出的飲食特訊嗎？
□願意（記得詳填上方個人資料喔！） □不願意

給我們一點建議吧！

_____

填妥後寄回，就可分享來自賽尚圖文的出版訊息與優惠好康喔！

10676
台北市大安區臥龍街267之4號1樓
賽尚圖文事業有限公司收

請沿虛線對折，封黏後投回郵筒寄回，謝謝！

川菜
烹飪事典
下

圖賽
文尚
Tsai's Idea

請沿虛線剪下，謝謝！